U0133718

CAD/CAM 技能型人才培养丛书

UG NX 6 三维造型技术教程

苗 盈　李志广　吴立军　林 峰　编著

清华大学出版社

北 京

内 容 简 介

本书是UG NX 6三维造型技术的初、中级教程。全书共分13章，包括操作环境和界面、曲线造型、草图、实体建模、装配、工程制图、曲面建模、同步建模、模型分析等。

本书特色之一是首先通过应用体验以一个简单的实例引导读者快速了解UG NX 6产品建模的流程，然后才是常用的模块与功能的讲解。这种编写方式，实践证明上手更容易，学习起来更轻松。特色之二是全书附有大量的功能实例，每个实例均有详细、具体的操作步骤，所附光盘中配有相应实例的部件文件以及综合实例的教学视频，因而十分便于读者练习与揣摩造型思路及技巧。特色之三是本书并不局限于功能的讲解，而且着重实现特征的分析、技术精华的剖析和操作技巧的指点，因而更能让读者切实、深入地理解软件的奥秘。

本书可以作为高等院校机械类专业的CAD/CAM教材以及CAD/CAM技术的相关培训教材，同时也可供广大从事CAD/CAM工作的技术人员参考。

图书在版编目(CIP)数据

UG NX 6三维造型技术教程/ 苗盈，李志广，吴立军，林峰 等　编著. —北京：清华大学出版社，2010.1

(CAD/CAM技能型人才培养丛书)

ISBN 978-7-302-21090-0

Ⅰ.U…　Ⅱ.①苗…②李…③吴…④林…　Ⅲ.计算机辅助设计—应用软件，UG NX 6.0—教材　Ⅳ.TP391.72

中国版本图书馆CIP数据核字(2009)第168973号

责任编辑：刘金喜　鲍　芳
封面设计：李　杨
版式设计：康　博
责任校对：胡雁翎
责任印制：杨　艳
出版发行：清华大学出版社　　地　址：北京清华大学学研大厦A座
http://www.tup.com.cn　　邮　编：100084
社 总 机：010-62770175　　邮　购：010-62786544
投稿与读者服务：010-62776969，c-service@tup.tsinghua.edu.cn
质 量 反 馈：010-62772015，zhiliang@tup.tsinghua.edu.cn
印 装 者：清华大学印刷厂
装 订 者：三河市兴旺装订有限公司
经　销：全国新华书店
开　本：185×260　印　张：24.75　字　数：602千字
附DVD光盘1张
版　次：2010年1月第1版　　印　次：2010年1月第1次印刷
印　数：1～4000
定　价：39.80元

本书如存在文字不清、漏印、缺页、倒页、脱页等印装质量问题，请与清华大学出版社出版部联系调换。联系电话：(010)62770177转3103　　产品编号：027844-01

前　言

当你翻开这本书时，已经向通往 UG 高手的殿堂迈出了重要一步。

犹如武林中的一位侠客已经得到了宝剑或武林秘笈，接下来的任务是怎么使用或解读它。

如果你是一位正在学习或者将要学习 UG 的读者，可能面对市场上琳琅满目的 UG 教材徘徊不定，难以选择。往往某一本书在功能命令上讲述得很清楚，而相应实例却不尽如人意，结果是知道功能但不知如何应用，从而头重脚轻；要么书的内容全是实例但又没有命令含义的讲解，知其然而不知其所以然，无法达到举一反三的效果；或者书的内容只是实体或曲面，而没有覆盖两者，有得之鱼而失之熊掌的感觉。正因为如此，当翻开一本又一本的 UG 辅导书时，带来的是一次又一次的失望，为搜寻一本满足自己要求的书费尽周折。激情满怀地奔向书店，结果却是无功而返。

现在，所有问题都将因为此书的到来迎刃而解。

在编写此书时，我们做了很多假设：

假设你是一位 UG 初学者，对 UG 还一无所知，这本书将引领你初生牛犊不怕虎！

假设你是一位 UG 菜鸟，对 UG 有一些认识，但还需深造，那么此书的目的不是局限于让你行走，而是教你如何展翅飞翔！

假设你已经有了比较好的 UG 基础，但面对实际项目或课题却有些束手无策，那么此书的目的是教你如何分析问题、解决问题，即如何将一个复杂的模型进行抽丝剥茧，分而治之！

假设你的目的是获得一本具有详尽功能的参考书，那么此书的广泛知识覆盖面将满足你的需求！

所有这些假设，并不是空想，而是从一个读者的角度思考问题，站在培训者的角度解决问题。多年 UG 培训与教学经验的结晶塑造了整本书的体系结构。

书的框架决定了整本书的质量，犹如一个软件系统，其优劣决定于框架设计。本书内容层次清晰、结构明了，每章都采用醒目的图标进行概括。

本章重点内容：概述本章中将讲述的主要知识点，即具体命令及其功能。读者从中可对本章知识“预热”。

本章学习目标：通过本章的学习读者可以或者应该达到的效果。读者从中将有“高温”的体会。

书中每个实例都配有详细的操作步骤，并“手把手”地将命令的使用方法及其含义传授给读者。这将是读者实现“预热”到“高温”的途径。

全书的知识点以渐进式详解，让读者在学习时不仅可以从易到难，还可以知因知果。

更重要的是，无论何时在学习过程中有疑问，都可以通过 51CAX 培训网向作者及众多高手求助。

说了这么多，心动不如行动，还是开始学习吧，抢滩登陆赢得机遇！

最后希望读者记住：Nothing is impossible，just do it！愿你通过本书的学习能对 UG 挥洒自如，笑傲江湖！

本书由苗盈(浙江大学)、李志广(山西柴油机工业有限公司)、吴立军(浙江科技学院)、林峰(浙江工业大学浙西分校)、陈冰(浙江科技学院)、刘伟(浙江大学)、蔡娥(浙江大学)、单岩(浙江大学)等编写。杭州浙大旭日科技开发有限公司的工程师们为本书提供了大量实例并完成部分例图绘制，在此深表谢意。

限于作者的知识水平和经验，书中难免存在疏漏之处，恳请广大读者批评指正。读者可通过网站 http://www.51cax.com 或电子邮件 book@51CAX.com 与我们交流。本书责编的 E-mail：hnliujinxi@163.com。服务邮箱：wkservice@vip.163.com。

作　者

2009 年 7 月

目　录

第 1 章　概述 ……………………………1

1.1　UG NX 软件简介及其在现代制造业中的重要地位 ………………1

1.1.1　UG NX 软件简介 ……………1

1.1.2　UG NX 在现代制造业中的重要地位 ……………………2

1.2　UG 软件的发展历史与未来技术走向 ……………………3

1.2.1　UG 的发展历史 ……………3

1.2.2　UG NX 的未来发展 …………4

1.3　UG NX 软件的技术特点 ………4

1.4　UG NX 6 的功能模块与新增特点 ……………………5

1.4.1　UG NX 6 主要功能模块 ………5

1.4.2　UG NX 6 新增特点 …………6

1.5　如何学好 UG NX 三维造型 ………7

1.6　本章小结 ……………………8

1.7　思考与练习题 …………………8

第 2 章　UG NX 6 应用体验 …………9

2.1　UG NX 6 产品建模的典型流程 …9

2.2　一个入门实例 ………………10

2.3　本章小结 ……………………15

2.4　思考与练习题 ………………15

2.4.1　思考题 ……………………15

2.4.2　操作题 ……………………15

第 3 章　UG NX 6 工作环境和基本操作 ………………………16

3.1　UG NX 6 工作界面 …………16

3.1.1　标题栏和工作区 ……………17

3.1.2　菜单栏 ……………………17

3.1.3　工具栏 ……………………18

3.1.4　提示栏和状态栏 ……………19

3.1.5　界面环境的定制 ……………19

3.2　鼠标和键盘的使用 ……………21

3.2.1　鼠标操作 …………………22

3.2.2　键盘快捷键及其作用 ………22

3.2.3　定制快捷键 ………………23

3.3　CAD 文件管理 ………………25

3.3.1　什么是 CAD 图形文件 ………25

3.3.2　UG NX 6 文件操作 …………25

3.3.3　文件的类型 ………………26

3.4　视图 …………………………30

3.4.1　视图与坐标系 ………………30

3.4.2　常用视图和模型显示 ………30

3.4.3　视图操作 …………………31

3.5　操作导航器 …………………32

3.5.1　导航器的作用 ………………34

3.5.2　导航器的操作 ………………34

3.6　坐标系 ………………………35

3.6.1　UG NX 6 中的坐标系 ………35

3.6.2　坐标系的创建 ………………36

3.6.3　坐标系的保存和删除 ………36

3.6.4　坐标系的显示 ………………36

3.7　通用工具 ……………………36

3.7.1　几何图形管理工具 …………36

3.7.2　坐标系 ……………………41

3.7.3　平面与基准平面 ……………44

3.7.4　矢量与基准轴 ………………45

3.8 对象显示工具……46
3.9 几何变换工具……47
3.10 本章小结……48
3.11 思考与练习题……49
3.11.1 思考题……49
3.11.2 操作题……49

第 4 章 曲线造型……51
4.1 概述……51
4.2 点和点集……51
4.2.1 点……51
4.2.2 点集……53
4.3 曲线创建……54
4.3.1 基本曲线……54
4.3.2 样条曲线……63
4.3.3 曲线倒圆角……66
4.3.4 曲线倒斜角……68
4.3.5 矩形……70
4.3.6 多边形……70
4.3.7 椭圆……71
4.3.8 抛物线……71
4.3.9 双曲线……72
4.3.10 二次曲线(圆锥曲线)……72
4.3.11 螺旋线……74
4.3.12 规律曲线……76
4.4 曲线操作……77
4.4.1 偏置曲线……77
4.4.2 桥接曲线……79
4.4.3 简化曲线……81
4.4.4 连结曲线……81
4.4.5 投影曲线……82
4.4.6 组合投影……83
4.4.7 相交曲线……85
4.4.8 截面曲线……85
4.4.9 抽取曲线……86
4.4.10 在面上偏置……87
4.4.11 缠绕/展开曲线……89
4.5 曲线编辑……91
4.5.1 编辑曲线……91
4.5.2 编辑曲线参数……91
4.5.3 修剪曲线……93
4.5.4 修剪拐角……96
4.5.5 分割曲线……96
4.5.6 编辑圆角……97
4.5.7 拉长曲线……98
4.5.8 曲线长度……99
4.5.9 光顺样条……101
4.6 本章小结……102
4.7 思考与练习题……102
4.7.1 思考题……102
4.7.2 操作题……103

第 5 章 草图……104
5.1 概述……104
5.1.1 草图的作用……104
5.1.2 草图与其他功能模块的切换……105
5.1.3 草图与特征……105
5.1.4 草图与层……105
5.1.5 草图功能简介……105
5.1.6 草图参数预设置……106
5.2 绘制草图的一般步骤……108
5.3 创建草图……108
5.3.1 在平面上……109
5.3.2 在轨迹上……109
5.4 创建草图对象……110
5.4.1 配置文件……111
5.4.2 直线、圆弧、圆……111
5.4.3 派生直线……111
5.4.4 快速修剪、快速延伸……112
5.4.5 制作拐角……112
5.4.6 圆角……112
5.4.7 矩形……113

5.5 约束草图 ……………………116
5.5.1 约束的概念和作用 ……………117
5.5.2 尺寸约束 ……………………117
5.5.3 几何约束 ……………………122
5.6 草图操作 ……………………125
5.6.1 镜像曲线 ……………………125
5.6.2 偏置曲线 ……………………126
5.6.3 编辑曲线 ……………………127
5.6.4 编辑定义线串 ………………128
5.6.5 转换至/自参考对象 …………128
5.6.6 拖曳草图 ……………………129
5.6.7 备选解 ………………………130
5.6.8 动画尺寸 ……………………131
5.6.9 添加现有曲线 ………………131
5.6.10 投影曲线 …………………132
5.7 草图管理 ……………………132
5.8 草图设计中常见的问题 ……133
5.9 绘制实例 ……………………133
5.10 本章小结 …………………136
5.11 思考与练习题 ……………136
5.11.1 思考题 ……………………136
5.11.2 操作题 ……………………136

第 6 章 实体建模功能详解 ……………138
6.1 概述 …………………………138
6.1.1 基本术语 ……………………138
6.1.2 实体特征的类型 ……………139
6.1.3 UG NX 6 实体建模功能分类 ……139
6.2 部件导航器 …………………140
6.3 特征创建 ……………………140
6.3.1 基本体素特征 ………………141
6.3.2 基准特征 ……………………146
6.3.3 扫描特征 ……………………150
6.3.4 成形特征 ……………………158
6.4 特征操作 ……………………177
6.4.1 边缘操作 ……………………177
6.4.2 面操作 ………………………189
6.4.3 体操作 ………………………192
6.4.4 布尔操作 ……………………203
6.4.5 实例特征 ……………………203
6.5 特征编辑 ……………………206
6.5.1 编辑特征参数 ………………206
6.5.2 编辑位置 ……………………206
6.5.3 抑制特征 ……………………207
6.5.4 取消抑制特征 ………………208
6.5.5 移除参数 ……………………208
6.5.6 移动特征 ……………………208
6.5.7 特征重排序 …………………209
6.6 本章小结 ……………………209
6.7 思考与练习题 ………………210
6.7.1 思考题 ………………………210
6.7.2 操作题 ………………………210

第 7 章 实体建模应用实例 ……………212
7.1 实例一：连接件 ……………212
7.2 实例二：双向紧固件 ………216
7.3 实例三：阀体 ………………223
7.4 本章小结 ……………………228
7.5 思考与练习题 ………………228
7.5.1 思考题 ………………………228
7.5.2 操作题 ………………………228

第 8 章 装配 ……………………………230
8.1 装配功能简介 ………………230
8.1.1 综述 …………………………230
8.1.2 装配术语 ……………………231
8.1.3 创建装配体的方法 …………231
8.2 装配导航器 …………………232
8.2.1 概述 …………………………232
8.2.2 装配导航器设置 ……………233
8.2.3 装配导航器的使用 …………233

8.3 自底向上装配……234
8.3.1 概念与步骤……234
8.3.2 组件定位……235
8.3.3 引用集……238
8.4 组件的处理……240
8.4.1 添加组件……240
8.4.2 替换组件……241
8.4.3 重定位组件……242
8.4.4 阵列组件……242
8.5 自顶向下装配……244
8.6 WAVE 几何链接器……244
8.7 转配克隆……245
8.8 爆炸视图……246
8.8.1 概念……246
8.8.2 爆炸视图的建立……246
8.8.3 爆炸视图的操作……247
8.9 装配序列……249
8.10 部件清单……252
8.11 装配实例……252
8.12 本章小结……255
8.13 思考与练习题……256
8.13.1 思考题……256
8.13.2 操作题……256

第 9 章 工程制图……257
9.1 工程图功能简介……257
9.1.1 概述……257
9.1.2 制图模块调用……258
9.1.3 UG 出图的一般过程……258
9.2 制图参数预设置……260
9.2.1 视图显示参数预设置……260
9.2.2 标注参数预设置……265
9.3 工程图纸的创建与编辑……267
9.3.1 创建工程图纸……267
9.3.2 打开工程图纸……268
9.3.3 编辑工程图纸……269
9.3.4 删除工程图纸……269
9.4 视图的创建……270
9.4.1 基本视图……270
9.4.2 投影视图……271
9.4.3 局部放大图……272
9.4.4 剖视图……273
9.4.5 半剖视图……275
9.4.6 旋转剖视图……276
9.4.7 展开剖视图……278
9.4.8 局部剖视图……279
9.5 视图编辑……280
9.5.1 移动/复制视图……281
9.5.2 对齐视图……282
9.5.3 删除视图……284
9.5.4 定义视图边界……284
9.5.5 编辑剖切线样式……285
9.5.6 编辑组件……286
9.5.7 视图相关编辑……286
9.5.8 更新视图……287
9.6 尺寸标注……288
9.6.1 尺寸标注类型……288
9.6.2 标注尺寸的一般步骤……289
9.7 加载图框……290
9.8 与 AutoCAD 交换数据……291
9.9 本章小结……292
9.10 思考与练习题……292
9.10.1 思考题……292
9.10.2 操作题……292

第 10 章 曲面建模功能详解……294
10.1 概述……294
10.1.1 基本概念和术语……294
10.1.2 曲面类型……295
10.1.3 UG NX 6 曲面功能分类……296
10.2 曲面创建……296
10.2.1 基于点创建曲面……297

10.2.2　基于曲线创建曲面………… 300
10.2.3　基于面创建曲面…………… 318
10.3　曲面编辑……………………………324
10.3.1　移动定义点…………………… 324
10.3.2　移动极点……………………… 325
10.3.3　扩大 …………………………… 325
10.3.4　等参数修剪/分割…………… 326
10.3.5　边界 …………………………… 328
10.3.6　更改边………………………… 328
10.3.7　更改阶次……………………… 328
10.3.8　法向反向……………………… 329
10.3.9　更改刚度……………………… 330
10.4　本章小结……………………………330
10.5　思考与练习题………………………330
10.5.1　思考题………………………… 330
10.5.2　操作题………………………… 330

第 11 章　曲面建模应用实例 ……………332

11.1　实例一：小汽车设计………………332
11.2　实例二：面包设计…………………339
11.3　本章小结……………………………348
11.4　思考与练习题………………………349
11.4.1　思考题………………………… 349
11.4.2　操作题………………………… 349

第 12 章　同步建模 ……………………350

12.1　同步建模概述………………………350
12.1.1　同步建模的作用与特点 … 351
12.1.2　建模模式……………………… 351
12.2　同步建模功能………………………352
12.2.1　移动面………………………… 352
12.2.2　偏置区域……………………… 354
12.2.3　替换面………………………… 355
12.2.4　重用面…………………………355
12.2.5　删除面…………………………358
12.2.6　调整圆角大小…………………359
12.2.7　调整面的大小…………………360
12.2.8　约束面…………………………360
12.2.9　尺寸……………………………362
12.3　同步建模应用实例…………………364
12.4　本章小结……………………………366
12.5　思考与练习题………………………366
12.5.1　思考题…………………………366
12.5.2　操作题…………………………366

第 13 章　模型分析 ……………………… 368

13.1　模型分析在三维造型过程中的作用……………………………368
13.2　常用模型分析工具…………………368
13.2.1　距离与角度分析………………369
13.2.2　偏差分析………………………370
13.2.3　几何属性………………………372
13.2.4　曲线分析………………………373
13.2.5　截面分析………………………375
13.2.6　曲面半径分析…………………377
13.2.7　曲面斜率分析…………………377
13.2.8　曲面反射分析…………………378
13.2.9　拔模分析………………………379
13.2.10　曲面连续性分析………………380
13.2.11　曲面高亮线分析………………381
13.2.12　干涉分析………………………382
13.3　本章小结……………………………382
13.4　思考与练习题………………………383
13.4.1　思考题…………………………383
13.4.2　操作题…………………………383

第1章　概　述

本章重点内容

本章主要介绍 UG NX 软件在现代制造业中的地位、发展历史及未来趋势、主要功能模块和 NX 6 新增加的功能，以及高效学习 UG NX 软件的一些方法和途径。

本章学习目标

- ☑ 了解 UG NX 软件的基本状况
- ☑ 了解 UG NX 软件在现代制造业中的地位
- ☑ 学习 UG NX 6 软件新增加的功能
- ☑ 掌握学习 UG NX 的方法和途径

1.1　UG NX 软件简介及其在现代制造业中的重要地位

1.1.1　UG NX 软件简介

UG NX 软件是美国 EDS 公司(现已经被西门子公司收购)的一套集 CAD/CAM/CAE/PDM/PLM 于一体的软件集成系统。CAD 功能使工程设计及制图完全自动化；CAM 功能为现代机床提供了 NC 编程，用来描述所完成的部件；CAE 功能提供了产品、装配和部件性能模拟能力；PDM/PLM 帮助管理产品数据和整个生命周期中的设计重用。

运用其功能强大的复合式建模工具，设计者可根据工作的需求选择最适合的建模方式；关联性的单一数据库，使大量零件的处理更加稳定。除此之外，装配功能、制图功能、数控加工功能及与 PDM 之间的紧密结合，使得 UG NX 软件在工业界成为一套无可匹敌的高端 PDM/CAD/CAM/CAE 系统。

UG NX 软件是一个全三维的双精度系统，该系统可以精确地描述任何几何形状。通过组合这些形状，可以设计、分析并生成产品的图纸。一旦设计完成，加工应用模块就允许选择该几何体作为加工对象，设置诸如刀具直径的加工信息，自动生成刀路轨迹，经过后处理的 NC 程序可以驱动 NC 机床进行加工。

1.1.2 UG NX 在现代制造业中的重要地位

1991 年，国务院批复启动旨在普及应用 CAD 技术的“甩图板”工程。

2002 年，国家科技部将制造业信息化列为重大专项。

如今，技术的发展引领我们进入了一个全新的境界：人们已经不再满足于用平面 CAD 替换图板，而希望用数字来描述整个世界。用信息化来武装企业，将数字技术融入到制造业企业的设计、制造、管理和市场的任何一个环节，这不再是遥不可及的梦想，而已经是制造业企业在日益激烈的市场竞争中生存和发展的迫切需要。

Unigraphics Solutions 公司(简称 UGS)主要为汽车与交通、 航空航天、日用消费品、通用机械以及电子工业等领域通过其虚拟产品开发(VPD)的理念提供多级化的、集成的、企业级的包括软件产品与服务在内的完整 MCAD 解决方案。其主要的 CAD 产品是 UG NX 软件。

UG NX 软件在航空航天、汽车、通用机械、工业设备、医疗器械以及其他高科技应用领域的机械设计和模具加工自动化的市场上得到了广泛的应用。多年来，UGS 一直在支持美国通用汽车公司实施目前全球最大的虚拟产品开发项目，同时 Unigraphics 也是日本著名汽车零部件制造商 DENSO 公司的设计标准，并在全球汽车行业得到了很大的应用，如 Navistar、底特律柴油机厂、Winnebago 和 Robert Bosch AG 等。如图 1-1 所示。

图 1-1

此外，UGS 公司的产品同时还遍布通用机械、医疗器械、电子、高技术以及日用消费品等行业，如 3M、Will-Pemco、Biomet、Zimmer、飞利浦公司、吉列公司、Timex、 Eureka 和 Arctic Cat 等。

UG 进入中国以来，业务有了很大的发展，中国已成为远东区业务增长最快的国家。几年来，UG 在中国的用户已超过 800 家，装机量达到 3500 多台套。作为三维 CAD 建模的最重要工具软件之一的 UG NX 软件，让我们先来回顾一下它的发展历史和展望其未来的发展趋势。

1.2 UG 软件的发展历史与未来技术走向

作为高端的 CAD/CAM/CAE/ PDM/PLM 软件，UG 经历了长期的发展。目前已具备了强大的功能，为工程解决了越来越多的难题，给企业带来了巨大的效益。在今后的发展中，随着计算机技术与软件技术的进一步发展，UG 还将不断完善，以满足工程与企业的要求。

1.2.1 UG 的发展历史

UG 的问世到现在经历了几十年，在这短短几十年里，UG NX 软件发生了翻天覆地的变化。主要历程如下：

1960 年，McDonnell Douglas Automation(现在的波音公司)公司成立。

1976 年，收购了 Unigraphics CAD/CAE/CAM 系统的开发商——United Computer 公司，UG 的雏形问世。

1986 年，Unigraphics 吸取了业界领先的、为实践所证实的实体建模核心——Parasolid 的部分功能。

1989 年，Unigraphics 宣布支持 UNIX 平台及开放系统的结构，并将一个新的与 STEP 标准兼容的三维实体建模核心 Parasolid 引入 UG。

1996 年，Unigraphics 发布了能自动进行干涉检查的高级装配功能模块、最先进的 CAM 模块以及具有 A 类曲线造型能力的工业造型模块，它在全球迅猛发展，占领了巨大的市场份额，已经成为高端及商业 CAD/CAE/CAM 应用开发的常用软件。

2000 年，Unigraphics 发布了新版本 UG17，使 UGS 成为工业界第一个可以装载包含深层嵌入“基于工程知识”(KBE)语言的世界级 MCAD 软件产品的供应商。

2003 年，Unigraphics 发布了新版本 UG NX 2。新版本基于最新的行业标准，是一个全新支持 PLM 的体系结构。EDS 公司同其主要客户一起，设计了这样一个先进的体系结构，用于支持完整的产品工程。

2004 年，Unigraphics 发布了新版本 UG NX 3.0，它为用户的产品设计与加工过程提供了数字化造型和验证手段。它针对用户的虚拟产品设计和工艺设计的需要，提供经过实践验证的解决方案。

2007 年，UGS 公司发布了新版本 NX 5.0——NX 的下一代数字产品开发软件，帮助用户以更快的速度开发创新产品，实现更高的经济效益。

2008 年 5 月份，西门子工业自动化业务部旗下机构、全球领先的产品生命周期管理(PLM)软件和服务提供商 Siemens PLM Software 发布了 NX 第 6 版数字化产品开发软件，其中包括由 Siemens PLM Software 最新发布的同步建模技术所带来的新功能。

1.2.2 UG NX 的未来发展

NX 系列所倡导的“新一代数字化产品开发”将继续推行，主要侧重 DFM (基于制造的设计)和 DFA (基于装配的设计)，在设计环节充分考虑供应链环境和装配环境，提高设计的一次成功率，降低产品总体开发成本，缩短产品进入市场的时间，稳定产品质量。

进入 21 世纪后，包括 UG NX 在内的制造业 CAD 软件，将向高度集成化、智能化、网络化等方向发展，追求提高产品质量及生产效率，缩短设计周期及制造周期，降低生产成本，满足用户需求。此外，UG NX 将融合更多学科，多目标全性能的优化设计作为产品开发的方向，力求在多学科、多目标之间达到最佳组合。

1.3 UG NX 软件的技术特点

UG NX 不仅具有强大的实体造型、曲面造型、虚拟装配和产生工程图的设计功能，而且在设计过程中可以进行机构运动分析、动力学分析和仿真模拟，提高了设计的精确度和可靠性。同时，可用生成的三维模型直接生成数控代码，用于产品的加工，其处理程序支持多种类型的数控机床。另外，它所提供的二次开发语言 UG/OPEN GRIP UG/OPENAPI 简单易学，实现功能多，便于用户开发专用的 CAD 系统。具体来说，该软件具有以下特点：

(1) 具有统一的数据库，真正实现了 CAD/CAE/CAM 各模块之间数据交换的无缝接合，可实施并行工程。

(2) 采用复合建模技术，可将实体建模、曲面建模、线框建模、显示几何建模与参数化建模融为一体。

(3) 基于特征(如：孔、凸台、型腔、沟槽、倒角等)的建模和编辑方法作为实体造型的基础，形象直观，类似于工程师传统的设计方法，并能用参数驱动。

(4) 曲线设计采用非均匀有理 B 样线条作为基础，可用多样方法生成复杂的曲面，特别适合于汽车、飞机、船舶、汽轮机叶片等外形复杂的曲面设计。

(5) 出图功能强，可以十分方便地从三维实体模型直接生成二维工程图。能按 ISO 标准标注名义尺寸、尺寸公差、形位公差汉字说明等，并能直接对实体进行局部剖、旋转剖、阶梯剖和轴测图挖切等，生成各种剖视图，增强了绘图功能的实用性。

(6) 以 Parasolid 为实体建模核心，实体造型功能处于领先地位。目前著名的 CAD/CAE/CAM 软件均以此作为实体造型的基础。

(7) 提供了界面良好的二次开发工具 GRIP(Graphical Interactive Programing) 和 UFUNC(User Function)，使 UG NX 的图形功能与高级语言的计算机功能紧密结合起来。

(8) 具有良好的用户界面，绝大多数功能都可以通过图标实现，进行对象操作时，具有自动推理功能，同时在每个步骤中都有相应的信息提示，便于用户做出正确的选择。

1.4 UG NX 6 的功能模块与新增特点

随着需求的提高，软件的版本也不断升级。UG NX 6 与 NX 5.0 相比，主要功能模块没有发生特别大的变化，主要在命令功能的可操作性方面进行了很大的加强。

1.4.1 UG NX 6 主要功能模块

UG NX 6 整体软件系统由许多相对独立的模块构成，涵盖了产品生产过程中涉及 CAD/CAE/CAM 等各方面的技术，具体功能如图 1-2 所示。

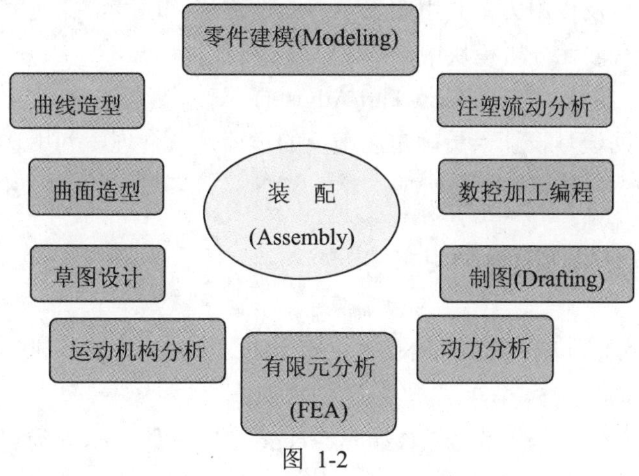

图 1-2

其中常用的模块有：

(1) 基本环境模块(Gateway)

该模块是进入 NX 的入口，它仅提供一些最基本的操作，如新建文件、打开文件。输入/输出不同格式的文件、层的控制、视图定义等，是其他模块的基础。

(2) 建模模块(Modeling)

该模块提供了形象化渲染、曲线、直线和圆弧、编辑曲线、成形特征、特征操作、编辑特征曲面、编辑曲面、自由曲面成形等三维造型常用工具。

(3) 制图模块(Drafting)

该模块使设计人员方便地获得与三维实体模型完全相关的二维工程图。3D 模型的任何改变会同步更新工程图，从而使二维工程图与 3D 模型完全一致，同时也减少了因 3D 模型改变更新二维工程图的时间。

(4) 装配模块(Assemblies)

该模块提供了并行的自上而下或自下而上的产品开发方法，在装配过程中可以进行零部件的设计、编辑、配对和定位，同时还可对硬干涉进行检查。在使用其他模块时，可以同时选择该模块。

(5) 外观造型设计模块(Shape Studio)

该模块协助工业设计师快速而准确地评估不同设计方案，提高创造能力。

(6) 结构分析模块(Structures)

该模块能将几何模型转换为有限元模型，可以进行线性静力、标准模态与稳态热传递、线性屈曲分析，同时还支持对装配部件、包括间隙单元的分析，分析的结果可用于评估各种设计方案，优化产品设计，提高产品质量。

(7) 运动仿真模块(Motion Simulation)

该模块可对任何二维或三维机构进行运动学分析、动力学分析和设计仿真，可以完成大量的装配分析，如干涉检查、轨迹包络等。交互的运动学模式允许用户可以同时控制 5 个运动副，可以分析反作用力，并用图表示各构件位移、速度、加速度的相互关系，同时反作用力可输出到有限元分析模块中。

(8) 注塑流动分析模块(MoldFlow Part Adviser)

该模块可以帮助模具设计人员确定注塑模的设计是否合理，利用它可以检查出不合适的注塑模几何体并予以修正。

1.4.2 UG NX 6 新增特点

整体上来说，NX 6 版本延续了 NX 5.0 的功能，并作了一些改进。主要可以归结为四大特性：

(1) 更灵活——在“无约束设计(Design Freedom)”方面，NX 6 为用户提供了新的灵活性，这种灵活性来自于同步建模技术，在建模过程中可以实现直接编辑，十分简易。“无约束设计”现在结合了约束驱动技术与直接建模技术的最佳之处，为用户提供了比以前快 100 倍的设计体验。除了“无约束设计”，NX 6 还通过改进 NX 5.0 中基于角色的用户界面，为用户带来了更多的灵活性，从而继续改善用户体验。

(2) 更有力——NX 6 可通过一体化的 CAD/CAM/CAE 解决方案来处理极其复杂的问题。NX 6 的先进仿真功能可以应对要求最苛刻的 CAE 挑战，减少 30%的物理样机。NX 6 继续发展 Siemens PLM Software 的生命周期仿真，使仿真在整个产品生命周期中进一步深入，以便进行高质量的设计并推动产品创新。NX 6 仿真对集成其中的 Advanced Flow 和 Advanced Thermal 解决方案进行了延展。可实现多物理场耦合的全方位仿真，包括传导、强制对流和液化等。此外，新的 FE 模型关联功能带来了基于更高准确度的设计决策。

(3) 更协调——NX 6 统一的过程促进协同产品开发，通过提高过程效率，缩短 20%的周期时间。NX 6 利用 PMI 数据显著改进了整个生命周期中的信息流。与 NX CAM 基于特征的自动化编程相连，可缩减 20%的数控编程时间。此外，NX 高级仿真(NX Advanced Simulation)还可以利用全新的 CAE 数据模型和 Teamcenter® for Simulation 中的 CAE 装配架构(CAE Assembly Product Structure)来了解产品知识。NX 6 还具有更快的数据管理功能，可以改善协作性。通过使用 NX 的 Geolus® Search 功能，工程师们可以根据诸如大小和形状等特征搜索一般零部件。

(4) 更高效——NX 6 通过诸如剪贴簿等主要重用功能改进，使周期缩短 40%，从而为工程师和设计师带来更高效率。凭借 NX 6，工程师可以直接在其设计、分析和制造过程中利用多种 CAD 数据，从而降低了为改善分析和加工时间而重新掌握信息的需求，获得了更高的生产力。

1.5 如何学好 UG NX 三维造型

UG NX 的模块很多，功能也十分强大，因此要学好 UG 的所有功能模块不太现实、也没有必要，掌握、精通其中几个重要模块就已经很成功了。三维造型模块就是其中最基础，也是最重要的模块之一，包括曲线、曲面、草图、实体建模、装配、工程图等许多非常重要的子模块，它是进行产品设计、模具设计的主要手段，更是以后进行 CAE 分析和 CAM 制造，形成最终产品实物的根本依据。

三维造型又称为三维设计，其目的就是将现实中的三维物体在计算机中描述出来，其结果可以称为虚拟机。它包含了物体所具有的所有物理属性，能对其进行运动、动力分析、有限元分析和其他分析等。

学好三维造型技术，首先要掌握三维造型的基础知识、基本原理、造型思路与基本技巧，其次要学会熟练使用至少一个三维造型软件，包括各种造型功能的使用原理、应用方法和操作方法。

基础知识、基本原理与造型思路是三维造型技术学习的重点，它是评价一个 CAD 工程师三维造型水平的主要依据。目前常用 CAD 软件的基本功能大同小异，因此对于一般产品的三维造型，只要掌握了正确的造型方法、思路和技巧，采用何种 CAD 软件并不重要。正如计算机编程，如果确定了算法和流程，用哪种编程语言一般都可以实现。掌握了三维造型的基本原理与正确思路，就如同学会了捕鱼的方法，学会了“渔”而不仅仅是得到一条“鱼”。

在学习三维造型软件的使用时，也应避免只重视学习功能操作方法的倾向，而应着重理解软件功能的整体组成结构、功能原理和应用背景，纲举而目张，这样才能真正掌握并灵活使用软件的各种功能。

同其他知识和技能的学习一样，掌握正确的学习方法对提高三维造型技术的学习效率和质量有十分重要的作用。那么，什么学习方法是正确的呢？下面给出几点建议：

(1) 集中精力打歼灭战。在较短的时间内集中完成一个学习目标，并及时加以应用，避免马拉松式的学习。

(2) 正确把握学习重点。包括两方面含义，一是将基本原理、思路和应用技巧作为学习的重点；二是在软件造型功能学习时也应注重原理。对于一个高水平的 CAD 工程师而言，产品的造型过程实际上首先在头脑中完成，其后的工作只是借助某种 CAD 软件将这一过程表现出来：

(3) 有选择地学习。CAD 软件功能相当丰富，学习时切忌面面俱到，应首先学习最基本、最常用的造型功能，尽快达到初步应用水平，然后再通过实践及后续的学习加以提高。

(4) 对软件造型功能进行合理分类。这样不仅可提高记忆效率，而且有助于从整体上把握软件功能的应用。

(5) 从一开始就注重培养规范的操作习惯，在操作学习中始终使用效率最高的操作方式。同时，应培养严谨、细致的工作作风，这一点往往比单纯学习技术更为重要。

(6) 将平时所遇到的问题、失误和学习要点记录下来，这种积累的过程就是水平不断提高的过程。

(7) 最后，学习三维造型技术和学习其他技术一样，要做到“在战略上藐视敌人，在战术上重视敌人”，既要对完成学习目标树立坚定的信心，又要脚踏实地地对待每一个学习环节。

1.6 本章小结

本章主要概述了 UG 的发展历程、UG NX 软件的特点和 UG NX 6 的新增功能，介绍了 UG 在现代制造业中的重要地位。同时，还讲述了 UG 的未来发展趋势。

作为开篇，本章总结了一些 UG NX 的学习方法和经验。通过本章的学习，读者对于为什么要学习 UG NX、UG NX 能做什么、如何学习 UG NX 应该心中有数！

1.7 思考与练习题

1. 简述 UG NX 软件在现代制造业中的地位。
2. UG NX 软件有哪些技术特点？
3. UG NX 6 主要有哪些功能模块？各自的功能是什么？
4. 简述 UG NX 6 有哪些新增特点。

第 2 章　UG NX 6 应用体验

本章重点内容

本章通过一个具体实例，介绍 UG NX 6 产品建模的流程。从新建文件开始，到最终完成该实例，整个例子包含草图创建、实体模型创建和产品工程图。

本章学习目标

- ☑ 掌握产品建模流程
- ☑ 了解草图的创建
- ☑ 了解实体建模
- ☑ 了解绘制工程图

2.1　UG NX 6 产品建模的典型流程

本书以 Windows XP 系统下的 UG NX 6 软件版本为例，阐述其使用方法。使用该软件的一般流程主要包括以下几个步骤：

(1) 启动 UG NX 软件。双击桌面上的 NX 6 快捷图标或单击【开始】|【所有程序】|UGS NX 6|NX 6，即可启动 UG NX 软件。

(2) 新建一个文件或打开一个已存在的文件。用户可以新建一个文件，然后通过各种功能命令进行设计，也可以打开一个现有文件，然后对其进行修改或编辑。

(3) 调用相应的模块。单击【标准】工具条中的【起始】命令选择相应的模块名称，或者选择【起始】|【所有应用模块】下的模块。

(4) 选择具体的命令进行相关操作。例如，调用建模模块下的【曲线】工具条中命令创建线框图形，调用【特征】工具条中命令进行实体造型等，调用【曲面】工具条中命令创建自由曲面，等等。

(5) 保存文件。选择【文件】|【保存】命令。

(6) 退出 UG NX 系统。选择【文件】|【退出】命令。

2.2 一个入门实例

本节将通过一个机械连接件，详细描述利用 UG NX 6 进行产品建模的一般流程。效果如图 2-1 所示。

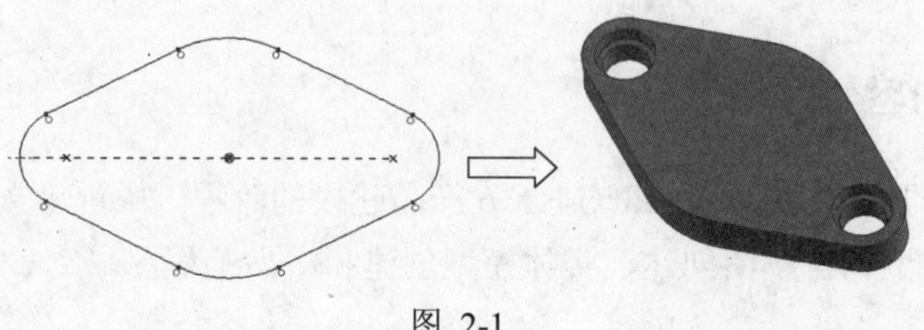

图 2-1

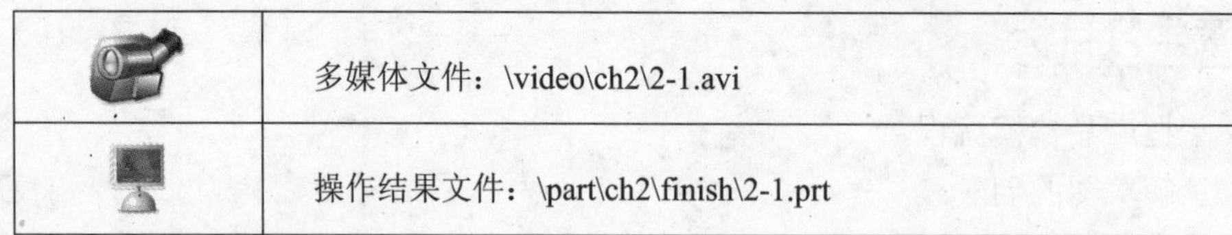

	多媒体文件：\video\ch2\2-1.avi
	操作结果文件：\part\ch2\finish\2-1.prt

1. 创建一个图形文件

(1) 选择【开始】|【所有程序】|UGS NX 6|NX 6。

(2) 选择【文件】【新建】命令，弹出【新建】对话框，如图 2-2 所示。选择顶部模块类型为【模型】，选择文件类型为【模型】，单位保持默认设置。输入文件名称 2-1.prt，选择文件保存的路径，单击【确定】按钮即可创建一个新的文件。系统将自动进入建模模块。

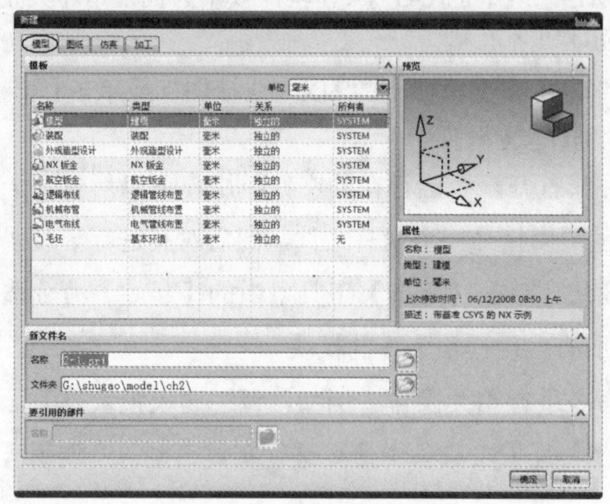

图 2-2

2. 绘制产品的草图

(1) 单击【特征】工具条上的【草图】命令，如图 2-3 所示。

图 2-3

(2) 系统打开【创建草图】对话框，单击【确定】按钮，进入草绘环境。系统将默认 XC-YC 平面为草绘平面。

(3) 在【草图工具】工具条上，单击【显示所有约束】和【创建自动判断的约束】命令，使这两个命令处于打开状态，如图 2-4 所示。

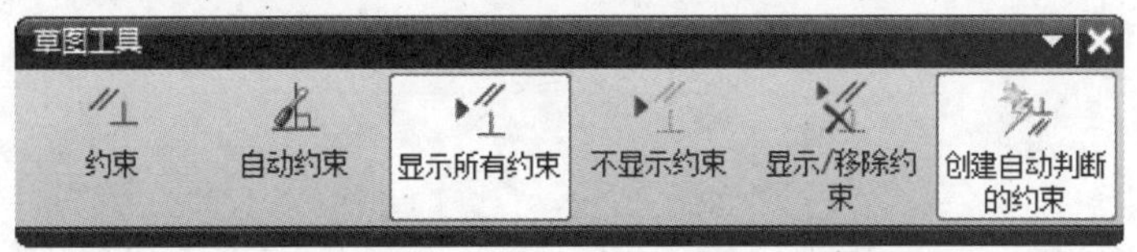

图 2-4

(4) 单击【草图工具】工具条上的【圆】命令，同时使选择条上的【启用捕捉点】图标处于激活状态。将光标置于坐标系原点附近，如图 2-5 所示，系统将自动捕捉到坐标系原点作为圆心。拖动鼠标，在合适的位置单击左键，即可创建如图 2-6 所示的圆。然后在该圆的两侧各创建一个圆，结果如图 2-7 所示。

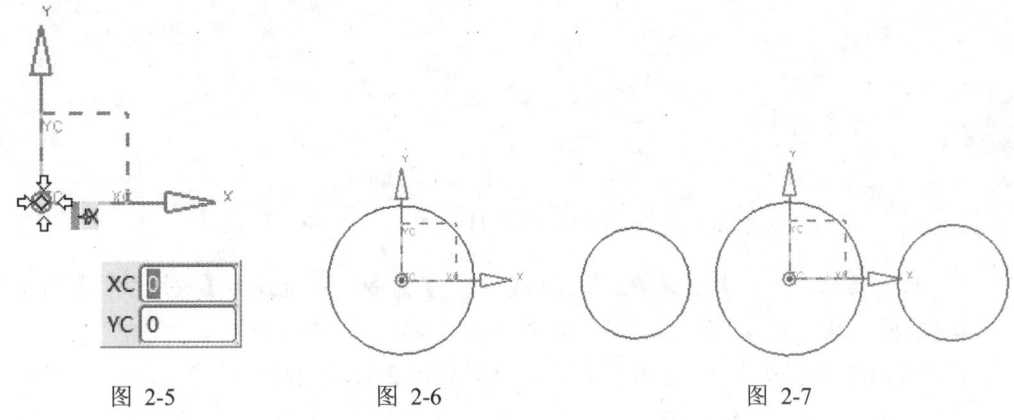

图 2-5　　图 2-6　　图 2-7

(5) 单击【草图工具】工具条上的【约束】命令，依次选择位于最左边的圆的圆心和基准坐标系的 X 轴，然后单击【约束】栏上的【点在曲线上】图标，即可将圆心定位到 X 轴上。以同样的方式将最右边的圆的圆心定位到 X 轴上，结果如图 2-8 所示。

(6) 确认【草图工具】工具条上的【约束】命令处于激活状态。依次选择第一个和第二个圆，然后单击【约束】栏中的【相切】图标，即可使两个圆保持相切。以同样的方式使第二个圆和第三个圆相切，结果如图 2-9 所示。

(7) 单击【草图工具】工具条上的【自动判断的尺寸】命令，选择第一个圆，输入尺寸值 40，如图 2-9 所示。

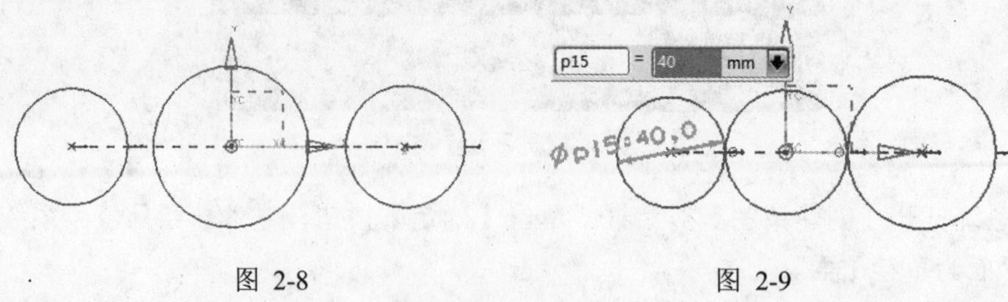

图 2-8　　　　图 2-9

(8) 以同样的方式创建第二、第三个圆的尺寸约束，其尺寸值分别为 100 和 40，结果如图 2-10 所示。

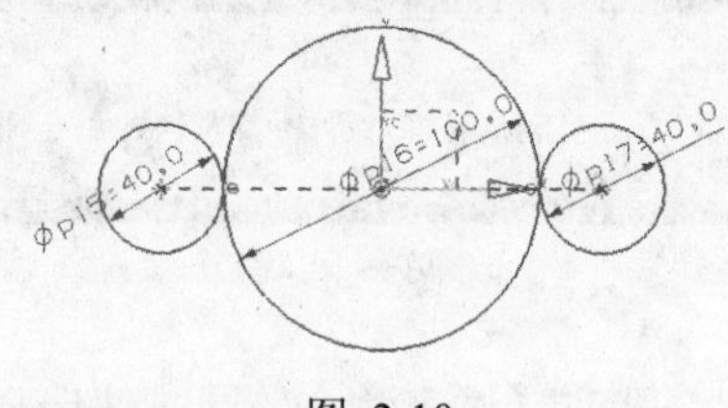

图 2-10

(9) 选择上面标注的三个尺寸，然后在右键快捷菜单中选择【隐藏】命令将它们隐藏。单击【直线】命令，创建一条直线，然后与圆建立【相切】约束，如图 2-11 所示。

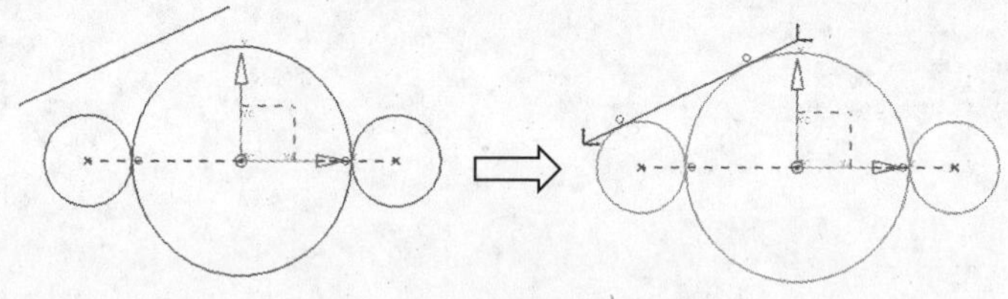

图 2-11

(10) 单击【草图工具】工具条上的【快速裁剪】命令，系统弹出【快速裁剪】对话框，再选择直线的两端，将其裁剪，结果如图 2-12 所示。

(11) 类似地，完成其余三条相切直线，结果如图 2-13 所示。

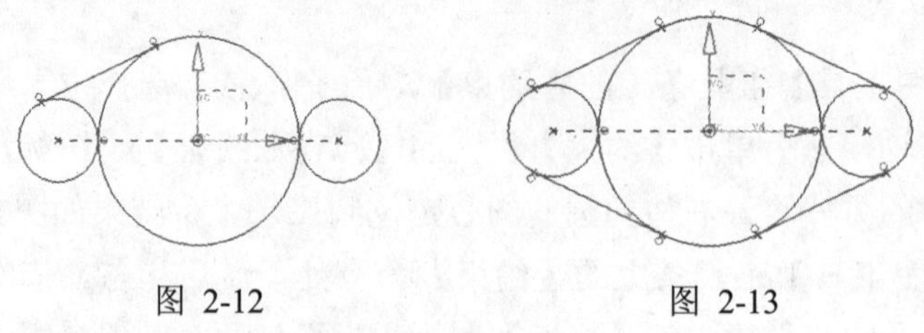

图 2-12　　　　图 2-13

(12) 利用【快速裁剪】命令修剪圆弧，结果如图 2-14 所示。

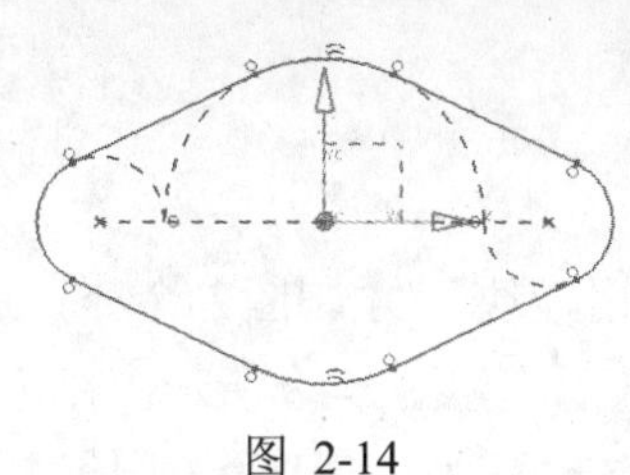

图 2-14

(13) 单击【草图生成器】上的【完成草图】命令，退出草图生成器回到建模环境。

3. 构造产品的三维模型

(1) 单击【特征】工具条上的【拉伸】命令，系统弹出【拉伸】对话框，选择前面完成的草图，拉伸尺寸从 0 到 20，其余保持默认设置，如图 2-15 所示。单击【确定】按钮完成。

(2) 单击【确定】按钮完成拉伸。结果如图 2-16 所示。

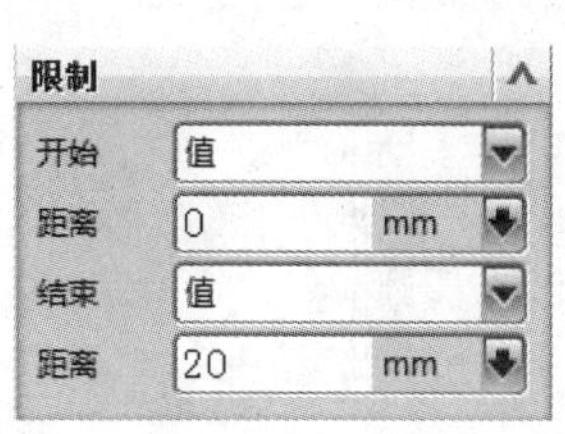

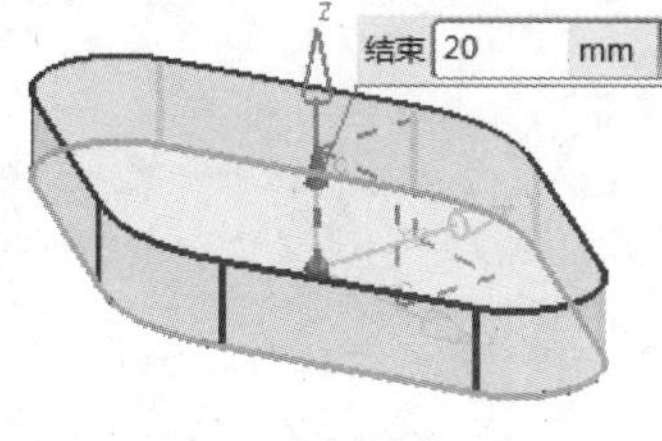

图 2-15

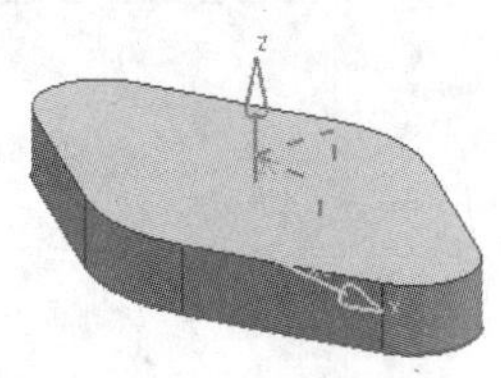

图 2-16

(3) 单击【特征】工具条上的【孔】命令，系统弹出【孔】对话框，设置类型和尺寸，如图 2-17 所示，其他保持默认设置。选择左右两边的圆弧中心(选择圆弧后即可捕捉到圆心)作为孔的参考点，单击【确定】按钮完成孔特征。

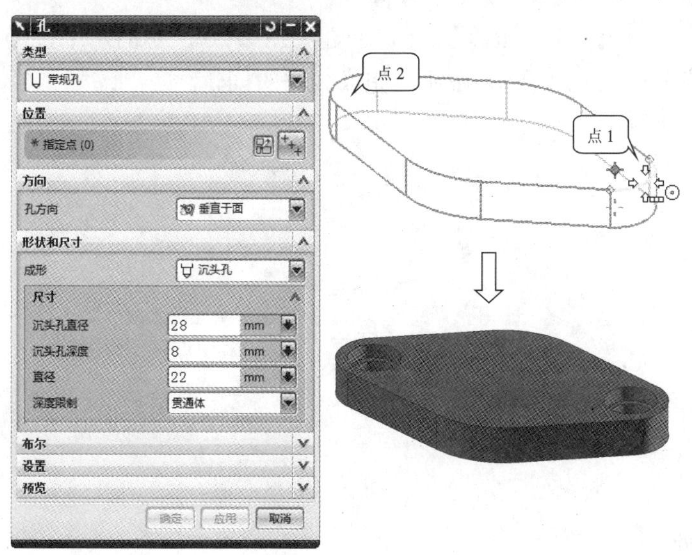

图 2-17

(4) 保存部件。

4. 绘制产品的工程图

(1) 选择【开始】|【所有应用模块】|【制图】命令，进入工程图环境。

(2) 系统弹出【工作表】对话框，如图 2-18 所示。在【大小】与【刻度尺】列表框中设置图纸尺寸与比例，在【图纸页名称】文本框中输入图纸名，在【投影】栏中选择【第一象限角投影】。选中【自动启动基本视图命令】复选框，单击【确定】按钮进入制图环境。

(3) 系统弹出【基本视图】对话框，默认视图为 top(俯视图)，将该视图放置在合适的位置上，如图 2-19 所示。

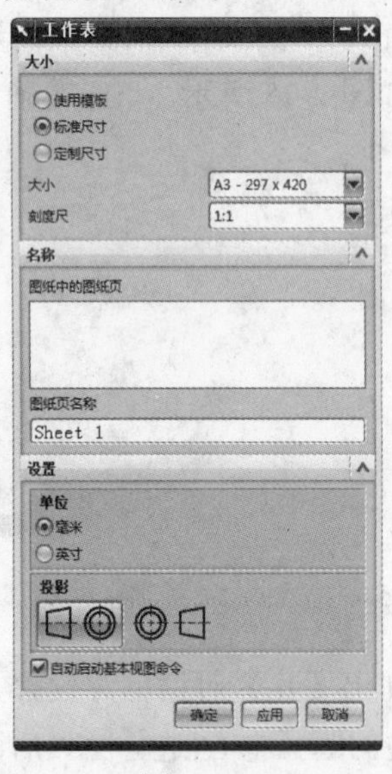

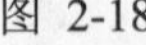
图 2-18

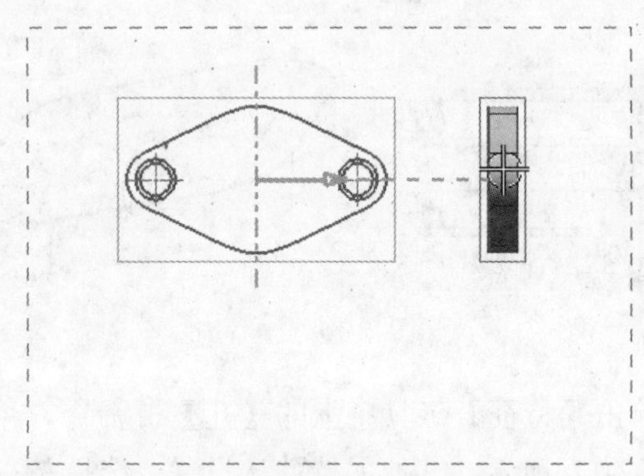

图 2-19

(4) 系统自动启用【投影视图】命令，创建如图 2-20 所示的两个投影视图。然后单击【投影视图】对话框中的【关闭】按钮，完成视图的创建。

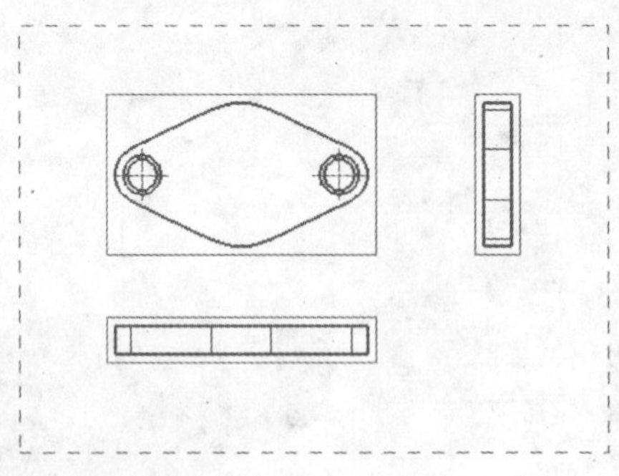

图 2-20

(5) 保存部件。

2.3　本章小结

本章通过一个例子介绍了 UG NX 6 产品建模的流程。虽然模型比较简单，但是基本上覆盖了每个部分，包括创建草图、建立特征、创建工程图等。有些步骤可能不是特别详细，但是基本上将操作方法描述清楚了。至于功能命令的更多介绍，可以参考后面章节的内容。

2.4　思考与练习题

2.4.1　思考题

1. 简述 UG NX 6 产品建模的典型流程。
2. 本章所讲述的入门实例用到了 UG NX 6 中哪几个功能模块以及哪些命令？

2.4.2　操作题

设计如图 2-21 所示的模型。

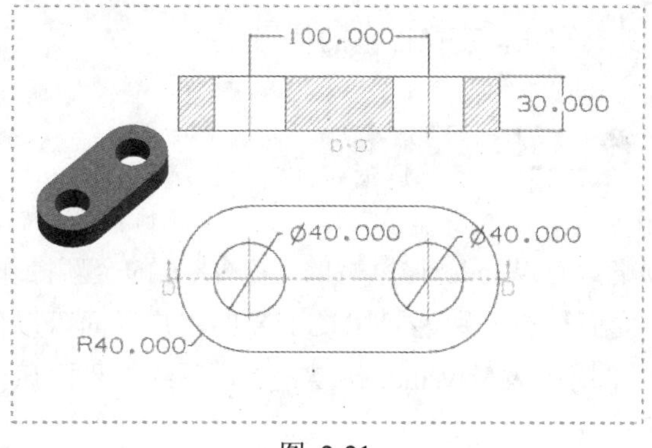

图 2-21

	操作结果文件：\part\ch2\finish\lianxi2-1.prt

第3章　UG NX 6工作环境和基本操作

本章重点内容

本章主要介绍 UG NX 6 的工作界面、基本操作及通用工具。通过本章的学习，读者可以熟悉 UG NX 6 的常用工具，并掌握一些基本操作。

本章学习目标

- ☑ 熟悉 UG NX 6 的工作界面
- ☑ 掌握 UG NX 6 系统环境的设置方法
- ☑ 掌握视图布局的操作方法
- ☑ 掌握平面、矢量及坐标系的构造方法
- ☑ 掌握几何图形管理工具的使用
- ☑ 掌握对象显示工具和几何变换工具的使用

3.1　UG NX 6 工作界面

本节将带您初步领略具有 Windows 风格的 UG NX 6 的全新操作界面。UG NX 的工作界面会因使用环境的不同而稍有差别，同时 UG NX 的用户界面可以根据个人喜好及操作习惯进行定制。UG NX 6 采用了大量 Windows XP 操作系统的界面风格，使得操作界面更加清晰明了，如图 3-1 所示。

> 对话框水平拖动条、提示栏、状态栏、选择条可以在工作区域的上方、下方之间依据爱好切换位置；而工具栏可以在工作区域的上方、下方和右方之间切换位置。

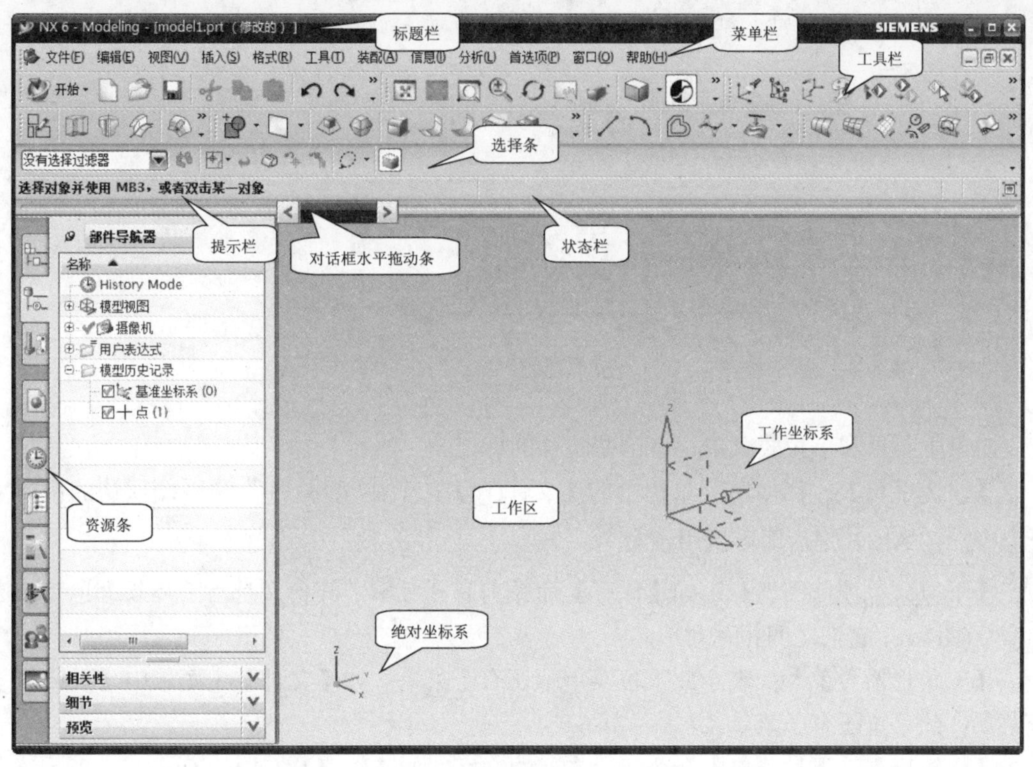

图 3-1

3.1.1　标题栏和工作区

在 UG NX 用户界面中，标题栏的作用与一般 Windows 应用软件的标题栏作用大致相同，即用于显示软件名称及其版本号、当前工作模块、正在操作的文件名称。如果对文件进行了修改，但还没有保存，其后面还会显示“(修改的)”提示信息。

工作区即绘图区，是创建、显示和编辑图形的区域，也是进行结果分析和模拟仿真的窗口。

3.1.2　菜单栏

菜单栏包含了该软件的主要功能，系统所有的命令或设置选项都归属到不同的菜单下，菜单栏包括【文件】、【编辑】、【视图】、【插入】、【格式】、【工具】、【装配】、【信息】、【分析】、【首选项】、【窗口】和【帮助】等菜单项。

当单击任何一个菜单项时，系统都会展开一个下拉式菜单，其中包含与该功能有关的命令，如图 3-2 所示。

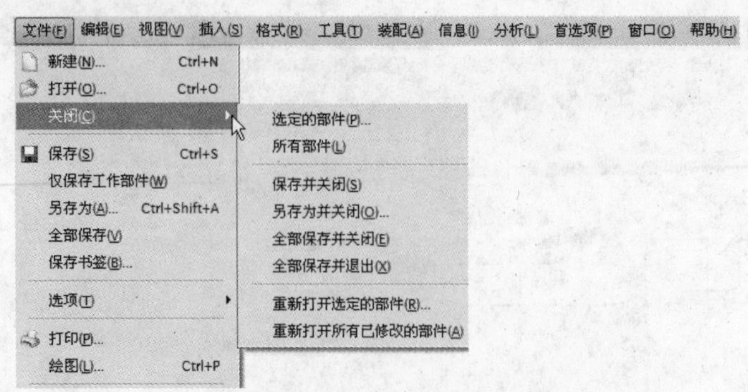

图 3-2

对于主菜单和下拉式菜单，有一些特殊的标记。

【快捷字母】：例如主菜单栏中的【文件(F)】，其中字母“F”是系统默认的快捷字母命令，按 Alt+F 键后即可调用该命令。

【下拉菜单项前图表】：如【保存】命令前有图标，其含义是指工具条上也有相应的命令(图标)，它们之间相互对应。

【三角形箭号】：表示此下拉菜单中还有子菜单。如【文件】主菜单中【关闭】下拉菜单，此菜单还有子菜单。

【快捷键】：下拉菜单中命令字段右方的文字。如【新建】右边的 Ctrl+N，表示该命令的快捷键，按 Ctrl+N 键，系统会自动执行对应的功能。

【点号(…)】：表示此命令将以对话框的方式进行设置。如【文件】主菜单中的【打印】命令，若选择此命令系统将弹出【打印】对话框。

3.1.3 工具栏

工具栏以简单直观的图标来表示每个命令的作用。这样可以免去用户在菜单栏中查找命令的繁琐，方便用户的使用。把光标移动到某个图标上稍停片刻，即显示相应的提示信息。如果需要，还可以通过设置，在工具条上显示图标对应的命令名称，如图 3-3 所示。

图 3-3

图 3-4 列出了一些常用的工具条，主要有【视图】、【实用工具】、【特征】、【特征操作】、【曲线】、【曲面】和【草图工具】。

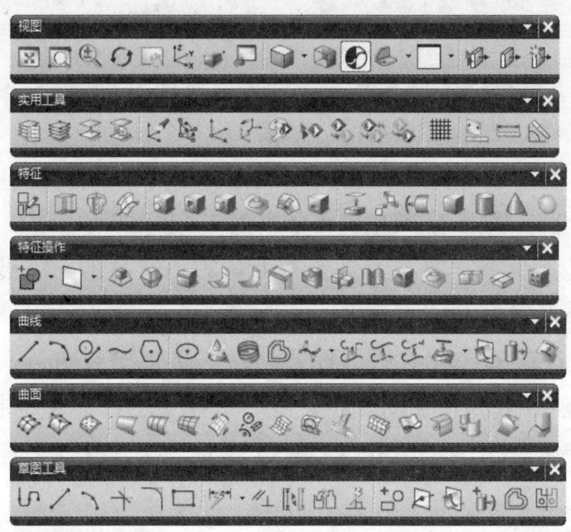

图 3-4

3.1.4　提示栏和状态栏

默认情况下，提示栏位于绘图区的左上方，主要用于提示用户下一步的操作。状态栏固定于提示栏的右方，显示有关当前选项的信息或最近完成的功能信息，这些信息不需要回应。如图 3-5 所示为利用【直线　点—点】命令创建直线，在确定直线的终点时【提示栏】和【状态栏】显示的信息。

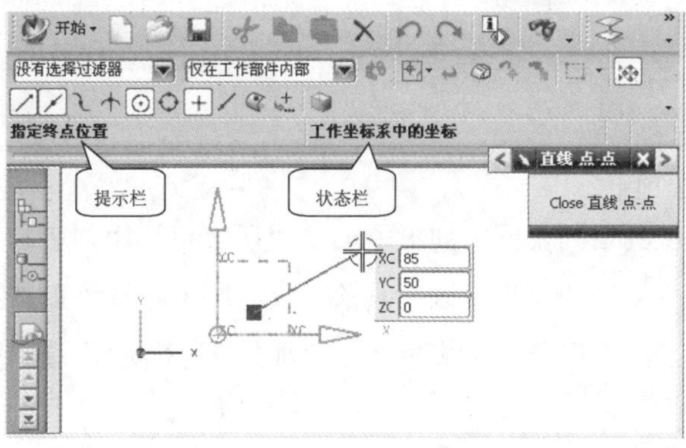

图 3-5

3.1.5　界面环境的定制

UG NX 6 软件默认的用户界面是一种大众化的设计，可满足大多数使用者的需要。对不同的设计习惯和应用情况，UG NX 6 提供了方便的界面定制方式，用户可以按照个人需要个性化定制。

1. 工具条的定制

UG 启动后，很多工具条处于隐藏状态。如果显示所有工具条，UG 的绘图空间将会变得很小，不利于用户操作。定制工具条的方法有：

(1) 拖动工具条。工具条可停靠在绘图区的上方、下方或右方。要想拖动工具条，只需选择工具条头部或上部，按下鼠标左键不放并移动鼠标即可。

(2) 隐藏/显示工具条命令。单击工具条右上角的小三角形，能展开该工具条包含的所有命令，通过选中命令可以打开或隐藏命令，如图 3-6 所示。

(3) 调用【定制】对话框进行对话框设置。在工具条上右击，在弹出的快捷菜单中选择【定制】命令，系统弹出【定制】对话框。或者选择【工具】|【定制】命令也能打开【定制】对话框，如图 3-7 所示。该对话框主要有 5 个选项卡：【工具条】、【命令】、【选项】、【排样】和【角色】。

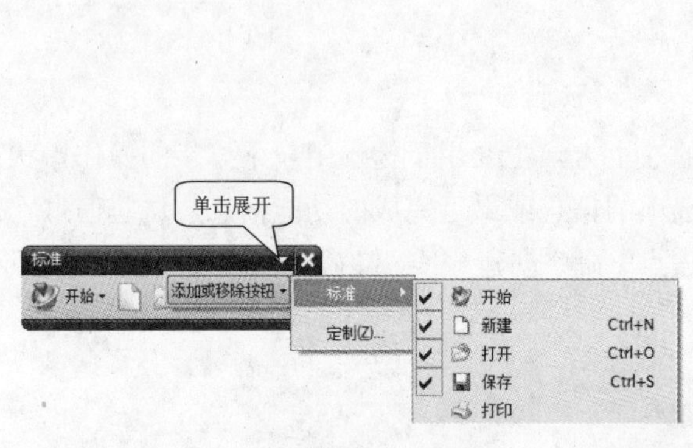

图 3-6

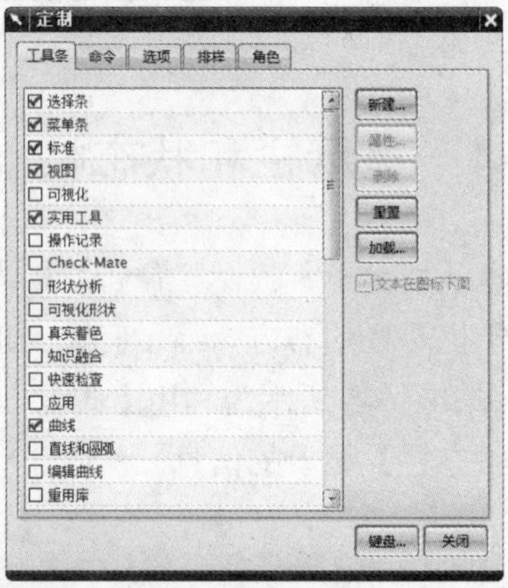

图 3-7

- 【工具条】选项卡

如图 3-7 所示，工具条列表框中列出了 UG 里所有可调用的工具条名称，在工具条名称前的复选框中打上“√”即可显示该工具条，反之则可隐藏该工具条。类似地，在工具栏上右击，系统弹出工具条列表，可以直接在该列表中进行显示(选中)或者隐藏(取消选中)工具条的设置。

- 【命令】选项卡

如图 3-8 所示，在【类别】列表框中选择命令类别名称，右边的【命令】列表框将列出该类别中所有的功能图标按钮，选择需要的图标并拖动到当前工作界面中的工具条上即可添加一个工具按钮。

- 【选项】选项卡

如图 3-9 所示，【工具条图标大小】和【菜单图标大小】选项区域内列出了系统提供的 4 种图标尺寸规格，为使绘图区域尽可能大，并兼顾选择工具条上图标的方便性，建议

选择【小】或【特别小】单选按钮。

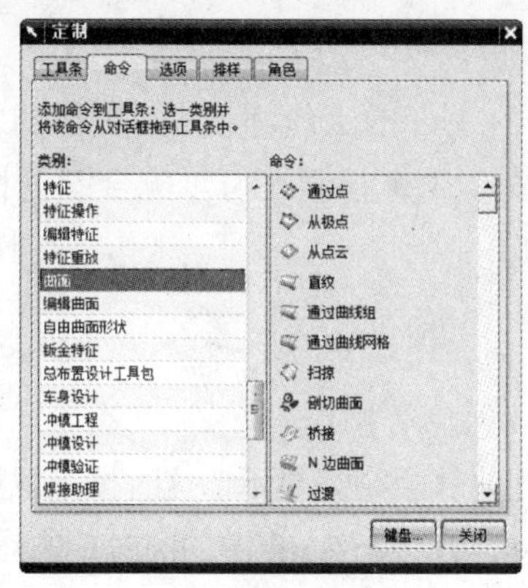

图 3-8

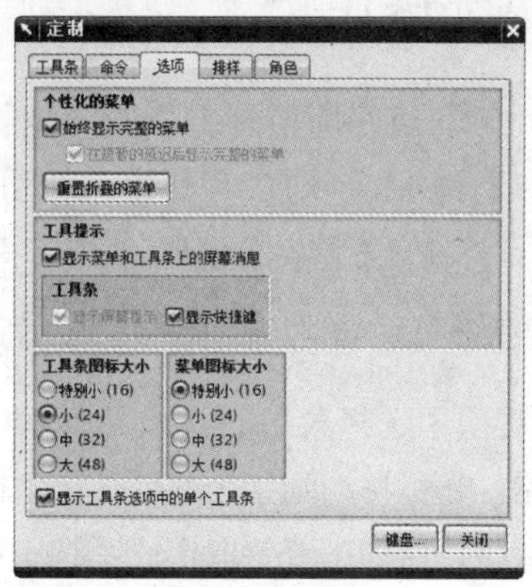

图 3-9

- 【排样】选项卡

如图 3-10 所示，选择【重置布局】可重置布局到默认状态。【提示/状态位置】、【选择条位置】可以设置提示栏、状态栏和选择条的位置。

- 【角色】选项卡

如图 3-11 所示，该选项卡用于加载或创建角色。

2. 工作界面背景的定制

默认的绘图区域呈浅灰的渐变色，若想改变这种视觉效果，可以选择【首选项】|【背景】命令，系统弹出【编辑背景】对话框，如图 3-12 所示。若将背景设置为【普通】，则可以单击【普通颜色】，打开调色板以设置单一的颜色。

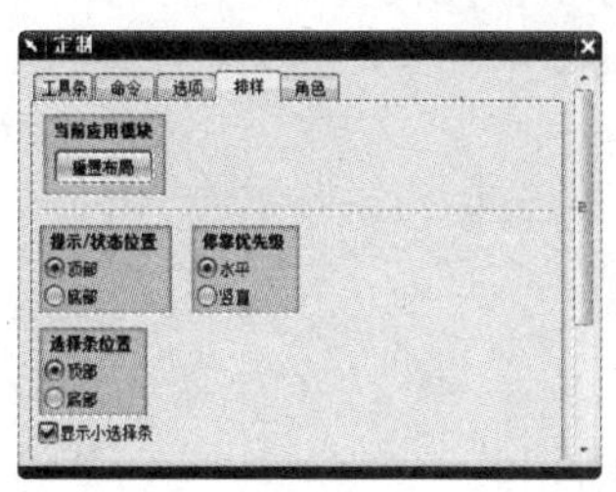

图 3-10

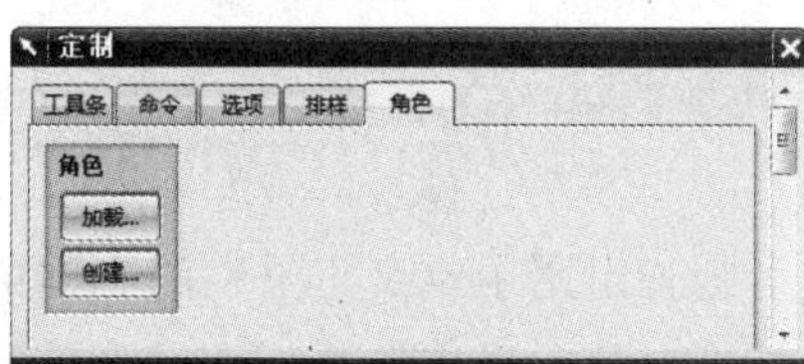

图 3-11

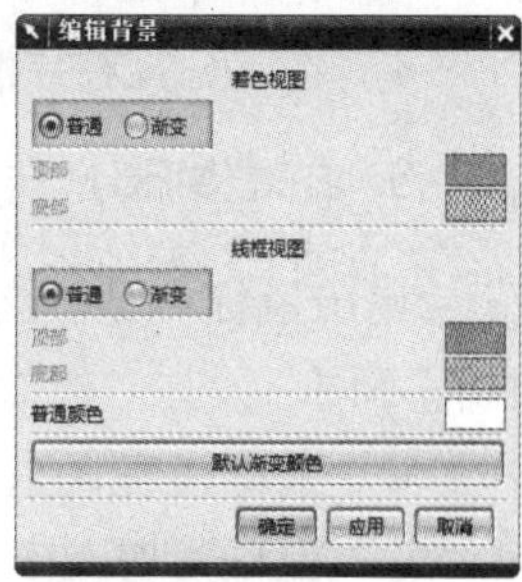

图 3-12

3.2　鼠标和键盘的使用

鼠标和键盘是主要输入工具，如果能够妥善运用鼠标按键与键盘按键，就能快速提高设计效率。因此，正确、熟练地操作鼠标和键盘十分重要。本节将对该内容进行详细的讨论。

3.2.1 鼠标操作

使用 UG 时，最好选用含有 3 键功能的鼠标。在 UG 的工作环境中，鼠标的左键 MB1、中键 MB2 和右键 MB3 均含有其特殊的功能。此外，3 个按键还可以配合键盘执行其他的功能，这一点将在 3.2.2 节中说明。

1. 左键(MB1)

鼠标左键用于选择菜单、选取几何体、拖动几何体等操作。

- 通常，光标移动到某个几何体上方时，该几何体会高亮显示，这时按下鼠标左键即可选取该几何体；若要取消已经选中的几何体，在按下 Shift 键的同时单击该对象即可。
- 若多个几何体部分或全部重叠在一起，则移动光标到要选择的几何体上，按下鼠标左键；或者将光标停留在多个几何体重叠处，会弹出一个对话框，选择使几何体变成高亮显示的选项，即可选中相应几何体。

2. 中键(MB2)

鼠标中键在 UG 系统中起着重要的作用，但不同的版本其作用具有一定的差异。通常：

- 在对话框模式下，单击鼠标中键，相当于单击对话框上的默认按钮(一般情况下为【确定】按钮)，因此可以用按 MB2 键来代替单击对话框上默认按钮的操作，从而加快操作速度。
- 在 UG NX 中按下 MB2 键不放，然后拖动鼠标即可旋转几何体。
- 在 UG NX 中按下 Ctrl+MB2 键不放，然后拖动鼠标即可缩放几何体。向上移动鼠标缩小几何体，向下移动鼠标放大几何体。
- 在 UG NX 中按下 Shift+MB2 键不放，然后拖动鼠标即可平移几何体。

3. 右键(MB3)

单击鼠标右键，会弹出快捷菜单(称为鼠标右键菜单)，菜单内容依鼠标放置位置的不同而不同。

- 鼠标放置在工具栏上则弹出用于定义工具栏的右键菜单。
- 鼠标放置在绘图区域空白处，弹出的鼠标右键菜单与视图相关。
- 鼠标放置在实体上，则弹出与实体相关的操作，如【编辑参数】、【隐藏体】和【删除】等命令。

3.2.2 键盘快捷键及其作用

在设计中，键盘作为输入设备，快捷键操作是键盘主要功能之一。通过快捷键，设计者能快速提高效率。尤其是通过鼠标要反复地进入下一级菜单的情况，快捷键作用更明显。

UG 中的键盘快捷键数不胜数，甚至每一个功能模块的每一个命令都有其对应的键盘

快捷键。表 3-1 列出了常用快捷键。

表 3-1

按　键	功　能	按　键	功　能
Ctrl+N	新建文件	Ctrl+J	改变对象的显示属性
Ctrl+O	打开文件	Ctrl+T	几何变换
Ctrl+S	保存	Ctrl+D	删除
Ctrl+R	旋转视图	Ctrl+B	隐藏选定的几何体
Ctrl+F	满屏显示	Ctrl+Shift+B	颠倒显示和隐藏
Ctrl+Z	撤销	Ctrl+Shift+U	显示所有隐藏的几何体

要熟练掌握快捷键，还要了解与鼠标操作相结合的快捷键操作：

Alt+MB2：相当于单击【取消】按钮。

Shift+MB2/MB2+MB3：平移模型。

F6/Ctrl+MB2/MB1+MB2：放大或缩小视图。

热键，即各种功能键，如 F3 控制对话框的可见性；F5 表示刷新；F7 表示旋转。

3.2.3　定制快捷键

使用键盘快捷键可以节省时间，自己定制快捷键，可使其方便记忆。

要指派键盘快捷键，单击【定制】对话框右下方的【键盘】按钮，系统弹出【定制键盘】对话框，如图 3-13 所示。该对话框分为两个主要部分。

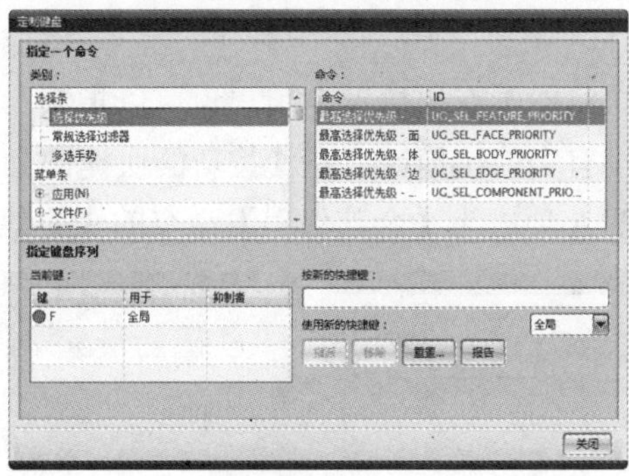

图 3-13

1. 指定一个命令

包括【类别】和【命令】两个列表框，各项含义如下：

- 【类别】：显示菜单条项目，导航到想定制的菜单项。
- 【命令】：显示对应于【类别】列表中选定项目的命令名称 ID。

2. 指定键盘序列

用户通过设置该栏选项定制快捷键，各项含义如下：

- 【当前键】：这将列出指派给【命令】列表中选定命令的快捷键，如果未指派任何快捷键，则它为空。选择该条目右边的复选框使快捷键仅可用于当前应用模块，默认情况下，不选择该复选框，表示快捷键将可用于所有应用模块。
- 【按新的快捷键】：激活此字段时，如键入有效的快捷键，此字段将显示快捷键。
- 【使用新的快捷键】：指定所定义的快捷键应用范围，有【全局】和【仅应用模块】两种选择。【全局】表示快捷键将应用到所有的模块，而【仅应用模块】表示快捷键仅应用到当前的模块中。
- 【指派】：NX 会在输入新快捷键时显示此按钮，使用此按钮可将快捷键指派给选定的命令，一旦指派了快捷键，它将出现在【当前键】列表中。
- 【移除】：如要移除快捷键，可使用此按钮。从【当前键】列表中选择快捷键，然后单击【移除】按钮即可。
- 【重置】：NX 仅在 user.mtx 文件中有与键盘定制关联的更改时激活此按钮。当单击【重置】按钮时，NX 会显示一条消息，警告将移除来自当前应用模块的 user.mtx 文件的所有快捷键定制。
- 【报告】：提供【信息】窗口。

如图 3-14 所示，【文件】类别中【新建】命令的当前快捷键为 Ctrl+N。如果用户在【按新的快捷键】文本框中输入 Ctrl+M，然后单击【指派】按钮，Ctrl+M 便成为【新建】命令的快捷键。但是此时 Ctrl+N 仍然是【新建】命令的快捷键，即【新建】命令对应了两个快捷键，如图 3-14 所示。用户可以通过【移除】按钮，将其中一个移除，从而只保留一个快捷键。

类似地，有些命令默认状态没有快捷键，用户也可以指派。如图 3-15 所示，【文件】类别中【全部保存】命令没有当前快捷键。在【按新的快捷键】文本框中输入 Ctrl+A，然后单击【指派】按钮，Ctrl+A 便成为【全部保存】命令的快捷键。

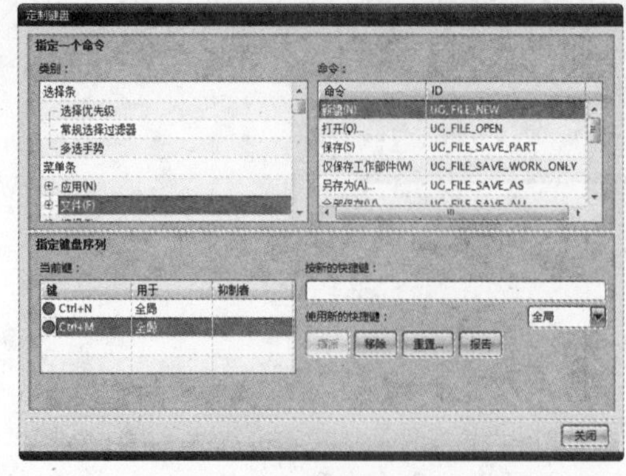

图 3-14

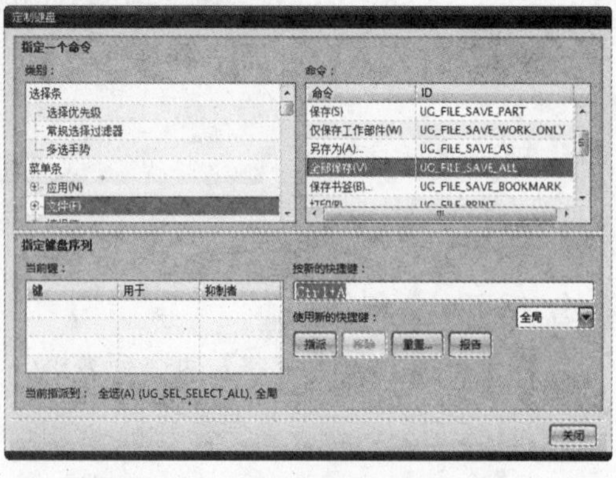

图 3-15

3.3　CAD 文件管理

3.3.1　什么是 CAD 图形文件

顾名思义，CAD 图形文件就是保存 CAD 软件设计结果(通常是各类图形)的文件。常用的图形文件可分为二维图形文件和三维图形文件。二维图形文件有基于 2D 图纸的 DXF 数据格式；三维图形文件有基于曲面的 IGES 图形数据格式、基于实体的 STEP 标准以及基于小平面的 STL 标准等。

3.3.2　UG NX 6 文件操作

在 UG 软件的文件菜单中，常用的命令是文件管理指令，包括大家所熟知的【新建】、【打开】、【保存】和【另存为】等。UG 文件的后缀为.prt。

1. 新建文件

新建文件的方法有多种，如选择【文件】|【新建】命令，按快捷键 Ctrl+N，或者单击【标准】工具条上的【新建】命令。这些方法都可以打开【新建】对话框，如图 3-16 所示。这个文件对话框与一般的 Windows 软件新建文件的对话框相似。用户需要指定软件模块类型：【模型】、【图纸】、【加工】或【仿真】。针对每个模块，用户还要选择文件类型，如【模型】中的【建模】，输入新建文件的名称，再选择文件保存的路径，如图 3-16 所示，最后单击【确定】按钮即可创建一个新的文件。

图 3-16

2. 打开文件

打开文件的方法也有多种，如选择【文件】 |【打开】命令，按快捷键 Ctrl+O，或者

单击【标准】工具条上的【打开】命令。这些方法都可以打开【打开】对话框。在对话框的右侧单击【预览】按钮，可以在打开文件之前查看模型，最后单击 OK 按钮即可。

UG NX 6 可以直接打开 IGES 等格式的文件。在【文件类型】中更改文件类型，可以选择不同后缀名的文件直接在当前图形窗口中打开，也可以使用导入方法将其他格式的数据文件转换到当前部件或者一个新的部件文件中。UG NX 可以同时打开多个文件，通过【窗口】列表可以切换各个文件。

除此之外，可以选择【文件】|【最近打开的部件】命令来打开最近打开过的文件。或者利用【历史】导航器，查找或打开最近编辑过的文件。

3. 保存文件

与【新建】文件类似，保存文件的方法也有多种，如选择【文件】|【保存】命令，按快捷键 Ctrl+S，或者单击【标准】工具条上的【保存】命令。另外，通过【另存为】命令可以将文件保存为另一名称的文件；【全部保存】则可以保存所有开启的部件文件。此外，若文件为组件(装配)文件，执行保存时系统将保存所有相关的文件。

UG 软件不支持中文的文件名，在文件及文件所在文件夹路径中都不能含有中文字符，此处请读者一定加以注意。

3.3.3 文件的类型

CAD 软件的文件类型并不统一，而且比较繁杂。以下举出一些文件类型实例，前三个较为常用，需要初步掌握，后面四个可作一般了解，用到的时候再查看相关书籍，作进一步学习。

1. DXF(Drawing Exchange Format)

DXF 是二维 CAD 软件 AutoCAD 系统的图形数据文件格式。DXF 虽然不是标准，但由于 AutoCAD 系统在二维绘图领域的普遍应用，使得 DXF 成为事实上的二维数据交换标准。DXF 是具有专门格式的 ASCII 码文本文件，它易于被其他程序处理，主要用于实现高级语言编写的程序与 AutoCAD 系统的连接，也可以用于其他 CAD 系统与 AutoCAD 系统之间交换图形文件。

2. IGES(Initial Graphics Exchange Specification)

IGES(初始图形信息交换规范)是基于曲面的图形交换标准，1980 年由美国国家标准局 ANSI 发布，目前在工业界应用最广泛，是不同的 CAD/CAM 系统之间进行图形信息交换的一种重要规范。

IGES 定义了一种“中性格式”文件，这种文件相当于一个翻译。在要转换的 CAX 软件系统中，把文件转换成 IGES 格式文件导出，其他 CAX 软件通过读入这种 IGES 格式的文件，翻译成本系统的文件格式，由此实现数据交换。这种结构方法非常适合在异种机之间或不同的 CAX 系统间进行数据交换，因此目前绝大多数 CAX 系统都提供读、写 IGES 文件的接口。

由于 IGES 定义的实体主要是几何图形信息，输出形式面向人们理解而非面向计算机，因此不利于系统集成。更为致命的缺陷是，IGES 数据转换过程中，经常出现信息丢失与畸变问题。另外，IGES 文件占用存储空间较大，虽然如今硬盘容量的限制不是很大的问题，但会影响数据传输和处理的效率。

尽管如此，IGES 仍然是目前为各国广泛使用的事实上的国际标准数据交换格式，我国于 1993 年 9 月起将 IGES3.0 作为国家推荐标准。

值得注意的是，IGES 无法转化实体信息，只能转换三维形体的表面信息。例如，一个立方体经 IGES 转换后，不再是立方体，而是只有立方体的六个面。

3. STEP(Standard for the Exchange of Product model Data)

STEP(产品模型数据交换标准)是三维实体图形交换标准，是一个产品模型数据的表达和交换的标准体系，1992 年由 ISO 制定颁布。产品在各过程产生的信息量大，数据关系复杂，而且分散在不同的部门和地方。这就要求这些产品信息以计算机能理解的形式表示，而且在不同的计算机系统之间进行交换时保持一致性和完整性。产品数据的表达和交换，构成了 STEP 标准。STEP 把产品信息的表达和用于数据交换的实现方法区分开来。

STEP 采用统一的产品数据模型，为产品数据的表示与通信提供一种中性数据格式，能够描述产品整个生命周期中的产品数据，包括为进行设计、分析、制造、测试、检验和产品支持而全面定义的零部件或构件所需的几何、拓扑、公差、关系、属性和性能等数据。STEP 标准的产品模型完整地表达了产品的设计、制造、使用、维护、报废等信息，为下达生产任务、直接质量控制、测试和进行产品支持等功能提供全面的信息，并独立于处理这种数据格式的应用软件。

STEP 较好地解决了 IGES 的不足，能满足 CAX 集成和 CIMS 的需要，将广泛地应用于工业、工程等各个领域，有望成为 CAX 系统及其集成的数据交换主流标准。STEP 标准存在的问题是整个体系极其庞大，标准的制订过程进展缓慢，数据文件比 IGES 更大。

4. STL

STL 文件格式最早是作为快速成型领域中的接口标准，现已被广泛应用于各种三维造型软件中，很多主流的商用三维造型软件都支持 STL 文件的输入/输出。STL 模型将原来的模型转化为三角面片的形式，以三角面片的集合来逼近表示物体外轮廓形状的几何模型，其中每个三角形面片由四个数据项表示，即三角形的三个顶点坐标和三角形面片的外法线矢量。STL 文件即为多个三角形面片的集合。目前 STL 文件格式在逆向工程中也非常常用，如三维实物利用三维数字化测量扫描所得的数据文件常常是 STL 格式。

5. Parasolid

Parasolid 是 UGS 公司的一种图形核心库，包含了绘制和处理各种图形的库函数。有关图形核心库及其相关标准，参见其他图形学有关资料。

6. CGM(Computer Graphics Metafile)

CGM 是计算机图形图元文件，可以包含矢量信息和位图信息，是许多组织和政府机构(包括英国标准协会 BSI、美国国家标准化协会 ANSI 和美国国防部等)使用的国际性标准化文件格式。CGM 能处理所有的三维编码，并解释和支持所有元素，完全支持三维线框模型、尺寸、图形块等输出。目前所有的 Word 软件都能支持插入这种格式。

7. VRML(Virtual Reality Modeling Language)

VRML 是虚拟现实造型语言，定义了一种把 3D 图形和多媒体集成在一起的文件格式。从语法角度看，VRML 文件是显式地定义和组织起来的 3D 多媒体对象集合；从语义角度看，VRML 文件描述的是基于时间的交互式 3D 多媒体信息的抽象功能行为。VRML 文件的解释、执行和呈现通过浏览器实现。

【例 3-1】导入导出文件

	多媒体文件：\video\ch3\ 3-1.avi
	源文件：\part\ch3\3-1.prt
	操作结果文件：\part\ch3\finish\3-1.igs、3-1.prt

(1) 打开文件“\part\ch3\3-1.prt”，结果如图 3-17 所示。

(2) 选择【文件】|【导出】|IGES 命令，系统弹出如图 3-18 所示的【导出至 IGES 选项】对话框。设置【导出自】为【显示部件】，并选择合适的文件导出目录(这里选择“ch3\finish\”)，单击【确定】按钮。

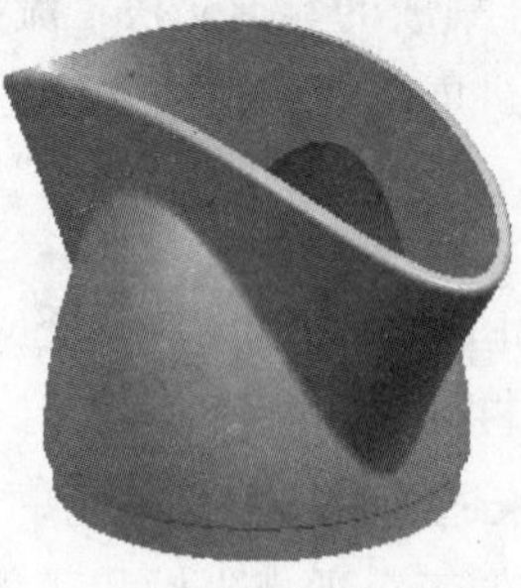

图 3-17

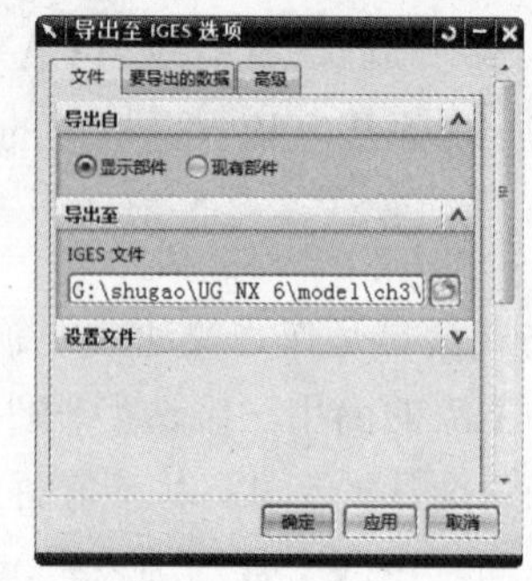

图 3-18

(3) 系统弹出如图 3-19 所示的文件转换窗口。文件转换完毕后，该窗口自动消失，并在相应文件目录下出现 3-1.igs 和 3-1.log 文件。

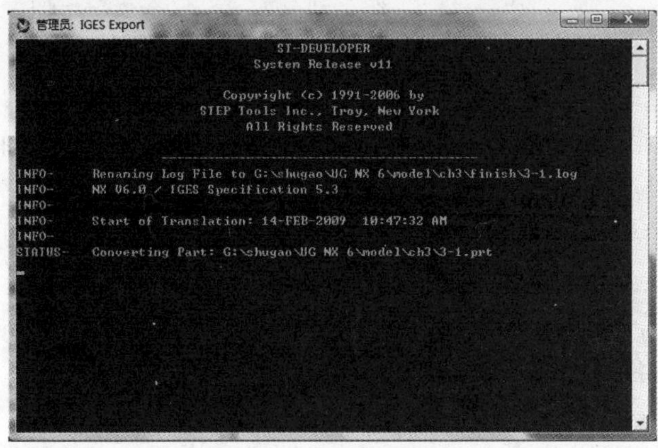

图 3-19

(4) 在文件目录“ch3\finish\”下新建文件 3-1.prt。

(5) 选择【文件】|【导入】|IGES 命令，系统弹出如图 3-20 所示的【导入自 IGES 选项】对话框。选择步骤(3)导出的 3-1.igs 文件，并设置【导入至】为【工作部件】，单击【确定】按钮。

(6) 系统弹出如图 3-21 所示的转换窗口，转换结束后该窗口自动消失。转换结果如图 3-22 所示。

图 3-20

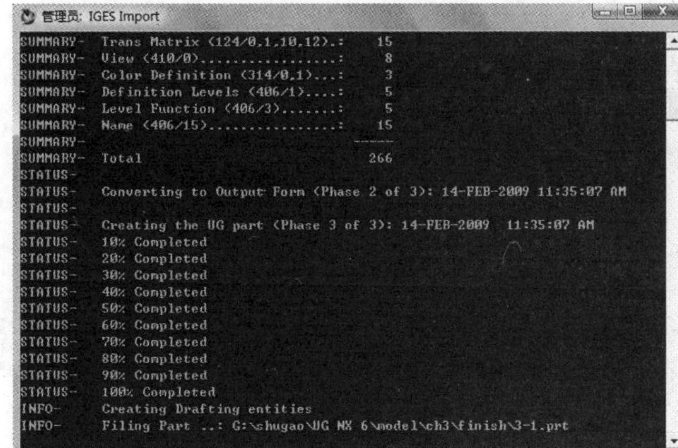

图 3-21

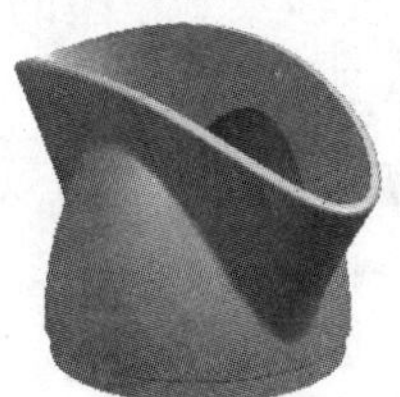

图 3-22

3.4 视图

在设计过程中，经常需要从不同的视点观察物体。设计者从指定的视点沿着某个特定的方向所看到的平面图就是视图。视图也可以认为是指定方向的一个平面投影。在设计中，有时需要剖开物体以观察内部，或者将物体以线框模式显示等。因此，设计者所看到的模型不仅与模型本身的参数和物理特性有关，还与视图紧密相关。对视图的操作主要是通过【视图】工具条上的命令实现。

3.4.1 视图与坐标系

视图的方向决定于当前的绝对坐标系，与工作坐标系无关。对视图的各种操作，都不会影响到模型的参数。如平移、旋转、放大等事实上都没有改变模型的参数，只是将当前的绝对坐标系进行变换而已。

3.4.2 常用视图和模型显示

1. 常用视图

在 UG 中，每一个视图都有一个名称，即视图名。UG 系统自定义的视图称为标准视图。如图 3-23 所示，标准视图主要有【正二测视图】、【正等测视图】、【上视图】(俯视图)、【下视图】(仰视图)、【左视图】、【右视图】、【前视图】(主视图)、【后视图】。这些视图经常用到，只要单击相应的命令图标即可。

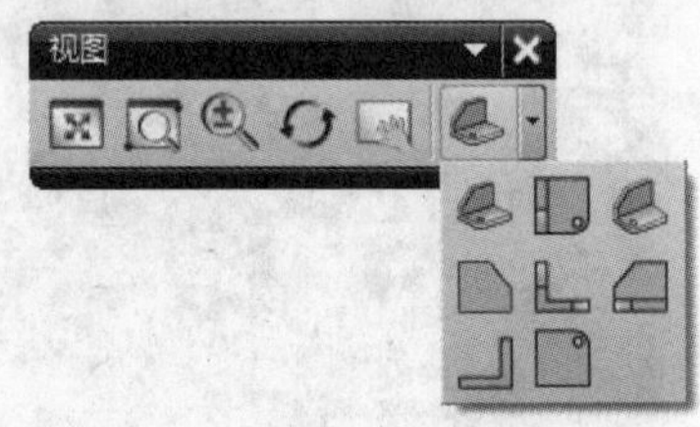

图 3-23

2. 模型显示

在 UG 软件使用过程中，随时都要涉及到模型的显示控制。为了观察模型的线框结构或者着色后的结构，UG NX 定义了模型的显示方式。如图 3-24 所示，模型的显示方式有 8 种。图 3-25 列出了部分与这些显示方式对应的模型效果。

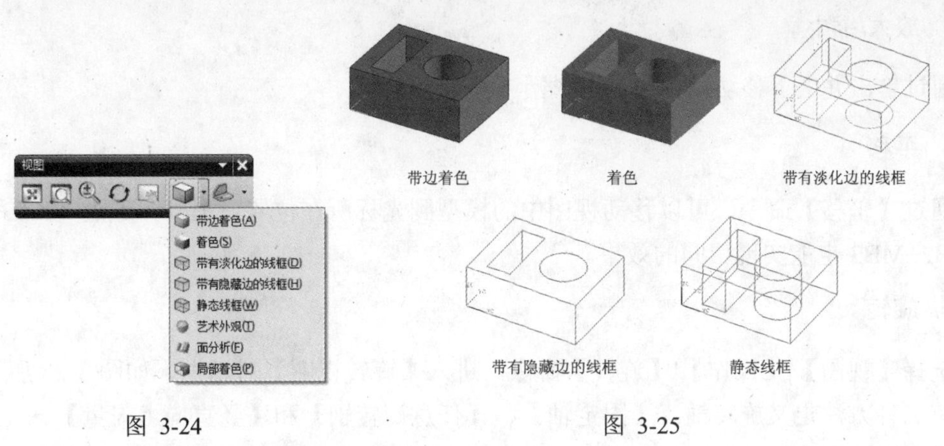

图 3-24　　　　图 3-25

3.4.3　视图操作

视图操作主要是指利用【视图】工具条上的命令对视图进行变换，如旋转、缩放、移动和刷新等，如图 3-26 所示。

图 3-26

1. 适合窗口

通过【适合窗口】命令，可以调整工作视图的中心和比例以显示所有对象。【适合窗口】仅作用于工作视图。图 3-27 显示了应用【适合窗口】后的效果。当用户通过一系列的视图操作后，如果发现很多模型都不在视图之内，可以应用【适合窗口】命令显示所有模型，然后再调节视图状态。

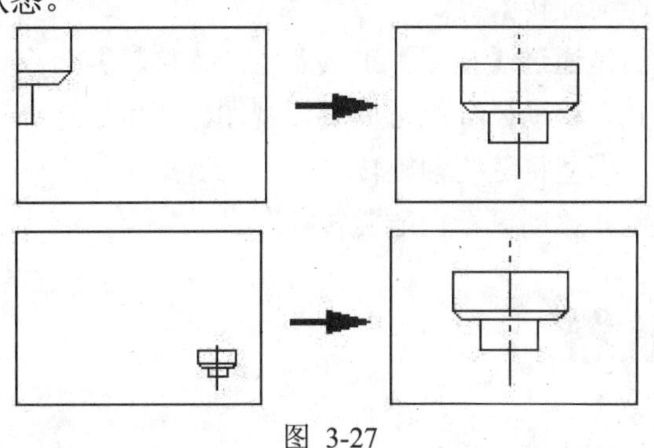

图 3-27

2. 缩放

通过单击并拖动来创建一个矩形边界，从而放大视图中的某一特定区域。

3. 放大/缩小

通过单击并上下移动鼠标来放大/缩小视图。

4. 平移

通过【平移】命令，可以移动视图中的模型到光标所在位置。另外，通过 Shift+MB2 或 MB2+MB3 也能实现相同的效果。

5. 旋转

选择【视图】|【操作】|【旋转】命令，进入【旋转视图】对话框，如图 3-28 所示。

有三种方法定义旋转轴：【固定轴】、【任意旋转轴】和【竖直向上矢量】。

【固定轴】选项可以让用户选择固定的旋转轴，如 *X*、*Y*、*Z* 轴。

选择【任意旋转轴】和【竖直向上矢量】选项将弹出【矢量】对话框，通过此对话框，可以构造特定的旋转轴进行旋转操作。

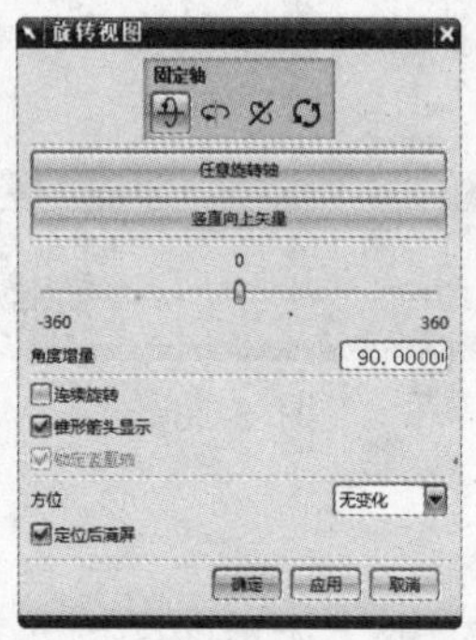

图 3-28

完成选择轴的设置后，可以通过滑块或【角度增量】字段设置旋转角度。另外，还可以设置其他选项，如【连续旋转】等。

在设计中，更常用的是通过【视图】工具条上的【旋转】命令进行旋转。单击此命令后，光标显示为旋转形式。移动鼠标就可以旋转视图。还可以选择模型视图中的直线作为旋转轴，然后移动鼠标，模型将随绕轴旋转。

此外，按下鼠标中键并移动鼠标也能旋转视图。

3.5 操作导航器

操作导航器是 UG 软件的一大特色。启动 UG NX 6 后，界面中将显示操作导航器，如图 3-29 所示。左边的资源条是 UG NX 将各种导航器集中在一个办公区域，可以方便用户操作。资源条中各图标的含义如下所述。

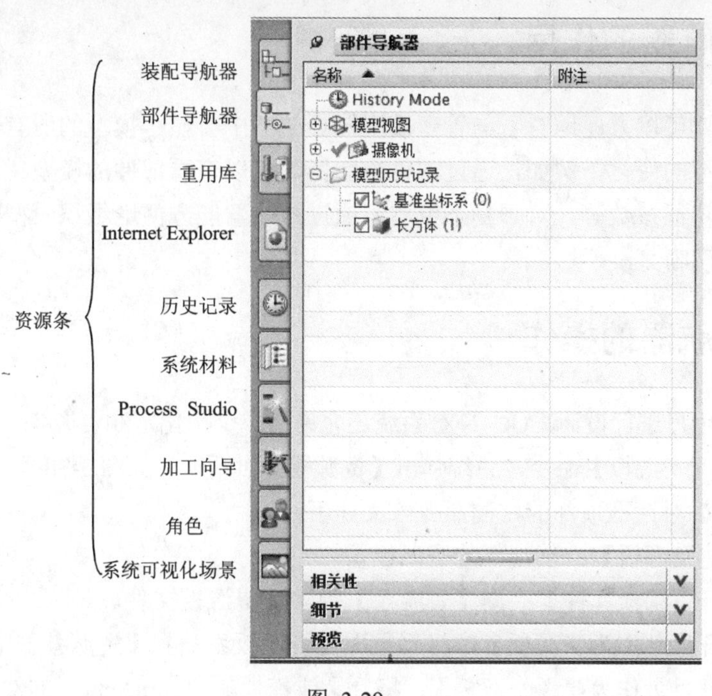

图 3-29

【装配导航器】：专用于装配模块，用于显示各零件的装配关系和约束关系。

【部件导航器】：主要用于记录建模过程中的特征。

【历史记录】：平时工作的文件都记录在此导航器中，可以从预览下方查看文件存放在硬盘中的路径，也可以单击“预览”快速打开该文件。

【系统材料】：显示了 UG NX 系统自带的材料，拖动材料图标至零件上，可以将此材料属性赋予选择的零件。注意，只有在【艺术外观】显示模式下才能看见材料的属性。

Process Studio：用于有限元分析模块，分析的过程和结果在导航器中显示出来。

【加工向导】：UG NX 系统提供了一系列加工的模板，使用这些模板可以快速进入特定的加工环境。

【角色】：UG NX 6 一共设置了 15 种角色，分属两大类，即行业特定的和系统默认的。用户可以根据自己的实际情况选取角色，也可以定制个性化的角色。

当为飞出图标时，光标在资源条上划过，相应的导航器会自动飞出，光标离开导航器，导航器自动缩回。

当为锁住图标时，导航器一直处于显示状态。

快速双击资源条上的图标，导航器脱离资源条，用鼠标可以将其拖动至窗口任何位置。

3.5.1 导航器的作用

通过导航器可以方便地查看与管理模型，导航器中会显示模型的所有信息，修改这些信息将驱动模型的变化。例如，通过部件导航器，可以查看部件的模型树，并对部件进行修改，如修改特征参数等。对于复杂模型，通过导航器能方便地组织模型的拓扑结构，模型修改也将更清晰。

3.5.2 导航器的操作

为了方便用户进行设计，UG NX 系统还允许用户个性化定制资源条。定制方法是：选择【首选项】|【资源板】命令，系统弹出【资源板】对话框，如图 3-30 所示。

【资源板】对话框顶部的定制命令含义如下。

- 【新建资源板】：创建新的资源板。
- 【打开资源板文件】：向【资源条】内添加资源板文件。
- 【打开目录作为资源板】：将目录作为资源板添加到【资源条】中。
- 【打开目录作为模板资源板】：将目录或模板的 Teamcenter 文件夹作为模板资源板添加到“资源条”中。
- 【打开目录作为角色资源板】：将目录作为角色资源板添加到“资源条”中。

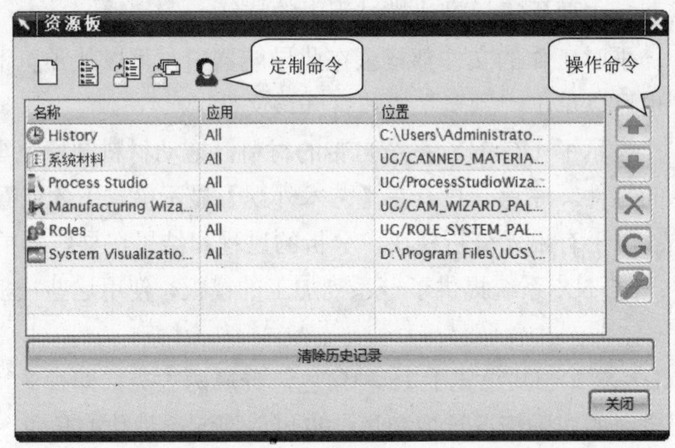

图 3-30

【资源板】对话框右边的操作命令含义如下。

- 【上移】/【下移】：移动资源板中资源条(命令按钮)的位置。
- 【关闭】：删除所选资源条。
- 【刷新】：刷新【资源板】列表框。
- 【属性】：显示【资源板属性】对话框。

下面以【打开目录作为资源板】为例，介绍定制资源板。

(1) 打开【资源板】对话框，单击【打开目录作为资源板】命令，系统弹出【打开目录作为资源板】对话框，如图 3-31 所示。

(2) 单击【浏览】按钮，系统弹出 Choose Directory as Patelle 对话框，在对话框列表中选择需要的目录后单击【确定】按钮，结果如图 3-32 所示。

图 3-31　　　　图 3-32

3.6　坐标系

坐标系是进行视图变换和几何变换的基础，通常的变换都是与坐标系相关的。或者说，视图变换或几何变换的本质都是坐标系变换。

3.6.1　UG NX 6 中的坐标系

UG 系统中有三种坐标系：【绝对坐标系(ACS)】、【工作坐标系(WCS)】和【机械坐标系(MCS)】。各坐标系具体应用如下。

【绝对坐标系(ACS)】：系统默认的坐标系，其原点位置和各坐标轴线的方向永远保持不变，是固定坐标系，用 X、Y、Z 表示。绝对坐标系可以作为零件和装配的基准。

【工作坐标系(WCS)】：UG NX 系统提供给用户的坐标系，也是经常使用的坐标系。用户可以根据需要任意移动它的位置，也可以设置属于自己的工作坐标系。用 XC、YC、ZC 表示。

【机械坐标系(MCS)】：一般用于模具设计、加工和配线等向导操作中，一般用户使用比较少。

如图 3-33 所示为启动 UG NX 6 后工作区中显示的坐标系。可以发现，绘图区中有三个坐标系。位于绘图区中心的是重合在一起的工作坐标系和基准坐标系。而位于左下角的坐标系可以看作为参考绝对坐标系，它的原点相对屏幕始终不会改变，方向始终与绝对坐标系的方向一致。例如，在视图变换时，绝对坐标系可能会不在视图中，此时可以通过参考绝对坐标系来查看绝对坐标系的方位。

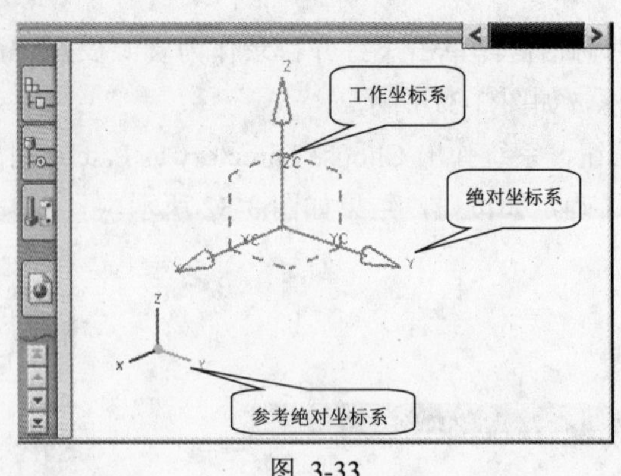

图 3-33

3.6.2 坐标系的创建

坐标系的创建是指用户根据需要创建或设置属于自己的工作坐标系(WCS)。坐标系的创建主要利用【格式】|WCS 中的命令实现，具体创建方法在 3.7.2 节中讲述。

3.6.3 坐标系的保存和删除

选择【格式】|WCS|【保存】命令，系统将保存当前工作坐标系(WCS)。选择保存后的工作坐标系，单击鼠标右键，在弹出的快捷菜单中选择【删除】命令将删除选定的工作坐标系(WCS)。

3.6.4 坐标系的显示

若当前工作坐标系(WCS)处于隐藏状态，选择【格式】|WCS|【显示】命令后，系统将显示 WCS。反之，则隐藏 WCS。

3.7 通用工具

本节主要讲述 UG NX 6 中常用的一些工具，称为“通用工具”。这些工具在多个模块中都要用到，而且很常用。

3.7.1 几何图形管理工具

几何图形管理主要是利用【编辑】和【格式】菜单中的命令进行操作，如显示与隐藏、图层管理、类选择工具等。

1. 显示与隐藏工具

选择【编辑】|【显示和隐藏】命令，系统弹出如图 3-34 所示子菜单，其中列出了所有执行对象隐藏及显示的命令。

各命令含义如下所述。

【显示和隐藏】：选择该命令后，系统弹出如图 3-35 所示的【显示和隐藏】对话框，用户可在其中按类型显示或隐藏对象。在相应类型后面单击“+”号，则显示全部相应类型的对象；单击“-”号，则隐藏所有相应类型的对象。

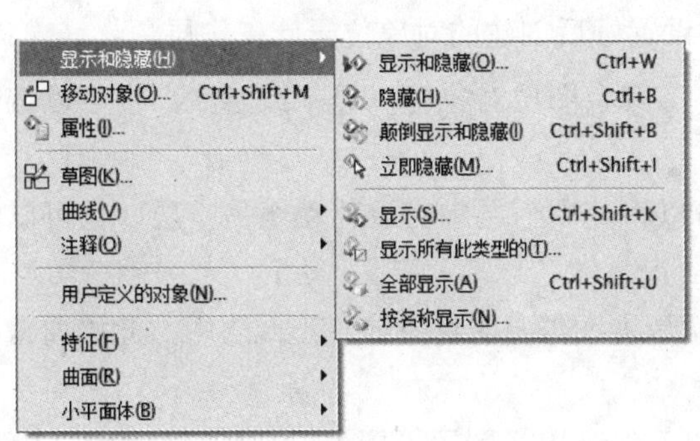

图 3-34

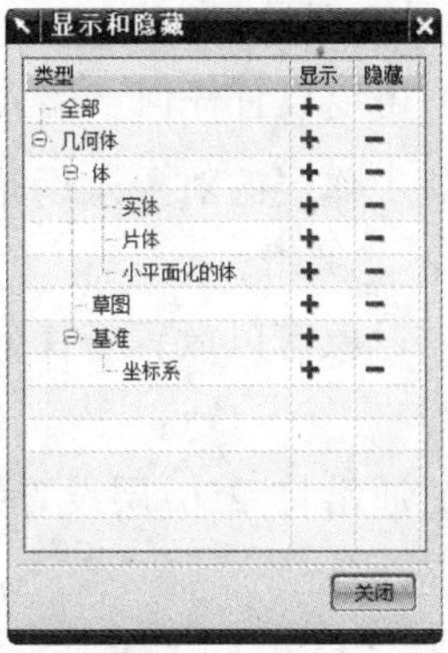

图 3-35

【隐藏】：选择该命令后，系统弹出【类选择】对话框。选取对象后，单击【确定】按钮，则隐藏选定的对象。

【颠倒显示和隐藏】：选择该命令后，系统显示原先隐藏的对象，隐藏原先显示的对象。

【立即隐藏】：选择该命令后，系统弹出【立即隐藏】对话框。选择单个对象后，立即隐藏选定的对象，而无须单击【确定】按钮。注意，使用该命令时，一次只能选择一个对象。

【显示】：选择该命令后，系统弹出【类选择】对话框，并且在绘图区显示当前隐藏的对象。选择需要显示的对象后单击【确定】按钮就能显示所选对象。

【显示所有此类型的】：选择该命令后，系统弹出【选择方法】对话框，如图 3-36 所示。设定类型后，单击【确定】按钮，则显示选定类型的所有对象。

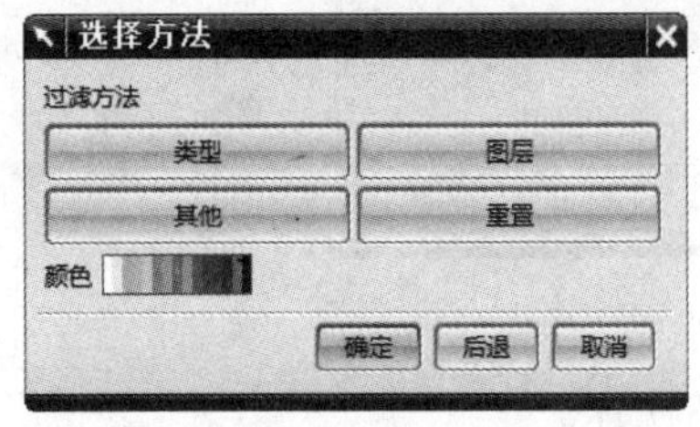

图 3-36

【全部显示】：选择该命令后，系统显示所有的对象。

2. 层管理器

在建模过程中，将产生大量的图形对象，如草图、曲线、片体、实体、基准特征等。为了方便有效地管理这些对象，UG软件引入了“图层”的概念。

一个UG部件中可以包含1~256个层，这256个层相当于256张透明的纸叠加在一起。每个图层可以包含任意数目的对象，因此一个层上可以包含部件中的所有对象，而部件中的对象也可以分布在一个或多个层上。图层上对象的数目只受部件中所允许的最大对象数目的限制。

图层管理是UG NX一个非常重要且功能强大的命令。其特点如下所述：

(1) 可以设置任何一层为工作层，设置好后创建的对象位于此工作层。

(2) 工作层的对象永远是显示状态，其余图层对象可以显示或隐藏，也可以编辑或只能显示不能编辑。

(3) 对象可以放置于任何层内，可以将其中一层中对象移动至另一层，也可以复制到另一层。

(4) 通常将256层设置为废层，就是将不需要的对象放置于此层中，此层通常都处于隐藏状态。

选择【格式】|【图层设置】命令，系统弹出【图层设置】对话框，如图3-37所示。

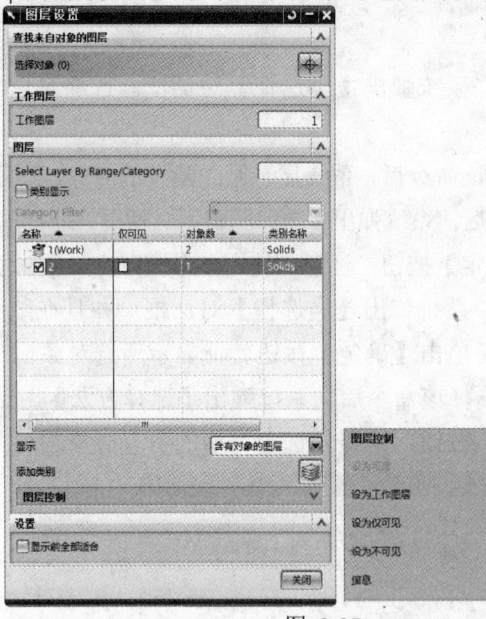

图 3-37

对话框中各选项含义如下所述。

【工作图层】：在该文本框中输入某层编号后，系统自动将该图层设置为工作图层，原工作图层自动变为【可选的】图层。

Select Layer By Range/Category：通过输入数字范围，或输入类别名称来选择某一范围

的图层。

【类别显示】：若选择该复选框，将显示按类别名称分组的图层；反之，则显示一系列的单个图层，如图 3-38 所示。

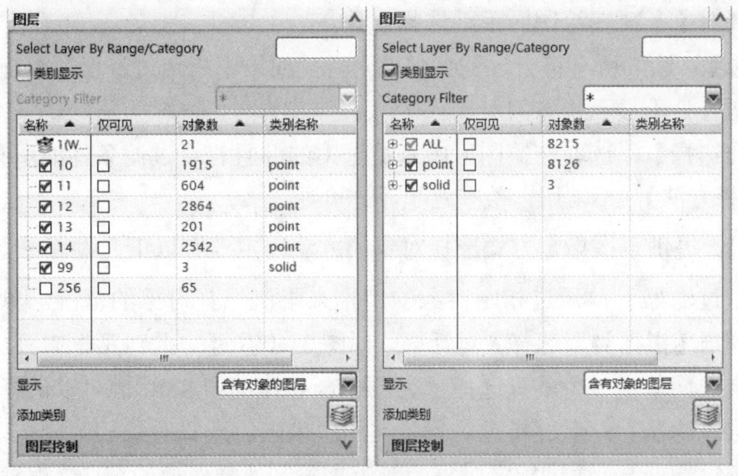

图 3-38

Category Filter：在选中【类别显示】复选框时可用，用于控制出现在列表框中的类别。

【图层/类别树列表】：显示所有图层和其当前状态的列表。当选中【类别显示】复选框时，显示类别和所有关联图层的列表。

【显示】：可控制在列表框中显示哪些图层。

- 【所有图层】：显示包括 1~256 层在内的所有图层。
- 【含有对象的图层】：只显示包含对象的图层。
- 【所有可选图层】：只显示可选的图层。
- 【所有可见图层】：只显示可见或可选的图层。

【添加类别】：添加用户自定义的图层类别。

【图层控制】：在图层列表中选中层后，单击相应的按钮，即可将所选层设置成指定的层状态，有四种可选状态。

- 【设为可选】：层上的对象是可见的，而且也能被选择和编辑。
- 【设为工作图层】：与【可选的】图层类似，其上对象也是可见、可选、可被编辑的。不同之处在于，新创建的对象只位于工作层上，且在一个部件文件中只有一个工作层。
- 【设为仅可见】：层上的对象是可见的，但不能选择，也不能进行其他操作。
- 【设为不可见】：层上的对象不显示。

3. 类选择器

该工具提供了选择对象的详细方法。类选择器可以通过指定类型、颜色、层或过滤方法中的其他参数来确定选择哪些对象。

按快捷键 Ctrl+I，系统会自动弹出【类选择】对话框，如图 3-39 所示。该对话框中各选项的含义如下所述。

【对象】：有三种选择对象的方式。

- 【选择对象】：在绘图区手动选择对象。
- 【全选】：选取所有符合过滤条件的对象。如果不指定过滤器，系统将选取工作视图中所有处于显示状态的对象。
- 【反向选择】：选取在绘图区中未被选中的并且符合过滤条件的所有对象。

【其他选择方法】：不常用，故在这里不作介绍。

【过滤器】：提供了按指定方式选择对象的方法，主要有以下几种。

- 【类型过滤器】：通过指定对象的类别来限制选择对象的范围。单击图标后，系统弹出【根据类型选择】对话框，如图 3-40 所示。此对话框中列出了所有类型，默认全选，单击一个就只选择一类，配合 Ctrl 键和 Shift 键可以选择多种类型。
- 【图层过滤器】：通过指定对象所在的层来限制选择对象的范围。
- 【颜色过滤器】：通过指定对象的颜色来限制选择对象的范围。根据颜色来选择几何对象。单击图标后，系统弹出【颜色】对话框，如图 3-41 所示。可以直接选择【收藏夹】中的颜色，也可以利用【继承】在图形窗口中选择对象，软件将基于选定对象的颜色来指定过滤的颜色。

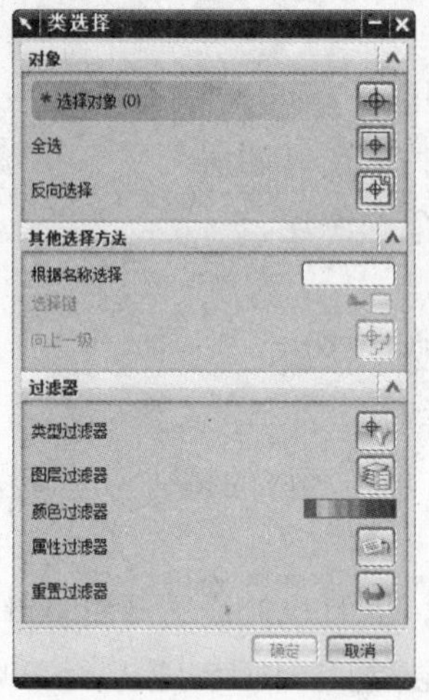

图 3-39

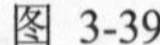

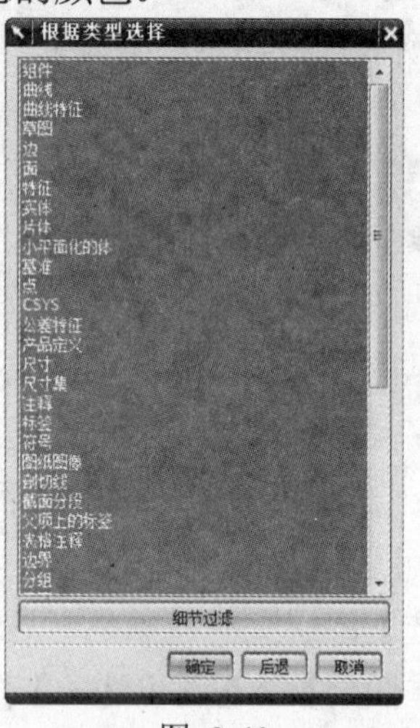

图 3-40

- 【属性过滤器】：通过指定对象的属性来限制选择对象的范围。单击图标后，系统弹出【按属性选择】对话框，如图 3-42 所示。在此对话框中可根据各种线型和线宽进行对象选择过滤。
- 【重置过滤器】：单击图标，可取消之前设置的所有过滤方式，恢复到系统的默认状态设置。

图 3-41

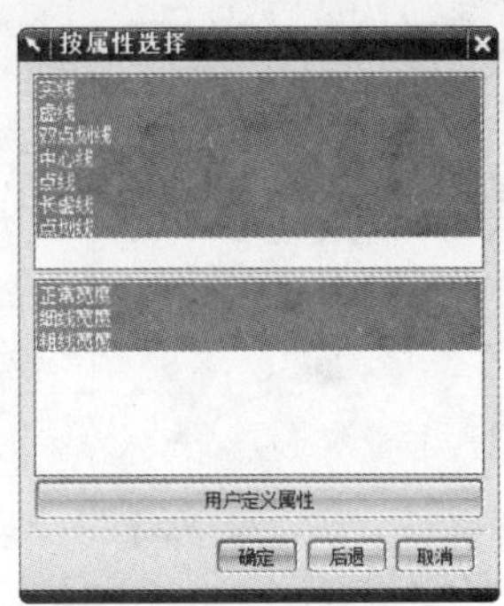

图 3-42

3.7.2　坐标系

本节将详细介绍坐标系的创建。坐标系的创建是指用户根据需要创建属于自己的工作坐标系(WCS)。如图 3-43 所示，坐标系的创建主要利用【格式】|WCS 中的命令实现。

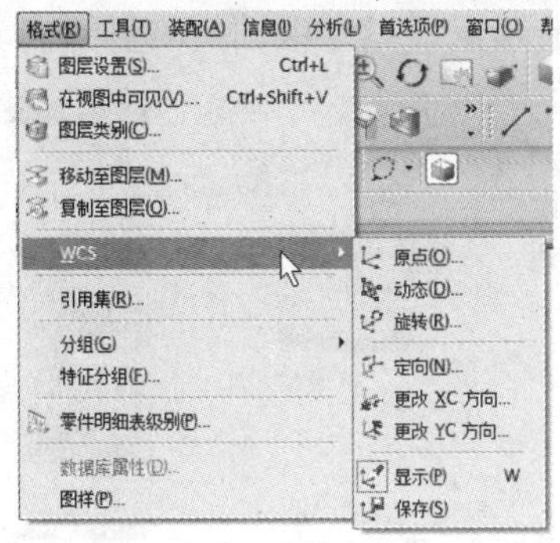

图 3-43

1. 原点

选择该命令后，系统弹出【点】对话框，提示用户选择一个点。指定一点后，当前工作坐标系的原点就移到指定点的位置，而坐标系的矢量方向保持不变。

2. 动态

选择该命令后，工作坐标系被激活，出现一些控制钮，即原点、移动柄和旋转球，如图 3-44 所示。使用此命令可以进行如下 4 种操作。

(1) 改变坐标系原点位置

坐标系原点默认处于高亮显示状态，用鼠标选取一点即可移动坐标系的位置，其方法与【原点】相同。

(2) 沿坐标系移动

如图 3-45 所示，用鼠标选取移动柄，这时可在【距离】文本框中通过直接输入数字来改变坐标系，也可以通过按住鼠标左键沿坐标轴方向拖动坐标系。

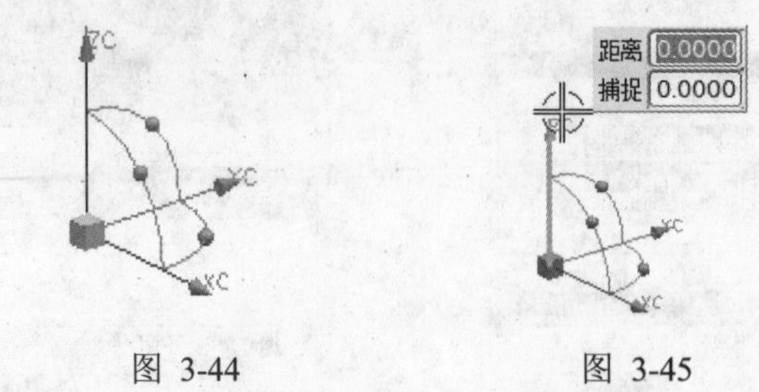

图 3-44　　　　图 3-45

(3) 绕某坐标轴旋转

如图 3-46 所示，用鼠标选取旋转球，这时可在【角度】文本框中通过直接输入数字来改变坐标系，也可以通过按住鼠标左键在屏幕上旋转坐标系。在旋转过程中，为便于精确定位，可以设置补偿单位如 45，这样每隔 45 个单位角度，系统自动捕捉一次。

(4) 指定某轴的矢量方向

用鼠标选取轴线(注意是线而不是箭头)，系统弹出如图 3-47 所示的【WCS 动态】对话框，这时可以通过【矢量】构造器重新指定该轴的矢量方向。

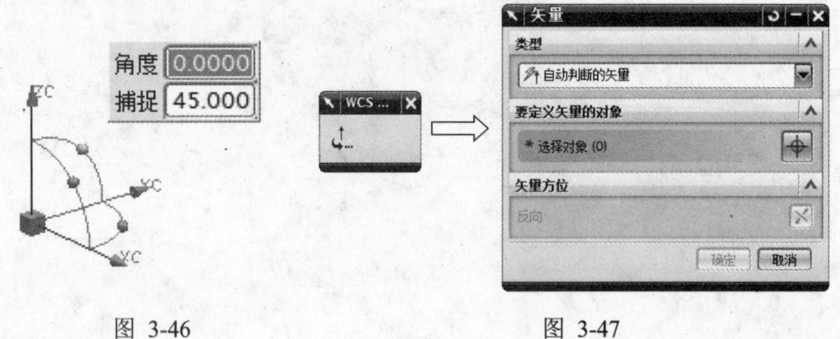

图 3-46　　　　图 3-47

3. 旋转

选择该命令后，系统弹出如图 3-48 所示的【旋转 WCS 绕...】对话框。从中选取任意一个坐标轴，在【角度】文本框中输入旋转角度值，单击【确定】按钮后，即可实现旋转坐标系。

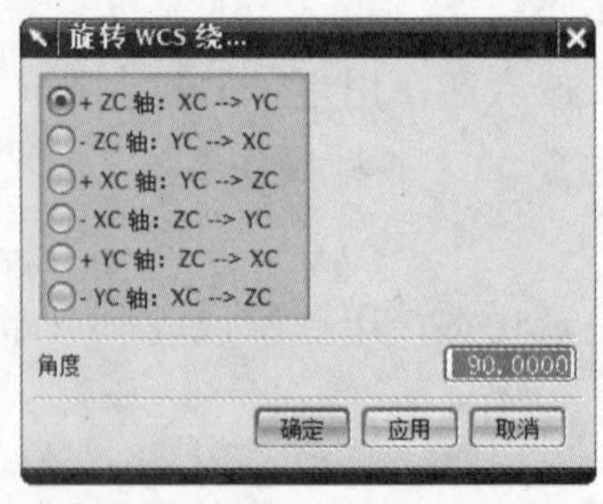

图 3-48

旋转坐标系通常都使用【动态】，所以此项只作了解即可。

4. 更改 XC 方向

选择该命令后，系统弹出【点】对话框，指定一点后(不得为 Z 轴上的点)，则原点与指定点在 XC-YC 平面的投影点的连线为新的 XC 轴。

5. 更改 YC 方向

选择该命令后，系统弹出【点】对话框，指定一点后(不得为 Z 轴上的点)，则原点与指定点在 XC-YC 平面的投影点的连线为新的 YC 轴。

6. 定向

选择该命令后，系统弹出 CSYS 对话框，如图 3-49 所示。UG NX 有多种定向坐标系的方法，根据不同的情况应合理选择定向方法。常用的几种定向方法介绍如下。

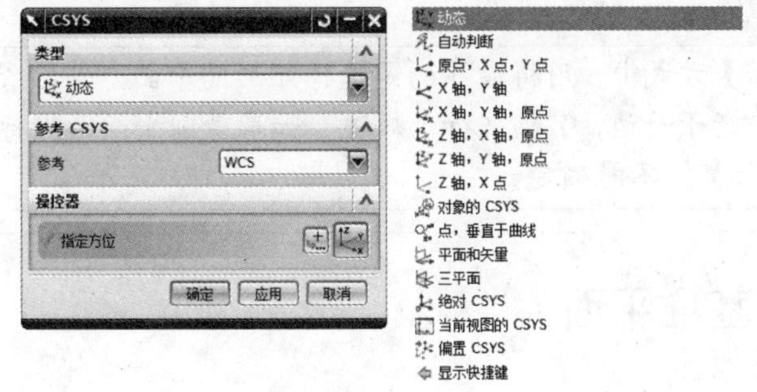

图 3-49

【动态】：与【格式】|WCS|【动态】命令类似，唯一不同的是此处可以指定参考坐标系。

【自动判断】：此选项是其余选项的综合，根据选择对象的情况由系统自动确定采用何种方法来定义坐标系。

【原点，X 点，Y 点】：依次指定三点，第一点作为坐标原点，第一点指向第二点的方向作为 X 轴的正向，从第二点到第三点按右手定则确定 Z 轴正方向。

【X 轴，Y 轴】：通过选择两个矢量方向来建立坐标系，以两个矢量的交点作为新坐标系的原点，第一个矢量方向为 X 轴，从第一个矢量到第二个矢量按右手定则确定 Z 正轴方向。

【X 轴，Y 轴，原点】：指定的点作为坐标原点，第一个矢量方向为 X 轴，从第一个矢量到第二个矢量按右手定则确定 Z 轴正方向。

【Z 轴，X 点】：选择一个矢量和一点建立坐标系，矢量的方向为坐标系的 Z 轴，坐标原点为矢量与指定点间距离最短的点，X 轴正方向为坐标原点指向指定点的方向。

【对象的 CSYS】：指定一个平面图形对象(如圆、二次曲线、平面、平面工程图)，把该对象所在的平面作为新坐标系的 XC-YC 平面，该对象的关键特征点(如圆的中心、二次曲线的顶点、平面的起始点等)作为坐标系的原点。

【点，垂直于曲线】：首先指定一条曲线，接着指定一个点，过指定点与指定曲线垂直的假想线为坐标系的 *Y* 轴，垂足为坐标系的原点，曲线在该垂足处的切线为坐标系的 Z 轴，*X* 轴根据右手法则确定。

【平面和矢量】：根据指定的平面和矢量来定义坐标系。*X* 轴方向为平面法向，*Y* 轴方向为矢量在平面上的投影方向，原点为平面和矢量的交点。

【三平面】：根据三个选定的平面来定义坐标系。原点为三个平面的交点，*X* 轴是第一个平面的法线方向，*Y* 轴是第二个平面的法线方向，Z 轴根据右手定则确定。

【绝对 CSYS】：选择此命令后，工作坐标系(WCS)将回到绝对坐标系的位置，与之重合，这是在数据处理时最常用的命令。

【当前视图的 CSYS】：根据当前的视图定义坐标系，坐标系原点为当前视图的中心，*X* 轴平行于视图底边，*Y* 轴平行于视图的侧边。

【偏置 CSYS】：通过偏移当前坐标系定义工作坐标系， 新坐标系各轴的方向与原坐标系相同。

在【自动判断】方式中，用得最多的是选择矩形的平面，坐标系原点自动位于平面的中心，*X* 轴平行于长边，*Y* 轴平行于短边。如果是圆平面，坐标系中心自动位于圆中心，但 *X* 轴和 *Y* 轴不能确定。

3.7.3 平面与基准平面

在 UG NX 6 中有两种平面：基准平面和小三角平面。这两种平面的使用情况及创建方法都基本相同，如图 3-50 所示。它们的创建方法如下所述。

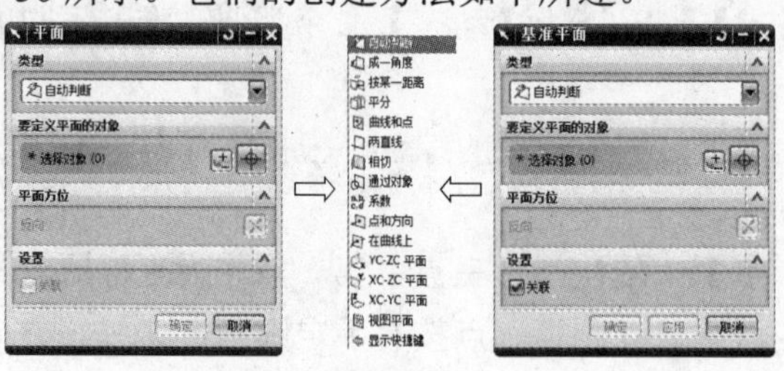

图 3-50

【自动判断】：该选项是最常用的选项，根据选择对象的不同，系统会自动以其他的选项来创建平面，不需要指定具体的类型。如果自动判断不满足需要，才指定具体的类型来创建平面。

【成一角度】：通过一条边线、轴线或草图线，并与一个面成一角度来创建平面。

【按某一距离】：通过选择一个平面并设定一定的偏移距离，来创建一个新平面。

【平分】：通过选取的两个平行平面创建中间平面。

【曲线和点】：以选定的点、曲线所唯一确定的平面为基准平面。例如，不在同一直线上的三个点可以唯一确定一平面，一条直线与一个直线外的点可以唯一确定一个平面。

【两直线】：通过选取不在同一条直线上的两条直线来创建一个平面。如果选取的两条直线相互平行，则所创建的平面通过这两条直线；如果选取的两条直线相互垂直，则创建的基准平面通过第一条直线，与第二条直线相垂直；如果选取的两条直线既不平行也不垂直，则创建的基准平面通过第一条直线，并与第二条直线平行。

【相切】：在指定点处，创建与指定线或指定面相切的平面。

【通过对象】：基于选定对象的平面创建平面。

【系数】：通过指定系数 *A*、*B*、*C* 和 *D* 指定方程来创建平面，平面方程为 $AX+BY+CZ=D$。

【点和方向】：通过指定点，以指定矢量为法向创建平面。

【在曲线上】：选择一条曲线，自动垂直于曲线创建平面，点位置通过【圆弧长】或【%圆弧长】来确定。

【YC-ZC 平面】：利用当前坐标系的 YC-ZC 平面创建一个新平面。可以设置参考坐标系是绝对坐标系还是工作坐标系，还可以指定偏置距离。

【XC-ZC 平面】：利用当前坐标系的 XC-ZC 平面创建一个新平面。可以设置参考坐标系是绝对坐标系还是工作坐标系，还可以指定偏置距离。

【XC-YC 平面】：利用当前坐标系的 XC-YC 平面创建一个新平面。可以设置参考坐标系是绝对坐标系还是工作坐标系，还可以指定偏置距离。

【视图平面】：平行于视图平面并穿过 ACS 的原点创建平面。

3.7.4 矢量与基准轴

【矢量】构造器的功能是通过一个矢量指定一个方向，该方向没有原点和模量，可用于各种操作，包括数控加工和片体创建，通常和其他命令(如【旋转】、【拉伸】等)一同出现。如图 3-51 所示为【矢量】对话框。

【基准轴】构造器用于构造参考轴。如图 3-52 所示为【基准轴】对话框。

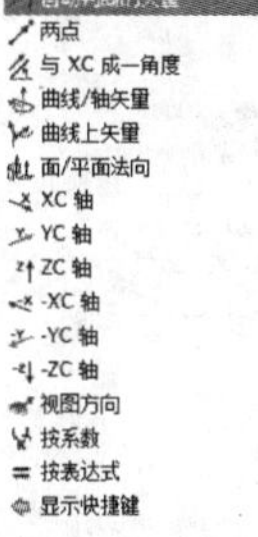

图 3-51

图 3-52

本质上矢量和基准轴是一样的，都是作为创建其他对象的参考方向。它们的创建方法也基本上一致，下面综合介绍它们的创建方法。

【自动判断的矢量】：根据所选的几何对象不同，自动推测一种方法来定义一个矢量，推测出的方法可能是曲线切线、平面法线或基准轴。

【两点】：指定空间两点来确定一个矢量，其方向由第一点指向第二点。

【与 XC 成一角度】：在 XC-YC 平面上构造与 XC 轴成一定角度的矢量。

【曲线/轴矢量】：指定与基准轴平行的矢量，或者指定与曲线、边或圆弧在其起始处相切的矢量。

【曲线上矢量】：在曲线上的任一点指定一个与曲线相切的矢量。可按照【圆弧长】或【%圆弧长】指定位置。

【面/平面法向】：指定与基准面或平面的法向平行或与圆柱面的轴平行的矢量。

【视图方向】：指定与当前工作视图平行的矢量。

【XC(YC、ZC)轴】：沿已存在的坐标系的 X(Y、Z)轴定义一个矢量。

【交点】：以两个平面的交线作为基准轴。平面可以是基准平面、实体平面和片体平面。

【曲线/面轴】：沿线性曲线或线性边，或者圆柱面、圆锥面或圆环的轴创建基准轴。

【点和方向】：从一点沿指定方向创建基准轴。

【矢量】和【基准轴】的不同之处在于：前者没有原点，而后者有原点。

一旦构造了一个矢量，在图形显示窗口将显示一个临时的矢量符号。通常操作结束后该矢量符号即消失，也可以用【刷新】功能消除其显示。

3.8 对象显示工具

通过【编辑对象显示】命令，可以修改现有对象的图层、颜色、字体、宽度、栅格数、透明度以及着色状态。选择【编辑】|【对象显示】命令，系统弹出【类选择】对话框，选择对象后单击【确定】按钮，系统弹出【编辑对象显示】对话框。【编辑对象显示】对话框由【常规】和【分析】选项卡组成，如图 3-53 所示。

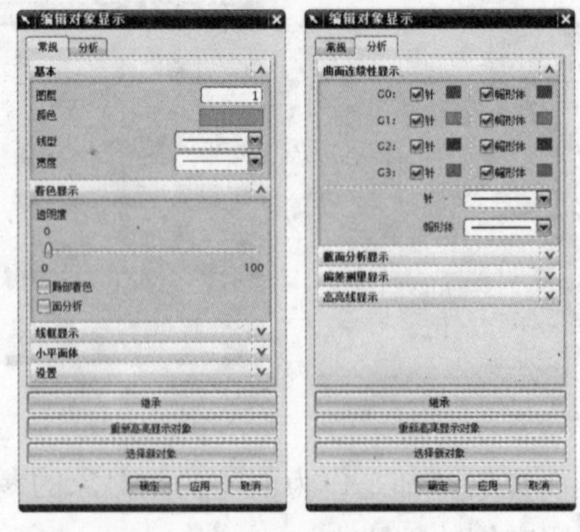

图 3-53

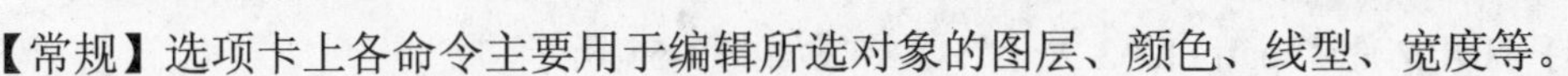

【常规】选项卡上各命令主要用于编辑所选对象的图层、颜色、线型、宽度等。

【分析】选项卡上各命令主要用于指定选定的曲面连续性分析对象的可见性、颜色和线型。

3.9 几何变换工具

变换操作允许用户平移、旋转、镜像、缩放对象或其副本，但不能变换视图、布局、图纸或当前 WCS。选择【编辑】|【移动对象】命令，系统将弹出【移动对象】对话框，如图 3-54 所示。

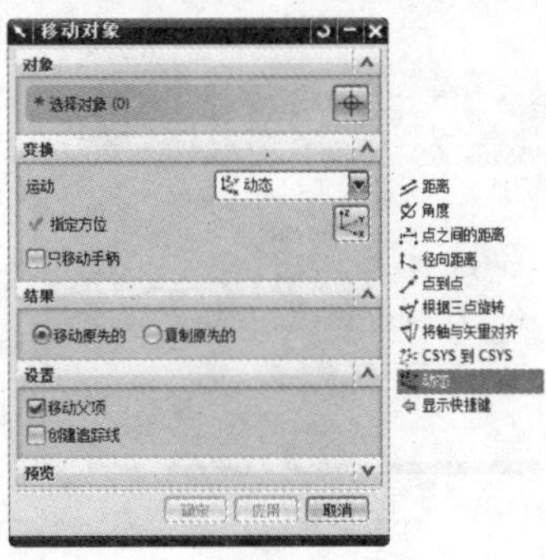

图 3-54

从对话框上的【结果】栏可以看出，移动的结果可以是对象本身(【移动原先的】)或者它的副本(【复制原先的】)。常用的几何变换有以下几种。

【距离】：指定要移动对象的距离和方向。值为负时，将以指定方向矢量的相反方向移动对象。

【角度】：以指定角度、按指定矢量和轴点旋转对象。

【点到点】：将物体从指定的起始点移动到指定的终点。

【根据三点旋转】：将物体按照指定的三点旋转。

【动态】：类似坐标系变换中的【动态】，可以灵活地将物体进行各种变换。

需要指出的是，通过这些变换工具能实现各种几何对象的变换，如镜像、复制到指定位置等。

【例 3-2】变换

	多媒体文件：\video\ch3\3-2.avi
	源文件：\part\ch3\3-2.prt
	操作结果文件：\part\ch3\finish\3-2.prt

(1) 打开文件“\part\ch3\3-2.prt”，结果如图 3-55 所示。

(2) 选择【编辑】|【移动对象】命令，系统弹出【移动对象】对话框，选择圆柱体为【对象】，选择 Z 轴方向为【指定矢量】，以坐标原点为【轴点】，其余参数设置如图 3-56 所示。

(3) 单击【应用】按钮，结果如图 3-57 所示。

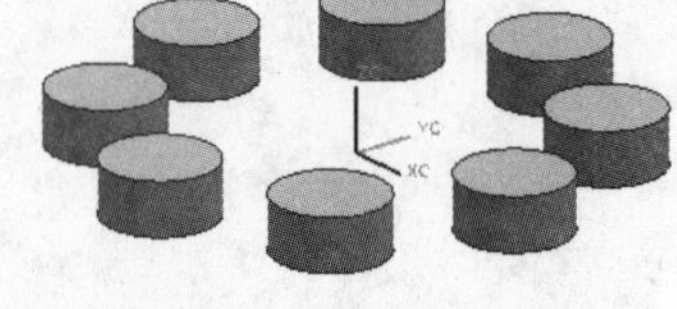

图 3-55　　图 3-56　　图 3-57

(4) 选择圆柱体为【对象】，选择 Z 轴方向为【指定矢量】，其余参数设置如图 3-58 所示。

(5) 单击【确定】按钮，结果如图 3-59 所示。

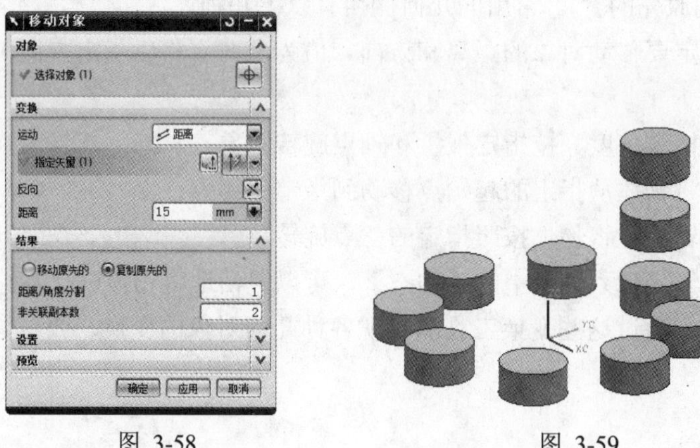

图 3-58　　图 3-59

3.10　本章小结

本章详细讲述了 UG NX 6 的操作环境，包括键盘、鼠标的使用，常用工具栏，文件管理，视图及其操作，导航器及其操作，坐标系及其创建，以及通用工具的使用。另外，还讲述了对象显示与几何变换功能。本章主要是以介绍为主，很多命令和功能没有实际例子，但它们都能在后面的章节中用到。读者最好能结合功能的介绍进行实际操作，这样对后面的学习和掌握会有帮助，正所谓“工欲善其事，必先利其器”。

3.11　思考与练习题

3.11.1　思考题

1. 简述 UG NX 6 的工作界面的组成。
2. UG NX 中常用的工具条有哪些？如何定制工具条？
3. UG NX 中常用的快捷键有哪些？如何定制快捷键？
4. 导航器有什么作用？如何对导航器进行操作？
5. 什么是 CAD 图形文件？常用的 CAD 软件的文件类型有哪些？
6. UG NX 6 中有哪几种坐标系？它们之间有哪些异同点？
7. UG NX 6 中图层管理器有哪些特点？
8. 通过【WCS 动态】命令可以对坐标系进行哪些操作？
9. 创建平面及基准平面的类型有哪些？
10. 创建矢量及基准轴的类型有哪些？

3.11.2　操作题

1. 打开光盘文件“\part\ch3\lianxi3-1.prt”，如图 3-60 所示。将曲线移动到图层中的第 10 层，草图移动到 20 层，基准平面移动到 30 层，实体移动到 40 层，并设置草图和基准平面不可见。

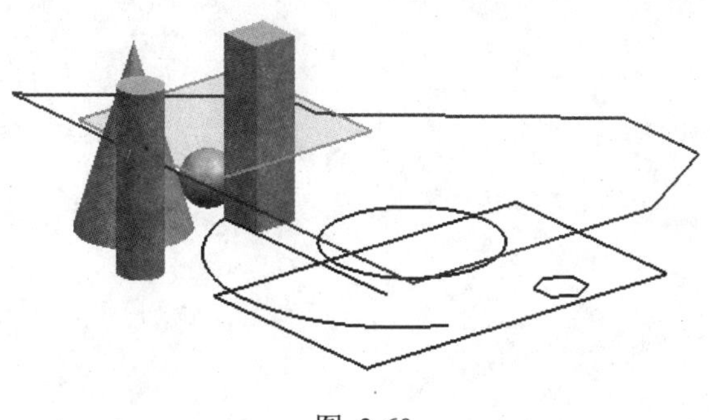

图 3-60

	操作结果文件：\part\ch3\finish\lianxi3-1.prt

2. 打开光盘文件“\part\ch3\lianxi3-2.prt”，对圆锥进行变换，如图 3-61 所示。

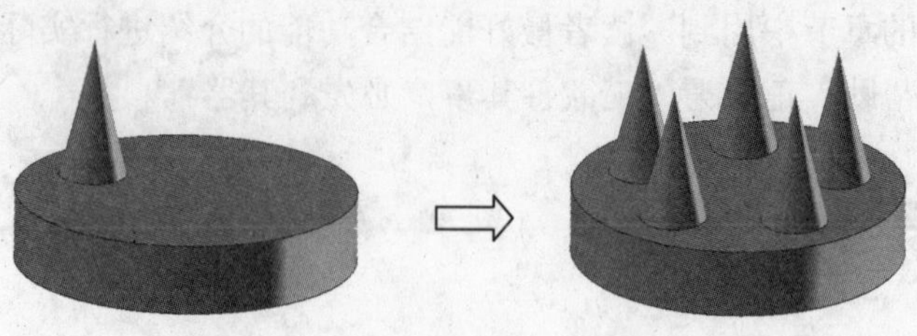

图 3-61

	操作结果文件：\part\ch3\finish\lianxi3-2.prt

3. 打开光盘文件“\part\ch3\lianxi3-3.prt”，设置背景颜色为黑色，设置圆柱体的颜色为绿色，设置圆锥体的颜色为橙色并将其透明度设为 50。

	操作结果文件：\part\ch3\finish\lianxi3-3.prt

第4章 曲线造型

本章重点内容

本章将详细介绍 UG NX 6 的曲线造型功能，主要内容有点和点集、曲线创建、曲线操作以及曲线编辑。

本章学习目标

- ☑ 掌握点和点集的创建方法
- ☑ 掌握基本曲线的创建方法
- ☑ 掌握样条曲线、螺旋线及规律曲线的创建方法
- ☑ 掌握各种曲线操作的方法
- ☑ 掌握各种曲线编辑的方法

4.1 概述

曲线造型是三维建模的基础，是进行各种复杂形体造型的关键。虽然曲线类型各异，但其实质都是一样的，即点构成线，或点拟合成线。构建曲线的方法很多，出发点都是确定曲线上的关键点。

4.2 点和点集

点是最小的几何构造元素，它不仅可以按一定次序和规律来构造曲线，还可以通过大量的点云集来构造曲面。本节将详细讲述点和点集的创建方法。

4.2.1 点

【点】+：在 UG NX 中，许多操作都需要通过定义点的位置来实现，并且还可以通过点来构造曲线和曲面。

选择【插入】|【基准/点】|【点】命令，系统弹出【点】对话框，如图 4-1 所示。通过【点】对话框创建点的方法有三种，下面分别介绍。

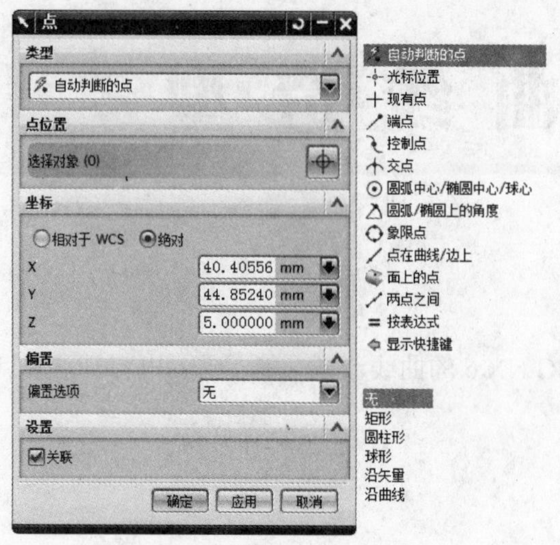

图 4-1

1. 捕捉点方法

如图 4-1 所示，UG NX 一共提供了 13 种捕捉点的方式。下面分别介绍。

【自动判断的点】：该选项是最常用的选项，根据光标的位置自动判断是下列所述的哪种位置点，如端点、中点等。选择时鼠标右下角会显示相应类型的图标。

【光标位置】：光标的位置，其实是当前光标所在位置投影至 XC-YC 平面内形成的点位置。

【现有点】：在某个现有点上构造点，或通过选择某个现有点指定一个新点的位置。

【端点】：在现有的直线、圆弧、二次曲线以及其他曲线的端点指定一个位置。

【控制点】：在几何对象的控制点指定一个位置。

【交点】：在两条曲线的交点或一条曲线和一个曲面或平面的交点处指定一个位置。

【圆弧中心/椭圆中心/球心】：圆弧、圆、椭圆的圆心和球的球心。

【圆弧/椭圆上的角度】：在沿着圆弧或椭圆的成一定角度的地方指定一个位置。

【象限点】：在一个圆弧或一个椭圆的四分点指定一个位置。

【点在曲线/边上】：在选择的曲线上指定一个位置，并且可以通过设置 *U* 向参数来更改点在曲线上的位置。

【面上的点】：在选择的曲面上指定一个位置，并且可以通过设置 *U* 向参数和 *V* 向参数来更改点在曲面上的位置。

【两点之间】：在两点之间指定一个位置。

【按表达式】：使用【点】类型的表达式指定点。

> 选中【关联】复选框，则创建的点与约束对象相关联。一旦约束对象被删除或移动，则点将作相应调整。

2. 输入点的坐标值

在【点】对话框的【坐标】选项区域中，直接输入相对于绝对坐标系或工作坐标系的坐标值来创建点。

3. 偏置点

如图 4-1 所示，UG NX 一共提供了 5 种偏置点的方式。下面分别介绍。

【矩形】：选择一个现有点，输入相对于现有点的 X、Y、Z 增量来创建点。

【圆柱形】：选择一个现有点，输入半径、角度及 Z 增量来创建点。

【球形】：选择一个现有点，输入半径、角度 1 及角度 2 来创建点。

【沿矢量】：选择一个现有点和一条直线，并输入距离来创建点。

【沿曲线】：选择一个现有点和一条曲线，并输入圆弧长或圆弧长的百分比来创建点。

4.2.2 点集

【点集】：通过此命令可以创建一组对应于现有几何体的点。

如图 4-2 所示，有三种创建【点集】特征的类型。下面分别介绍。

【曲线点】：沿现有曲线创建一组点。

【样条点】：在样条的节点、极点或定义点处创建一组点。

【面点】：在现有面上创建一组点。

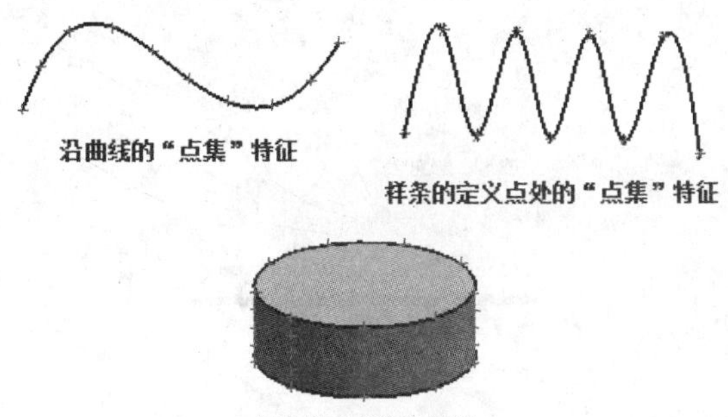

图 4-2

虽然在 UG NX 6 中【点集】对话框同以前的版本相比改变较大，但创建【点集】的方法基本不变。

与以前版本相比，【点集】的新增功能有：

（1）【点集】特征显示于【部件导航器】中模型的历史记录中。

（2）可以使用【选择条】上的【曲线规则】列表中的【相切曲线】。

4.3 曲线创建

利用【直线和圆弧】和【曲线】两个工具条可以方便地创建各种曲线，如直线、圆、圆弧、样条曲线、抛物线、二次曲线等。

4.3.1 基本曲线

【基本曲线】：综合了直线、圆弧、圆、倒圆角、修剪和编辑曲线参数等命令，利用该命令可以快速地绘制直线、圆和圆弧。

选择【插入】|【曲线】|【基本曲线】命令，系统弹出【基本曲线】对话框，如图 4-3 所示。该对话框各选项的含义如下所述。

【顶部的图标】可创建的曲线类型，即【直线】、【圆弧】、【圆】、【圆角】，以及两种编辑方法，即【修剪】和【编辑曲线参数】。

【无界】：只有创建直线时才有效(线串模式不可用)。选择该复选框时，无论创建方法如何，所创建的任何直线都受视图边界限制。

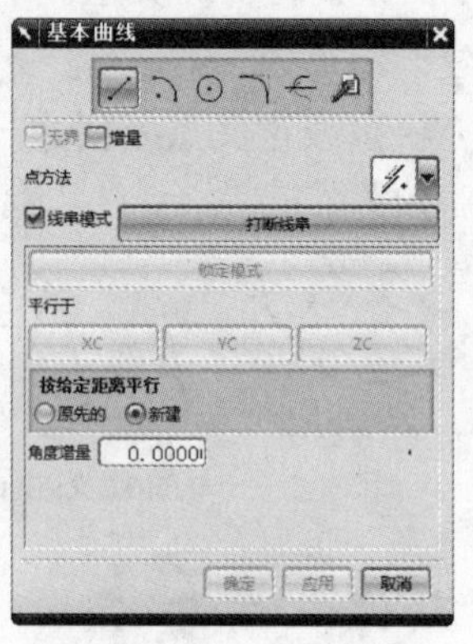

图 4-3

【增量】：选择该复选框时，输入对话框条的任何值都是相对于上一个定义点而言的。

【点方法】：能够相对于现有的几何体，通过指定光标位置或使用【点构建器】来指定点。通过选择【点方法】的类型，可以方便地捕捉到特定的点，如交点、圆心和控制点等。

【线串模式】：创建曲线串。选择该复选框时，一个对象的终点变成了下一个对象的起点。若要停止【线串模式】，只需取消选择该复选框。要中断【线串模式】但在创建下一个对象时又启动，可单击【打断线串】或按下 MB2(鼠标中键)。

【锁定模式】：当下一步操作通常会导致直线创建模式发生更改，而又想避免这种更改时，可使用“锁定模式”。

【平行模式】：创建平行于 XC、YC 或 ZC 轴的直线。指定一个点后，这三个按钮变为可用状态，单击所需轴的按钮，并指定直线的终点即可创建与坐标轴平行的直线。

平行模式是与当前工作坐标系(WCS)平行，而不是与绝对坐标系(ACS)平行。

【按给定距离平行】：有两种方式。

- 【原先的】：在跟踪栏距离中输入距离，多次按 Enter 键，永远以第一条线进行偏置，多条线重叠在一起。
- 【新建】：创建时以新生成的直线为基准进行创建，生成的直线不重叠。

【角度增量】：如果指定了第一点，然后在图形窗口中拖动光标，则该直线就会捕捉至该字段中指定的每个增量度数处。只有当点方法设置为【自动判断的点】时，【角度增量】才有效。如果使用了任何其他的点方法，则会忽略【角度增量】。

利用【基本曲线】命令创建直线和圆弧时，在视图中会出现不同的跟踪条。创建直线时的跟踪条如图 4-4 所示。对于大多数直线，通过在跟踪条的文本框中输入数值，如起点和终点坐标，或者直线的长度和角度等，即可创建精确的直线。

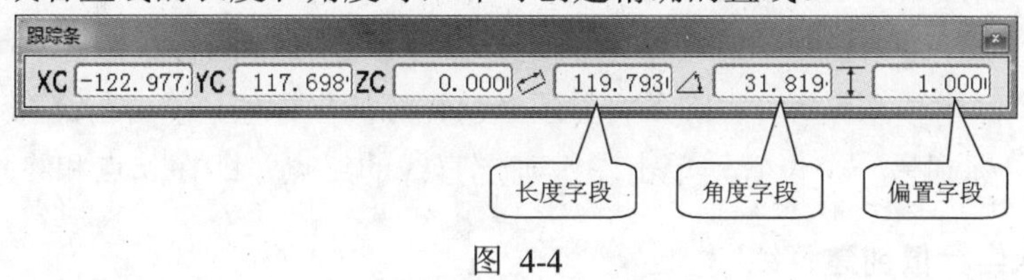

图 4-4

创建圆和圆弧时的跟踪条如图 4-5 所示。使用【起点，终点，圆弧上的点】方法创建圆弧时，【起始角】和【终止角】字段不可用。大多数情况下，可以通过在跟踪条的文本框中输入数值，来创建精确的圆和圆弧。

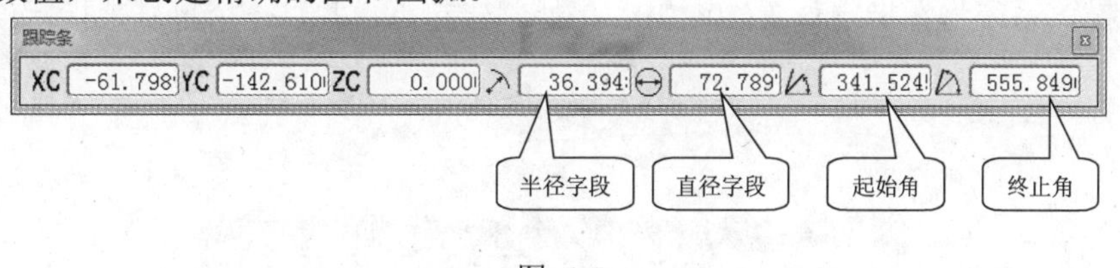

图 4-5

1. 直线

绘制直线的方法有 13 种，分别是：

- 两点之间；
- 通过一个点并且保持水平或竖直的直线；
- 通过一个点并平行于 XC、YC 或 ZC 轴的直线；
- 通过一个点并与 XC 轴成一角度的直线；
- 通过一个点并平行或垂直于一条直线，或者与现有直线成一角度的直线；
- 通过一个点并与一条曲线相切或垂直的直线；
- 与一条曲线相切并与另一条曲线相切或垂直的直线；

- 与一条曲线相切并与另一条直线平行或垂直的直线；
- 与一条曲线相切并与另一条直线成一角度的直线；
- 平分两条直线间的角度的直线；
- 两条平行直线之间的中心线；
- 通过一点并垂直于一个面的直线；
- 以一定的距离平行于另一条直线的直线。

通过【基本曲线】对话框上的工具即能创建上述 13 种直线。此外，【直线和圆弧】工具条也提供了 6 种绘制直线的方法：【直线(点-点)】、【直线(点-XYZ)】、【直线(点-平行)】、【直线(点-垂直)】、【直线(点-相切)】、【直线(相切-相切)】。下面介绍利用上述方法创建直线的过程。

【例 4-1】创建直线

1) 两光标位置点创建直线

(1) 选择【插入】|【曲线】|【基本曲线】命令，在顶部图标中，选择【直线】。

(2) 在绘图区中移动鼠标，跟踪条将显示当前光标的坐标值，单击左键确定直线的起点。

(3) 移动鼠标到另一个位置，单击左键确定直线的终点，即在起点和终点间创建直线。

2) 由输入坐标值创建直线

(1) 选择【插入】|【曲线】|【基本曲线】命令，在顶部图标中，选择【直线】。

(2) 将光标移动到 XC 文本框中，输入 XC 方向坐标值 10。然后按 Tab 键，光标将切换到 YC 文本框中，输入 YC 方向坐标值 10。再次按下 Tab 键，输入 ZC 方向坐标值 0。按下 Enter 键，系统将在指定位置(10，10，0)处创建起点，并以一个星号来指示该点，如图 4-6 所示。

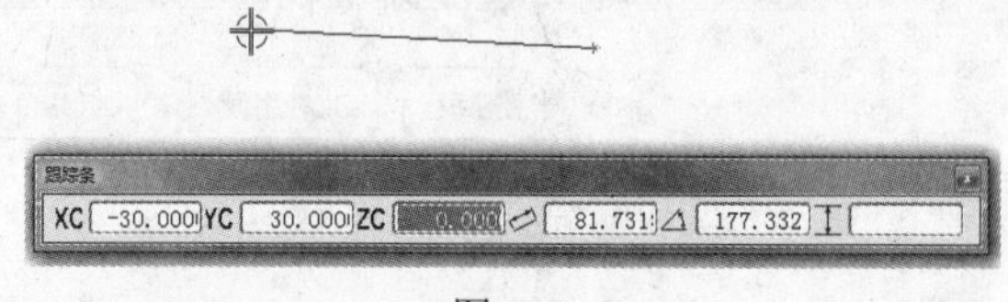

图 4-6

(3) 同样地，输入直线终点坐标(-30，30，0)，按下 Enter 键，即在起点和终点间创建直线。

3) 自动捕捉点创建直线

(1) 选择【插入】|【曲线】|【基本曲线】命令，在顶部图标中，选择【直线】。

(2) 将鼠标移动到如图 4-7 所示上直线右端点附近，系统将自动捕捉到直线的端点，单击左键，确定直线的起点。

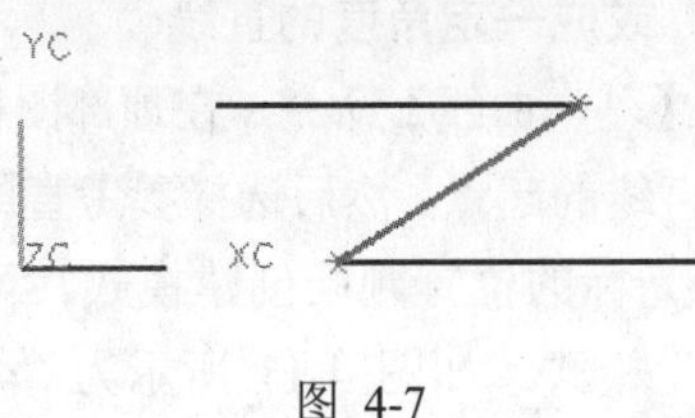

图 4-7

(3) 将鼠标移动到下直线的左端点附近，系统将自动捕捉到直线的端点，单击左键，确定直线的终点，即在起点和终点间创建直线。

4) 过一点并保持水平或竖直的直线

(1) 选择【插入】|【曲线】|【基本曲线】命令，在顶部图标中，选择【直线】。

(2) 在绘图区单击左键确定直线的起点。

(3) 定义直线的终点时，确保鼠标位置与直线起点的连线接近水平或竖直，如图 4-8 所示，单击左键创建直线。系统会把该直线自动捕捉为水平或竖直。

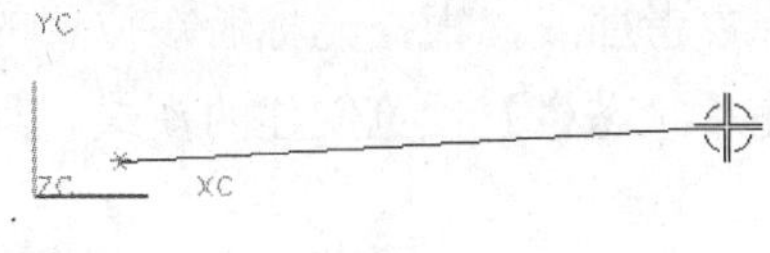

图 4-8

5) 过一点并平行于 XC、YC 或 ZC 轴的直线

(1) 选择【插入】|【曲线】|【基本曲线】命令，在顶部图标中，选择【直线】。

(2) 在绘图区单击左键确定直线的起点。

(3) 单击【平行于】选项下的 XC。

(4) 在绘图区拖动鼠标，视图中将出现一条平行于 XC 轴且随鼠标移动而伸缩的直线，如图 4-9 所示。单击确定直线的终点，即在起点与终点之间创建一条平行于 XC 轴直线。也可以在【长度】文本框中输入长度值以确定终点。

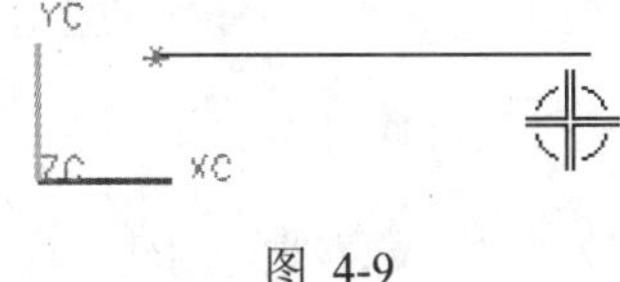

图 4-9

6) 通过一点并与 XC 轴成一角度的直线

(1) 选择【插入】|【曲线】|【基本曲线】命令，在顶部图标中，选择【直线】。

(2) 在绘图区单击左键确定直线的起点。

(3) 将鼠标放置在跟踪条的【角度】文本框中，输入角度(如 30°)，然后按下 Tab 键。

(4) 移动鼠标，在图形区域中将生成一条与 XC 轴成指定角度的直线，并且直线的终点随光标的移动而移动。单击左键确定直线的终点，完成直线的创建。

7) 与参考直线平行、垂直、或成一定角度的直线

(1) 选择【插入】|【曲线】|【基本曲线】命令，在顶部图标中，选择【直线】。

(2) 在绘图区单击左键确定直线的起点。然后选择参考直线，注意不要选择它的控制点。

(3) 移动鼠标，系统将根据光标的位置判断创建模式，可以在【状态栏】中预览创建模式。如图 4-10 所示为“平行”模式。如图 4-11 所示为“角度”模式，角度值为跟踪条中【角度】文本框中的角度值。如图 4-12 所示为“垂直”模式。

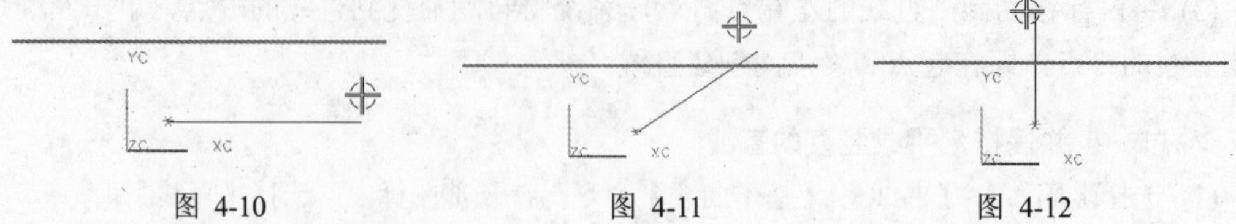

图 4-10　　图 4-11　　图 4-12

(4) 单击左键确定直线的终点，完成直线的创建。

8) 过一点并与一条曲线相切或垂直的直线

定义直线的起点，再选择参考曲线，根据光标所在位置的不同，系统将创建平行或垂直于参考曲线的直线。可以在【状态栏】预览创建的模式。具体步骤与上面所述过点作平行或垂直参考直线的方法类似。

9) 与一条曲线相切并与另一条曲线相切或垂直的直线

(1) 选择【插入】|【曲线】|【基本曲线】命令，在顶部图标中，选择【直线】。

(2) 在绘图区选择第一个圆，在第二条曲线上移动光标，根据光标位置的不同，系统将自动捕捉成与所选曲线【垂直】或【相切】，如图 4-13 所示。

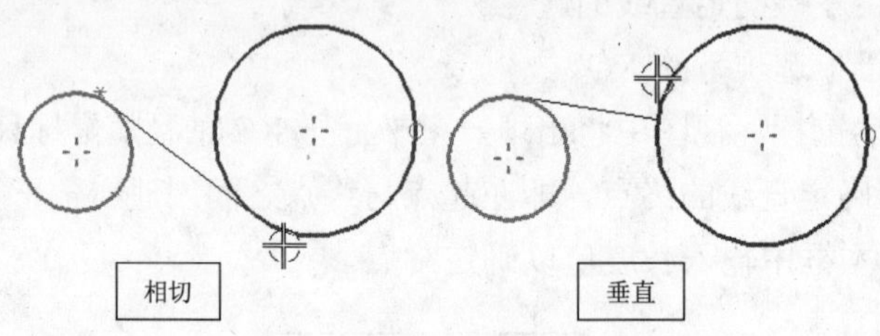

图 4-13

(3) 当显示所需直线时，单击左键完成直线的创建。

10) 创建与一条曲线相切并与另一条直线成一角度的直线

(1) 选择【插入】|【曲线】|【基本曲线】命令，在顶部图标中，选择【直线】。

(2) 选择第一条曲线，小心不要选择它的控制点。

(3) 将光标在第二条曲线上移动，系统将根据光标的位置判断是相切还是垂直，用户可以根据【状态栏】预览创建模式。如图 4-14 所示为【平行】模式。如图 4-15 所示为【角度】模式，角度值为对话框中【角度】文本框中的角度值。如图 4-16 所示为【垂直】模式。

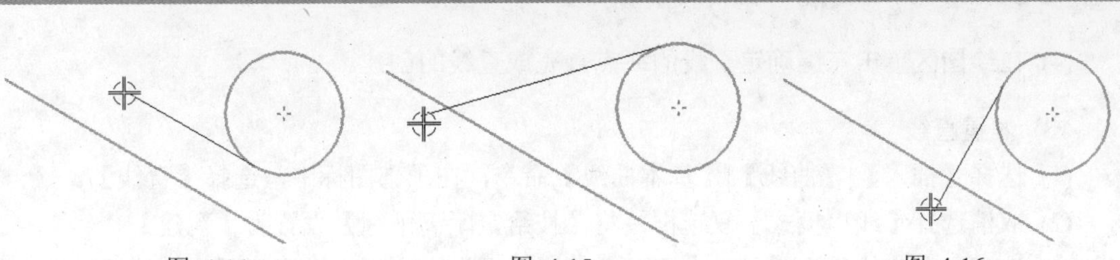

图 4-14　　图 4-15　　图 4-16

11) 角平分线

(1) 选择【插入】|【曲线】|【基本曲线】命令，在顶部图标中，选择【直线】。

(2) 选择两条不平行的直线，在视图中移动光标时，会有四条可能的平分线以橡皮筋方式拖动，分别如图 4-17、图 4-18、图 4-19 和图 4-20 所示。

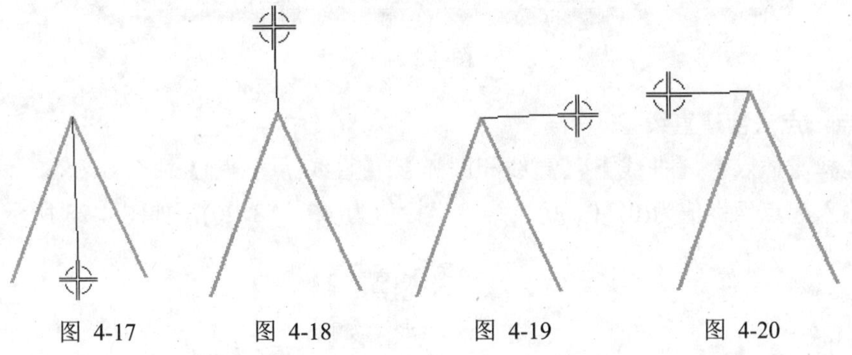

图 4-17　　图 4-18　　图 4-19　　图 4-20

(3) 在绘图区单击左键确定直线的终点，完成直线的创建。

创建角平分线时两条直线的交点(或延长线的交点)将成为直线的起点。

12) 中心线

(1) 选择【插入】|【曲线】|【基本曲线】命令，在顶部图标中，选择【直线】。

(2) 选择第一条直线，距离所选直线最近的端点决定了新直线的起点。

(3) 选择与第一条直线平行的直线，新创建的直线平行于选定的直线，并且位于这两条直线的中间随光标以橡皮筋方式拖动，如图 4-21 所示。

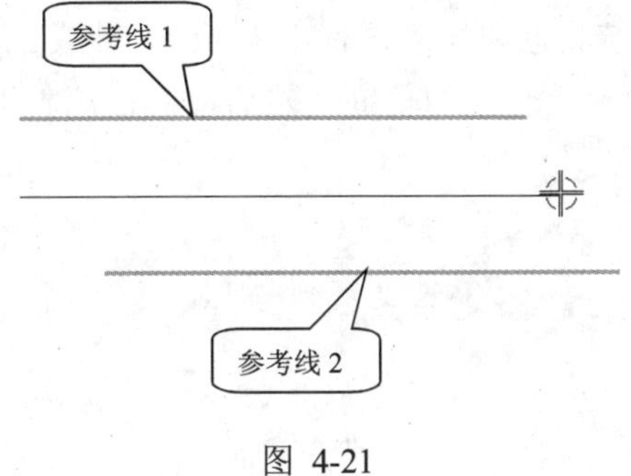

图 4-21

(4) 在绘图区单击左键确定直线的终点，完成直线的创建。

13) 偏置直线

(1) 选择【插入】|【曲线】|【基本曲线】命令，在顶部图标中，选择【直线】。

(2) 取消选择【线串模式】复选框，将【按给定距离平行】设置为【新建】。

(3) 选择一条直线作为基线，在跟踪条的【偏置】文本框中设置偏置值，然后按 Enter 键即可，如图 4-22 所示。

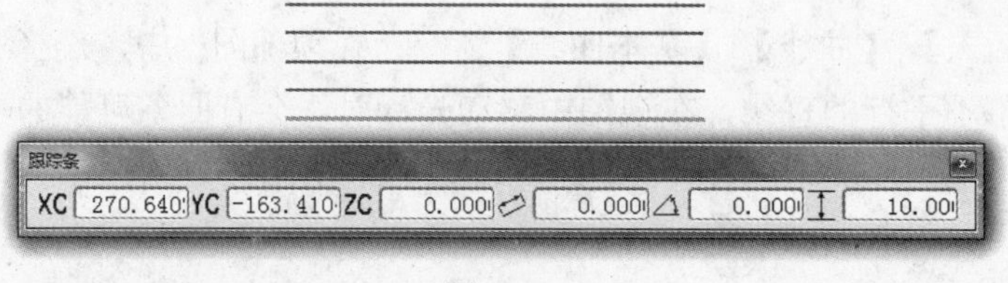

图 4-22

14) 点－点法创建直线

(1) 选择【插入】|【曲线】|【直线和圆弧】|【直线(点－点)】命令。

(2) 输入起点坐标值为(0，0，0)，终点坐标值为(45，78，0)，如图 4-23 所示。

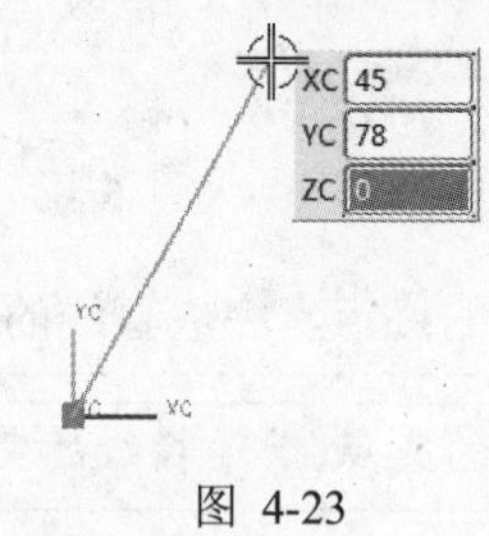

图 4-23

(3) 单击左键确定，即完成直线的创建。

15) 点-XYZ 法创建直线

(1) 选择【插入】|【曲线】|【直线和圆弧】|【直线(点-XYZ)】命令。

(2) 在绘图区单击左键确定直线的起点。

(3) 拖动鼠标直至直线附近出现 *X*、*Y* 或 *Z* 字符，沿着直线方向拖动鼠标，当显示为所需直线时，单击左键，系统将创建一条平行于 *X* 轴、*Y* 轴或 *Z* 轴的直线，如图 4-24 所示。也可以在【长度】文本框中输入直线的长度，然后按 Enter 键即可。

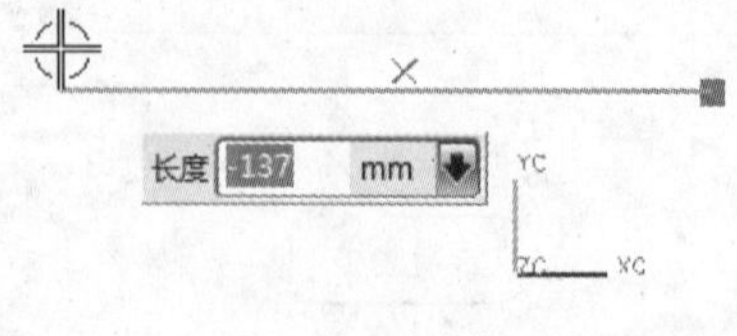

图 4-24

【长度】文本框中显示正值为轴的正方向，负值为轴的负方向。

16) 相切-相切法创建直线

(1) 选择【插入】|【曲线】|【直线和圆弧】|【直线(相切－相切)】命令。

(2) 创建圆的切线。两个圆的切线总共有四条：两条外公切线和两条内公切线，如图4-25所示。系统根据光标位置确定最终的切线。

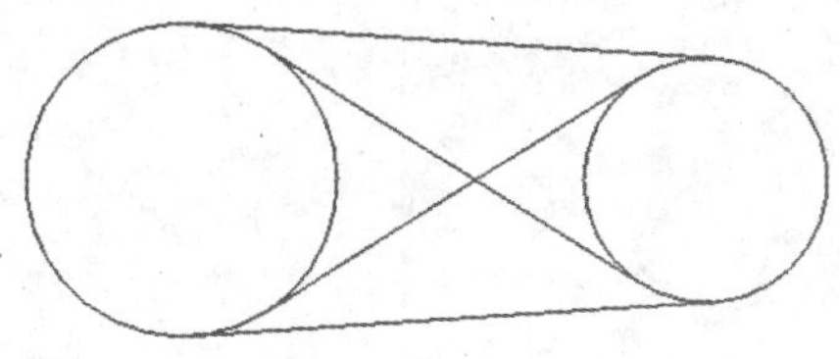

图 4-25

2. 圆弧

用【基本曲线】命令绘制圆弧的方法有两种，分别是：

(1) 起点，终点，圆弧上的点；

(2) 中心，起点，终点。

另外，【直线和圆弧】工具条也提供了4种创建圆弧的命令：【圆弧(点-点-点)】、【圆弧(点-点-相切)】、【圆弧(相切-相切-相切)】和圆弧【圆弧(相切-相切-半径)】。

【例4-2】创建圆弧

1) 起点，终点，圆弧上的点创建圆弧

(1) 选择【插入】|【曲线】|【基本曲线】命令，在顶部图标中，选择【圆弧】。

(2) 选择【创建方法】为【起点，终点，圆弧上的点】。

(3) 在绘图区依次单击3个点的位置，这三点将分别成为圆弧的起点、终点和圆弧上的一点，如图4-26所示。

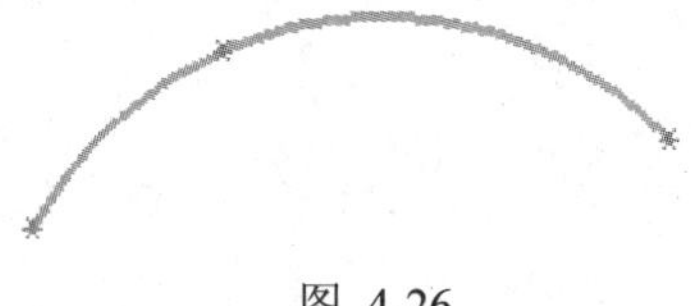

图 4-26

2) 中心，起点，终点创建圆弧

创建方法很简单，与“起点，终点，圆弧上的点创建圆弧”类似，不过其指定的3点依次为圆弧中心、圆弧起点和圆弧终点。

3) 相切-相切-半径法创建圆弧

(1) 选择【插入】|【曲线】|【直线和圆弧】|【圆弧(相切-相切-半径)】命令。

(2) 依次选择第一条直线、第二条直线。移动鼠标，圆弧将跟随鼠标变化，但保持与两条直线相切，单击左键创建圆弧。或在【半径】文本框中输入半径值(如 10)，按 Enter 键确定，如图 4-27 所示。

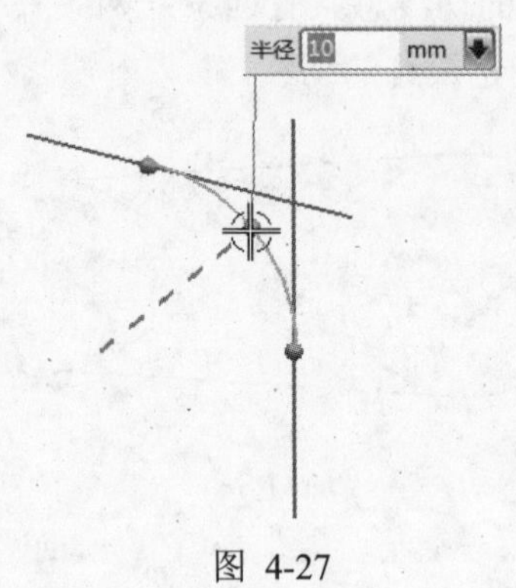

图 4-27

4) 相切-相切-相切法创建圆弧

(1) 选择【插入】|【曲线】|【直线和圆弧】|【圆弧(相切-相切-相切)】命令。

(2) 选择第一条曲线，这条直线决定圆弧起点所在的位置。选择第二条曲线，这条直线决定圆弧终点所在的位置。最后选择第三条曲线，完成圆弧的创建，如图 4-28 所示。

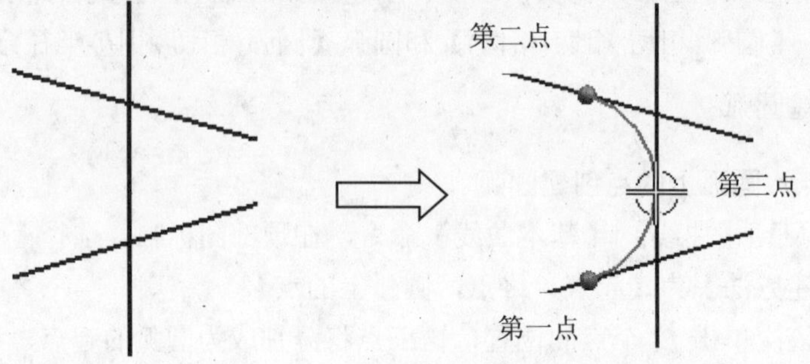

图 4-28

3. 圆

用【基本曲线】命令绘制圆的方法有三种，分别是：

(1) 中心点，圆上的点；

(2) 中心点，圆的半径或直径；

(3) 中心点，相切对象。

此外，【直线和圆弧】工具条也提供了 7 种创建圆的方法：【圆(点-点-点)】、【圆(点-点-相切)】、【圆(相切-相切-相切)】、【圆(相切-相切-半径)】、【圆(圆心-点)】、【圆(圆心-半径)】和【圆(圆心-相切)】。

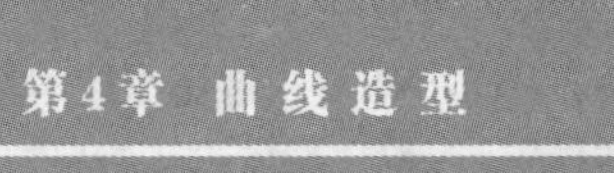

利用【曲线】工具条上的【基本曲线】命令与利用【直线和圆弧】工具条上的命令来创建圆过程一样，且与前面创建圆弧的方法类似。读者可以对照创建圆弧的方法来创建圆。

4.3.2 样条曲线

【样条曲线】~是构建自由曲面的重要曲线，可以是平面样条，也可以是空间样条；可以封闭，也可以开环；可以是单段样条线，也可以是多段样条线。UG NX 中创建的所有样条曲线都是“非均匀有理 B 样条(NURBS) ”。

样条曲线中的基本概念描述如下。

【曲线阶次】：每个样条都有阶次，这是一个代表定义曲线的多项式阶次的数学概念。阶次通常比样条段中的点数小 1。因此，样条线的点数不得少于阶次。UG NX 最高可以使用 24 阶样条曲线。

【单段】/【多段】：样条线可以采用单段和多段的方式创建。对于单段样条线来说，阶次=点数 - 1，因此单段样条线最多只能使用 25 个点。【单段】构造方式受到一定的限制，定义点的数量越多，样条线的阶次越高，而阶次越高样条线越会出现意外结果，如变形等。而且单段样条线不能封闭，因此不建议使用【单段】构造样条线。【多段】样条线的阶次由用户自己定义(≤24)，样条线定义点数量没有限制，但至少比阶次多一点。在设计中，通常采用 3~5 阶样条线。

【定义点】：定义样条线的点。根据极点方法创建的样条线没有定义点，在编辑样条线时可以添加定义点，也可以删除定义点。

【节点】：节点即为每段样条线的端点。单段样条线只有两个节点，即起点和终点；多段样条线的节点=段数 - 1。

【封闭曲线】：通常，样条线是开放的，它们开始于一点，而结束于另一点。通过选择【封闭曲线】选项可以创建开始和结束于同一点的封闭样条。该选项仅可用于多段样条。

选择【插入】|【曲线】|【样条】命令，系统弹出如图 4-29 所示的【样条】对话框。样条曲线有四种创建方式：【根据极点】、【通过点】、【拟合】和【垂直于平面】。各种创建方式如下所述。

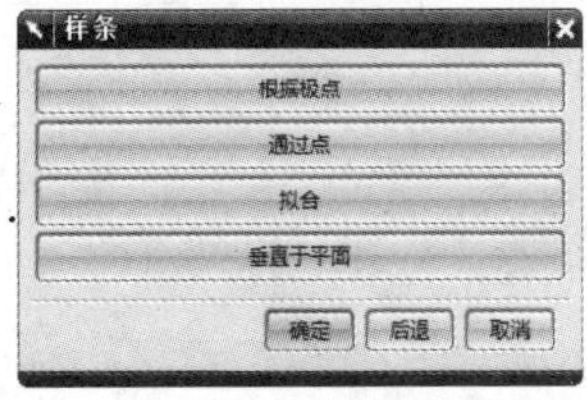

图 4-29

1. 根据极点

该方法通过指定极点来限制一条样条曲线。除端点外，样条线并不通过这些点。极点是样条曲线的控制点，既可用【点】对话框构造，也可以从文件中读取，如图 4-30 所示。

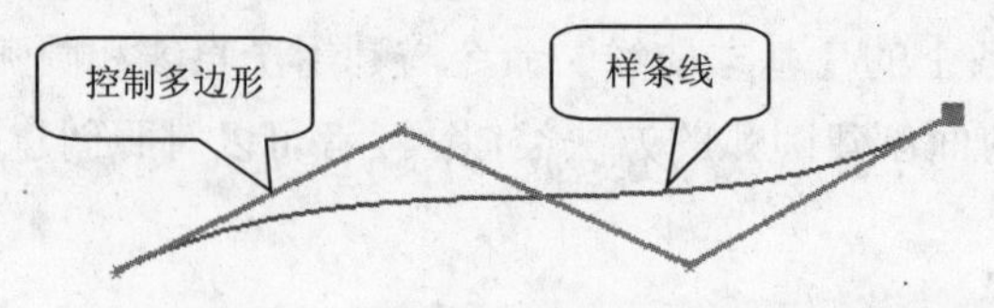

图 4-30

2. 通过点

样条线精确通过每一个定义点，但样条线的光顺性差。单击【通过点】按钮，系统弹出如图 4-31 所示的【通过点生成样条】对话框。设置好参数后，系统又弹出如图 4-32 所示的【样条】对话框，该对话框中列出了 4 种选点的方式，其含义分别如下所述。

【全部成链】：指定起点和终点，系统自动选择两点之间的所有点。这种方法适用于点比较规则的情况，如图 4-33 所示。

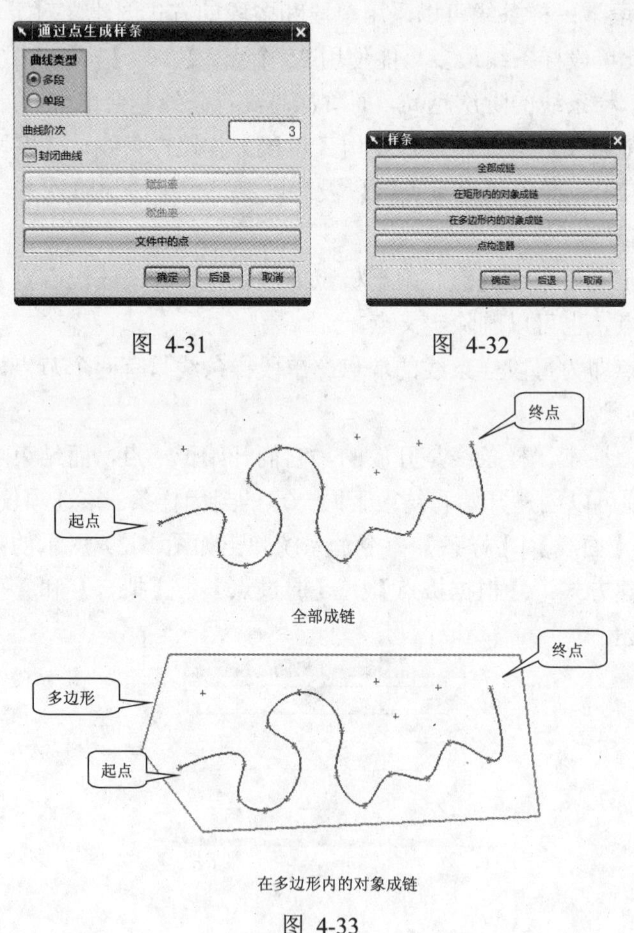

图 4-31　　图 4-32

图 4-33

【在矩形内的对象成链】：用矩形框确定选点范围，然后在矩形框内指定起点和终点，此时矩形框内在起点和终点间的所有点被选中。

【在多边形内的对象成链】：与上一种方式类似，不同的是上一种为矩形，这一种为多边形，其他完全一样，如图 4-33 所示。

【点构造器】：通过【点】构造器来定义或选择点。

3. 拟合

在指定公差范围内将一系列点拟合成样条线，所有在样条线上的点和定义点之间的距离平方和最小。该方法有助于减少定义样条线的点数，提高曲线的光顺性。

单击【拟合】按钮，系统弹出如图 4-34 所示的【样条】对话框。该对话框提供了 5 种确定样条曲线控制点的方式，选择任一种方式指定样条曲线的控制点后，系统弹出如图 4-35 所示的【用拟合的方法创建样条】对话框。设置好各种参数后单击【应用】按钮，即可生成样条曲线，同时在该对话框中显示拟合误差。

图 4-34

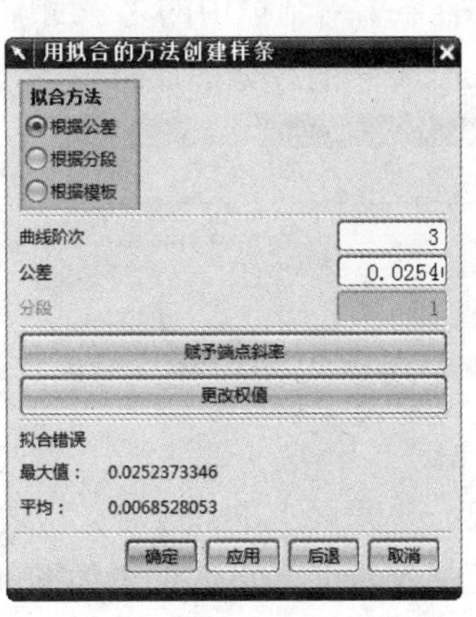

图 4-35

> 【样条】命令中的拟合方式等同于【插入】|【曲线】|【拟合样条】命令。

4. 垂直于平面

通过此方式创建的样条曲线经过且垂直于每个平面，平面数必须小于 100。平行平面之间的样条段是线性的，非平行平面之间的样条段是圆弧形的，每个圆形线段的中心都是它的有界平面的交点，如图 4-36 所示。

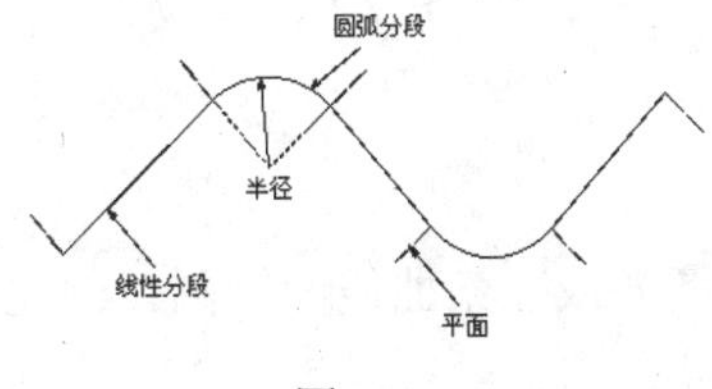

图 4-36

【例 4-3】垂直于平面创建样条线

	多媒体文件：\video\ch4\4-3.avi
	源文件：\part\ch4\4-3.prt
	操作结果文件：\part\ch4\finish\4-3.prt

(1) 打开文件“\part\ch4\4-3.prt”。

(2) 选择【插入】|【曲线】|【样条】命令。

(3) 单击【垂直于平面】按钮。

(4) 单击【样条】对话框中的【平面子功能】按钮，如图 4-37 所示。

(5) 选择第一个平面，如图 4-38 所示。

图 4-37　　图 4-38

(6) 选择第一个平面上的一个点。

(7) 选择第二个平面，系统弹出如图 4-39 所示的【样条】对话框，单击【接受默认方向】按钮。

(8) 依次选择第三、四个平面，单击【确定】按钮，完成样条线的创建，如图 4-40 所示。

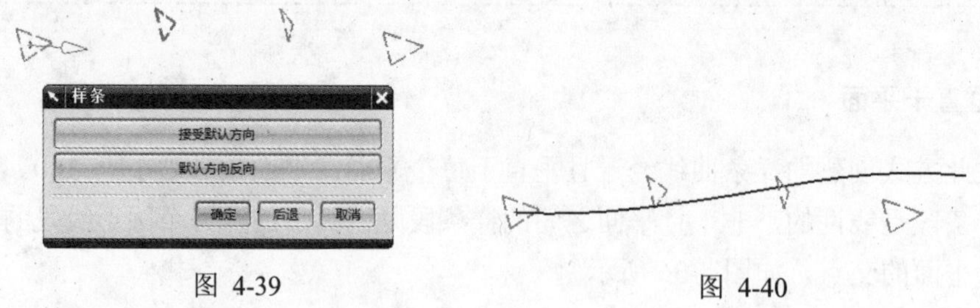

图 4-39　　图 4-40

4.3.3 曲线倒圆角

通过【圆角】命令可以在两条或三条曲线间倒圆。创建圆角时还可以指定原先的曲线的修剪方法。倒圆角有三种方法。

【简单倒圆】：简单倒圆角只能在两条直线间进行，输入的半径值决定圆角的尺寸。创建圆角后，用于创建倒圆角的两条直线自动裁剪到直线与圆角的交点。

【2 曲线倒圆】：在两条曲线(包括点、直线、圆、二次曲线或样条)之间构造一个圆角。两条曲线间的圆角是从第一条曲线到第二条曲线沿逆时针方向生成的圆弧。

【3 曲线倒圆】：在三条曲线间创建圆角，这三条曲线可以是点、直线、圆弧、二次曲线和样条的任意组合。三曲线圆角是从第一条曲线到第三条曲线按逆时针方向生成的圆弧。

【例 4-4】简单倒圆

	源文件：\part\ch4\4-4.prt
	操作结果文件：\part\ch4\finish\4-4.prt

(1) 打开文件“\part\ch4\4-4.prt”。

(2) 选择【插入】|【曲线】|【基本曲线】命令。

(3) 选择【圆角】命令，系统弹出【曲线倒圆】对话框。

(4) 选择【方法】为【简单倒圆】，并输入半径值 6。

(5) 将光标放在两条直线交点附近，单击鼠标左键，完成圆角的创建。根据光标相对位置的不同，结果也不一样，如图 4-41 所示。

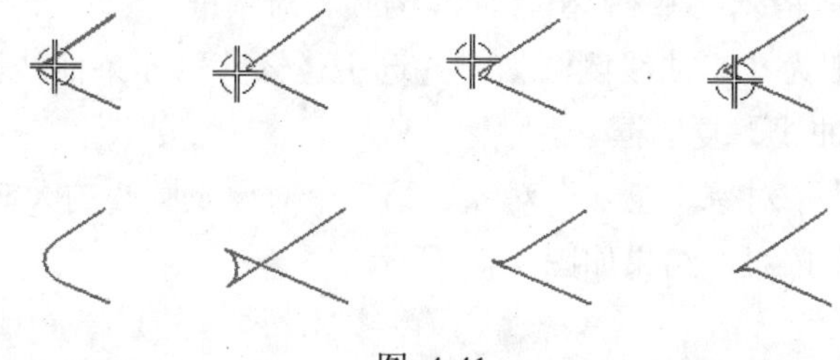

图 4-41

选择球必须同时包含两条直线，否则系统会弹出【错误】对话框。

【例 4-5】两曲线间倒圆

	源文件：\part\ch4\4-5.prt
	操作结果文件：\part\ch4\finish\4-5.prt

(1) 打开文件“\part\ch4\4-5.prt”。

(2) 选择【插入】|【曲线】|【基本曲线】命令。

(3) 选择【圆角】命令，系统弹出【曲线倒圆】对话框。

(4) 选择【方法】为【2 曲线倒圆】，输入半径值 6，并选中【修剪第一条曲线】和【修剪第二条曲线】复选框。

(5) 依次指定圆弧的起点、第二个对象、圆心的大概位置，如图 4-42 所示。

(6) 单击【确定】按钮，结果如图 4-43 所示。

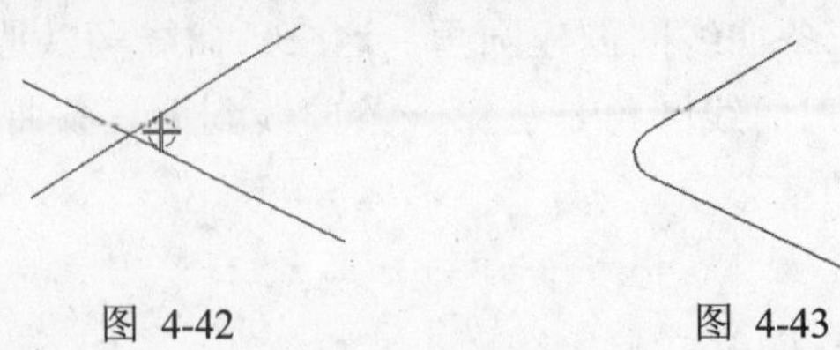

图 4-42　　　　图 4-43

【例 4-6】三曲线间倒圆

	多媒体文件：\video\ch4\4-6.avi
	源文件：\part\ch4\4-6.prt
	操作结果文件：\part\ch4\finish\4-6.prt

(1) 打开文件“\part\ch4\4-6.prt”。

(2) 选择【插入】|【曲线】|【基本曲线】命令。

(3) 选择【圆角】命令，系统弹出【曲线倒圆】对话框。

(4) 选择【方法】为【3 曲线倒圆】，并选中【修剪第一条曲线】、【修剪第二条曲线】和【修剪第三条曲线】复选框。

(5) 依次指定第一个对象、第二个对象、第三个对象及圆心的大概位置。

(6) 单击【确定】按钮，结果如图 4-44 所示。

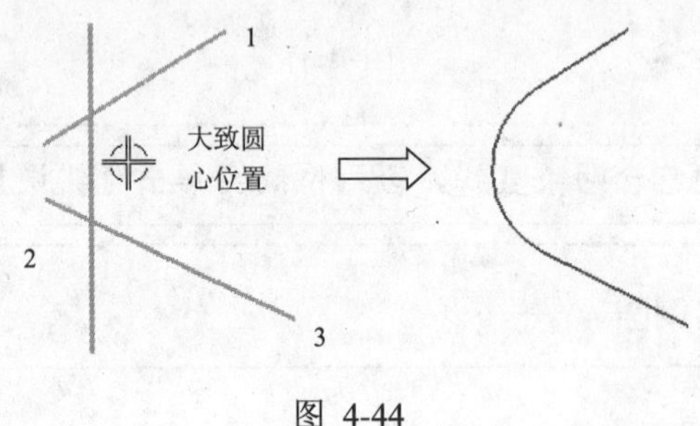

图 4-44

4.3.4 曲线倒斜角

通过此命令可以在两条共面直线或曲线间创建斜角。有两种倒斜角方式：【简单倒斜角】和【用户定义倒斜角】。

【简单倒斜角】：在同一平面内的两条直线之间建立倒角，其倒角度数为 45°，即两边的偏置相同。

【用户定义倒斜角】：在同一平面内的两条直线或曲线之间建立倒角，可以设置倒角度数和偏置值。

【例 4-7】简单倒斜角

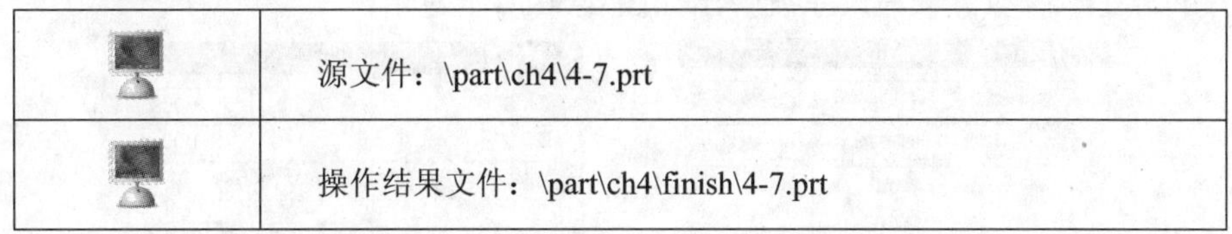

	源文件：\part\ch4\4-7.prt
	操作结果文件：\part\ch4\finish\4-7.prt

(1) 打开文件“\part\ch4\4-7.prt”。

(2) 选择【插入】|【曲线】|【倒斜角】命令，系统弹出【倒斜角】对话框，如图 4-45 所示。

(3) 单击【简单倒斜角】按钮，系统弹出如图 4-46 所示的【倒斜角】对话框。

图 4-45

图 4-46

(4) 输入【偏置】为 10，单击【确定】按钮。

(5) 指定倒角的大概位置，单击左键确定，结果如图 4-47 所示。系统同时弹出【倒斜角】对话框，如图 4-48 所示。若对倒角结果不满意可单击【撤销】按钮。

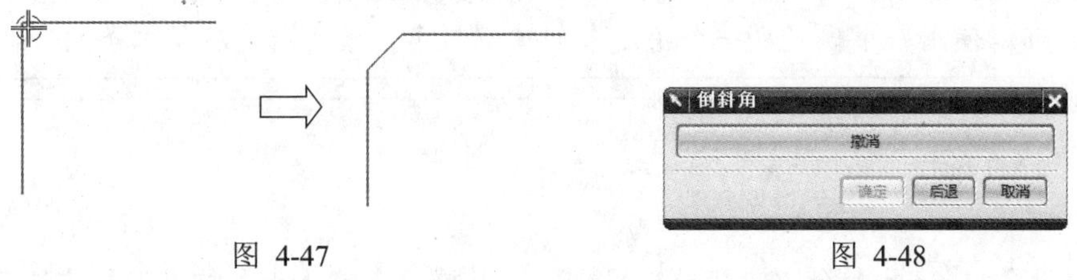

图 4-47　　图 4-48

> 光标球内要同时包含两条直线，否则系统会弹出【错误】对话框。

【例 4-8】用户自定义倒斜角

	多媒体文件：\video\ ch4\4-8.avi
	源文件：\part\ch4\4-8.prt
	操作结果文件：\part\ch4\finish\4-8.prt

(1) 打开文件“\part\ch4\4-8.prt”。

(2) 选择【插入】|【曲线】|【倒斜角】命令，系统弹出【倒斜角】对话框，如图 4-45 所示。

(3) 单击【用户定义倒斜角】按钮，系统弹出如图 4-49 所示的【倒斜角】对话框。

(4) 单击【不修剪】按钮，系统弹出如图 4-50 所示对话框。

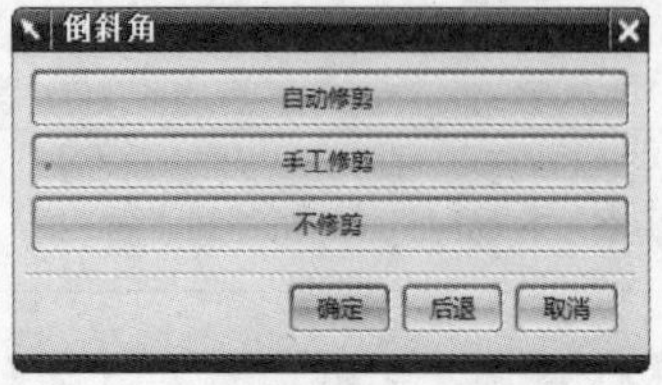

图 4-49

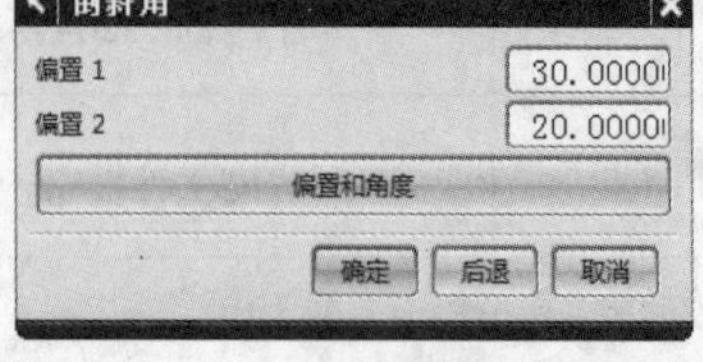

图 4-50

(5) 输入【偏置 1】为 30，【偏置 2】为 20，单击【确定】按钮。

(6) 依次指定曲线 1、曲线 2 及大概的相交点，单击左键确定，结果如图 4-51 所示。

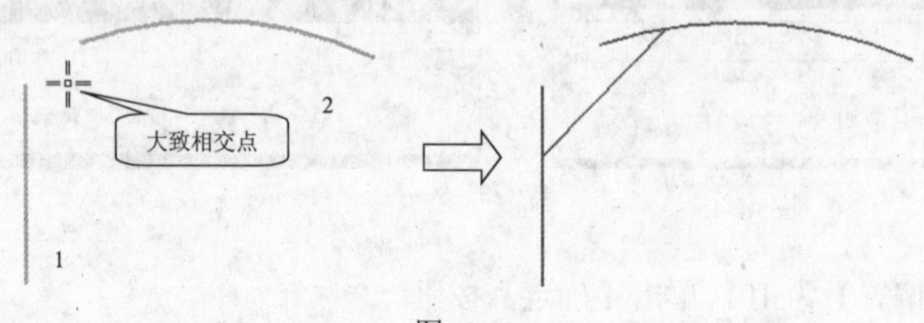

图 4-51

偏置要沿着曲线的轨迹来测量，不一定是线性距离。

也可以使用一个偏置和一个角度来创建倒斜角。该角度是从第二条曲线测量的。

4.3.5 矩形

【矩形】：此命令比较简单，只需要通过捕捉点或【点】构造器指定矩形的两个对角点，即可创建矩形。

用该命令创建的矩形是非关联的，如果需要更改设计，那么推荐使用草图命令绘制矩形。

4.3.6 多边形

【多边形】：通过此命令可以生成具有指定边数量的多边形曲线。

定义多边形大小有三种可选方式，分别是：

【内切半径】：输入内切圆的半径，如图 4-52(a)所示。

【多边形的边】：输入多边形一边的边长值，该长度将应用到所有边。

【外接圆半径】：输入外接圆的半径，如图 4-52(b)所示。

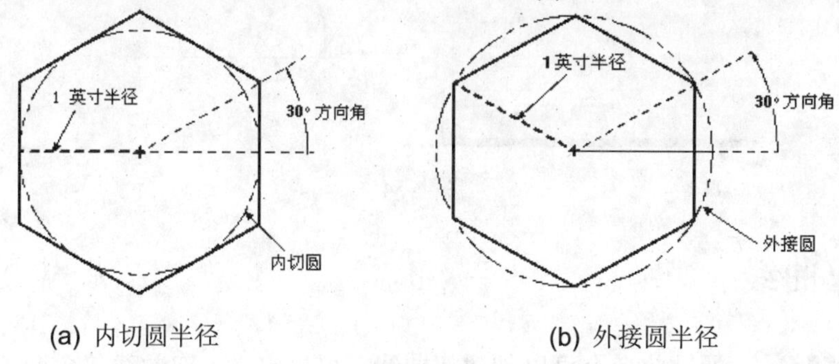

(a) 内切圆半径　　(b) 外接圆半径

图 4-52

通过此命令创建的多边形曲线是非关联的，在多边形边数不是很多的情况下，使用草图也可以快速创建多边形，而且草图具有参数驱动的优点。

4.3.7 椭圆

【椭圆】：通过此命令可以创建椭圆或椭圆弧。

椭圆有两根轴：长轴和短轴，每根轴的中点都在椭圆的中心。另外，椭圆是绕 ZC 轴正向沿着逆时针方向创建的，起始角和终止角确定椭圆的起始和终止位置，如图 4-53 所示。

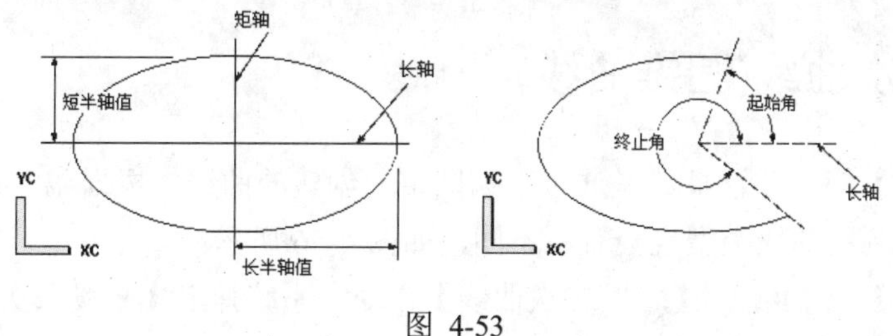

图 4-53

不论为每个轴的长度输入何值，较大的值总是作为长半轴的值，较小的值总是作为短半轴的值。

4.3.8 抛物线

【抛物线】：抛物线是与一个点(焦点)的距离和与一条直线(准线)的距离相等的点的集合，默认抛物线的对称轴平行于 XC 轴。【抛物线】对话框及对话框中各参数的含义如

图 4-54 所示。

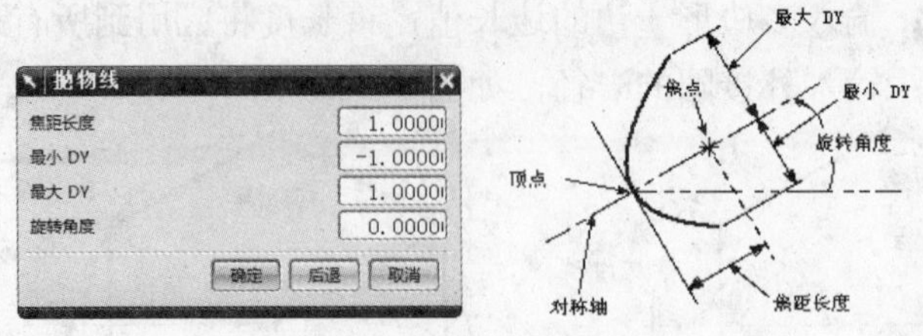

图 4-54

4.3.9 双曲线

【双曲线】：通过此命令可以创建双曲线。根据定义，双曲线包含两条曲线，分别位于中心的两侧，而在 NX 中，只构造其中一条曲线。【双曲线】对话框及对话框中各参数的含义如图 4-55 所示。

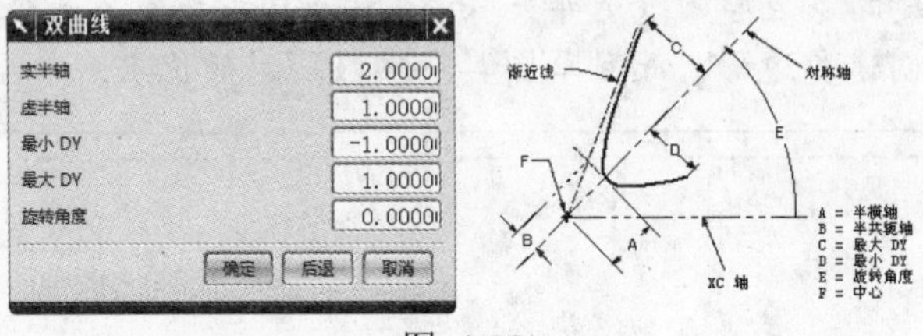

图 4-55

对于【抛物线】、【双曲线】等命令，没有必要深入学习，用到时再来查看即可。

4.3.10 二次曲线(圆锥曲线)

【二次曲线】：二次曲线是通过剖切圆锥而创建的曲线，根据截面通过圆锥的角度不同，剖切所得到的曲线类型也会有所不同，如图 4-56 所示。

选择【插入】|【曲线】|【一般二次曲线】命令，系统弹出【一般二次曲线】对话框，如图 4-57 所示。该对话框提供了 7 种创建二次曲线的方法。

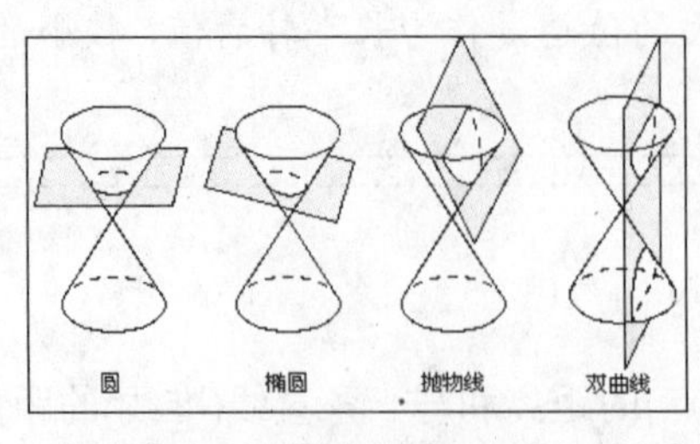

图 4-56

图 4-57

1. 5点

单击该按钮后，系统弹出【点】对话框。依次指定 5 个共面点以后，系统自动生成通过 5 点的二次曲线，如图 4-58 所示。

2. 4点，1个斜率

通过指定 4 个共面点和第一点处的斜率来创建二次曲线，如图 4-59 所示。

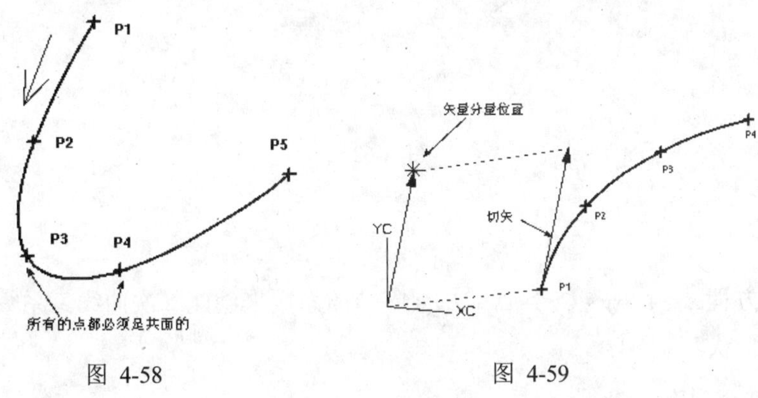

图 4-58　　图 4-59

3. 3点，2个斜率

通过指定 3 点、设定第一点及第三点处的斜率来创建二次曲线，如图 4-60 所示。

4. 3点，顶点

通过依次指定 4 点来创建二次曲线。其中，二次曲线通过前 3 点，以第 4 点为顶点，如图 4-61 所示。

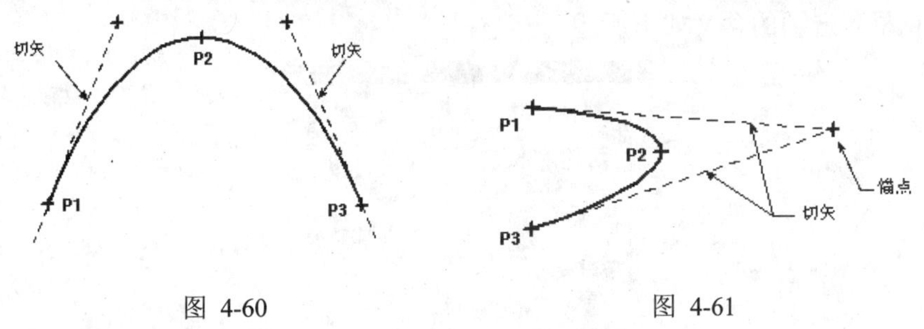

图 4-60　　图 4-61

5. 2点，锚点，Rho

通过依次指定 3 点及 Rho 值来创建二次曲线，如图 4-62 所示。

> 如果 Rho < 1/2，则创建一个椭圆。
> 如果 Rho = 1/2，则创建一条抛物线。
> 如果 Rho > 1/2，则创建一条双曲线。

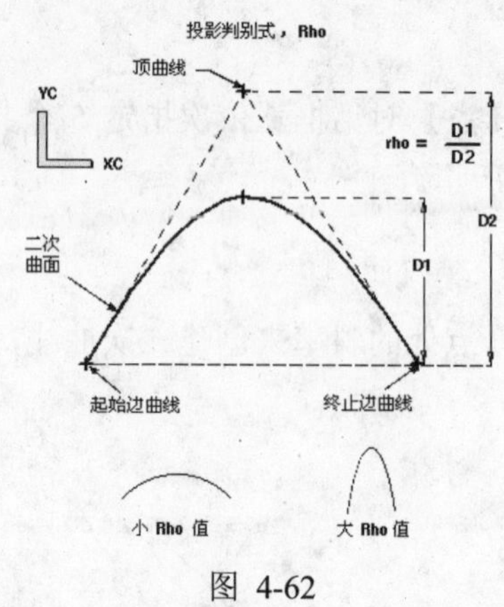

图 4-62

6. 系数

通过指定方程$Ax^2+Bxy+Cy^2+Dx+Ey+F=0$的系数来创建二次曲线。系数决定了二次曲线的方位和形状。

7. 2 点，2 个斜率，Rho

通过指定 2 点、2 点的斜率和 Rho 值来创建二次曲线。

4.3.11 螺旋线

【螺旋线】：此命令可以通过定义螺旋线的各个参数创建螺旋线。

选择【插入】|【曲线】|【螺旋线】命令，系统弹出【螺旋线】对话框，如图 4-63 所示。该对话框各选项的含义如下所述。

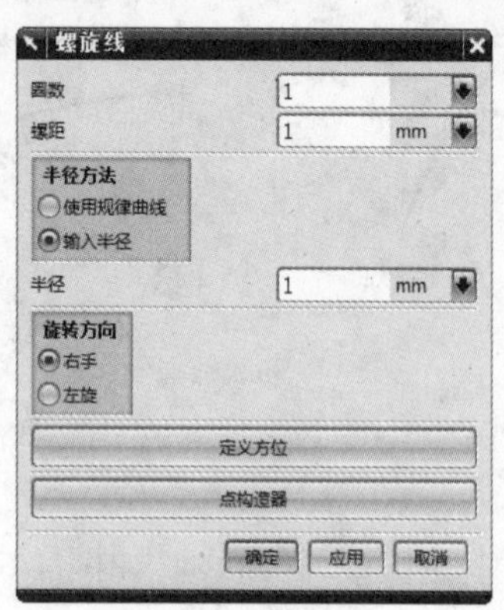

图 4-63

【圈数】：指的是螺旋线从起始点到终止点旋转的圈数，必须大于 0，可以是小数。

【螺距】：沿轴线方向相邻圈之间的距离，必须大于等于 0。

【半径方法】：指定如何定义半径。

- 【使用规律曲线】：使用规律函数来控制螺旋线的半径变化。
- 【输入半径】：半径值在整个螺旋线上都是恒定的。

【旋转方向】：指定螺旋线的旋转方向。

- 【右手】：螺旋线从起点开始，绕着轴线方向逆时针上升。
- 【左旋】：螺旋线从起点开始，绕着轴线方向顺时针上升。

【定义方位】：通过选择直线或边来定义螺旋线的轴向和起始点。

【点构造器】：用来定义螺旋线的基点，如果不定义基点，则以当前工作坐标系的原点为基点。

> 在定义方位时，系统默认的方位是：ZC 轴为螺旋线轴线，起始点位于 XC 轴的正方向上。如果在绘图区任意设定一个基点，则系统以过此基点且平行于 ZC 轴的方向作为螺旋线轴线，螺旋线的起点为过极点且平行于 XC 轴的正方向。

【例 4-9】创建螺旋线

	多媒体文件：\video\ch4\4-1.avi
	操作结果文件：\part\ch4\finish\4-8.prt
	操作结果文件：\part\ch4\finish\4-9.prt

(1) 打开文件“\part\ch4\4-9.prt”。

(2) 选择【插入】|【曲线】|【螺旋线】命令，系统弹出【螺旋线】对话框。

(3) 输入如图 4-64 所示的各参数值，单击【应用】按钮，完成螺旋线的创建。

(4) 选择【半径方法】为【使用规律曲线】，其他参数保持不变，系统弹出如图 4-65 所示的【规律函数】对话框。

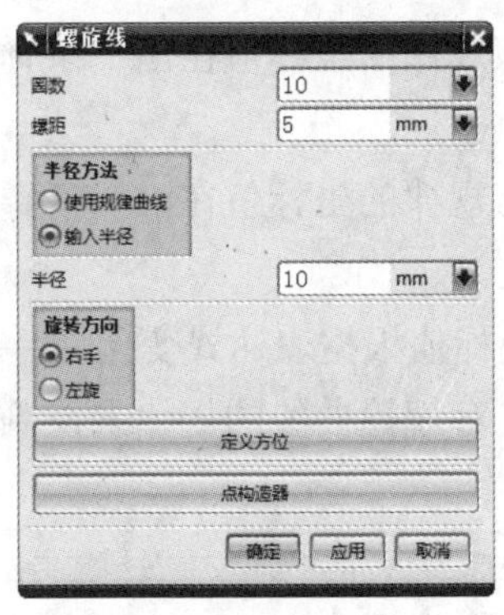

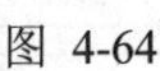

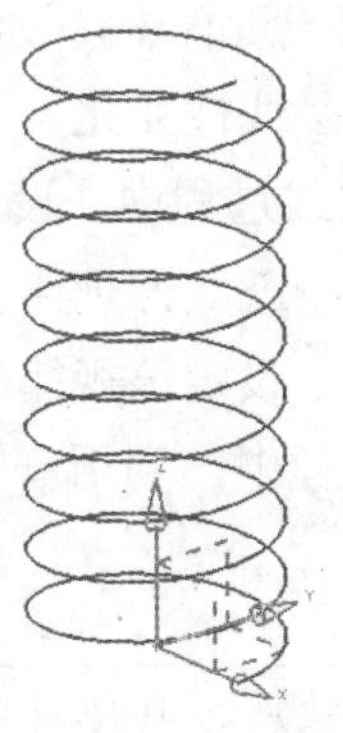

图 4-64

图 4-65

(5) 单击第二个即【线性】按钮，系统弹出【规律控制的】对话框，输入【起始值】为 20，【终止值】为 5，如图 4-66 所示，单击【确定】按钮。

(6) 用鼠标在屏幕上选取任意一点，单击【确定】按钮，结果如图 4-67 所示。

(7) 双击第(6)步创建的螺旋线，系统弹出【编辑螺旋线】对话框，将【螺距】改为 0，单击【确定】按钮，结果如图 4-68 所示。

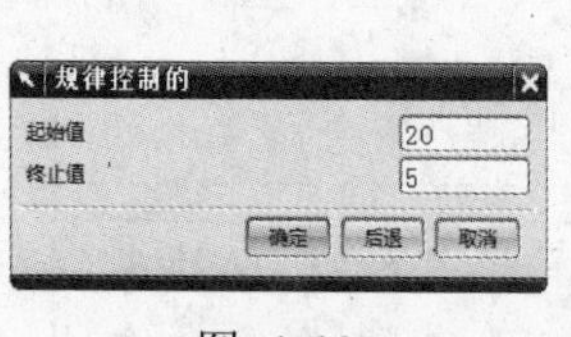

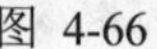

图 4-66

图 4-67

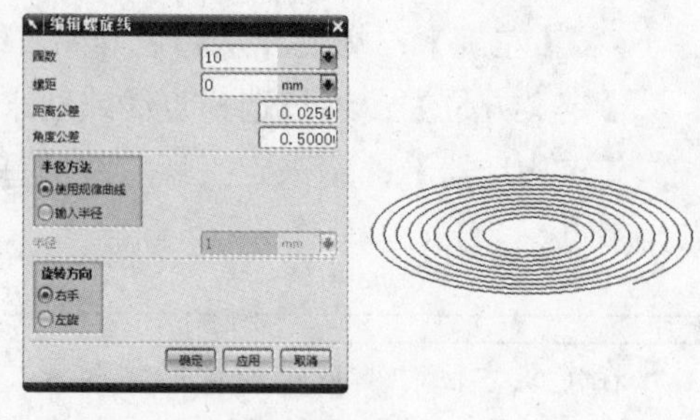

图 4-68

4.3.12 规律曲线

【规律曲线】：通过此命令可以生成由规律函数控制的样条曲线。

选择【插入】|【曲线】|【规律曲线】命令，系统弹出如图 4-69 所示的【规律函数】对话框。该对话框提供了 7 种设定规律的方式，其意义如下所述。

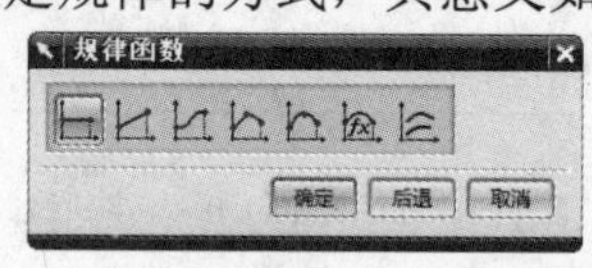

图 4-69

【恒定】：在绘制曲线过程中，设定该规律的坐标值为常数。

【线性】：在绘制曲线过程中，设定该规律的坐标值在某个数值范围内呈线性变化。

【三次】：在绘制曲线过程中，设定该规律的坐标值在某个数值范围内呈三次方规律变化。

【沿着脊线的值-线性】：在绘制曲线过程中，设定该规律的坐标值在沿一条脊线设置的两点或多个点所对应的规律值范围内呈线性变化。

【沿着脊线的值-三次】：在绘制曲线过程中，设定该规律的坐标值在沿一条脊线设置的两点或多个点所对应的规律值范围内呈三次方规律变化。

【根据方程】：在绘制曲线过程中，设定该规律的坐标值根据表达式变化。

【根据规律曲线】：在绘制曲线过程中，利用一条已存规律曲线的规律来控制坐标值的变化。

【规律曲线】通常配合其他功能使用，具体可以参考【例 4-9】。

4.4 曲线操作

常用的曲线操作有【偏置曲线】、【桥接曲线】、【简化曲线】、【连结曲线】、【投影曲线】、【组合投影】、【相交曲线】、【截面曲线】、【抽取线】、【在面上偏置】和【缠绕/展开曲线】。

4.4.1 偏置曲线

【偏置曲线】：通过此命令可以偏置直线、圆弧、二次曲线、样条、边和草图。

选择【插入】|【来自曲线集的曲线】|【偏置】命令，系统弹出如图 4-70 所示的【偏置曲线】对话框。该对话框中各选项意义如下所述。

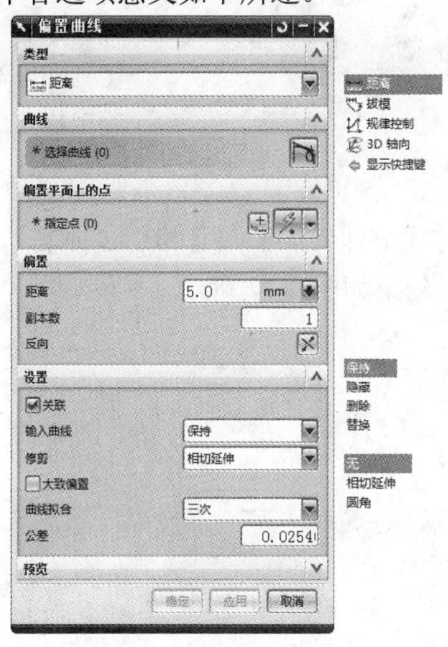

图 4-70

【类型】：系统提供了 4 种偏置方式，即【距离】、【拔模】、【规律控制】和【3D 轴向】，如图 4-71 所示。

- 【距离】：按照给定的距离偏置对象。
- 【拔模】：按照给定的拔模角度，把对象偏置到与对象所在平面相距拔模高度的平面上。拔模角度为偏置方向与原对象所在平面法线的夹角，拔模高度为原对象所在平面与偏置后曲线所在平面之间的距离。
- 【规律控制】：通过选择规律子函数控制偏置距离来偏置对象。选择该选项后，系统弹出【规律曲线】对话框。
- 【3D 轴向】：通过指定偏置轴矢量和沿着轴矢量方向的三维偏置值来偏置对象。

【副本数】：设置连续偏置曲线的数量，每次偏置相对于前一组曲线。

【反向】：改变偏置方向，双击视图中箭头也能改变偏置方向。

【关联】：选择该复选框，则偏置后的对象与原对象关联。

【输入曲线】：指定应如何处理原始曲线，包括【保持】、【隐藏】、【删除】和【替换】4 种方式。

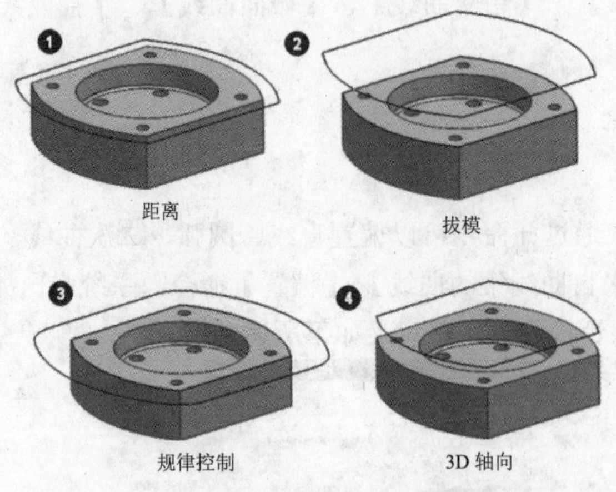

图 4-71

【修剪】：有 3 种修剪方式，即【无】、【相切延伸】、【圆角】。对同一曲线分别采用 3 种修剪方式进行偏置，结果如图 4-72 所示。

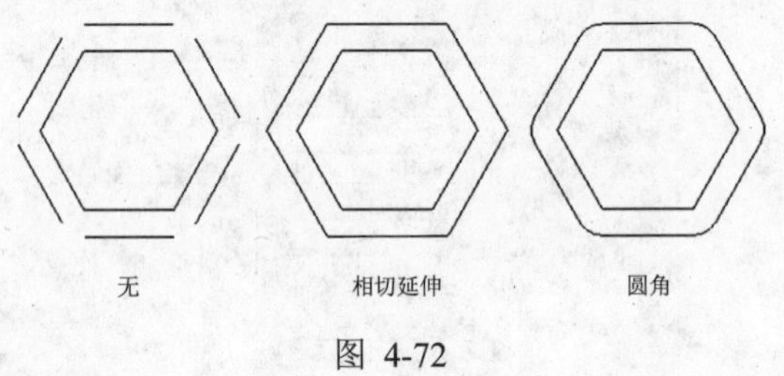

图 4-72

【例 4-10】创建偏置曲线

	多媒体文件：\video\ch4\4-10.avi
	源文件：\part\ch4\4-10.prt
	操作结果文件：\part\ch4\finish\4-10.prt

(1) 打开文件“\part\ch4\4-10.prt”。

(2) 选择【插入】|【来自曲线集的曲线】|【偏置】命令，系统弹出【偏置曲线】对话框。

(3) 选择实体顶面的外边界，如图 4-73 所示。输入【距离】为 5，【副本数】为 3，其他保持默认设置。

(4) 单击【确定】按钮，完成偏置曲线的创建，结果如图 4-74 所示。

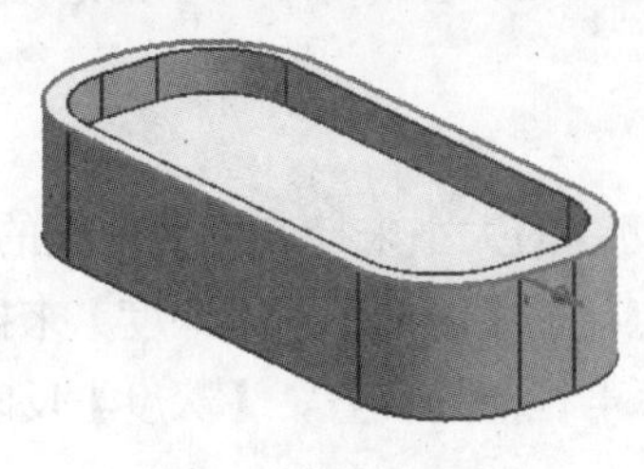

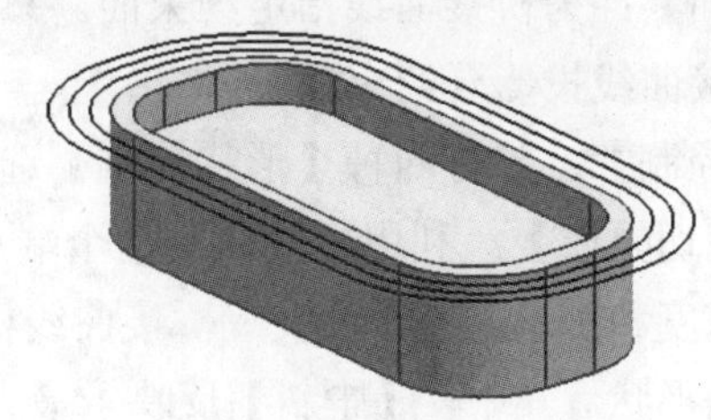

图 4-73　　　　图 4-74

4.4.2 桥接曲线

【桥接曲线】：通过此命令可以在现有几何体之间创建桥接曲线并对其进行约束。

选择【插入】|【来自曲线集的曲线】|【桥接】命令，系统弹出如图 4-75 所示的【桥接曲线】对话框。该对话框中各选项意义如下所述。

图 4-75

【起始对象】：选取第一条曲线、点或实体的边。

【终止对象】：选取第二条曲线、点或实体的边。

【桥接曲线属性】：用于设置起点对象和终点对象的属性。

- 【连续性】：共有 4 种【连续性】选项，即 【G0(位置)】、【G1(相切)】、【G2(曲率)】、【G3(流)】。
- 【位置】：利用该参数可以设置桥接曲线在被桥接曲线上的起始点和结束点。
- 【方向】：用于设置桥接曲线与被桥接曲线在交点处相切还是垂直。

- 【反向】：在另一侧创建桥接曲线。

【约束面】：为桥接曲线指定约束面。只有 G0 和 G1 连续时才可以指定【约束面】，其实是将桥接曲线投影至约束面上。

【形状控制】：共有四种【形状控制】选项。

- 【相切幅值】：利用桥接曲线两个端点处切线的大小来控制桥接曲线的形状。
- 【深度和歪斜】：通过设置桥接曲线极值点处的【歪斜】和【深度】来控制桥接曲线的形状。其中，【歪斜】反映了最大曲率半径点的位置，【深度】反映了曲率半径的大小，如图 4-76 所示。

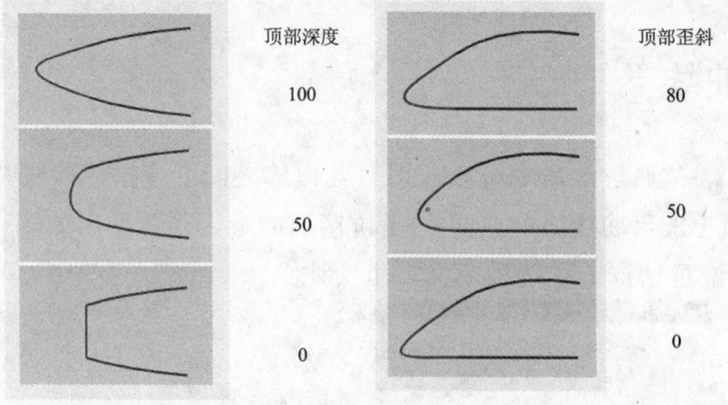

图 4-76

- 【二次曲线】：通过设定二次曲线的 Rho 值来控制过渡曲线的形状。
- 【参考成型曲线】：通过指定一条参考线来控制桥接曲线的形状。

【例 4-11】创建桥接曲线

	源文件：\part\ch4\4-11.prt
	操作结果文件：\part\ch4\finish\4-11.prt

(1) 打开文件"\part\ch4\4-11.prt"。

(2) 选择【插入】|【来自曲线集的曲线】|【桥接】命令，系统弹出【桥接曲线】对话框。

(3) 分别选择第一条曲线和第二条曲线，其他保持默认设置。

(4) 单击【确定】按钮，结果如图 4-77 所示。

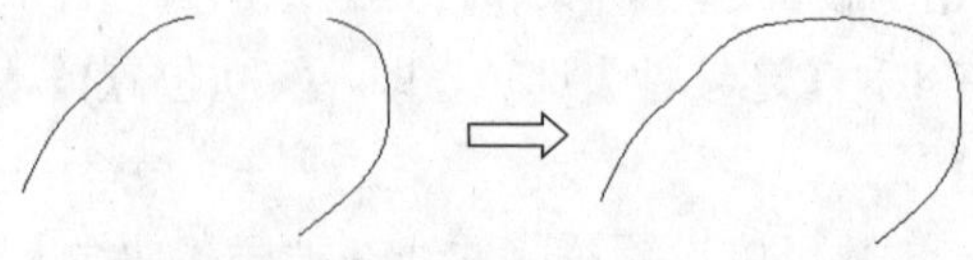

图 4-77

4.4.3 简化曲线

【简化曲线】：通过此命令可以将样条线简化成直线或圆弧组成的集合，而原曲线可以保留、隐藏或删除。

选择【插入】|【来自曲线集的曲线】|【简化】命令，系统弹出【简化曲线】对话框，如图 4-78 所示。

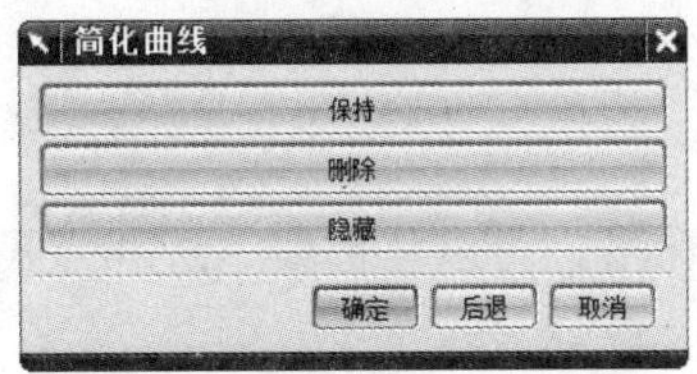

图 4-78

4.4.4 连结曲线

【连结曲线】：通过此命令可以将多段曲线合并以生成一条与原先曲线链近似的 B 样条曲线。

选择【插入】|【来自曲线集的曲线】|【连结】命令，系统弹出【连结曲线】对话框，如图 4-79 所示。该对话框中主要选项意义如下所述。

图 4-79

【曲线】：选择输入曲线，可配合【选择意图工具条】进行曲线选择。

【输出曲线类型】：有 4 种类型。

- 【常规】：将每条原始曲线转换为样条，然后将它们连结成单个样条。【常规】选项可以创建比【三次】或【五次】类型阶次更高的曲线。
- 【三次】：通过用多项式样条逼近原始曲线，将一系列曲线连结到一起。三次样条的阶次为 3。
- 【五次】：通过用五次多项式样条逼近原始曲线，将一系列曲线连结到一起。

- 【高级】：通过用样条逼近原始曲线，将一系列曲线连结到一起。此曲线类型使用最高阶次和最大段数。

> 【连结曲线】将多段线合并成一段线，这样方便选择，但合并后由于参数重新分配，在曲率上会有微小的变化，所以在创建曲面时尽量不合并曲线。

4.4.5 投影曲线

【投影曲线】：通过此命令，可以将曲线、边和点投影到片体、面和基准平面上，并可以设置投影方向。

选择【插入】|【来自曲线集的曲线】|【投影】命令，系统弹出【投影曲线】对话框，如图 4-80 所示。该对话框中主要选项意义如下所述。

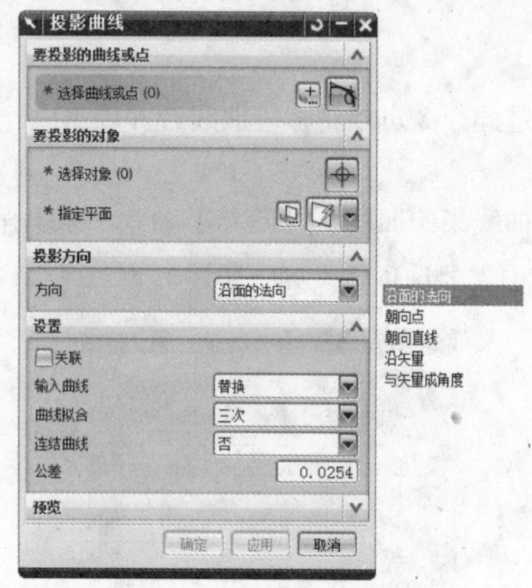

图 4-80

【要投影的曲线或点】：选择要投影的曲线、边、点或草图，还可以通过【点构造器】获取投影点。

【要投影的对象】：选择接受投影的对象，可以是曲面，也可以是平面。

【投影方向】：有 5 种设置投影方向的方法。

- 【沿面的法向】：过要投影的曲线上的每一点向指定表面作垂线，则由所有垂足构成的曲线即为投影曲线。
- 【朝向点】：过要投影的曲线上的每一点向指定点连线，连接直线同指定表面有一交点，则由所有交点构成的曲线即为投影曲线。
- 【朝向直线】：过要投影的曲线上的每一点向指定直线作垂线，该垂线同指定表面有一交点，则由所有交点构成的曲线即为投影曲线。

- 【沿矢量】：过要投影的曲线上的每一点作与指定矢量相平行的直线，该直线同指定表面有一个或多个交点，则由所有交点构成的曲线即为投影曲线。
- 【与矢量成角度】：过要投影的曲线上的每一点作与指定矢量成一定角度的直线，该直线同指定表面有一个或多个交点，则由所有交点构成的曲线即为投影曲线。

如果投影过程中与面上的孔、边缘相交，投影曲线将被裁剪。

【例4-12】创建投影曲线

	多媒体文件：\video\ch4\4-12.avi
	源文件：\part\ch4\4-12.prt
	操作结果文件：\part\ch4\finish\4-12.prt

(1) 打开文件“\part\ch4\4-12.prt”。

(2) 选择【插入】|【来自曲线集的曲线】|【投影】命令，系统弹出【投影曲线】对话框。

(3) 选择如图4-81所示螺旋线作为要投影的曲线，单击中键确定，然后选择拉伸体的侧面作为投影面。

(4) 选择【方向】为【朝向直线】，然后选择位于螺旋线中心的直线。

(5) 选择【关联】复选框，设置【输入曲线】为【隐藏】，单击【确定】按钮，完成投影曲线的创建，结果如图4-81所示。

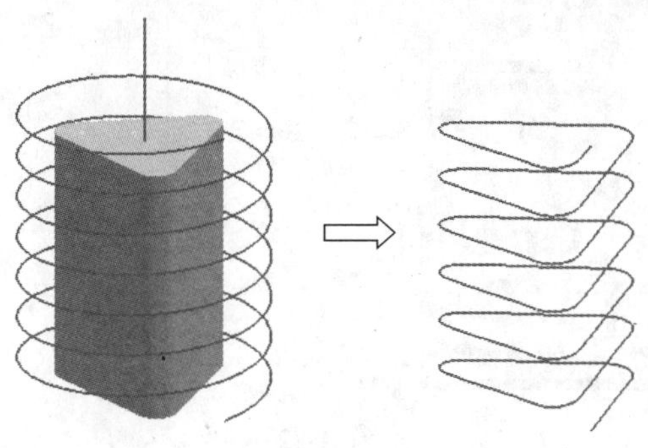

图 4-81

4.4.6 组合投影

此命令可以通过两条现有曲线的投影来创建一条新的曲线，相当于将两组曲线沿指定的方向拉伸，拉伸面所形成的交线就是组合投影曲线。

【组合投影】多用于图纸造型中。因为图纸造型时已知空间曲线的两个投影曲线，通过组合投影功能可以生成原始的空间曲线。

【例 4-13】组合投影

	多媒体文件：\video\ch4\4-13.avi
	源文件：\part\ch4\4-13.prt
	操作结果文件：\part\ch4\finish\4-13.prt

(1) 打开文件“\part\ch4\4-13.prt”。

(2) 选择【插入】|【来自曲线集的曲线】|【组合投影】命令，系统弹出【组合投影】对话框。

(3) 依次选择曲线 1 和曲线 2，设置【投影方向 1】、【投影方向 2】均为【垂直于曲线平面】，其他保持默认设置，如图 4-82 所示。

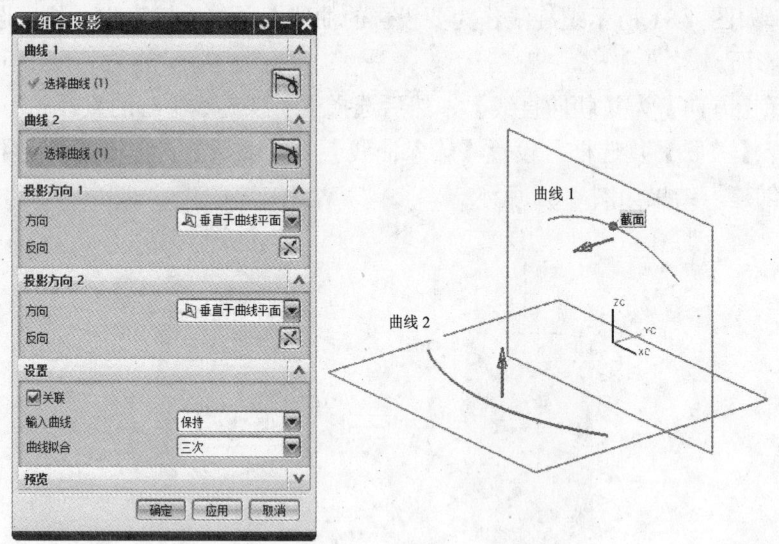

图 4-82

(4) 单击【确定】按钮，结果如图 4-83 所示。

(5) 将曲线 1、曲线 2 分别沿其所在基准平面的法向方向拉伸，结果如图 4-84 所示，可见通过【组合投影】命令生成的曲线确实为两拉伸面的交线。

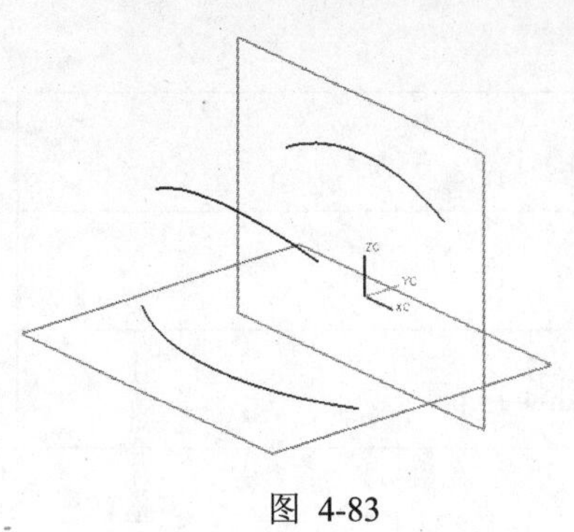

图 4-83

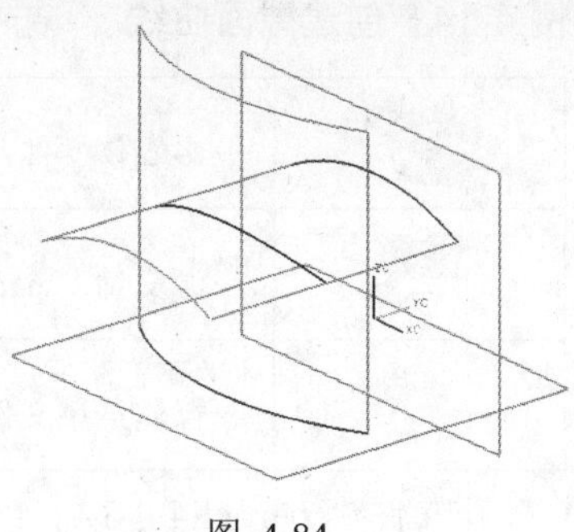

图 4-84

4.4.7 相交曲线

【相交曲线】：通过此命令可以生成两组对象(实体、实体表面、平面或基准面)之间的交线。

4.4.8 截面曲线

【截面曲线】：通过此命令可将指定的平面与体、面或曲线相交来创建曲线或点。平面与曲线相交将创建一个或多个点。

选择【插入】|【来自体的曲线】|【截面】命令，系统弹出【截面曲线】对话框，如图 4-85 所示。该对话框提供了 4 种创建截面曲线的方法，分别如下所述。

图 4-85

【选定的平面】：创建剖切对象与所选平面的交线。

【平行平面】：创建剖切对象与多个平行平面的交线。

【径向平面】：创建剖切对象与沿一轴线旋转的多个平面的交线。

【垂直于曲线的平面】：创建剖切对象与指定直线相垂直的平面的交线。

【例 4-14】创建截面曲线

	多媒体文件：\video\ ch4\4-14.avi
	源文件：\part\ch4\4-14.prt
	操作结果文件：\part\ch4\finish\4-14.prt

(1) 打开文件“\part\ch4\4-14.prt”。

(2) 选择【插入】|【来自体的曲线】|【截面】命令，系统弹出【截面曲线】对话框。

(3) 选择【类型】为【垂直于曲线的平面】，选择【要剖切的对象】为体的上表面，然后选择如图 4-86 所示的边。

(4) 选择【间距】为【等圆弧长】，【副本数】为 10，其他保持默认设置。

(5) 单击【确定】按钮，完成截面线的创建，结果如图 4-86 所示。

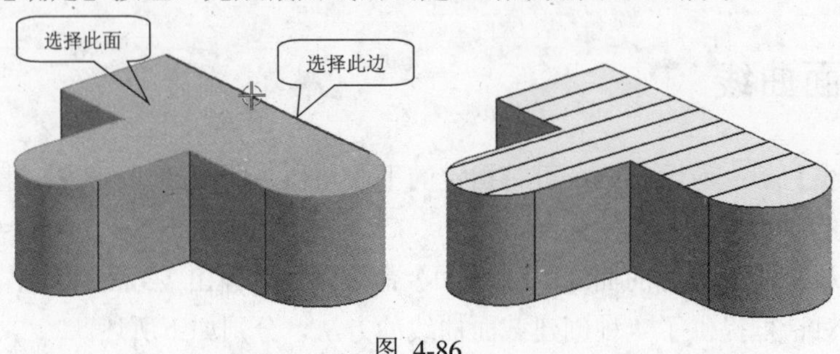

图 4-86

4.4.9 抽取曲线

【抽取曲线】：此命令通过一个或多个对象的边缘和表面生成曲线(直线、圆弧、二次曲线和样条)。大多数抽取曲线是非关联的，但也可选择创建关联的等斜度曲线或阴影轮廓曲线。

选择【插入】|【来自体的曲线】|【抽取】命令，系统弹出【抽取曲线】对话框，如图 4-87 所示。该对话框提供了 6 种创建抽取曲线的方法，分别如下所述。

图 4-87

【边缘曲线】：直接选择实体或曲面的边缘产生曲线。

【等参数曲线】：在所选曲面上产生 *U/V* 方向上的参数曲线。等参数曲线是无参数的。

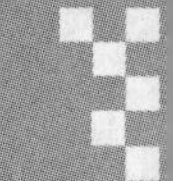

【轮廓线】：在选择的实体或曲面上按当前屏幕方向产生最大轮廓线。只有当实体表面或曲面边缘与最大轮廓不重合时才能产生轮廓线，重合时不产生轮廓线。选择体后会立即产生轮廓线。

【所有在工作视图中的】：可以创建所有边缘，包括轮廓线、实体的可见边、片体边等。

【等斜度曲线】：创建与指定矢量方向成一定角度的轮廓线。

【阴影轮廓】：在工作视图中生成零件的最大轮廓线。

【例 4-15】抽取直线

	多媒体文件：\video\ch4\4-15.avi
	源文件：\part\ch4\4-15.prt
	操作结果文件：\part\ch4\finish\4-15.prt

(1) 打开文件“\part\ch4\4-15.prt”。

(2) 选择【插入】|【来自体的曲线】|【抽取】命令，系统弹出【抽取曲线】对话框。

(3) 单击【边缘曲线】按钮，系统弹出【一条边曲线】对话框，如图 4-88 所示。

(4) 单击 All of Solid 按钮，系统弹出【实体中的所有边】对话框，如图 4-89 所示。

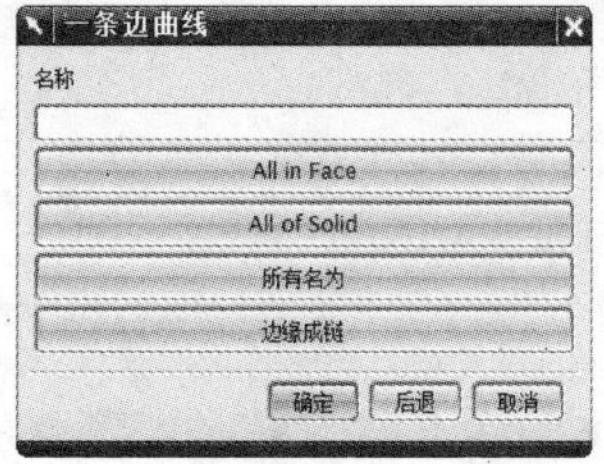

图 4-88

图 4-89

(5) 选择如图 4-90 所示的实体，单击【确定】按钮。

(6) 再次单击【确定】按钮，结果如图 4-90 所示。

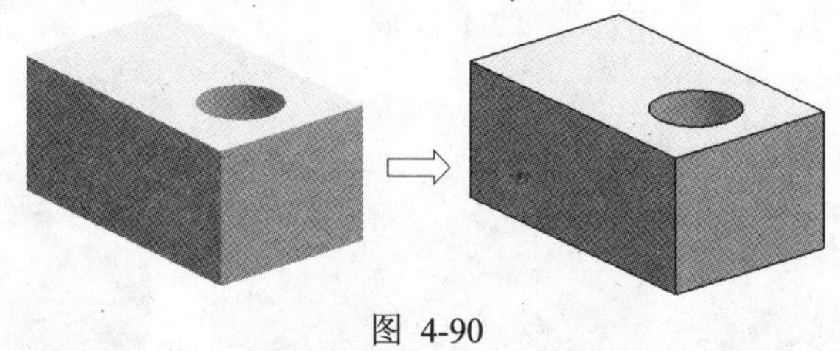

图 4-90

4.4.10 在面上偏置

【在面上偏置】：生成曲面上的偏置曲线。与【偏置曲线】不同的是，它只能选择面上的曲线作为偏置对象，并且生成的曲线也附着于曲面上。

选择【插入】|【来自曲线集的曲线】|【在面上偏置】命令，系统弹出【在面上偏置曲线】对话框，如图 4-91 所示。

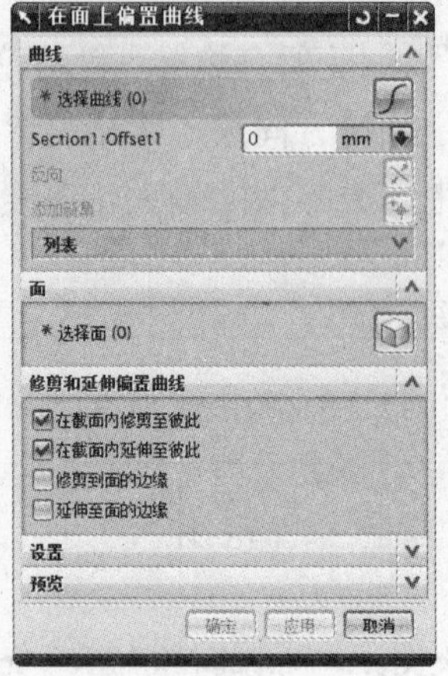

图 4-91

【例 4-16】沿面偏置曲线

	多媒体文件：\video\ch4\4-16.avi
	源文件：\part\ch4\4-16.prt
	操作结果文件：\part\ch4\finish\4-16.prt

(1) 打开文件“\part\ch4\4-16.prt”。

(2) 选择【插入】|【来自曲线集的曲线】|【在面上偏置】命令，系统弹出【在面上偏置曲线】对话框。

(3) 选择如图 4-92 所示的边缘曲线。

(4) 设置曲线偏置的方向，并输入偏置值为 3，其他保持默认设置，如图 4-93 所示。

(5) 单击【确定】按钮，结果如图 4-94 所示。

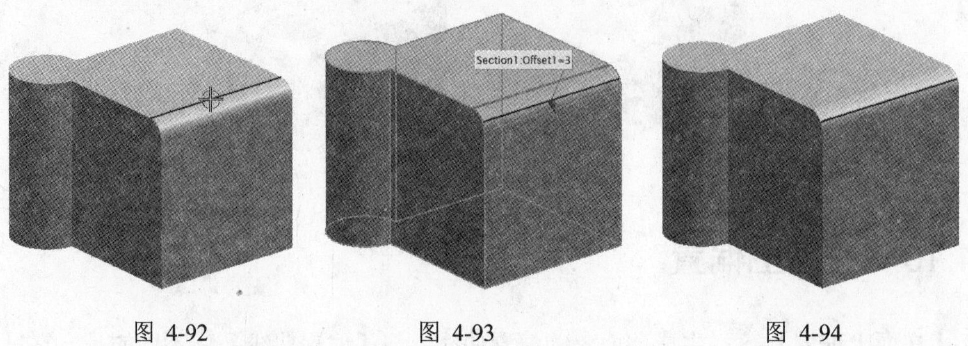

图 4-92　　图 4-93　　图 4-94

4.4.11 缠绕/展开曲线

【缠绕/展开曲线】：将曲线从一个平面缠绕到一个圆锥面或圆柱面上，或将曲线从圆锥面或圆柱面展开到一个平面上。

选择【插入】|【来自曲线集的曲线】|【缠绕/展开曲线】命令，系统弹出【缠绕/展开曲线】对话框，如图 4-95 所示。该对话框中主要选项含义如下所述。

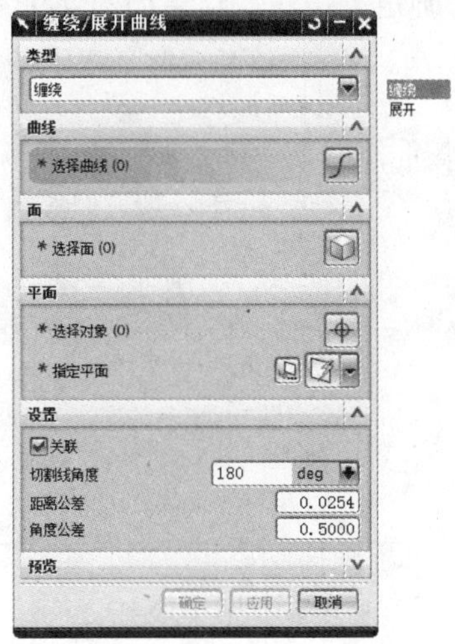

图 4-95

【类型】：有【缠绕】和【展开】两种类型。

- 【缠绕】：将曲线从一个平面缠绕到圆锥面或圆柱面。
- 【展开】：将曲线从圆锥面或圆柱面展开到平面。

【曲线】：选择要缠绕或展开的曲线。

【面】：选择要进行曲线缠绕或展开的圆锥面或圆柱面，在这些圆锥面或圆柱面上面将要缠绕曲线，或从这些圆锥面或圆柱面展开曲线。

【平面】：选择一个与圆锥面或圆柱面相切的基准面或平的面。

【切割线角度】：切割线是一条假想的线，是切线绕着圆锥轴或圆柱轴的旋转。该直线影响曲线缠绕或展开后所在的位置。

【例 4-17】缠绕曲线

	多媒体文件：\video\ ch4\4-17.avi
	源文件：\part\ch4\4-17.prt
	操作结果文件：\part\ch4\finish\4-17.prt

(1) 打开文件“\part\ch4\4-17.prt”。

(2) 选择【插入】|【来自曲线集的曲线】|【缠绕/展开曲线】命令，系统弹出【缠绕/展开曲线】对话框。

(3) 选择【类型】为【缠绕】，其他保持默认设置。

(4) 选择直线作为缠绕曲线，单击中键完成选择。

(5) 选择圆锥侧面作为缠绕面，单击中键完成选择。

(6) 选择基准平面，单击【确定】按钮，结果如图 4-96 所示。

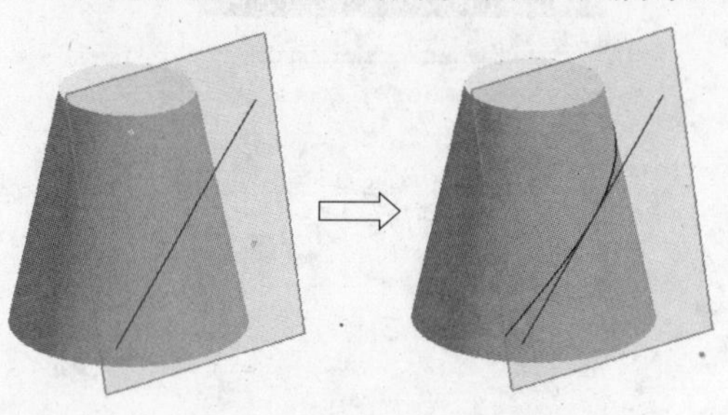

图 4-96

【例 4-18】展开曲线

	多媒体文件：\video\ch4\4-18.avi
	源文件：\part\ch4\4-18.prt
	操作结果文件：\part\ch4\finish\4-18.prt

(1) 打开文件“\part\ch4\4-18.prt”。

(2) 选择【插入】|【来自曲线集的曲线】|【缠绕/展开曲线】命令，系统弹出【缠绕/展开曲线】对话框。

(3) 选择【类型】为【展开】，其他保持默认设置。

(4) 选择曲线作为展开曲线，单击中键完成选择。

(5) 选择圆锥侧面作为展开面，单击中键完成选择。

(6) 选择基准平面，单击【确定】按钮，结果如图 4-97 所示。

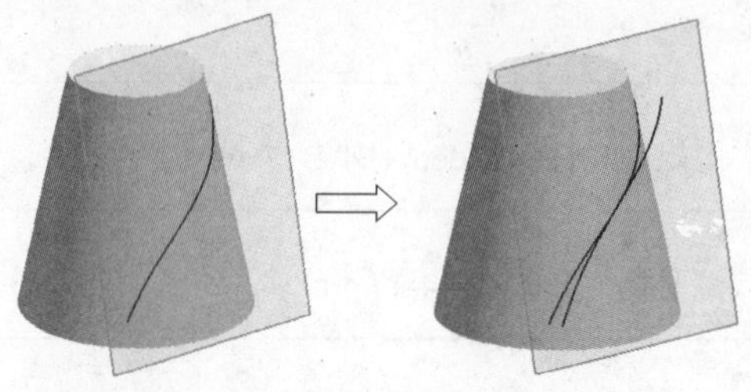

图 4-97

4.5 曲线编辑

利用【编辑曲线】工具条上的命令，可以方便地对现有曲线进行编辑和修改。如图 4-98 所示，编辑曲线命令有【编辑曲线】、【编辑曲线参数】、【修剪曲线】、【修剪拐角】、【分割曲线】、【编辑圆角】、【拉长曲线】、【曲线长度】和【光顺样条】。

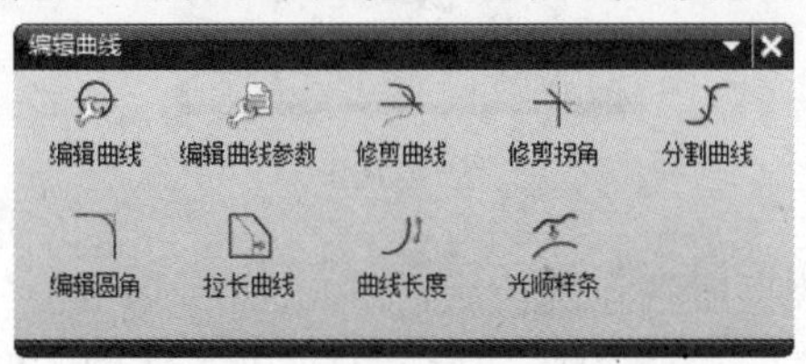

图 4-98

4.5.1 编辑曲线

【编辑曲线】：该命令以对话框的形式集中了所有曲线编辑命令，如图 4-99 所示。其中各命令的使用等于各自独立操作使用，所以此处不再赘述。

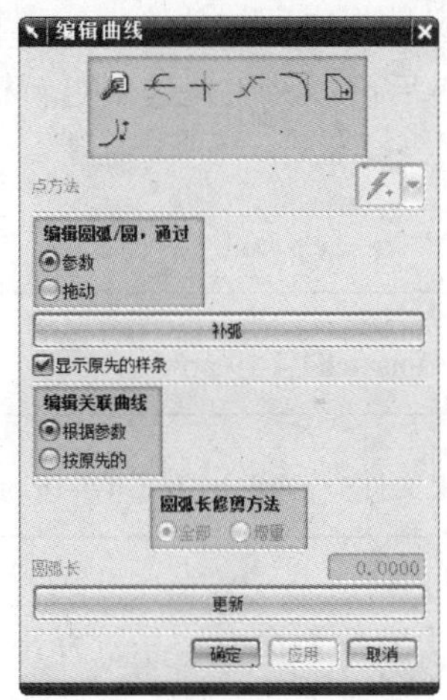

图 4-99

4.5.2 编辑曲线参数

【编辑曲线参数】：主要用于修改无参数的直线、圆弧、圆、样条线、二次曲线、螺旋线、投影线等。

选择【编辑】|【曲线】|【参数】命令，系统弹出【编辑曲线参数】对话框，如图 4-100 所示。该对话框中主要选项含义如下所述。

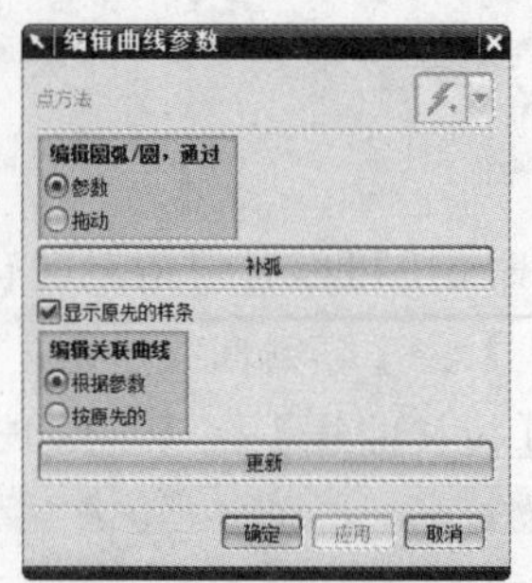

图 4-100

【点方法】：用于更改直线端点的位置。

【编辑圆弧/圆，通过】：可以用两种方法编辑圆弧或圆，即通过编辑其【参数】，或通过【拖动】圆弧或圆。

【补弧】：创建现有圆弧的补弧。

【显示原先的样条】：如果正在编辑样条，此选项可在编辑过程中显示原始样条以作比较。

【编辑关联曲线】：【根据参数】允许在保留曲线关联性的同时对其进行编辑。【按原先的】打断了曲线和其原先定义数据之间的关联性。

【更新】：在对曲线进行编辑后可以使用此选项更新模型，而不退出【编辑曲线参数】对话框。

【例 4-19】编辑直线

	源文件：\part\ch4\4-19.prt
	操作结果文件：\part\ch4\finish\4-19.prt

(1) 打开文件“\part\ch4\4-19.prt”。

(2) 选择【编辑】|【曲线】|【参数】命令，系统弹出【编辑曲线参数】对话框。

(3) 选择第一条水平线(注意：选择直线时避开直线的控制点)，如图 4-101 所示。

(4) 此时出现【跟踪条】，如图 4-102 所示，修改直线的长度为 200，角度为 45º。

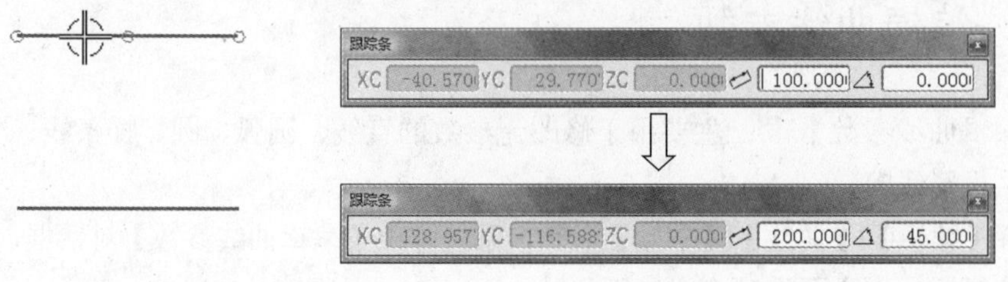

图 4-101　　图 4-102

(5) 单击【应用】按钮，结果如图 4-103 所示。

(6) 选择第二条水平线的端点，如图 4-104 所示。

(7) 移动鼠标，直线以橡皮条式移动，如图 4-105 所示。

(8) 将鼠标移动至合适的位置后，单击左键确定，结果如图 4-106 所示。

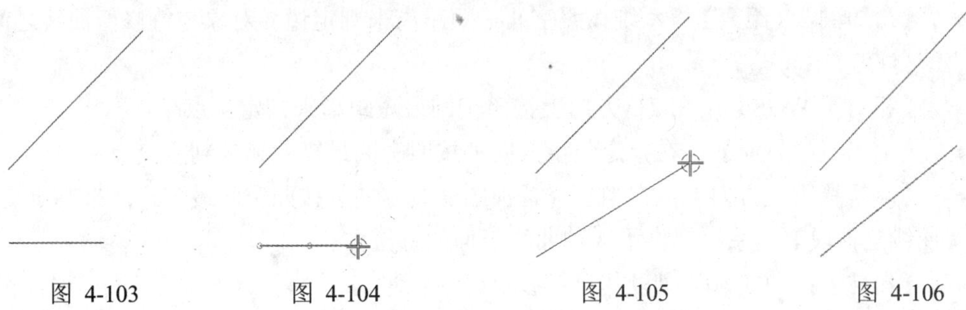

图 4-103　　图 4-104　　图 4-105　　图 4-106

4.5.3 修剪曲线

【修剪曲线】：修剪曲线的多余部分到指定的边界对象，或者延长曲线一端到指定的边界对象。

选择【编辑】|【曲线】|【修剪】命令，系统弹出【修剪曲线】对话框，如图 4-107 所示。该对话框中主要选项含义如下所述。

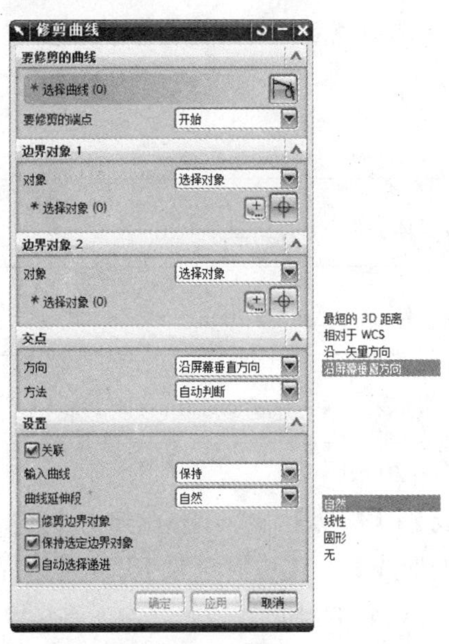

图 4-107

【要修剪的曲线】：选择被修剪或延长的曲线，可以设置修剪或延长曲线的开始处或终点处。

【边界对象 1】：选择第一个边界对象，可以是点、线、实体表面、片体或基准平面等，用户必须指定。

【边界对象 2】：选择第二个边界对象，可以是点、线、实体表面、片体或基准平面等，用户可以不指定。

【方向】：用于确定被修剪曲线与边界对象的交点的判别方式。

- 【最短的 3D 距离】：系统按照空间最短距离来判定边界对象与待修剪曲线之间的交点。
- 【相对于 WCS】：在 ZC 方向上按照空间最短距离来判定交点。
- 【沿一矢量方向】：在指定矢量方向上按照空间最短距离来判定交点。
- 【沿屏幕垂直方向】：在当前屏幕视图法线方向上按照空间最短距离来判定交点。

【曲线延伸段】：系统提供了 4 种曲线延伸的方法。

- 【自然】：曲线延伸时以其自然参数进行延伸。
- 【线性】：曲线延伸时以端点的切线方向延伸一直线。
- 【圆形】：曲线延伸时以端点曲率延伸一段圆弧。
- 【无】：不延伸曲线。

【修剪边界对象】：如果选中该复选框，在修剪的同时，自动对边界对象进行修剪或延长。

【保持选定边界对象】：如果选中该复选框，可以利用一次指定的边界对象完成对多个曲线对象的修剪。但是在需要重新设定边界时，需取消选中该选项。

【自动选择递进】：如果选中该复选框，选择步骤自动进入下一步；取消选中时，需要单击中键才能进入下一步。

【例 4-20】裁剪曲线

	多媒体文件：\video\ch4\4-20.avi
	源文件：\part\ch4\4-20.prt
	操作结果文件：\part\ch4\finish\4-20.prt

(1) 打开文件“\part\ch4\4-20.prt”。

(2) 选择【编辑】|【曲线】|【修剪】命令，系统弹出【修剪曲线】对话框。

(3) 依次指定【要修剪的曲线】、【边界对象 1】和【边界对象 2】，注意选择【要修剪的曲线】时光标的位置，如图 4-108 所示。

(4) 设置【输入曲线】为【隐藏】，取消选中【保持选定边界对象】复选框，其他保持默认设置。

(5) 单击【应用】按钮，结果如图 4-109 所示。

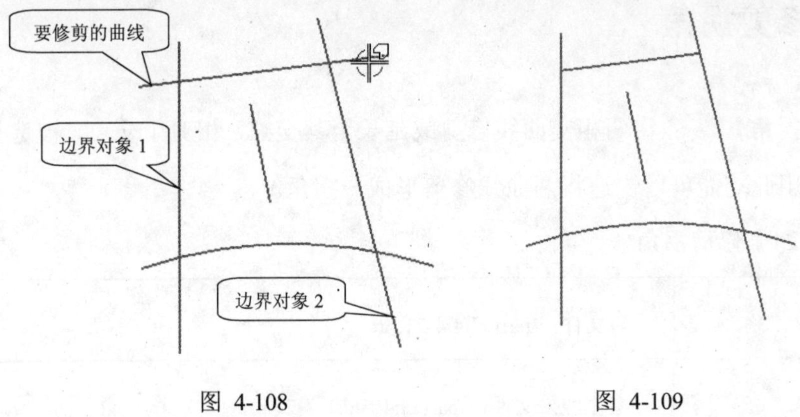

图 4-108　　　　图 4-109

(6) 依次指定【要修剪的曲线】、【边界对象 1】和【边界对象 2】，如图 4-110 所示。

(7) 单击【应用】按钮，结果如图 4-111 所示。

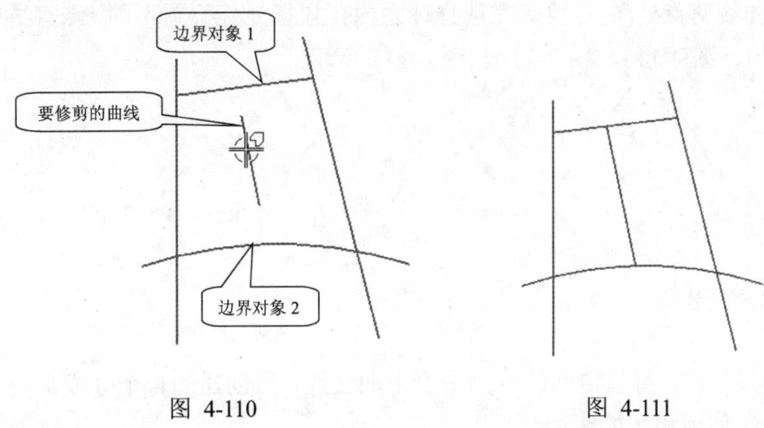

图 4-110　　　　图 4-111

(8) 依次指定【要修剪的曲线】、【边界对象 1】和【边界对象 2】，并指定【曲线延伸段】为【无】，如图 4-112 所示。

(9) 单击【确定】按钮，结果如图 4-113 所示。

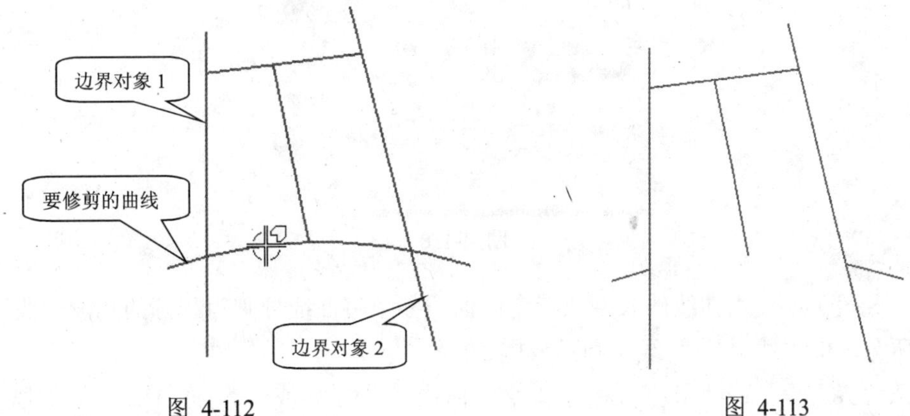

图 4-112　　　　图 4-113

4.5.4 修剪拐角

【修剪拐角】：将两相交曲线修剪或延长至其交点，相对于交点，被选择的部分将被剪去。使用此功能可以快速将两曲线修剪形成一拐角。

【例 4-21】修剪拐角

	源文件：\part\ch4\4-21.prt
	操作结果文件：\part\ch4\finish\4-21.prt

(1) 打开文件“\part\ch4\4-21.prt”。

(2) 选择【编辑】|【曲线】|【修剪拐角】命令，系统弹出【修剪拐角】对话框。

(3) 单击曲线交点处(交点要落在选择球之内)。根据光标位置不同，修剪结果也不一样，分别如图 4-114、图 4-115、图 4-116、图 4-117 所示。

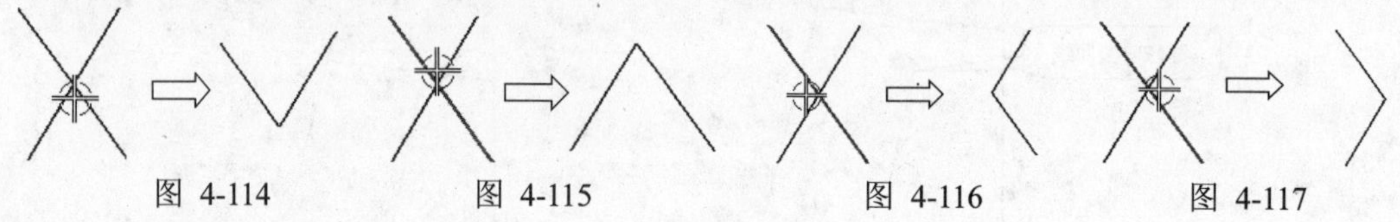

图 4-114　　图 4-115　　图 4-116　　图 4-117

4.5.5 分割曲线

【分割曲线】：将指定曲线分割成多个曲线段，所创建的每个分段都是单独的曲线，并且与原始曲线使用相同的线型。

选择【编辑】|【曲线】|【分割】命令，系统弹出【分割曲线】对话框，如图 4-118 所示。其中有 5 种创建【分割曲线】的方法。

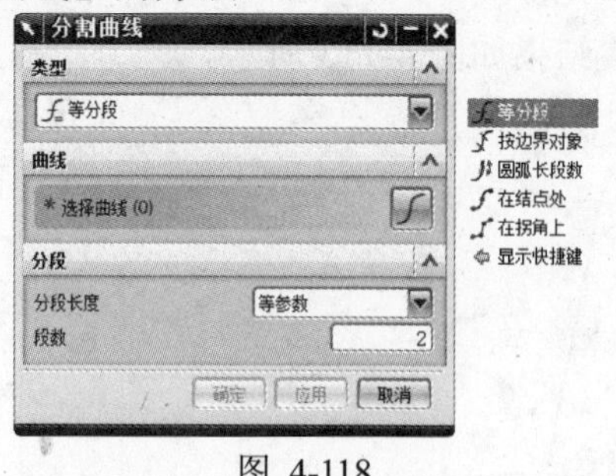

图 4-118

【等分段】：使用曲线的长度或特定的曲线参数将曲线分割为相等的几段。曲线参数取决于所分段的曲线类型(直线、圆弧或样条)。

【按边界对象】：使用边界对象(如点、曲线、平面和/或面等)将曲线分成几段。

【圆弧长段数】：首先设置分段的圆弧长，则段数为曲线总长除以分段圆弧长所得的整数，不足分段圆弧长部分划归为尾段。

【在结点处】：在曲线的控制点处将样条曲线分割成多段。

【在拐角上】：在曲线的拐角处，即一阶不连续点处将样条曲线分割成多段。

【例 4-22】分割曲线

	源文件：\part\ch4\4-22.prt
	操作结果文件：\part\ch4\finish\4-22.prt

(1) 打开文件“\part\ch4\4-22.prt”。

(2) 选择【编辑】|【曲线】|【分割】命令，系统弹出【分割曲线】对话框。

(3) 选择如图 4-119 所示的样条曲线。

(4) 选择【类型】为【等分段】，【分段长度】为【等参数】，设置【段数】为 3。

(5) 单击【确定】按钮，系统弹出如图 4-120 所示对话框。

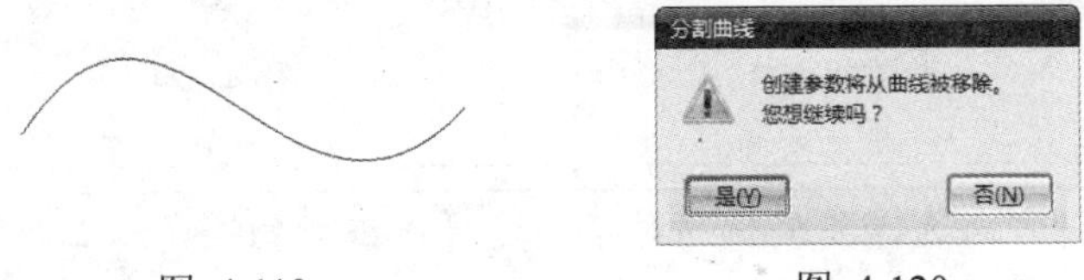

图 4-119　　图 4-120

(6) 单击【是】按钮。

(7) 单击【确定】按钮，完成分割曲线的创建。

4.5.6 编辑圆角

【编辑圆角】：编辑现有圆角，类似于两曲线重新倒圆角。

【例 4-23】编辑圆角

	源文件：\part\ch4\4-23.prt
	操作结果文件：\part\ch4\finish\4-23.prt

(1) 打开文件“\part\ch4\4-23.prt”。

(2) 选择【编辑】|【曲线】|【圆角】命令，系统弹出【编辑圆角】对话框，如图 4-121 所示。

(3) 单击【自动修剪】按钮。

(4) 按逆时针方向依次选择第一条直线、圆角、第二条直线，如图 4-122 所示。

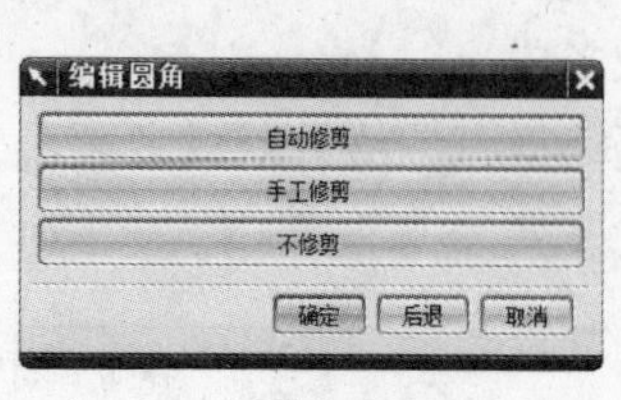

图 4-121

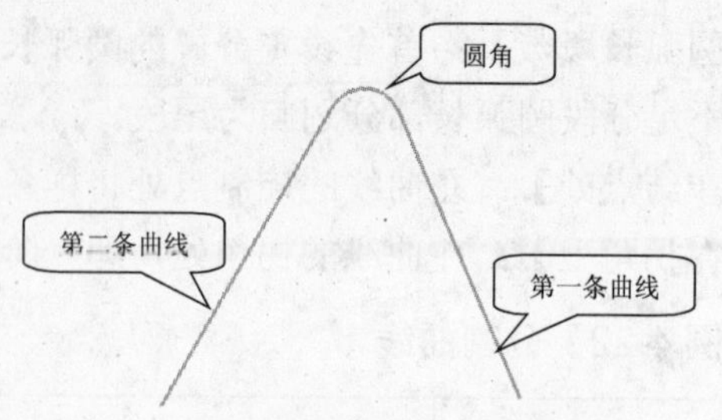

图 4-122

(5) 系统弹出如图 4-123 所示的【编辑圆角】对话框，输入【半径】为 12，其他保持默认设置。

(6) 单击【确定】按钮，结果如图 4-124 所示。

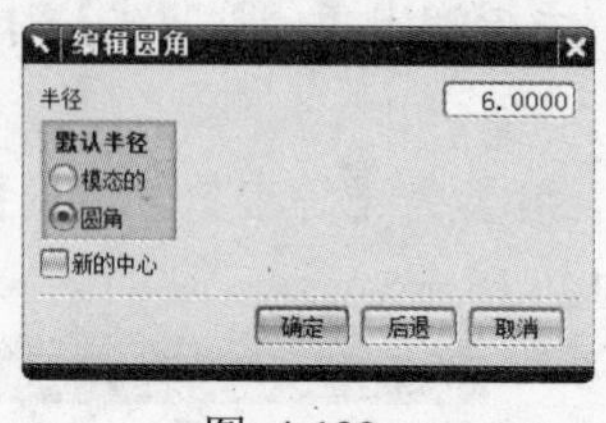

图 4-123

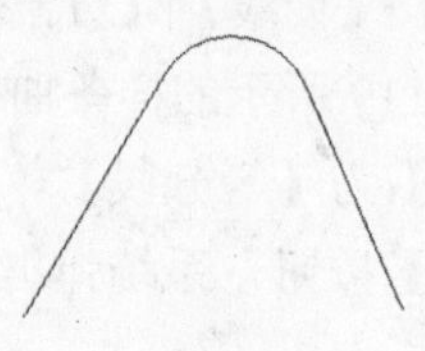

图 4-124

必须按逆时针方向选择要编辑的对象，这样保证新的圆角以正确的方向画出。

4.5.7 拉长曲线

【拉长曲线】：移动几何对象，同时拉长或缩短选中的直线。此命令可以移动大多数对象类型，但只能拉长或缩短直线。

选择【编辑】|【曲线】|【拉长】命令，系统弹出【拉长曲线】对话框，如图 4-125 所示。该对话框中主要选项含义如下所述。

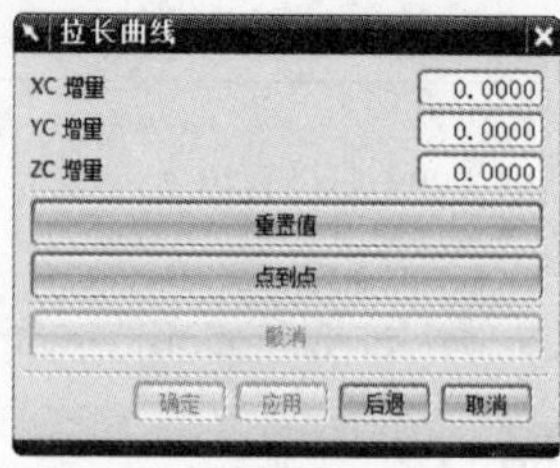

图 4-125

【XC 增量】/【YC 增量】/【ZC 增量】：输入 XC、YC 和 ZC 方向增量值，按这些增量值移动或拉长几何体，即“增量”方法拉伸曲线。

【重置值】：将 XC、YC 和 ZC 增量重设为零。

【点到点】：显示【点构造器】对话框，通过定义参考点和目标点拉伸曲线。

【撤销】：将对象重新定位到原先的位置或执行先前的【应用】后所在的位置。

另外，当拉长直线的端点时，有如下规律：

- 如果选择点在直线的中点附近，则移动单选的直线。否则，即延伸离选择点最近的直线端点。要拉长的直线端点在被选中后带星号高亮显示。
- 对于用矩形方法选择的直线，如果矩形内只包含直线的一个端点，则延伸直线。否则，移动直线。
- 如果接受把直线拉长到零长度的操作，则将删除该直线。

> 【拉长曲线】可用于除草图、组件、体、面和边以外的所有对象类型，但当草图处于活动状态时此选项可用。

【例 4-24】拉长曲线

	源文件：\part\ch4\4-24.prt
	操作结果文件：\part\ch4\finish\4-24.prt

(1) 打开文件“\part\ch4\4-24.prt”。

(2) 选择【编辑】|【曲线】|【拉长】命令，系统弹出【拉长曲线】对话框。

(3) 框选需要拉伸的曲线，如图 4-126 所示。

(4) 在【拉长曲线】对话框的【XC 增量】、【YC 增量】和【ZC 增量】文本框中输入增量值 0、5、0。

(5) 单击【确定】按钮，结果如图 4-127 所示。

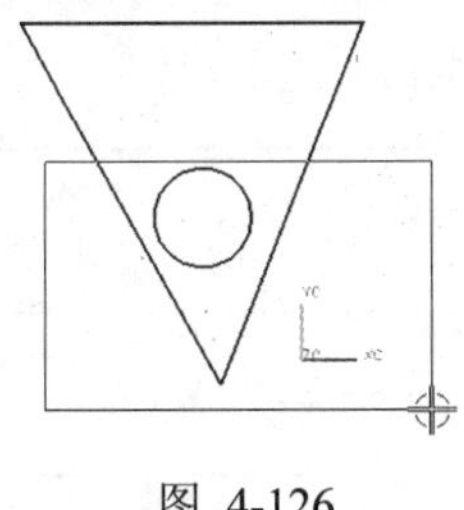

图 4-126

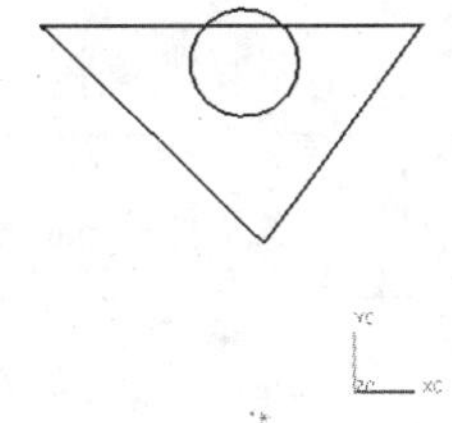

图 4-127

4.5.8 曲线长度

【曲线长度】：延伸或缩短曲线的长度。

选择【编辑】|【曲线】|【长度】命令，系统弹出【曲线长度】对话框，如图 4-128 所示。该对话框中主要选项含义如下所述。

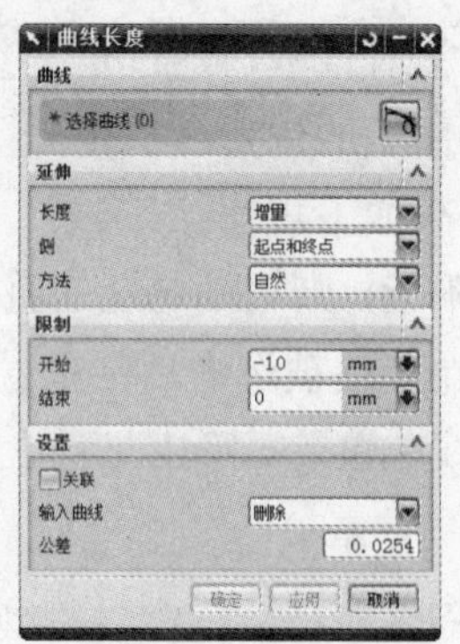

图 4-128

【长度】：用于将曲线拉伸或修剪所选的曲线长度。

- 【增量】：以给定曲线长度增量来延伸或修剪曲线，曲线长度增量为用于从原先的曲线延伸或修剪的长度，这是默认的延伸方法。
- 【全部】：延伸或修剪曲线的总长，总长是指沿着曲线的精确路径从曲线的起点到终点的距离；

【侧】：用于从曲线的起点、终点或同时从这两个方向修剪或延伸曲线。

- 【起点和终点】：起点和终点分别改变，互不影响。
- 【对称】：曲线的两端点同时改变。

【方法】：用于选择要修剪或延伸的曲线的方向形状。

- 【自然】：沿着曲线的自然路径改变曲线长度。
- 【线性】：沿着曲线端点的切线方向改变曲线长度。
- 【圆形】：以曲线端点的曲率半径方向改变曲线长度。

【例 4-25】修改曲线长度

	多媒体文件：\video\ch4\4-25.avi
	源文件：\part\ch4\4-25.prt
	操作结果文件：\part\ch4\finish\4-25.prt

(1) 打开文件“\part\ch4\4-25.prt”。

(2) 选择【编辑】|【曲线】|【长度】命令，系统弹出【曲线长度】对话框。

(3) 选择样条曲线，设置【长度】为【增量】，【侧】为【对称】，【方法】为【自然】。

(4) 输入【开始】和【结束】均为-4，其他保持默认设置。

(5) 单击【确定】按钮，系统弹出如图 4-129 所示对话框。

(6) 单击【是】按钮，结果如图 4-130 所示。

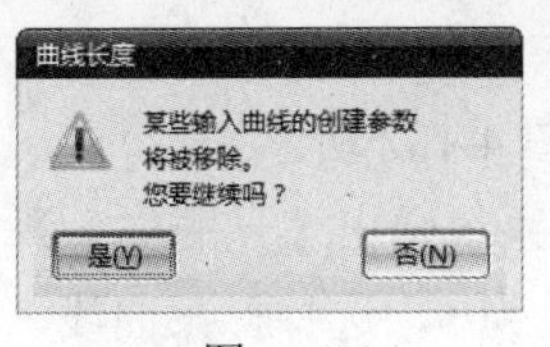

图 4-129

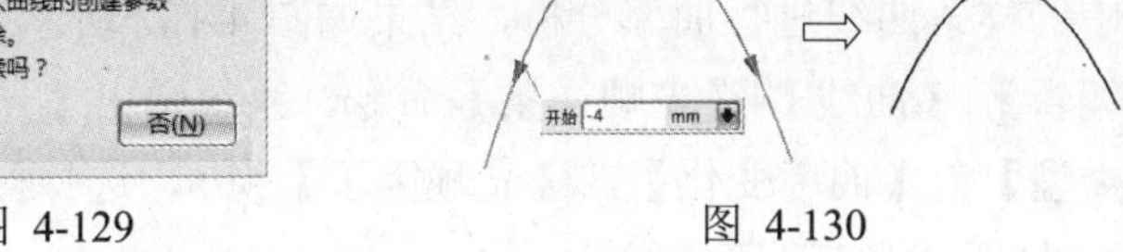

图 4-130

4.5.9 光顺样条

【光顺样条】：手工创建的样条通常由于选取点的数量和位置的不同而产生细小的瑕疵，使用【光顺样条】可使样条曲线的曲率大小或曲率变化达到最小，从而移除 B 样条曲率瑕疵。

选择【编辑】|【曲线】|【光顺样条】命令，系统弹出【光顺样条】对话框，如图 4-131 所示。该对话框中主要选项含义如下所述。

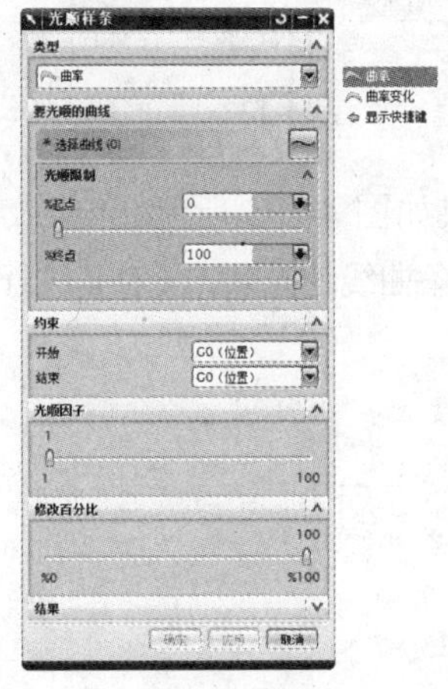

图 4-131

【类型】：指定光顺 B 样条的算法类型。

- 【曲率】：通过最小化曲率大小来光顺 B 样条。
- 【曲率变化】：通过最小化曲率变化来光顺 B 样条。

【光顺限制】：可选择光顺部分样条还是光顺整个样条。

【约束】：可约束正在修改的样条的任意一端，有四种选择，即 G0、G1、G2、G3。

【光顺因子】：设置单击一次【应用】按钮时光顺的次数，默认为 1。

【修改百分比】：设置更改应用于整个样条的百分比。

【例 4-26】光顺样条

	源文件：\part\ch4\4-26.prt
	操作结果文件：\part\ch4\finish\4-26.prt

(1) 打开文件“\part\ch4\4-26.prt”。

(2) 对文件中的样条曲线进行曲率分析，结果如图 4-132 所示。

(3) 选择【编辑】|【曲线】|【光顺样条】命令，系统弹出【光顺样条】对话框。

(4) 设置【类型】为【曲率变化】，【光顺因子】为 5，选择样条曲线，系统弹出【光顺样条】对话框，如图 4-133 所示。

(5) 单击【确定】按钮，结果如图 4-134 所示。此时，样条线将高亮显示，且有圆点显示光顺的开始位置与结束位置，锥形箭头指向最大偏差位置。

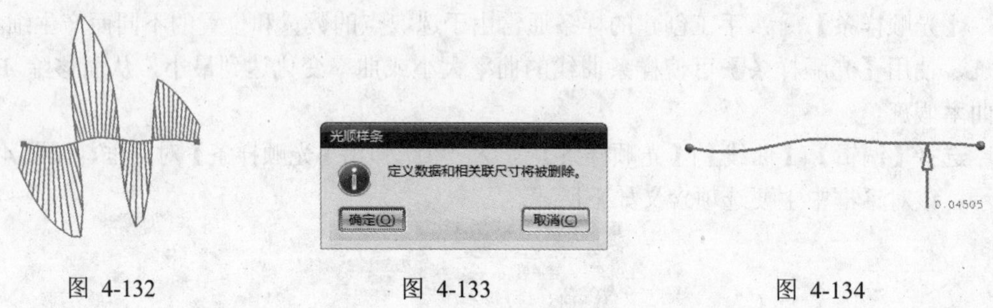

图 4-132　　图 4-133　　图 4-134

(6) 单击【确定】按钮，结果如图 4-135 所示。

(7) 单击【确定】按钮，完成样条曲线的光顺。再对其进行曲率梳分析，结果如图 4-136 所示。

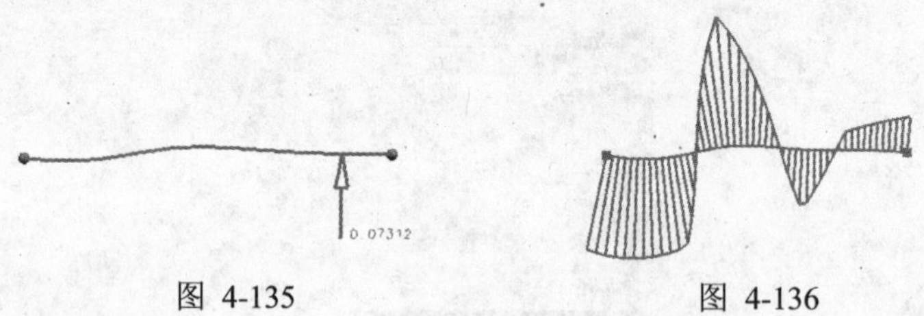

图 4-135　　图 4-136

4.6 本章小结

本章详细介绍了曲线创建、曲线操作和曲线编辑的方法，这些是三维建模的基础。在实际应用中，应该熟练掌握各种技巧。本章虽然列举了很多的例子，但是对有些方法的具体应用并没有举例，希望读者自己去实践。

4.7 思考与练习题

4.7.1 思考题

1. 创建直线的方法有哪些？

2. 样条曲线中有哪些基本概念？并阐述这些基本概念的含义。
3. 曲线操作可以实现哪些功能？
4. 曲线编辑的作用与应用有哪些？

4.7.2 操作题

1. 创建如图 4-137 所示的曲线。

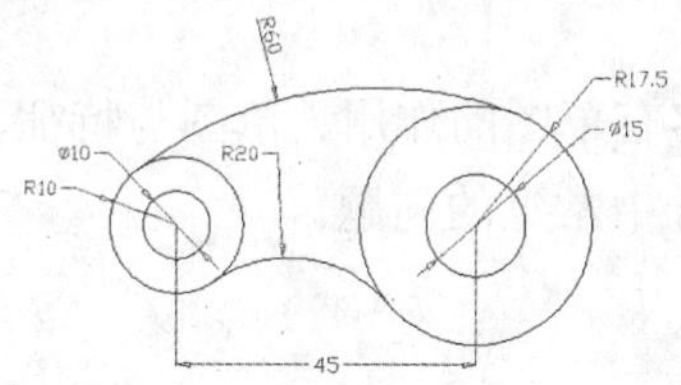

图 4-137

	操作结果文件：\part\ch4\finish\lianxi4-1.prt

2. 创建如图 4-138 所示的曲线。

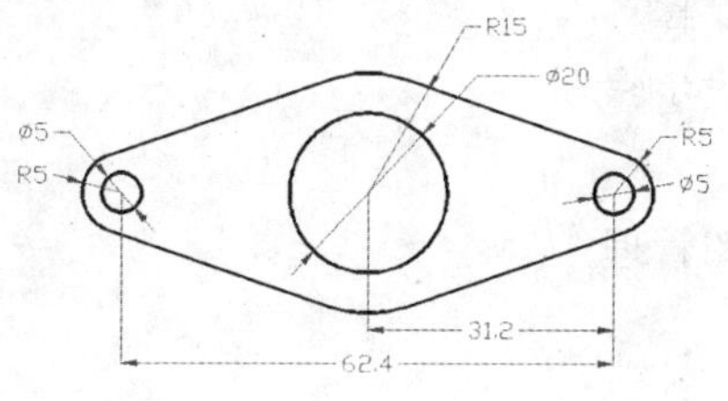

图 4-138

	操作结果文件：\part\ch4\finish\lianxi4-2.prt

3. 创建如图 4-139 所示的曲线。

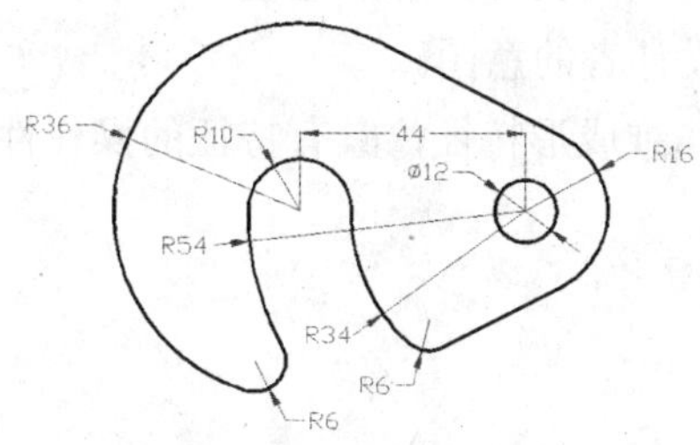

图 4-139

	操作结果文件：\part\ch4\finish\lianxi4-3.prt

第5章 草　　图

本章重点内容

本章将介绍草图，主要内容有草图的作用、草图与特征、草图参数预设置、约束草图、草图操作、草图管理和草图设计中常见的问题。

本章学习目标

- ☑ 掌握草图在三维造型中的作用
- ☑ 掌握草图与其他功能之间的切换
- ☑ 掌握草图与特征、草图与层的关系
- ☑ 掌握草图参数的预设置
- ☑ 掌握绘制草图的一般步骤
- ☑ 掌握约束草图
- ☑ 掌握草图操作和草图管理

5.1 概述

草图是组成轮廓曲线的二维图形的集合，通常与实体模型相关联。草图命令与第 4 章介绍的曲线命令功能相似，都是用来创建二维轮廓曲线的工具。草图最大的特征是绘制二维图时只需要先绘制出一个大致的轮廓，然后通过约束条件来精确定义图形，因而使用草图功能可以快速完整地表达设计者的意图。

此外，草图是参数化的二维成形特征，具有特征的操作性和可修改性，因此可以方便地对曲线进行参数化控制。

5.1.1 草图的作用

草图是部件内部的二维几何形状。每个草图都是驻留于指定平面的 2D 曲线和点的命名集合。在三维造型中，草图的主要作用有：

(1) 通过扫掠、拉伸或旋转草图到实体或片体以创建部件特征。

(2) 创建有成百上千个草图曲线的大型 2D 概念布局。

(3) 创建构造几何体，如运动路径或间隙圆弧，而不仅是定义某个部件特征。

在一般造型中，草图的第一项作用最常用，即在草图的基础上，创建所需的各种特征。

5.1.2 草图与其他功能模块的切换

在任何模块中，只要单击【特征】工具条上的【草图】命令，或者选择【插入】|【草图】命令，都能进入【草图】模块。

此外，若模型中包含草图对象，则双击草图对象也能进入草图环境。

5.1.3 草图与特征

草图在UG中被视为一种特征，每创建一个草图，【部件导航器】都将添加一个对应的草图特征。如图5-1所示，在绘图区中的草图(三角形)与左边【部件导航器】中的【草图(1)“SKETCH_000”】相对应。因此，部件导航器所支持的任何编辑功能对草图同样有效。

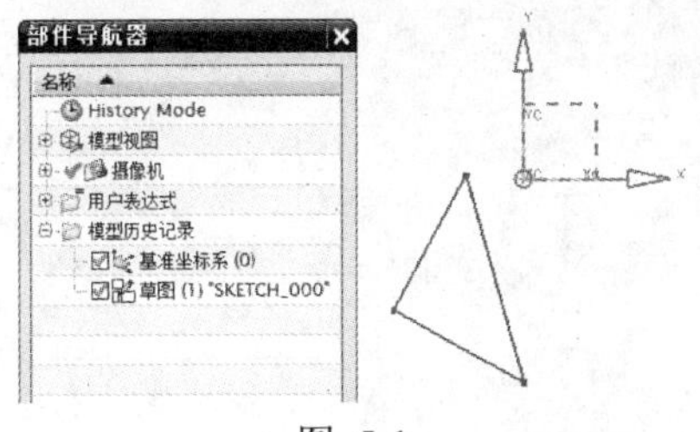

图 5-1

5.1.4 草图与层

NX 设计了关联到图层的草图的行为。草图位于创建草图时的工作层上，一个草图必须且只能位于一个图层上，草图对象不会横跨多个图层。草图和图层按以下方法交互。

(1) 选择草图使其活动时，草图所驻图层自动成为工作图层。

(2) 停用某一草图时，草图图层的状态由【草图首选项】对话框上的【保存图层状态】选项决定(参考5.1.6节草图参数预设置)。如果取消选中【保持图层状态】复选框，草图图层会保留为工作图层。如果选中【保持图层状态】复选框，则草图图层会返回到它的初始状态(即草图活动之前的图层状态)，而工作图层状态返回到它在草图激活之前的图层状态。

(3) 如有需要，当添加曲线到活动草图时，它们会自动移到与草图相同的图层。

(4) 停用草图时，不是草图图层上的所有几何体和尺寸都会移到草图图层上。

5.1.5 草图功能简介

草图功能总体上可以分为四类：创建草图对象、约束草图、对草图进行各种操作和草图管理。其实，这四项功能本质上就是应用【草图生成器】和【草图工具】工具条上的命令进行的一系列操作。如利用【草图工具】上的命令在草图中创建草图对象(如一个多边形)、设置尺寸约束和几何约束等。当需要修改草图对象时，可以用【草图工具】中的命令进行一些操作(如镜像、拖曳等)。另外，还要用到“草图管理”(一般通过【草图生成器】上的各种命令)对草图进行定位、显示和更新等。

5.1.6 草图参数预设置

【草图参数预设置】是指在绘制草图之前，设置一些操作规定。这些规定可以根据用户自己的要求而个性化设置，但是建议这些设置能体现一定的意义，如曲线的前缀名最好能体现出曲线的类型。

进入建模应用模块后，选择【首选项】|【草图】命令，系统弹出图 5-2 所示的【草图首选项】对话框。

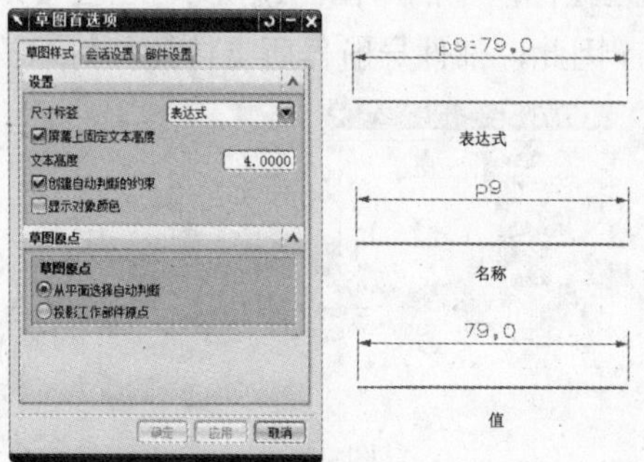

图 5-2

1. 【草图样式】选项卡

【尺寸标签】：标注尺寸的显示样式。共有三种方式即【表达式】、【名称】、【值】，如图 5-2 所示。

【屏幕上固定文本高度】：在缩放草图时会使尺寸文本维持恒定的大小。如果清除该选项并进行缩放，则会同时缩放尺寸文本和草图几何图形。

【文本高度】：标注尺寸的文本高度。

【创建自动判断的约束】：选择后将自动创建一些可以由系统判断出来的约束。

【草图原点】：用于设置草图的原点，共有两个选项。

- 【从平面选择自动判断】：依据选取的草图平面，系统自动判断草图原点。
- 【投影工作部件原点】：将工作部件的原点投影到草图平面上作为草图原点。

默认情况下，草图中尺寸数值的小数点用“逗号”表示，这可以通过设置来改变。具体方法参见【注释】首选项。

2. 【会话设置】选项卡

【会话设置】选项卡如图 5-3 所示。

【捕捉角】：设置捕捉角的大小。在绘制直线时，直线与 XC 或者 YC 轴之间的夹角小于捕捉角时，系统会自动将直线变为水平线或者垂直线，如图 5-4 所示。默认值为 3°，可以指定的最大值为 20°。如果不希望直线自动捕捉到水平或垂直位置，则将捕捉角设置为零。

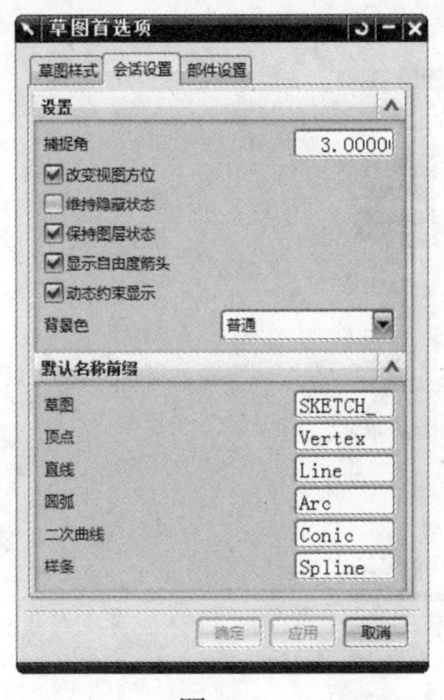

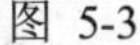
图 5-3

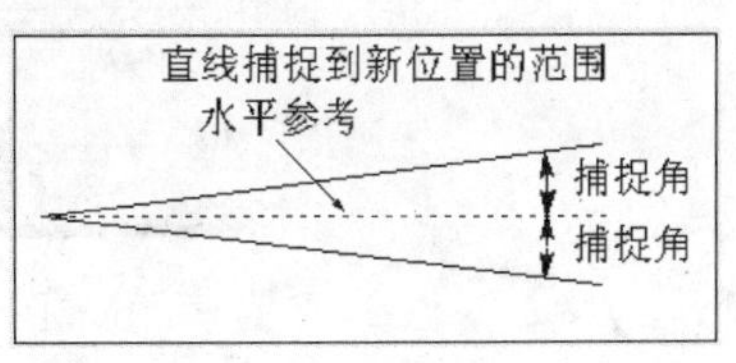

图 5-4

【改变视图方位】：选中该复选框，当草图被激活后，草图平面改变为视图平面；退出激活状态时，视图还原为草图被激活前的状态。

【保持图层状态】：选中该复选框，激活一个草图时，草图所在的图层自动成为工作图层；退出激活状态时，工作图层还原到草图被激活前的图层。如果不选中该复选框，则当草图变为不激活状态时，这个草图所在的图层仍然是工作图层。

【显示自由度箭头】：选中该复选框，激活的草图以箭头的形式来显示自由度。

【动态约束显示】：选中该复选框，如果相关几何体很小，则不会显示约束符号。要忽略相关几何体的尺寸查看约束，可以关闭这个选项。

【背景色】：为草图生成器会话指定单色或渐变背景色。

【默认名称前缀】：可以指定多种草图几何图形的名称的前缀。默认前缀及其相应几何图形类型如下。

- 【草图】 = SKETCH_
- 【顶点】 = Vertex
- 【直线】 = Line
- 【圆弧】 = Arc
- 【二次曲线】 = Conic
- 【样条曲线】 = Spline

自由度箭头不是始终都显示的，只有创建约束时才可见。

改变前缀设置，只影响以后创建的对象的名称，而不影响已有对象的名称。

3. 【部件设置】选项卡

【不见设置】选项卡如图 5-5 所示。

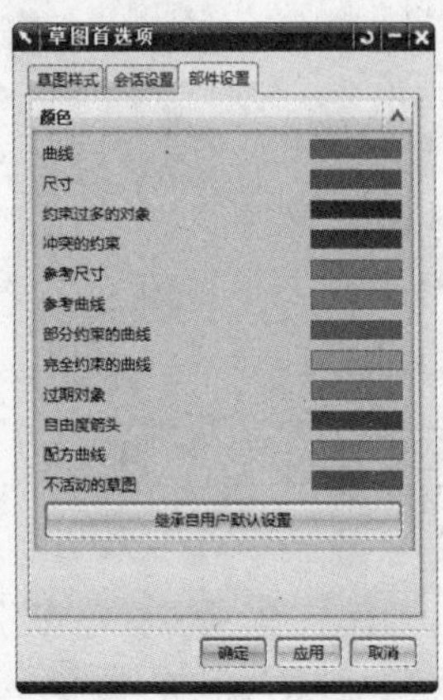

图 5-5

【曲线】、【尺寸】、【参考曲线】等：用户在对话框中选择颜色时，NX 会立即将更改应用到当前模型中的所有草图上。

【继承自用户默认设置】：将现有的草图更新为“草图生成器”设置的用户默认设置颜色。

5.2 绘制草图的一般步骤

绘制草图的一般步骤如下：

(1) 新建或打开部件文件。

(2) 检查和修改草图参数预设置。

(3) 创建草图，进入草图环境。

(4) 创建和编辑草图对象。

(5) 定义约束。

(6) 完成草图，退出草图生成器。

5.3 创建草图

【创建草图】对话框中提供了两大类创建草图的方法，其意义如下所述。

5.3.1 在平面上

此方式是最常用的草图创建方式，有三种【平面选项】，如图 5-6 所示。其意义如下所述。

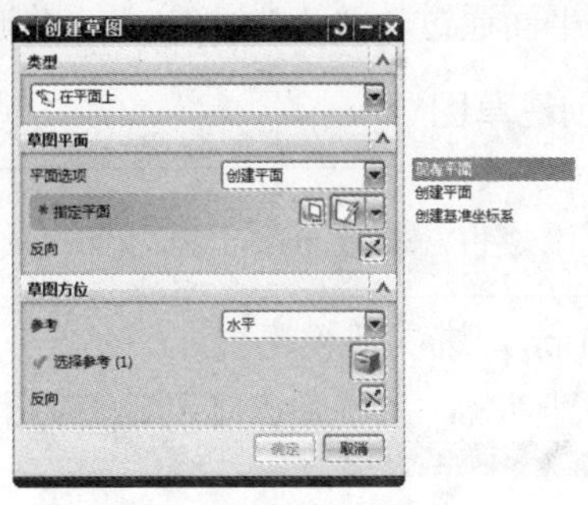

图 5-6

【现有平面】：选取基准平面为草图平面，也可以选取实体或者片体的平表面作为草图平面。

【创建平面】：利用【平面】对话框创建新平面，作为草图平面。

【创建基准坐标系】：首先构造基准坐标系，然后根据构造的基准坐标系创建基准平面作为草图平面。

> 可以作为草图平面的有坐标平面、实体表面和基准平面。在选取草图平面时，应优先选取实体表面或基准平面，因为此时创建的草图与指定的草图平面之间存在关联性，使用起来更加方便。

5.3.2 在轨迹上

建立轨迹上的草图平面的方法是：首先指定一条轨迹，然后根据需要指定轨迹的法线或者矢量方向，以此来确定草图平面。有四种【平面方位】选项，如图 5-7 所示。其意义如下所述。

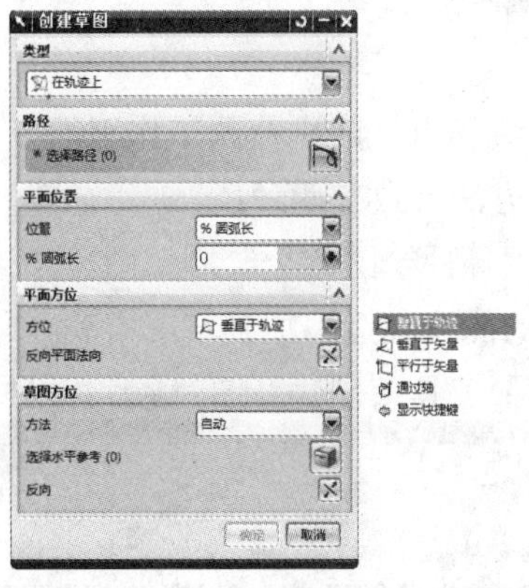

图 5-7

【垂直于轨迹】：建立的草图平面通过轨迹上的指定点，并在该点处与轨迹垂直。

【垂直于矢量】：建立的草图平面通过轨迹上的指定点，并垂直于指定的矢量。

【平行于矢量】：建立的草图平面通过轨迹上的指定点，并平行于指定的矢量。

【通过轴】：建立的草图平面通过轨迹上的指定点，并通过指定的参考轴或矢量。

【例 5-1】在现有平面上创建草图

	多媒体文件：\video\ch5\5-1.avi

(1) 新建文件，命名为 5-1.prt，进入建模模块。

(2) 选择【插入】|【草图】命令，系统弹出【创建草图】对话框，如图 5-8 所示。

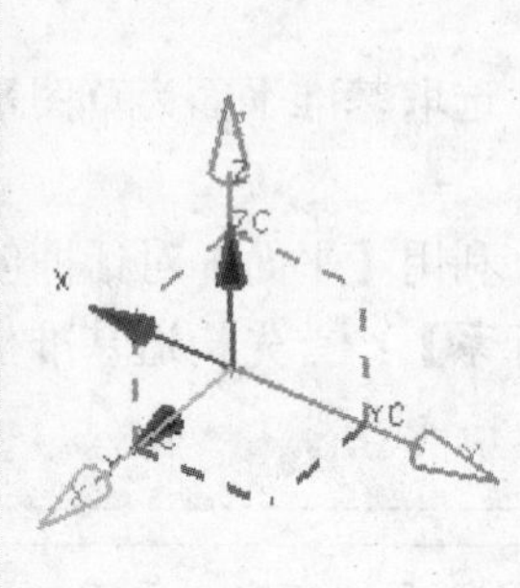

图 5-8

(3) 在【类型】中选择【在平面上】，在【草图平面】的【平面选项】中选择【现有平面】，系统默认 XC-YC 平面为草图平面，在【草图方位】的【参考】选项中选择参考方向，系统默认方向为【水平】。在本例中，草图平面和草图方向均选择系统默认状态。

(4) 单击【确定】按钮，系统进入草图环境。

5.4　创建草图对象

草图对象是指草图中的曲线和点。建立草图工作平面以后，可以在草图工作平面上建立草图对象。建立草图对象的方法大致有两种：

(1) 在草图平面内直接利用各种绘图命令绘制草图。

(2) 将绘图区中已经存在的曲线或点添加到草图中。

本节介绍利用【草图工具】工具条创建草图对象，如图 5-9 所示。

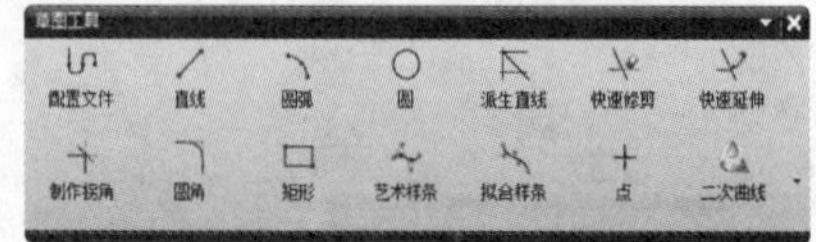

图 5-9

5.4.1 配置文件

【配置文件】：该命令是草图中最常用的命令。使用该命令可以绘制直线和圆弧。在绘制过程中，可以在直线和圆弧之间相互转换。【配置文件】对话框如图 5-10 所示，各选项的意义如下所述。

【直线】：单击该图标，则绘制连续的直线。

【圆弧】：单击该图标，则绘制连续的圆弧。

【坐标模式】XY：单击该图标，则以输入坐标值 XC 和 YC 来确定轮廓线的位置和距离，如图 5-11 所示。

【参数模式】：单击该图标，则以参数模式来确定轮廓线的位置和距离，如图 5-12 所示。直线使用长度和角度参数，圆弧使用半径和扫掠角度参数，圆使用半径参数。根据用户的选择，两种输入模式可以相互切换。

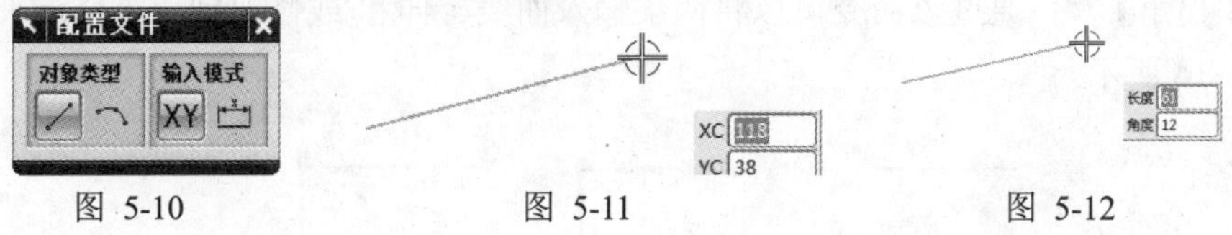

图 5-10　　图 5-11　　图 5-12

在绘制过程中，通过单击鼠标中键或者按 Esc 键可以退出连续绘制模式；按住鼠标左键并拖动，可以在直线和圆弧选项之间切换。

5.4.2 直线、圆弧、圆

如图 5-13 所示，这三个对话框都提供了【输入模式】选项，含义与【配置文件】中相同。而【圆弧】和【圆】对话框还提供了【创建方法】选项，可以选择不同的创建方法和不同的输入模式来创建圆弧或圆。

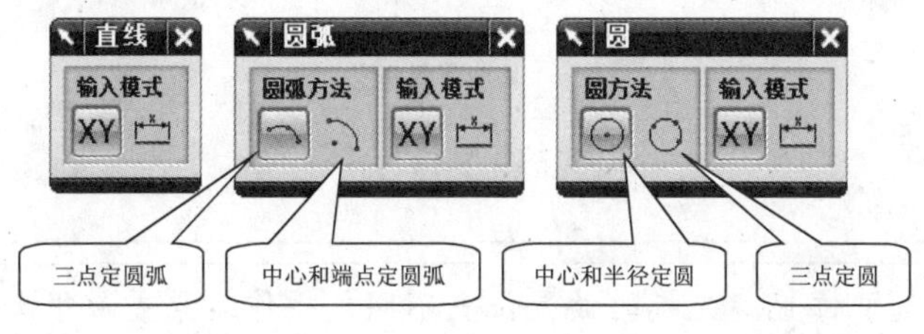

图 5-13

5.4.3 派生直线

【派生直线】：通过该命令可以根据现有直线创建新的直线，有三种创建方式。

(1) 以现有直线为参考直线创建偏置直线。

(2) 根据两条平行直线创建其中心线。

(3) 根据两条相交直线创建角平分线。

5.4.4 快速修剪、快速延伸

【快速修剪】：通过该命令可以对草图中的曲线进行快速修剪。如果待修剪的曲线与其他草图曲线相交，则系统自动默认交点为修剪的断点；如果不相交，则删除选取的曲线。

【快速延伸】：通过该命令可以将曲线延伸到另一临近的曲线或选定的边界。

5.4.5 制作拐角

【制作拐角】：通过该命令可以将两条输入曲线延伸和/或修剪到一个交点来制作拐角，如图 5-14 所示。

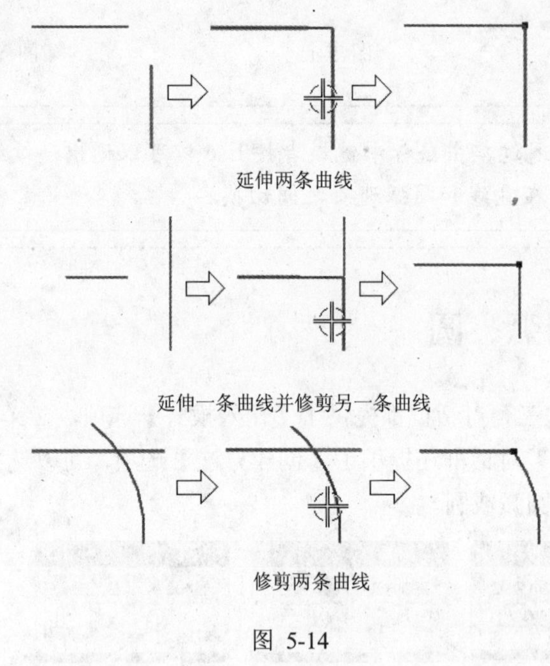

图 5-14

> 注意光标的选取位置。光标的放置位置不同，操作结果差异很大。

5.4.6 圆角

【圆角】：使用该命令可以在两条或三条曲线之间创建一个圆角。【创建圆角】对话框如图 5-15 所示。该对话框中各选项的含义如下所述。

【修剪】：单击该图标，在进行圆角处理时修剪多余的边线。

【取消修剪】：单击该图标，在进行圆角处理时不修剪多余的边线。

【删除第三条曲线】：单击该图标，在进行圆角处理时，如果圆角边与第三边相切，则删除第三条曲线。

【创建备选圆角】：单击该图标，在几个可能解之间依次转换，供用户选取。

> 用户可以使用拖曳法快速生成曲线之间的倒角，如图 5-16 所示；草图中的【快速修剪】、【制作拐角】命令同样具有拖曳功能，方便用户快速编辑曲线。

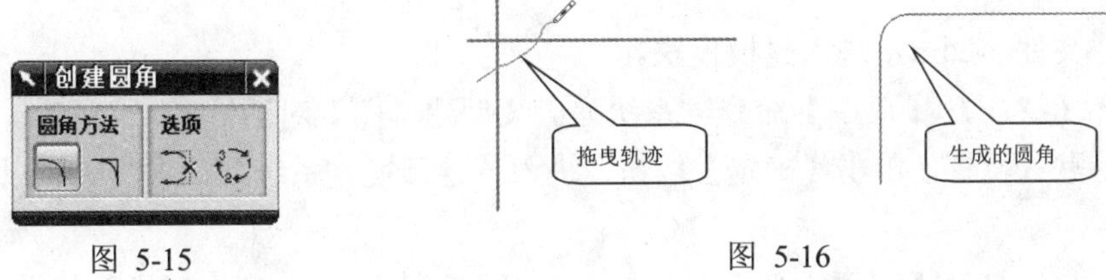

图 5-15　　　　图 5-16

5.4.7 矩形

【矩形】对话框如图 5-17 所示。其创建方式有三种。

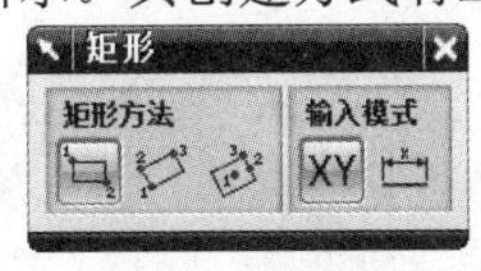

图 5-17

【用 2 点】：通过两个对角点确定宽度和高度来创建矩形，所创建矩形的四边分别平行于 XC 和 YC 轴。

【按 3 点】：创建与 XC 轴、YC 轴成角度的矩形，前两个选择的点指示宽度和矩形的角度，第三个点指示高度。

【从中心】：通过中心点、第二个点来指定角度和宽度，用第三个点来指定高度以创建矩形。

> 创建草图对象时，系统将自动捕捉一些关系，如图 5-18 所示，在两平行直线间创建圆弧，通过移动圆弧圆心可以捕捉到相切圆弧。可以将【草图工具】中的【显示所有约束】打开，从而便于观察所有约束。

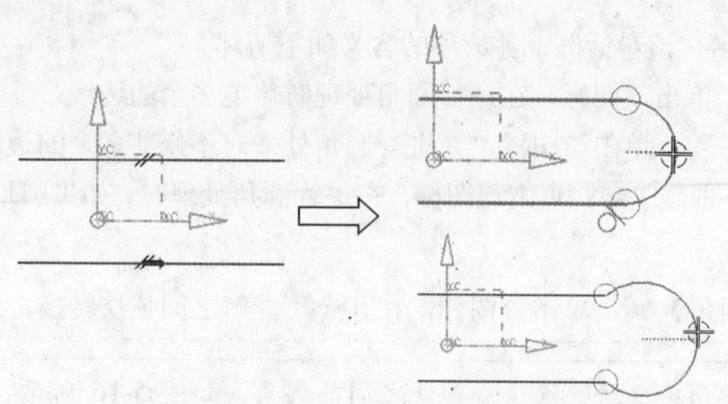

图 5-18

【例 5-2】创建草图对象——直线

(1) 新建文件 5-2.prt，进入建模模块。

(2) 选择【特征】|【草图】命令，系统弹出【创建草图】对话框。

(3) 保持默认设置，单击【确定】按钮，进入草绘环境。系统默认 XC-YC 平面为草图平面。

(4) 系统自动打开【配置文件】对话框。在绘图区单击一点作为直线的起点，然后单击另外一点作为终点，单击中键完成直线的创建，如图 5-19 所示。

(5) 在绘图区单击另一点作为直线的起点，移动鼠标，直线呈橡皮筋形式变化，将鼠标移动到与上一步所创建直线大致平行的位置，如图 5-20 所示，系统将自动捕捉为平行(光标位置处将出现平行提示)，单击中键锁定平行模式(状态栏中有提示)。

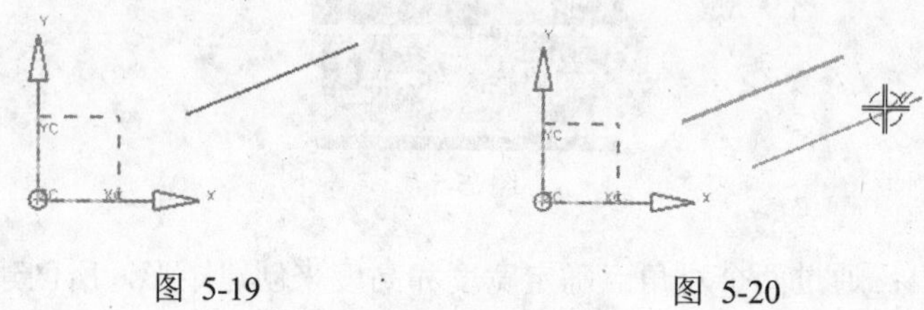

图 5-19　　　　图 5-20

(6) 移动鼠标，直线平行于参考直线并呈橡皮筋形式变化，在【长度】文本框中显示了直线当前长度，如图 5-21 所示。在【长度】文本框中输入长度值(如 85)，然后按 Enter 键，【相对角】文本框中保持为 0，单击完成直线。

(7) 按照第 5、6 步方法创建另一条直线，但在【相对角】文本框中输入角度为 30°，如图 5-22 所示，然后按 Enter 键，创建一条与指定直线成特定角度的直线，如图 5-23 所示。创建直线时，也可以用相似的方法锁定垂直。

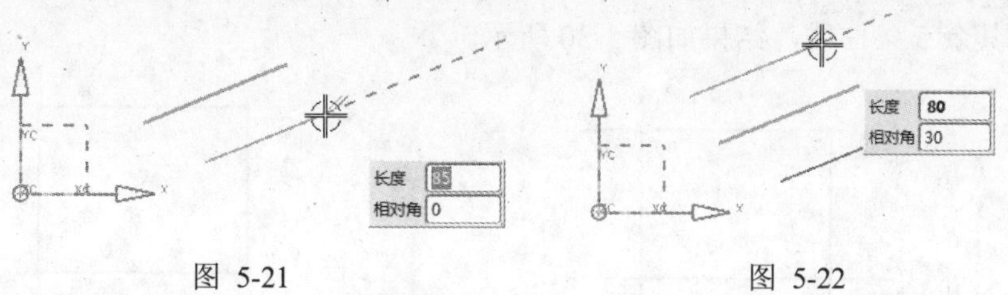

图 5-21　　　　图 5-22

(8) 单击【草图工具】工具条上的【派生直线】命令，然后选择一条直线作为参考直线，在【偏置】文本框中输入偏置值(如20)，如图 5-24 所示。按 Enter 键，完成直线的偏置。

(9) 确定【派生直线】命令仍处于激活状态，依次选择两条平行直线，在绘图区单击一点创建中心线，如图 5-25 所示。类似地，还可以创建两条相交直线的角平分线。

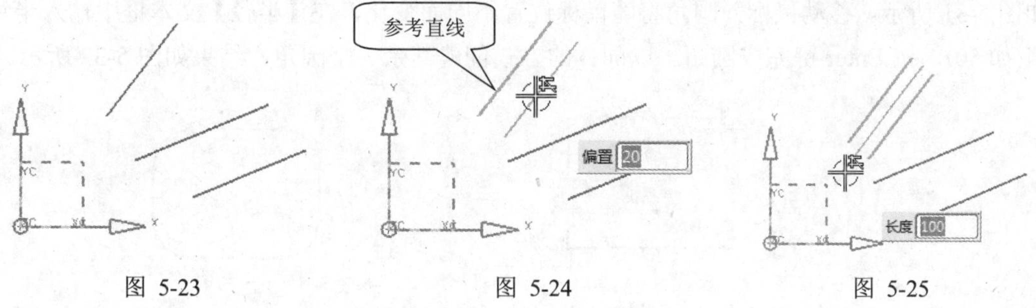

图 5-23　　　　图 5-24　　　　图 5-25

【例 5-3】创建草图对象——快速延伸、快速修剪、圆角

	源文件：\part\ch5\5-3.prt
	操作结果文件：\part\ch5\finish\5-3.prt

(1) 打开文件“\part\ch5\5-3.prt”。

(2) 双击草图，进入草图环境，如图 5-26 所示。

(3) 选择【草图工具】工具条上的【快速延伸】命令，系统弹出【快速延伸】对话框。将光标置于如图 5-27 所示位置，单击，系统自动将曲线延伸至边界曲线处。以同样的方式延伸另一条曲线，结果如图 5-28 所示。

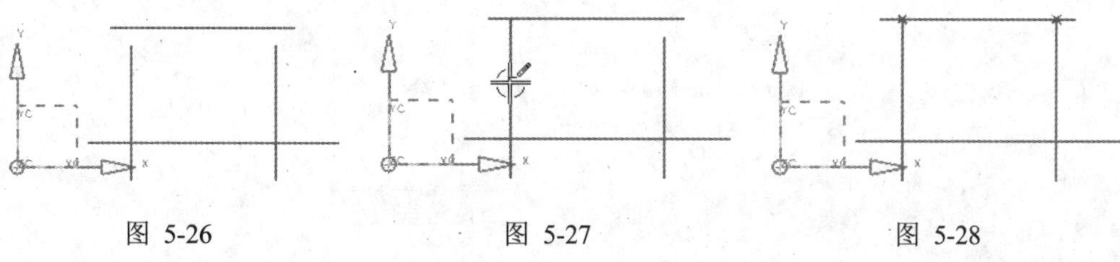

图 5-26　　　　图 5-27　　　　图 5-28

(4) 选择【草图工具】工具条上的【快速修剪】命令，系统弹出【快速修剪】对话框。将光标置于曲线待修剪的部分，如图 5-29 所示，系统自动修剪曲线至边界曲线处。以同样的方式修剪其余 5 条曲线，结果如图 5-30 所示。

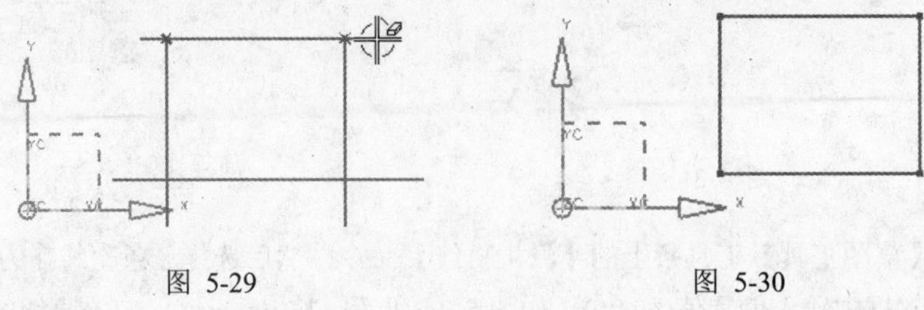

图 5-29　　　　图 5-30

(5) 选择【草图工具】工具条上的【圆角】命令，系统弹出【创建圆角】对话框。可以选择不同的选项进行倒圆角设置，这里保持默认设置。在绘图区依次选择两条相交直线，如图 5-31 所示。移动鼠标，圆角将随鼠标位置不同而变化，在【半径】文本框中输入半径值(如 50)，按 Enter 键完成圆角。以同样的方式创建其余 3 个圆角，结果如图 5-32 所示。

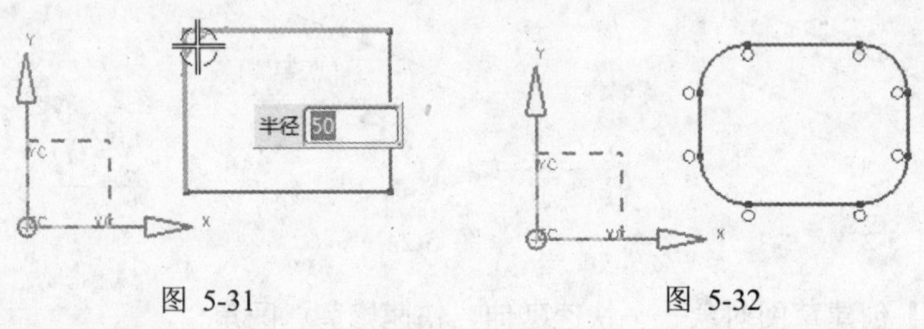

图 5-31　　　　图 5-32

5.5　约束草图

在绘制草图之初不必考虑草图曲线的精确位置与尺寸，待完成草图对象的绘制之后，再统一对草图对象进行约束控制。对草图进行合理的约束是实现草图参数化的关键所在。因此，在完成草图绘制以后，应认真分析，到底需要加入哪些约束。

草图的约束状态分为欠约束、完全约束和过约束三种。为了定义完整的约束而不是过约束，读者应该了解草图对象的自由度，如图 5-33 所示。

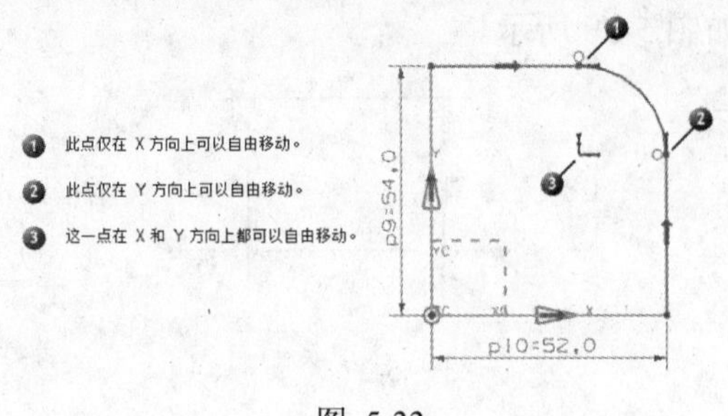

图 5-33

如图 5-34 所示给出了一般对象的自由度(尚未添加约束)。

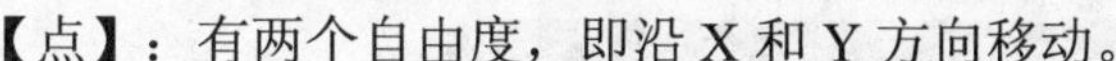

【点】：有两个自由度，即沿X和Y方向移动。

【直线】：四个自由度，每端两个。

【圆】：三个自由度，圆心两个，半径一个。

【圆弧】：五个自由度，圆心两个，半径一个，起始角度和终止角度两个。

【椭圆】：五个自由度，两个在中心，一个用于方向，主半径和次半径两个。

【部分椭圆】：七个自由度，两个在中心，一个用于方向，主半径和次半径两个，起始角度和终止角度两个。

【二次曲线】：六个自由度，每个端点有两个，锚点有两个。

【极点样条】：四个自由度，每个端点有两个。

【过点样条】：在它的每个定义点处有两个自由度。

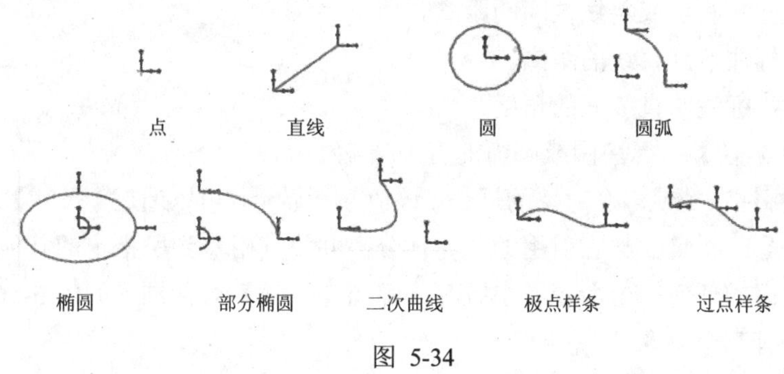

图 5-34

调用了【约束】命令后，系统会在未约束的草图曲线定义点处显示自由度箭头符号，也就是相互垂直的黄色小箭头，黄色小箭头会随着约束的增加而减少。当草图曲线完全约束后，自由度箭头也会全部消失，并在状态栏中提示“草图已完全约束”。

5.5.1 约束的概念和作用

对草图曲线指定条件，草图曲线就会随指定条件的变化而变化，这些指定的条件就称为约束。约束可以精确控制草图中的对象。草图约束有两种类型：尺寸约束和几何约束。

5.5.2 尺寸约束

尺寸约束的作用在于限制草图对象的大小。尺寸约束的显示类似机械设计中的制图尺寸，具有尺寸文本、延伸线和箭头。但是尺寸约束又不同于制图尺寸，因为尺寸约束可以驱动草图对象，如果更改尺寸数值，会随之更改草图对象的形状或尺寸。

如图5-35所示为进行草图约束的主要命令，其意义如下所述。

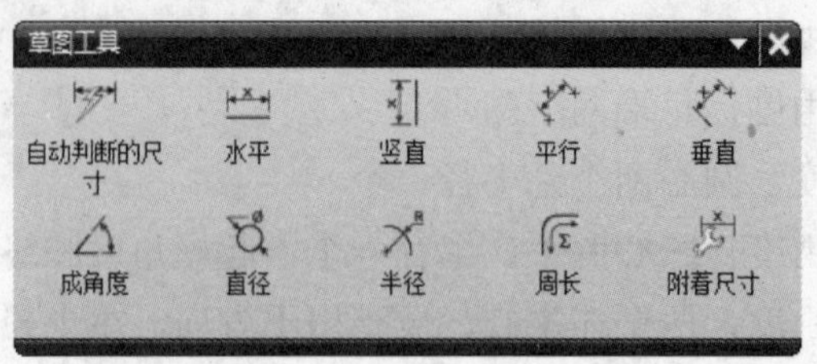

图 5-35

【自动判断的尺寸】：根据光标位置，系统自动判断适合的标注方式。

【水平】：标注水平方向的长度或距离。

【竖直】：标注竖直方向的长度或距离。

【平行】：标注两点或斜线之间的距离。

【垂直】：标注点到直线的距离。

【成角度】：标注两直线间的角度。

【直径】/【半径】：标注圆或圆弧的直径/半径。

【周长】：标注一个或多个对象的周长。该值并不显示，可以通过【尺寸】对话框查看。

【附着尺寸】：将尺寸与它引用的几何体分离并将其附着到所指定的其他几何体。

单击尺寸约束的任何一个命令，系统都将弹出【尺寸】对话框，如图 5-36 所示。

该对话框中有三个命令。

【草图尺寸对话框】：打开【尺寸】对话框。

【创建参考尺寸】：该选项处于激活状态时，所创建的尺寸为参考尺寸，此时不能对尺寸进行修改。

【创建备选角】：该选项处于激活状态时，系统计算草图曲线之间的最大尺寸。图 5-37 显示了这个选项关闭(上)和打开(下)时的相同尺寸。

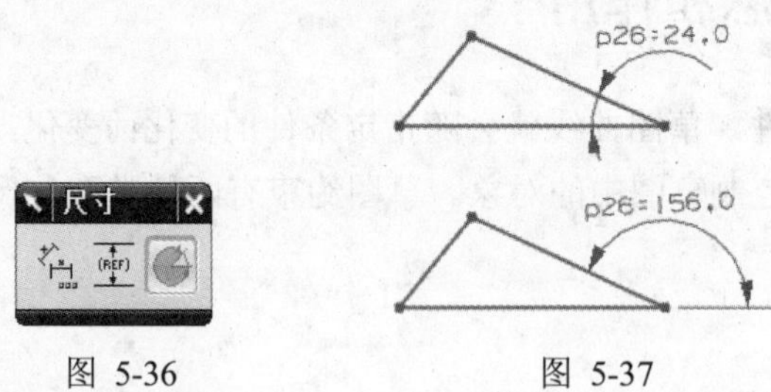

图 5-36　　　图 5-37

单击【草图尺寸对话框】按钮，系统弹出【尺寸】对话框，如图 5-38 所示。

对话框中各选项意义如下。

【尺寸类型】：创建尺寸约束的类型。

【表达式列表】：列出目前所有尺寸的名称和值，对应绘图区中的所有尺寸表达式。

【当前表达式】：编辑选定尺寸的名称和值。可以从【表达式列表】或图形窗口中选择尺寸，对应绘图区中高亮显示的尺寸表达式。

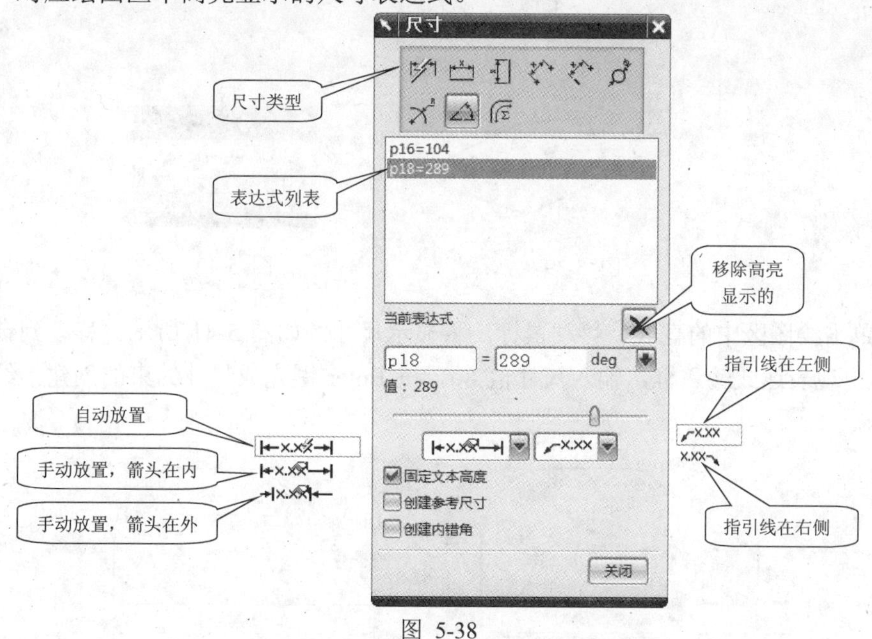

图 5-38

【移除高亮显示的】：从图形窗口或表达式列表选择尺寸，然后单击此按钮，可以删除当前选定的尺寸。

【值】：通过拖动标尺，更改选定尺寸约束的值。

【尺寸放置】：指定放置尺寸的方法。

【指引线方向】：指定指引线从尺寸文本延伸的方向线。

【固定文本高度】：选择该复选框后，缩放草图时会使尺寸文本维持恒定大小。如果不选择该复选框，则在缩放的时候，会同时缩放尺寸文本和草图对象。

通过此对话框能方便地编辑尺寸约束。另外，双击现有尺寸也能进行编辑。

【例 5-4】创建尺寸约束——【自动判断的尺寸】

	源文件：\part\ch5\5-4.prt
	操作结果文件：\part\ch5\finish\5-4.prt

(1) 打开文件“\part\ch5\5-4.prt”，结果如图 5-39 所示。双击草图，进入草图环境。

(2) 单击【草图工具】工具条上的【自动判断的尺寸】命令，系统弹出【尺寸】对话框，如图 5-40 所示。

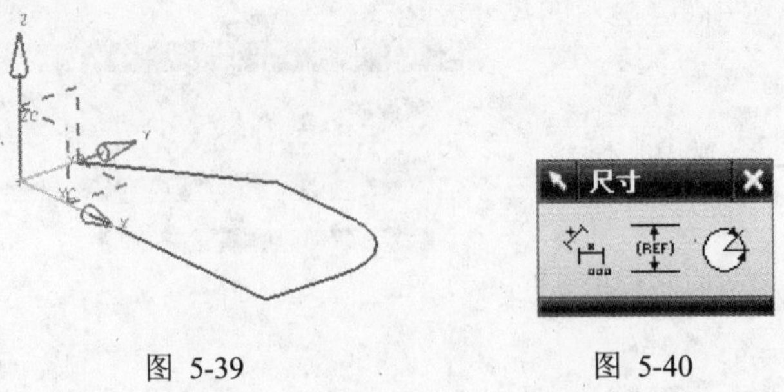

图 5-39　　　　图 5-40

(3) 单击绘图区中的直线，移动鼠标，将显示尺寸，如图 5-41 所示。移动到合适位置后单击，出现表达式输入框，输入尺寸值 80。按 Enter 键完成尺寸约束的创建，结果如图 5-41 所示。

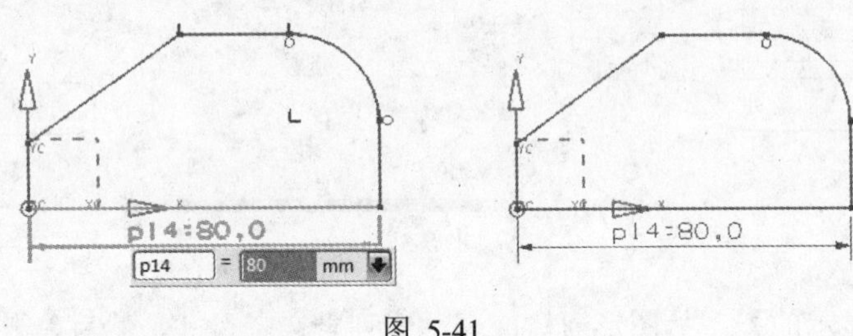

图 5-41

(4) 按上一步方法添加其他对象的尺寸约束。结果如图 5-42 所示。

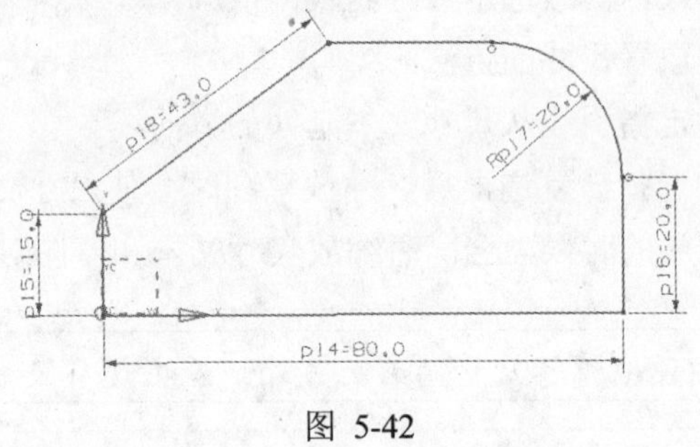

图 5-42

(5) 选择【草图】|【草图样式】命令，系统弹出如图 5-43 所示的【草图样式】对话框。将【尺寸标签】由【表达式】改为【值】，结果如图 5-43 所示。

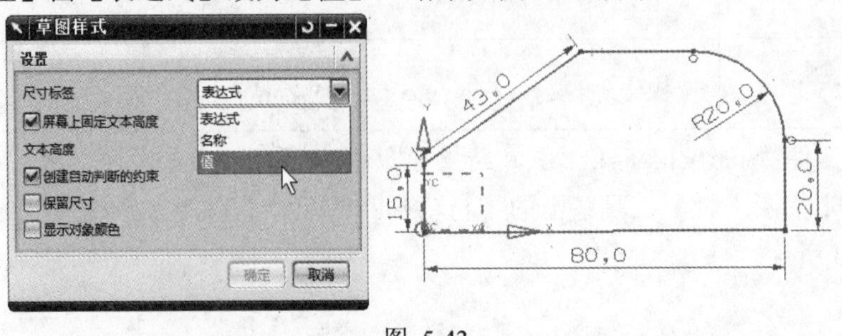

图 5-43

【例 5-5】创建尺寸约束——【水平】、【竖直】、【平行】、【半径】

	源文件：\part\ch5\5-5.prt
	操作结果文件：\part\ch5\finish\5-5.prt

(1) 打开文件“\part\ch5\5-5.prt”，如图 5-44 所示。双击草图，进入草图环境。

(2) 选择【草图工具】工具条上的【水平】命令，选择图中的一条水平线，按上一例方法创建水平约束。

(3) 选择【草图工具】工具条上的【竖直】命令，依次选择两条竖直线，创建竖直约束。

(4) 选择【草图工具】工具条上的【平行】命令，选择斜线(或者选择斜线两端点)，创建平行约束。

(5) 选择【草图工具】工具条上的【半径】命令，选择圆弧，创建【半径】约束。

(6) 按中键退出创建尺寸约束，结果如图 5-45 所示。

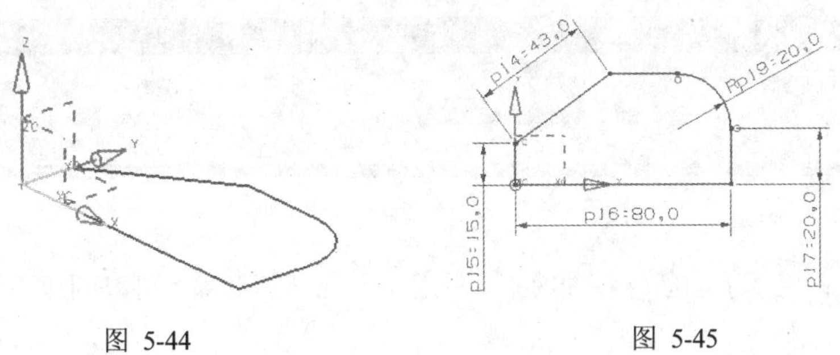

图 5-44　　　　图 5-45

(7) 单击【尺寸】对话框上的【草图尺寸对话框】按钮，系统弹出【尺寸】对话框。【表达式列表】中列出了绘图区中所有尺寸，如图 5-46 所示。

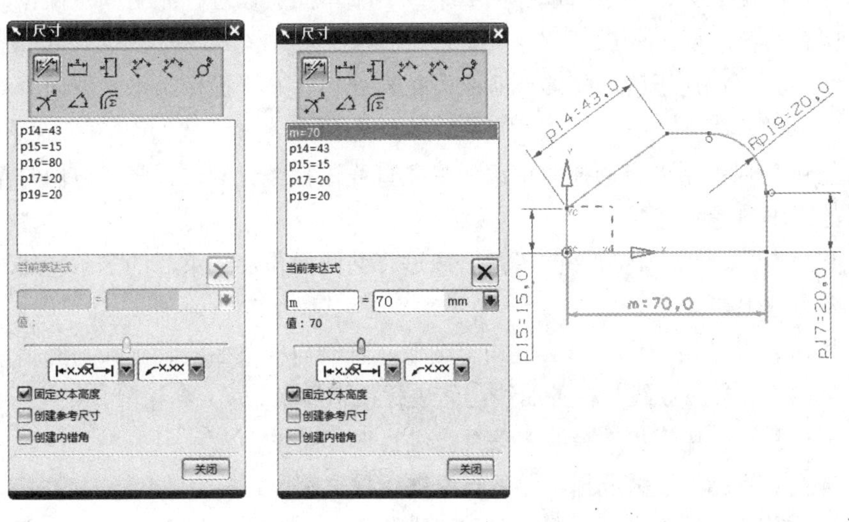

图 5-46

(8) 选择某个尺寸进行修改，如单击 p16=80，【当前表达式】中将出现此表达式，绘图区中此尺寸也将高亮显示。把尺寸修改为 m=70，【表达式列表】和绘图区将立刻更新此尺寸，如图 5-46 所示。

(9) 可以通过【值】滑尺来调节尺寸值。同时还可以更改其他尺寸选项，如【尺寸放置】、【指引线方向】和【固定文本高度】等。

由【例 5-4】和【例 5-5】可知，一般情况下选择【自动判断的尺寸】命令，就能实现对尺寸的标注。

5.5.3 几何约束

几何约束的作用在于限定草图中各个对象之间的位置与形状关系。如图 5-47 所示为常用的几何约束命令，各命令的意义如下所述。

图 5-47

【约束】：用于手动创建各种约束，针对不同的草图对象，可以创建不同的几何约束。常用的几何约束如下。

- 【固定】：用于固定端点、圆心和样条定义点的位置，或者固定圆、圆弧和椭圆的半径，也可以固定直线的角度。可以同时选择多个对象进行固定。
- 【完全固定】：用于将选择的单个或多个草图对象进行完全固定操作，消除对象所有的自由度。
- 【水平】：用于将选择的单条或多条直线进行水平操作，水平方向由草图创建时的水平参考决定。
- 【竖直】：用于将选择的单条或多条直线进行竖直操作，竖直方向与草图创建时的水平参考垂直。
- 【共线】：用于将选择的多条直线进行共线操作，约束后的多条直线对象位于一条直线上。
- 【相切】：用于将选择的直线与圆弧、直线与样条曲线、圆弧与圆弧、圆弧与样条曲线、样条曲线与样条曲线之间进行相切约束。
- 【平行】：用于将选择的多条直线进行平行操作。
- 【垂直】：用于将选择的两条直线进行垂直操作。
- 【等长】：用于限制选择的多条直线长度相等。

- 【等半径】：用于限制选择的多个圆弧、圆的半径值相等。
- 【点在曲线上】：用于将选择的一个定义点移动至选择的一条曲线或者曲线的延长线上。
- 【中点】：用于将选择的一个定义点移动至曲线(不包含样条曲线)的中点或者垂直于曲线通过中点的延长线上。
- 【重合】：用于将选择的多个定义点进行重合操作。
- 【同心】：用于将选择的多个圆弧、圆进行同心操作。
- 【恒定长度】：用于限制选择的单条或多条直线的长度为一个固定值。
- 【固定角度】：用于限制选择的单条或多条直线的角度为一个固定值。

在添加约束时，选择的草图曲线的端点与草图曲线是不同的。如需要约束直线平行，那么就要选择直线。选择时不能将光标放置于直线的端点位置，否则系统会将需要约束的对象认为是直线的端点。

【自动约束】：系统依据草图对象之间的几何关系，按照用户设定的几何约束类型，自动将相应的几何约束添加到草图对象中去。

【显示所有约束】：显示绘图区中草图对象的所有几何约束。

【不显示约束】：隐藏显示绘图区中草图对象的所有几何约束，使几何约束不可见。

【显示/移除约束】：删除选定的约束。

比较而言，手动创建的几何约束要比自动判断的更准确，而且也很方便。建议少用自动判断。

【例 5-6】创建几何约束

	多媒体文件：\video\ch5\5-6.avi
	源文件：\part\ch5\5-6.prt
	操作结果文件：\part\ch5\finish\5-6.prt

(1) 打开文件“\part\ch5\5-6.prt”，进入建模模块。

(2) 选择【特征】|【草图】命令，系统弹出【创建草图】对话框。

(3) 保持默认设置，单击【确定】按钮，进入草绘环境。系统将默认 XC-YC 平面为草绘平面。

(4) 在绘图区创建一些草图对象，结果如图 5-48 所示。

(5) 单击【草图工具】|【约束】命令，选择圆弧的圆心，再选择基准坐标系的原点，

单击【约束】|【重合】命令，将圆弧的圆心固定在坐标系的原点。完成后结果如图 5-49 所示。

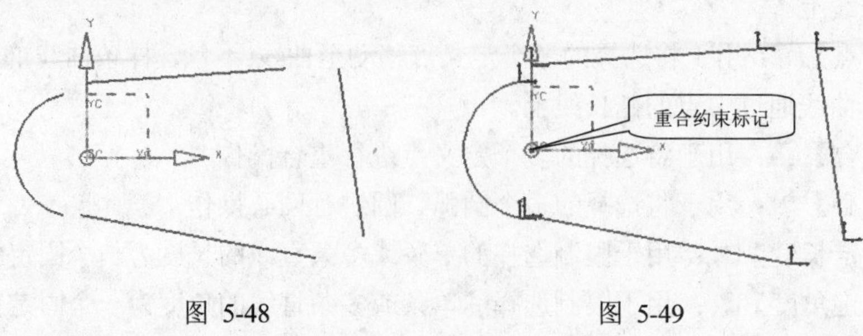

图 5-48　　图 5-49

(6) 选择绘图区中的一条直线，单击【约束】|【水平】命令。完成后结果如图 5-50 所示。

(7) 选择另一条直线，再选择已完成【水平】约束的直线，单击【约束】|【平行】命令，创建【平行】约束。完成后结果如图 5-51 所示。

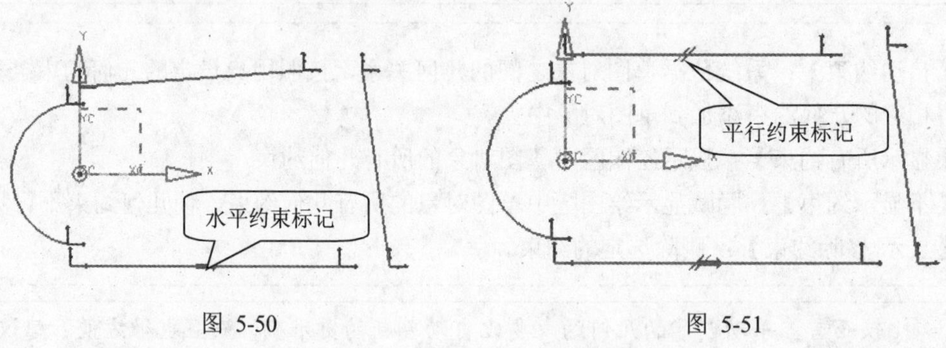

图 5-50　　图 5-51

(8) 选择圆弧和其中一条直线，单击【约束】|【相切】命令，创建【相切】约束。完成后结果如图 5-52 所示。

(9) 按照类似操作添加其他约束，结果如图 5-53 所示。

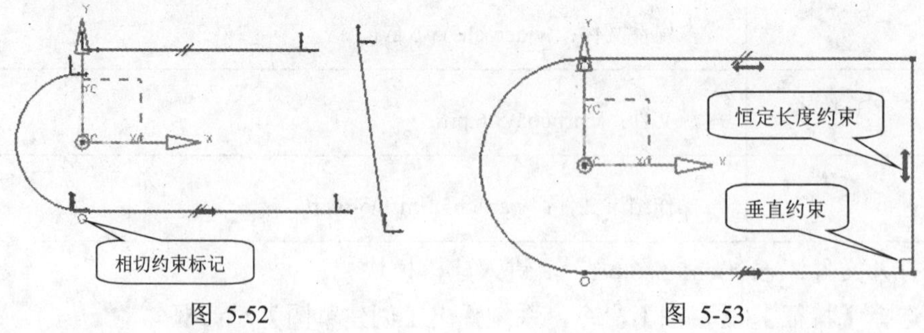

图 5-52　　图 5-53

【例 5-7】删除几何约束

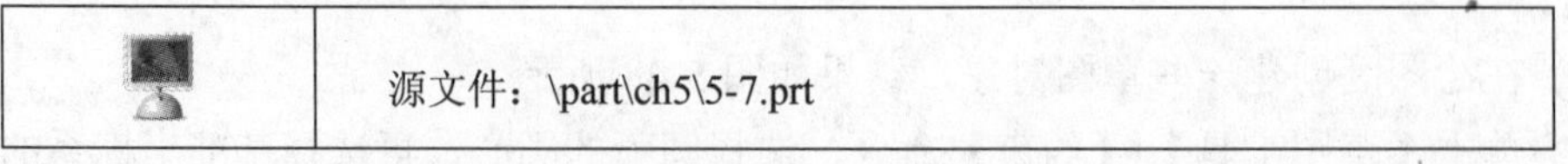

源文件：\part\ch5\5-7.prt

(1) 打开文件“\part\ch5\5-7.prt”，双击草图，进入草图环境，结果如图 5-54 所示。

(2) 单击【草图工具】|【显示/移除约束】命令，系统弹出【显示/移除约束】对话框，如图 5-55 所示。选择【活动草图中的所有对象】复选框，则【显示约束】列表中将列出相关的所有几何约束。选择列表中的一个约束，单击【移除高亮显示的】按钮，将删除此约束。若单击【移除所列的】按钮，将删除列表中所有约束。

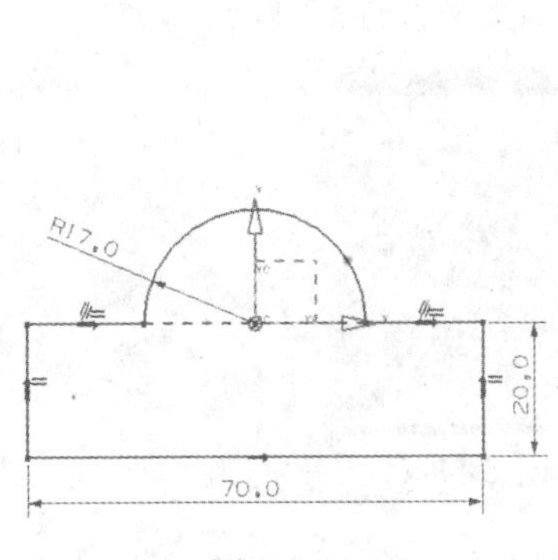

图 5-54

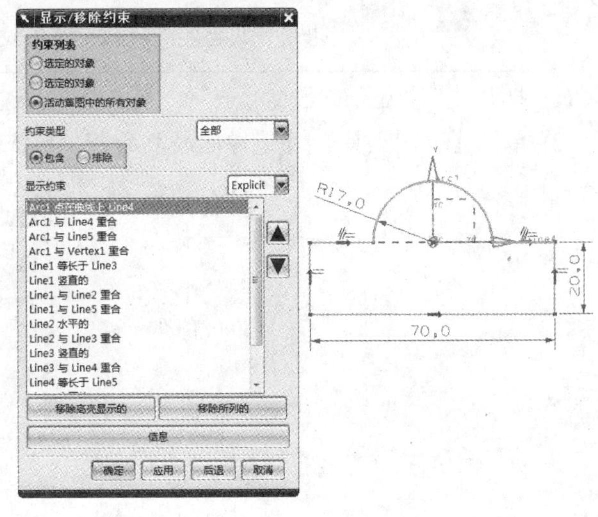

图 5-55

5.6 草图操作

【草图工具】工具条上包含许多草图操作命令，如图 5-56 所示。利用这些命令能方便地对草图进行操作，常用的有【动画尺寸】、【转换至/自参考对象】、【备选解】、【编辑曲线】、【编辑定义线串】、【添加现有曲线】、【投影曲线】、【偏置曲线】和【镜像曲线】等。

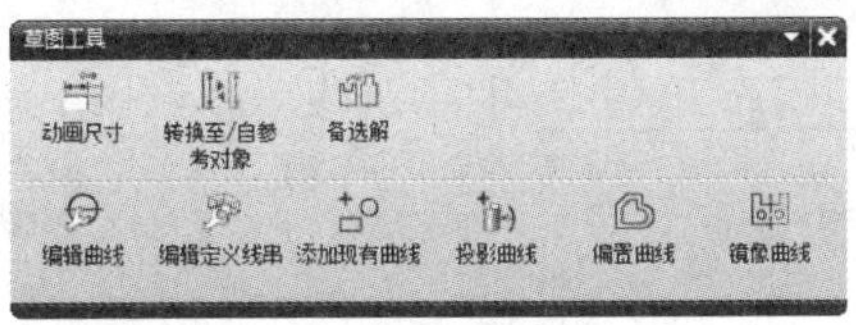

图 5-56

5.6.1 镜像曲线

【镜像曲线】：该命令是较常用的草图操作命令。在绘制对称图形时，只需绘制一半的曲线，然后通过该命令生成关于中心直线对称的曲线，最后对曲线进行镜像约束。

【例 5-8】镜像草图对象

	多媒体文件：\video\ch5\5-8.avi
	源文件：\part\ch5\5-8.prt
	操作结果文件：\part\ch5\finish\5-8.prt

(1) 打开文件“\part\ch5\5-8.prt”，双击草图，进入草图环境，结果如图 5-57 所示。

(2) 单击【草图工具】|【镜像曲线】命令，系统弹出【镜像曲线】对话框，如图 5-58 所示。

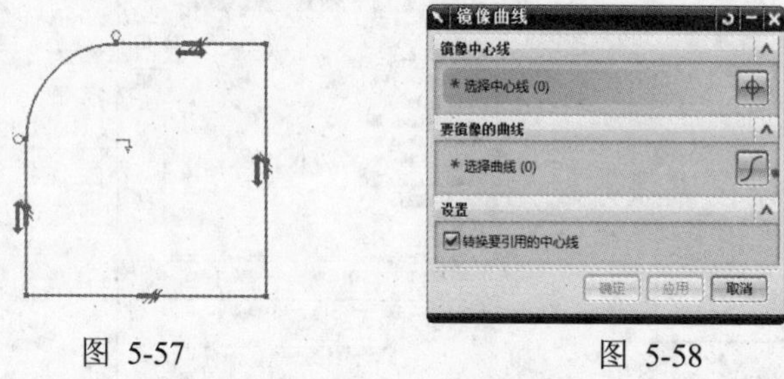

图 5-57　　图 5-58

(3) 在绘图区选择右边的直线作为镜像中心线，然后再选择其他的曲线作为镜像曲线。选中|【转换要引用的中心线】复选框。

(4) 单击【确定】按钮或按中键完成镜像，结果如图 5-59 所示。

(5) 若在第三步没有选中【转换要引用的中心线】复选框，结果如图 5-60 所示。

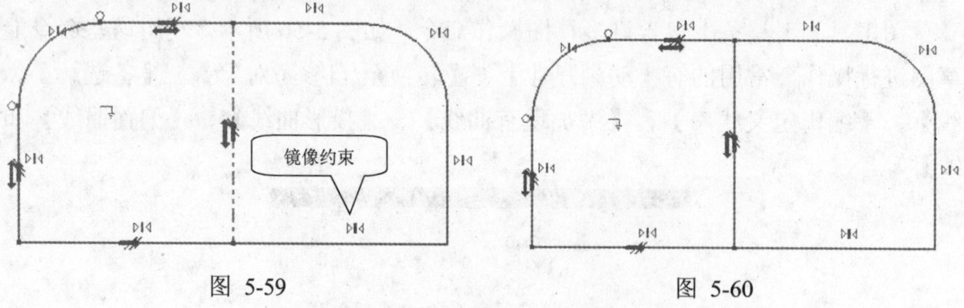

图 5-59　　图 5-60

5.6.2 偏置曲线

【偏置曲线】：可以用于生成偏置一定距离的曲线，并且生成偏置约束。修改原先的曲线，将会更新偏置的曲线。

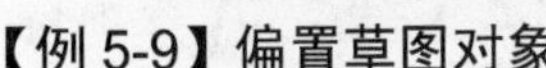

【例 5-9】偏置草图对象

	多媒体文件：\video\ch5\5-9.avi
	源文件：\part\ch5\5-9.prt
	操作结果文件：\part\ch5\finish\5-9.prt

(1) 打开文件“\part\ch5\5-9.prt”，双击草图，进入草图环境，结果如图 5-61 所示。

(2) 选择【草图工具】|【偏置曲线】命令，系统弹出【偏置曲线】对话框，如图 5-62 所示。

(3) 选择绘图区中的曲线，输入偏置距离 15。根据需要还可以进行其他设置，这里保持默认设置。

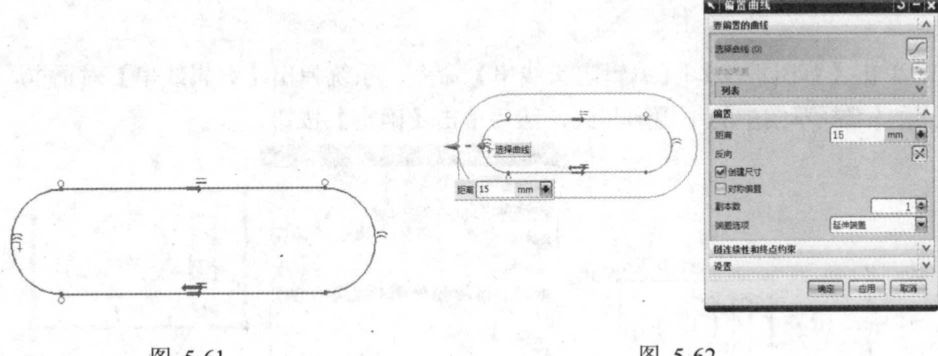

图 5-61　　图 5-62

(4) 单击【确定】按钮，结果如图 5-63 所示。

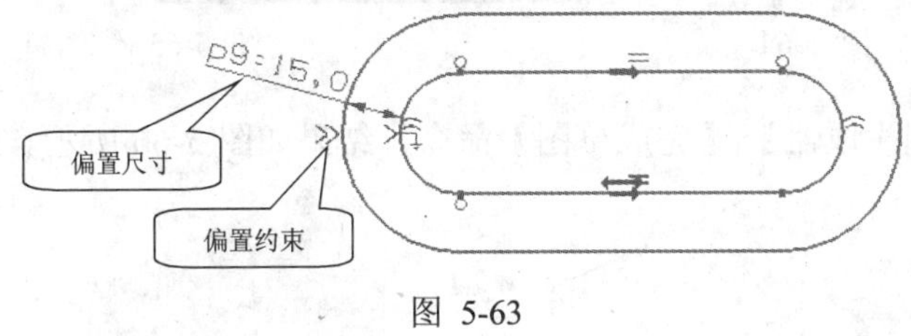

图 5-63

5.6.3 编辑曲线

【编辑曲线】：该命令可以修改已有的曲线。单击此命令系统弹出【编辑曲线】对话框。各功能的用法和第 4 章曲线造型中【编辑曲线】类似。编辑时，可以双击编辑对象打开【编辑曲线】对话框，也可以先打开【编辑曲线】对话框，再选择编辑对象。

5.6.4 编辑定义线串

【编辑定义线串】：草图一般用于拉伸、旋转等扫掠特征，因此多数草图本质是定义特征截面线。通过【编辑定义线串】可以增加或去掉某些曲线，从而改变截面形状。

【例 5-10】编辑定义线串

	多媒体文件：\video\ch5\5-10.avi
	源文件：\part\ch5\5-10.prt
	操作结果文件：\part\ch5\finish\5-10.prt

(1) 打开文件“\part\ch5\5-10.prt”，双击实体上的草图对象进入草图环境，如图 5-64 所示。

(2) 单击【草图工具】|【编辑定义线串】命令，系统弹出【编辑线串】对话框，如图 5-65 所示。选择草图中的小矩形和圆，然后单击【确定】按钮。

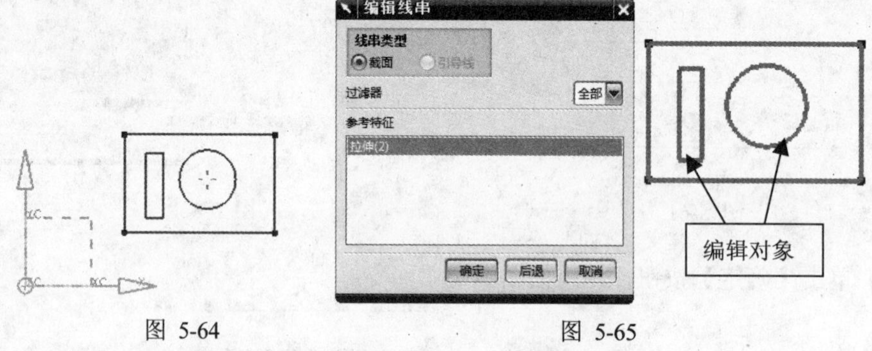

图 5-64　　　　图 5-65

(3) 单击【草图生成器】|【完成草图】命令，结果如图 5-66 所示。

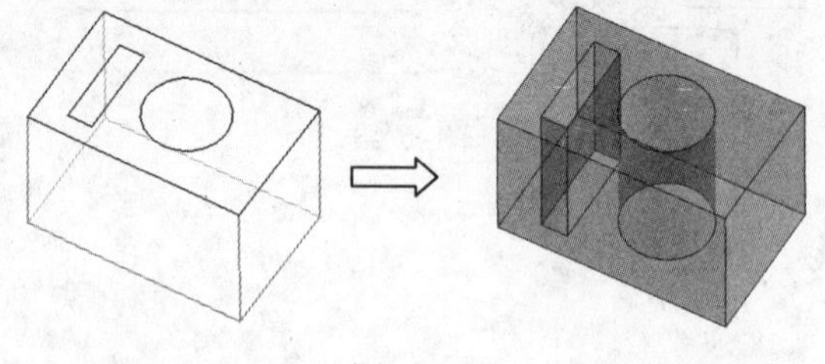

图 5-66

5.6.5 转换至/自参考对象

【转换至/自参考对象】：可以将活动曲线转换为参考曲线、将活动尺寸转换为参考尺寸、将参考曲线转换为活动曲线或者将参考尺寸转换为活动尺寸。参考曲线显示为双点划线。

【例 5-11】转换草图线与参考线

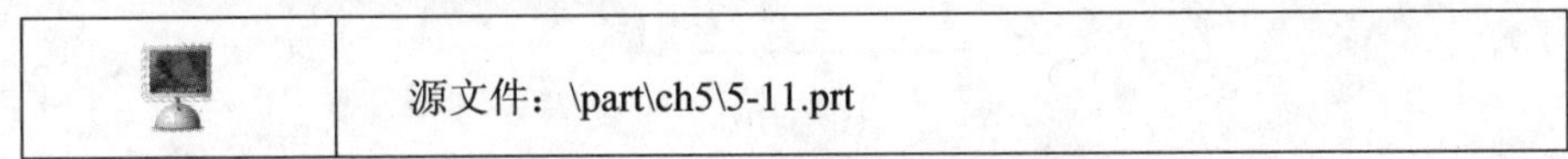

源文件：\part\ch5\5-11.prt

(1) 打开文件"\part\ch5\5-11.prt"，双击草图进入草图环境。

(2) 单击【草图工具】|【显示所有约束】命令，可以看出此草图是充分约束的，如图 5-67 所示。

(3) 单击【草图工具】|【转换至/自参考对象】命令，系统弹出【转换至/自参考对象】对话框。

(4) 选择绘图区的尺寸 p12=80.0，单击【应用】按钮，定位尺寸转换为参考尺寸。尺寸颜色发生变化，草图将变成欠约束的对象，如图 5-68 所示。

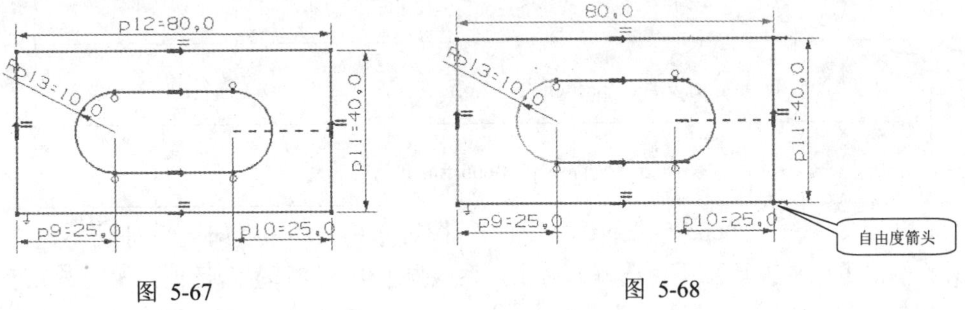

图 5-67　　　　图 5-68

(5) 选择矩形的下边，然后单击【应用】按钮，此边将变成双点划线，完成由活动曲线到参考曲线的转换，如图 5-69 所示。

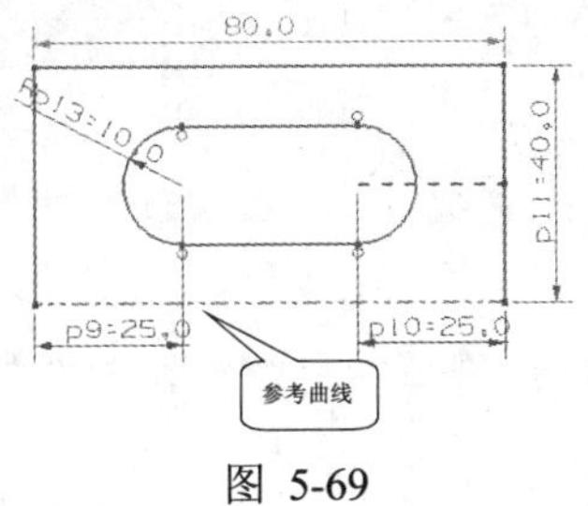

图 5-69

5.6.6　拖曳草图

【拖曳草图】是指用户通过鼠标的拖动来更改草图。在完全约束的草图中，用户只能拖动尺寸，但不能拖动对象。但在欠约束的草图中，用户可以拖动草图对象和尺寸。用户可以一次选择多个对象，但对于尺寸只能单独选中进行拖动。如图 5-70 所示的矩形，选择矩形的上边并进行拖动，整个矩形将跟着移动，相当于框选整个矩形后移动矩形的效果。选择矩形的左边并拖动，矩形的长度将发生变化。此外，还可以拖动尺寸，从而改变尺寸的位置。

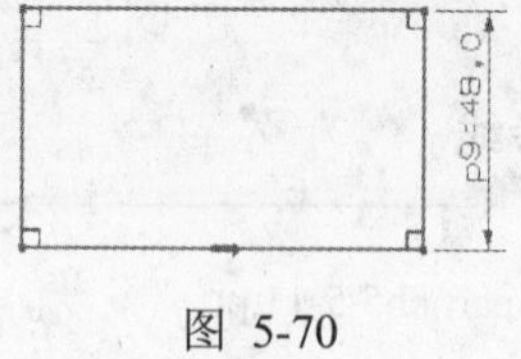

图 5-70

5.6.7 备选解

【备选解】：在约束了一个草图对象以后，同一个约束有可能存在多种解算方案，使用【备选解】命令可以切换不同的解法。

【例 5-12】备选解

	多媒体文件：\video\ ch5\5-12.avi
	源文件：\part\ch5\5-12.prt
	操作结果文件：\part\ch5\finish\5-12.prt

(1) 打开文件“\part\ch5\5-12.prt”，双击草图进入草图环境，如图 5-71 所示。

(2) 单击【草图工具】|【备选解】命令，系统弹出【备选解】对话框，如图 5-72 所示。

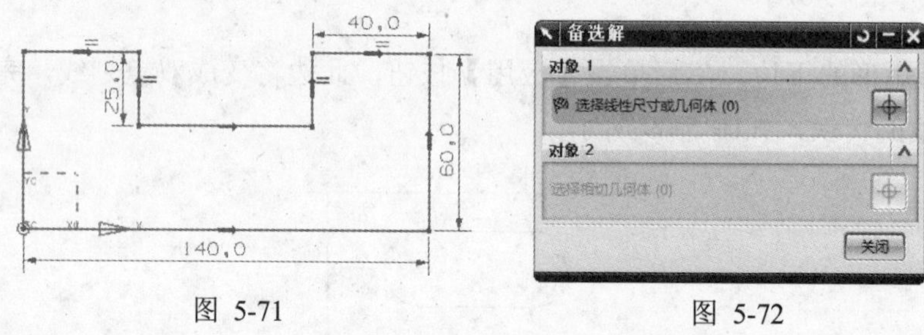

图 5-71　　　　图 5-72

(3) 选择绘图区的尺寸 25.0，出现草图另解，如图 5-73 所示。单击【关闭】按钮退出【备选解】对话框。

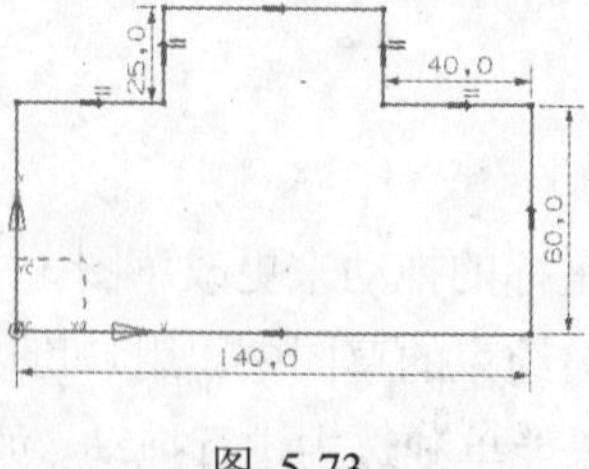

图 5-73

5.6.8 动画尺寸

【动画尺寸】：能动态显示指定尺寸在给定的范围内发生变化的效果。受这一选定尺寸影响的任一几何体也将同时被动画。与拖曳不同，动画不更改草图尺寸，动画完成之后，草图会恢复到原先的状态。

【例 5-13】创建草图动画

	多媒体文件：\video\ch5\5-13.avi
	源文件：\part\ch5\5-13.prt

(1) 打开文件"\part\ch5\5-13.prt"，双击草图进入草图环境，如图 5-74 所示。

(2) 单击【草图工具】|【动画尺寸】命令，系统弹出【动画】对话框，如图 5-75 所示。【尺寸列表框】里列出了当前可以进行动画的尺寸。【值】显示当前选定的尺寸值。【上限】、【下限】用于设定动画过程中该尺寸的最大值、最小值。【步数/循环】用于设定当尺寸值由上限移动到下限(反之亦然)时所变化(以相同的增量)的次数。【显示尺寸】为可选项，若选择则在动画过程中将实时显示草图尺寸。

(3) 选择尺寸 p9=50 用于动画，然后设定动画参数，如图 5-75 所示。

(4) 单击【确定】按钮，草图将动画显示，并出现一个用于停止动画的对话框，如图 5-76 所示。

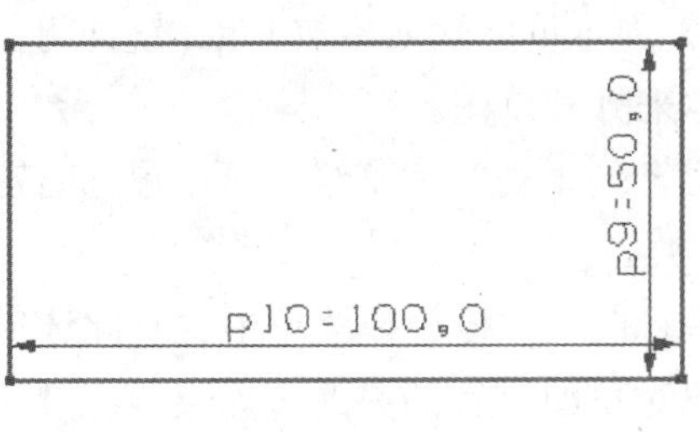

图 5-74

图 5-75

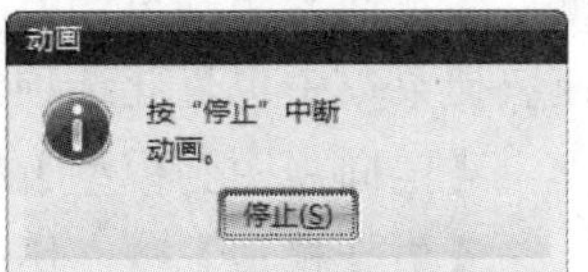

图 5-76

(5) 单击【停止】按钮，结束草图动画。

5.6.9 添加现有曲线

【添加现有曲线】：将已有的曲线和点，以及椭圆、抛物线和双曲线等二次曲线添加到当前草图。但需要注意的是。

(1) 曲线和点必须与草图共面。

(2) 系统不向增加的曲线或几何体之间的封闭间隙应用约束。要应用几何约束，可使用【自动约束】命令。

(3) 用这个选项无法将“展开”或“关联”曲线添加到草图中。

(4) 如果曲线已被用于拉伸、旋转、扫掠等操作，则不能添加到草图。

5.6.10 投影曲线

【投影曲线】：使曲线按照草图平面的法线方向进行投影，从而成为草图对象，并且原曲线仍然存在。可以投影的曲线包括所有的二维曲线、实体或片体边缘。

5.7 草图管理

草图管理主要是指利用【草图生成器】工具条上的一些命令进行操作。如图 5-77 所示，用于草图管理的命令主要有【完成草图】、【草图名】、【定向视图到草图】、【定向视图到模型】、【重新附着】、【创建定位尺寸】和【更新模型】。

图 5-77

【完成草图】：使用此命令退出“草图”任务环境并返回到使用草图生成器之前的应用模块或命令。

【草图名】：命名或重命名草图名，在【草图名】文本框中输入后按 Enter 键即可。还可以通过在【草图名】中选择或输入现有的草图名称来打开草图。

【定向视图到草图】：将视图定向到草图平面，便于观察和草绘。单击鼠标右键，在快捷菜单中也有此选项。

【定向视图到模型】：定向视图到当前的建模视图，右键快捷菜单中也有此选项。

【更新模型】：用于更新模型，使其反映用户对草图进行的更改。如果存在要进行的更新，并且退出了草图任务环境，则自动更新模型。

【定位草图】：将草图固定到草图平面的特定位置。与定位草图有关的命令有【创建定位尺寸】、【编辑定位尺寸】、【删除定位尺寸】和【重新定义定位尺寸】。这些命令都在【草图生成器】工具条上，如图 5-78 所示。

图 5-78

【重新附着】：可以更改草图的类型、附着平面等参数。【重新附着】和【创建草图】对话框十分相似，【重新附着】过程类似创建草图。

5.8 草图设计中常见的问题

尽管不完全约束草图也可以用于后续的特征创建，但最好还通过尺寸约束和几何约束完全约束特征草图。完全约束的草图可以确保设计更改期间，解决方案能始终一致。针对如何约束草图以及如何处理草图过约束，可以参照以下技巧：

(1) 一旦遇到过约束或发生冲突的约束状态，应该通过删除某些尺寸或约束的方法以解决问题。

(2) 不要使用负值尺寸。在计算草图时，“草图生成器”仅使用尺寸的绝对值。

(3) 尽量避免零值尺寸。用零值尺寸会导致相对其他曲线位置不明确的问题。零值尺寸在更改为非零尺寸时，会引起意外的结果。

(4) 避免链式尺寸。尽可能尝试基于同一对象创建基准线尺寸。

(5) 用直线而不是线性样条来模拟线性草图片段。尽管它们从几何角度看上去是相同的，但是直线和线性样条在草图计算时是不同的。

5.9 绘制实例

本节通过绘制一个基座截面讲解创建草图的整个过程，如图 5-79 所示。

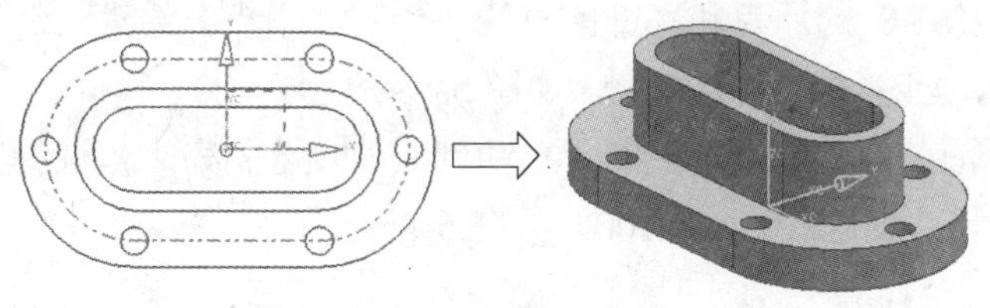

图 5-79

	操作结果文件：\ch5\finish\base_support.prt

具体操作步骤如下：

(1) 新建文件 base_support.prt，进入建模模块。

(2) 选择【插入】|【草图】命令。

(3) 【创建草图】对话框保持默认设置，单击对话框上的【确定】按钮，进入草绘环境。系统默认 XC-YC 平面为草绘平面。

(4) 单击【草图工具】工具条上的【显示所有约束】和【创建自动判断的约束】，使这两个命令处于激活状态。

(5) 绘制一条水平线，这条线的确切长度并不重要，因为后面将通过尺寸约束确定其长度。然后利用【派生直线】偏置一条直线，如图 5-80 所示。

(6) 绘制两条圆弧，使其与两条直线相切，如图 5-81 所示。

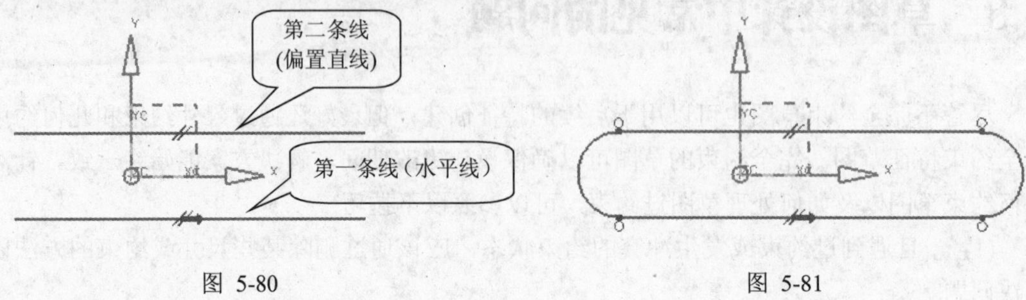

图 5-80　　图 5-81

(7) 单击【草图工具】工具条上的【约束】命令，选择两条直线，创建【等长】约束，如图 5-82 所示。

(8) 选择两条圆弧，创建【等半径】约束，如图 5-83 所示。

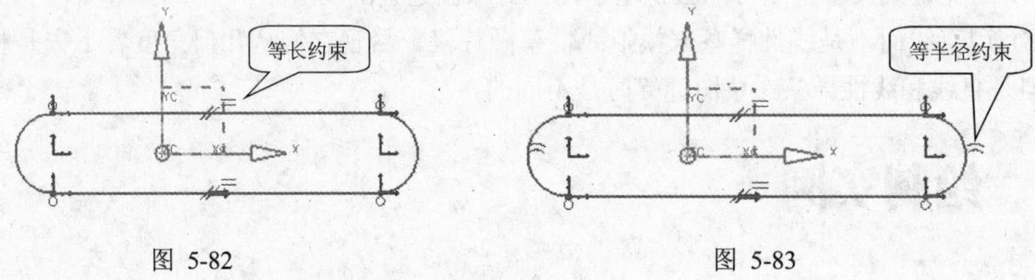

图 5-82　　图 5-83

(9) 选择基准 CSYS 的原点和底部的直线，创建【中点】约束。然后选择基准 CSYS 的原点和左边圆弧，创建【中点】约束，如图 5-84 所示。

(10) 单击【草图工具】工具条上的【自动判断的尺寸】命令，选择其中一条直线创建尺寸约束，并编辑尺寸表达式为 p9=100，如图 5-85 所示。

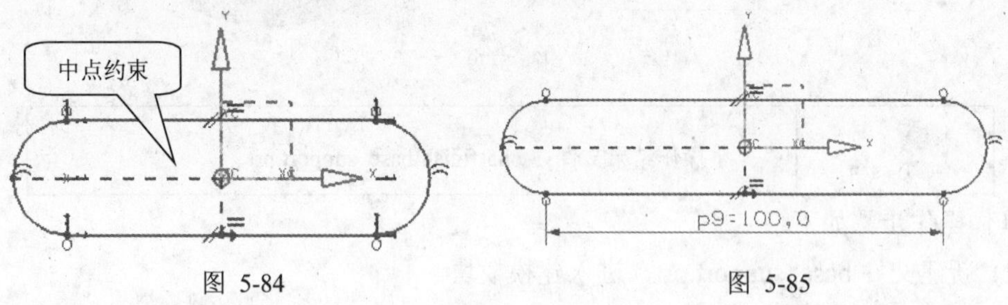

图 5-84　　图 5-85

(11) 选择图中的两条直线，创建尺寸约束，并编辑尺寸表达式为 p10=125，如图 5-86 所示。此时，状态栏提示“草图已完全约束”。

(12) 单击中键退出定义尺寸约束。

(13) 单击【草图工具】|【偏置曲线】命令，框选整个图形，然后输入偏置值，单击【确定】按钮完成偏置，如图 5-87 所示。

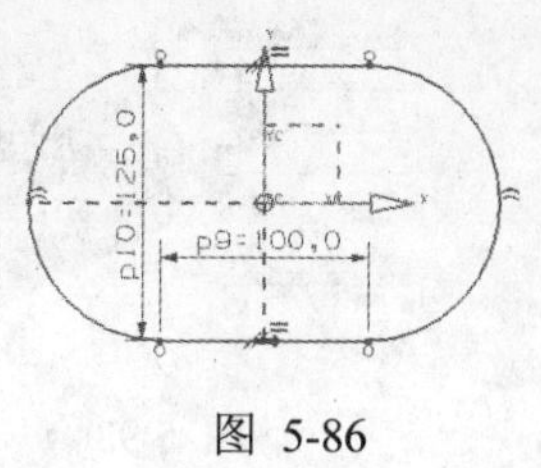

图 5-86

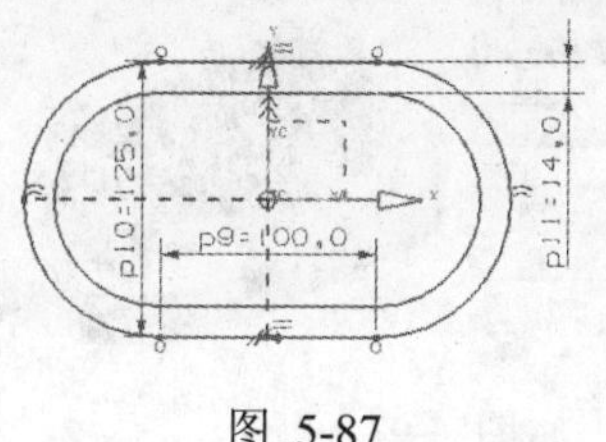

图 5-87

(14) 用相同的方法创建另外两个偏置，偏置值分别为 30 和 40，如图 5-88 所示。

(15) 选择【草图工具】|【转换至/自参考对象】命令，选择第一条偏置的曲线串，将其转换成参考线，如图 5-89 所示。

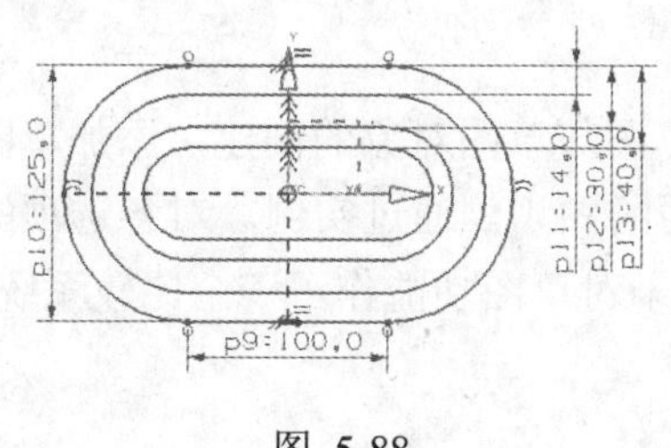

图 5-88

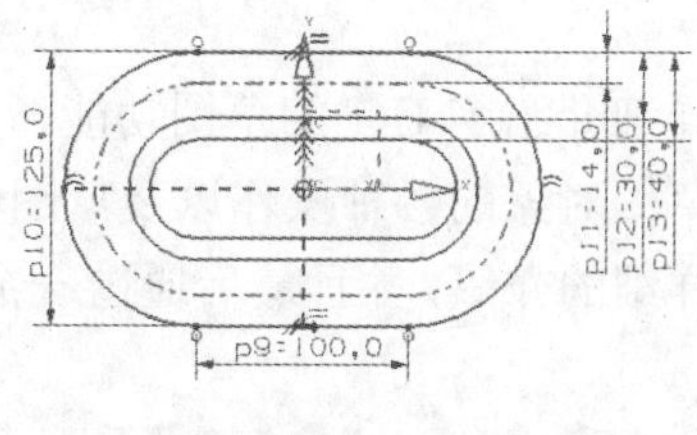

图 5-89

(16) 创建如图 5-90 所示的圆，使其圆心分别和圆弧中点及直线端点重合。然后选择这 6 个圆，添加【等半径】约束，并标注其中一个圆的直径为 15。注意：在绘制圆的过程中，不要使圆与其他曲线发生【相切】约束，否则在添加【等半径】约束和尺寸约束时，会产生冲突的尺寸及冲突的约束。

(17) 完成草图，退出草图生成器。

(18) 选择【插入】|【设计特征】|【拉伸】命令，再选择最外边的曲线串，输入开始距离为 0，结束距离为 20。单击【确定】按钮，结果如图 5-91 所示。

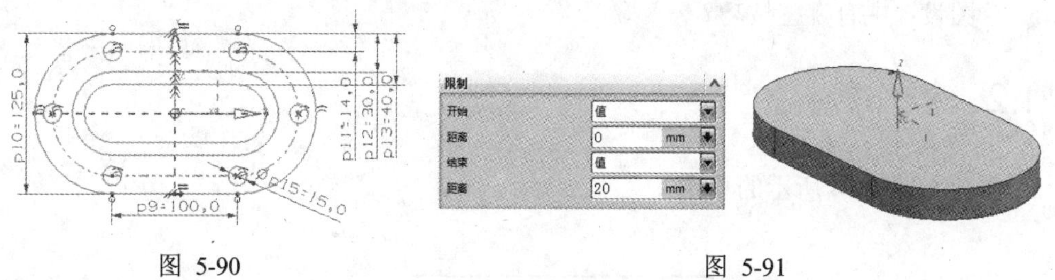

图 5-90　　图 5-91

(19) 选择【插入】|【设计特征】|【拉伸】命令，再选择里边的两条曲线串，输入起始距离和结束距离分别为 0 和 60，并将其与前一步创建的拉伸体进行布尔求和。单击【确定】按钮，结果如图 5-92 所示。

(20) 选择【插入】|【设计特征】|【拉伸】命令，再选择 6 个圆，输入起始距离和结束距离分别为 0 和 20，并将其与前一步创建的拉伸体进行布尔求差。单击【确定】按钮，结果如图 5-93 所示。

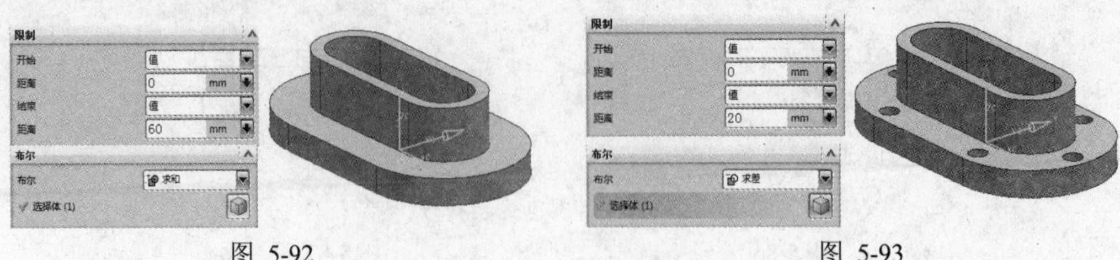

图 5-92　　　　图 5-93

(21) 保存部件，完成基座的创建。

5.10　本章小结

本章详细介绍了 UG 的草图功能，主要包括草图与草图对象的创建，添加草图约束，对草图和草图对象的各种操作以及草图管理等方面的知识。通过实例，对各选项的功能均作了比较详细的介绍，并且最后通过一个完整的例子对草图功能作了一个比较系统的描述。

5.11　思考与练习题

5.11.1　思考题

1. 草图的作用是什么？
2. 简述创建草图的一般步骤。
3. 草图约束有哪几种？各自的作用是什么？
4. 草图的约束状态有哪几种？
5. 草图设计中有哪些技巧？

5.11.2　操作题

1. 创建如图 5-94 所示的草图。

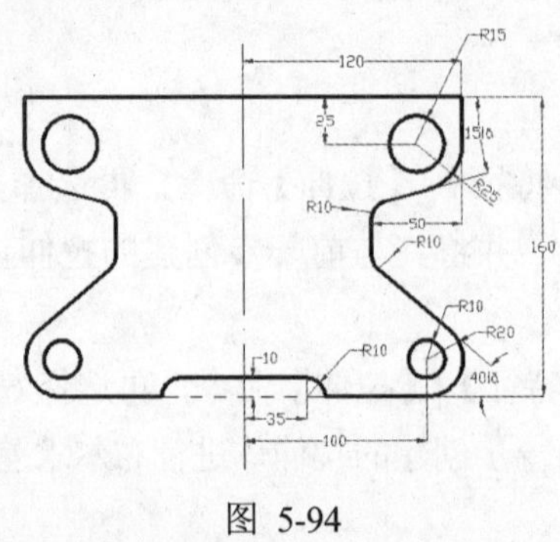

图 5-94

操作结果文件：\part\ch5\finish\lianxi5-1.prt

2. 创建如图 5-95 所示的草图。

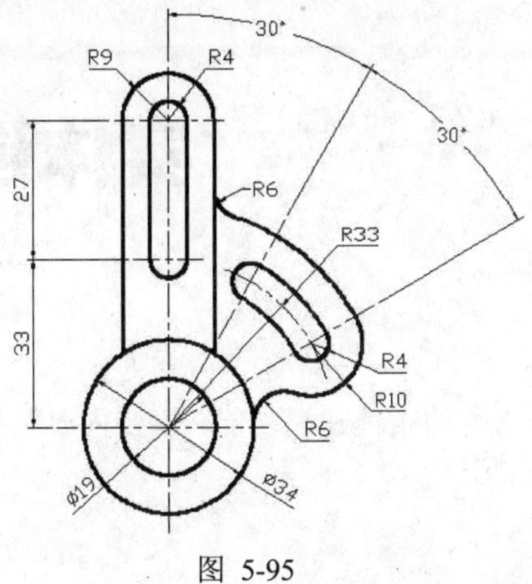

图 5-95

操作结果文件：\part\ch5\finish\lianxi5-2.prt

3. 创建如图 5-96 所示的草图。

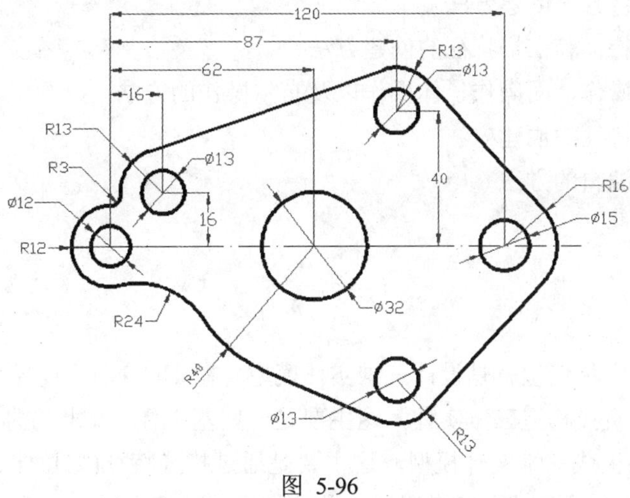

图 5-96

操作结果文件：\part\ch5\finish\lianxi5-3.prt

第6章

实体建模功能详解

本章重点内容

本章将详细介绍 UG NX 6 的实体建模功能，主要内容包括特征创建、特征操作和特征编辑等。

本章学习目标

- 掌握部件导航器的使用
- 掌握基本体素特征的创建方法
- 掌握基准特征的创建方法
- 掌握成形特征和扫描特征的创建方法
- 掌握边缘操作、面操作、体操作以及布尔操作的方法
- 掌握实例特征的创建方法
- 掌握特征编辑的方法

6.1 概述

从本质上讲，实体造型就是设计三维实体模型。在 UG NX 中，创建三维实体主要有两种方法：由参数直接构造三维实体，这主要是一些基本体，如长方体、圆柱、圆锥和球等；由二维轮廓图生成三维实体模型，这主要是通过扫描特征(如拉伸、回转等)和一些成形特征(如孔、槽等)组合而成，或者通过一些特征操作(如倒圆角、布尔操作)构造完整的实体模型。另外，实体造型还包括对特征的编辑，如编辑特征参数和定位尺寸等。

6.1.1 基本术语

在实体造型中，常用的术语如下。

【体】：分为【实体】和【片体】两大类。

【片体】：一个或多个没有厚度概念的面的集合。

【实体】：形成封闭体积的面和边缘的集合。

【面】：由边缘封闭而成的区域。面可以是实体的表面，也可以是片体。

【体素特征】：基本的解析形状实体，包括长方体、圆柱、圆锥和球。

【特征】：具有一定的几何、拓扑信息以及功能和工程语义信息组成的集合，是定义产品模型的基本单元，如孔、凸台等。

【截面线】：用于定义扫描特征截面的曲线，可以是曲线、实体边缘、草图曲线。

【引导线】：定义扫掠操作的路径的曲线。

6.1.2　实体特征的类型

UG 的实体特征可以分成四大类。

基本体素特征：【长方体】、【圆柱】、【圆锥】和【球】。

基准特征：【基准平面】、【基准轴】和【基准 CSYS】。

成形特征：【孔】、【凸台】、【腔体】、【垫块】、【凸起】、【键槽】和【坡口焊】等。

扫描特征：【拉伸】、【回转】、【变化的扫掠】、【沿引导线扫掠】和【管道】。

而常用的【特征操作】命令有【边倒圆】、【面倒圆】、【软倒圆】、【倒斜角】、【抽壳】、【缝合】、【修剪体】、【实例特征】、【镜像特征】和【镜像体】等。

6.1.3　UG NX 6 实体建模功能分类

在 UG NX 6 中，可以方便地利用相应的特征命令创建各种特征。如图 6-1、图 6-2 所示，【特征】工具条和【特征操作】工具条包含了创建特征的所有命令。

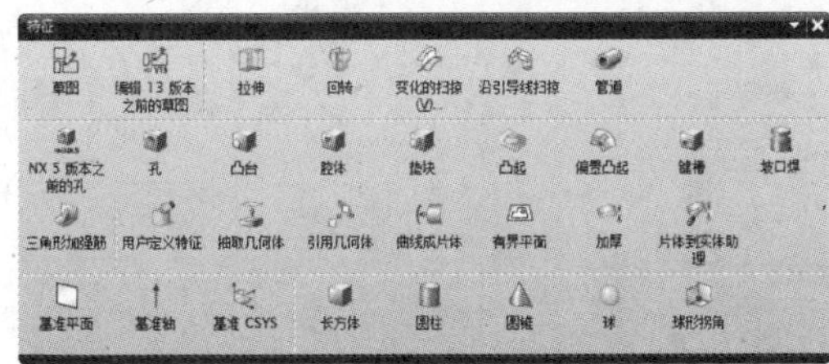

图 6-1

图 6-2

此外，在 UG NX 6 中，还提供了各种编辑特征的命令，如图 6-3 所示。

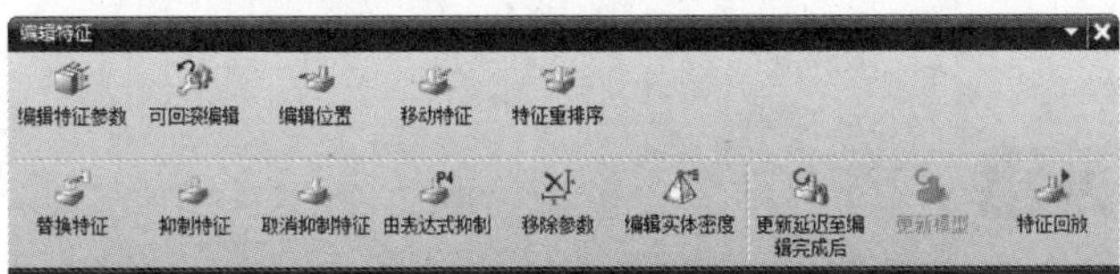

图 6-3

6.2 部件导航器

【部件导航器】通过一个独立的窗口，以一种树形格式(特征树)可视化地显示模型中特征与特征之间的关系，并可以对各种特征实施各种编辑操作，其操作结果立即通过图形窗口中模型的更新显示出来。

【部件导航器】由【主面板】、【相关性面板】、【细节面板】和【预览面板】4 个面板组成，如图 6-4 所示。

【主面板】：记录所有特征，选中特征，其他面板显示相应参数，并且在绘图区对应特征高亮显示。

【相关性面板】：显示被选中特征的父子特征，通过该面板可以了解特征的关联性，对该特征进行操作，会影响到与此有关联的特征。相关性面板不显示多项选择的相关性。单击此面板的名称可以将其打开或关闭。

【细节面板】：显示被选中特征的参数。快速双击可以修改参数，修改后，对应特征立即改变。如果参数修改后与其他特征有冲突，会显示警告对话框。细节面板中仅显示单个特征的参数，如果选择多个特征，则该面板为空白。单击此面板的名称可以将其打开或关闭。

【预览面板】：显示选择的特征的预览图像，前提是该特征必须具有可用的预览对象。单击此面板的名称可以将其打开或关闭。

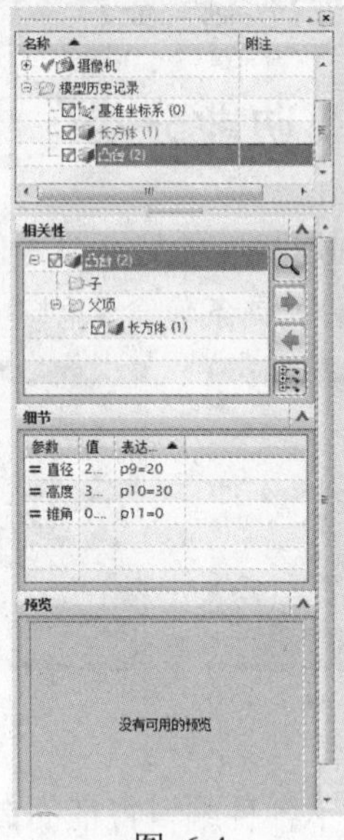

图 6-4

6.3 特征创建

通过 NX 提供的特征创建命令，可以方便快捷地创建各种特征，主要包括【基本体素

特征】、【基准特征】、【扫描特征】和【成形特征】。

6.3.1　基本体素特征

基本体素特征是基本解析形状的实体，包括【长方体】、【圆柱】、【圆锥】和【球】。它可以用作实体建模初期的基本形状。

(1) 体素是参数化的，但特征间不相关，每个体素都是相对于模型空间建立的。

(2) 体素是显示定位的，通过规定模型空间设置它们的原点。

(3) 为了确保组成模型的特征间彼此关联，在一个模型中建议仅用一个体素并且仅用作第一个根特征。

1. 长方体

【长方体】：通过此命令可创建基本块实体。块与其定位对象相关联。

如图 6-5 所示为【长方体】对话框，该对话框中各选项含义如下所述。

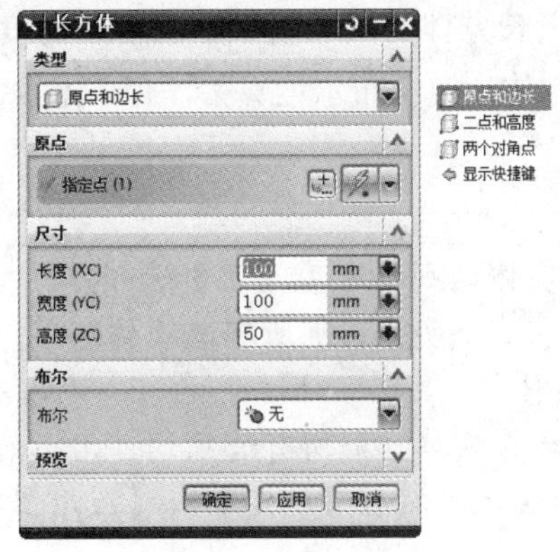

图 6-5

【类型】：选择创建长方体的方法，有三种方法。

- 【原点和边长】：通过定义每条边的长度和顶点来创建长方体，如图 6-6 所示。
- 【二点和高度】：通过定义底面的两个对角点和高度来创建长方体，如图 6-7 所示。
- 【两个对角点】：通过定义两个代表对角点的 3D 体对角点来创建长方体，如图 6-8 所示。

通过【二点和高度】方式创建长方体时，如果第二个点在不同于第一个点的平面（不同的 Z 值）上，则系统通过垂直于第一个点的平面投影该点来定义第二个点。

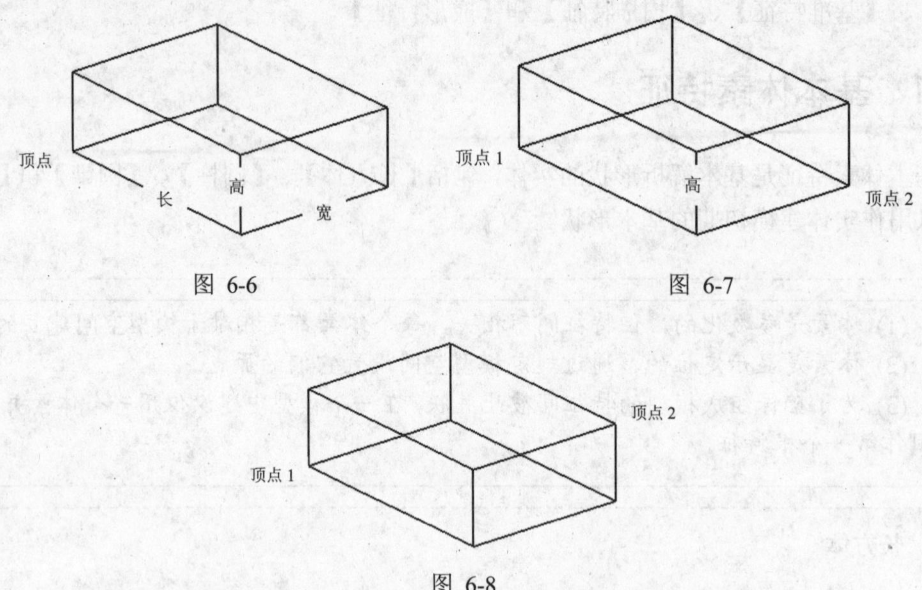

图 6-6　　图 6-7

图 6-8

【指定点】：用于指定长方体的顶点，对于不同的类型需要指定不同的顶点。

【尺寸】：用于输入定义长方体的尺寸值，如长度、高度等。

【布尔】：为新建的长方体指定【布尔运算】，有【无】、【求和】、【求差】和【求交】四种方式。

---

(1) 如果部件中没有实体，则仅可用【无】选项。

(2) 如果部件中仅存在一个实体，则所有选项均可用。如果选择除【无】之外的选项，则系统自动选该实体。

(3) 如果部件中存在多个实体，则所有选项均可用。如果选择除【无】之外的选项，其余必须先选择目标实体，然后【确定】或【应用】按钮才变为可用。

【例 6-1】创建长方体

	源文件：\part\ch6\6-1.prt
	操作结果文件：\part\ch6\finish\6-1.prt

(1) 打开文件“\part\ch6\6-1.prt”。

(2) 选择【插入】|【设计特征】|【长方体】命令，系统弹出【长方体】对话框。

(3) 选择【类型】为【二点和高度】。系统默认坐标原点为长方体原点，重新指定原点，并指定另一点，如图 6-9 所示。

(4) 输入【高度】为 30，设置【布尔】为【求差】，选择已有的长方体，单击【确定】

按钮完成长方体的创建，结果如图 6-10 所示。

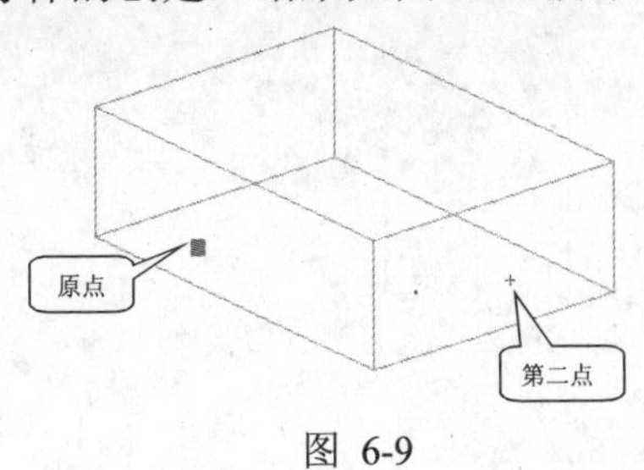

图 6-9

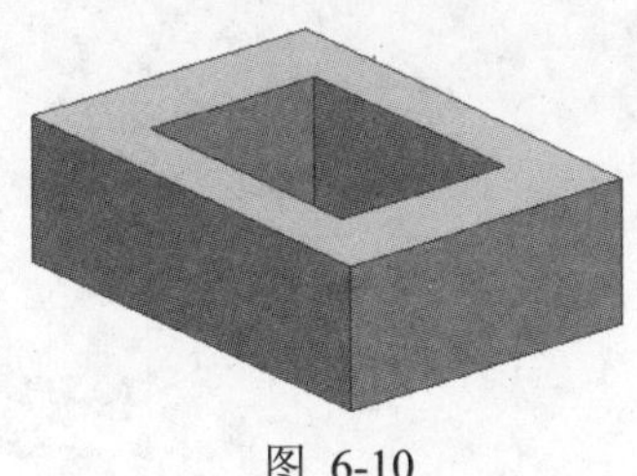

图 6-10

2. 圆柱

【圆柱】：通过此命令可以创建一个圆柱体素。

如图 6-11、图 6-12 所示为【圆柱】对话框，该对话框中各选项含义如下所述。

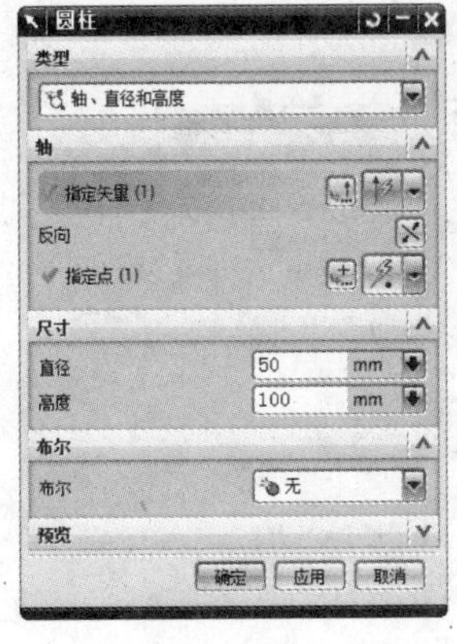

图 6-11

图 6-12

【类型】：选择创建圆柱的方法，有两种方法。

- 【轴、直径和高度】：使用方向矢量、直径和高度创建圆柱。
- 【圆弧和高度】：使用圆弧和高度创建圆柱。

【指定矢量】：指定圆柱轴的矢量，系统默认 *Z* 轴方法为圆柱轴矢量方向。

【指定点】：指定创建圆柱的点，即底面圆心，系统默认坐标原点为圆柱原点。

【选择圆弧】：指定创建圆柱的圆弧。

【例 6-2】创建圆柱

	操作结果文件：\part\ch6\finish\6-2.prt

(1) 新建文件“\part\ch6\6-2.prt”，进入建模模块。

(2) 选择【插入】|【设计特征】|【圆柱】命令，系统弹出【圆柱】对话框。

(3) 选择【类型】为【轴、直径和高度】，输入【直径】为 50，【高度】为 70，其余保持默认设置。

(4) 单击【确定】按钮，完成圆柱的创建，结果如图 6-13 所示。

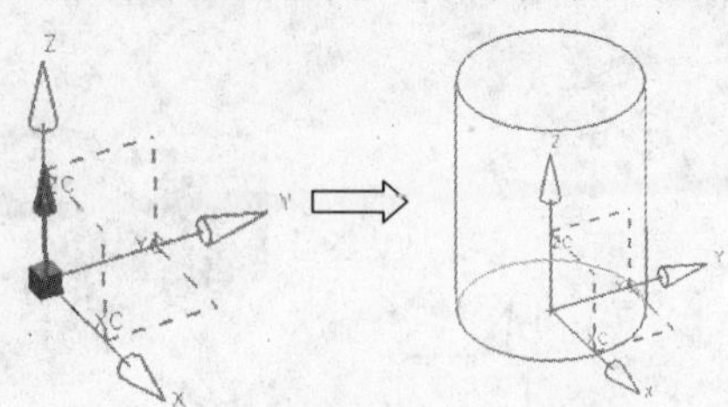

图 6-13

3. 圆锥

【圆锥】：通过此命令可以创建基本圆锥形实体。

如图 6-14 所示为【圆锥】对话框，该对话框中各选项含义如下所述。

图 6-14

【类型】：选择创建圆锥的方法，有五种方法。

- 【直径和高度】：通过定义底部直径、顶部直径和高度值创建圆锥。
- 【直径和半角】：通过定义底部直径、顶部直径和半角值创建圆锥。图 6-15 显示了不同半角值对圆锥的影响。
- 【底部直径，高度和半角】：通过定义底部直径、高度和半角值创建圆锥。
- 【顶部直径，高度和半角】：通过定义顶部直径、高度和半角值创建圆锥。
- 【两个共轴的圆弧】：通过选择两条圆弧创建圆锥，这两条圆弧并不需要相互平行，但这两条圆弧的直径值不能相同。

【指定矢量】：用于指定创建圆锥的轴。

【反向】：设置轴的方向与默认方向相反。

【尺寸】：用于指定圆锥的特征尺寸。

利用【两个共轴的圆弧】创建圆锥时，需注意以下几点：

（1）圆锥的轴是圆弧中心，且垂直于基座圆弧。圆锥基座圆弧和顶面圆弧的直径来自这两条选定圆弧。

（2）圆锥的高度即顶面圆弧的中心和底面圆弧平面之间的距离。

（3）如果选定圆弧不共轴，则将平行于基座圆弧所形成的平面对顶面圆弧进行投影，直到两条圆弧共轴。

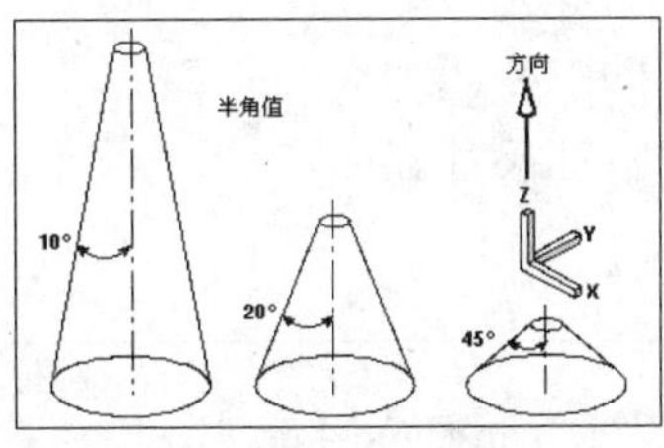

图 6-15

【例 6-3】创建圆锥

	操作结果文件：\part\ch6\finish\6-3.prt

(1) 新建文件“\part\ch6\6-3.prt”，进入建模模块。

(2) 选择【插入】|【设计特征】|【圆锥】命令，系统弹出【圆锥】对话框。

(3) 选择【类型】为【直径和半角】。在【尺寸】栏中输入【底部直径】为 50，【顶部直径】为 10，【半角】为 20，其余保持默认设置。

(4) 单击【确定】按钮，系统以 ZC 轴正向作为圆锥轴矢量、坐标系原点作为圆锥底面中心创建圆锥，结果如图 6-16 所示。

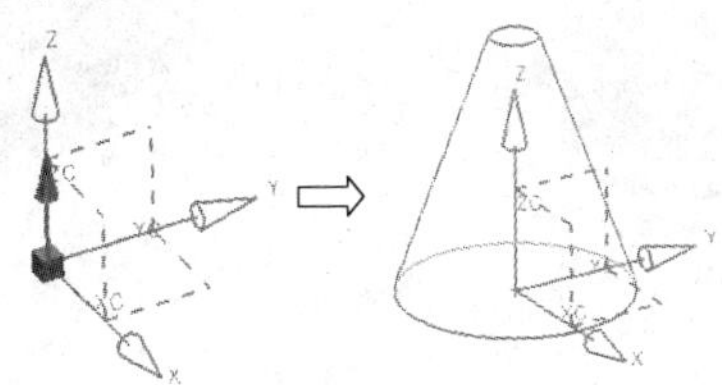

图 6-16

4. 球

【球】：通过该命令可以创建基本球形实体。

如图 6-17 所示为【球】对话框，该对话框中各选项含义如下所述。

【类型】：选择创建球的方法，有两种方法。

- 【中心点和直径】：通过定义直径值和中心创建球。
- 【圆弧】：通过选择圆弧来创建球，如图 6-18 所示。

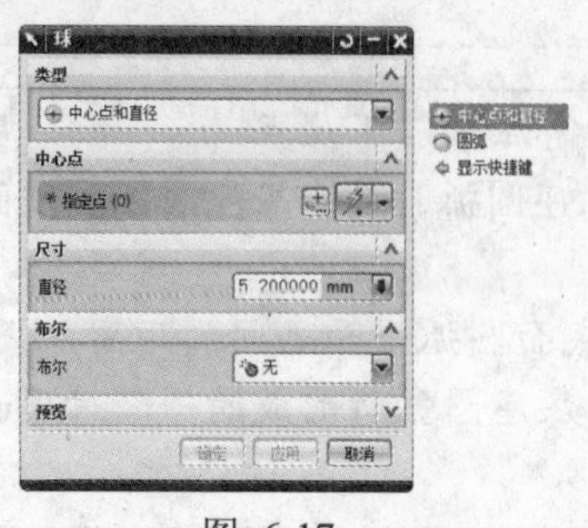

图 6-17

图 6-18

【中心点】：用于指定球的中心。

【尺寸】：用于指定球的特征尺寸。

【例 6-4】创建球

	源文件：\part\ch6\6-4.prt
	操作结果文件：\part\ch6\finish\6-4.prt

(1) 打开文件“\part\ch6\6-4.prt”。

(2) 选择【插入】|【设计特征】|【球】命令，系统弹出【球】对话框。

(3) 选择【类型】为【中心点和直径】。

(4) 将光标置于圆弧边上，系统自动捕捉到圆弧的中心，如图 6-19 所示，单击左键确定。

(5) 输入【直径】为 60，设置【布尔】为【求差】。

(6) 单击【确定】按钮完成球的创建，结果如图 6-20 所示。

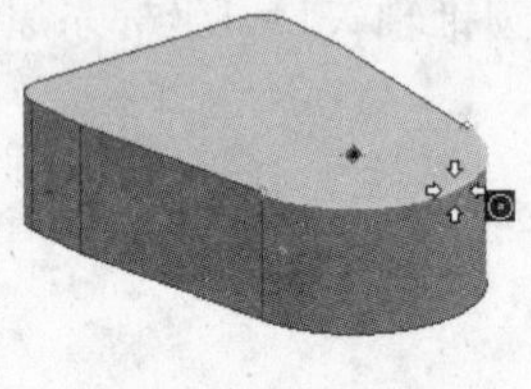

图 6-19

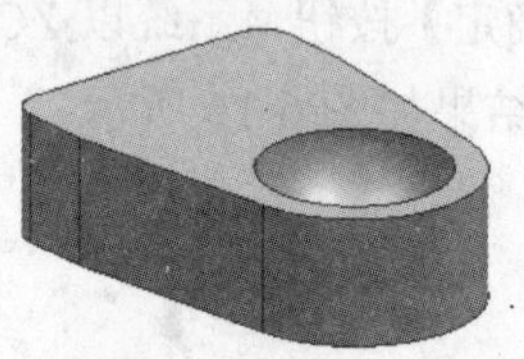

图 6-20

6.3.2 基准特征

基准特征包括【基准平面】、【基准轴】和【基准 CSYS】。在第 3 章已经介绍过【基准平面】和【基准轴】，并对它们的创建方法作了比较具体的讲述，本节将更深入地介绍基准特征。

1. 基准平面

【基准平面】：该命令可以用来建立基准平面，作为建模中的辅助工具。

如图 6-21 所示为【基准平面】对话框。对于【类型】栏中的方法介绍可以参考第 3 章，此处不再赘述。

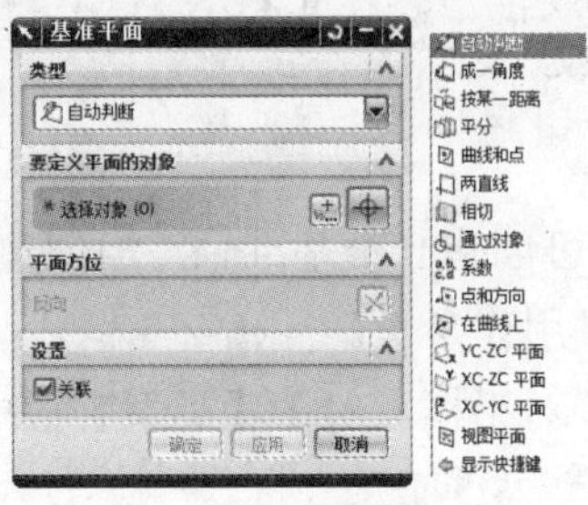

图 6-21

【基准平面】有两种：相对的和固定的。

- 【相对基准平面】：相对于模型中的其他对象，如曲线、面、边缘、控制点、表面或其他基准建立的。
- 【固定基准平面】：相对于绝对坐标系建立，不受其他几何对象约束。

可使用任意【相对基准平面】方法创建固定基准平面，方法是取消选择【基准平面】对话框中的【关联】复选框。

【例 6-5】创建基准平面

	多媒体文件：\video\ch6\6-5.avi
	源文件：\part\ch6\ 6-5prt
	操作结果文件：\part\ch6\finish\6-5.prt

(1) 打开文件“\part\ch6\6-5.prt”。

(2) 选择【插入】|【基准/点】|【基准平面】命令，系统弹出【基准平面】对话框。

(3) 选择【类型】为【按某一距离】，选择长方体的上表面，其余参数设置如图 6-22 所示。

(4) 单击【确定】按钮，完成基准平面的创建，结果如图 6-23 所示。

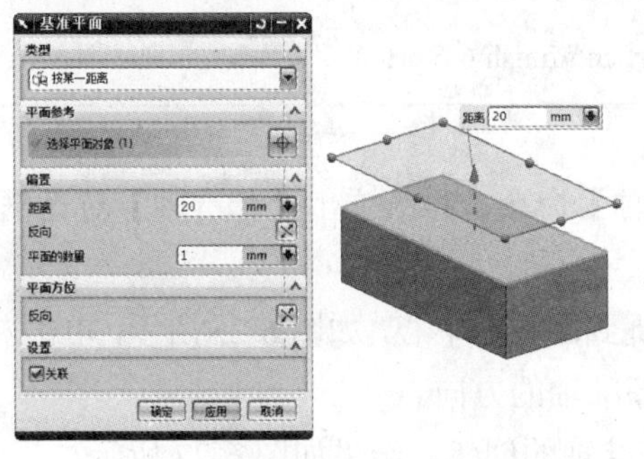

图 6-22

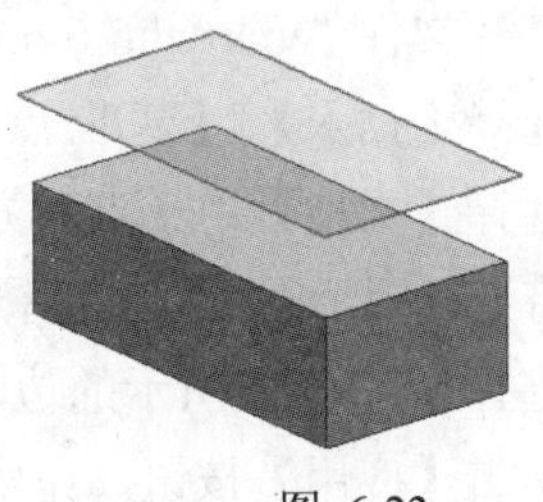

图 6-23

拖动图 6-22 所示的【基准平面】四周的小球，可以对【基准平面】的大小进行调整。创建基准平面后，也可以对其双击，修改其大小。

2. 基准轴

【基准轴】：通过此命令可创建一个基准轴，当创建其他对象(如基准平面、回转特征和拉伸体)时，可以将该基准轴用作参考。

如图 6-24 所示为【基准轴】对话框。对于【类型】栏中的方法介绍可以参考第 3 章，此处不再赘述。

图 6-24

【基准轴】有两种：相对的和固定的。

- 【相对基准轴】：在创建过程中，相对基准轴由一个或多个其他对象参考和定义。所有相对基准轴都是关联的。
- 【固定基准轴】：固定的基准轴不由其他几何对象参考，而是在创建位置保持固定。固定基准轴是非关联的。

可使用任意【相对基准轴】方法创建固定基准轴，方法是取消选择【基准轴】对话框中的【关联】复选框。

【例 6-6】创建基准轴

	源文件：\part\ch6\6-6.prt
	操作结果文件：\part\ch6\finish\6-6.prt

(1) 打开文件“\part\ch6\6-6.prt”。

(2) 选择【插入】|【基准/点】|【基准轴】命令，系统弹出【基准轴】对话框。

(3) 选择【类型】为【点和方向】。

(4) 将光标置于圆弧边上，系统自动捕捉到圆弧的中心，如图 6-25 所示，单击左键确定。

(5) 选择如图 6-26 所示的边，以定义基准轴的方向。

(6) 单击【应用】按钮，完成第一个基准轴的创建，结果如图 6-27 所示。

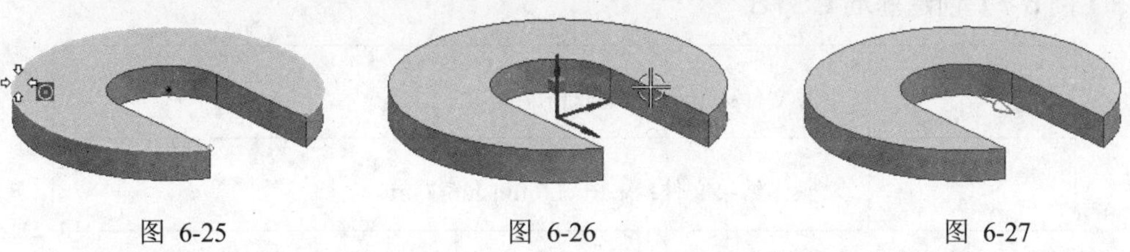

图 6-25　　　图 6-26　　　图 6-27

(7) 选择【类型】为【曲线/面轴】。

(8) 选择如图 6-28 所示圆柱面，出现预览效果，如图 6-29 所示。

(9) 单击【应用】按钮，完成第二个基准轴的创建，结果如图 6-30 所示。若需创建与预览效果方向相反的基准轴，可直接在绘图区双击箭头，或者单击【反向】按钮。

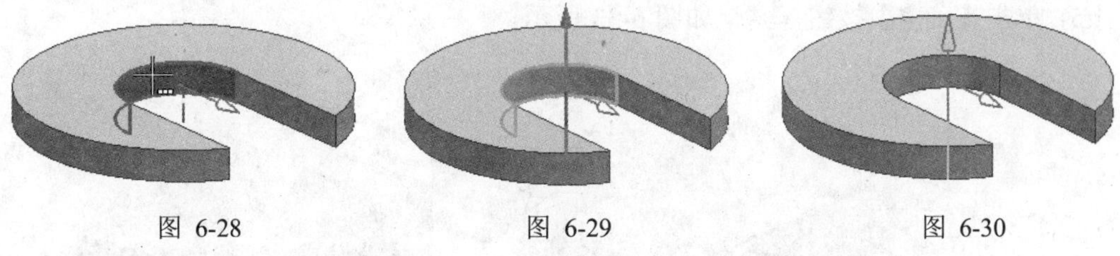

图 6-28　　　图 6-29　　　图 6-30

3. 基准 CSYS

【基准 CSYS】：通过此命令可以创建关联的基准坐标系。【基准 CSYS】由单独的可选组件组成：整个基准 CSYS、三个基准平面、三个基准轴和原点。

如图 6-31 所示为【基准 CSYS】对话框。【基准 CSYS】的创建方法与坐标系【定向】方法相同，此处不再赘述，具体可以参考 3.7.2 节。下面介绍【基准 CSYS】对话框特有的选项。

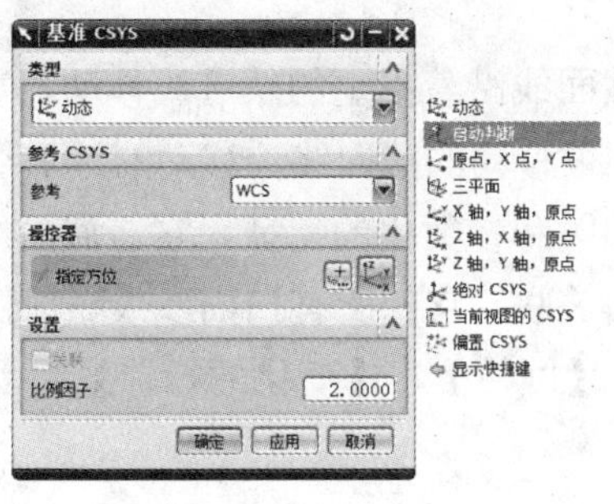

图 6-31

【关联】：使用此选项，使新的基准 CSYS 关联，而不是固定不变，因此它与其父特征通过参数方式关联。

【比例因子】：使用此选项更改基准 CSYS 的显示尺寸。每个基准 CSYS 都可具有不同的显示尺寸。显示大小由比例因子参数控制，1 为基本尺寸。如果指定比例因子为 0.5，则得到的基准 CSYS 将是正常大小的一半。如果指定比例因子为 2，则得到的基准 CSYS 将是正常大小的两倍。

【例 6-7】创建基准 CSYS

	源文件：\part\ch6\6-7.prt
	操作结果文件：\part\ch6\finish\6-7.prt

(1) 打开文件“\part\ch6\6-7.prt”。

(2) 选择【插入】|【基准/点】|【基准 CSYS】命令，系统弹出【基准 CSYS】对话框。

(3) 选择【类型】为【原点，X 点，Y 点】。

(4) 选择原点，单击中键确定；选择 *X* 轴点，单击中键确定；选择 *Y* 轴点，单击中键确定，如图 6-32 所示。

(5) 单击【确定】按钮，结果如图 6-33 所示。

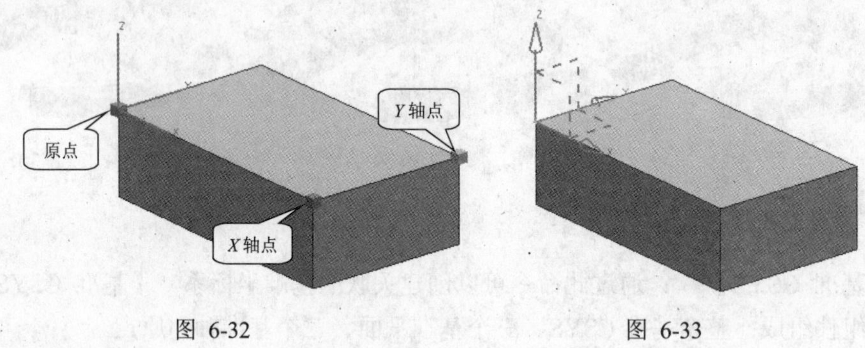

图 6-32　　　　图 6-33

6.3.3　扫描特征

扫描特征的基本原理是截面线沿着指定的轨迹线移动，从而扫描出一个实体或片体。创建扫描特征需要三个要素：被移动的截面线、移动的导引线以及移动的距离。

扫描特征生成的实体是相关和参数化的特征，它与截面线串、拉伸方向、旋转轴及引导线串、修剪表面、基准面相关联。它的所有扫描参数随部件存储，随时可进行编辑。

扫描特征包括【拉伸】、【回转】、【变化的扫掠】、【沿引导线扫掠】和【管道】。

1. 拉伸

【拉伸】：通过此命令可以将截面曲线沿指定方向拉伸一定距离，以生成实体或片体。

如图 6-34 所示为【拉伸】对话框，该对话框中各选项含义如下所述。

1)【截面】

【绘制截面】：单击此图标，系统打开草图生成器，在其中可以创建一个处于特征内部的截面草图。在退出草图生成器时，草图被自动选作要拉伸的截面。

创建特征后，草图将保留在该特征内部，并且不会出现在图形窗口或【部件导航器】中。要控制【部件导航器】中的显示，可以右击该特征并选择：

(1)【使草图为外部的】：使草图可见并可用于其他用途。

(2)【使草图为内部的】：使草图不可见，并且只能供该特征使用。

【曲线】：选择曲线、草图或面的边缘进行拉伸。系统默认选中该图标。在选择截面时，注意配合【选择意图工具条】使用。可以在选择曲线前，设置合理的【曲线规则】选项，如图 6-35 所示。也可以在选择曲线以后，单击鼠标右键，在弹出的快捷菜单中选择类型，如图 6-36 所示。

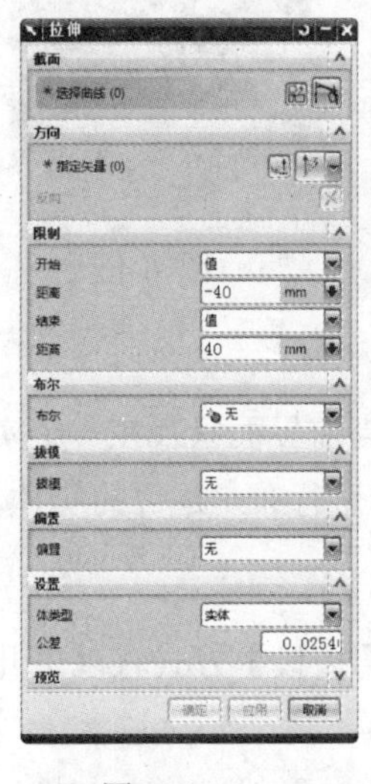

图 6-34

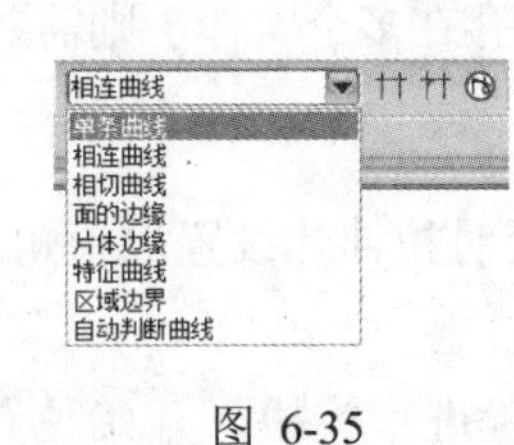

图 6-35

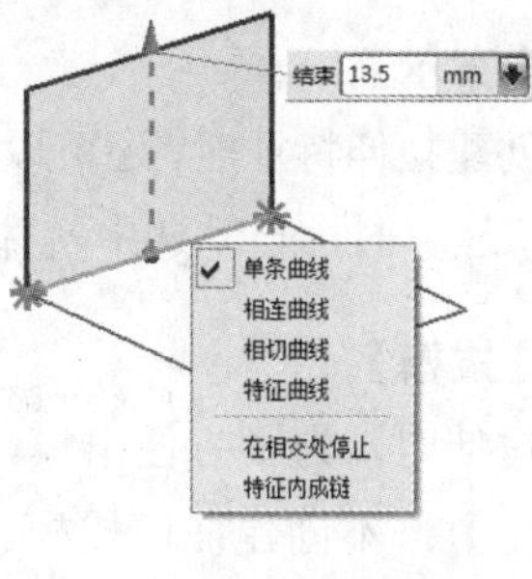

图 6-36

2)【方向】

【指定矢量】：指定要拉伸截面曲线的方向。默认方向为选定截面曲线的法向，可以通过【矢量构造器】和【自动判断】类型列表中的方法构造矢量。

【反向】：拉伸方向切换为截面曲线的另一侧。还可以通过直接双击方向矢量箭头来更改拉伸方向。

3)【限制】

使用【限制】选项区域，可定义拉伸特征的整体构造方法和拉伸范围。

【开始】/【结束】：起始和终止边界，表示拉伸的相反两侧。利用其下拉列表框选择一种方式来控制拉伸的界限，该列表框提供了 6 个可选项。

- 【值】：指定拉伸起始或结束的值。
- 【对称值】：【开始】的限制距离与【结束】的限制距离相同。
- 【直至下一个】：将拉伸特征沿路径延伸到下一个实体表面，如图 6-37 所示。

- 【直至选定对象】：将拉伸特征延伸到选择的面、基准平面或体，如图 6-38 所示。
- 【直到被延伸】：截面在拉伸方向超出被选择对象时，将其拉伸到被选择对象延伸位置为止，如图 6-39 所示。
- 【贯通】：沿指定方向的路径延伸拉伸特征，使其完全贯通所有的可选体，如图 6-40 所示。

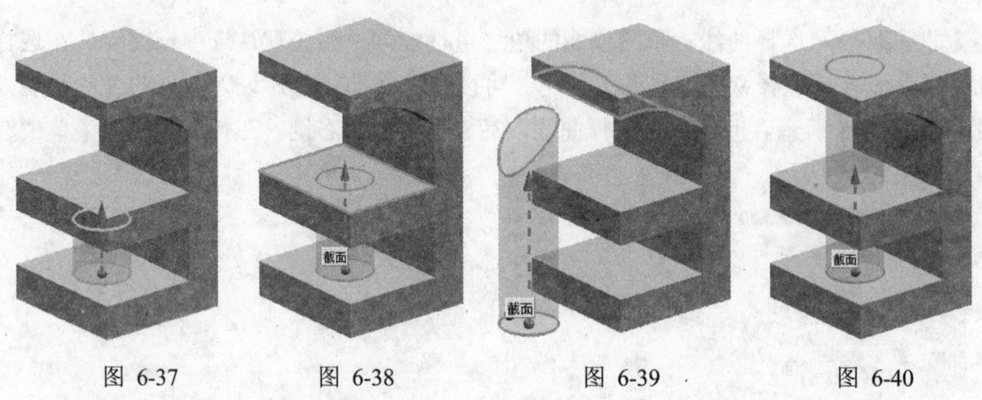

图 6-37　　图 6-38　　图 6-39　　图 6-40

4)【布尔】

在创建拉伸特征时，还可以与存在的实体进行布尔运算。如果当前界面只存在一个实体，选择布尔运算时，自动选中实体；如果存在多个实体，则需要选择进行布尔运算的实体。

5)【拔模】

在拉伸时，为了方便出模，通常会对拉伸体设置拔模角度。【拔模】方式有以下几种。

【无】：不创建任何拔模。

【从起始限制】：从拉伸开始位置进行拔模，开始位置与截面形状一样，如图 6-41 所示。

【从截面】：从截面开始位置进行拔模，截面形状保持不变，开始和结束位置进行变化，如图 6-42 所示。

【从截面-非对称角度】：截面形状不变，起始和结束位置分别进行不同的拔模，两边拔模角可以设置不同角度，如图 6-43 所示。

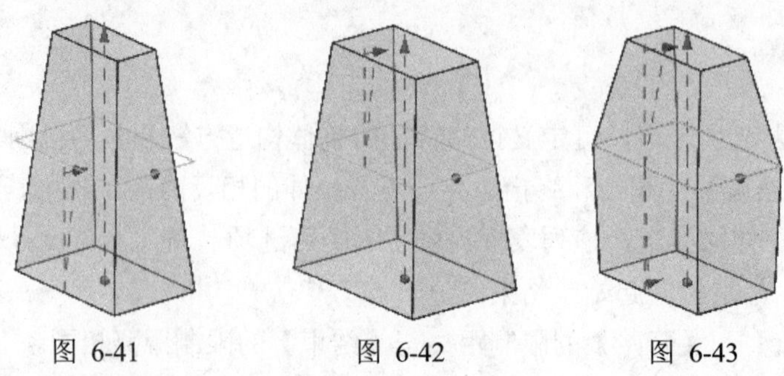

图 6-41　　图 6-42　　图 6-43

【从截面-对称角度】：截面形状不变，起始和结束位置进行相同的拔模，两边拔模角度相同，如图 6-44 所示。

【从截面匹配的终止处】：截面两端分别进行拔模，拔模角度不一样，起始端和结束端的形状相同，如图 6-45 所示。

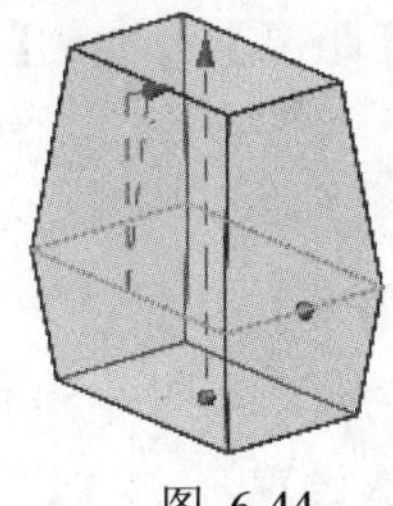
图 6-44

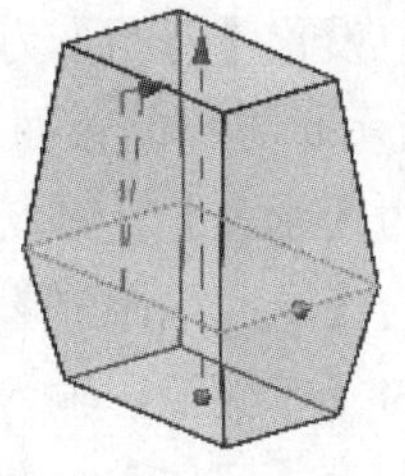
图 6-45

6)【偏置】

用于设置拉伸对象在垂直于拉伸方向上的延伸，共有四种方式。

【无】：不创建任何偏置。

【单侧】：向拉伸添加单侧偏置，如图 6-46 所示。

【两侧】：向拉伸添加具有起始和终止值的偏置，如图 6-47 所示。

【对称】：向拉伸添加具有完全相等的起始和终止值(从截面相对的两侧测量)的偏置，如图 6-48 所示。

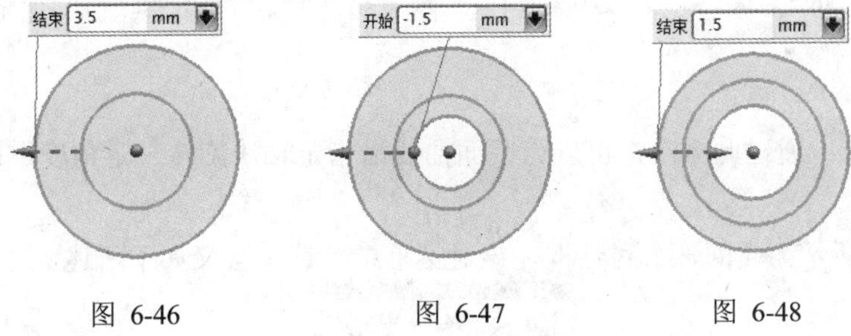

图 6-46　　图 6-47　　图 6-48

7)【设置】

【体类型】：用于设置拉伸特征为【片体】或【实体】。要获得【实体】，截面曲线必须为封闭曲线或带有偏置的非闭合曲线。

【例 6-8】拉伸

	多媒体文件：\video\ch6\6-8.avi
	源文件：\part\ch6\ 6-8.prt
	操作结果文件：\part\ch6\finish\6-8.prt

(1) 打开文件“\part\ch6\6-8.prt”。

(2) 选择【插入】|【设计特征】|【拉伸】命令，系统弹出【拉伸】对话框。

(3) 选择如图 6-49 所示的截面曲线。

(4) 接受系统默认的方向，默认方向为选定截面曲线的法向。

(5) 在【限制】栏中设置【起始】为【值】，【距离】为 0，【结束】为【直至选定对象】，选择如图 6-49 所示长方体的背面。

(6) 设置【布尔】为【求差】，系统自动选中长方体。

(7) 设置【拔模】为【从起始限制】，输入【角度】为-2。

(8) 设置【偏置】为【单侧】，输入【结束】为-2，如图 6-50 所示。

(9) 设置【体类型】为【实体】，其余保持默认设置。

(10) 单击【确定】按钮，结果如图 6-51 所示。

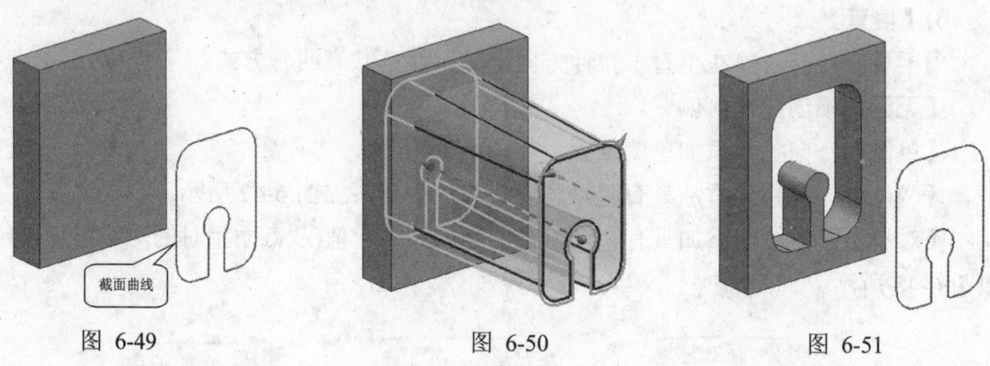

图 6-49　　图 6-50　　图 6-51

2. 回转

【回转】：通过此命令，可以将截面曲线沿指定轴线旋转一定角度，以生成实体或片体。

如图 6-52 所示为【回转】对话框，该对话框中各选项含义如下所述。

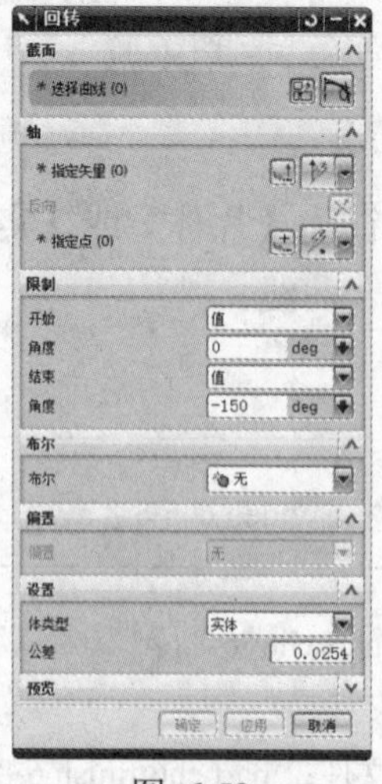

图 6-52

【截面】：截面曲线可以是基本曲线、草图、实体或片体的边，并且可以封闭也可以不封闭。截面曲线必须在旋转轴的一边，不能相交。

【轴】：指定旋转轴。系统提供了两类指定旋转轴的方式，即【自动推断】和【矢量构造器】。此外，还要指定旋转中心点。系统提供了两类指定旋转中心点的方式，即【自动推断】和【点构造器】。

【限制】：用于设定旋转的起始角度和结束角度。有两种方法。

- 【值】：通过指定旋转对象相对于旋转轴的起始角度和终止角度来生成实体，在其后面的文本框中输入数值即可。
- 【直至选定对象】：通过指定对象来确定旋转的起始角度或结束角度，所创建的实体绕旋转轴接于选定对象表面。

【布尔】：设置旋转体与原有实体之间的存在关系，包括【无】、【求和】、【求差】和【求交】。

【偏置】：用于设置旋转体在垂直于旋转轴方向上的延伸。

【体类型】：用于设置旋转特征为【片体】或【实体】。

生成【实体】的情况：(1)封闭的轮廓(默认为实体)；(2)不封闭的轮廓，旋转角度为 360º；(3) 不封闭的轮廓，有任何角度的偏置或增厚。

生成【片体】的情况：(1)封闭的轮廓(体类型为片体)；(2)不封闭的轮廓，旋转角度小于 360º，没有偏置。

【例 6-9】回转

	多媒体文件：\video\ch6\6-9.avi
	源文件：\part\ch6\6-9.prt
	操作结果文件：\part\ch6\finish\6-9.prt

(1) 打开文件“\part\ch6\6-9.prt”。

(2) 选择【插入】|【设计特征】|【回转】命令，系统弹出【回转】对话框。

(3) 选择截面曲线。

(4) 选择基准坐标系的 Y 轴为【指定矢量】，选择原点为【指定点】。

(5) 在【限制】栏中设置起始角度为 0，结束角度为-150，其余保持默认设置，如图 6-53 所示。

(6) 单击【确定】按钮，完成回转体的创建。

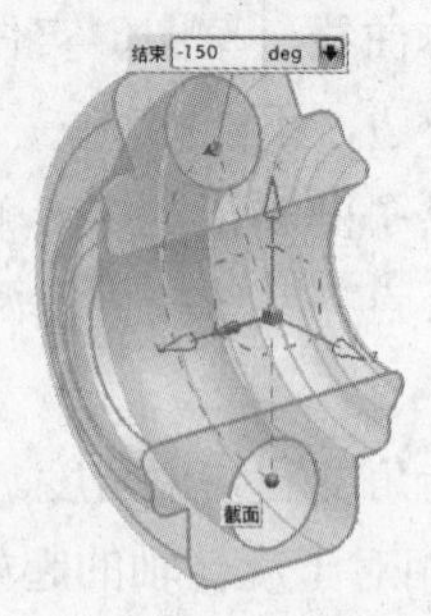

图 6-53

3. 沿引导线扫掠

【沿引导线扫掠】：通过此命令可以将指定截面曲线沿指定的引导线运动，从而扫掠出实体或片体。

> 满足以下情况之一将生成实体：(1)引导线封闭，截面线不封闭；(2)截面线封闭，引导线不封闭；(3)截面进行偏置。

【例 6-10】沿引导线扫掠

	多媒体文件：\video\ch6\6-10.avi
	源文件：\part\ch6\6-10.prt
	操作结果文件：\part \ch6\finish\6-10.prt

(1) 打开文件“\part\ch6\6-10.prt”。

(2) 选择【插入】|【扫掠】|【沿引导线扫掠】命令，系统弹出【沿引导线扫掠】对话框。

(3) 选择如图 6-54 所示的截面线和引导线。

(4) 设置【第一偏置】为-0.5，【第二偏置】为 0.3，如图 6-55 所示。

(5) 单击【确定】按钮，结果如图 6-56 所示。

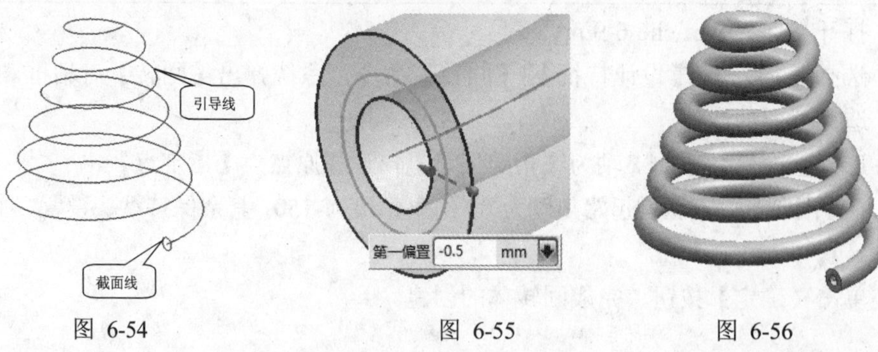

图 6-54　　图 6-55　　图 6-56

4. 管道

【管道】：通过沿着一个或多个相切连续的曲线或边扫掠一个圆形横截面来创建单个实体。通过此选项可以创建导线线束、管道或电缆。

如图 6-57 所示为【管道】对话框，该对话框中主要选项含义如下所述。

【路径】：指定管道延伸的路径。

【横截面】：用于指定圆形横截面的外径值和内径值，内径值可以为 0，外径值不能为 0。

【布尔】：设置管道与原有实体之间的存在关系，包括【无】、【求和】、【求差】和【求交】。

【输出】：有两种输出类型，如图 6-58 所示。

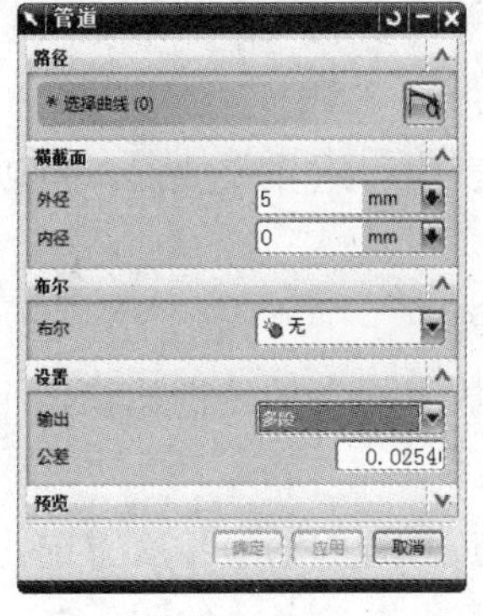

图 6-57

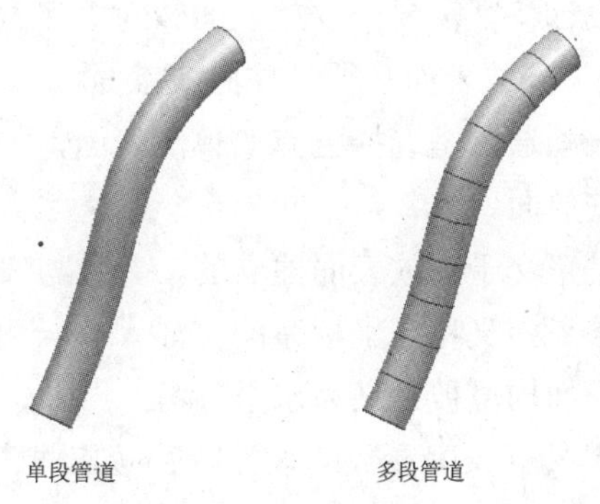

图 6-58

- 【单段】：在整个样条路径长度上只有一个管道面(存在内直径时为两个)。这些表面是 B 曲面。
- 【多段】：多段管道用一系列圆柱和圆环面沿路径逼近管道表面。其依据是用直线和圆弧逼近样条路径(使用建模公差)。对于直线路径段，把管道创建为圆柱；对于圆形路径段，创建为圆环。

单段管道比多段管道样式美观，但会造成加工的困难。

【例 6-11】创建管道

	源文件：\part \ch6\ 6-11.prt
	操作结果文件：\part \ch6\finish\6-11.prt

(1) 打开文件“\part\ch6\6-11.prt”。

(2) 选择【插入】|【扫掠】|【管道】命令，系统弹出【管道】对话框。

(3) 选择样条线作为管道路径，设置管道的【外径】和【内径】分别为 5、0，选择【输出】为【多段】。

(4) 单击【确定】按钮，结果为图 6-58 所示的“多段管道”。

6.3.4 成形特征

成形特征包括【孔】、【凸台】、【腔体】、【垫块】、【键槽】和【坡口焊】等。为方便读者学习后续内容，现对成形特征中的常用术语及创建成形特征的一般步骤作详细介绍。

1. 安放表面和水平参考

此类设计特征需要一安放表面。对大多数成形特征来说安放表面必须是平面，对坡口焊(割槽)来说安放表面必须是柱面或锥面。

安放表面通常是选择已有实体的表面，如果没有平表面可用作安放面，可以使用基准平面作为安放面。

特征是正交于安放表面建立的，并且与安放表面相关联。

水平参考定义特征坐标系的 X 轴。任一可投射到安放表面上的线性边缘、平表面、基准轴或基准面均可被定义为水平参考。

为了定义有长度参数的设计特征(如键槽、矩形腔与矩形凸垫)的长度方向，需要定义水平参考。为了定义水平或垂直类型的定位尺寸，也需要水平参考，如图 6-59 所示。

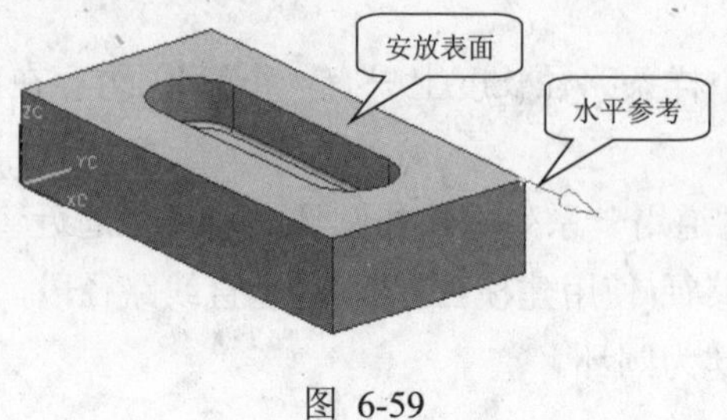

图 6-59

2. 定位尺寸

在成形特征创建过程中，都会有特征的定位方式。定位尺寸是沿安放面测量的距离值，它们用来定义设计特征到安放表面的正确位置。常用的定位方式如图 6-60 所示。

【水平】：在与水平参考对齐的两点之间创建定位尺寸，如图 6-61 所示。

【竖直】：在与竖直参考对齐的两点之间创建定位尺寸，如图 6-62 所示。

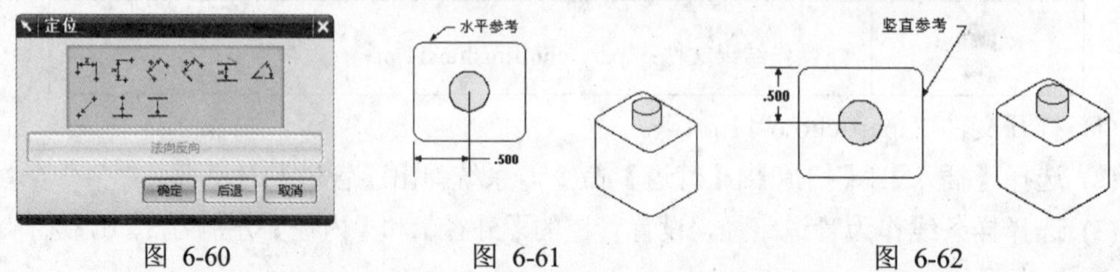

图 6-60　　图 6-61　　图 6-62

【平行】：创建一个定位尺寸，在平行于工作平面测量时，它约束两点之间的距离，如图 6-63 所示。

【垂直】：创建一个定位尺寸，约束目标实体的边缘与特征或草图上的点之间的垂直距离，如图 6-64 所示。

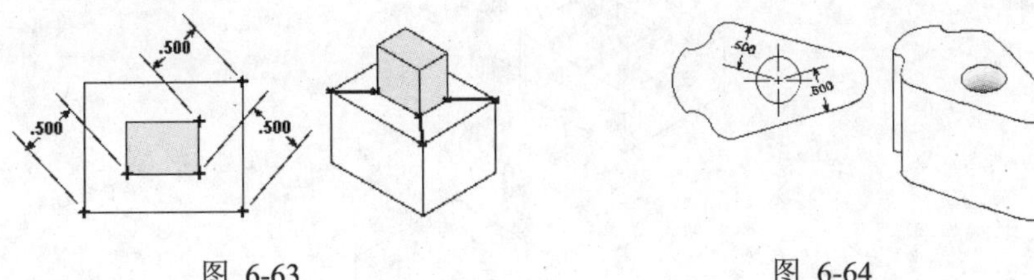

图 6-63　　　　图 6-64

【按一定距离平行】：创建一个定位尺寸，它对特征或草图的线性边和目标实体(或者任意现有曲线，或不在目标实体上)的线性边进行约束以使其平行并相距固定的距离，如图 6-65 所示。

【角度】：以给定角度，在特征的线性边和线性参考边/曲线之间创建定位约束尺寸，如图 6-66 所示。

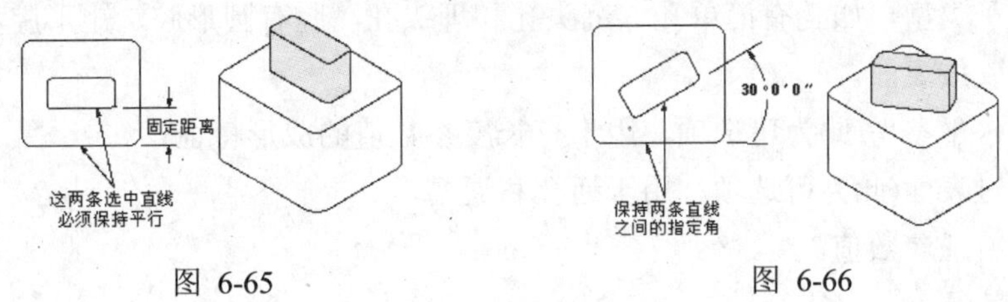

图 6-65　　　　图 6-66

【点到点】：使用【点到点】方法创建定位尺寸时与【平行】选项相同，但是两点之间的固定距离设置为零，如图 6-67 所示。

【点到线】：使用【点到线】方法创建定位约束尺寸时与【垂直】选项相同，但是边或曲线与点之间的距离设置为零，如图 6-68 所示。

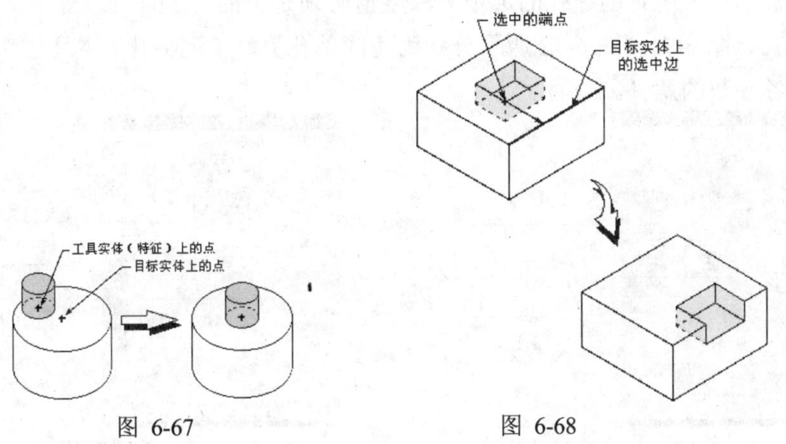

图 6-67　　　　图 6-68

【线到线】：使用【线到线】方法采用和【按一定距离平行】选项相同的方法创建定位约束尺寸，但是在目标实体上，特征或草图的线性边和线性边或曲线之间的距离设置为零，如图 6-69 所示。

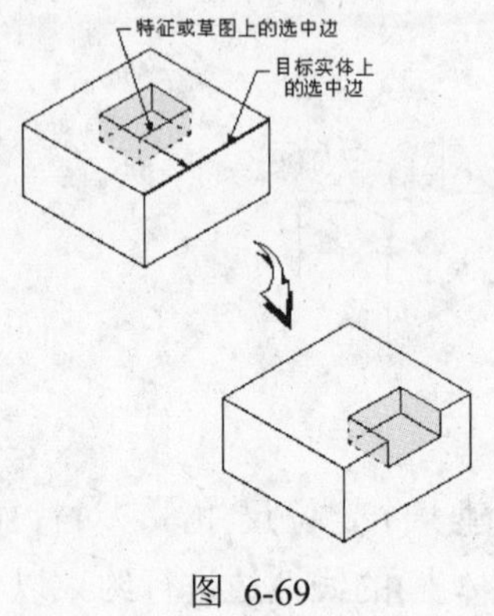

图 6-69

3. 通用步骤

(1) 选择下拉菜单、工具条中成形特征命令。
(2) 选择子类型，如孔有简单孔、沉头孔和埋头孔，腔有圆形腔、矩形腔和通用腔。
(3) 选择安放表面。
(4) 选择水平参考(此为可选项，用于有长度参数值的成形特征)。
(5) 选择过表面(此为可选项，用于通孔和通槽)。
(6) 加入特征参数值。
(7) 定位特征。

下面介绍具体的成形特征。

1. NX 5 版本之前的孔

【NX 5 版本之前的孔】：通过此命令可以在实体上创建一个【简单孔】、【沉头孔】或【埋头孔】。对于所有创建孔的选项，深度值必须是正的。

如图 6-70、图 6-71、图 6-72 所示分别为【简单孔】、【沉头孔】、【埋头孔】对话框及对话框中各参数的意义。

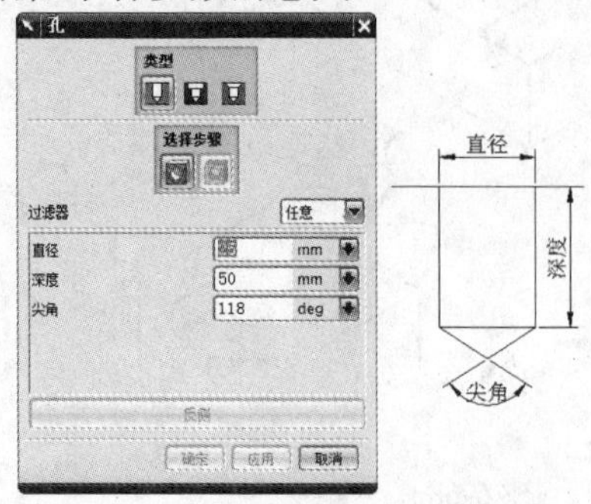

图 6-70

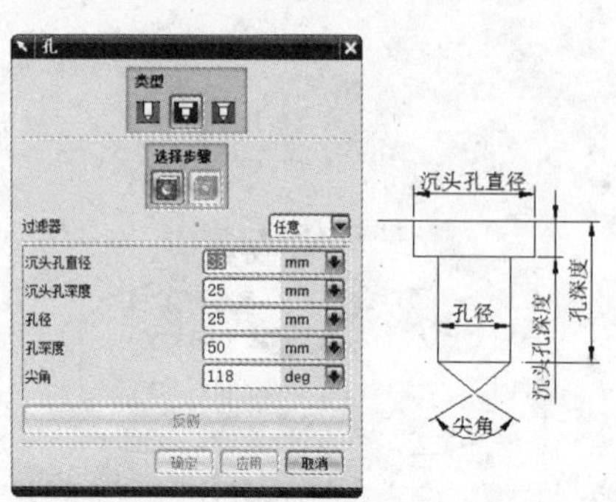

图 6-71

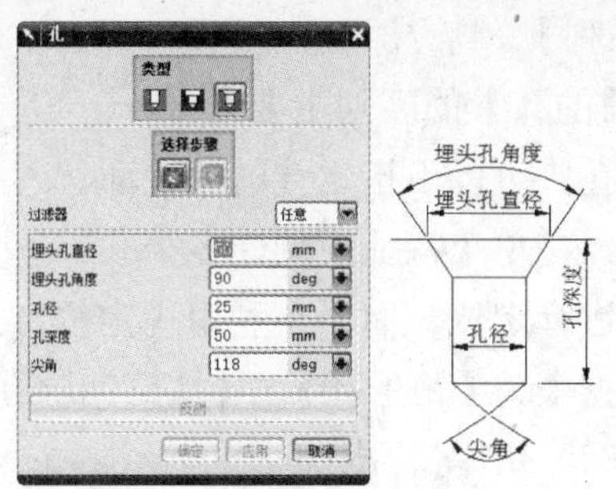

图 6-72

> 如果定义了孔特征的通过面，则【孔深度】和【尖角】变为不可用状态，此时创建的孔是通孔。

【例 6-12】创建简单孔

	多媒体文件：\video\ch6\6-12.avi
	源文件：\part\ch6\6-12.prt
	操作结果文件：\part\ch6\finish\6-12.prt

(1) 打开文件“\part\ch6\6-12.prt”。

(2) 选择【插入】|【设计特征】|【NX 5 版本之前的孔】命令，系统弹出【孔】对话框。

(3) 设置孔的类型为【简单孔】，选择长方体的上表面为【放置面】，下表面为【通过面】，输入【直径】为 15。

(4) 单击【应用】按钮，系统弹出【定位】对话框。

(5) 选择定位方式为【垂直】，选择长方体上表面的长边，输入定位尺寸为 15。

(6) 选择长方体上表面的短边，输入定位尺寸为 20，如图 6-73 所示。

(7) 单击【确定】按钮，完成简单孔的创建，结果如图 6-74 所示。

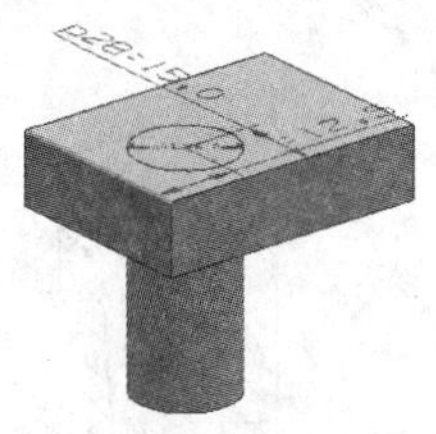

图 6-73

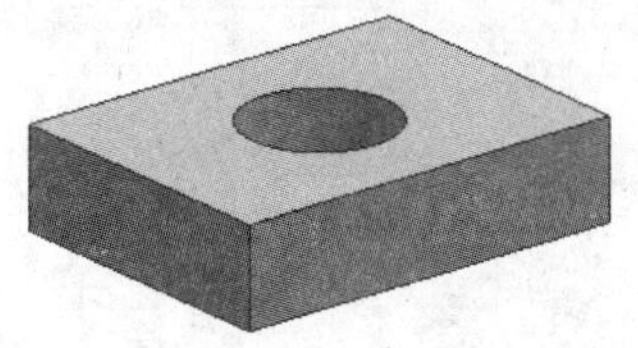

图 6-74

2. 孔

【孔】：通过此命令可以在部件或装配中添加【常规孔】、【钻形孔】、【螺钉间隙孔】、【螺纹孔】及【孔系列】。

此命令与【NX5 版本之前的孔】的区别主要有：

- 可以在非平面上创建孔，可以不指定孔的放置面。
- 通过指定多个放置点，在单个特征中创建多个孔。
- 通过【指定点】对孔进行定位，而不是利用【定位方式】对孔进行定位。
- 通过使用格式化的数据表为【钻形孔】、【螺钉间隙孔】和【螺纹孔】创建孔特征。
- 使用 ANSI、ISO、DIN、JIS 等标准。
- 创建孔特征时，可以使用【无】和【求差】布尔运算。
- 可以将起始、结束或退刀槽倒斜角添加到孔特征上。

1) **常规孔**

通过此选项可以创建指定尺寸的【简单孔】、【沉头孔】、【埋头孔】或【锥孔】特征。【常规孔】可以是【盲孔】、【通孔】、【直至选定对象】或【直至下一个面】。

如图 6-75 所示为【常规孔】对话框，该对话框中各选项的意义如下所述。

【位置】：指定孔中心的位置。可以单击【绘制截面】以打开【创建草图】对话框，并通过指定放置面和方位来创建中心点。也可以单击【点】，使用现有点来指定孔的中心。

【方向】：指定孔的方向。默认的孔方向为沿 -ZC 轴。

- 【垂直于面】：沿着与公差范围内每个指定点最近的面法向的反向定义孔的方向。
- 【沿矢量】：沿指定的矢量定义孔方向。

【形状和尺寸】：指定孔的形状及尺寸等参数。

【成形】：指定孔特征的形状，有 【简单】、【沉头孔】、【埋头孔】和【已拔模】四个选项。

【尺寸】：指定各种类型孔的尺寸参数。【简单孔】、【沉头孔】及【埋头孔】尺寸参数的含义参见图 6-70、图 6-71、图 6-72。如图 6-76 所示为【已拔模】的尺寸参数含义。

【深度限制】的含义与【拉伸】相同，此处不再赘述。

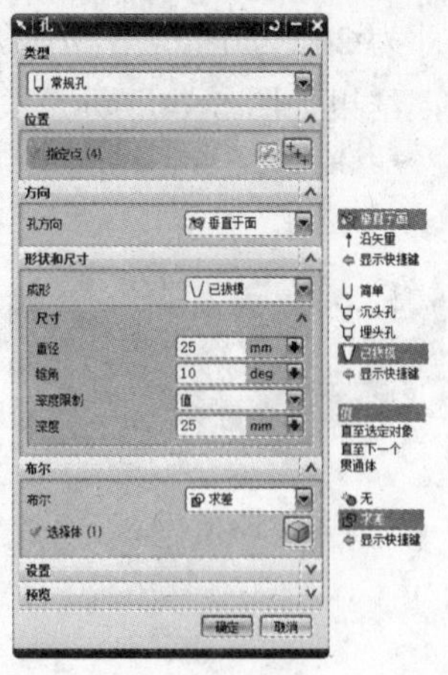

图 6-75

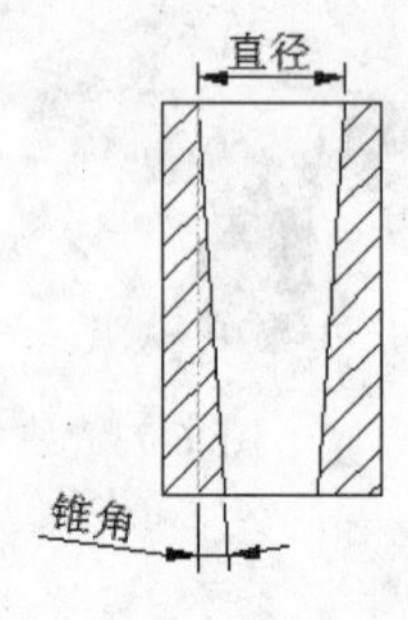

图 6-76

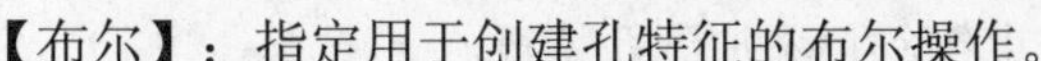

【布尔】：指定用于创建孔特征的布尔操作。

- 【无】：创建孔特征的实体表示，而不是将其从工作部件中减去。
- 【求差】：从工作部件或其组件的目标体减去工具体。

【例 6-13】创建常规孔

	多媒体文件：\video\ch6\6-13.avi
	源文件：\part\ch6\6-13.prt
	操作结果文件：\part\ch6\finish\6-13.prt

(1) 打开文件“\part\ch6\6-13.prt”。

(2) 选择【插入】|【设计特征】|【孔】命令，系统弹出【孔】对话框。

(3) 设置孔的类型为【常规孔】，依次选择长方体上表面上的 4 个点。

(4) 设置【成形】为【已拔模】，分别输入【直径】、【锥角】、【深度】为 10、3、25，其余选项保持默认设置。

(5) 单击【确定】按钮，结果如图 6-77 所示。

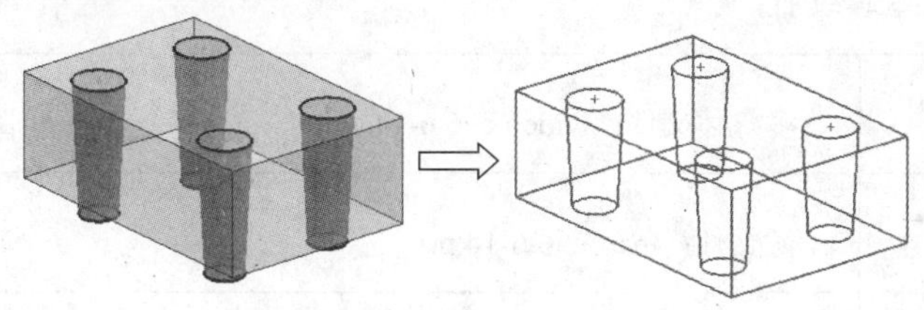

图 6-77

2) 螺纹孔

通过此选项可以创建具有退刀槽的螺纹孔特征。

如图 6-78 所示为【螺纹孔】对话框，该对话框特有的选项的意义如下所述。

【螺纹尺寸】：设置螺纹孔各参数。

【大小(Size)】：设置所需的螺纹尺寸大小。

【径向进刀(Radial Engage)】：选择径向进刀百分比。

【丝锥直径】：指定丝锥的直径。只有在【径向进刀】设置为【定制】时才能编辑丝锥直径。

【长度】：指定孔特征的螺纹长度。

【旋转】：指定螺纹为【右视图】(顺时针方向)还是【左】(逆时针方向)。

【让位槽】：控制是否希望向孔特征添加退刀槽。

【起始倒斜角】：控制是否希望将起始倒斜角添加到孔特征。

【结束倒斜角】：控制是否希望将结束倒斜角添加到孔特征。

【标准(Standard)】：指定定义选项和参数的标准。

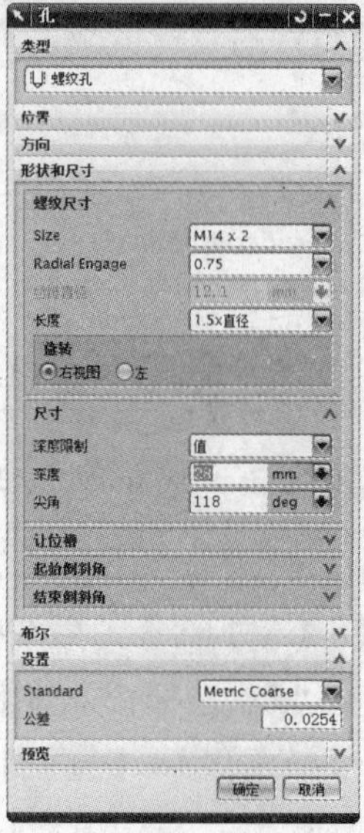

图 6-78

【例 6-14】创建螺纹孔

	多媒体文件：\video\ch6\6-14.avi
	源文件：\part\ch6\6-14.prt
	操作结果文件：\part\ch6\finish\6-14.prt

(1) 打开文件“\part\ch6\6-14.prt”。

(2) 选择【插入】|【设计特征】|【孔】命令，系统弹出【孔】对话框。

(3) 设置孔的类型为【螺纹孔】，选择长方体上表面上的点。

(4) 设置如图 6-79 所示的【螺纹尺寸】参数和【尺寸】参数。

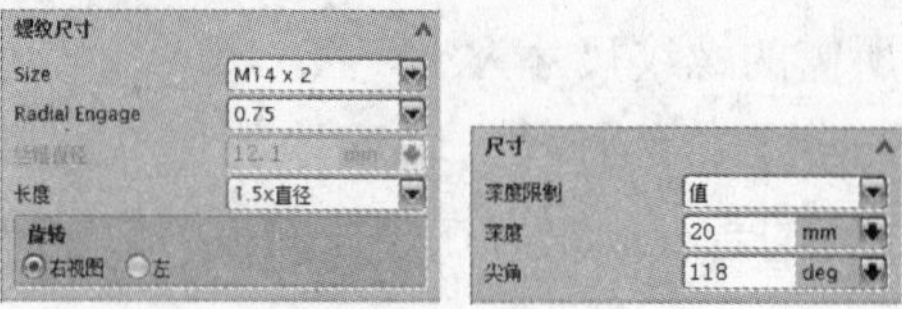

图 6-79

(5) 启用【让位槽】、【起始倒斜角】和【结束倒斜角】，其余选项保持默认设置。

(6) 单击【确定】按钮，结果如图 6-80 所示。

3) 孔系列

通过此选项可以创建起始、中间和结束孔尺寸一致的多形状、多目标体的对齐孔，如图 6-81 所示。

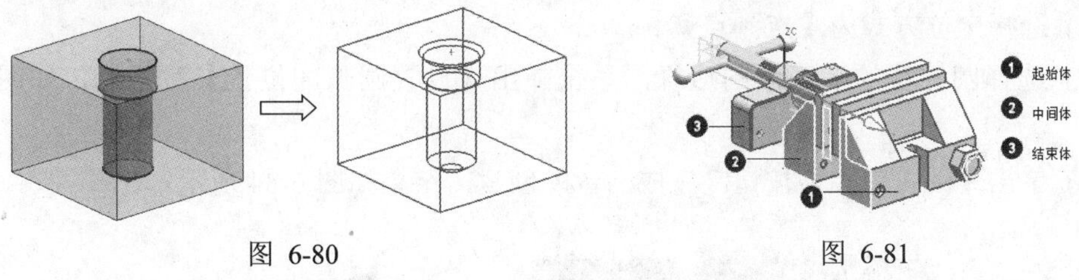

图 6-80　　图 6-81

使用此命令创建孔时，必须指定起始体，中间体和结束体可以不指定。可以指定多个中间体。

3. 凸台

【凸台】：通过此命令可以在平的表面或基准平面上创建凸台。创建后，凸台与原来的实体加在一起成为一体。

如图 6-82 所示为【凸台】对话框及各参数意义。

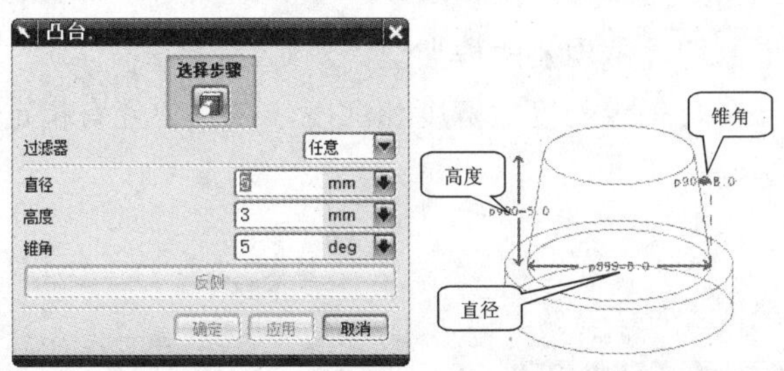

图 6-82

【凸台】的锥角允许为负值。

【例 6-15】创建凸台

	多媒体文件：\video\ch6\6-15.avi
	源文件：\part\ch6\6-15.prt
	操作结果文件：\part\ch6\finish\6-15.prt

(1) 打开文件“\part\ch6\6-15.prt”。

(2) 选择【插入】|【设计特征】|【凸台】命令，系统弹出【凸台】对话框。

(3) 选择圆柱体的上表面为凸台的放置面。

(4) 分别输入【直径】、【高度】、【锥角】为 5、3、5。

(5) 单击【应用】按钮，系统弹出【定位】对话框。

(6) 选择定位方式为【点到点】。

(7) 选择圆柱体的上表面的边缘，系统弹出【设置圆弧的位置】对话框，如图 6-83 所示。

(8) 单击【圆弧中心】按钮，完成凸台的创建，结果如图 6-84 所示。

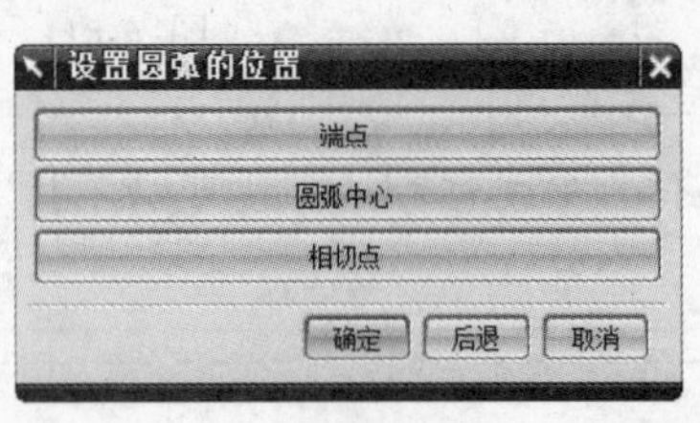

图 6-83

图 6-84

4. 垫块(凸垫)

【垫块】：通过此命令可以在一个已存实体上建立一矩形凸垫或通用凸垫。

如图 6-85 所示为【垫块】对话框。

【垫块】有【矩形】和【常规】两种类型。

【矩形】：定义一个有指定长度、宽度和深度，在拐角处有指定半径，具有直面或斜面的垫块，如图 6-86 所示。

图 6-85

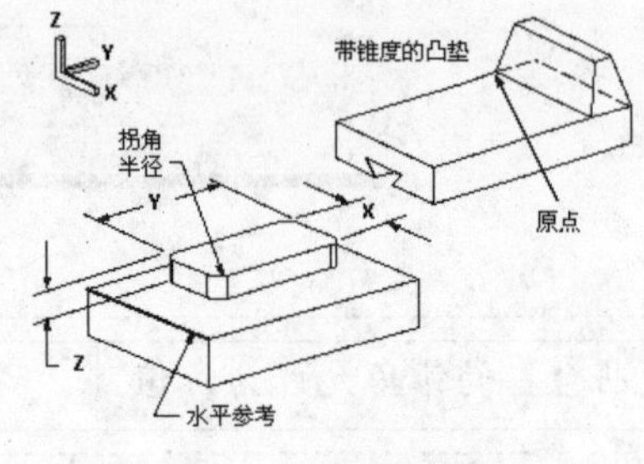

图 6-86

如果已存特征没有平面形表面，有时需要建立基准平面，以辅助定位。

【常规】：与【矩形】相比，允许用户更加灵活地定义凸垫。【常规凸垫】具有如下特性：

(1) 放置面可以是自由曲面，而不像矩形垫块那样，要严格地是一个平面。

(2) 垫块的顶部定义有一个顶面，如果需要的话，顶面也可以是自由曲面。

(3) 通过曲线链定义垫块顶部和/或底部的形状。曲线不一定位于选定面上，如果没有

位于选定面，它们将按照选定的方法投影到面上。

(4) 曲线没有必要形成封闭线串，可以是开放的，甚至可以让线串延伸出放置面的边。

【例 6-16】创建矩形垫块

	多媒体文件：\video\ch6\6-16.avi
	源文件：\part\ch6\6-16.prt
	操作结果文件：\part\ch6\finish\6-16.prt

(1) 打开文件“\part\ch6\6-16.prt”。

(2) 选择【插入】|【设计特征】|【垫块】命令，系统弹出【垫块】对话框。

(3) 选择类型为【矩形】。

(4) 选择长方体的上表面为【垫块】的放置面。

(5) 选择如图 6-87 所示的边为【水平参考】。

(6) 输入如图 6-88 所示的【矩形垫块】各参数。

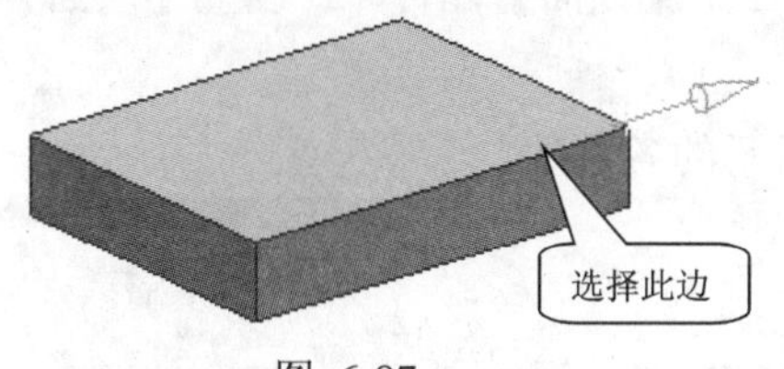

图 6-87

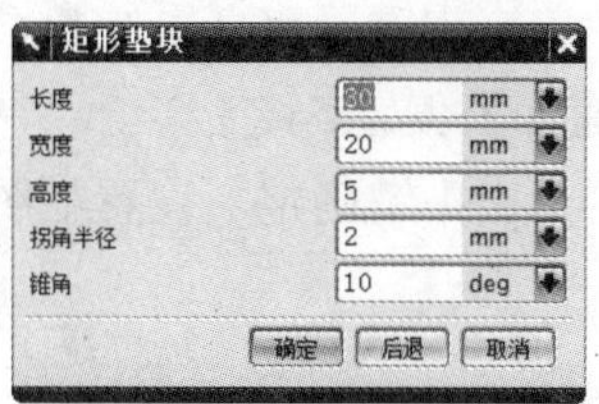

图 6-88

(7) 单击【确定】按钮，系统弹出【定位】对话框。

(8) 设置定位方式为【垂直】，选择如图 6-89 所示的边为目标边，选择【矩形垫块】的中心线为工具边，输入定位尺寸为 15。

(9) 重复步骤(8)，此时输入定位尺寸为 20。

(10) 单击【确定】按钮，完成【矩形凸垫】的定位。

(11) 单击【确定】按钮，完成【矩形凸垫】的创建，结果如图 6-90 所示。

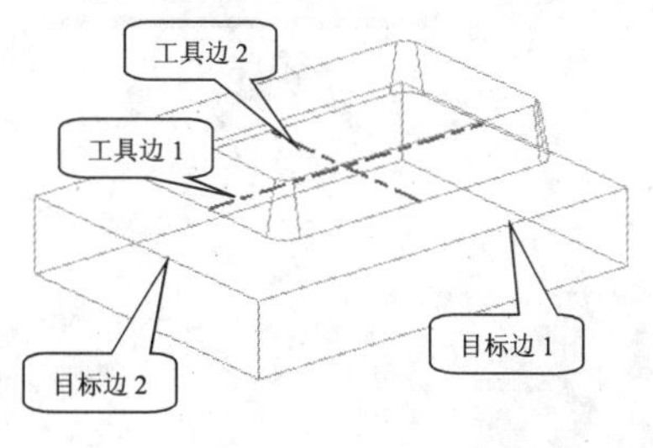

图 6-89

图 6-90

长度参数是沿水平参考方向测量的。

【例 6-17】创建常规垫块

	多媒体文件：\video\ch6\6-17.avi
	源文件：\part\ch6\6-17.prt
	操作结果文件：\part\ch6\finish\6-17.prt

(1) 打开文件“\part\ch6\6-17.prt”。

(2) 选择【插入】|【设计特征】|【垫块】命令，系统弹出【垫块】对话框。

(3) 选择类型为【常规】。

(4) 选择长方体的上表面为【垫块】的放置面。

(5) 单击第二个【放置面轮廓】图标，选择如图 6-91 所示的轮廓曲线。

(6) 单击中键确定，系统自动选中第三个【顶面】图标。设置【顶面】为【偏置】，【从放置面】偏置 5。

(7) 单击中键确定，设置如图 6-92 所示的各参数。

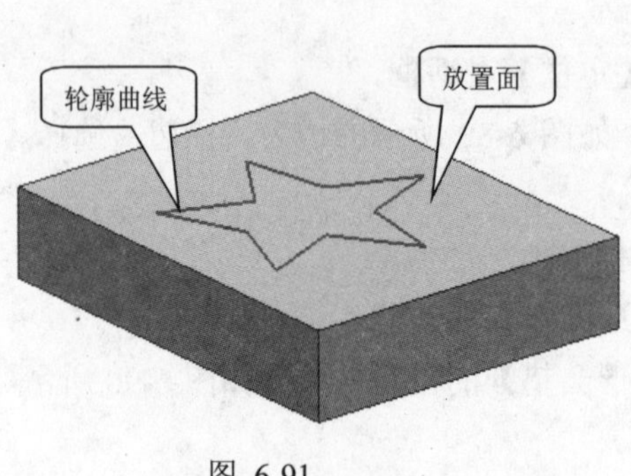

图 6-91

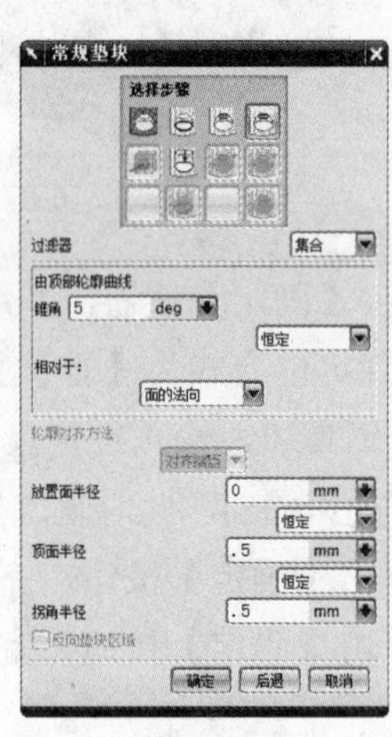

图 6-92

(8) 单击【确定】按钮，结果如图 6-93 所示。

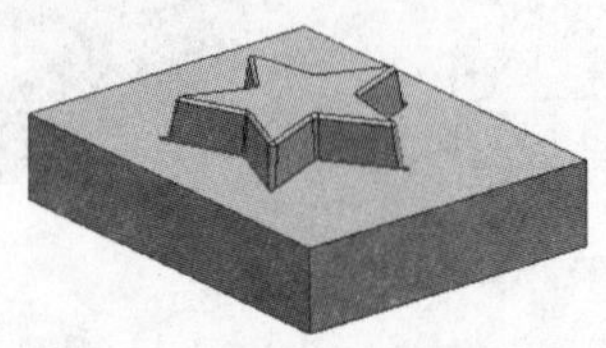

图 6-93

5. 腔体(刀槽)

【腔体】：通过此命令可以在已存实体中建立一个型腔。

如图 6-94 所示为【腔体】对话框。

【腔体】有【圆柱形】、【矩形】和【常规】三种类型。

【圆柱形】：定义一个圆形的腔体，指定其深度，有没有圆角底面，侧面是直的还是锥形，如图 6-95 所示。

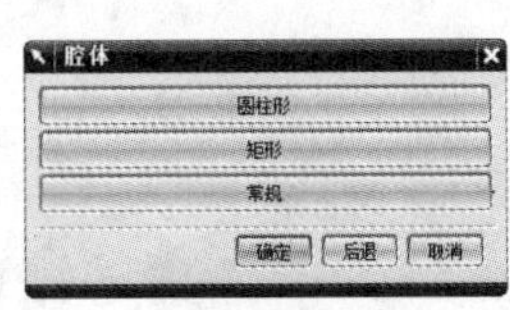

图 6-94

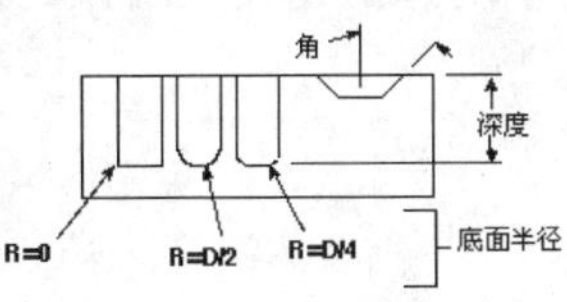

图 6-95

【矩形】：定义一个矩形的腔体，指定其长度、宽度和深度，拐角处和底面上有没有圆角，侧面是直的还是带锥度的，如图 6-96 所示。

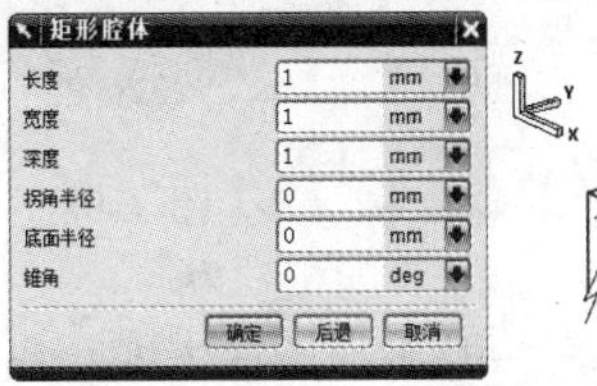

图 6-96

拐角半径必须大于等于底面半径。

【常规】：定义一个比【圆柱形】和【矩形】选项具有更大灵活性的腔体。【常规腔体】的特性与【常规凸垫】相同。

【腔体】的功能刚好与【凸垫】相反，【腔体】是剔除材料，而【凸垫】是添加材料。

【例 6-18】创建圆柱形腔体

	多媒体文件：\video\ch6\6-18.avi
	源文件：\part\ch6\6-18.prt
	操作结果文件：\part\ch6\finish\6-18.prt

(1) 打开文件“\part\ch6\6-18.prt”。

(2) 选择【插入】|【设计特征】|【腔体】命令，系统弹出【腔体】对话框。

(3) 选择类型为【圆柱形】。

(4) 选择长方体的上表面为【腔体】的放置面。

(5) 输入如图 6-97 所示的【圆柱形腔体】各参数。

(6) 单击【确定】按钮，系统弹出【定位】对话框。

(7) 设置定位方式为【垂直】，选择如图 6-98 所示的边为目标边，选择圆柱形腔体的边缘，系统弹出【设置圆弧的位置】对话框。

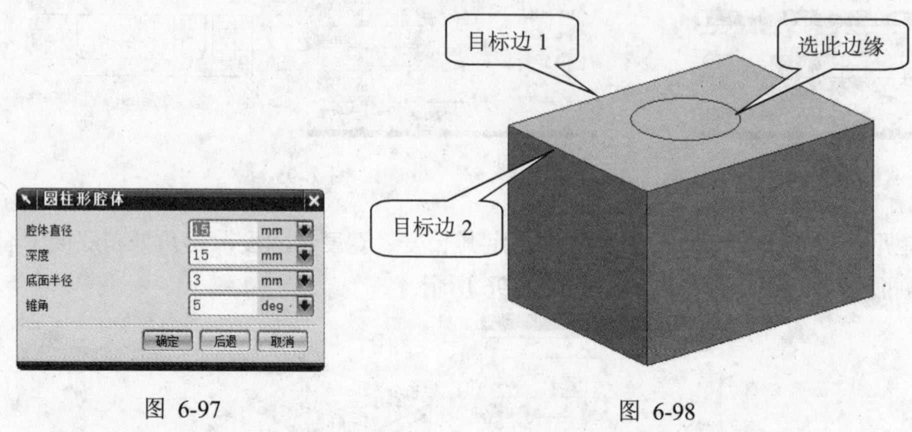

图 6-97　　　　图 6-98

(8) 单击【圆弧中心】按钮，在【创建表达式】对话框中输入定位尺寸为 15，单击【确定】按钮。

(9) 重复步骤(7)、(8)，不同的是此时输入的定位尺寸为 20。

(10) 单击【确定】按钮，完成【圆柱形腔体】的创建，结果如图 6-99 所示。

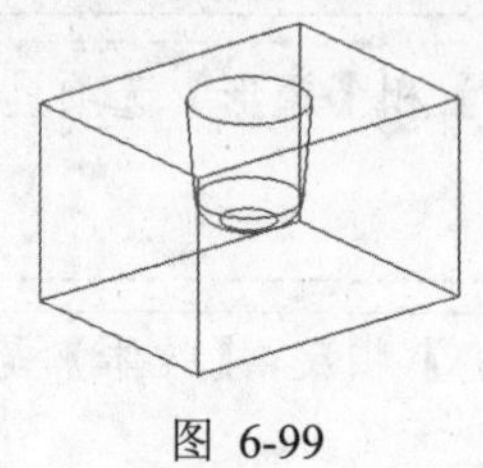

图 6-99

6. 坡口焊(割槽)

【坡口焊(割槽)】：通过此命令可以在圆柱体或锥体上创建一个外沟槽或内沟槽，就好像一个成形刀具在旋转部件上向内(从外部定位面)或向外(从内部定位面)移动，如同车削操作。

如图 6-100 所示为【槽】对话框。

【坡口焊(割槽)】有【矩形】、【球形端】和【U 形槽】三种类型。

【矩形】：创建在周围保留尖角的槽，如图 6-101 所示。

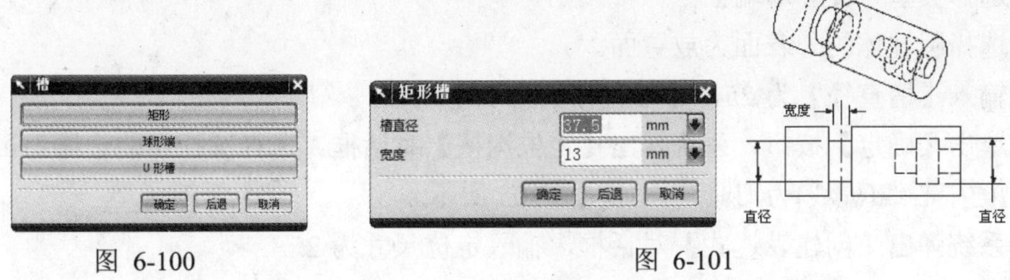

图 6-100　　　　图 6-101

【球形端】：创建在底部保留完整半径的槽，如图 6-102 所示。

【U 形槽】：创建在拐角处保留半径的槽，如图 6-103 所示。

【坡口焊(割槽)】的定位和其他的成形特征的定位稍有不同，只能在一个方向上定位槽，即沿着目标实体的轴。没有定位尺寸菜单出现，通过选择目标实体的一条边及工具(即槽)的边或中心线来定位槽，如图 6-104 所示。

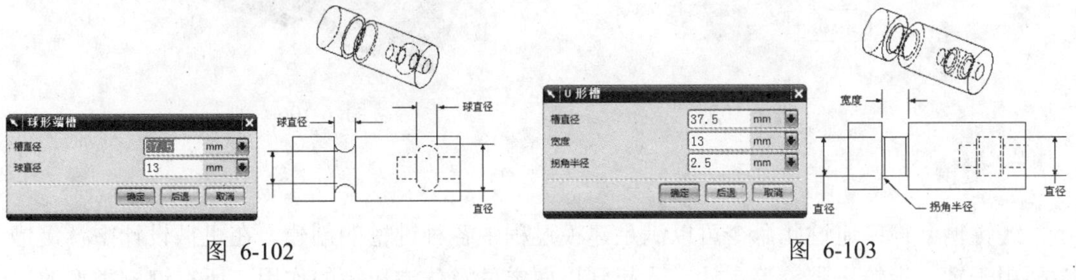

图 6-102　　　　图 6-103

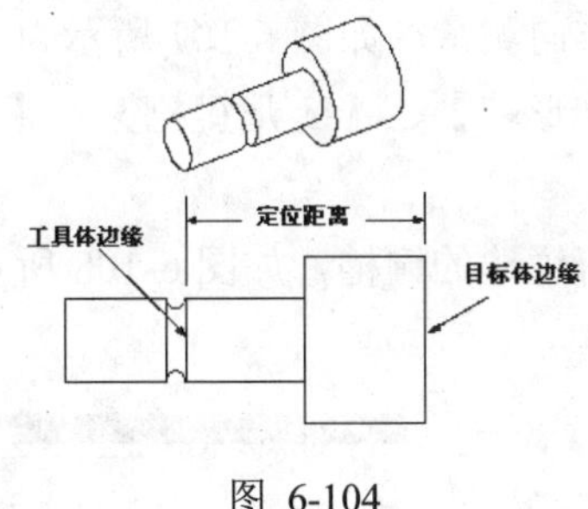

图 6-104

【例 6-19】创建沟槽

	多媒体文件：\video\ch6\6-19.avi
	源文件：\part\ch6\6-19.prt
	操作结果文件：\part\ch6\finish\6-19.prt

(1) 打开文件“\part\ch6\6-19.prt”。

(2) 选择【插入】|【设计特征】|【坡口焊】命令，系统弹出【槽】对话框。

(3) 选择类型为【球形端】。

(4) 选择圆柱体的外表面为放置面。

(5) 输入【槽直径】为 25，【球直径】为 10。

(6) 单击【确定】按钮，系统弹出【定位沟槽】对话框。选择圆柱体的边缘为目标边，选择沟槽的中心线(虚线)为刀具边，如图 6-105 所示。

(7) 系统弹出【创建表达式】对话框，输入定位尺寸为 25。

(8) 单击【确定】按钮，完成沟槽的创建，结果如图 6-106 所示。

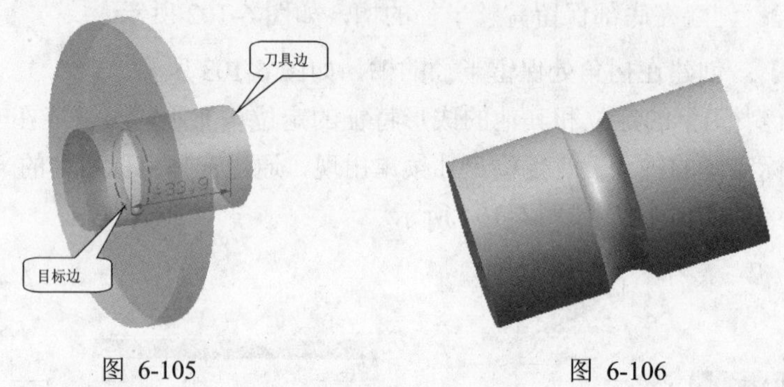

图 6-105　　图 6-106

7. 键槽

【键槽】：通过此命令可以满足建模过程中各种键槽的创建。在机械设计中，键槽主要用于轴、齿轮、带轮等实体上，起到周向定位及传递扭矩的作用。所有键槽类型的深度值都按垂直于平面放置面的方向测量。如图 6-107 所示为【键槽】对话框。

【键槽】有【矩形】、【球形端】、【U 形键槽】、【T 型键槽】和【燕尾键槽】五种类型。

【矩形】：沿着底边创建有锐边的键槽，如图 6-108 所示。

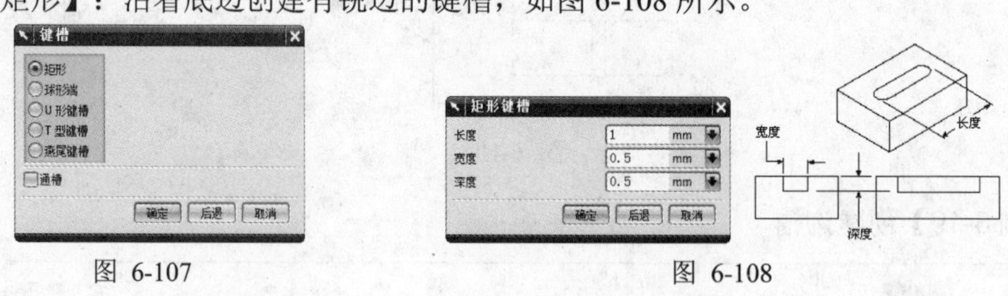

图 6-107　　图 6-108

【球形端】：创建保留有完整半径的底部和拐角的键槽，如图 6-109 所示。

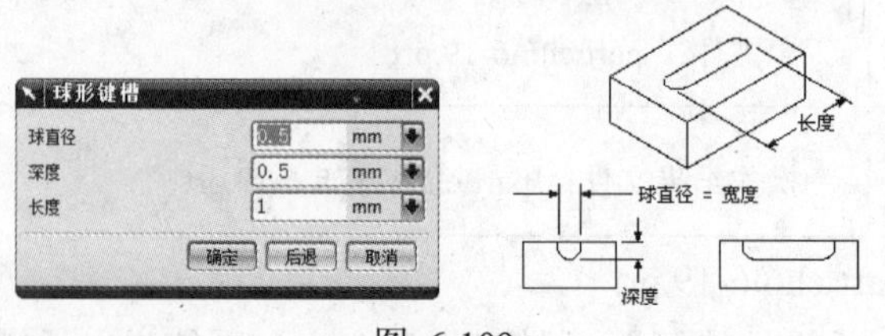

图 6-109

槽宽等于球直径（即刀具直径）。
槽深必须大于球半径。

【U 形键槽】：创建有整圆的拐角和底部半径的键槽，如图 6-110 所示。

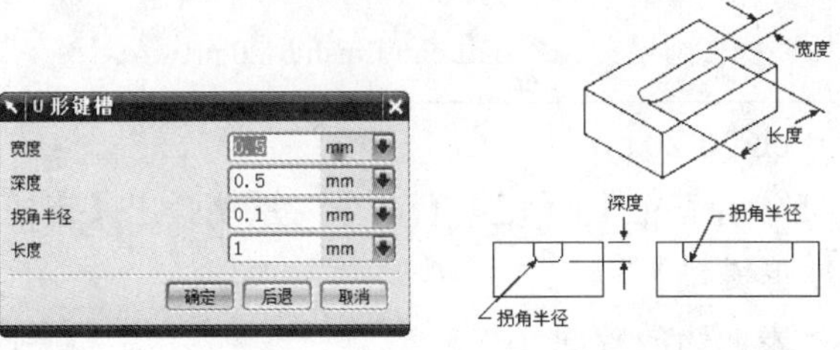

图 6-110

槽深必须大于拐角半径。

【T 型键槽】：创建一个横截面是倒 T 的键槽，如图 6-111 所示。

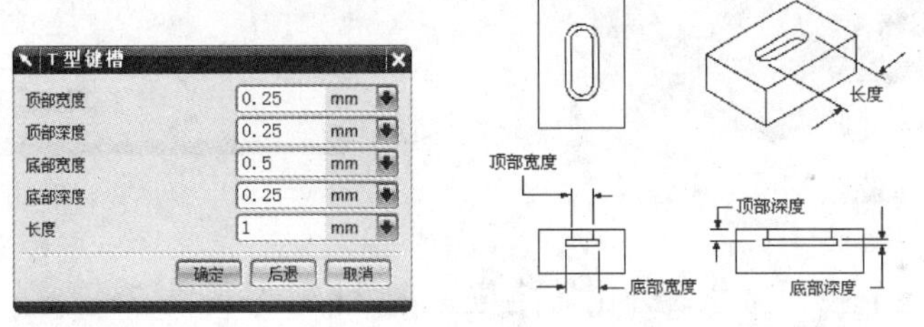

图 6-111

【燕尾键槽】：创建燕尾槽型的键槽。这类键槽有尖角和斜壁，如图 6-112 所示。

【通槽】：选择【通槽】复选框，则可以选择两个【通过】面——【起始通过面】和【终止通过面】，槽的长度定义为完全通过这两个面，如图 6-113 所示。

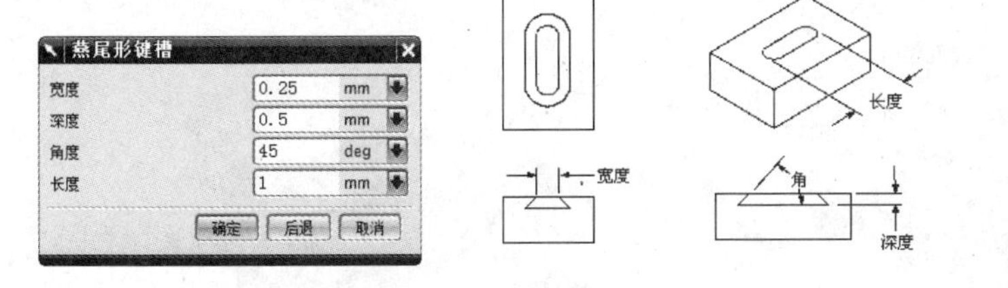

图 6-112

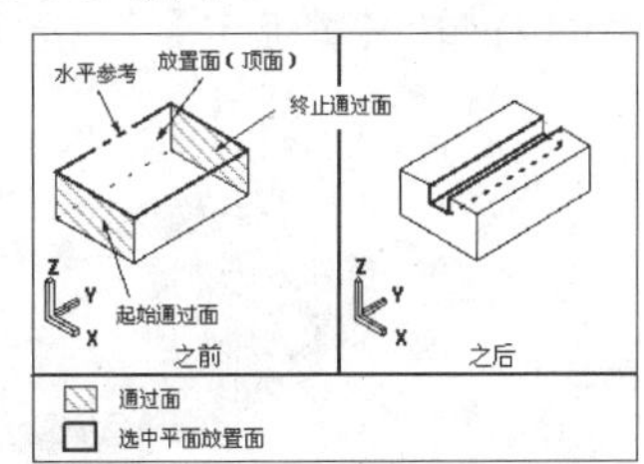

图 6-113

如果已存特征没有平面形表面，有时需要建立基准平面，以辅助定位。所建立的特征与原有特征自动执行布尔求差运算。

【例 6-20】创建 U 形键槽

	多媒体文件：\video\ch6\6-20.avi
	源文件：\part\ch6\6-20.prt
	操作结果文件：\part\ch6\finish\6-20.prt

(1) 打开文件“\part\ch6\6-20.prt”。

(2) 选择【插入】|【设计特征】|【键槽】命令，系统弹出【键槽】对话框。

(3) 选择类型为【U 形键槽】。

(4) 选择长方体的上表面为放置面。

(5) 选择如图 6-114 所示的边为水平参考。

(6) 输入如图 6-115 所示的各参数。

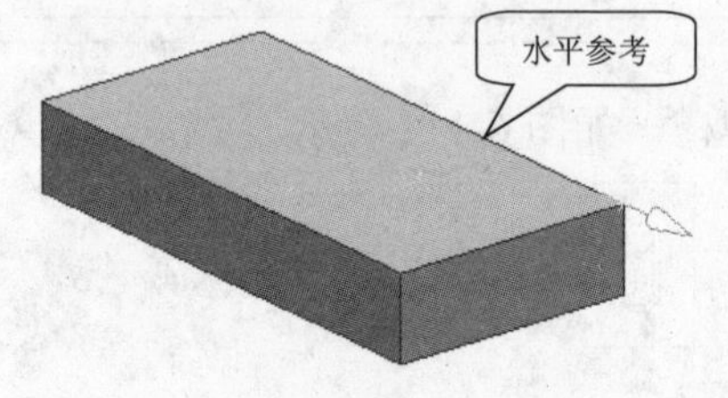

图 6-114

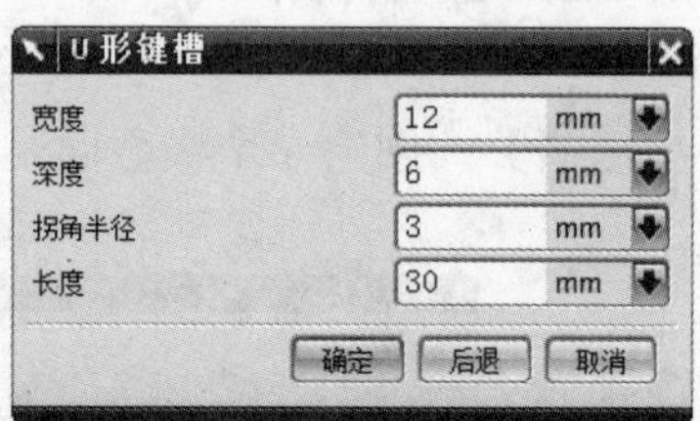

图 6-115

(7) 单击【确定】按钮，系统弹出【定位】对话框。

(8) 选择定位方式为【垂直】，再选择如图 6-116 所示的目标边 1 和刀具边 1。

(9) 系统弹出【创建表达式】对话框，再输入定位尺寸为 15，单击【确定】按钮。

(10) 选择定位方式为【垂直】，再选择如图 6-116 所示的目标边 2 和刀具边 2。

(11) 系统弹出【创建表达式】对话框，输入定位尺寸为 30，单击【确定】按钮。

(12) 单击【确定】按钮，完成 U 形键槽的创建，结果如图 6-117 所示。

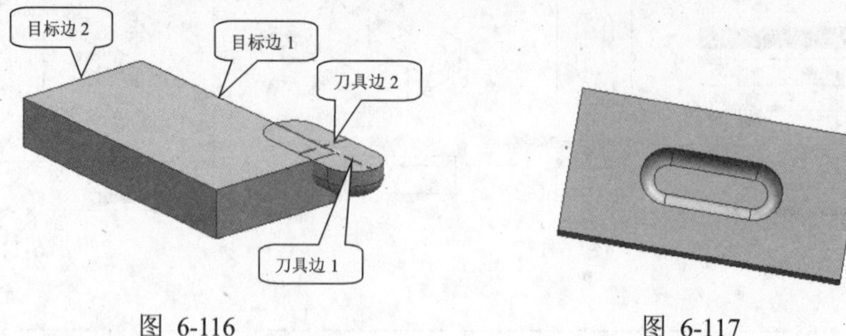

图 6-116　　图 6-117

8. 三角形加强筋

【三角形加强筋】：通过此命令可以沿着两个面集的相交曲线来添加三角形加强筋

特征。如图 6-118 所示为【三角形加强筋】对话框，该对话框中各选项的意义如下所述。

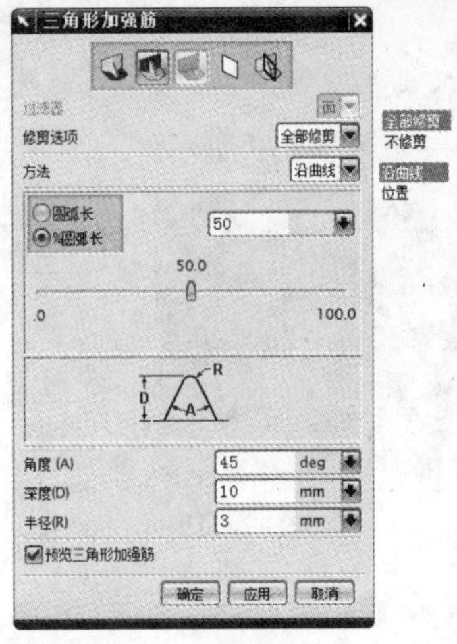

图 6-118

【选择步骤】：引导三角形加强筋的创建。

【第一组】：选择第一组的面，可以为面集选择一个或多个面。

【第二组】：选择第二组的面，可以为面集选择一个或多个面。

【位置曲线】：可以在能选择多条可能的曲线时选择一条位置曲线。所有候选的位置曲线都会被高亮显示。

【位置平面】：指定相对于平面或基准平面的三角形加强筋特征的位置。

【方位平面】：对三角形加强筋特征的方位选择平面。

【方法】：定义三角形加强筋的位置。

- 【沿曲线】：在相交曲线的任意位置交互式地定义三角形加强筋基点。
- 【位置】：通过绝对坐标系值或 WCS 值，也可以通过【位置平面】来定义三角形加强筋的位置。

【尺寸】：定义加强筋的尺寸参数。

【例 6-21】创建三角形加强筋

	多媒体文件：\video\ch6\6-21.avi
	源文件：\part\ch6\6-21.prt
	操作结果文件：\part\ch6\finish\6-21.prt

(1) 打开文件“\part\ch6\6-21.prt”。

(2) 选择【插入】|【设计特征】|【三角形加强筋】命令，系统弹出【三角形加强筋】对话框。

(3) 选择第一个曲面，单击中键确定。

(4) 选择第二个曲面。

(5) 设置如图 6-118 所示的各参数。

(6) 单击【确定】按钮，结果如图 6-119 所示。

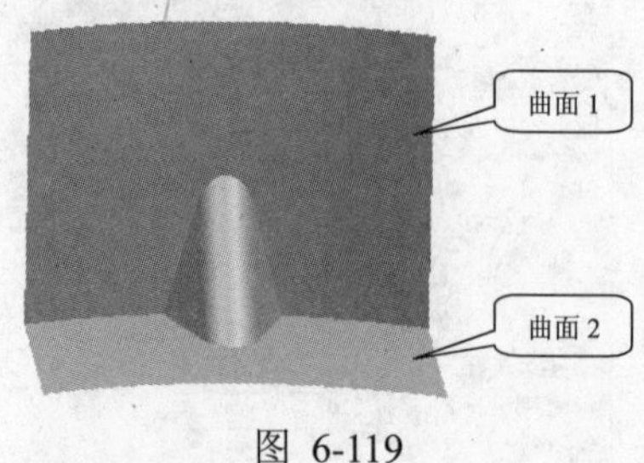

图 6-119

9. 加厚

【加厚】：通过此命令可以将片体或实体表面加厚来创建实体。加厚是以面的法向进行的，并且以面的法向为正，相反方向为负。

【例 6-22】创建加厚特征

	多媒体文件：\video\ch6\6-22.avi
	源文件：\part\ch6\6-22.prt
	操作结果文件：\part\ch6\finish\6-22.prt

(1) 打开文件“\part\ch6\6-22.prt”。

(2) 选择【插入】|【偏置/缩放】|【加厚】命令，系统弹出【加厚】对话框。

(3) 选择如图 6-120 所示的 3 个面。

(4) 输入【偏置 1】为 5，【偏置 2】为 0。

(5) 设置【布尔】为【求和】，其余保持默认设置。

(6) 单击【确定】按钮，结果如图 6-121 所示。

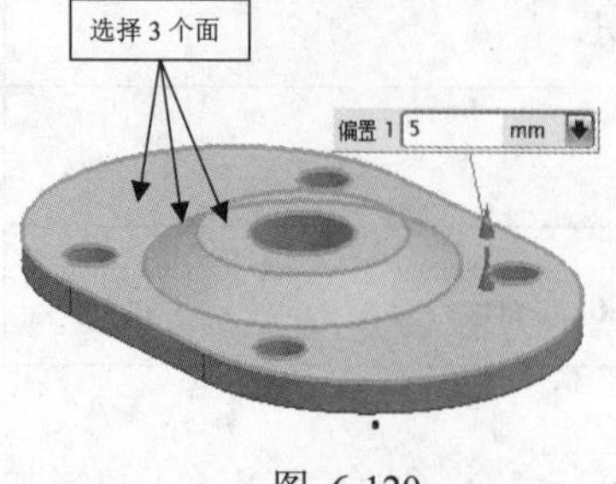

图 6-120

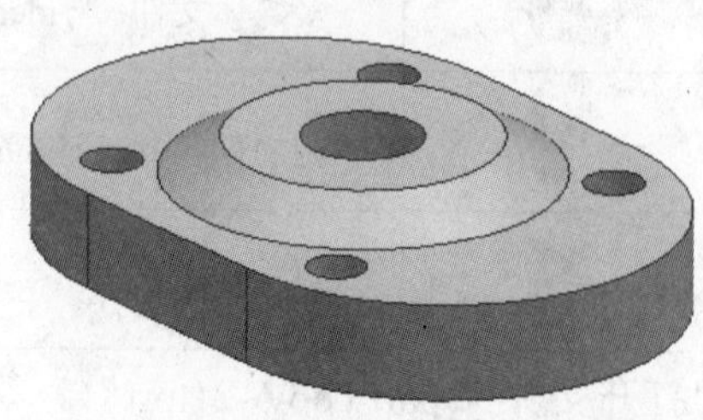

图 6-121

6.4　特征操作

特征操作是对已建好的模型进一步完善和细化，如倒圆、倒角等。【特征操作】工具栏包含了特征操作的各种命令。另外，也可以通过【插入】菜单下的一些子菜单所包含的命令进行特征操作，如【插入】|【细节特征】|【倒斜角】。

6.4.1　边缘操作

边缘操作主要是指对实体边进行细化，包括【边倒圆】、【面倒圆】、【软倒圆】和【倒斜角】。

1. 边倒圆

【边倒圆】：通过此命令可以使至少由两个面共享的边缘变光顺。倒圆时就像沿着被倒圆角的边缘滚动一个球，同时使球始终与在此边缘处相交的各个面接触。

如图 6-122 所示为【边倒圆】对话框，该对话框中各选项含义如下所述。

图 6-122

1) 要倒圆的边

【选择边】：选择边倒圆的边或边集。可以对每个边集的所有边都指定一个独一无二的半径值。

【半径(Radius)1】：将当前所选边集的半径设置为指定的值。【半径(Radius)1】标签将更改，以匹配当前所选边集的数量。

【添加新集】：完成当前边集，并将其添加到列表框。

【列表】边集在列表框中显示为半径 1、半径 2、半径 3 等，还有其名称、值和表达式信息，如图 6-123 所示。

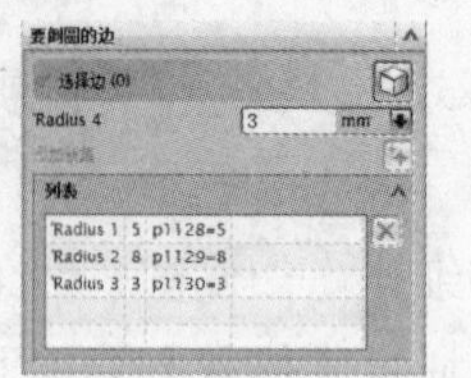

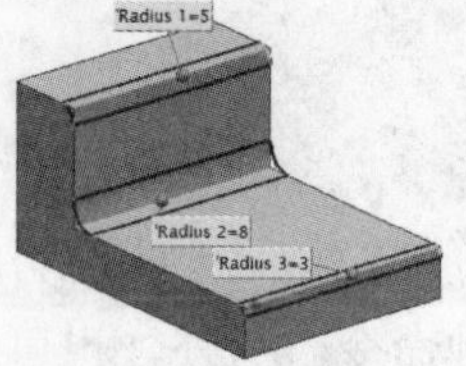

图 6-123

2) 可变半径点

通过向边倒圆添加半径值唯一的点来创建可变半径圆角，如图 6-124 所示。

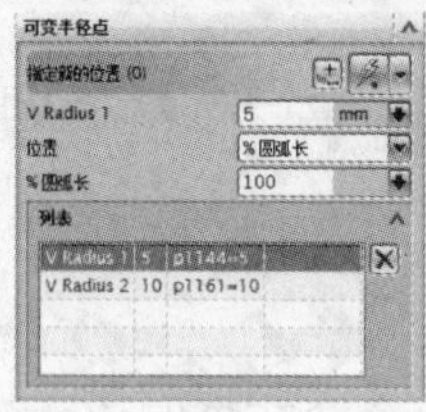

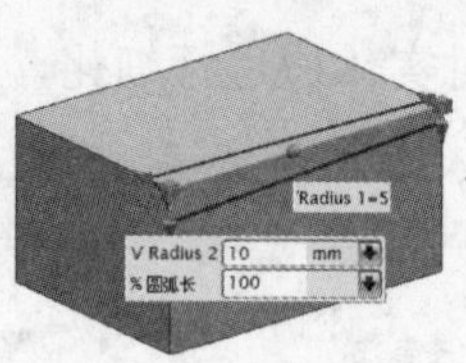

图 6-124

3) 拐角回切

【拐角回切】是在三条线相交的拐角处进行拐角处理。选择三条边线后，切换至拐角栏，选择三条线的交点，即可进行拐角处理。可以改变三个位置的参数值来改变拐角的形状，如图 6-125 所示。

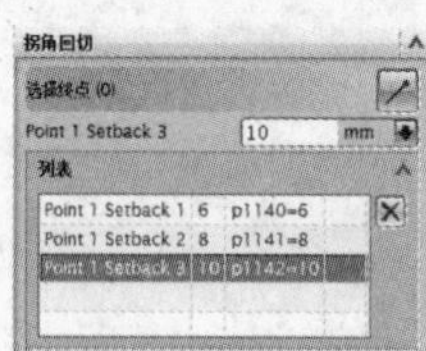

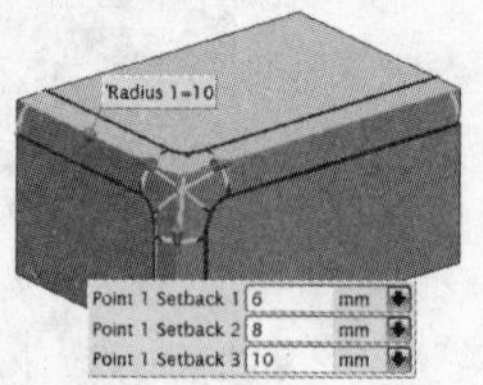

图 6-125

4) 拐角突然停止

使某点处的边倒圆在边的末端突然停止，如图 6-126 所示。

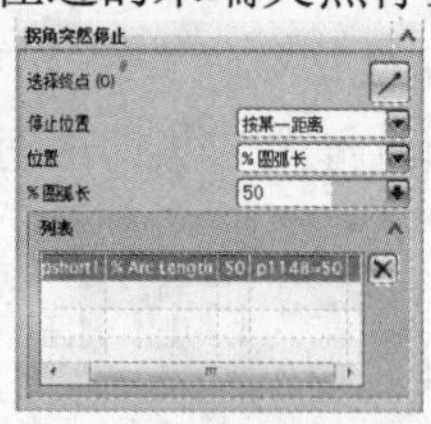

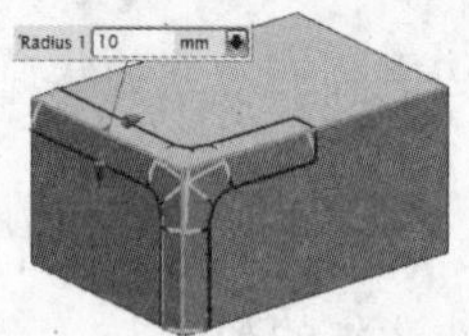

图 6-126

5) 修剪

可将边倒圆修剪至明确选定的面或平面，而不是依赖软件通常使用的默认修剪面。其效果如图 6-127 所示。

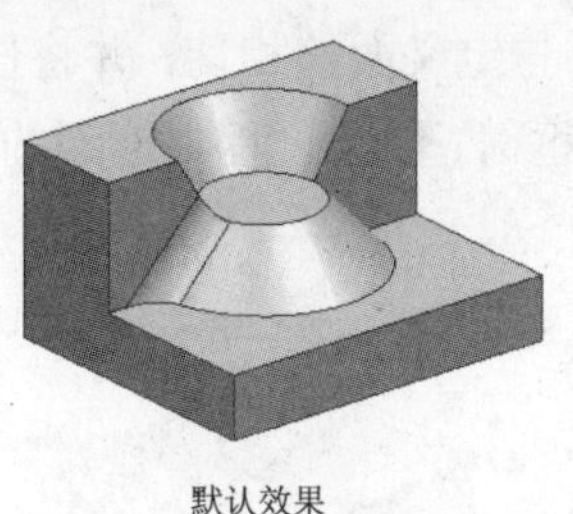
默认效果

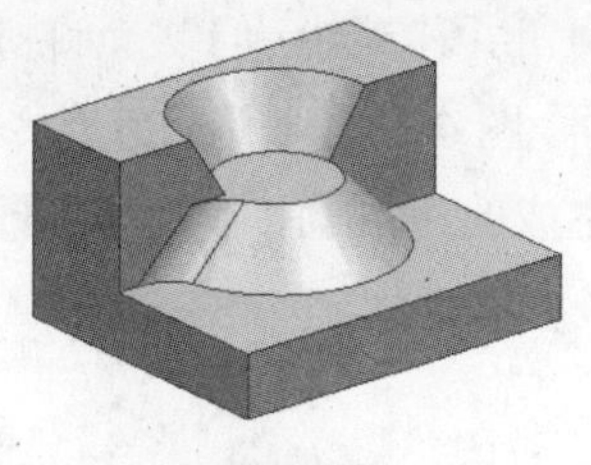
修剪效果

图 6-127

6) 溢出解

当圆角的相切边缘与该实体上的其他边缘相交时，就会发生圆角溢出。选择不同的【溢出解】，得到的效果会不一样，可以尝试组合使用这些选项来获得不同的结果。如图 6-128 所示为【溢出解】选项区域。

【允许的溢出解】：当一倒圆边缘遇到实体上另一边缘时，出现倒圆溢出。可以使用下列选项控制怎样处理倒圆溢出。

- 【在光顺边上滚动】：允许圆角延伸到其遇到的光顺连接(相切)面上。选择该复选框时，会在圆角相交处生成光顺的共享边，如图 6-129(a)所示；若不选择，结果为锐共享边，如图 6-129(b)所示。

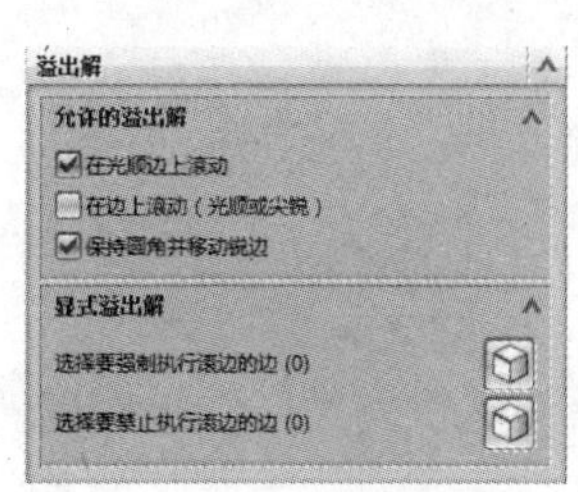

图 6-128

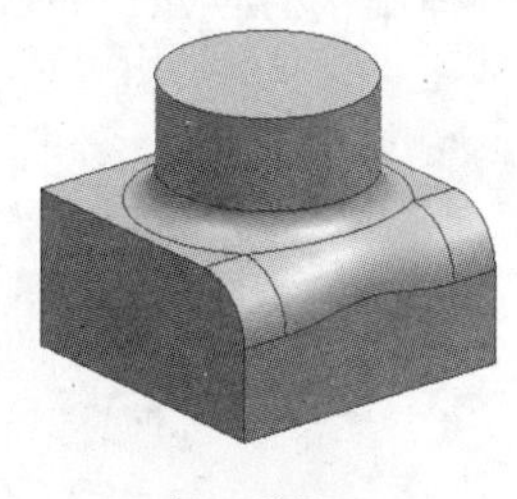
(a) 选择

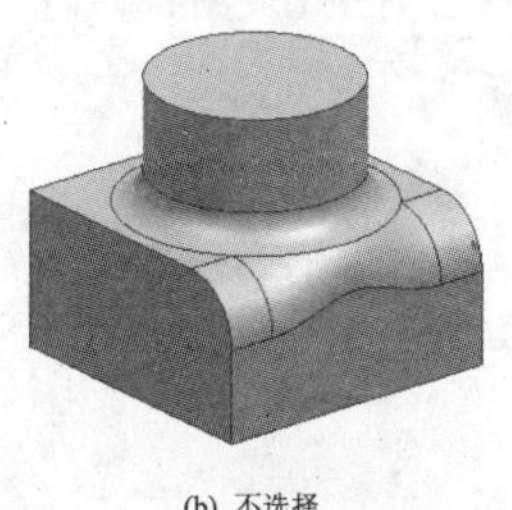
(b) 不选择

图 6-129

- 【在边上滚动(光顺或尖锐)】：允许倒圆先于定义面相切前，并滚动到它遇到的任一边缘。选择该复选框时，遇到的边不更改，而与该边所在面的相切会被超前，如图 6-130(a)所示；若不选择，遇到的边发生更改，且保持与该边所属面的相切，如图 6-130(b)所示。

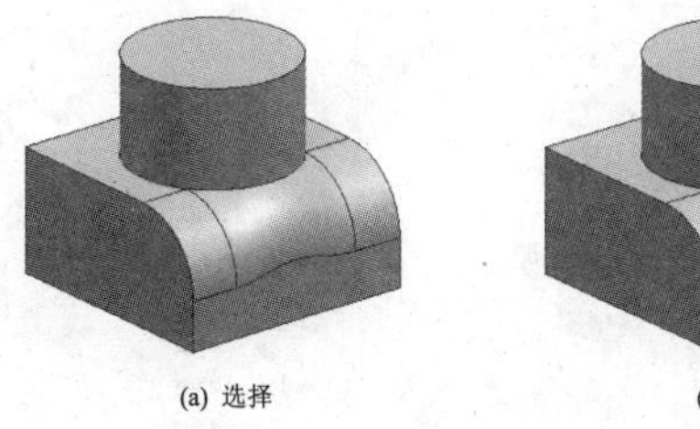
(a) 选择　　(b) 不选择

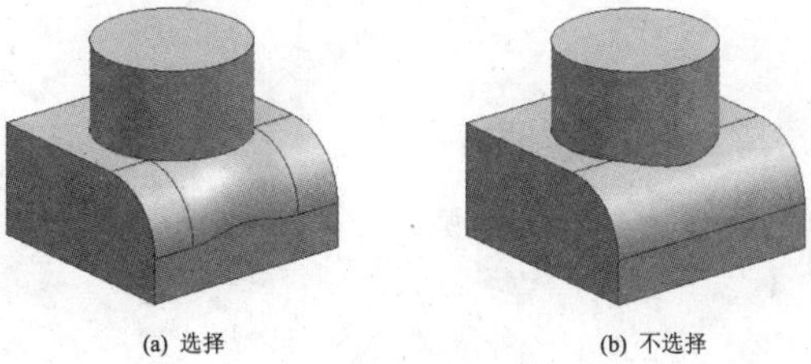

图 6-130

- 【保持圆角并移动锐边】：允许圆角保持与定义面的相切，并将任何遇到的面移动到圆角面。图 6-131(a)所示为选择该复选框时，倒圆过程中遇到的边缘；图 6-131(b)所示为生成的边倒圆，保持了圆角相切。

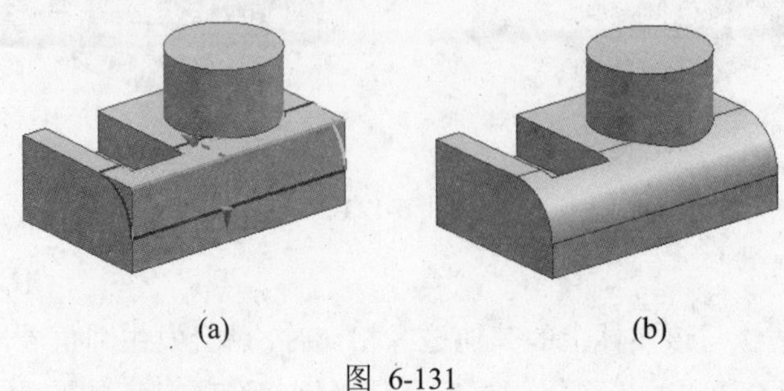

(a) (b)

图 6-131

【显式溢出解】：替代默认溢出解，以对所选边强制选择或防止选择【在边上滚动(光顺或尖锐)】选项。

7) 设置

如图 6-132 所示为【设置】选项区域。

【对所有实例倒圆】：对所有实例特征同时倒圆角。

【凸/凹 Y 处的特殊圆角】：使用该复选框，允许对某些情况选择两种 Y 型圆角之一，如图 6-133 所示。

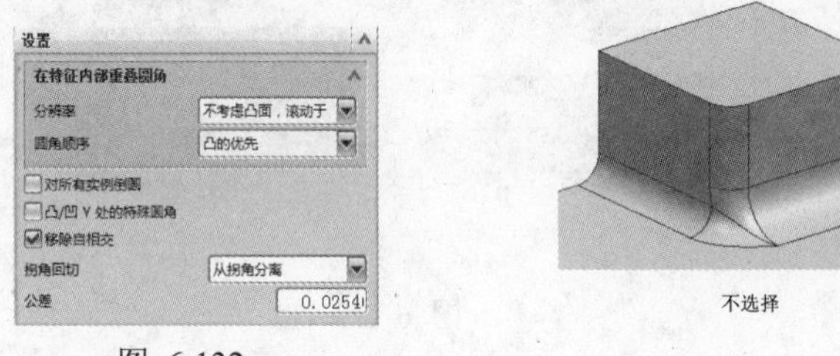

图 6-132

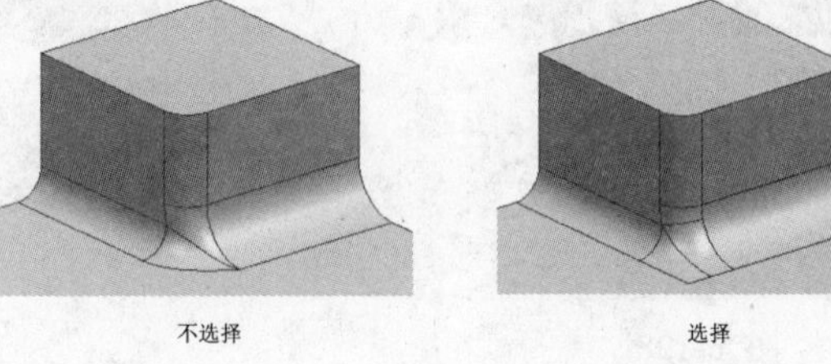

图 6-133

【移除自相交】：在一个圆角特征内部如果产生自相交，可以使用该选项消除自相交的情况，增加圆角特征创建的成功率。

【拐角回切】：在产生拐角特征时，可以对拐角的样子进行改变，如图 6-134 所示。

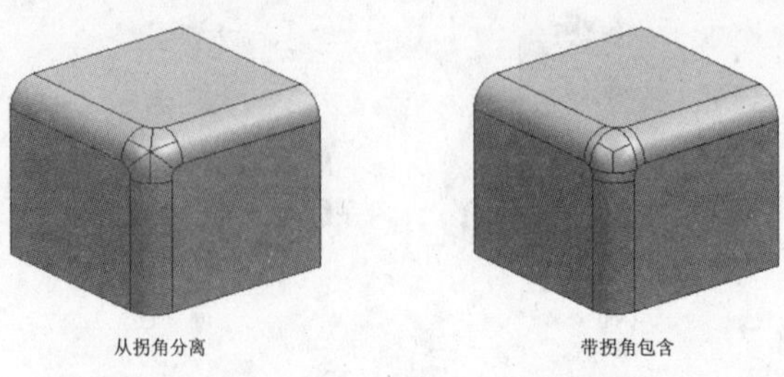

图 6-134

【例 6-23】创建带拐角回切的边倒圆

	多媒体文件：\video\ch6\6-23.avi
	源文件：\part\ch6\6-23.prt
	操作结果文件：\part\ch6\finish\6-23.prt

(1) 打开文件“\part\ch6\6-23.prt”。

(2) 选择【插入】|【细节特征】|【边倒圆】命令，系统弹出【边倒圆】对话框。

(3) 选择如图 6-135 所示的三条边，输入【半径(Radius)1】为 0.25。

(4) 单击【拐角回切】选项区域中的【选择终点】图标，选择图 6-135 中三条边的交点，出现如图 6-136 所示的预览效果。

(5) 在【设置】选项区域中选择【拐角回切】为【带拐角包含】。

(6) 单击【确定】按钮，结果如图 6-137 所示。

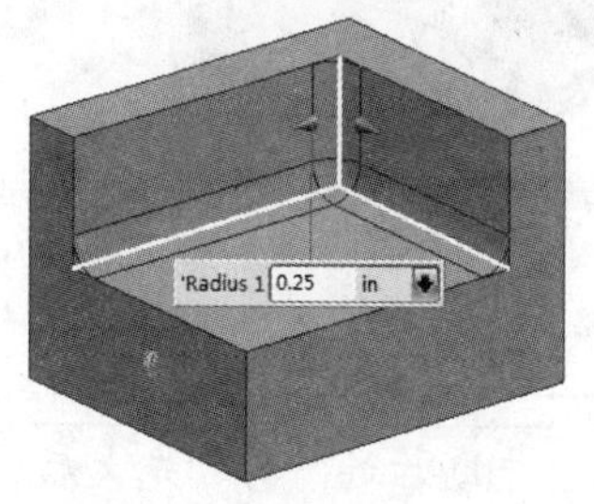

图 6-135

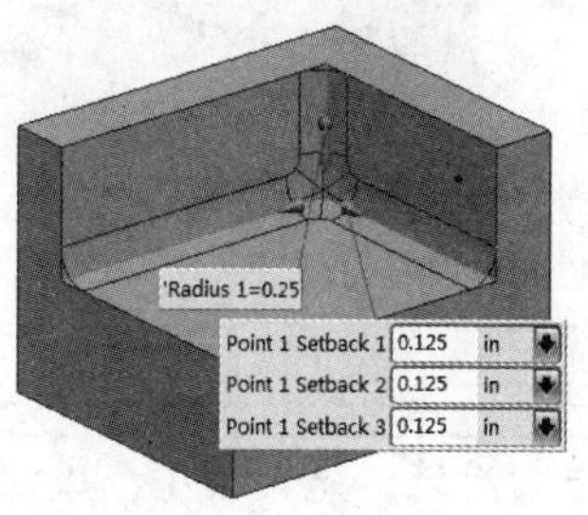

图 6-136

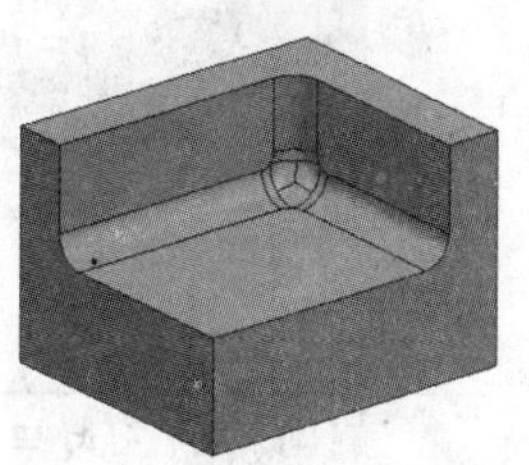
图 6-137

【例 6-24】创建恒定半径的边倒圆

	多媒体文件：\video\ch6\6-24.avi
	源文件：\part\ch6\6-24.prt
	操作结果文件：\part\ch6\finish\6-24.prt

(1) 打开文件“\part\ch6\6-24.prt”。

(2) 选择【插入】|【细节特征】|【边倒圆】命令，系统弹出【边倒圆】对话框。

(3) 选择如图 6-138 所示的两条边，输入【半径(Radius)1】为 10。

(4) 单击【添加新集】图标，选择如图 6-139 所示的四条边，输入【半径(Radius)2 】为 15。

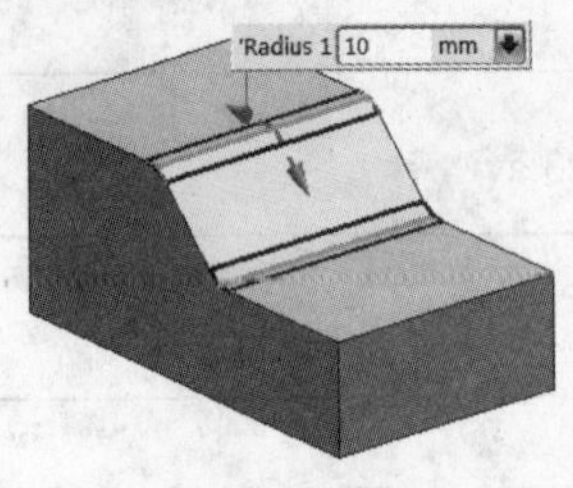

图 6-138

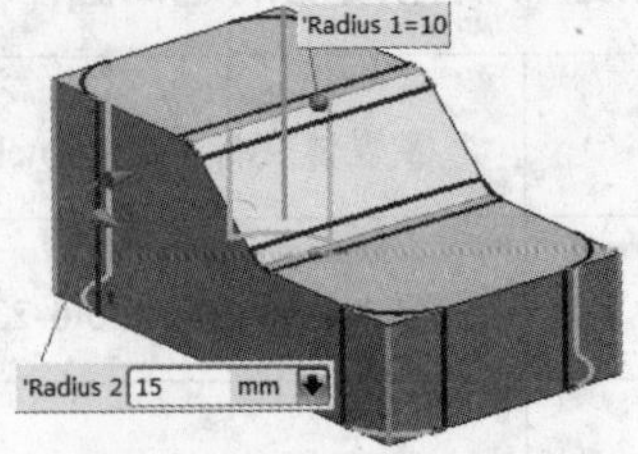

图 6-139

(5) 单击【应用】按钮，结果如图 6-140 所示。

(6) 选择如图 6-141 所示的边，输入【半径(Radius)1】为 5。

(7) 单击【确定】按钮，结果如图 6-142 所示。

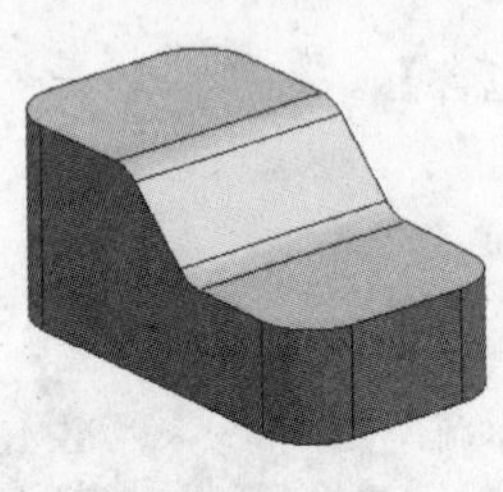

图 6-140

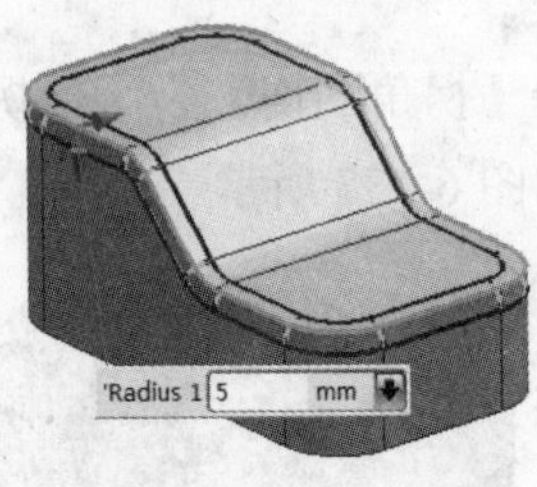

图 6-141

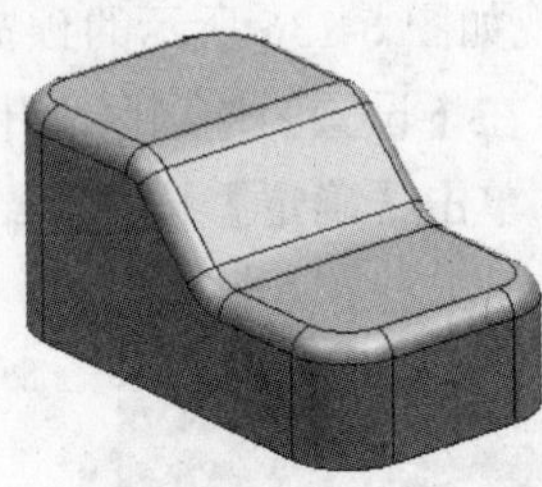

图 6-142

倒圆角的三大口诀：先断后连；先大后小；成组实现。当“先断后连”与“先大后小”冲突时，“先断后连”优先于“先大后小”。

2. 面倒圆

【面倒圆】：通过此命令可以创建与两组输入面集相切的复杂圆角面，并带修剪和附着圆角面选项。

如图 6-143 所示为【面倒圆】对话框，该对话框中各选项含义如下所述。

图 6-143

1) 类型

【滚动球】：创建面倒圆，就好像与两组输入面恒定接触时滚动的球对着它一样，倒圆横截面平面由两个接触点和球心定义。

【扫掠截面】：沿着脊线扫掠横截面，倒圆横截面的平面始终垂直于脊线。

2) 面链

【面链】可以是一张面，也可以是多张面，在选择时可以通过【选择意图工具条】辅助选择。选择后，面的法向应指向圆角中心；可以双击箭头或单击反向图标更改面的法向。只有参数满足创建要求时才会预览圆角。

3) 倒圆横截面

【形状】：有【圆形】和【二次曲线】两种横截面形状。

- 【圆形】：这种形状就等于一个球沿着两面集交线滚过所形成的样子，如图 6-144 所示。

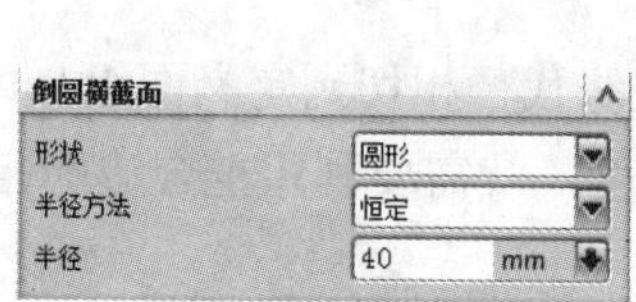

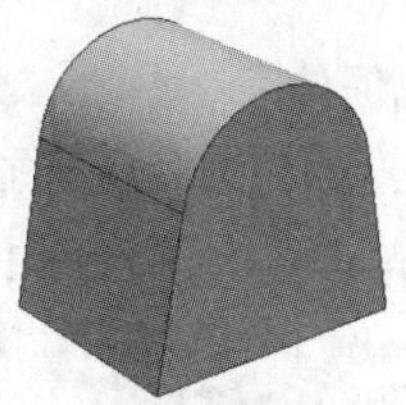

图 6-144

- 【二次曲线】：这种类型倒出来的圆角截面是一个二次曲线，相对来说圆角形状比较复杂，可控参数也比较多，如图 6-145 所示。

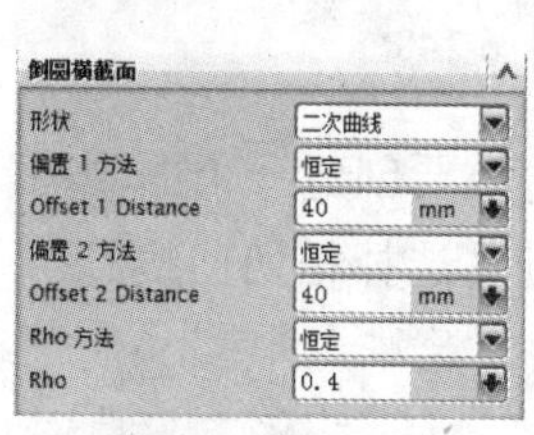

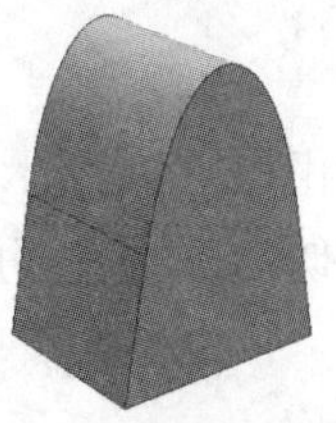

图 6-145

【半径方法】：有【恒定】、【规律控制的】和【相切约束】三种。

- 【恒定】：该选项非常简单，圆角半径是常数，如图 6-146 所示。
- 【规律控制的】：根据规律函数定义沿脊线的两个或多个点处的可变半径，如图 6-147 所示。
- 【相切约束】：通过指定位于其中一个定义面链中的曲线/边来控制倒圆半径，其中倒圆面必须与选定曲线/边保持相切。

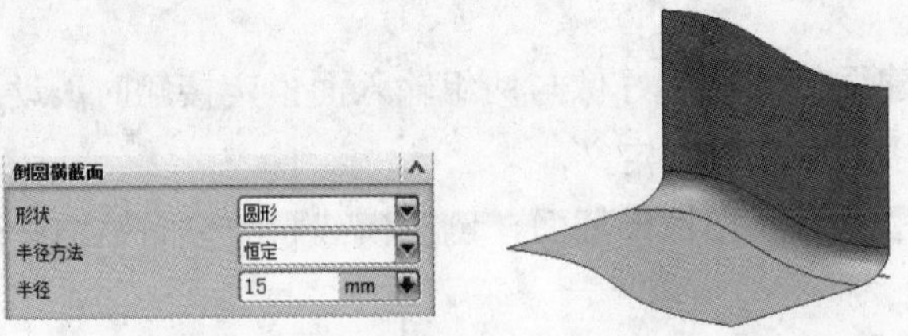

图 6-146

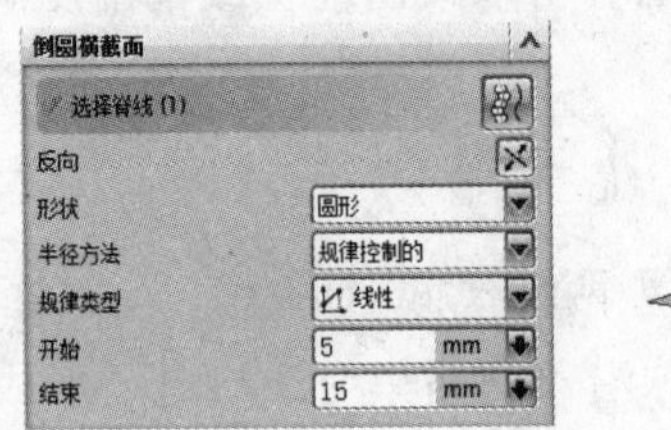

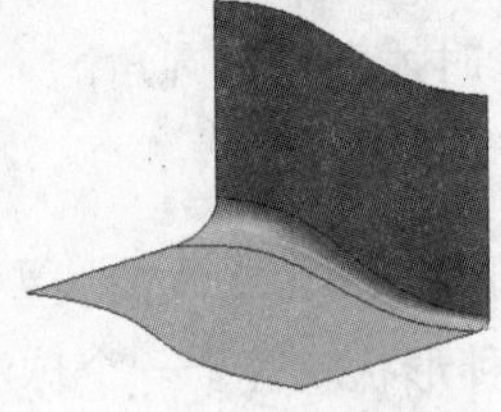

图 6-147

4) 约束和限制几何体

【选择重合边】：如果要倒圆通过一边缘代替相切到定义面组，可以选择此复选框。如图 6-148 所示，圆角半径大于台阶 1 的高度，就需要利用重合边倒圆角。

图 6-148

【选择相切曲线】：如图 6-149 所示，假设要创建一个面倒圆，沿着曲线 1 与曲线 1 所在的面相切，并与面 2 相切，这时就要用到【选择相切曲线】。

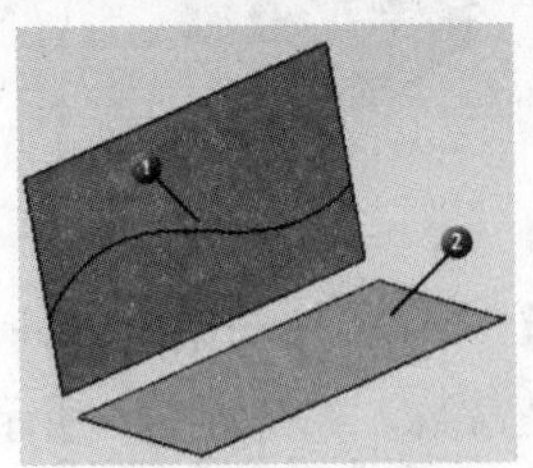

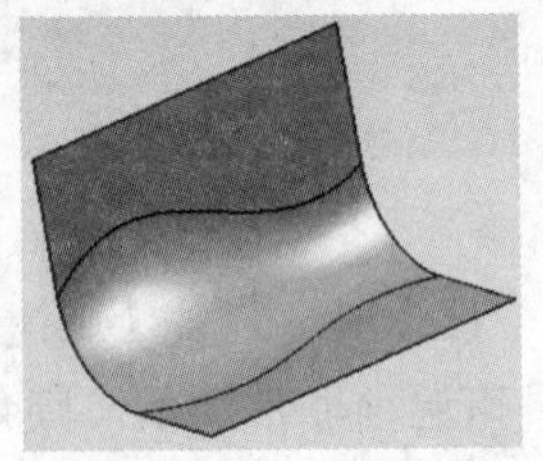

图 6-149

【相切曲线】：若相切曲线在第一组面链上，则选择【在第一条链上】；反之，选择【在第二条链上】。

5) 修剪和缝合选项

利用这些选项规定是否以及让系统怎样自动地修剪和/或缝合倒圆到部件中，如图 6-150、图 6-151、图 6-152 和图 6-153 所示。

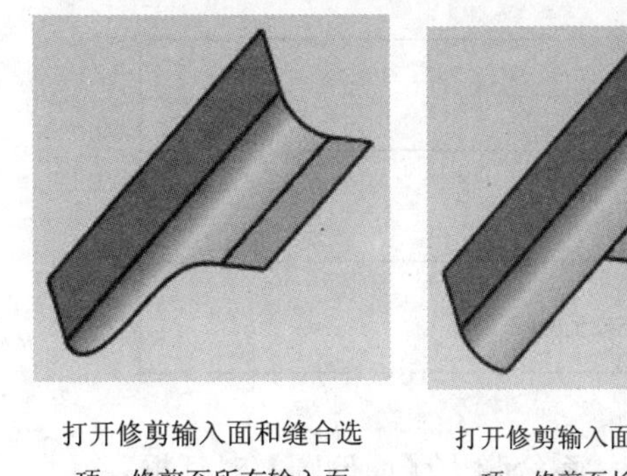

打开修剪输入面和缝合选项，修剪至所有输入面

图 6-150

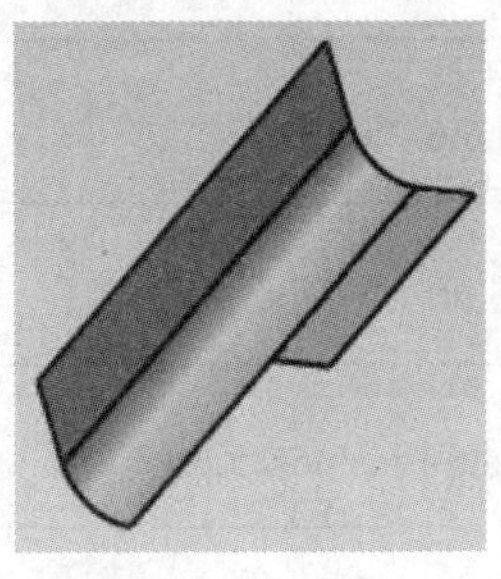

打开修剪输入面和缝合选项，修剪至长输入面

图 6-151

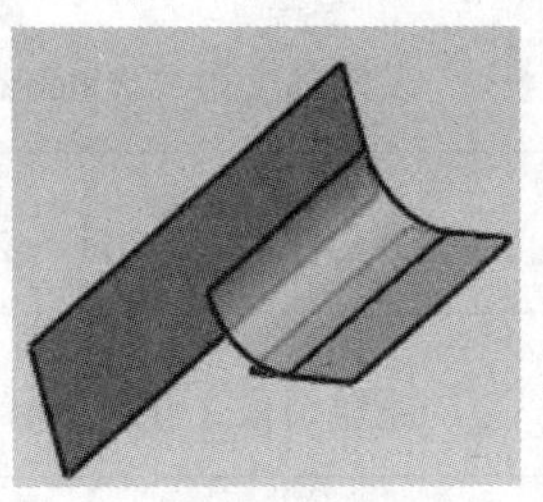

关闭修剪输入面和缝合选项，修剪至短输入面

图 6-152

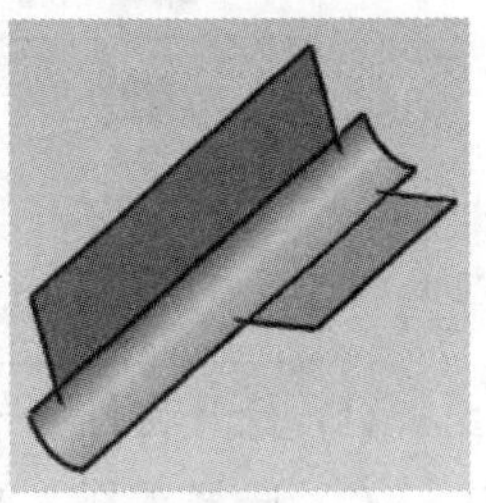

不修剪输入面

图 6-153

6) 设置

【相交时添加相切面】：为每个面链选择最小面数。然后，面倒圆会根据需要自动选择其他相切面，以继续在部件上进行倒圆。如图 6-154 所示，面倒圆自动沿相切面选择倒圆，但在面 1 处停止，因为它不相切。此选项仅当【类型】设置为【滚动球】时才可用。

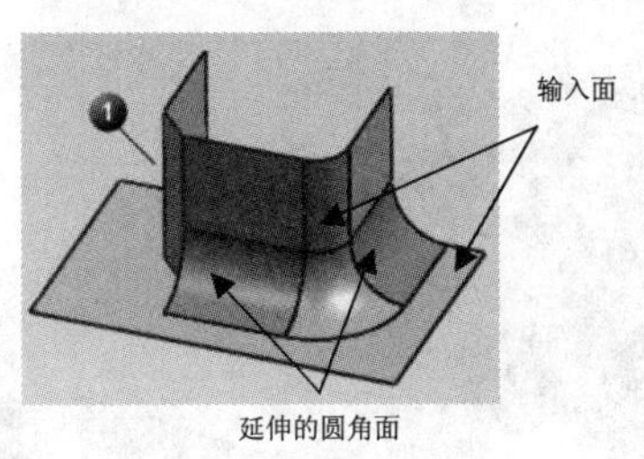

图 6-154

【在锐边终止】：如图 6-155 所示，不选择该复选框时，创建倒圆就像凹口不存在一样，然后使用凹口来修剪这个面；选择该复选框时，从定义面的最后一个边缘开始延伸倒圆，这样，倒圆就不会遇到锐边。

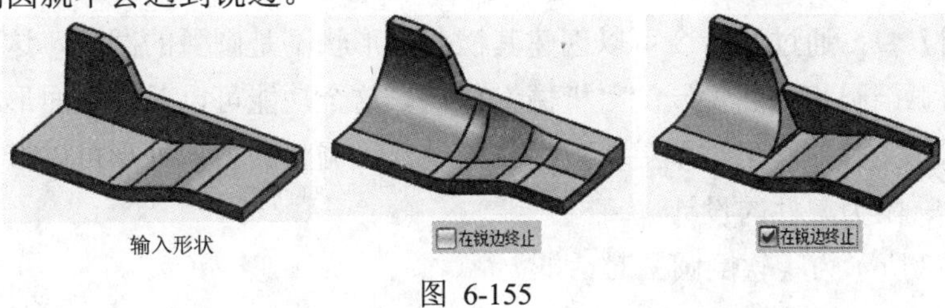

图 6-155

【移除自相交】：在某些情况下，定义的面链引起倒圆产生自相交。利用此选项可以

让系统自动用一补片代替那些区。补片区不是由滚动球产生的倒圆真实表示，但它相切到它连接的所有面。此选项仅当【类型】设置为【滚动球】时才可用。

【例 6-25】创建面倒圆

	多媒体文件：\video\ch6\6-25.avi
	源文件：\part\ch6\6-25.prt
	操作结果文件：\part\ch6\finish\6-25.prt

(1) 打开文件“\part\ch6\6-25.prt”。

(2) 选择【插入】|【细节特征】|【面倒圆】命令，系统弹出【面倒圆】对话框。

(3) 选择【类型】为【滚动球】。

(4) 选择如图 6-156 所示的面链 1 和面链 2，注意矢量方向。

(5) 单击【约束和限制几何体】选项区域中的【选择相切曲线】，选择如图 6-156 所示的曲线，并选择【相切曲线】在【在第一条链上】。

(6) 其余选项保持默认设置。

(7) 单击【确定】按钮，结果如图 6-157 所示。

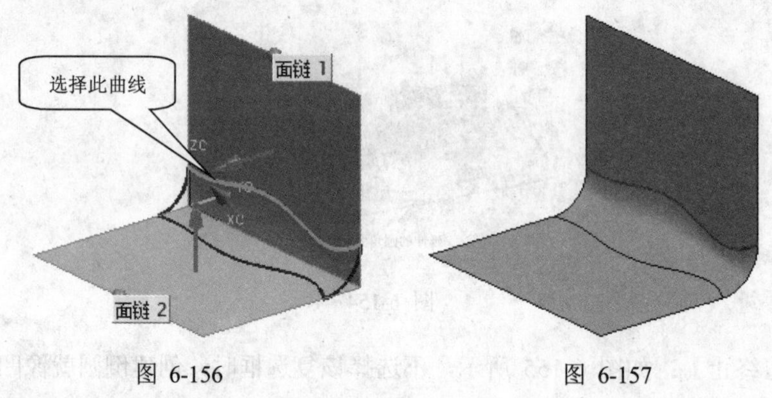

图 6-156　　图 6-157

3. 软倒圆

【软倒圆】：通过此命令可以创建其横截面形状不是圆弧的圆角，这可以帮助避免出现有时与圆弧倒圆相关的生硬的“机械”外观。这个功能可以对横截面形状有更多的控制，并允许创建比其他圆角类型更美观悦目的设计。调整圆角的外形可以产生具有更低重量或更好应力、阻力属性的设计。

如图 6-158 所示为【软倒圆】对话框。

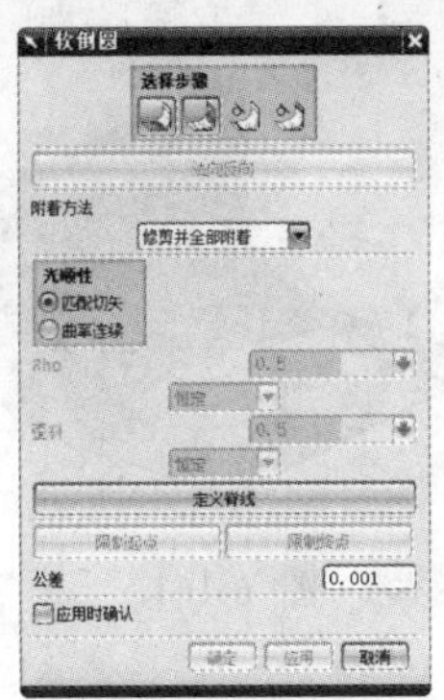

图 6-158

【例 6-26】创建软倒圆

	多媒体文件：\video\ch6\6-26.avi
	源文件：\part\ch6\6-26.prt
	操作结果文件：\part\ch6\finish\6-26.prt

(1) 打开文件“\part\ch6\6-26.prt”。

(2) 选择【插入】|【细节特征】|【软倒圆】命令，系统弹出【软倒圆】对话框。

(3) 选择如图 6-159 所示的曲面 1，单击中键确认。注意使面的法向指向圆角中心。如有必要使用【法向反向】改变面集的法向。

(4) 选择曲面 2，单击中键确认。

(5) 选择曲线 1，单击中键确认。

(6) 选择曲线 2，单击中键确认。

(7) 单击【定义脊线】按钮，选择脊线，再单击【确定】按钮。

(8) 设置如图 6-160 所示的各参数。

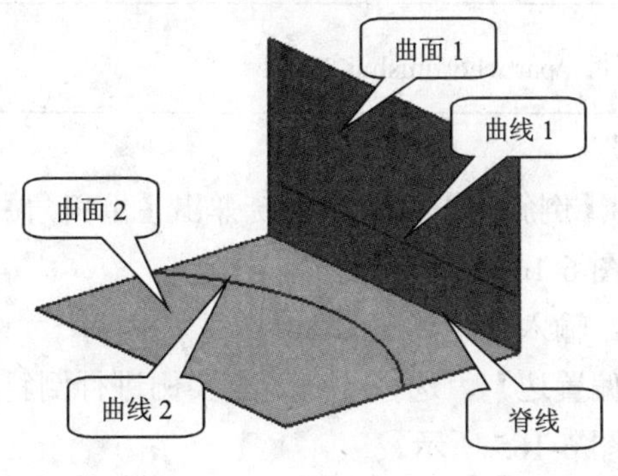

图 6-159

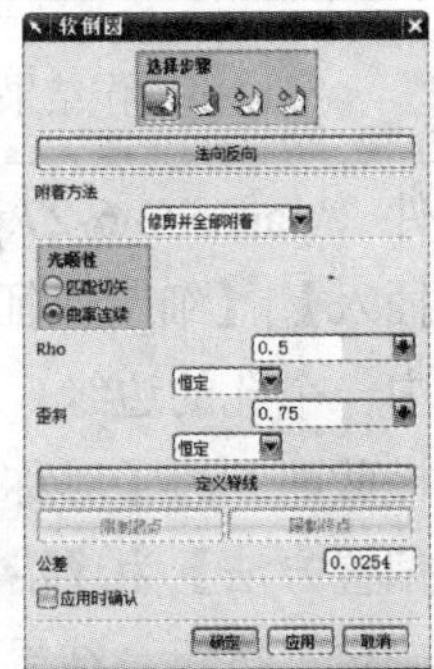

图 6-160

(9) 单击【确定】按钮，结果如图 6-161 所示。

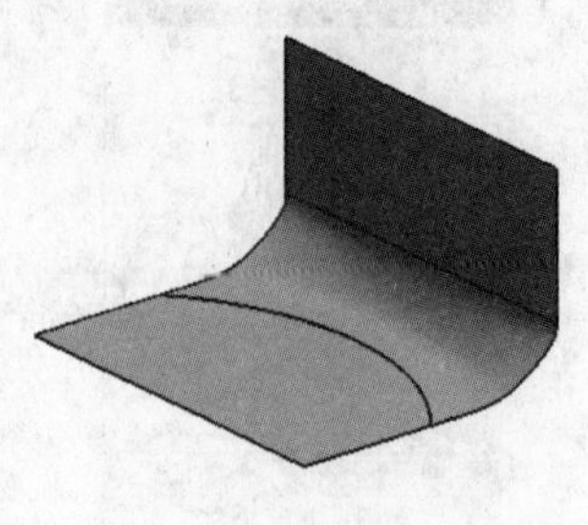

图 6-161

4. 倒斜角

【倒斜角】：通过此命令可以在实体上创建简单的斜边。

图 6-162 所示为【倒斜角】对话框。

【倒斜角】有三种类型：【对称】、【非对称】以及【偏置和角度】，如图 6-163 所示。

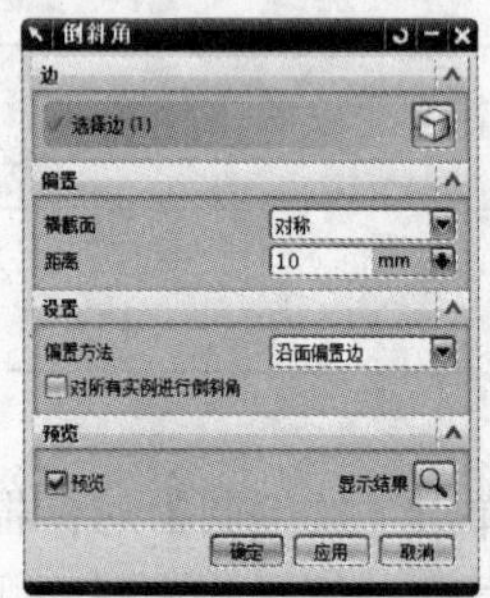

图 6-162

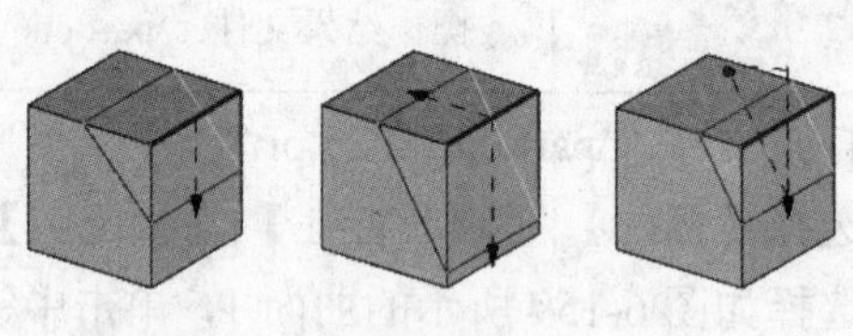

图 6-163

【例 6-27】创建倒斜角

	多媒体文件：\video\ch6\6-27.avi
	源文件：\part\ch6\6-27.prt
	操作结果文件：\part\ch6\finish\6-27.prt

(1) 打开文件“\part\ch6\6-27.prt”。

(2) 选择【插入】|【细节特征】|【倒斜角】命令，系统弹出【倒斜角】对话框。

(3) 选择其中一个孔的边缘，如图 6-164 所示。

(4) 设置【横截面】为【对称】，输入【距离】为 1。

(5) 设置【偏置方法】为【沿面偏置边】，选择【对所有实例进行倒斜角】复选框。

(6) 单击【确定】按钮，结果如图 6-165 所示。

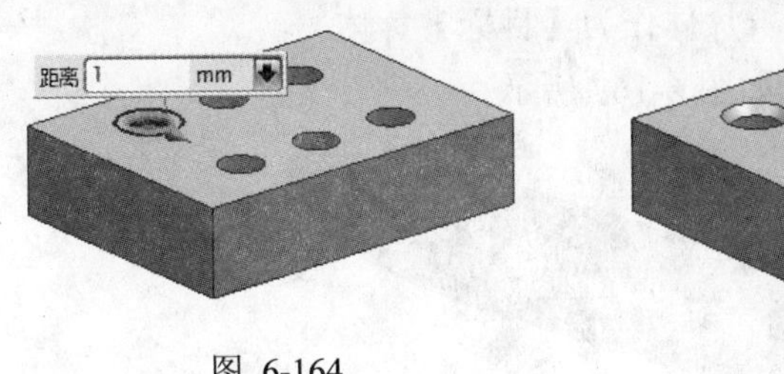

图 6-164

图 6-165

6.4.2　面操作

面操作包含的命令主要有【缝合】、【偏置面】和【补片】等。面操作通常要用到片体，一般是片体与片体之间的交互，或者片体与实体之间的交互。

1. 缝合

【缝合】：通过此命令可以将多个在距离公差范围内的片体连接在一起，形成一个整体。如果所有片体能形成一个封闭的区域，就自动变成实体，否则还是片体。

【缝合】有两种类型：【图纸页(片体)】和【实线(实体)】。实体的缝合通常用布尔运算。

图 6-166 所示为【缝合】对话框。

图 6-166

【例 6-28】缝合

	多媒体文件：\video\ch6\6-28.avi
	源文件：\part\ch6\6-28.prt
	操作结果文件：\part\ch6\finish\6-28.prt

(1) 打开文件“\part\ch6\6-28.prt”。

(2) 选择【插入】|【组合体】|【缝合】命令，系统弹出【缝合】对话框。

(3) 选择【类型】为【图纸页】。

(4) 选择如图 6-167 所示中任一片体作为【目标】片体。

(5) 框选所有要缝合的片体，如图 6-167 所示。

图 6-167

(6) 其余选项保持默认设置。

(7) 单击【确定】按钮，完成片体的缝合。

> 光标放在缝合体上，如果一起高亮显示，说明缝合成功。

2. 偏置面

【偏置面】：通过该命令可以沿面的法向偏置一个体的一个或多个面。如果体的拓扑不更改，可以根据正的或负的距离值偏置面。正的偏置距离沿垂直于面而指向远离实体方向的矢量测量。

图 6-168 所示为【偏置面】对话框。

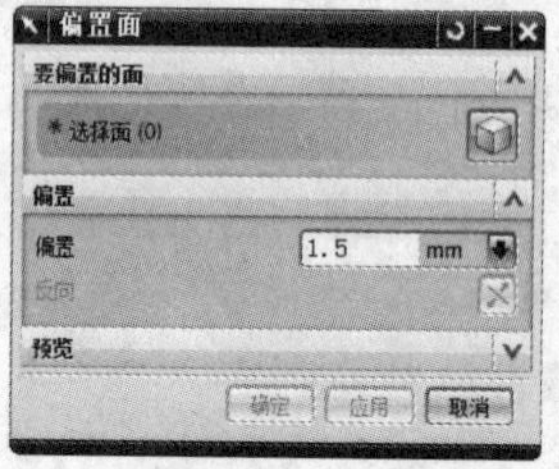

图 6-168

【例 6-29】创建偏置面

	多媒体文件：\video\ch6\6-29.avi
	源文件：\part\ch6\6-29.prt
	操作结果文件：\part\ch6\finish\6-29.prt

(1) 打开文件"\part\ch6\6-29.prt"。

(2) 选择【插入】|【偏置/缩放】|【偏置面】命令，系统弹出【偏置面】对话框。

(3) 选择如图 6-169 所示的 3 个面。

(4) 输入偏置距离为 1.5，如图 6-170 所示。

(5) 单击【确定】按钮，结果如图 6-171 所示。

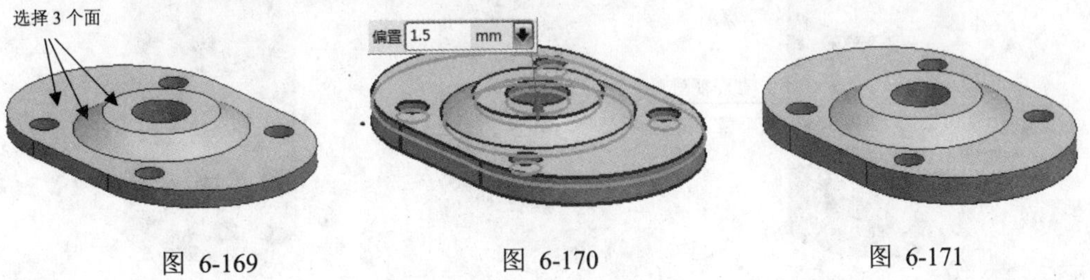

图 6-169　　图 6-170　　图 6-171

> 也可以对片体进行偏置，但片体偏置后原片体就不存在了。

3. 修补(补片)

【修补】：通过此命令可以将实体或片体的面替换为另一个片体的面，从而修改实体或片体。还可以把一个片体补到另一个片体上。

图 6-172 所示为【修补】对话框。

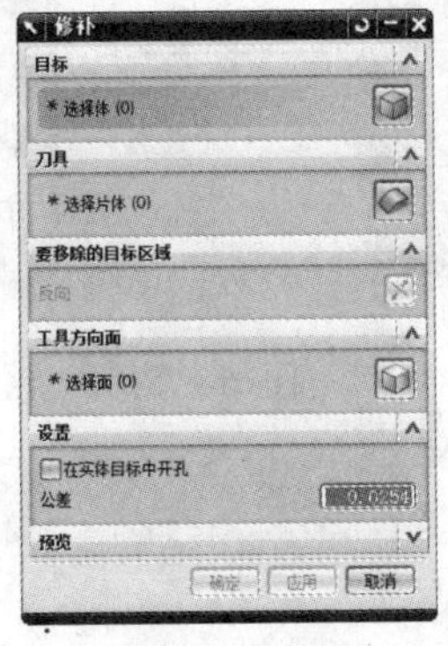

图 6-172

【例 6-30】创建补片

	多媒体文件：\video\ch6\6-30.avi
	源文件：\part\ch6\6-30.prt
	操作结果文件：\part\ch6\finish\6-30.prt

(1) 打开文件“\part\ch6\6-30.prt”，如图 6-173 所示，它由一个实体圆柱和片体球头组成。

(2) 选择【插入】|【组合体】|【补片】命令，系统弹出【修补】对话框。

(3) 选择圆柱体为目标体，选择球头为刀具体。

(4) 【要移除的目标区域】如图 6-174 中箭头所示。若箭头方向与图示方向相反，可单击【反向】按钮。

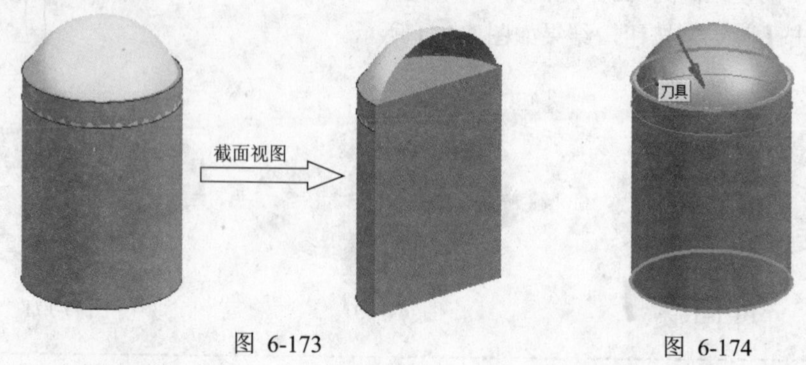

图 6-173　　图 6-174

(5) 其余选项保持默认设置。

(6) 单击【确定】按钮，结果如图 6-175 所示。

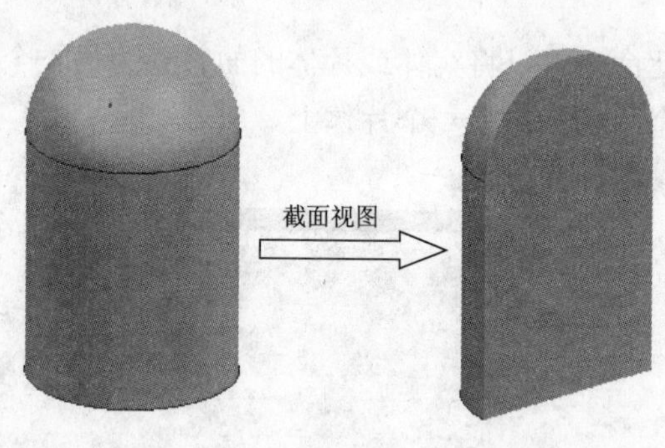

图 6-175

6.4.3　体操作

体操作主要是对现有实体进行系列操作，有时也需要片体作辅助。常见的体操作有【拔模】、【拔模体】、【抽壳】、【修剪体】、【拆分体】和【缩放体】等。

1. 拔模

【拔模】：通过此命令可以对一个部件上的一组或多组面从指定的固定对象开始应用斜率。

NX 具有两个拔模命令：【拔模】和【拔模体】。一般来说，这两个命令用于对模型、部件、模具或冲模的“竖直”面应用斜率，以便在从模具或冲模中拉出部件时，面向相互远离的方向移动，而不是沿彼此滑移。如图 6-176 所示，部件 1 未使用拔模，部件 2 使用了拔模。

【拔模】有【从平面】、【从边】、【与多个面相切】和【至分型边】四种类型。

【从平面】：从固定平面开始，与拔模方向成一定的拔模角度，对指定的实体进行拔模操作，如图 6-177 所示。

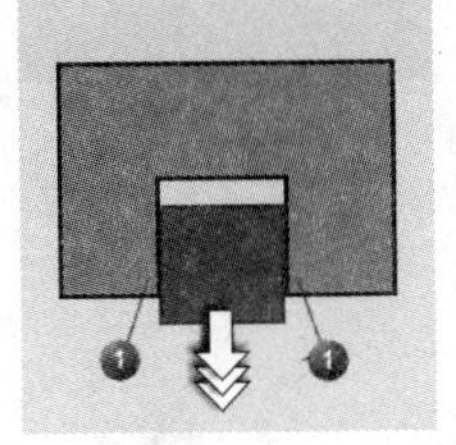
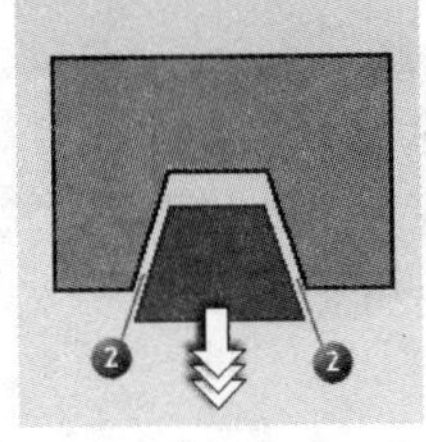

图 6-176

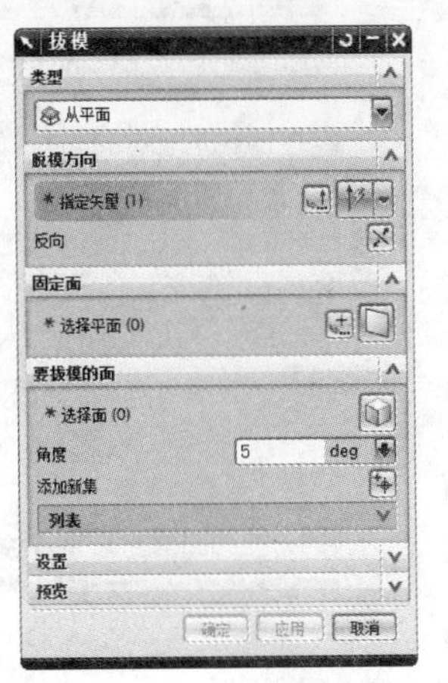

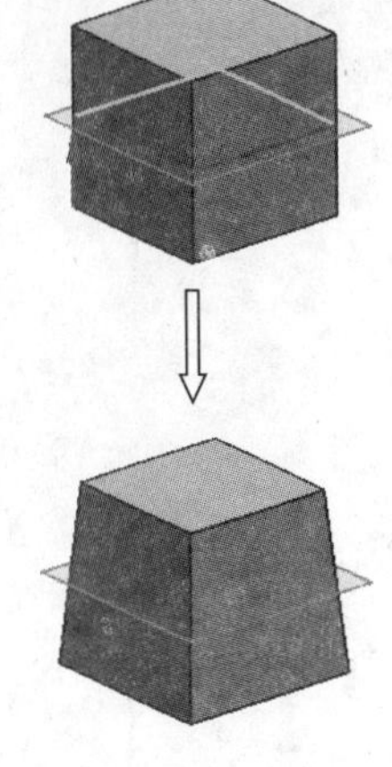

图 6-177

【从边】：从一系列实体的边缘开始，与拔模方向成一定的拔模角度，对指定的实体进行拔模操作，如图 6-178 所示。

【与多个面相切】：如果拔模操作需要在拔模操作后保持要拔模的面与邻近面相切，则可使用此类型。此处，固定边缘未被固定，而是移动的，以保持选定面之间的相切约束，如图 6-179 所示。

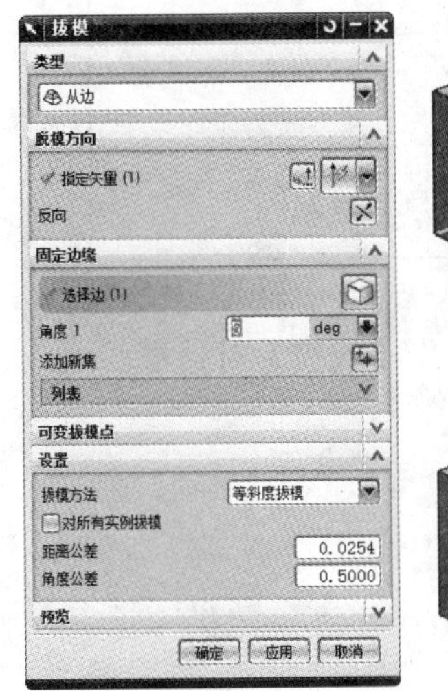

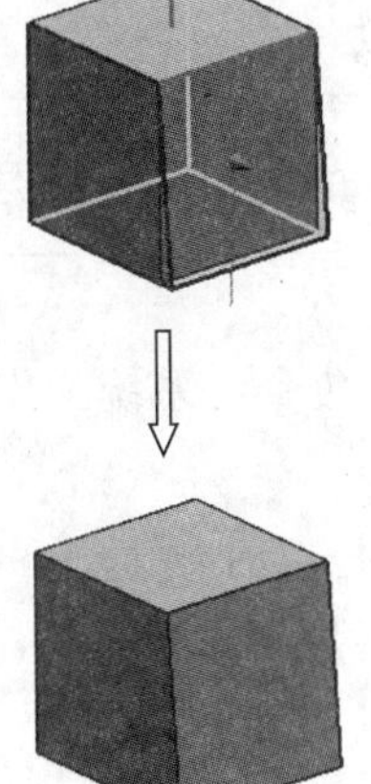

图 6-178

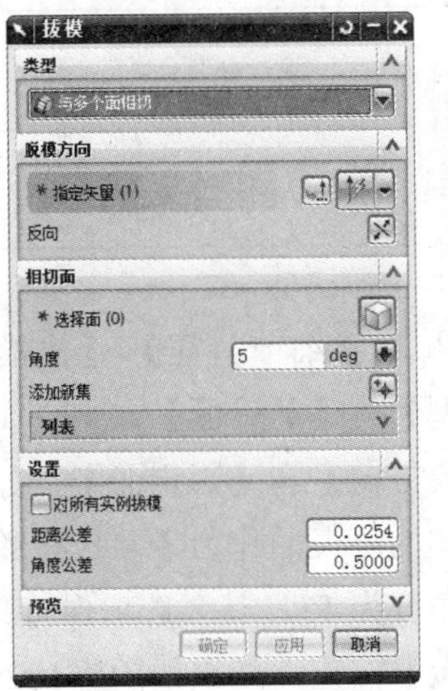

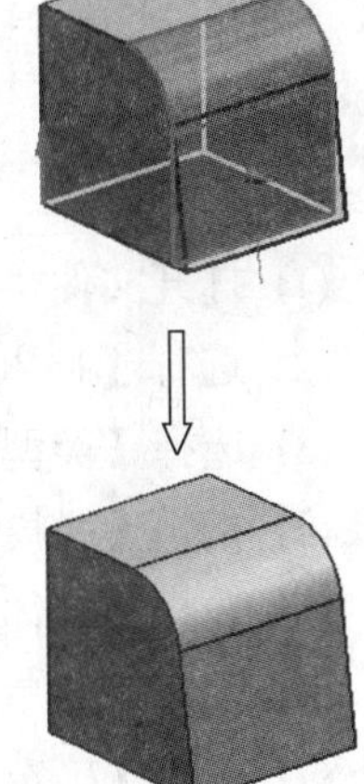

图 6-179

选择相切面时一定要将拔模面和相切面一起选中，这样才能创建拔模特征。

【至分型边】：主要用于分型线在一张面内，对分型线的单边进行拔模，如图 6-180 所示。

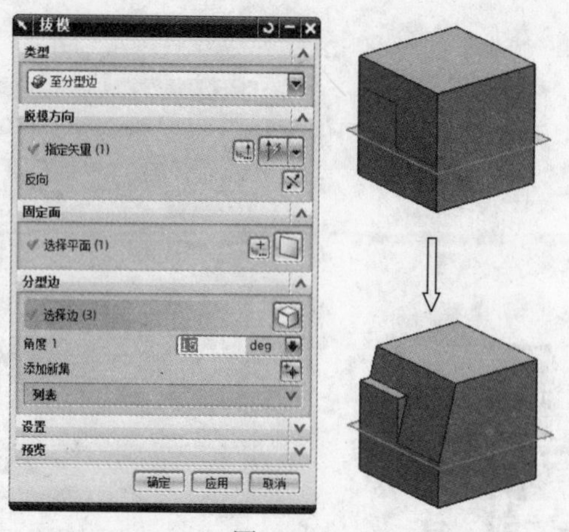

图 6-180

【例 6-31】从平面拔模

在创建拔模之前，必须通过【分割面】命令用分型线分割其所在的面。

	多媒体文件：\video\ch6\6-31.avi
	源文件：\part\ch6\6-31.prt
	操作结果文件：\part\ch6\finish\6-31.prt

(1) 打开文件“\part\ch6\6-31.prt”。

(2) 选择【插入】|【细节特征】|【拔模】命令，系统弹出【拔模】对话框。

(3) 选择【类型】为【从平面】。

(4) 指定【脱模方向】和【固定面】，如图 6-181 所示。

(5) 选择圆柱体的外表面作为【要拔模的面】。

(6) 输入拔模角度为 15，其余选项保持默认设置。

(7) 单击【确定】按钮，结果如图 6-182 所示。

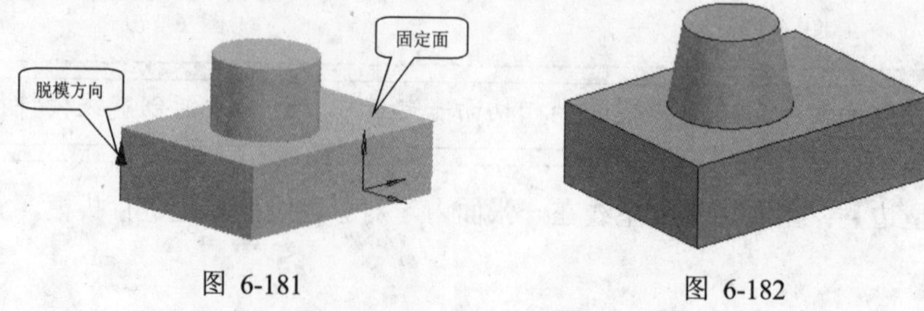

图 6-181　　图 6-182

【例 6-32】从边拔模

	多媒体文件：\video\ch6\6-32.avi
	源文件：\part\ch6\6-32.prt
	操作结果文件：\part\ch6\finish\6-32.prt

(1) 打开文件“\part\ch6\6-32.prt”。

(2) 选择【插入】|【细节特征】|【拔模】命令，系统弹出【拔模】对话框。

(3) 选择【类型】为【从边】。

(4) 指定【脱模方向】和【固定边缘】，如图 6-183 所示。

(5) 输入【角度 1】为 5。

(6) 选择【对所有实例拔模】复选框。

(7) 单击【确定】按钮，结果如图 6-184 所示。

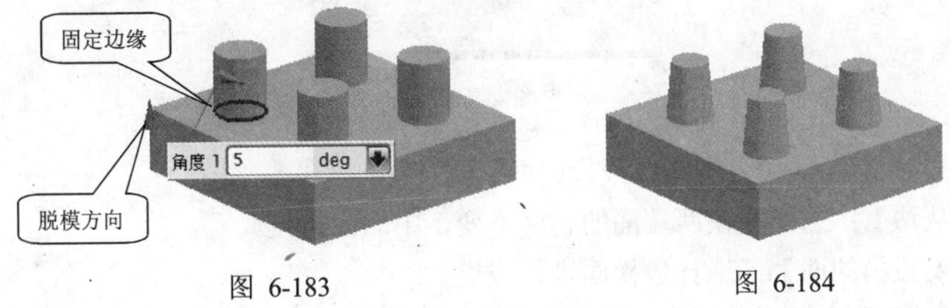

图 6-183　　　　图 6-184

2. 拔模体

【拔模体】：通过此命令可以在分型曲面或基准平面的两侧对模型进行拔模。

【拔模】命令具有限制，原因在于：对于要为部件添加材料的拔模情况，通常无法将分型边缘上面和下面的拔模面相匹配，即不能强制拔模面在指定的分型边缘处相遇，如图 6-185 所示。

【拔模体】命令提供【拔模】命令不具备的拔模匹配功能，以便拔模为部件添加材料时能在所需的分型边缘处相交，如图 6-186 所示。

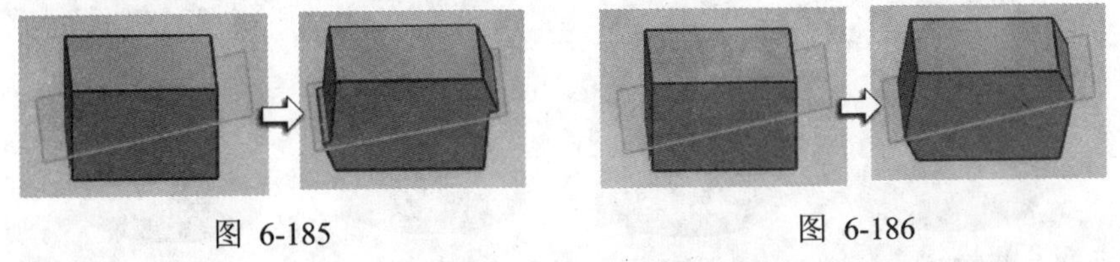

图 6-185　　　　图 6-186

除了在分型对象处匹配面之外，【拔模】和【拔模体】得到的结果相同。

图 6-187 所示为【拔模体】对话框，该对话框中各选项的意义如下所述。

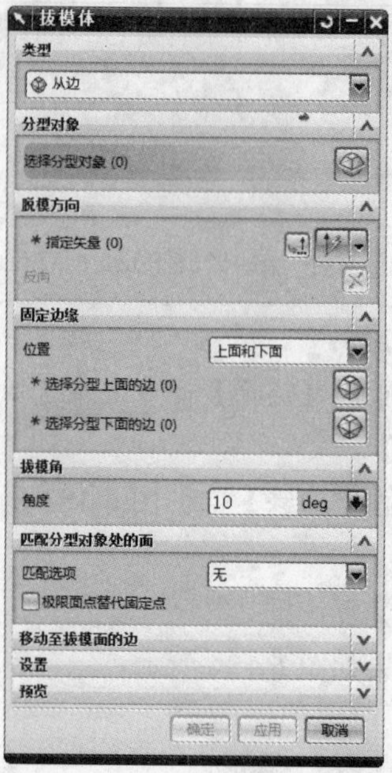

图 6-187

【类型】：有【从边】和【要拔模的面】两种。

- 【从边】：选择拔模两端面的轮廓不变，中间面拔模。
- 【要拔模的面】：选择拔模面进行拔模。

【分型对象】：指定分型片体或基准平面。只能选择一个分型对象。分型片体可以是平面片体或非平面片体。

【脱模方向】：指定拔模方向。如果选择了一个分型对象的基准平面，则默认拔模方向便为平面法向。否则，默认拔模方向为 Z 轴正向。

【固定边缘】：指定固定不变的边缘。

【位置】：有【上面和下面】、【仅分型上面】和【仅分型下面】三个选项，其效果如图 6-188 所示。

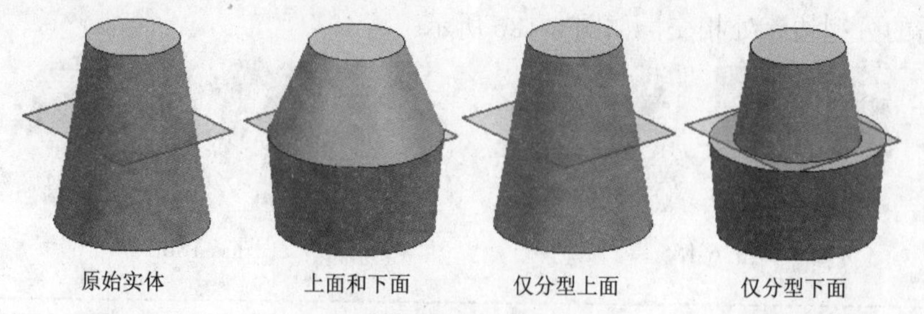

图 6-188

【选择分型上面的边】/【选择分型下面的边】：指定固定不变的参考边集。

【拔模角】：指定拔模角度。

【匹配分型对象处的面】：包含【匹配选项】和【极限面点替代固定点】两个选项。

- 【匹配选项】：有三种选择，即【无】、【全部匹配】、【匹配全部(选定的除外)】。使用此选项，可在必要时为分型片体处的相对拔模添加材料，以确保它们均匀相交。仅当在分型片体的两侧均指定了参考边或指定了要拔模的面时，才启用此选项。
- 【极限面点替代固定点】：可指定将每个面的最高点(距离分型对象最远的点)用于定义拔模的固定平面。当分型曲面(或平面)与要拔模的面相交时，在分型曲面的两侧都创建拔模。

【例 6-33】创建简单拔模体

	多媒体文件：\video\ch6\6-33.avi
	源文件：\part\ch6\6-33.prt
	操作结果文件：\part\ch6\finish\6-33.prt

(1) 打开文件“\part\ch6\6-33.prt”。

(2) 选择【插入】|【细节特征】|【拔模体】命令，系统弹出【拔模体】对话框。

(3) 选择【类型】为【从边】。

(4) 依次选择图 6-189 所示的【分型对象】和【脱模方向】。

(5) 设置【固定边缘】中的【位置】为【上面和下面】，依次选择图 6-189 所示的【分型上面的边】和【分型下面的边】。

(6) 输入拔模角度为 7。

(7) 设置【匹配选项】为【匹配全部】，其余选项保持默认设置。

(8) 单击【确定】按钮，结果如图 6-190 所示。

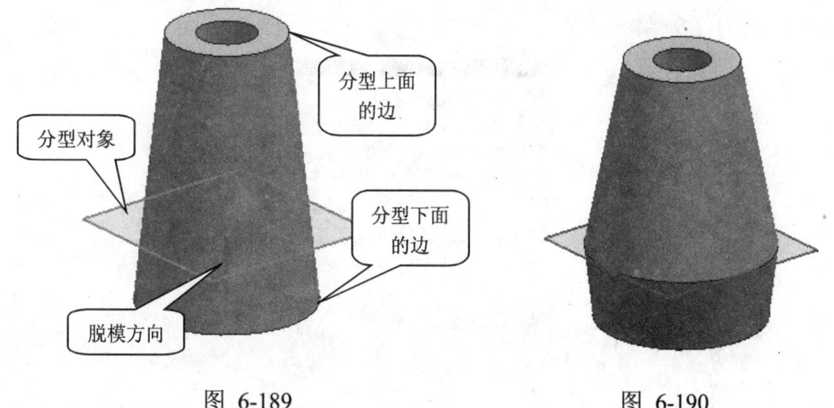

图 6-189　　　　图 6-190

【例 6-34】创建底切拔模体

	多媒体文件：\video\ch6\6-34.avi
	源文件：\part\ch6\6-34.prt
	操作结果文件：\part\ch6\finish\6-34.prt

(1) 打开文件“\part\ch6\6-34.prt”。

(2) 选择【插入】|【细节特征】|【拔模体】命令，系统弹出【拔模体】对话框。

(3) 选择【类型】为【要拔模的面】。

(4) 使用【矢量构造器】中的【两点】方法指定拔模方向，如图 6-191 所示。

(5) 选择如图 6-192 所示的面为【要拔模的面】。

(6) 输入拔模角度为 5。

(7) 单击【确定】按钮，结果如图 6-193 所示。

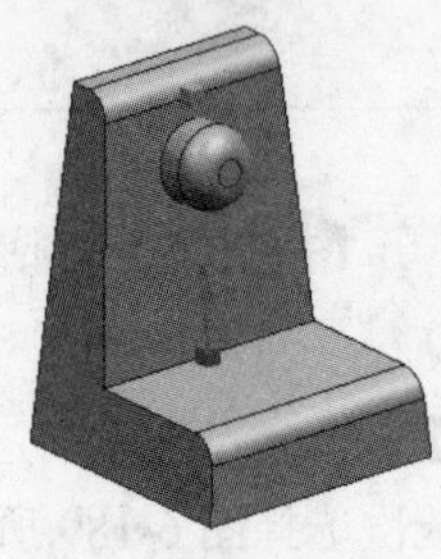

图 6-191

图 6-192

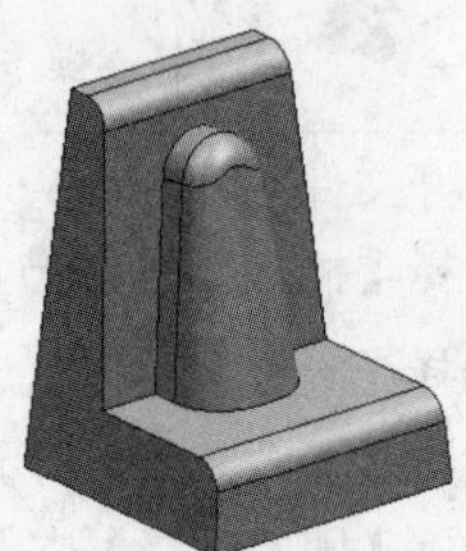

图 6-193

3. 抽壳

【抽壳】：通过此命令可以根据指定的壁厚值抽空实体或在其四周创建壳体。在此操作中，薄壁实体各处的厚度既可以完全相等，也可以不完全相等。

图 6-194 所示为【壳单元】对话框。

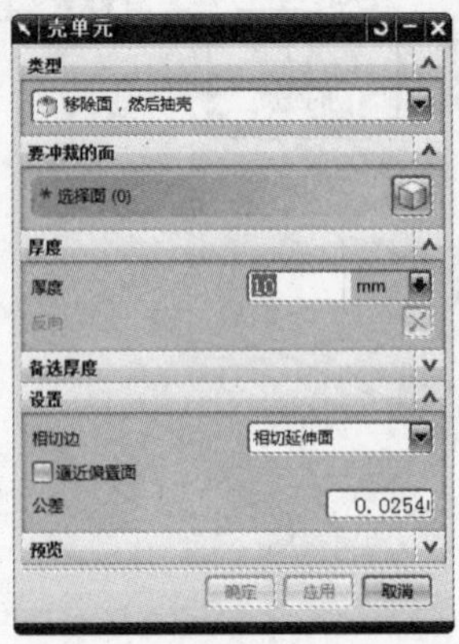

图 6-194

【例 6-35】抽壳所有面

	多媒体文件：\video\ch6\6-35.avi
	源文件：\part\ch6\6-35.prt
	操作结果文件：\part\ch6\finish\6-35.prt

(1) 打开文件"\part\ch6\6-35.prt"。

(2) 选择【插入】|【偏置/缩放】|【抽壳】命令，系统弹出【壳单元】对话框。

(3) 选择【类型】为【抽壳所有面】。

(4) 选择图 6-195 所示的实心立方体。

(5) 输入厚度为 3，注意箭头方向。

(6) 单击【确定】按钮，结果如图 6-196 所示。

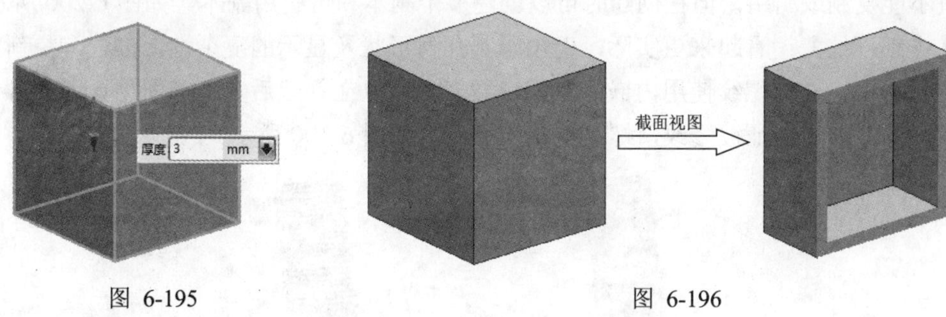

图 6-195　　　　图 6-196

【例 6-36】创建变化厚度抽壳

	多媒体文件：\video\ ch6\ 6-36.avi
	源文件：\part\ch6\6-36.prt
	操作结果文件：\part\ch6\finish\6-36.prt

(1) 打开文件"\part\ch6\6-36.prt"。

(2) 选择【插入】|【偏置/缩放】|【抽壳】命令，系统弹出【壳单元】对话框。

(3) 选择【类型】为【移除面，然后抽壳】。

(4) 在【要冲裁的面】中选择如图 6-197 所示的四个面，并输入厚度为 3。

(5) 在【备选厚度】中选择如图 6-198 所示的面，并输入厚度为 6。

(6) 单击【确定】按钮，结果如图 6-199 所示。

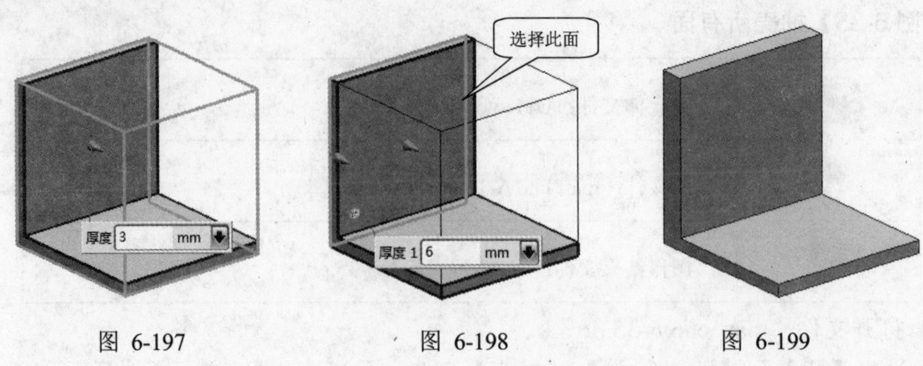

图 6-197　　图 6-198　　图 6-199

4. 螺纹

【螺纹】：通过此命令可以在具有圆柱面的特征上生成【符号螺纹】或【详细螺纹】。

【符号螺纹】：以虚线圆的形式显示在要攻螺纹的一个或几个面上。符号螺纹使用外部螺纹表文件(可以根据特殊螺纹要求来定制这些文件)，以确定默认参数。符号螺纹一旦创建就不能复制或引用，但在创建时可以创建多个副本和可引用副本，如图 6-200 所示。

【详细螺纹】：看起来更实际，但由于其几何形状及显示的复杂性，创建和更新的时间都要长得多。详细螺纹使用内嵌的默认参数表，可以在创建后复制或引用。详细螺纹是完全关联的，如果特征被修改，螺纹也相应更新，如图 6-200 所示。

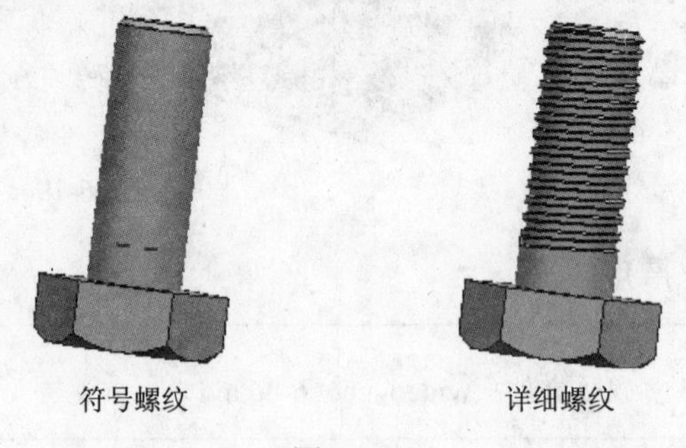

图 6-200

【符号螺纹】的计算量小，生成及显示快，推荐使用。【详细螺纹】看起来更真实，但由于计算量大，导致生成及显示缓慢，建议不要使用。

5. 修剪体

【修剪体】：通过此命令可以将实体一分为二，保留一边而切除另一边，并且仍然保留参数化模型。其中修剪的实体和用来修剪的基准面或片体相关，实体修剪后仍然是参数化实体，并保留实体创建时的所有参数。

【例 6-37】修剪体

	多媒体文件：\video\ch6\6-37.avi
	源文件：\part\ch6\6-37.prt
	操作结果文件：\part\ch6\finish\6-37.prt

(1) 打开文件“\part\ch6\6-37.prt”。

(2) 选择【插入】|【修剪】|【修剪体】命令，系统弹出【修剪体】对话框。

(3) 选择图 6-201 所示的长方体为目标体。

(4) 选择片体作为刀具体，注意箭头的指向，必要时可以使用【反向】按钮，如图 6-202 所示。

(5) 单击【确定】按钮，结果如图 6-203 所示。

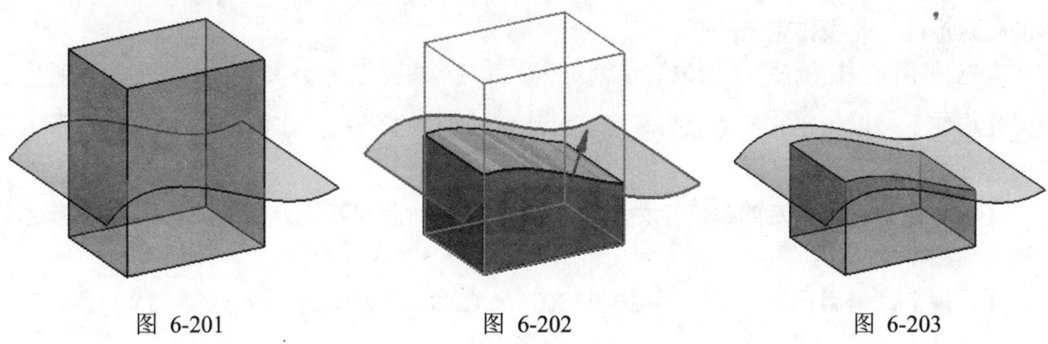

图 6-201　　图 6-202　　图 6-203

6. 拆分体

【拆分体】：通过此命令可以用面、基准平面或其他几何体将目标实体分割成多个体。拆分体操作与修剪体操作完全一样，如图 6-204 所示为拆分前后对比(右图隐藏了分割面)。

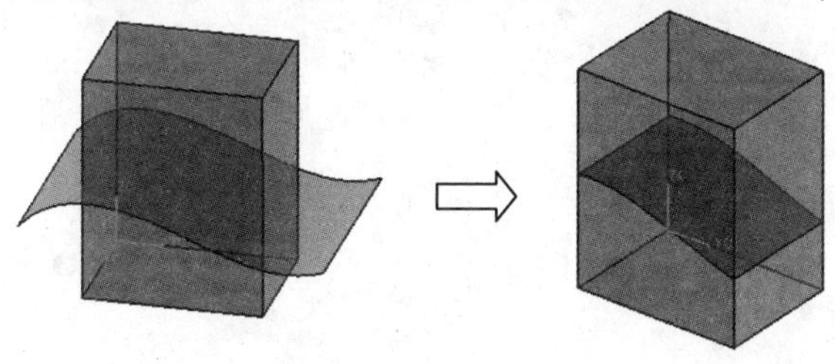

图 6-204

> 分割的对象一定要比被分割的对象要大。简单将分割对象比喻成一把刀，这把刀一定要比被割的东西要大。

7. 包裹几何体

【包裹几何体】：通过计算要围绕实体的实体包络体，用平面的凸多面体有效地“收缩包裹”，从而简化了详细模型，如图 6-205 所示。原先的模型可以由任意数量的实体、片体、曲线和点组成。

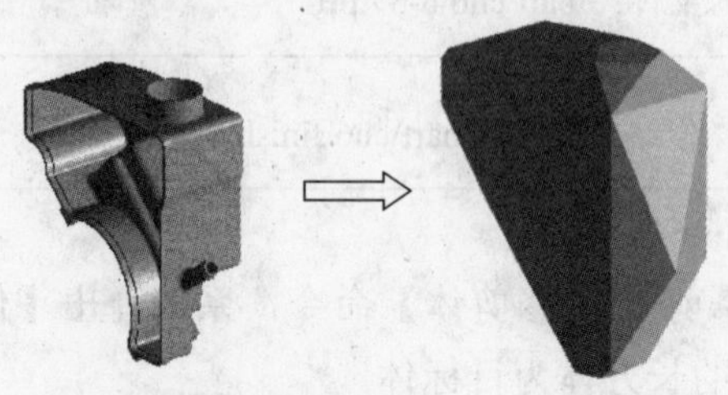

图 6-205

8. 缩放体

【缩放体】：通过此命令可以缩放实体和片体。缩放应用于几何体而不用于组成该体的独立特征。此操作完全关联。

有三种不同的比例法：【均匀】、【轴对称】和【常规】三种，其效果如图 6-206 所示。

【均匀】：以指定的参考点为基点，对选定的模型按照统一比例沿着 XC、YC 和 ZC 方向进行缩放。

【轴对称】：以指定的参考点为基点，通过控制轴向和其他方向缩放比例，对选定模型进行缩放。

【常规】：采用不同的比例分别控制 XC、YC 和 ZC 方向的缩放。

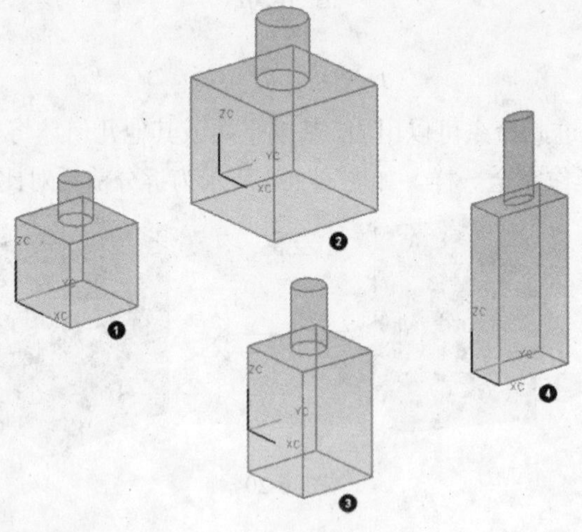

❶ 调整比例之前的模型

❷ 均匀比例之后的模型，比例因子为 1.5

❸ 轴对称调整比例之后的模型，沿轴的比例因子为 1.5，其他方向是 1

❹ 常规调整比例之后的模型，X、Y 和 Z 比例因子分别为 0.5、1 和 2

图 6-206

在执行轴向比例操作时，其他方向得是与轴向垂直的方向，或称为径向。

6.4.4　布尔操作

布尔运算通过对两个以上的实体或片体进行并集、差集、交集运算，从而得到新的物体形态。在 UG NX 中，系统提供了 3 种布尔运算方式，即【求和】、【求差】和【求交】。

【求和】：将两个或两个以上的实体组合成一个新的实体。目标体和工具体必须重叠或共享面，这样才会生成有效的实体，如图 6-207 所示。

【求差】：从目标体中减去刀具体的体积，即将目标体中与刀具体相交的部分去掉，从而生成一个新的实体，如图 6-208 所示。

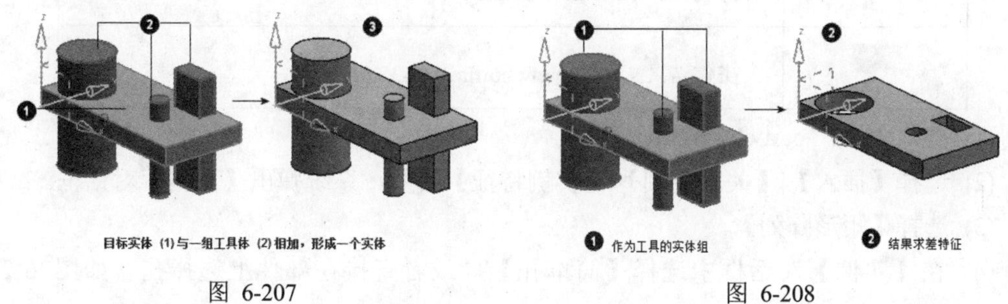

图 6-207　　　　图 6-208

【求交】：截取目标体与刀具体的公共部分构成新的实体，如图 6-209 所示。

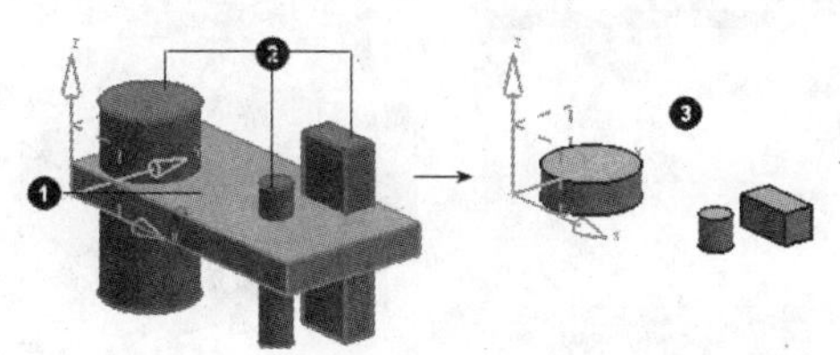

图 6-209

6.4.5　实例特征

【实例特征】：根据现有特征生成一个或多个特征组。实例化的特征必须位于目标体内。如果正在实例化目标体本身，则在创建实例时，每个实例必须相交。

图 6-210 所示为【实例】对话框。

有三种实例操作：【矩形阵列】、【圆形阵列】和【图样面】。

【矩形阵列】：将指定的特征平行于 XC 轴和 YC 轴复制成二维或一维的矩形阵列。

【圆形阵列】：将指定的特征绕指定轴线复制成圆形阵列。

【图样面】：不仅可以关联复制辅助特征，而且可以关联复制独立特征，包括一个面或单一图素。关联复制方法包括矩形阵列、圆形阵列和镜像。

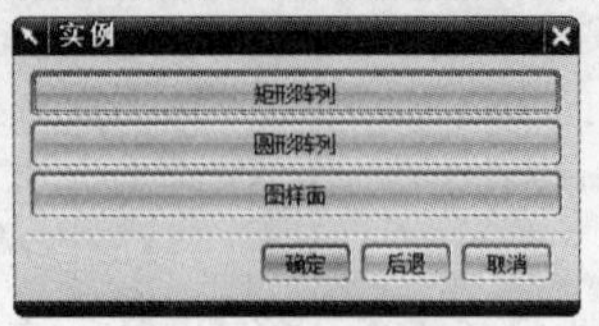

图 6-210

【例 6-38】矩形阵列

	多媒体文件：\video\ch6\6-38.avi
	源文件：\part\ch6\6-38.prt
	操作结果文件：\part\ch6\finish\6-38.prt

(1) 打开文件“\part\ch6\6-38.prt”。

(2) 选择【插入】|【关联复制】|【实例特征】命令，系统弹出【实例】对话框。

(3) 选择【矩形阵列】。

(4) 在【实例】对话框中选择【简单孔】，或者直接在部件上选择孔，如图 6-211 所示。

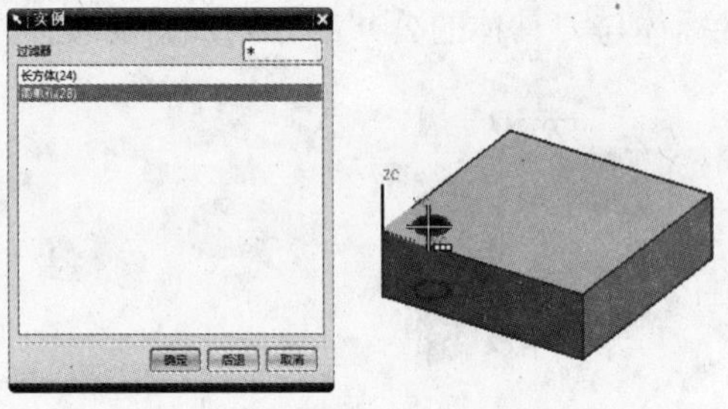

图 6-211

(5) 单击【确定】按钮，系统弹出【输入参数】对话框，输入如图 6-212 所示的各参数。

(6) 单击【确定】按钮，系统弹出如图 6-213 所示的【创建实例】对话框，并出现如图 6-214 所示的预览效果。

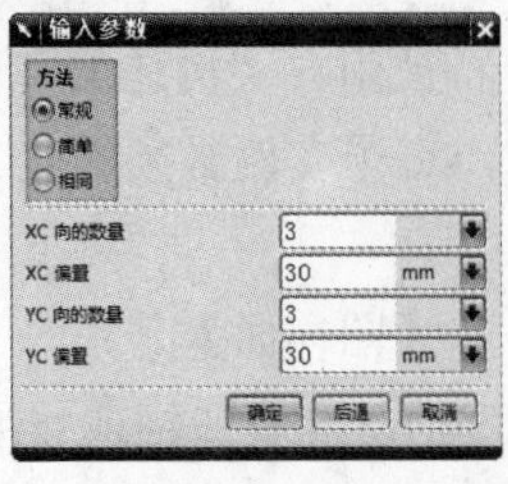

图 6-212

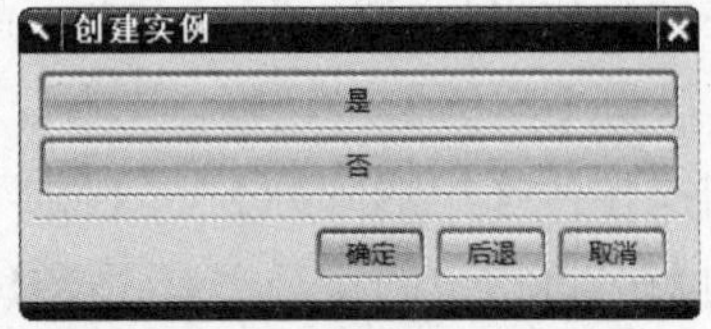

图 6-213

(7) 单击【是】按钮，完成阵列，结果如图 6-215 所示。

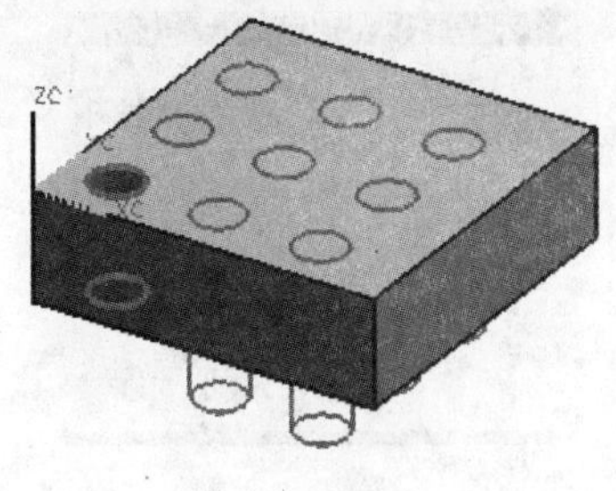

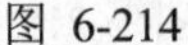

图 6-214

图 6-215

在创建矩形阵列特征时，注意配合坐标系的调整，因为矩形阵列特征只能在 XC-YC 平面或其平行平面内进行。

【例 6-39】圆形阵列

	多媒体文件：\video\ch6\6-39.avi
	源文件：\part\ch6\6-39.prt
	操作结果文件：\part\ch6\finish\6-39.prt

(1) 打开文件“\part\ch6\6-39.prt”。

(2) 选择【插入】|【关联复制】|【实例特征】命令，系统弹出【实例】对话框。

(3) 选择【圆形阵列】。

(4) 在【实例】对话框中选择【凸台】，或者直接在部件上选择凸台，如图 6-216 所示。

(5) 单击【确定】按钮，系统弹出【实例】对话框，输入如图 6-217 所示的各参数。

(6) 单击【确定】按钮，系统弹出如图 6-218 所示的【实例】对话框。

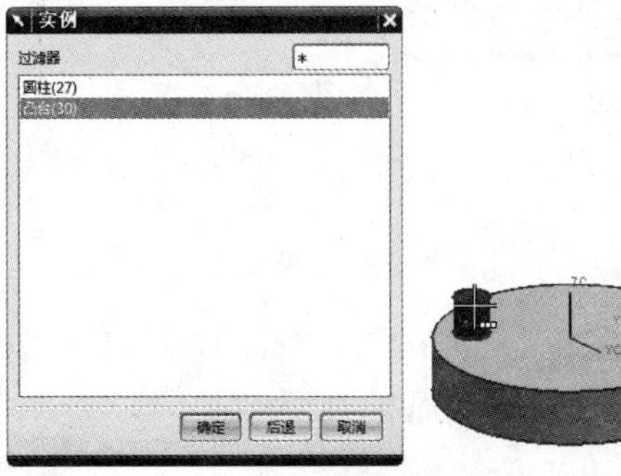

图 6-216

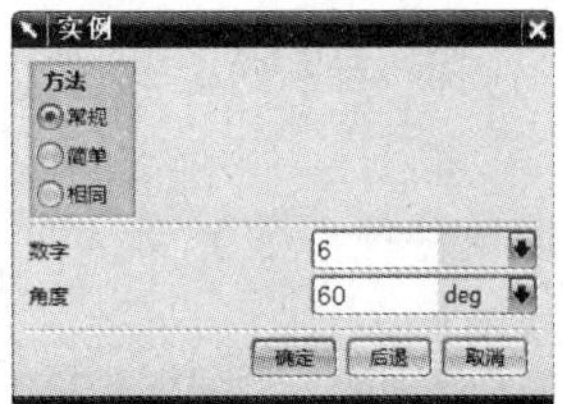

图 6-217

(7) 单击【点和方向】按钮，系统弹出如图 6-129 所示的【矢量】对话框。

(8) 矢量【类型】保持默认设置，选择如图 6-220 所示圆柱体边缘，单击【确定】按钮，系统弹出【点】对话框。

图 6-218

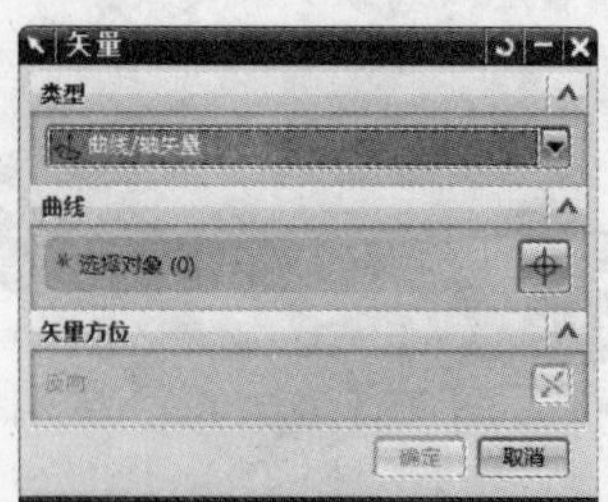

图 6-219

(9) 默认的点为坐标原点，故直接单击【确定】按钮。系统弹出如图 6-213 所示的【创建实例】对话框。

(10) 单击【确定】按钮，结果如图 6-221 所示。

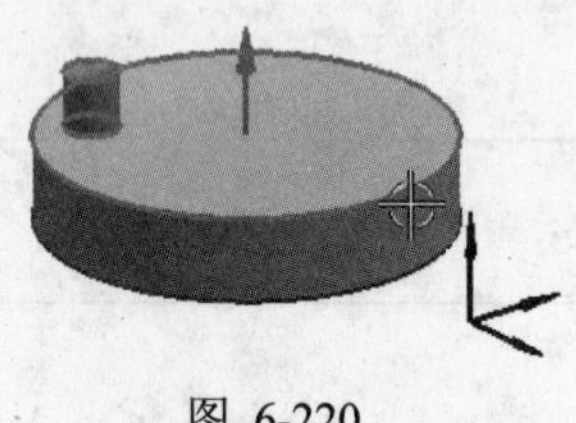

图 6-220

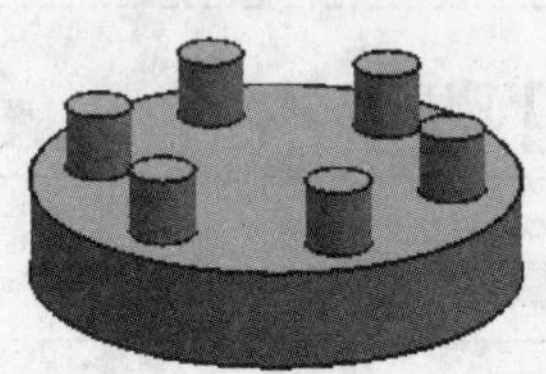

图 6-221

6.5 特征编辑

初步建立起来的实体模型不一定符合要求，有时还需要进一步的调整和编辑。图 6-222 所示为【编辑特征】工具条。

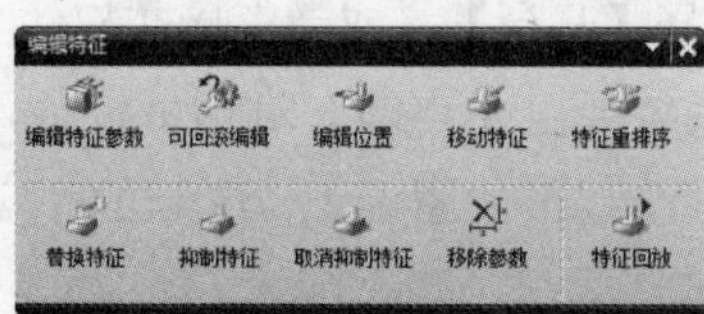

图 6-222

6.5.1 编辑特征参数

【编辑特征参数】：通过此命令可以重新定义任何参数化特征的参数值，并使模型重新反映所做的修改。另外，还可以改变特征放置面和特征的类型。

6.5.2 编辑位置

【编辑位置】：通过此命令可以修改孔、凸台、凸垫、腔体、键槽、割槽等特征的

位置。可以进行的操作有【编辑尺寸值】、【添加尺寸】和【删除尺寸】。

【例 6-40】编辑位置

	多媒体文件：\video\ch6\6-40.avi
	源文件：\part\ch6\6-40.prt
	操作结果文件：\part\ch6\finish\6-40.prt

(1) 打开文件“\part\ch6\6-40.prt”。

(2) 选择【编辑】|【特征】|【编辑位置】命令，系统弹出【编辑位置】对话框，如图 6-223 所示。

(3) 选择【凸台】，单击【确定】按钮，系统弹出如图 6-224 所示的对话框。

图 6-223

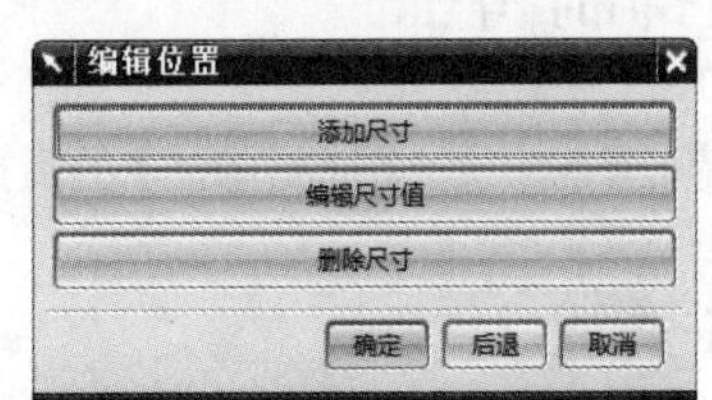

图 6-224

(4) 单击【编辑尺寸值】按钮，系统弹出【编辑表达式】对话框，如图 6-225 所示，将尺寸值由原来的 0 改为 2，单击【确定】按钮。

(5) 系统弹出如图 6-224 所示的对话框，单击【确定】按钮。

(6) 系统弹出如图 6-223 所示的对话框，单击【确定】按钮，结果如图 6-226 所示。

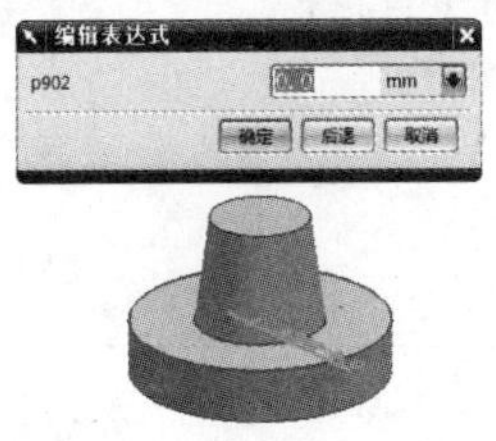

图 6-225

图 6-226

6.5.3 抑制特征

【抑制特征】：通过此命令可以抑制选取的特征，即暂时在图形窗口中不显示特征。这有很多好处：

(1) 减小模型的大小，使之更容易操作，尤其当模型相当大时，加速了创建、对象选择、编辑和显示时间。

(2) 在进行有限元分析前隐藏一些次要特征以简化模型，被抑制的特征不进行网格划分，可加快分析的速度，而且对分析结果也没多大的影响。

(3) 在建立特征定位尺寸时，有时会与某些几何对象产生冲突，这时可利用特征抑制操作。若要利用已经建立倒圆的实体边缘线来定位一个特征，就不必要删除倒圆特征，新特征建立以后再取消抑制被隐藏的倒圆特征即可。

（1）如果编辑时【延迟更新】处于活动状态，则不可用。

（2）实际上，抑制的特征依然存在于数据库里，只是将其从模型中删除了。因为特征依然存在，所以可以用【取消抑制特征】调用它们。

（3）设计中，最好不要在【抑制特征】位置创建新特征。

6.5.4 取消抑制特征

【取消抑制特征】：是【抑制特征】的反操作，即在图形窗口重新显示被抑制了的特征。

6.5.5 移除参数

【移除参数】：使用此命令，将删除实体特征的参数。该命令一般只用于不再修改也不希望修改的最终定型了的模型。

6.5.6 移动特征

【移动特征】：使用此命令可以移动尚未定位的特征。

【例 6-41】移动特征

	多媒体文件：\video\ch6\6-41.avi
	源文件：\part\ch6\6-41.prt
	操作结果文件：\part\ch6\finish\6-41.prt

(1) 打开文件“\part\ch6\6-41.prt”。

(2) 选择【编辑】|【特征】|【移动】命令，系统弹出【移动特征】对话框，如图 6-227 所示。

(3) 在该对话框中选择【凸台】，或直接在绘图区域选择凸台。

(4) 单击【确定】按钮，系统弹出【移动特征】对话框，如图 6-228 所示，单击【至一点】按钮。

(5) 系统弹出【点】对话框，选择凸台底面圆心作为参考点，如图 6-229 所示。

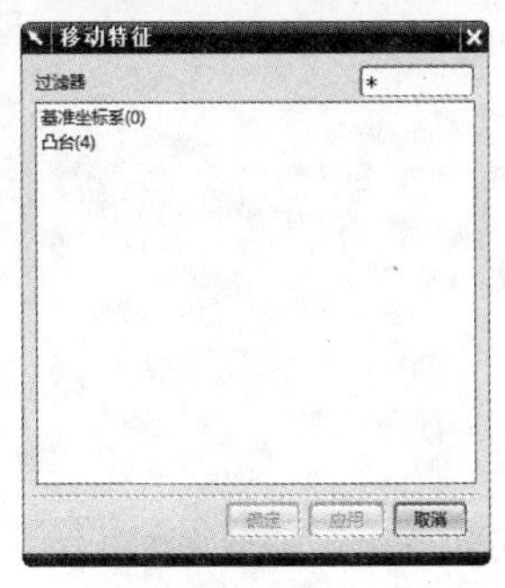

图 6-227

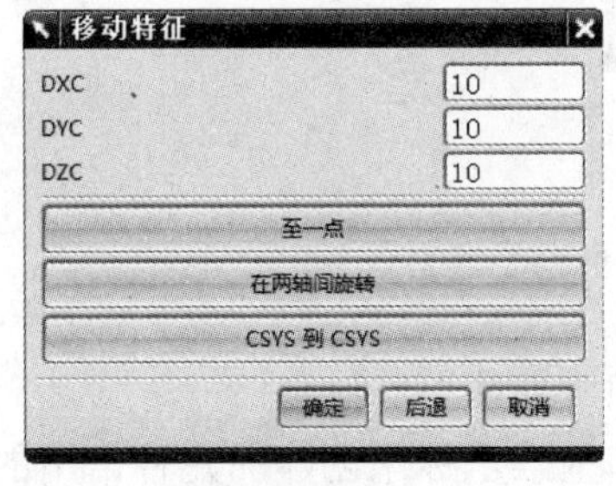

图 6-228

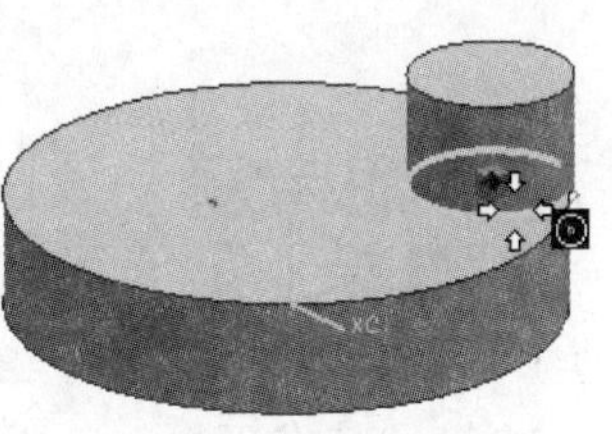

图 6-229

(6) 系统再次弹出【点】对话框，选择圆柱体顶面圆心作为目标点，如图 6-230 所示。

(7) 结果如图 6-231 所示。

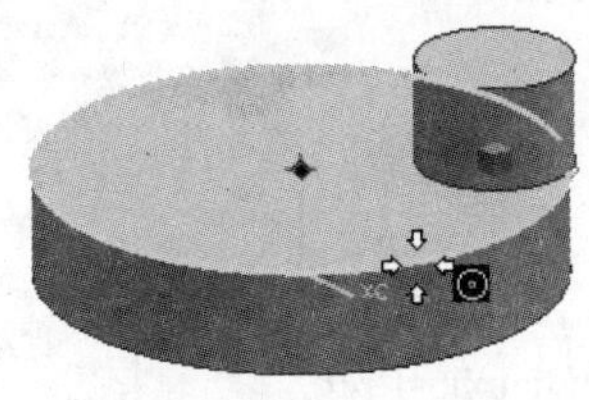

图 6-230

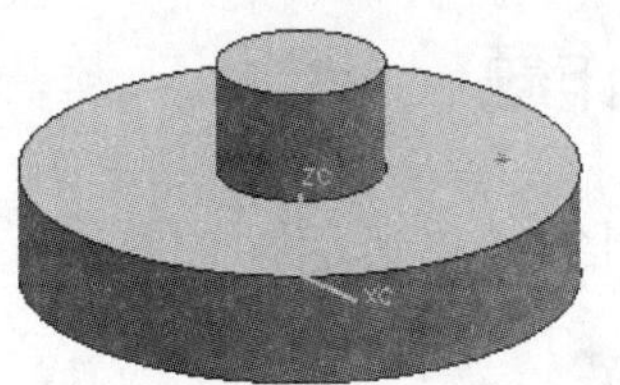

图 6-231

6.5.7　特征重排序

【特征重排序】：通过此命令可以调整特征的建立顺序，使其提前或延后。

通常，在建立特征时，系统会根据特征的建立时间依次排序，即在特征名称后的括号内显示其建立顺序号，也称为特征建立的时间标记，这在部件导航器中有明确表示。一旦特征的建立顺序改变了，其相应的建立时间标记也随之改变。

【特征重排序】最便捷的方法是在部件导航器中选中特征以后，用鼠标直接上下拖动。

> 需要注意的是，改变特征的建立顺序可能会改变模型的形状，并可能出错。因此，应当谨慎使用。

6.6　本章小结

本章详细讲述了特征创建、特征操作和特征编辑的方法，其范围涵盖了基准特征、基本体素特征、成形特征和扫描特征中各种常用的命令，并结合实例介绍了大部分命令的操作方法。造型的本质就是特征及特征操作，因此，读者需要完全掌握本章的知识，并且通过实践以达到熟练的程度。

6.7 思考与练习题

6.7.1 思考题

1. 基本体素特征有哪些？如何创建？
2. 简述基准平面、基准轴和基准坐标系创建的几种常用的方法。
3. 简述创建成形特征的通用步骤。
4. 列举拔模的 4 种方式。
5. 布尔操作有哪几种类型？各有什么作用？

6.7.2 操作题

1. 设计如图 6-232 所示的实体。

	操作结果文件：\part\ch6\finish\lianxi6-1.prt

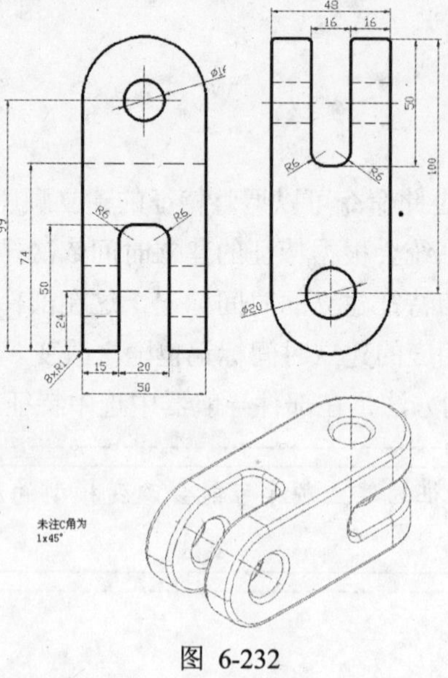

图 6-232

2. 设计如图 6-233 所示的实体。

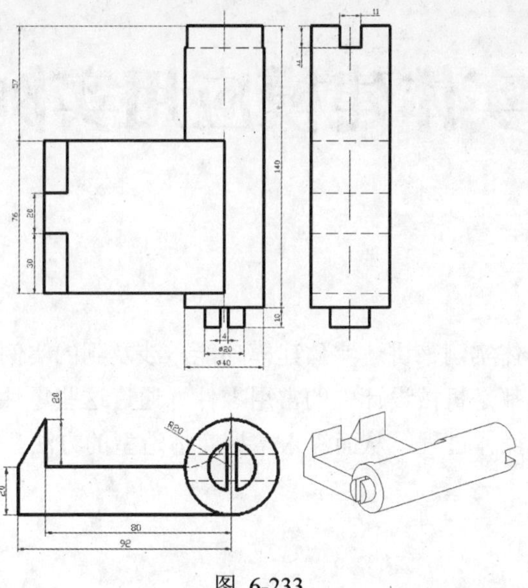

图　6-233

	操作结果文件：\part\ch6\finish\lianxi6-2.prt

3. 设计如图 6-234 所示的实体。

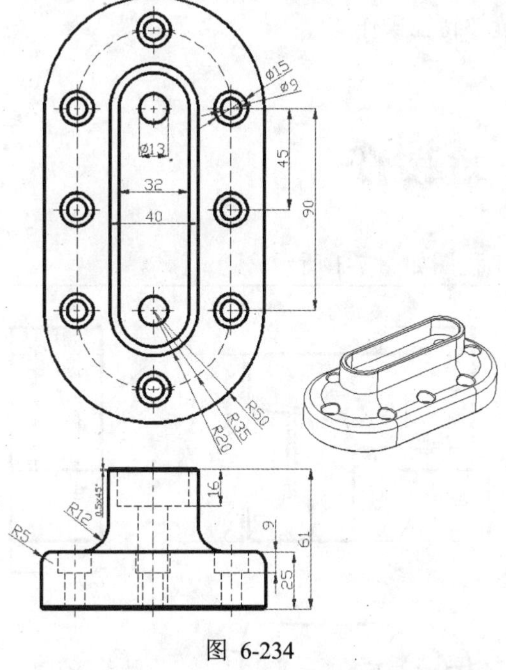

图　6-234

	操作结果文件：\part\ch6\finish\lianxi6-3.prt

第 7 章　实体建模应用实例

本章重点内容

本章将通过一些具体实例来讲述实体建模功能，涉及到的实例包括：连接件、双向紧固件和阀体。这些零件都是机械设计中的常用零件。通过这些零件的造型，读者可以熟悉实体造型的一般思路和操作过程，从而深入掌握实体造型的方法。

本章学习目标

- ☑ 掌握实体建模的思路和方法
- ☑ 掌握工程图纸的阅读方法
- ☑ 熟练掌握拉伸操作
- ☑ 掌握倒圆角的技巧
- ☑ 掌握镜像体和镜像特征操作
- ☑ 掌握拔模操作

7.1　实例一：连接件

本例将设计的零件工程图如图 7-1 所示。

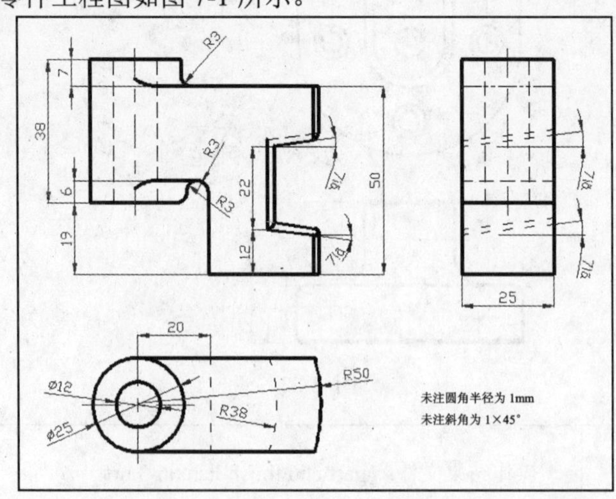

图 7-1

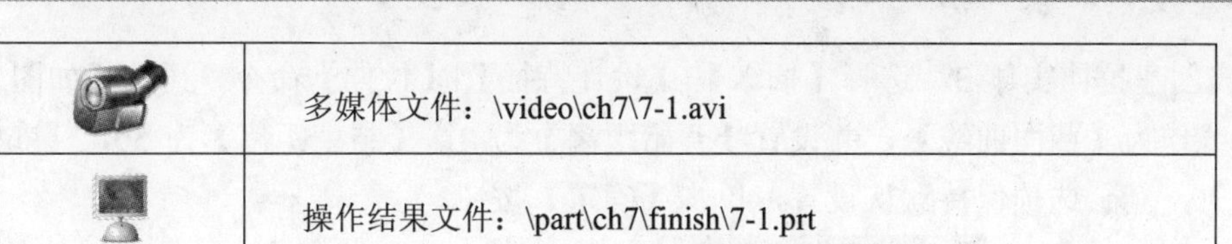

	多媒体文件：\video\ch7\7-1.avi
	操作结果文件：\part\ch7\finish\7-1.prt

1．新建图形文件

启动 UG NX 6，新建【模型】文件 7-1.prt，设置单位为【毫米】，单击【确定】按钮，进入建模模块。

2．实体建模

(1) 绘制草图。选择【插入】|【草图】命令，再选择 YC-ZC 平面作为草图平面，单击【确定】按钮，进入【草图】模块。绘制如图 7-2 所示的草图，单击【完成草图】，退出【草图】模块。

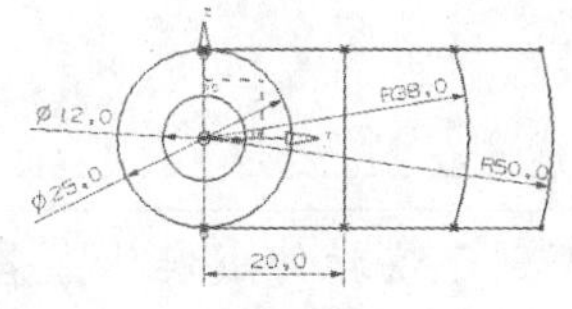

图 7-2

(2) 创建拉伸实体 1。选择【插入】|【设计特征】|【拉伸】命令，再选择如图 7-3 所示的曲线作为【截面曲线】，并设置【开始距离】为-7，【结束距离】为 31，其余选项保持默认设置，单击【确定】按钮。

(3) 创建拉伸实体 2。选择下拉菜单中的【插入】|【设计特征】|【拉伸】命令，再选择如图 7-4 所示的曲线作为【截面曲线】，并设置【开始距离】为 0，【结束距离】为 25，【布尔】为【求和】，其余选项保持默认设置，单击【确定】按钮。

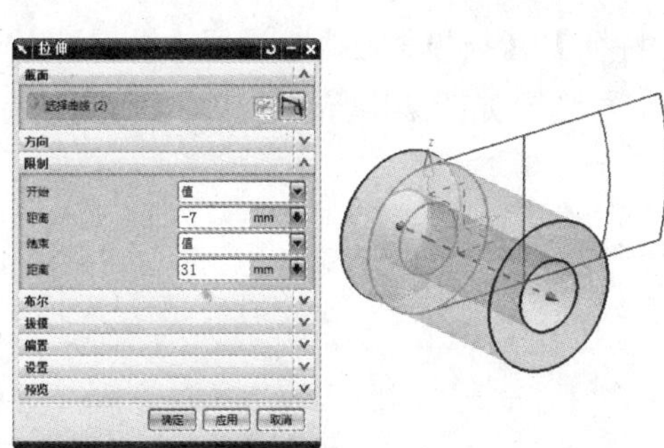

图 7-3

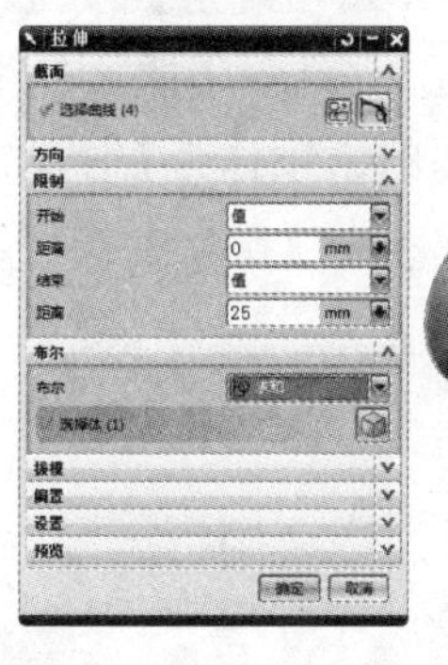

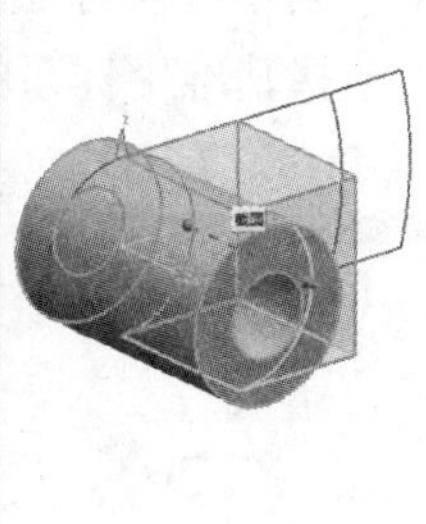

图 7-4

选择截面曲线时，设置【选择条】上的【曲线规则】为【单条曲线】，并使【在相交处停止】按钮处于激活状态。

(4) 创建拉伸实体 3。选择【插入】|【设计特征】|【拉伸】命令，再选择如图 7-5 所示的曲线作为【截面曲线】，并设置【开始距离】为 0，【结束距离】为 50，【布尔】为【求和】，其余选项保持默认设置，单击【确定】按钮。

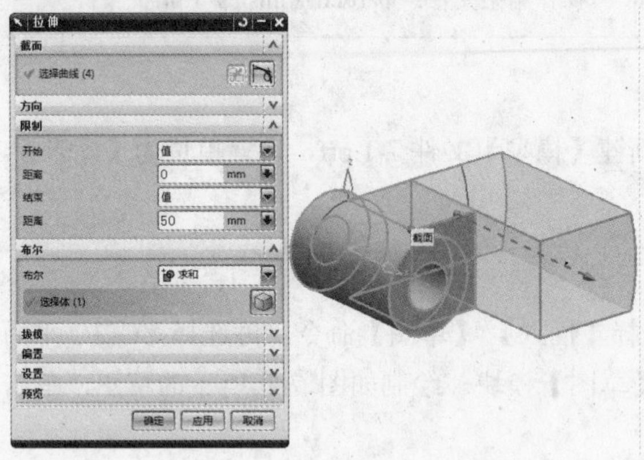

图 7-5

一定要使所选曲线封闭，否则无法拉伸成实体。若截面曲线上不出现星号标记，则说明其已完全封闭。

(5) 创建拉伸实体 4。选择【插入】|【设计特征】|【拉伸】命令，再选择如图 7-6 所示的曲线作为【截面曲线】，并设置【开始距离】为 16，【结束距离】为 38，【布尔】为【求差】，其余选项保持默认设置，单击【确定】按钮。

(6) 创建拔模特征 1。选择【插入】|【设计特征】|【拔模】命令，设置【类型】为【从边】，选择基准坐标系的 Y 轴作为【脱模方向】，再选择如图 7-7 所示的边为【固定边缘】，输入【角度 1】为 7，单击【确定】按钮。

(7) 创建拔模特征 2。选择【插入】|【设计特征】|【拔模】命令，设置【类型】为【从边】，选择基准坐标系的 Z 轴作为【脱模方向】，再选择如图 7-8 所示的边为【固定边缘】，输入【角度 1】为-7，单击【确定】按钮。

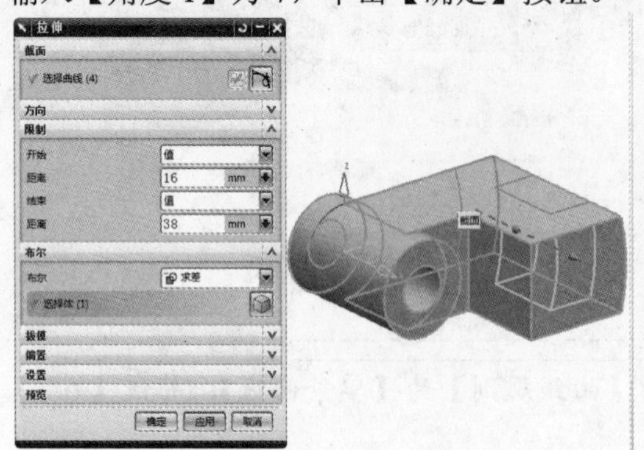

图 7-6

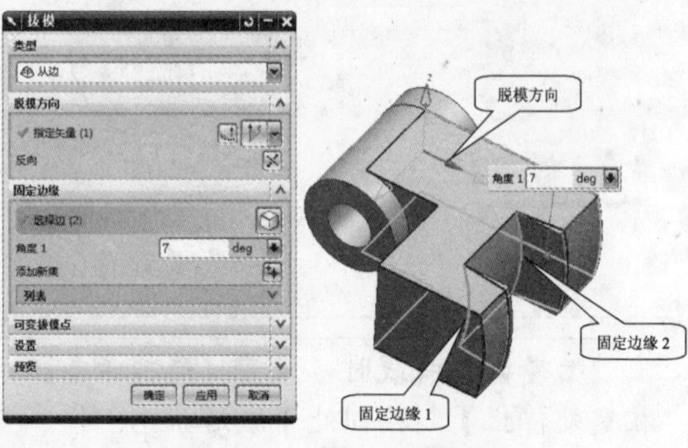

图 7-7

(8) 创建拔模特征 3。选择【插入】|【设计特征】|【拔模】命令，设置【类型】为【从边】，选择基准坐标系的 *Z* 轴作为【脱模方向】，再选择如图 7-9 所示的边为【固定边缘】，输入【角度 1】为 7，单击【确定】按钮。

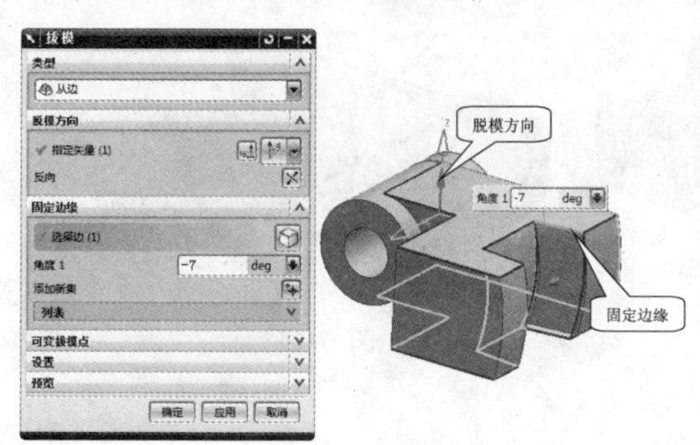

图 7-8

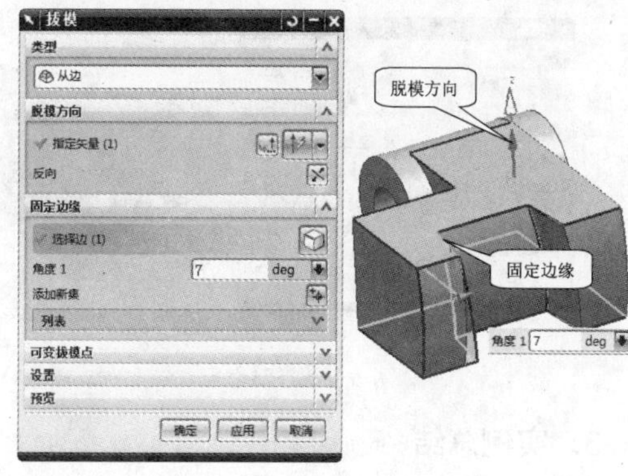

图 7-9

(9) 创建圆角特征 1。选择【插入】|【细节特征】|【边倒圆】命令，再选择如图 7-10 所示的边，并输入 Radius 1 为 3，单击【确定】按钮。

(10) 创建圆角特征 2。选择【插入】|【细节特征】|【边倒圆】命令，再选择如图 7-11 所示的边，并输入 Radius 1 为 1，单击【确定】按钮。

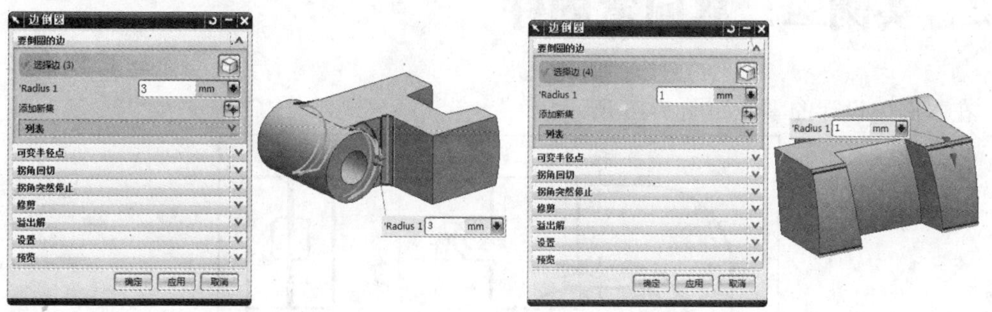

图 7-10　　图 7-11

(11) 创建圆角特征 3。选择【插入】|【细节特征】|【边倒圆】命令，再选择如图 7-12 所示的边，并输入 Radius 1 为 1，单击【确定】按钮。

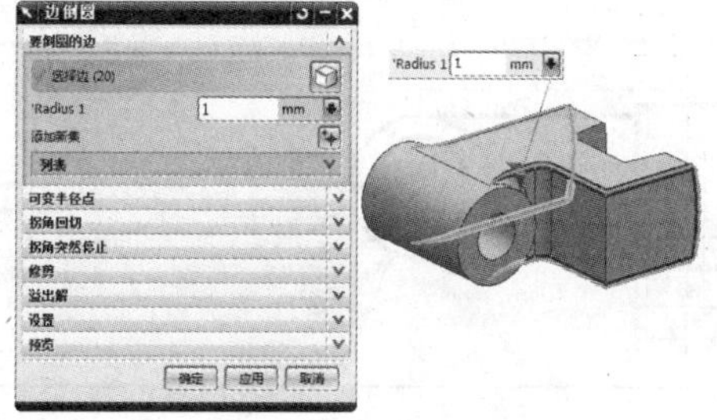

图 7-12

(12) 创建斜角特征。选择【插入】|【细节特征】|【倒斜角】命令，再选择如图 7-13 所示的边，并输入【距离】为 1，单击【确定】按钮。

(13) 连接件创建完成，结果如图 7-14 所示。

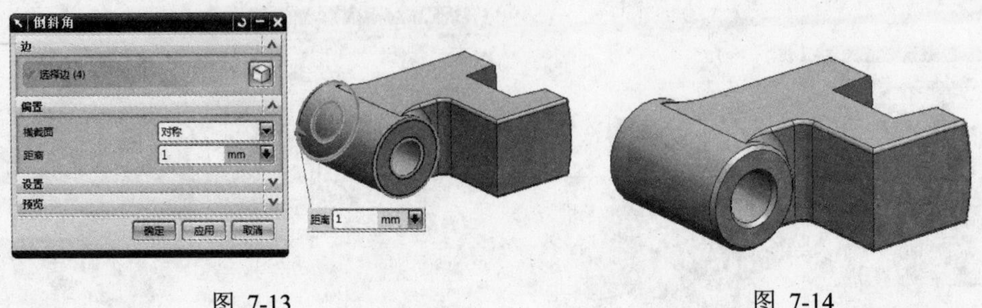

图 7-13　　图 7-14

3．实例总结

这个例子主要是拉伸、拔模与倒圆角的应用。拉伸时，选择方式需要设置为【相连曲线】或者【单条曲线】，然后选择需要拉伸的截面；拔模时，关键是要弄清【脱模方向】与【固定边缘】；倒圆角时，要遵循“先大后小，先断后连”的原则。此外，还用到了倒斜角。

7.2　实例二：双向紧固件

在本例中设计的零件如图 7-15 所示。

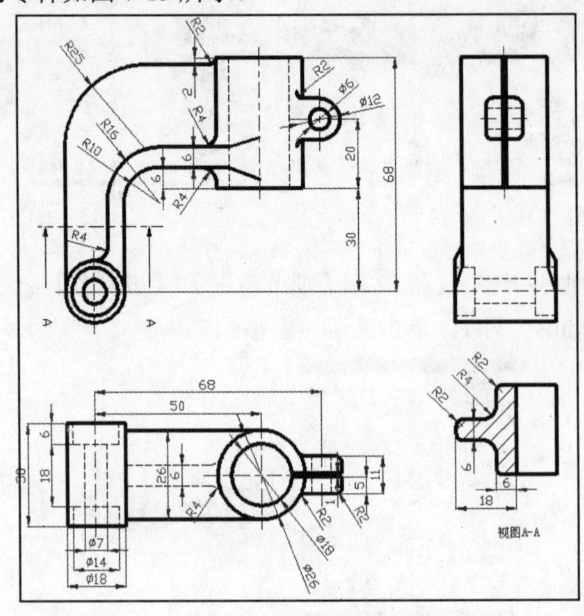

图 7-15

	多媒体文件：\video\ch7\7-2.avi
	操作结果文件：\part\ch7\finish\7-2.prt

1. 新建图形文件

启动 UG NX 6，新建【模型】文件 7-2.prt，设置单位为【毫米】，单击【确定】按钮，进入建模模块。

2. 实体建模

(1) 绘制草图。选择【插入】|【草图】命令，再选择 YC-ZC 平面作为草图平面，单击【确定】按钮，进入【草图】模块。绘制如图 7-16 所示的草图，单击【完成草图】，退出【草图】模块。

(2) 创建拉伸特征。选择【插入】|【设计特征】|【拉伸】命令，再选择如图 7-17 所示的曲线作为【截面曲线】，并设置对称拉伸的【距离】为 15，其余选项保持默认设置，单击【确定】按钮。

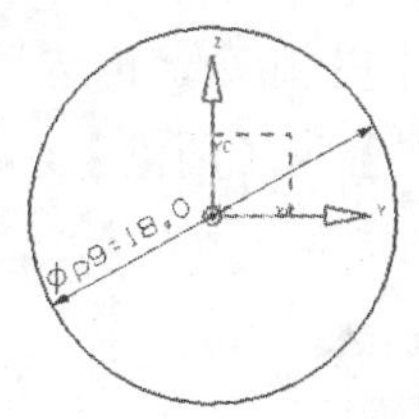

图 7-16

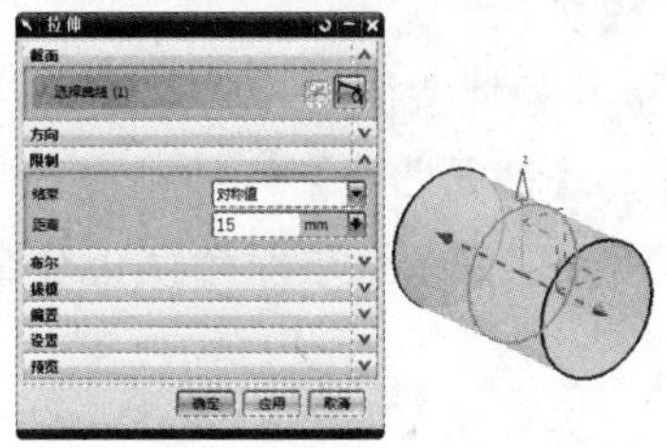

图 7-17

(3) 创建基准平面。选择【插入】|【基准/点】|【基准平面】命令，设置【类型】为【按某一距离】，选择 XC-YC 平面作为参考平面，输入【距离】为 30，单击【确定】，如图 7-18 所示。

(4) 绘制草图。选择【插入】|【草图】命令，再选择第(3)步所创建的基准平面作为草图平面，选择基准坐标系的 *Y* 轴作为水平参考，单击【确定】选项，进入【草图】模块。绘制如图 7-19 所示的草图，单击【完成草图】，退出【草图】模块。

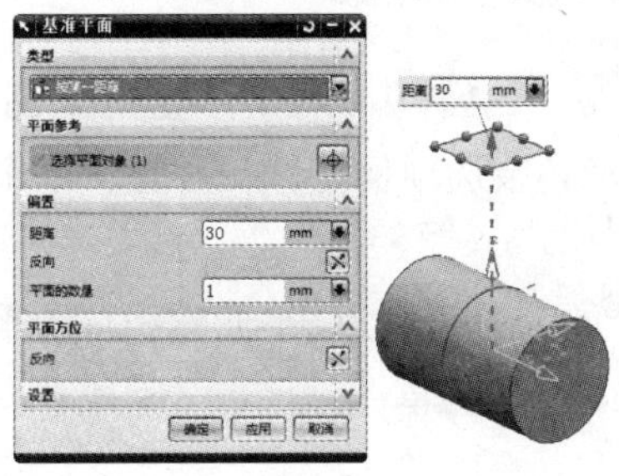

图 7-18

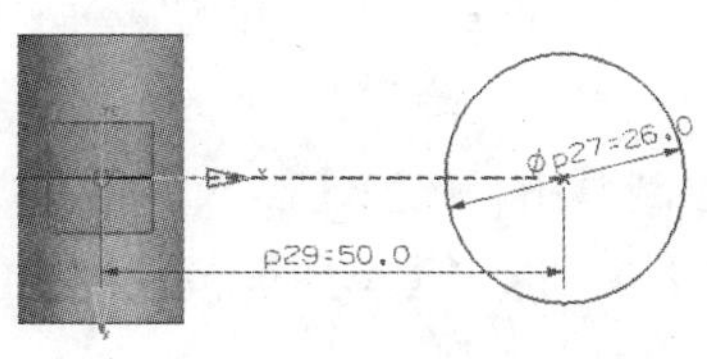

图 7-19

(5) 创建拉伸特征。选择【插入】|【设计特征】|【拉伸】命令，再选择如图 7-20 所示的曲线作为【截面曲线】，并设置【开始距离】为 0，【结束距离】为 38，其余选项保持默认设置，单击【确定】按钮。

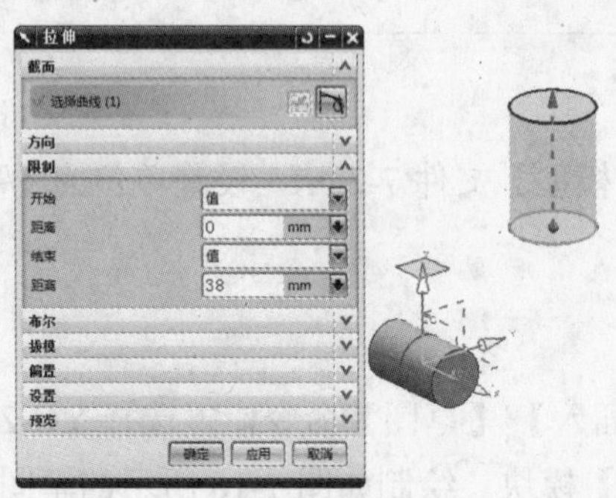

图 7-20

(6) 绘制草图。选择【插入】|【草图】命令，再选择 YC-ZC 平面作为草图平面，单击【确定】按钮，进入【草图】模块。绘制如图 7-21 所示的草图，单击【完成草图】，退出【草图】模块。

(7) 创建拉伸特征。选择【插入】|【设计特征】|【拉伸】命令，再选择如图 7-22 所示的曲线作为【截面曲线】，并设置对称距离为 13，【偏置】为【两侧】，【开始】为 0，【结束】为-6，其余选项保持默认设置，单击【确定】按钮。

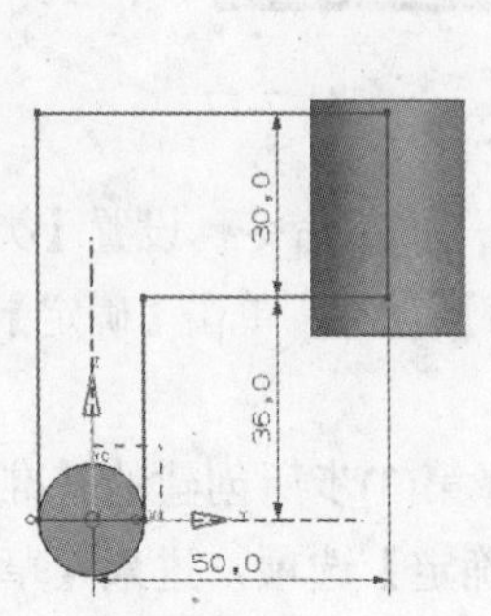

图 7-21

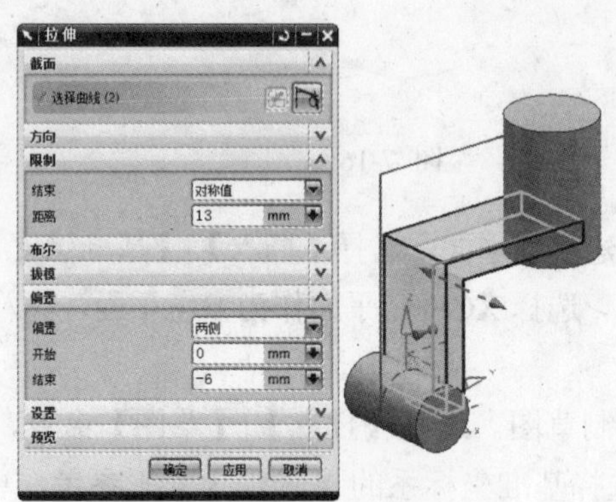

图 7-22

(8) 创建拉伸特征。选择【插入】|【设计特征】|【拉伸】命令，再选择如图 7-23 所示的曲线作为【截面曲线】，并设置对称距离为 3，其余选项保持默认设置，单击【确定】按钮。

(9) 绘制草图。选择【插入】|【草图】命令，再选择 YC-ZC 平面作为草图平面，单击【确定】按钮，进入【草图】模块。绘制如图 7-24 所示的草图，单击【完成草图】，退出【草图】模块。

(10) 创建拉伸特征。选择【插入】|【设计特征】|【拉伸】命令，再选择如图 7-25 所示的曲线作为【截面曲线】，并设置对称距离为 5.5，其余选项保持默认设置，单击【确定】按钮。

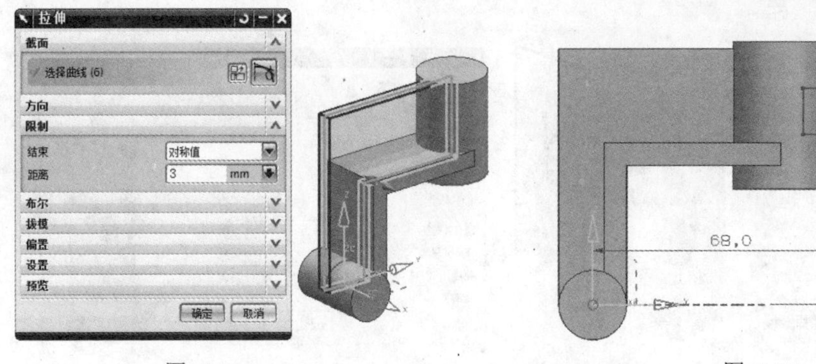

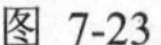

图 7-23

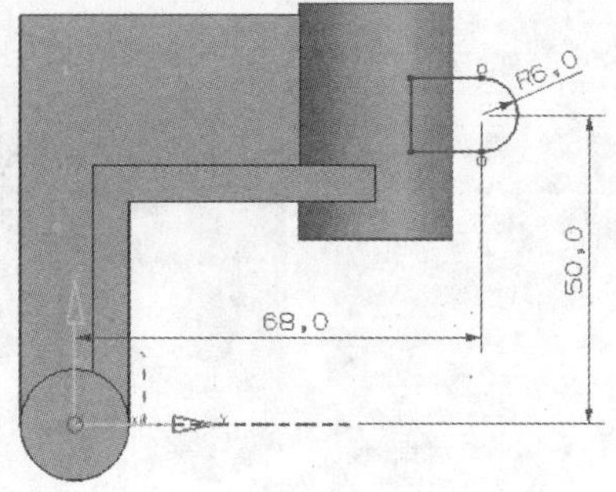

图 7-24

(11) 布尔求和。选择创建的 5 个拉伸体，对其进行求和，使其成为一个整体。

(12) 绘制草图。选择【插入】|【草图】命令，以 XC-YC 平面作为草图平面，选择基准坐标系的 *Y* 轴作为水平参考，单击【确定】按钮，进入【草图】模块。绘制如图 7-26 所示的草图，单击【完成草图】，退出【草图】模块。

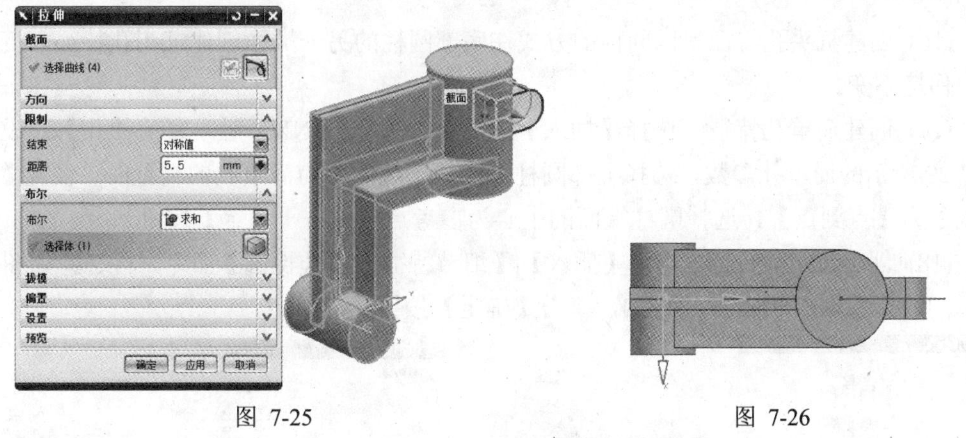

图 7-25　　图 7-26

> 此步骤创建的草图是一条以圆心为端点的水平直线，其长度只要右端超出拉伸体即可。

(13) 创建拉伸特征。选择【插入】|【设计特征】|【拉伸】命令，再选择如图 7-27 所示的曲线作为【截面曲线】，其【开始距离】和【结束距离】只要贯穿圆柱体即可，设置【偏置】为【对称】，【开始】、【结束】均为 0.5，【布尔】为【求差】，其余选项保持默认设置，单击【确定】按钮。

(14) 隐藏基准坐标系及所有草图。

(15) 创建沉头孔特征。选择【插入】|【设计特征】|【NX5 版本之前的孔】，设置如

图 7-28 所示的沉头孔参数，选择底部圆柱体的一个端面作为沉头孔的放置面，设置【定位方式】为【点到点】，选择圆柱端面的中心为参考点，单击【确定】按钮。

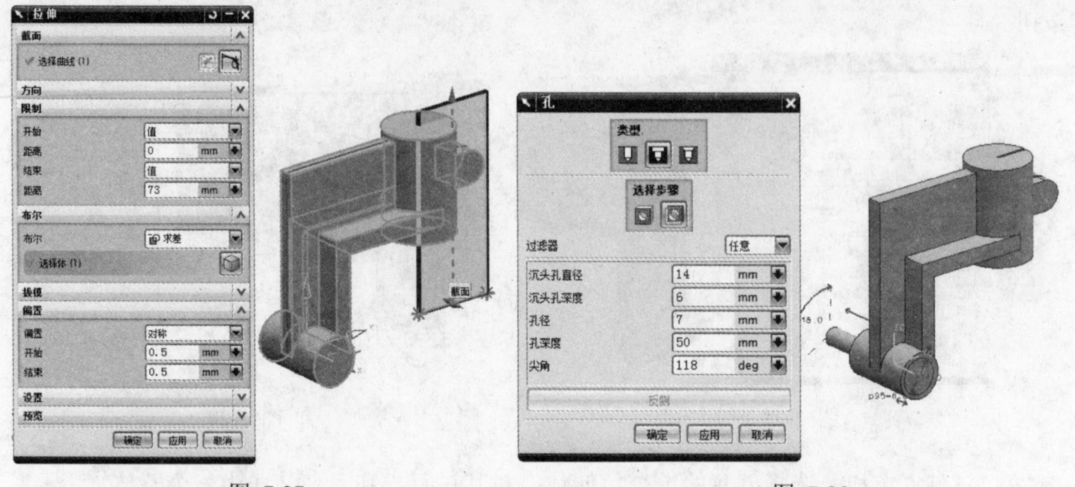

图 7-27　　　　图 7-28

> 孔深度只要大于 15 即可，即大于底部圆柱高度的一半。

(16) 创建沉头孔特征。以同样的方式在底部圆柱的另一端面创建沉头孔特征，沉头孔参数保持不变。

(17) 创建简单孔特征。选择【插入】|【设计特征】|【NX5 版本之前的孔】，设置如图 7-29 所示的简单孔参数，选择上部圆柱体的一个端面作为简单孔的放置面，设置【定位方式】为【点到点】，选择圆柱端面的中心为参考点，单击【确定】按钮。

(18) 创建边倒圆特征。选择【插入】|【细节特征】|【边倒圆】命令，再选择如图 7-30 所示的边，并输入 Radius 1 为 10，单击【确定】按钮。

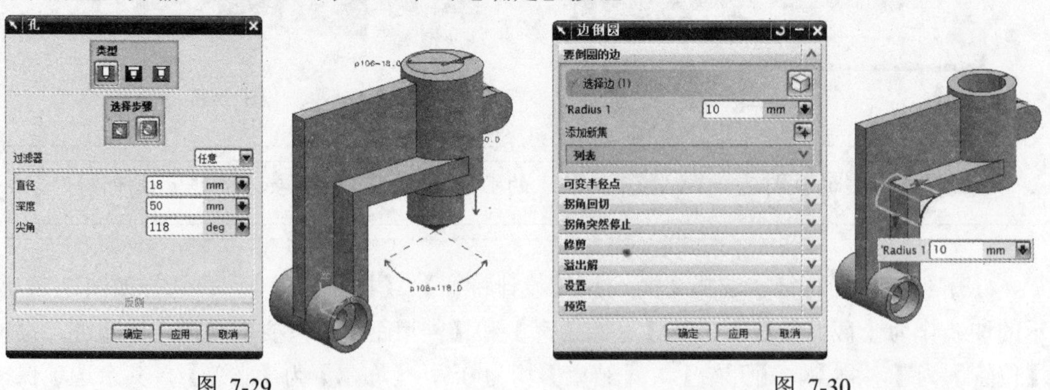

图 7-29　　　　图 7-30

(19) 创建边倒圆特征。选择【插入】|【细节特征】|【边倒圆】命令，再选择如图 7-31 所示的边，并输入 Radius 1 为 16，单击【确定】按钮。

(20) 创建边倒圆特征。选择【插入】|【细节特征】|【边倒圆】命令，再选择如图 7-32 所示的边，并输入 Radius 1 为 25，单击【确定】按钮。

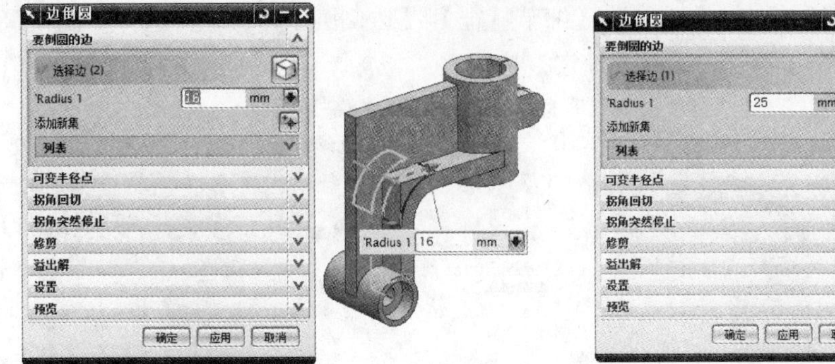

图 7-31

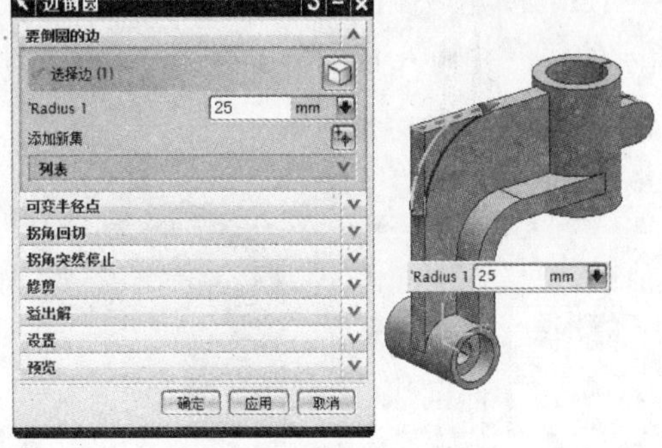

图 7-32

(21) 创建边倒圆特征。选择【插入】|【细节特征】|【边倒圆】命令，再选择如图 7-33 所示的边，并输入 Radius 1 为 2，单击【确定】按钮。

(22) 创建边倒圆特征。选择【插入】|【细节特征】|【边倒圆】命令，再选择如图 7-34 所示的边，并输入 Radius 1 为 2，单击【确定】按钮。

图 7-33

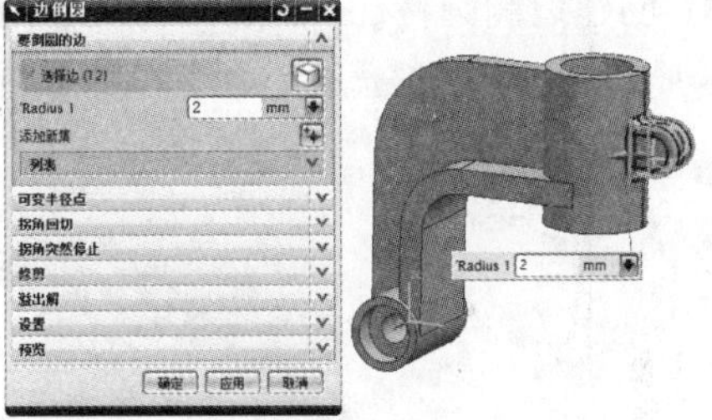

图 7-34

(23) 创建边倒圆特征。选择【插入】|【细节特征】|【边倒圆】命令，再选择如图 7-35 所示的边，并输入 Radius 1 为 4，单击【确定】按钮。

(24) 创建边倒圆特征。选择【插入】|【细节特征】|【边倒圆】命令，再选择如图 7-36 所示的边，并输入 Radius 1 为 4，单击【确定】按钮。

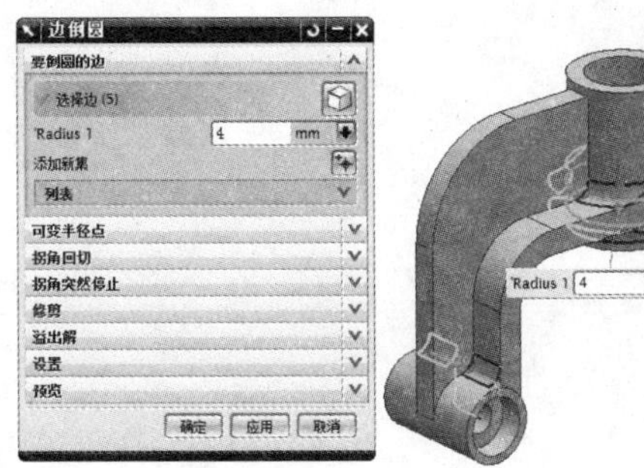

图 7-35

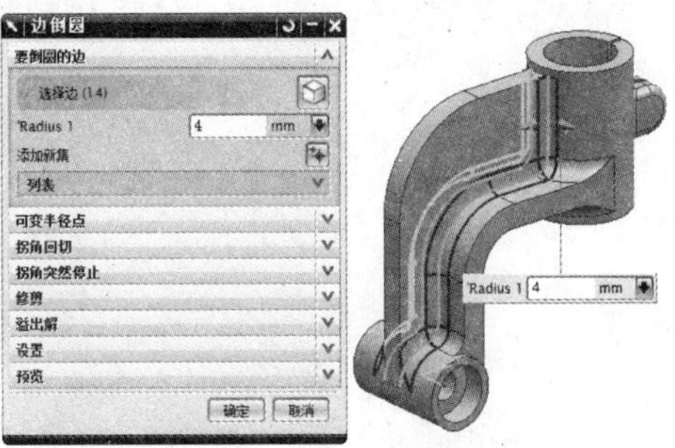

图 7-36

(25) 创建边倒圆特征。选择【插入】|【细节特征】|【边倒圆】命令，再选择如图 7-37 所示的边，并输入 Radius 1 为 2，单击【确定】按钮。

(26) 创建边倒圆特征。选择【插入】|【细节特征】|【边倒圆】命令，再选择如图 7-38 所示的边，并输入 Radius 1 为 2，单击【确定】按钮。

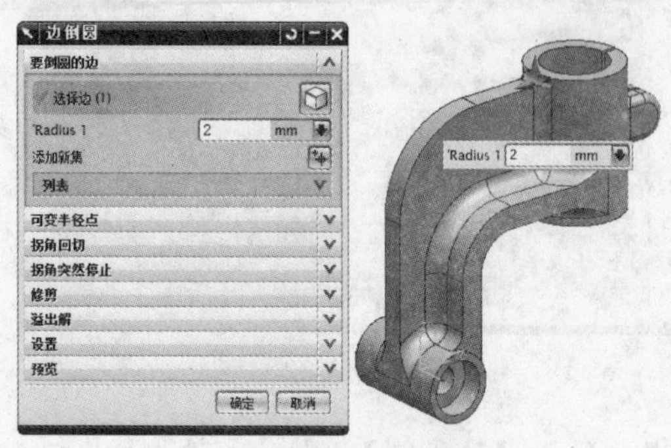

图 7-37

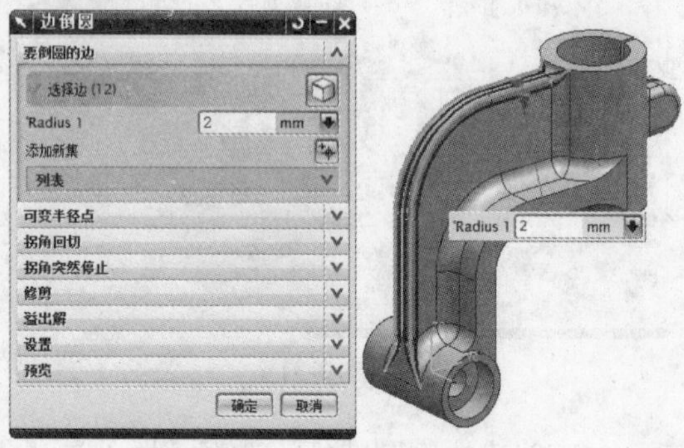

图 7-38

(27) 创建边倒圆特征。选择【插入】|【细节特征】|【边倒圆】命令，再选择如图 7-39 所示的边，并输入 Radius 1 为 2，单击【确定】按钮。

(28) 创建边倒圆特征。选择【插入】|【细节特征】|【边倒圆】命令，再选择如图 7-40 所示的边，并输入 Radius 1 为 2，单击【确定】按钮。

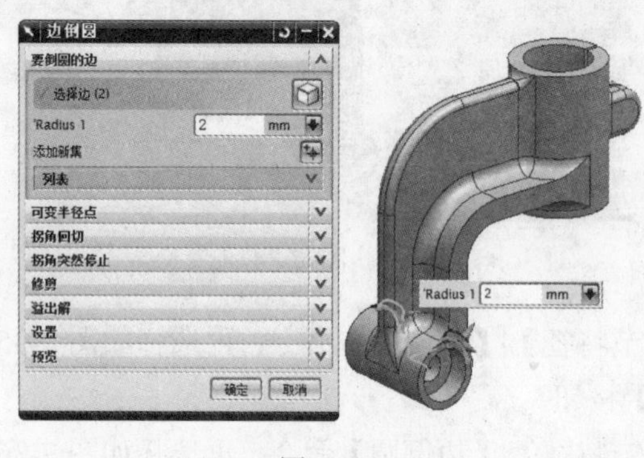

图 7-39

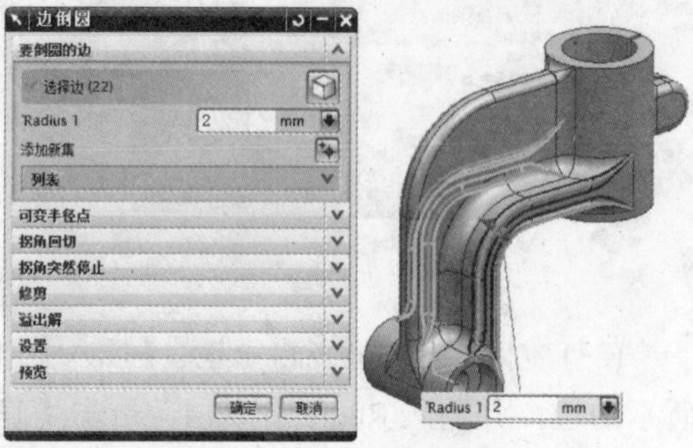

图 7-40

(29) 双向紧固件创建完成，结果如图 7-41 所示。

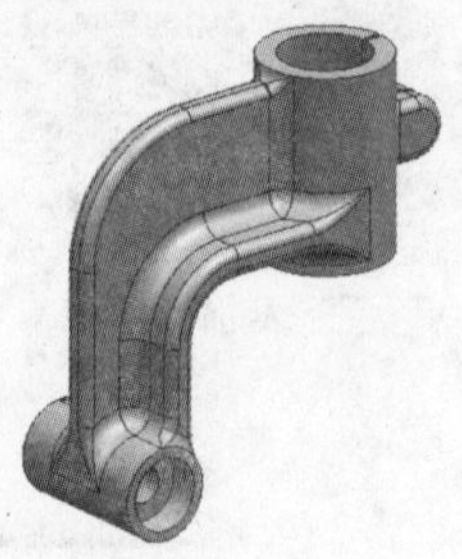

图 7-41

3．实例总结

在创建实体模型前，要先对模型进行分析，思考模型可以分解为几个特征。例如，本例所讲述的模型可以分解为 5 个拉伸特征。有了这 5 个拉伸特征后，模型的大致形状就出来了，接下来需要的就是对其进行布尔求和、打孔和倒圆等特征操作。

7.3　实例三：阀体

本例将完成的零件如图 7-42 所示。

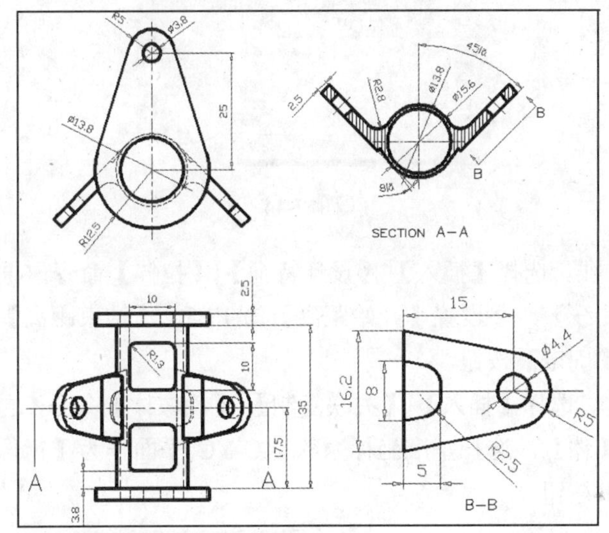

图 7-42

	多媒体文件：\video\ch7\ 7-3.avi
	操作结果文件：\part\ch7\finish\7-3.prt

1．新建图形文件

启动 UG NX 6，新建【模型】文件 7-3.prt，设置单位为【毫米】，单击【确定】按钮，进入建模模块。

2．实体建模

(1) 绘制草图。选择【插入】|【草图】命令，再选择 XC-YC 平面作为草图平面，单击【确定】按钮，进入【草图】模块。绘制如图 7-43 所示的草图，单击【完成草图】，退出【草图】模块。

(2) 创建拉伸特征。选择【插入】|【设计特征】|【拉伸】命令，再选择如图 7-44 所示

的曲线作为【截面曲线】，并设置对称拉伸的【距离】为 17.5，其余选项保持默认设置，单击【确定】按钮。

(3) 绘制草图。选择【插入】|【草图】命令，再选择 XC-YC 平面作为草图平面，单击【确定】按钮，进入【草图】模块。绘制如图 7-45 所示的草图，单击【完成草图】，退出【草图】模块。

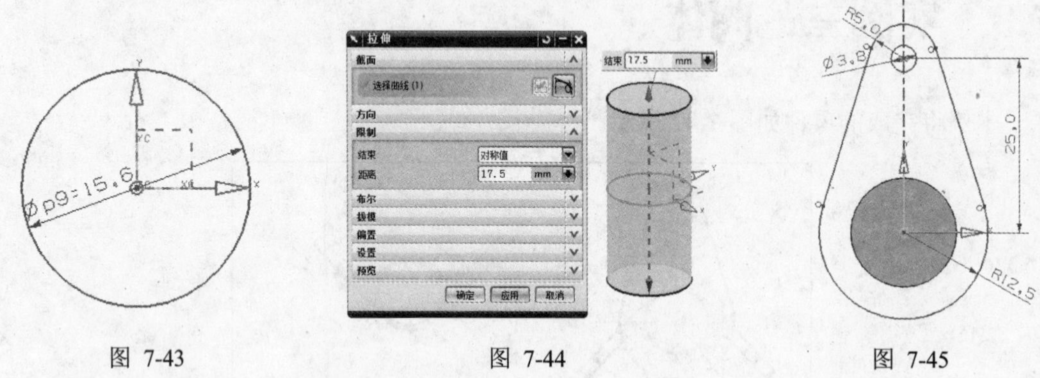

图 7-43　　图 7-44　　图 7-45

(4) 创建拉伸特征。选择【插入】|【设计特征】|【拉伸】命令，再选择如图 7-46 所示的曲线作为【截面曲线】，并设置【开始距离】为 17.5，【结束距离】为 20，其余选项保持默认设置，单击【确定】按钮。

(5) 创建镜像体。选择【插入】|【关联复制】|【镜像体】命令，再选择步骤(4)创建的拉伸体为被镜像的【体】，选择基准坐标系的 XC-YC 平面作为【镜像平面】，如图 7-47 所示，单击【确定】按钮。

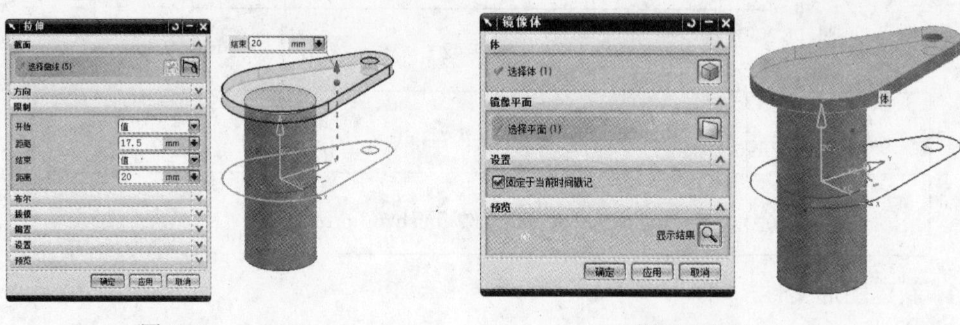

图 7-46　　图 7-47

(6) 创建基准平面。隐藏草图曲线。选择【插入】|【基准/点】|【基准平面】命令，设置【类型】为【成一角度】，选择基准坐标系的 YC-ZC 平面作为【平面参考】，选择基准坐标系的 ZC 轴作为【通过轴】，输入【角度】为 45，如图 7-48 所示，单击【确定】按钮。

(7) 绘制草图。选择【插入】|【草图】命令，再选择步骤(6)所做基准平面作为草图平面，单击【确定】按钮，进入【草图】模块。绘制如图 7-49 所示的草图，单击【完成草图】，退出【草图】模块。

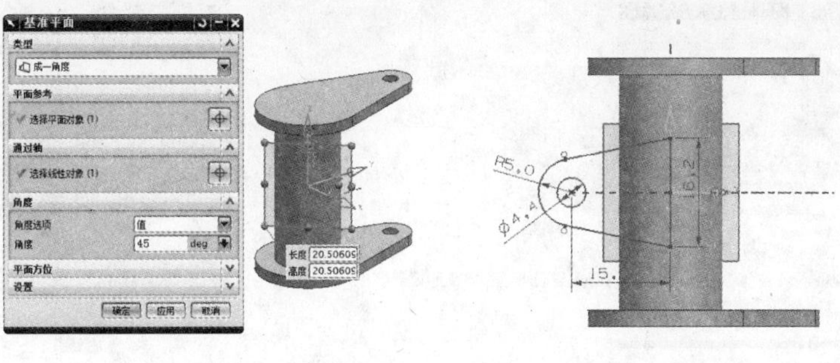

图 7-48　　　　图 7-49

(8) 创建拉伸特征。选择【插入】|【设计特征】|【拉伸】命令，再选择如图 7-50 所示的曲线作为【截面曲线】，并设置【开始距离】为 5.3，【结束距离】为 7.8，其余选项保持默认设置，单击【确定】按钮。

(9) 创建镜像体。隐藏草图曲线。选择【插入】|【关联复制】|【镜像体】命令，再选择步骤(8)创建的拉伸体为被镜像的【体】，选择基准坐标系的 YC-ZC 平面作为【镜像平面】，如图 7-51 所示，单击【确定】按钮。

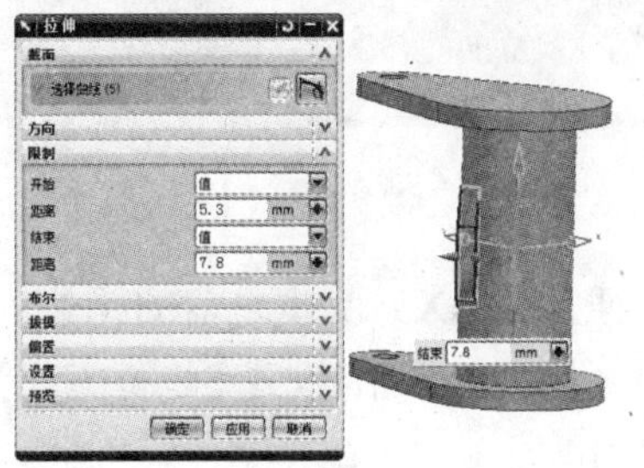

图 7-50

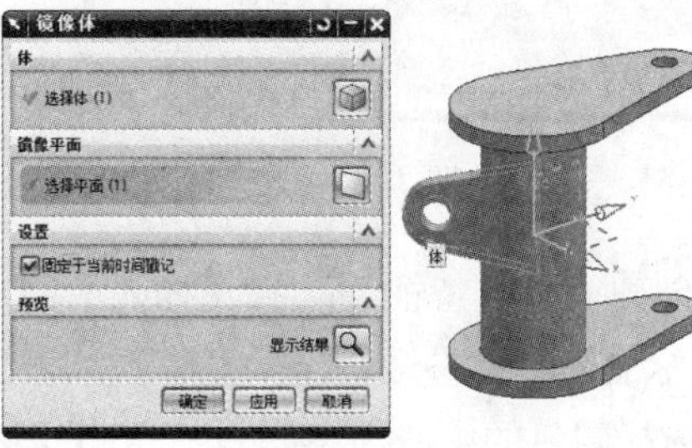

图 7-51

(10) 布尔求和。选择已创建的 5 个实体，对其进行求和，使其成为一个整体。

(11) 创建基准平面。选择【插入】|【基准/点】|【基准平面】命令，设置【类型】为【成一角度】，选择图 7-52 所示平面作为【平面参考】，再选择图 7-52 所示边缘作为【通过轴】，输入【角度】为-8，单击【确定】按钮。

(12) 绘制草图。选择【插入】|【草图】命令，再选择步骤(11)所做基准平面作为草图平面，单击【确定】按钮，进入【草图】模块。绘制如图 7-53 所示的草图，单击【完成草图】，退出【草图】模块。

(13) 创建拉伸特征。选择【插入】|【设计特征】|【拉伸】命令，再选择如图 7-54 所示的曲线作为【截面曲线】，并设置【开始距离】为 0，【结束距离】为 7.8，【布尔】为【求差】，其余选项保持默认设置，单击【确定】按钮。

(14) 创建镜像特征。隐藏草图曲线。选择【插入】|【关联复制】|【镜像特征】命令，再选择步骤(13)创建的拉伸特征为被镜像的【特征】，选择基准坐标系的 YC-ZC 平面作为【镜像平面】，如图 7-55 所示，单击【确定】按钮。

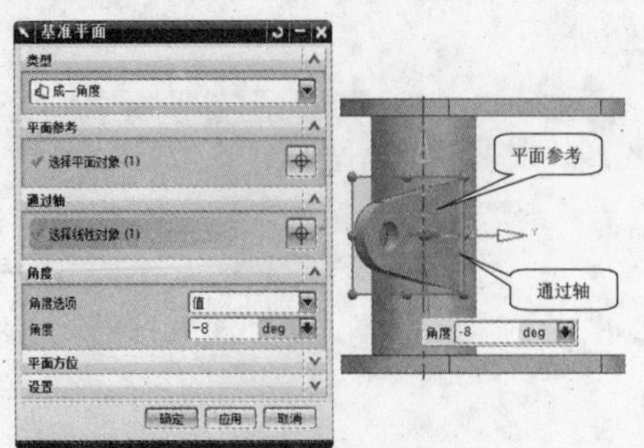

图 7-52

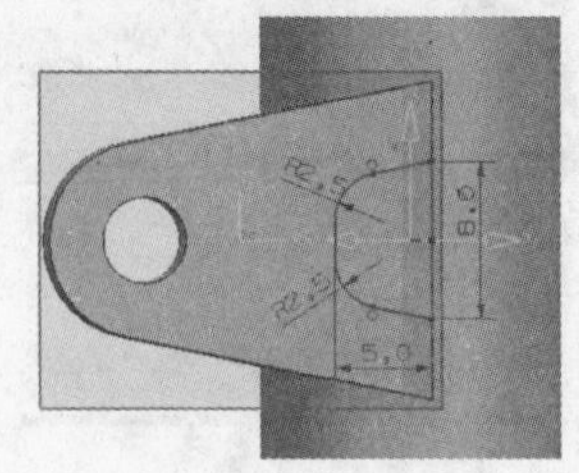

图 7-53

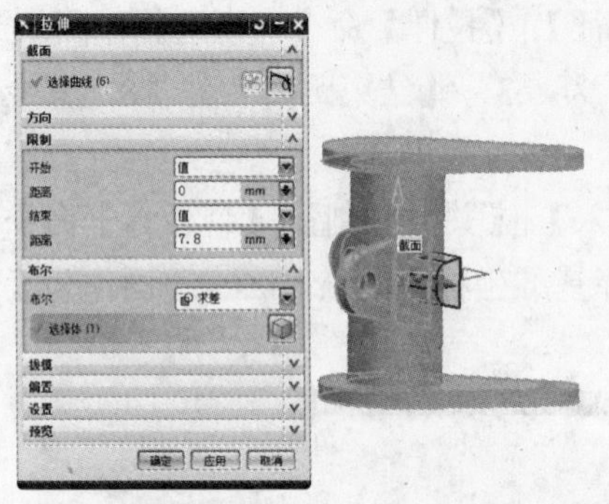

图 7-54

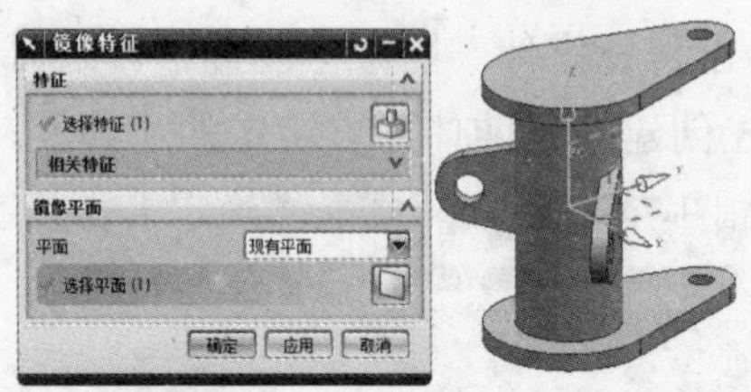

图 7-55

(15) 创建简单孔特征。选择【插入】|【设计特征】|【NX5 版本之前的孔】，设置如图 7-56 所示的简单孔参数，选择实体的上表面为简单孔的放置面，设置【定位方式】为【点到点】，选择圆弧的中心为参考点，单击【确定】按钮。

(16) 绘制草图。选择【插入】|【草图】命令，再选择 XC-ZC 平面作为草图平面，单击【确定】按钮，进入【草图】模块。绘制如图 7-57 所示的草图，单击【完成草图】，退出【草图】模块。

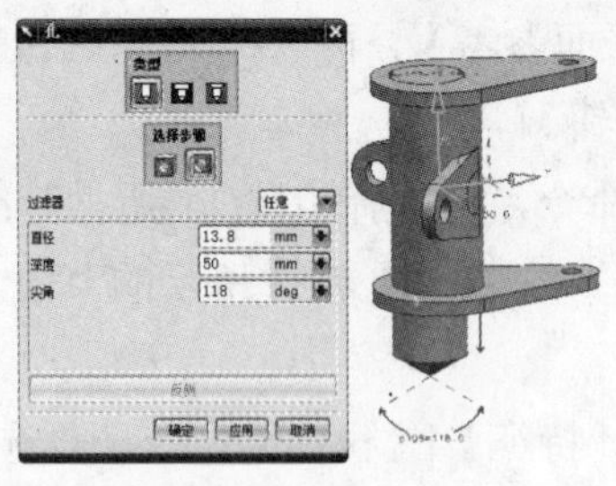

图 7-56

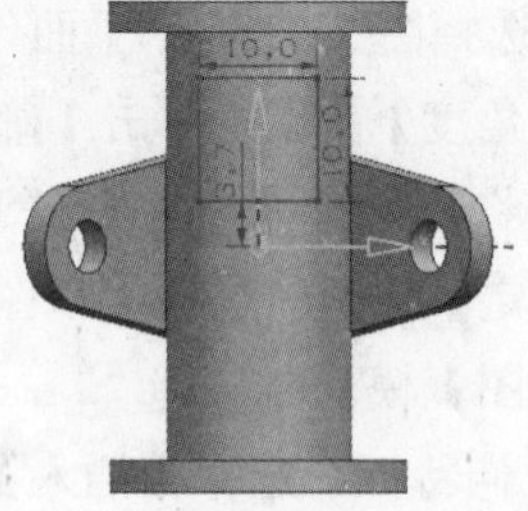

图 7-57

(17) 创建拉伸特征。选择【插入】|【设计特征】|【拉伸】命令，再选择如图 7-58 所示的曲线作为【截面曲线】，并设置【开始距离】为 0，【结束距离】为 15，【布尔】为【求差】，其余选项保持默认设置，单击【确定】按钮。

(18) 创建圆角特征。选择【插入】|【细节特征】|【边倒圆】命令，再选择如图 7-59

所示的边，并输入 Radius 1 为 1.3，单击【确定】按钮。

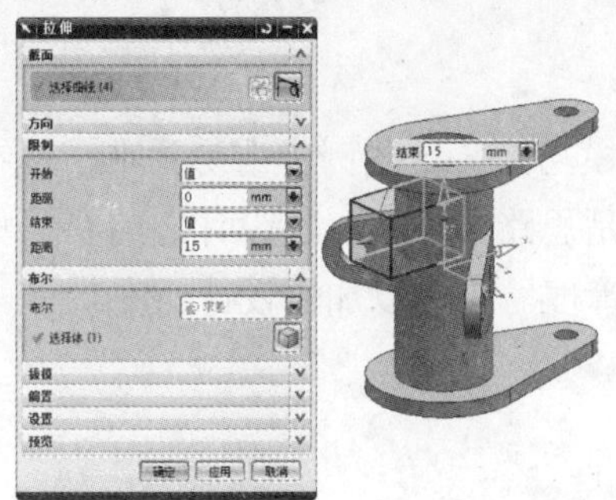

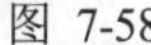
图 7-58

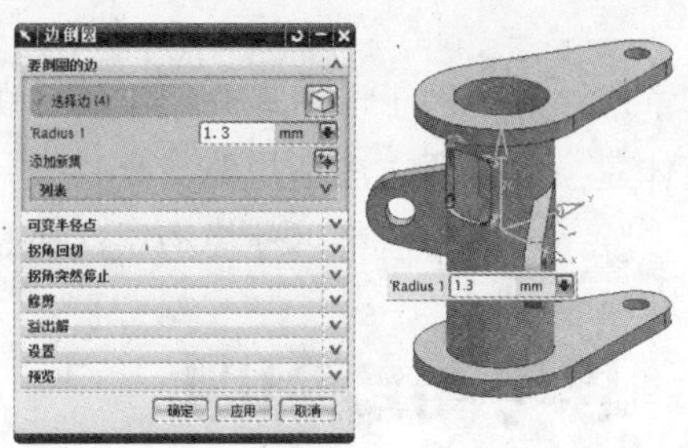

图 7-59

(19) 创建镜像特征。隐藏草图曲线。选择【插入】|【关联复制】|【镜像特征】命令，再选择步骤(17)创建的拉伸特征及步骤(18)创建的圆角特征作为被镜像的【特征】，选择基准坐标系的 XC-YC 平面作为【镜像平面】，如图 7-60 所示，单击【确定】按钮。

(20) 创建圆角特征。选择【插入】|【细节特征】|【边倒圆】命令，再选择如图 7-61 所示的边，并输入 Radius 1 为 2.8，单击【确定】按钮。

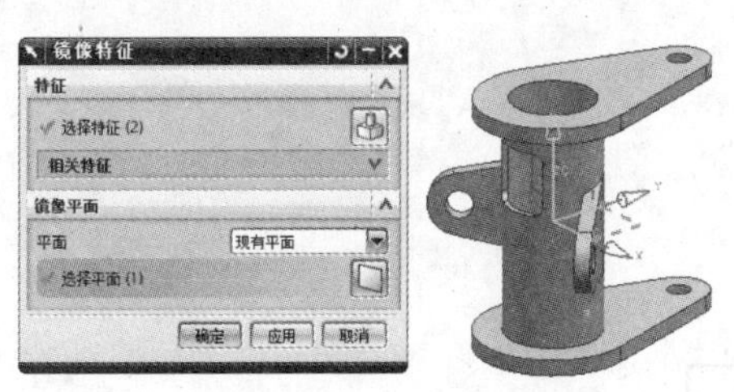

图 7-60

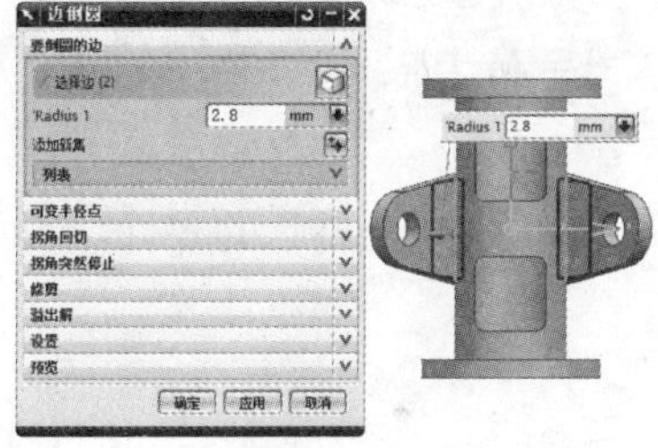

图 7-61

(21) 阀体创建完成，结果如图 7-62 所示。

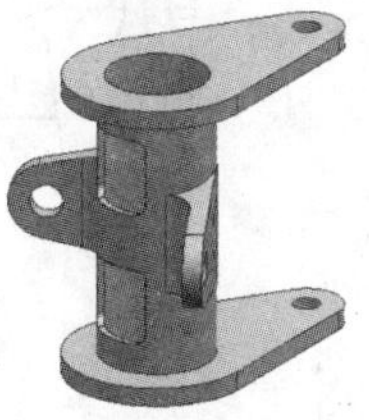

图 7-62

3. 实例总结

这个例子的关键是通过基准平面创建草图，而最为关键的是如何设计好基准平面，这里采用的方法相对比较灵活。此外，草图定位也很重要，不仅需要尺寸定位，有时还需要进行必要的约束，有些约束可以很大程度上辅助设计，如与轴线重合的参考线等。另外，还用到了镜像命令，通过此命令可以对对称分布的特征进行快速设计。

7.4 本章小结

本章通过三个例子详细地介绍了 UG 的实体建模功能。这些例子由易到难，基本上涵盖了实体建模的主要方法和思路。零件设计的关键是思路要清晰，在设计之前要认真规划好设计步骤，这样不但可以使模型层次清楚，便于管理，还可以加快设计速度。

7.5 思考与练习题

7.5.1 思考题

1. 概括实体建模的一般过程。
2. 如何对实体特征进行分析，并实现这些特征？
3. 创建实体模型时需要注意哪些问题？

7.5.2 操作题

1. 设计如图 7-63 所示的零件。

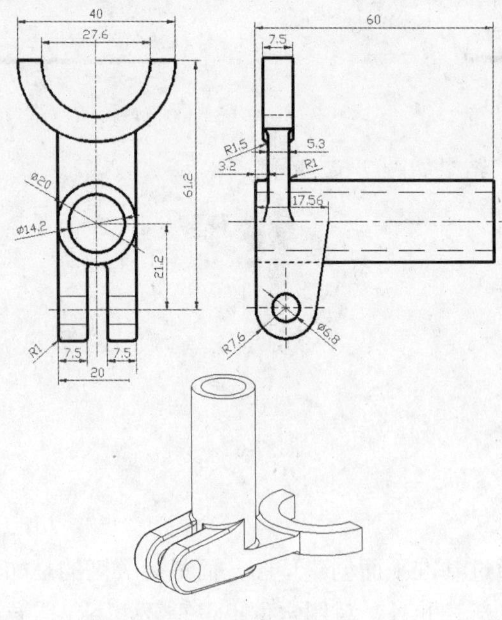

图 7-63

	操作结果文件：\part\ch7\finish\lianxi7-1.prt

2. 设计如图 7-64 所示的零件。

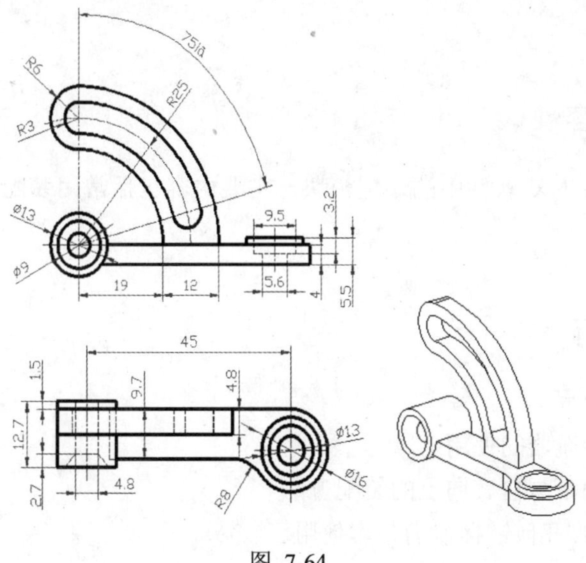

图 7-64

	操作结果文件：\part\ch7\finish\lianxi7-2.prt

第8章　装　　配

本章重点内容

本章将介绍 UG NX 软件中的装配模块，主要内容包括常用装配流程、配对组件、爆炸视图的建立等。

本章学习目标

- ☑ 熟悉装配流程
- ☑ 掌握装配导航器的使用
- ☑ 掌握自顶向下与自底向上的装配方法
- ☑ 掌握 WAVE 几何链接器的基本使用
- ☑ 掌握引用集的使用
- ☑ 掌握配对组件的方法
- ☑ 了解装配约束的方法
- ☑ 了解爆炸视图的建立方法

8.1　装配功能简介

装配是制造的最后环节，数字化预装配可以尽早地发现问题，如干涉与间隙等。整个装配环节，本质上是将产品零件进行组织、定位和约束的过程，从而形成产品的总体结构和装配图。

8.1.1　综述

装配模块是 UG NX 集成环境中的一个应用模块，它可以将产品中的各个零件模块快速组合起来，从而形成产品的总体机构。装配过程其实就是在装配中建立部件之间的链接关系，即通过关联条件在部件间建立约束关系，以确定部件在产品中的位置。

装配的一些主要特点包括：

(1) 装配时通过链接几何体而不是复制几何体，多个不同的装配可以共同使用多个相同的部件，因此所需内存少，装配文件小。

(2) 既可以使用自底向上，又可以使用自顶向下的方法创建装配。

(3) 可以同时打开和编辑多个部件，并且可以在装配的上下文中打开和编辑组件几何体。

(4) 可简化装配的图形表示而无须编辑底层几何体。

(5) 装配将自动更新以反映引用部件的最新版本。

(6) 通过装配约束可以指定组件间的约束关系来在装配中定位它们。

(7) 装配导航器提供装配结构的图形显示，可以选择和操控组件以用于其他功能。

(8) 可将装配用于其他应用模块，尤其是制图和加工。

8.1.2 装配术语

为便于读者学习后续内容，下面集中介绍有关的装配术语。

【装配】：表示一个产品的一组零件和子装配。在 NX 中，装配是一个包含组件的部件文件。

【子装配】：实质上就是一个装配，只是被更高一层的装配作为一个组件使用。子装配是一个相对的概念，任何一个装配部件都可在更高级装配中用作子装配。

【组件】：按特定位置和方向使用在装配中的部件。组件可以是由其他较低级别的组件组成的子装配。装配中的每个组件仅包含一个指向其主几何体的指针。在修改组件的几何体时，相关的几何体将自动更新以反映此更改。

【组件部件】：装配中的组件指向的部件文件。该文件保存组件的实际几何对象，在装配中只是引用而不是复制这些对象。

【组件成员】：也称为“组件几何体”，是在装配中显示的组件部件中的几何对象。如果使用引用集，则组件成员可以是组件部件中所有几何体的一个子集。

【显示部件】：当前显示在图形窗口中的部件。

【工作部件】：可以创建和编辑几何体的部件。工作部件可以是已显示的部件，也可以是包含在已显示的装配部件中的所有组件文件。显示一个零件时，工作部件总与显示的部件相同。

【关联设计】：按照组件几何体在装配中的显示对它直接进行编辑的功能。可选择其他组件中的几何体来帮助建模。

8.1.3 创建装配体的方法

根据装配体与零件之间的引用关系，可以有三种创建装配体的方法，即【自底向上装配】、【自顶向下装配】和【混合装配】。

【自底向上装配】：先设计单个零部件，在此基础上进行装配生成总体设计。所创建的装配体将按照组件、子装配和总装配的顺序进行排列，并利用关联约束条件进行逐级装配，从而形成装配模型。

【自顶向下装配】：首先设计完成装配体，并在装配级中创建零部件模型，然后再将其中子装配模型或单个可以直接用于加工的零件模型另外存储。

【混合装配】：将【自底向上装配】和【自顶向下装配】结合在一起的装配方法。

> 在实际工作中常采用的是混合装配技术。

8.2 装配导航器

如图 8-1 所示，【装配导航器】是一个可视的装配操作环境，将装配结构用树形结构表示出来，显示了装配结构树及节点信息。可以直接在装配导航器上进行各种装配操作。

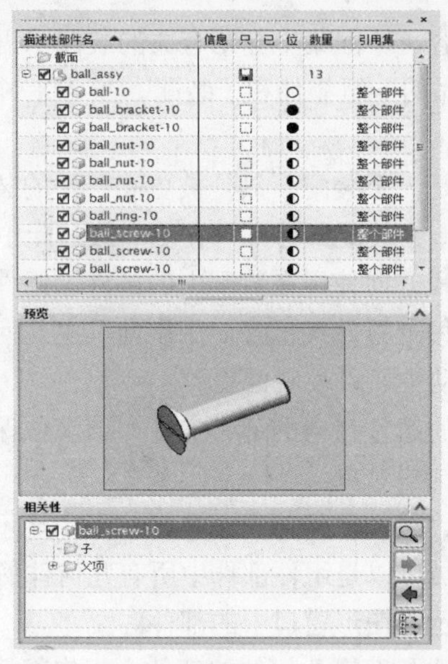

图 8-1

8.2.1 概述

装配导航器可以在一个单独的窗口中以图形的方式显示装配结构，并可以在该导航器中进行各种操作，以及执行装配管理功能。例如，选择组件以改变工作部件，改变显示部件，隐藏与显示部件，替换引用集等。

装配导航器中的不同图标具有各自的意义。

🗗：表示一个装配或子装配。如果图标为黄色，则装配在工作部件中；如果图标为灰色，但有纯黑色边，则装配为非工作部件；如果图标变灰，则装配已关闭。

▢：表示一个组件。如果图标为黄色，则组件在工作部件中；如果图标为灰色，但有纯黑色边，则组件为非工作部件；如果图标变灰，则组件已关闭。

▣：表示链接部件。

○：无约束。表示部件未约束，可任意移动。

●：完全约束。表示部件已经完全约束，没有自由度，不能随便移动。

◐：部分约束。表示部件部分约束，仍存在一部分自由度。

⊗：约束不一致。表示约束存在，但存在矛盾或不一致。

装配导航器由【主面板】、【相关性面板】和【预览面板】三部分组成。单击装配导航器中部件的名称，可以在【预览面板】中查看该实体。同时在【相关性面板】中显示了与该组件相关的组件，包括它的子附件和父级附件。

8.2.2 装配导航器设置

【装配导航器】的设置主要包括【打开装配导航器】、【固定装配导航器】和【取消固定装配导航器】。其实，【装配导航器】的这些设置与前面章节中的【部件导航器】的运用是一致的。

【打开装配导航器】：在绘图区右侧的资源工具条上单击【装配导航器】的图标，或者将光标滑动到该图标上，即可打开装配导航器，如图 8-2 所示。

图 8-2

【固定装配导航器】/【取消固定装配导航器】：可以通过单击导航器标题栏上的固定图标()来固定装配导航器，使其变为。这样，即使将光标移出导航器，它也保持打开状态。与【固定装配导航器】的操作相反，即当图标状态由变成，此时将光标移出导航器时，导航器就会滑回到选项卡中。

8.2.3 装配导航器的使用

在装配导航器中对组件执行的操作主要包括【选择组件】、【标识组件】和【拖放组件】。

【选择组件】：为装配选择一个或多个组件。用鼠标单击导航器相应的节点，然后选择单个或多个组件。

要在装配导航器中选择多个组件，则先选择第一个组件的节点，然后执行以下操作之一：

(1) 对其他组件节点同时按下 Shift 键和 MB1，可选择那些组件之间的所有组件。

(2) 如果只需要第一个组件和另一个组件，则对该组件节点同时按下 Ctrl 键和 MB1。

(3) 也可对选定的组件同时按下 Shift 键和 MB1 键，或同时按 Ctrl 键和 MB1 来取消选择。

【标识组件】：当光标在带有红色复选标记的非工作部件上时单击 MB1，则将高亮显示该部件。高亮显示将持续到您选择其他部件为止。

【拖放组件】：可在按住 MB1 的同时选择装配导航器中的一个或多个组件，将它们拖到新位置。当放下组件时，目标组件将成为该组件在装配中的新父代。要注意的是，只可拖放加载的组件。

8.3 自底向上装配

根据装配体与零件之间的引用关系，可以有三种创建装配体的方法，即【自底向上装配】、【自顶向下装配】和【混合装配】。

8.3.1 概念与步骤

【自底向上装配】是指在设计过程中，先设计单个零部件，在此基础上进行装配生成总体设计。所创建的装配体将按照组件、子装配体和总装配的顺序进行排列，并利用约束条件进行逐级装配，从而形成装配模型，如图 8-3 所示。

【自底向上】装配建模的基本步骤：首先单独创建单个模型，然后再将其添加到装配。具体操作如下：

(1) 利用建模功能模块设计好装配体的零部件。

(2) 将用于装配的零部件(组件)放置于指定的目录里，这样可以方便查找与载入。

(3) 新建装配体文件，进入装配环境。

(4) 使用【添加组件】命令将零部件载入装配环境中，不一定要将用于装配的组件一次性载入，可以只载入当前需要装配的部件，装配好后再载入其他组件进行装配。

(5) 利用【装配约束】或【配对条件】建立各组件之间的约束。

(6) 完成整个装配体，保存文件。

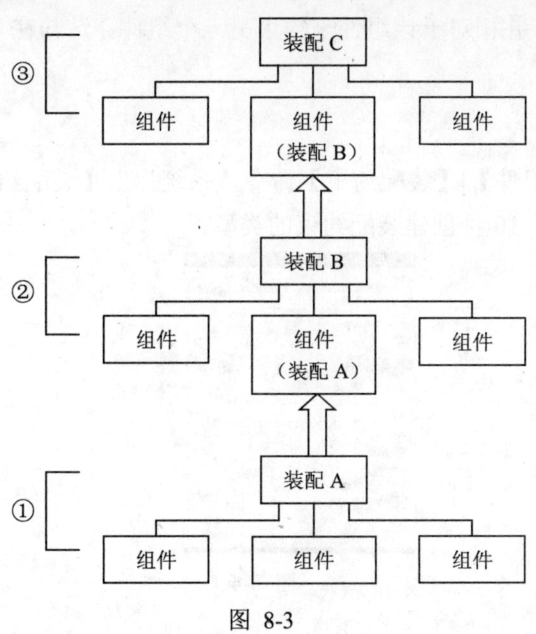

图 8-3

8.3.2 组件定位

UG NX 5.0 中引入的两个命令定义了装配中的组件定位。

- 【装配约束】命令可定义组件之间的关联位置约束。
- 【移动组件】命令可用于移动装配中的组件，但不创建关联的位置关系。

这些新命令与 NX 5 之前版本中的【配对条件】和【重定位组件】功能相似，而且会在 NX 的未来版本中完全将其替代。

这两组组件定位命令不能同时使用，在 UG NX 6 中的默认设置是【装配约束】和【移动组件】。若要将其改为【配对组件】和【重定位组件】，可以采用以下方法之一。

(1) 在【文件】|【实用工具】|【用户默认设置】|【装配】|【另外】|【界面】选项卡中，设置【定位】为【配对条件】。

(2) 设置【首选项】|【装配】|【交互】为【配对条件】。

1. 装配约束

1) 装配约束术语

在开始使用新的定位功能时，读者应当了解新功能和旧功能在概念上的几个区别。

【双向性】：NX 5 装配约束是双向的。约束是在组件“之间”创建的，而不是“从”一个组件“到”另一个组件创建的。这意味着约束中所涉及组件的选择顺序无关紧要。组件的选择顺序不会影响随后可以移动这两个组件中的哪一个，也不会影响是否可以创建约束。

【固定约束】：因为约束是双向的，与某个约束有关的任何组件都可以移动，所以，通常先固定一个组件，并相对于该组件来约束另一个组件。这与在 2D 草图绘制中使用固定约束相似。

2) 装配约束类型

选择【装配】|【组件】|【装配约束】命令，系统弹出【装配约束】对话框，如图 8-4 所示。该对话框提供了 10 种创建装配约束的类型。

图 8-4

【角度】：定义两个对象间的角度尺寸。

【中心】：使一对对象之间的一个或两个对象居中，或使一对对象沿着另一个对象居中。

【胶合】：将组件“焊接”在一起，使它们作为刚体移动。

【适合】：使具有等半径的两个圆柱面合起来。此约束对确定孔中销或螺栓的位置很有用。

【接触对齐】：约束两个组件，使它们彼此接触或对齐，是最常用的约束。

【同心】：将两个圆或椭圆曲线/边的中心点定位到同一个点，同时使它们共面。

【距离】：指定两个对象之间的最小 3D 距离。

【固定】：将组件固定在其当前位置上。

【平行】：定义两个对象的方向矢量为互相平行。

【垂直】：定义两个对象的方向矢量为互相垂直。

在新约束系统中，圆柱和圆锥部件是使用中心线对齐的。为了使它们的轴共线，请使用接触约束并从这些部件或特征中选择中心线，而不是使用 NX 5 之前版本中的对齐圆柱/圆锥面这一技术。中心线是自动生成的；它们会在光标移到圆柱或圆锥面的轴上时出现。如果为接触约束选择曲面，则会在这两个曲面之间创建相切条件。

2. 配对组件

1) 配对组件术语

为便于读者学习后续内容，下面集中介绍有关的配对组件术语。

【配对条件】：一个部件已经存在的一组约束。一个部件可能与多个部件有约束关系。

【配对约束】：定义了两个部件之间存在的几何位置约束。配对条件是由配对约束组成的。具体的配对参数、对应的几何约束对象在装配约束中给出。

【要被装配的部件】(from 部件)：表示配对过程中要移动的部件。

【装配到的部件】(to 部件)：配对过程中静止的部件。装配时将【from 部件】装配到【to 部件】上。

【自由度】：一个部件如果没有施加约束，它将有 6 个自由度，分别为 X、Y、Z 三个方向的移动自由度和绕这三个方向的转动自由度。加入约束就是以限制部件的自由度，使其只有某些特定方向的运动或者完全静止。

2) 配对条件树

选择【装配】|【组件】|【贴合组件】命令，系统弹出【配对条件】对话框，如图 8-5 所示。【配对组件】命令是装配模块中的重要命令。其对话框由【配对条件树】、【配对类型】和【选择步骤】等几部分组成。

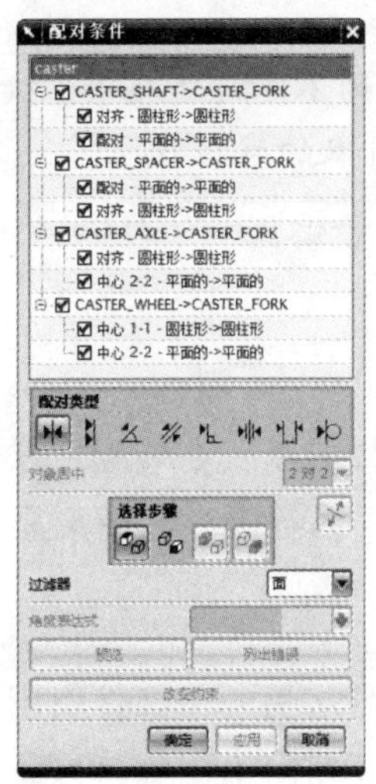

图 8-5

配对条件树列表框位于对话框的上部，显示了装配中各组件的关联条件和约束条件。配对条件树有三种节点类型。每种节点类型均有其自己的弹出菜单。

【根节点】：由工作部件名组成，通常是装配或子装配。由于工作部件是单个部件，所以仅有一个根节点。如图 8-5 所示，caster 就是【根节点】。

【条件节点】：显示工作部件中的配对条件。如图 8-5 所示，“CASTER_SHAFT->CASTER_FORK”就是【条件节点】。

【约束节点】：显示组成配对条件的约束。这是最低的级别，位于每个条件之下。

3) 配对类型

配对类型用于确定组件间的约束关系，共有 8 种配对类型。

【配对】：定位相同类型的两个对象使它们重合。对于平面对象，其配对约束法向将指向相反的方向；对于圆柱体对象，要求配对组件直径相等才能对齐轴线；对于圆锥体对象，要求装配组件角度相等才能对齐轴线。

【对齐】：对齐相关对象。对于平面对象，将两个对象定位，使其共面和相邻。对于轴对称对象，则对齐轴。

【角度】：使两个组件的装配对象构成一定的角度关系，以便约束装配组件到正确的方位上。

【平行】：使两个组件的装配对象的方向矢量平行。

【垂直】：使两个组件的装配对象的方向矢量垂直。

【中心】：使被装配对象的中心与装配组件对象中心重合。

【距离】：通过给定两装配对象间的距离来装配两组件。

【相切】：通过两装配对象相切来装配两组件。

【对齐】约束与【配对】约束的不同之处在于：执行【对齐】约束时，对齐圆柱、圆锥和圆环面，并不要求相关联对象的直径相同。

8.3.3 引用集

【引用集】控制从每个组件加载的以及在装配关联中查看的数据量。【引用集】策略有以下优点：加载时间更短，使用的内存更少，图形显示更整齐。

1. 引用集的概念

引用集为命名的对象集合，且可从另一个部件引用这些对象。例如，可以将引用集用于引用代表不同加工阶段的几何体。使用引用集可以急剧减少甚至完全消除部分装配的图形表示，而不用修改实际的装配结构或基本的几何体模型。

可成为引用集成员的对象包括几何体、坐标系、平面、图样对象、部件的直系组件。

2. 默认引用集

每个零部件都有两个默认的引用集。

(1) 整个部件(Entire Part)：该默认引用集表示引用部件的全部几何数据。在添加部件到装配时，如果不选择其他引用集，则默认使用该引用集。

(2) 空的(Empty)：该默认引用集表示不包含任何几何对象。当部件以空的引用集形式添加到装配中时，在装配中看不到该部件。

3. 【引用集】对话框

选择【格式】|【引用集】命令后，系统弹出【引用集】对话框，如图 8-6 所示。利用

该对话框，可以进行引用集的建立、删除、更名、查看、指定引用集属性以及修改引用集的内容等操作。

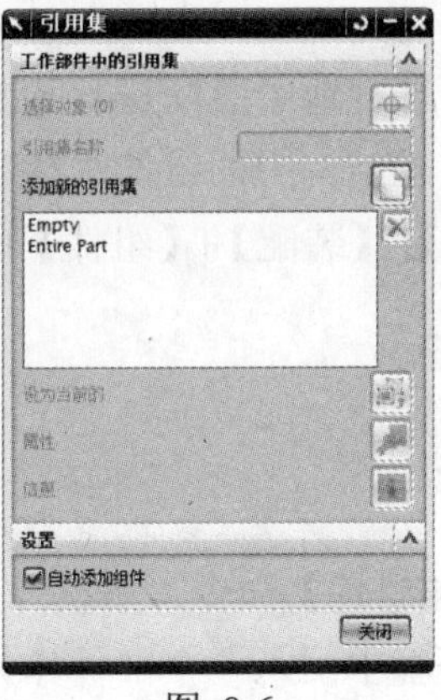

图 8-6

【选择对象】：为引用集选择对象。

【引用集名称】：为引用集列表中高亮显示的引用集命名。

【添加新的引用集】：新建引用集，部件和子装配都可以建立引用集。部件的引用集既可在部件中建立，也可在装配中建立。如果要在装配中为某部件建立引用集，应先使其成为工作部件。

【引用集列表】：列出现有引用集。

【删除】：删除选定的引用集。

【设为当前的】：用于将选择的引用集设置为当前引用集。

【属性】：输入或编辑【引用集】的属性，如材料、名称等。

【信息】：用于查看当前零部件中已存在的引用集的相关信息。

【自动添加组件】：如果选择了此项，在创建【引用集】时，系统将自动地添加组件到【引用集】中。

4. 创建引用集

创建【用户定义的引用集】的步骤如下：

(1) 选择【格式】|【引用集】命令，系统弹出【引用集】对话框。

(2) 单击【新建】□命令，在图形窗口中选择要放入引用集中的对象。

(3) 在【引用集名称】文本框中为引用集提供一个名称。

(4) 完成对引用集的定义之后，单击【关闭】按钮。

【引用集】有两种：由系统管理的【自动引用集】及可以按自己的目的创建和修改的【用户定义的引用集】。

8.4 组件的处理

产品的整个装配模型是由单个部件或子装配进行装配而得到的，将这些对象添加到装配模型中形成装配组件。可以对装配结构中的组件进行删除、编辑、阵列、替换和重新定位等处理。这些处理功能主要是通过【装配】|【组件】中的命令或【装配】工具条上的命令来实现。

8.4.1 添加组件

选择【装配】|【组件】|【添加组件】命令，系统弹出【添加组件】对话框，如图 8-7 所示。利用该对话框可以向装配环境中引入一个部件作为装配组件。相应地这种创建装配模型的方法即是前面所说的【自底向上】方法。

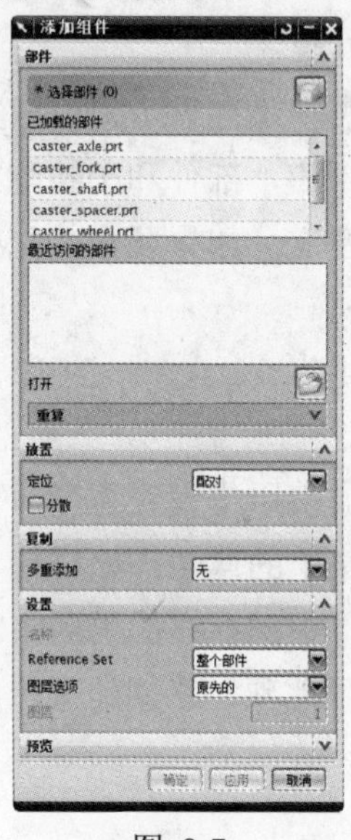

图 8-7

该对话框中主要选项的含义如下。

【选择部件】：选择一个或多个部件，以在工作部件中作为组件添加。可在图形窗口中，也可以从【已加载的部件】或【最近访问的部件】选择部件，此外还可以打开另一个部件。

【已加载的部件】：列出当前已加载的部件，可以从此列表中选择部件进行加载。

【最近访问的部件】：列出最近添加的部件，可以从此列表中选择部件进行加载。

【打开】：打开【部件名】对话框，可在其中浏览要添加的部件。

【定位】：指定添加组件后定位组件的方式。

- 【绝对原点】：按照绝对原点的方式确定组件在装配中的位置。
- 【选择原点】：在绘图区指定一点，以该点来确定组件在装配中的位置。

- 【配对】：按照配对条件确定组件在装配中的作用。
- 【重定位】：将组件加到装配中后重新定位。

【分散】：防止在添加多个实例(在数量框中指定的)时，它们出现在同一位置上。

【名称】：将当前选定组件的名称设置为指定的名称。

【引用集(Reference Set)】：为要添加的组件指定引用集。

【图层选项】：指定将放置组件的图层，有三种选择，即【工作】、【原先的】和【按指定的】。

一般情况下，对第一个组件采用【绝对原点】的方式进行定位，其余的组件采用【配对】的方式定位。

8.4.2 替换组件

【替换组件】命令可以移除现有组件，并按原始组件的精确方向和位置添加其他组件。选择【装配】|【组件】|【替换组件】命令，系统弹出【替换组件】对话框，如图 8-8 所示。

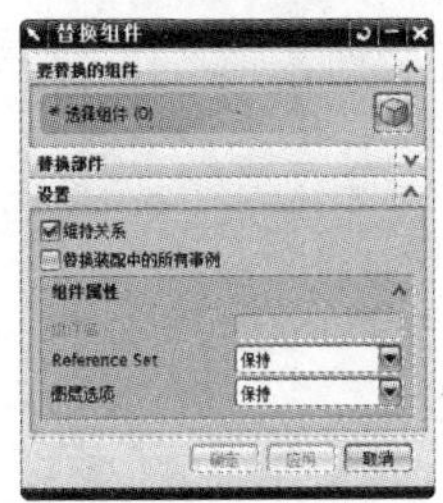

图 8-8

【替换组件】的基本步骤如下所述：

(1) 选择【装配】|【组件】|【替换组件】命令，系统弹出【替换组件】对话框。

(2) 检查【设置】，并根据需要修改这些设置。

- 如果希望在替换组件后保持装配关系，则选择【维持关系】复选框。
- 如果希望更新所有使用替换组件的阵列事例，则选择【替换装配中的所有事例】复选框。
- 在【组件名】中，指定替换后组件的名称。
- 设置【引用集(Reference Set)】来定义替换组件的引用集。
- 设置【图层选项】来定义替换组件几何体的图层。

(3) 选择一个或多个要替换的组件。可以在图形窗口或【装配导航器】中选择组件。

(4) 当完成选择要替换的组件后，单击【替换部件】中的【选择部件】，选择替换部件。

(5) 单击【确定】按钮，完成组件的替换。

8.4.3 重定位组件

只有当【装配首选项】中的【装配定位】选择为【配对条件】时，工具栏上才有【重定位组件】命令。【重定位组件】可以将一个或多个选定的组件移动到新的位置。

选择【装配】|【组件】|【重定位组件】命令，系统弹出【重定位组件】对话框，如图 8-9 所示。该对话框有两个选项卡，即【变换】与【选项】。

组件重新定位的方法有 7 种，分别介绍如下。

【点到点】：通过指定两点来移动选定的组件。

【平移】：定义选定组件应该移动的距离量。

【绕点旋转】：绕选中的点旋转所选的组件。

【绕直线旋转】：绕轴线旋转所选的组件。

【重定位】：采用移动坐标的方式重新定位所选的组件。

【在轴之间旋转】：在选定的轴之间旋转选定的组件。

【在点之间旋转】：在选定的点之间旋转选定的组件。

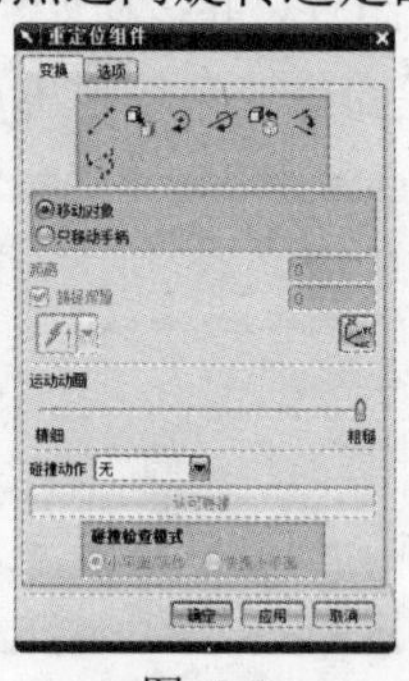

图 8-9

8.4.4 阵列组件

【组件阵列】是一种在装配中用对应关联条件快速生成多个组件的方法。例如要装配多个螺栓，可以用配对条件(或装配约束)先安装其中一个，其他螺栓的装配可采用组件阵列的方式完成。因此，采用组件阵列的装配方法可以提高装配效率。

选择【装配】|【组件】|【创建组件】命令，系统弹出【类选择】对话框。选择模板组件，单击【确定】按钮，系统弹出【创建组件阵列】对话框，如图 8-10 所示。

图 8-10

从对话框中可以看出，有三种创建组件阵列的方式。

1. 【从实例特征】

装配部件的个数、阵列形状和约束由基体的特征决定。所阵列的部件与基体具有相关性。改变基体部件上特征的个数和位置，阵列部件的个数和位置都会作相应的改变。

2. 【线性】

创建正交或非正交的组件阵列，即利用此命令可以定义一维(线性)或二维(矩形)组件阵列。在图 8-10 所示的对话框中选择【线性】，单击【确定】按钮后，系统弹出【创建线性阵列】对话框，如图 8-11 所示。该对话框中各选项的含义如下所述。

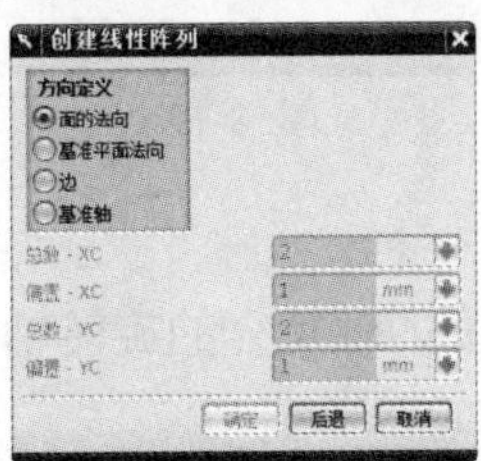

图 8-11

【方向定义】：指定如何定义 *X* 和 *Y* 参考方向。

- 【面的法向】：使用与放置面垂直的面来定义 *X* 和 *Y* 参考方向。
- 【基准平面法向】：使用与放置面垂直的基准平面来定义 *X* 和 *Y* 参考方向。
- 【边】：使用与放置面共面的边来定义 *X* 和 *Y* 参考方向。
- 【基准轴】：使用与放置面共面的基准轴来定义 *X* 和 *Y* 参考方向。

【线性阵列参数】：指定线性阵列的各个参数。

- 【总数-XC】：定义生成与所选择的 *X* 方向平行的实例的总数量。此数量包括正在引用的现有特征。
- 【偏置-XC】：定义沿所选 *X* 方向的实例间距。测量沿所选 *X* 方向从一个实例上的点到下一个实例上的相同点的间距。负值将实例定位在沿轴的负向。
- 【总数-YC】：定义生成与所选择的 *Y* 方向平行的实例的总数量。此数量包括正在引用的现有特征。
- 【偏置-YC】：定义沿所选 *Y* 方向的实例间距。测量沿所选 *Y* 方向从一个实例到下一个实例的间距。负值将实例定位在沿轴的负向。

【创建线性阵列】的主要步骤如下：

(1) 选择方向定义。

(2) 选择 *X* 参考方向。

(3) 选择 *Y* 参考方向(对于二维阵列)。

(4) 输入相应的总数量和偏置值。

3.【圆形】

此方式从选定模板组件中创建组件的圆形阵列。创建时需要指定绕其生成组件的旋转轴，同时指定在阵列中创建的组件的数量，以及绕旋转轴创建每个组件时的角度。在图 8-10 所示的对话框中选择【圆形】单选按钮，单击【确定】按钮后，系统弹出【创建圆形阵列】对话框，如图 8-12 所示。

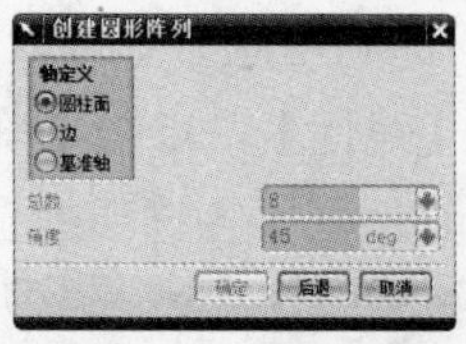

图 8-12

对话框上【轴定义】的方法有三种。

【圆柱面】：定义与选定圆柱面的轴重合的旋转轴。

【边】：定义作为旋转轴的边。

【基准轴】：定义现有基准轴作为旋转轴。

8.5 自顶向下装配

【自顶向下】的设计方法则是按照“装配体—零件”的思路进行的，即从装配体中开始设计工作。设计人员可以使用一个零件的几何体来帮助定义另一个零件，或生成组装零件后，再添加加工特征。

从机器设计的角度来说，应该首选【自顶向下】的设计方法。因为按照传统设计习惯，只有完成装配体的设计后，才能确定装配体中各零件的功能、用途、相互关系、使用要求、连接方式等。因此可以将布局草图作为设计的开端，定义固定的零件位置、基准面等，然后参考这些定义来设计相关零件。

在 UG 中，采用【自顶向下】的装配方法是指在上下文设计中进行装配。上下文设计是指在一个部件中定义集合对象时引用其他部件的几何对象。例如，在一个组件中定义孔时引用其他组件中的几何对象进行定位。

在装配的上下文设计中，当工作部件是装配中的一个组件而显示部件是装配件时，定义工作部件中的几何对象时可以引用显示部件中的几何对象，即应用装配件其他组件的几何对象。建立和编辑的几何对象发生在工作部件中，但是显示部件中的几何对象是可以选择的。因此，当工作部件是尚未设计完成的组件而显示部件是装配件时，上下文设计非常有用。

8.6 WAVE 几何链接器

利用 WAVE 几何链接器可以在工作部件中建立相关或不相关的几何体。如果建立相关的几何体，它必须被链接到同一装配中的其他部件。链接的几何体相关到它的父几何体，改变父几何体会引起所有部件中链接的几何体自动地更新。如图 8-13 所示，轴承尺寸被更改，但未编辑安装框架孔。通过 WAVE 复制，曲线从轴承复制到框架，无论轴承尺寸更改、旋转还是轴位置移动，都可自动更新孔。

选择【插入】|【关联复制】|【WAVE 几何链接器】命令，系统弹出【WAVE 几何链接器】对话框，如图 8-14 所示。该对话框中各选项含义如下所述。

不使用 WAVE

使用 WAVE

图 8-13

图 8-14

【类型】：有 9 种类型，分别介绍如下。

- 【复合曲线】：从装配件中另一部件链接一曲线或边缘到工作部件。
- 【点】：从装配件中另一部件链接一个或多个点到工作部件。
- 【基准】：从装配件中另一部件链接一基准特征到工作部件。
- 【草图】：从装配件中另一部件链接草图到工作部件。
- 【面】：从装配件中另一部件链接一个或多个表面到工作部件。
- 【面区域】：在同一装配件中的部件之间链接区域(相邻的多个表面)。
- 【体】：链接整个体到工作部件。
- 【镜像体】：链接选择的体，并将其通过一已存平面镜像。
- 【管线布置对象】：从装配件中另一部件链接一个或多个走线对象到工作部件。

【关联】：选择该复选框，则建立的链接特征与父体相关联。默认情况为选中。

【隐藏原先的】：选择该复选框，则建立链接到特征时，如果原有几何体是一个整体对象，则隐藏原来的几何体。但不能隐藏一个物体的边缘或者区域。

【固定于当前时间戳记】：默认情况为不选择该复选框，表示将链接特征放置在所有已存特征之后。

【允许自相交】：选择该复选框，则允许选择的曲线自相交。

8.7 转配克隆

克隆提供一个灵活的、自上而下的界面，用于修改装配中引用的组件。

克隆用于在一次单独操作中创建一个新装配或一组相关装配(例如 WAVE 控制及产

品装配)，这些相关装配共享类似的装配结构及与一个或一组现有装配的关联性，但是具有不同的组件引用。例如，可以使用一组核心公用组件创建一个装配的不同版本，同时修改或替换其他组件。或者，如果更希望编辑现有装配中的组件引用(而不是创建一个新装配)，使用克隆可以一步操作就实现。

如果需要在原有装配结构的基础上，保留部分零部件以创建一个新的装配结构。那么采用克隆技术是非常方便的。克隆装配可以保持装配组件相互关系不发生变化，如配对关联条件、组件交叉表达式、提升实体和装配中的特征等。因此，应用克隆装配技术可以快速地开发装配结构和组件相似的系列产品，提高效率。

克隆装配的过程可以归纳为六点：

(1) 添加克隆对象。若要克隆装配结构，则先要添加克隆组件。

(2) 指定克隆方式。

(3) 指定默认的命名和位置。

(4) 产生克隆报告。

(5) 指定克隆日志文件。

(6) 执行克隆操作。

用户创建完克隆之后，还可以对克隆装配进行编辑操作。编辑操作与创建过程基本上一样，用户根据需要重新设置相关选项即可。

8.8 爆炸视图

通过爆炸视图可以清晰地了解产品的内部结构以及部件的装配顺序，主要用于产品的功能介绍以及装配向导。

8.8.1 概念

爆炸视图是装配结构的一种图示说明。在该视图中，各个组件或一组组件分散显示，就像各自从装配件的位置爆炸出来一样，用一条命令又能装配起来。利用装配视图可以清楚地显示装配或者子装配中各个组件的装配关系。

爆炸视图本质上也是一个视图，与其他视图一样，一旦定义和命名就可以被添加到其他图形中。爆炸视图与显示部件相关联，并存储在显示部件中。

爆炸图是在装配环境下把组成装配的组件拆分开来，更好地表达整个装配的组成形状，便于观察每个组件的一种方法。爆炸图是一个已经命名的视图，一个模型中可以有多个爆炸图。默认的爆炸图名称为 Explosion，后加数字后缀，也可以根据需要指定其他名称。

8.8.2 爆炸视图的建立

要进行爆炸图的操作，可单击【装配】工具条上的【爆炸图】命令，系统弹出【爆炸图】工具条，如图 8-15 所示。该工具条包含了爆炸图创建和设置的全部选项。

选择【装配】|【爆炸图】|【新建爆炸】命令，或者单击【爆炸图】工具条上的【创建爆炸图】命令，系统弹出【创建爆炸图】对话框，如图 8-16 所示。

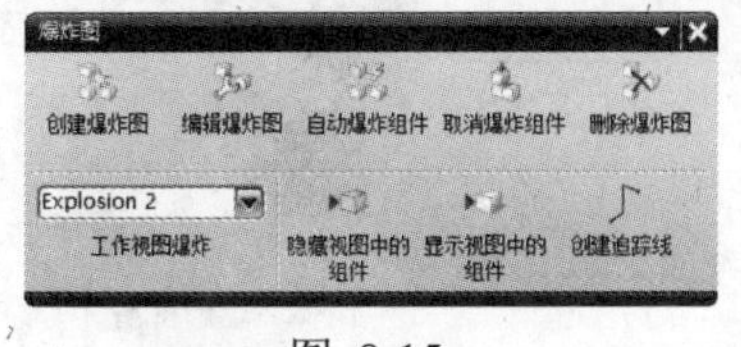

图 8-15

图 8-16

在【名称】文本框中输入爆炸图名称，系统默认名称为 Explosion 1，单击【确定】按钮，即可创建一个爆炸图。

> 如果视图已有一个爆炸视图，可以使用现有分解作为起始位置创建新的分解，这对于定义一系列爆炸图来显示一个被移动的组件很有用。

8.8.3 爆炸视图的操作

爆炸视图操作主要包括【编辑爆炸图】、【自动爆炸组件】、【取消爆炸组件】、【删除爆炸图】、【隐藏视图中的组件】和【显示视图中的组件】。

1. 编辑爆炸图

【编辑爆炸图】：在一个新建爆炸视图中选择组件进行分解爆炸，即编辑一个已经存在的爆炸视图。

单击【爆炸图】工具条上的【编辑爆炸图】命令，系统弹出【编辑爆炸图】对话框，如图 8-17 所示。该对话框中各选项意义如下所述。

【选择对象】：选择该选项，可以在绘图区选取要进行移动的对象。如果选取错误，可以使用 Shift+MB1，取消对该对象的选取。

【移动对象】：选择该选项，可以将选取的对象拖动到适当的位置。当选取对象后，选择该复选框，该对象将显示动态坐标系，如图 8-18 所示。可以移动或旋转该坐标系，将所选组件移动到合适的位置。

【只移动手柄】：移动 X 轴、Y 轴、Z 轴方向的箭头组成的手柄而不移动任何其他对象。

【距离】/【角度】：显示【角度】选项还是【距离】选项取决于所选择的拖动手柄类型。当选择了原点拖动手柄(默认)时，此选项变灰。选择旋转拖动手柄时为【角度】，选择移动拖动手柄时为【距离】。

【捕捉增量】：允许在拖动手柄时捕捉“整倍”距离。

【矢量工具】：在选择平移拖动手柄时可以使用这些选项。可以定义一个矢量(例如，通过选择一个边)，这样将重定位组件，以便使选定的拖动手柄和矢量对齐。

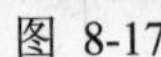

图 8-17

图 8-18

【捕捉手柄至 WCS】：将拖动手柄移到 WCS 位置。此选项只影响手柄，而不移动任何对象。

【取消爆炸】：从选定的组件移去爆炸变形，并将它们移回爆炸前的位置。

【原始位置】：将选定的组件移回其在装配中的原始位置，必要时要考虑父子装配的爆炸位置。

2. 自动爆炸组件

【自动爆炸组件】：根据配对条件由系统自动爆炸并分解所选择的组件。

单击【爆炸图】工具条上的【自动爆炸组件】命令，系统弹出【类选择】对话框。选择对象后单击【确定】按钮，系统打开【爆炸距离】对话框，如图 8-19 所示。

图 8-19

【距离】：设置爆炸组件间的偏置距离，数值的正负控制自动爆炸的方向。

【添加间隙】：该复选框用于控制自动爆炸的方式。若不选择该复选框，则指定的距离为绝对距离，即组件从当前位置移动指定的距离值；若选择该复选框，则指定的距离为组件相对于关联组件移动的相对距离，如图 8-20 所示。

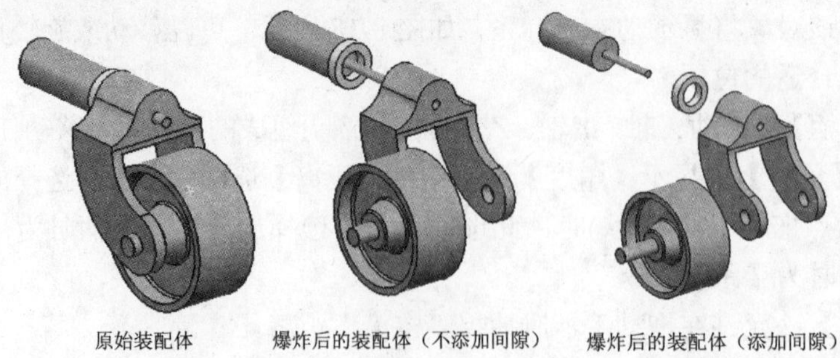

图 8-20

【自动爆炸组件】只能爆炸具有关联条件的组件，对于没有关联条件的组件，不能使用该爆炸方式。

3. 取消爆炸组件

【取消爆炸组件】：取消爆炸一个或多个选定组件，即将它们移回装配中的原始位置。

单击【爆炸图】工具条上的【取消爆炸组件】命令，系统弹出【类选择】对话框。选择对象后单击【确定】按钮即可。

4. 删除爆炸图

【删除爆炸图】：删除现有的爆炸图。如果存在多个爆炸图，将出现包含所有爆炸图列表的【爆炸图】对话框，如图 8-21 所示。

5. 隐藏、显示视图中的组件

单击【爆炸图】工具条上的【隐藏视图中的组件】命令，系统弹出【隐藏视图中的组件】对话框，如图 8-22 所示。在绘图区选择要隐藏的组件后，单击【确定】按钮即可将其隐藏。

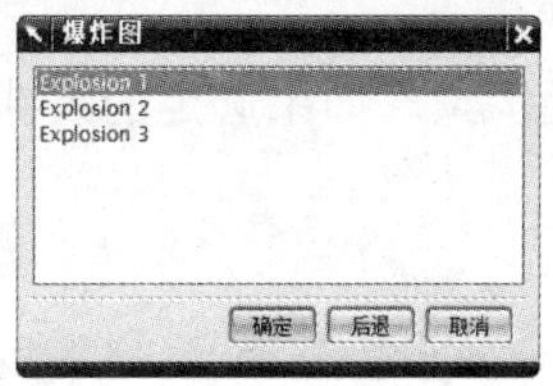

图 8-21

图 8-22

【爆炸图】工具条上的【显示视图中的组件】命令是【隐藏视图中的组件】的逆操作，即将隐藏的组件重新显示在图形窗口中。

此处的隐藏与显示仅仅针对所对应的爆炸视图而言，并不影响组件在装配视图中的显示状态。

8.9 装配序列

【装配序列】：通过此命令可以控制一个装配的装配和拆卸顺序，可以模拟和回放序列信息。

选择【装配】|【顺序】命令，进入次序任务环境。进入次序环境后，出现【标准】、【装配次序和运动】和【装配次序回放】工具条。单击【装配次序和运动】工具条中的【插入运动】命令后，还会出现【记录组件运动】工具条。下面分别介绍这 4 个工具条中各命

令的含义。

1. 【标准】工具条

图 8-23 所示为【标准】工具条。

【精加工序列】：退出次序任务环境。

【新建序列】：创建一个新的装配序列。

【设置关联序列】：显示部件中所有序列的分类名。当从列表中选择一个名称后，它就成为【关联序列】。

2. 【装配次序和运动】工具条

图 8-24 所示为【装配次序和运动】工具条。

图 8-23

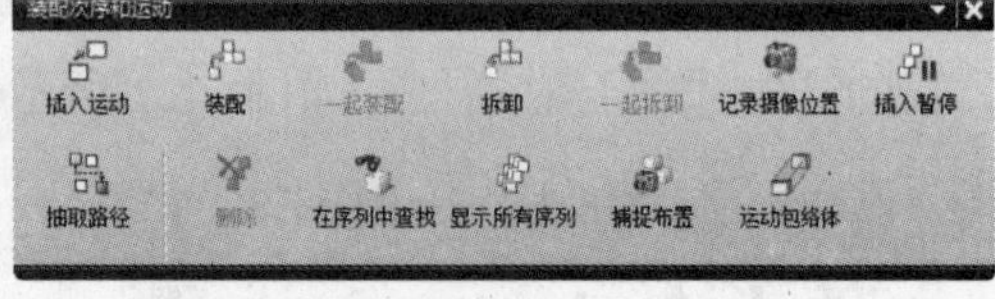

图 8-24

【插入运动】：在序列中插入运动步骤。

【装配】：在选定组件的关联序列中创建装配步骤。如果选定的组件多于一个，则按照选定时的顺序为每个组件创建步骤。

【一起装配】：在一个序列中创建子组。

【拆卸】：为选定的组件创建拆卸步骤。

【一起拆卸】：将选定的子组或组件集一起拆卸(只需一个序列步骤)。

【记录摄像位置】：创建摄像步骤。在回放过程中如果想要重定位序列视图，则使用此选项(例如，要仔细查看非常大的装配中被拆装的小组件)。

【插入暂停】：在序列中插入暂停步骤，使其暂时停顿在一个画面上。

【删除】：删除选定的项目，如序列或步骤。

【在序列中查找】：在【序列导航器】中查找指定组件。

【显示所有序列】：控制【序列导航器】是显示所有序列，还是只显示关联序列。

【捕捉布置】：将装配组件的当前位置捕捉为布置。

【运动包络体】：创建一个小平面体，该平面体表示组件在一系列连续运动步骤过程中所占据的空间。

3.【记录组件运动】工具条

图 8-25 所示为【记录组件运动】工具条。

图 8-25

【选择对象】：可选择要移动的一个或多个对象(例如，组件或子装配)。

【移动对象】：准备移动所选定的对象时，单击此图标，出现拖动手柄。可以用此手柄拖动选定的对象，或者可以使用其他图标选项定义对象将如何运动。

【只移动手柄】：仅移动拖动手柄，在要移动拖动手柄到一个更便利位置的情况下，该选项很有用。

【矢量工具】：可以使用这些选项定义运动的矢量。选择拖动手柄时，此选项可用。定义矢量时，选定的对象将重定位，以便选定的拖动手柄与矢量对齐。

【捕捉手柄至 WCS】：将拖动手柄移到 WCS 位置。此选项只影响手柄，而不移动任何对象。

【运动记录首选项】：打开【首选项】对话框，可在其中设置影响运动步骤和帧的首选项。

【拆卸】：可以不退出运动记录而拆卸当前组件选择对象。

【摄像机】：创建摄像步骤。在回放过程中如果想要重定位序列视图，则使用此选项(例如，要仔细查看非常大的装配中被拆装的小组件)。

【确定】：在适当的时候选择此选项，例如在完成选择要移动的对象后。

【取消】：取消运动记录。

4. 【装配次序回放】工具条

图 8-26 所示为【装配次序回放】工具条。

图 8-26

【设置当前帧】：序列中正在被播放的当前帧。可以通过在此输入帧的编号转到序列中特定的帧。

【倒回到开始】：立即转到序列的第一个帧。

【前一帧】：后退一帧。

【向后播放】：以相反的顺序运行关联序列。

【向前播放】：向前运行关联序列。

【下一帧】：播放下一个帧。

【快进到结尾】：立即转到序列的最后一帧。

【导出至电影】：使用序列指定的帧记录电影。

【停止】：停止回放。此选项在【向后播放】或者【向前播放】可用。

【回放速度】：从 1 到 10 中选择一个速度来控制回放的速度。数值越高就越快。

8.10 部件清单

【报告】：查询装配中组件的信息。可以获得的信息包括【组件列表】、【更新报告】和【何处使用】报告。通过这些信息可以知道存在哪些组件，每个组件加载装配中时的状态，以及每个组件用于系统的什么地方。

选择【装配】|【报告】命令，系统弹出如图 8-27 所示的子菜单。选择相应的子命令即可获得相关信息。

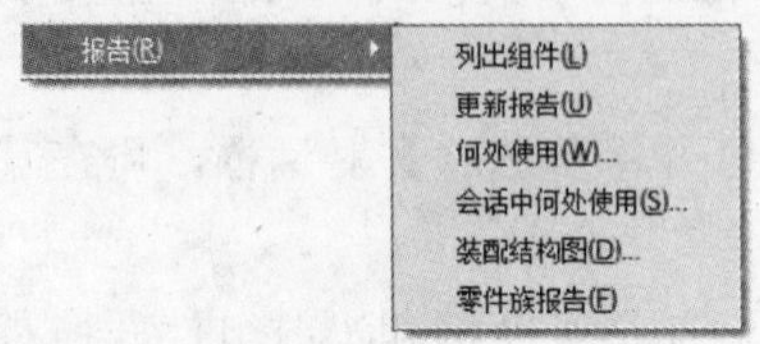

图 8-27

【列出组件】：产生工作部件中所有组件的列表，并将其输出到【信息】窗口。

【更新报告】：产生在加载时可能发生的任何组件更新的概要信息。

【何处使用】：查找一个给定组件部件所在的所有部件文件，然后向【信息】窗口输出一个报告。

【会话中何处使用】：生成一个报告以便查找一个给定的组件在当前已加载的部件中使用的位置。

【装配结构图】：生成一个树形图表(使子代成为父代的枝节)显示装配中所有的组件和子装配。

【零件族报告】：提供装配中所有部件族成员的信息。

8.11 装配实例

本节将使用一个完整的实例，系统地介绍装配的主要流程，本例涉及到的知识点有添加组件、配对组件、WAVE 几何链接器、爆炸图等。

【例 8-1】综合实例

	多媒体文件：\video\ch8\8-1.avi
	源文件：\part\ch8\8-1/caster_fork,caster_wheel,caster_axle, caster_shaft
	操作结果文件：\part\ch8\8-1\assy_caster

具体操作步骤如下。

1. 装配

(1) 启动UG NX 6，新建文件“\part\ch8\8-1\assy_caster”，设置单位为【英寸】。选择【起始】|【装配】命令，进入装配模块。

(2) 设置【首选项】|【装配】|【交互】为【配对条件】。

(3) 选择【装配】|【组件】|【添加组件】命令，系统弹出【添加组件】对话框。单击【打开】，选择部件文件“\part\ch8\8-1\caster_fork”，设置【定位方式】为【绝对原点】，其余选项保持默认设置，单击【确定】按钮，结果如图8-28所示。

(4) 选择【装配】|【组件】|【添加组件】命令，系统弹出【添加组件】对话框。单击【打开】，选择部件文件“\part\ch8\8-1\caster_wheel”，设置【定位方式】为【配对】，其余选项保持默认设置，单击【确定】按钮，系统弹出【配对条件】对话框。

(5) 设置配对类型为【中心】，【对象居中】为【2对2】。依次选择“面1”、“面2”、“面3”、“面4”，如图8-29所示。其中“面3”、“面4”是与“面1”、“面2”对称的面，单击【应用】按钮。

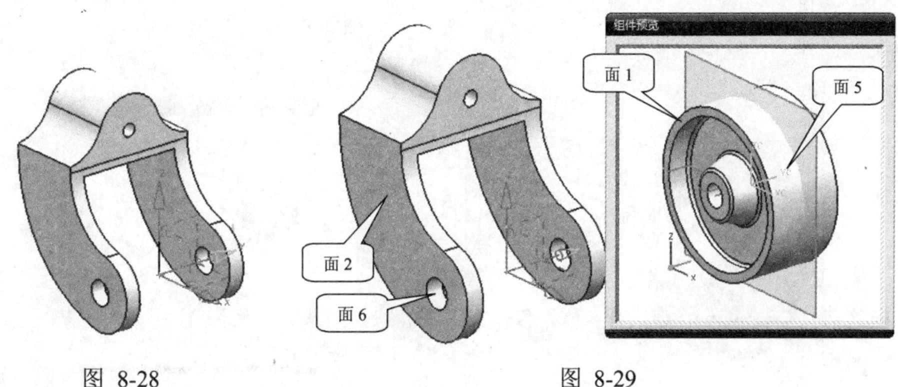

图 8-28　　图 8-29

(6) 设置配对类型为【对齐】，依次选择图8-29所示的“面5”、“面6”，单击【确定】按钮，结果如图8-30所示。

(7) 系统弹出【添加组件】对话框。单击【打开】，选择部件文件“\part\ch8\8-1\caster_axle”，设置【定位方式】为【配对】，其余选项保持默认设置，单击【确定】按钮。

(8) 设置配对类型为【中心】，【对象居中】为【2对2】。依次选择“面1”、“面2”、“面3”、“面4”，如图8-31所示。其中“面3”、“面4”是与“面1”、“面2”对称的面，单击【应用】按钮。

(9) 设置配对类型为【对齐】，依次选择图8-31所示的“面5”、“面6”，单击【确定】按钮，结果如图8-32所示。

(10) 系统弹出【添加组件】对话框。单击【打开】，选择部件文件“\part\ch8\8- 1\caster_shaft”，设置【定位方式】为【配对】，其余选项保持默认设置，单击【确定】按钮。

(11) 设置配对类型为【对齐】，依次选择图 8-33 所示的“面 1”、“面 2”，单击【确定】按钮。

(12) 设置配对类型为【距离】，依次选择图 8-33 所示的“面 3”、“面 4”，在【距离表达式】文本框中输入 0.32，单击【确定】按钮，结果如图 8-34 所示。

(13) 单击【装配】工具条上的【WAVE 几何链接器】命令，系统弹出【WAVE 几何链接器】对话框。设置【类型】为【复合曲线】，选择图 8-35 所示的曲线，单击【确定】按钮。

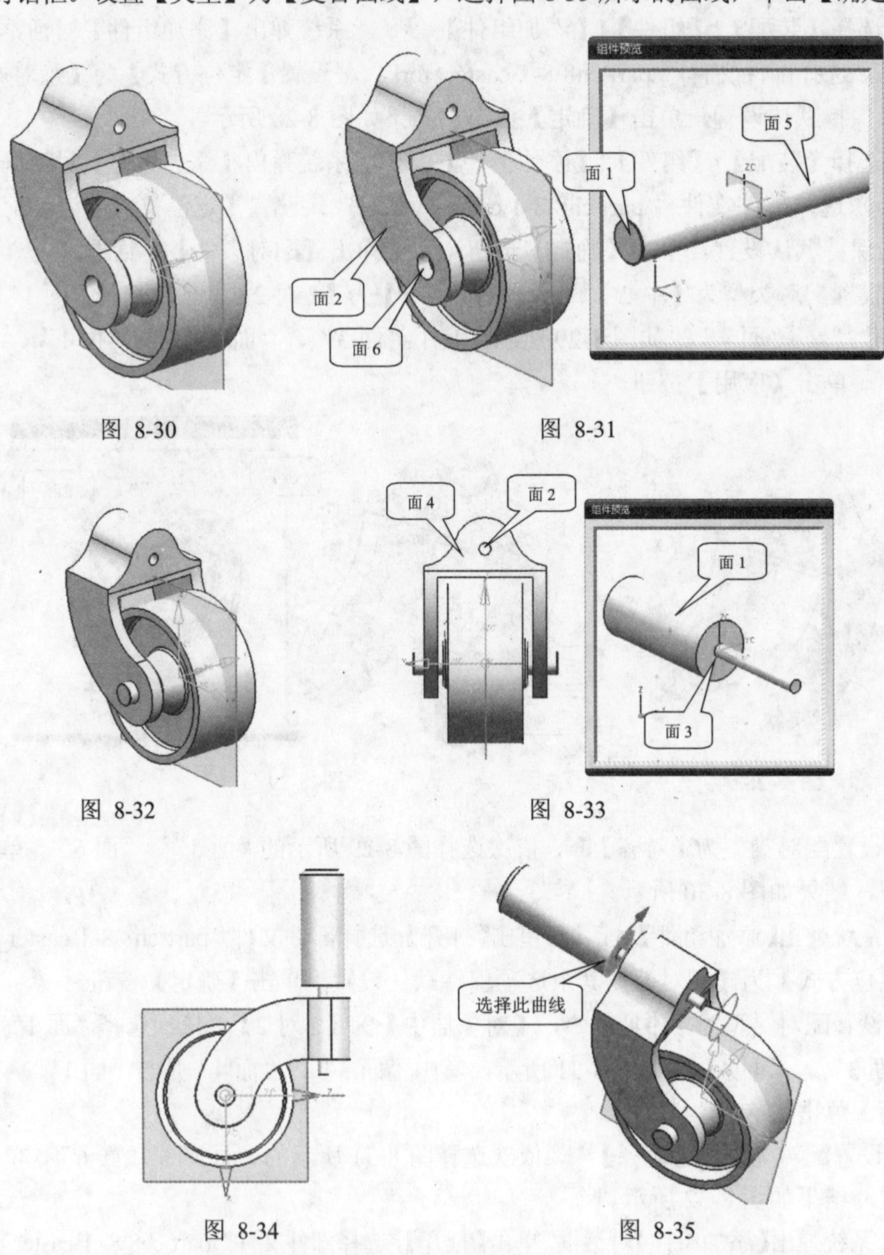

图 8-30

图 8-31

图 8-32

图 8-33

图 8-34

图 8-35

(14) 选择【插入】|【设计特征】|【拉伸】命令，系统弹出【拉伸】对话框。选择图

8-35 所示的曲线作为要拉伸的曲线，设置如图 8-36 所示的各参数，其余选项保持默认设置，单击【确定】按钮，结果如图 8-37 所示。

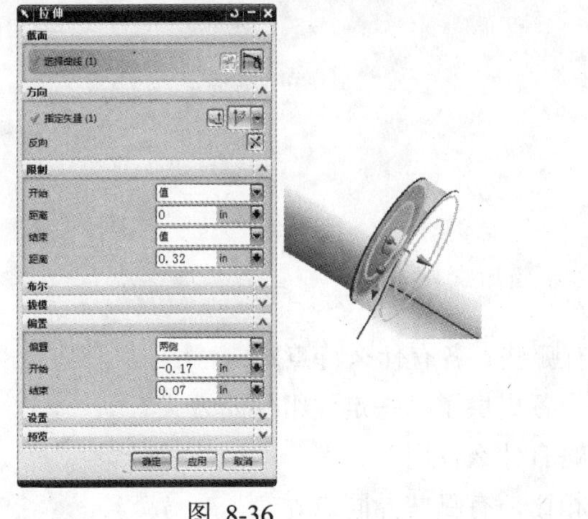

图 8-36　　　　图 8-37

2. 爆炸图

(1) 单击【装配】工具条上的【爆炸图】命令，系统弹出【爆炸图】工具条。

(2) 单击【爆炸图】工具条上的【创建爆炸图】命令，系统弹出【创建爆炸图】对话框。【名称】保持默认设置，单击【确定】按钮。

(3) 单击【爆炸图】工具条上的【自动爆炸组件】命令，系统弹出【类选择】对话框。单击【全选】，再单击【确定】按钮。

(4) 系统弹出【爆炸距离】对话框，输入【距离】为 3，选择【添加间隙】复选框，单击【确定】按钮，结果如图 8-38 所示。

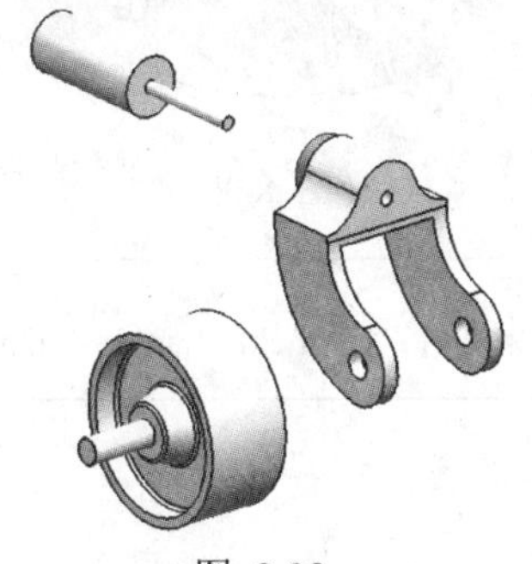

图 8-38

8.12 本章小结

本章讲述了 UG NX 6 的装配知识。与前面章节不同的是，本章很多知识点是以叙述为主，没有结合具体实例，而是最后通过一个综合例子将整章内容贯穿起来。装配中的很多技巧或方法与实体中是类似的，如导航器操作、阵列操作等。因此，读者应该将整本书的知识融会贯通，这样方能到达最好的效果。

8.13 思考与练习题

8.13.1 思考题

1. UG NX 6 中装配的特点有哪些？
2. UG NX 6 中创建装配体的方法有哪些？各有什么特点？
3. 装配约束和配对组件这两组命令各提供了哪些定位组件的方式？
4. 什么是引用集？使用引用集策略有什么作用？
5. 什么是爆炸视图？与其他视图相比，有哪些异同点？

8.13.2 操作题

加载光盘中的“\part\ch8\lianxi8-1”文件目录下的模型文件，创建装配体如图 8-39 所示。

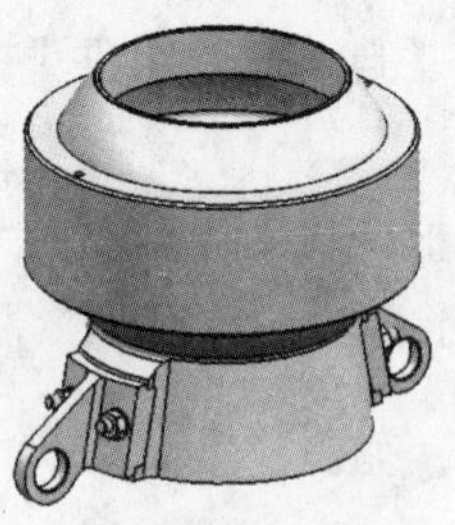

图 8-39

	操作结果文件：\part\ch8\ lianxi8-1\lianxi8-1.prt

第9章 工程制图

本章重点内容

本章主要介绍 UG 制图模块的操作使用，具体内容包括制图参数预设置、工程图纸的创建与编辑、视图的创建与编辑、尺寸标注、图框的加载、数据的转换等内容。

本章学习目标

- ☑ 掌握 UG 制图的一般过程
- ☑ 掌握制图参数的预设置
- ☑ 掌握各种视图的创建方法
- ☑ 掌握视图相关编辑
- ☑ 掌握工程图的标注方法

9.1 工程图功能简介

波音 777 是世界上第一架纯电子化设计的“无纸飞机”，其整个设计过程没有用一张图纸，而是以三维模型为基础的数字样机设计。数字样机设计是未来发展的方向与目标，若能实现这一目标将完全脱离二维图纸。然而，就目前的情形来看，在相当长时间内，实现这一目标的可能性不大。因此，二维图纸在设计中还将占有重要的地位。UG NX 的制图功能就是为了满足二维出图的需要。

9.1.1 概述

UG NX 制图是将利用实体建模功能创建的零件和装配主模型引用到制图模块，快速生成二维工程图的过程。由于 UG 软件所绘制的二维工程图是由三维实体模型投影得到的，因此，工程图与三维实体模型之间是完全相关的，实体模型的尺寸、形状和位置的改变，都会引起二维工程图的变化。

> 从严格意义上说，UG NX 的制图功能并不是传统意义上的二维绘图，而是由三维模型投影得到二维图形。当然，结果是一样的，得到的都是二维工程图纸。

9.1.2　制图模块调用

调用制图模块的方法大致有两种：

(1) 单击【应用】工具条上的【制图】命令。

(2) 单击【标准】工具条上的【开始】|【制图】命令。

如图 9-1 所示为工程图设计界面，该界面与实体建模界面相比，在【插入】下拉菜单中增加了二维工程图的有关操作工具。另外，主界面还增加了 6 个工具条，应用这些菜单命令和工具条按钮，可以快速建立和编辑二维工程图。

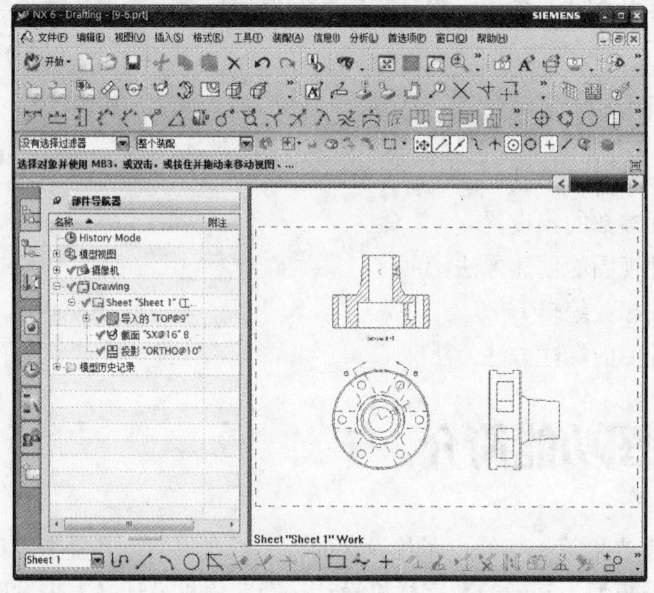

图 9-1

9.1.3　UG 出图的一般过程

利用 UG 生成工程图，有两种方法。

【主模型方法】：新建一个图纸(【新建】|【图纸】)，通过引用主模型(三维模型)生成工程图文件。

【非主模型方法】：在建模环境中，通过选择【制图】命令切换到【制图】环境，然后定义工程图。

这两种方法在具体绘制工程图时的步骤和过程是一样的。

1. 【非主模型方法】出图的一般流程

(1) 打开已经创建好的部件文件。

(2) 单击【标准】工具条上的【开始】|【所有应用模块】|【制图】命令，或者单击【应

用】工具条上的【制图】命令，进入制图模块。

(3) 设定图纸。包括设置图纸的尺寸、比例以及投影角等参数。

(4) 设置首选项。UG 软件的通用性比较强，其默认的制图格式不一定满足用户的需要，因此在绘制工程图之前，需要根据制图标准设置绘图环境。

(5) 导入图纸格式。导入事先绘制好的符合国标、企标或者适合特定标准的图纸格式。

(6) 添加基本视图，如主视图、俯视图、左视图等。

(7) 添加其他视图，如局部放大图、剖视图等。

(8) 视图布局。包括移动、复制、对齐、删除以及定义视图边界等。

(9) 视图编辑。包括添加曲线、修改剖视符号、自定义剖面线等。

(10) 插入视图符号。包括插入各种中心线、偏置点、交叉符号等。

(11) 标注图纸。包括标注尺寸、公差、表面粗糙度、文字注释以及建立明细表和标题栏等。

(12) 保存或者导出为其他格式的文件。

(13) 关闭文件。

2. 【主模型方法】出图的一般流程

(1) 单击【新建】命令，打开【新建】对话框，选择【图纸】类型，输入文件名和文件保存的路径，在【要创建图纸的部件】栏中选择要引用的模型，如图 9-2 所示。然后单击【确定】按钮进入制图环境。

(2) 进入制图环境后，系统将自动为用户创建默认的图纸。用户更改图纸，具体方法与【非主模型方法】中的第(4)～(13)步类似。

本章将以【非主模型方法】为例进行讲解，掌握了这种方法后也能轻松地应用【主模型方法】创建工程图。

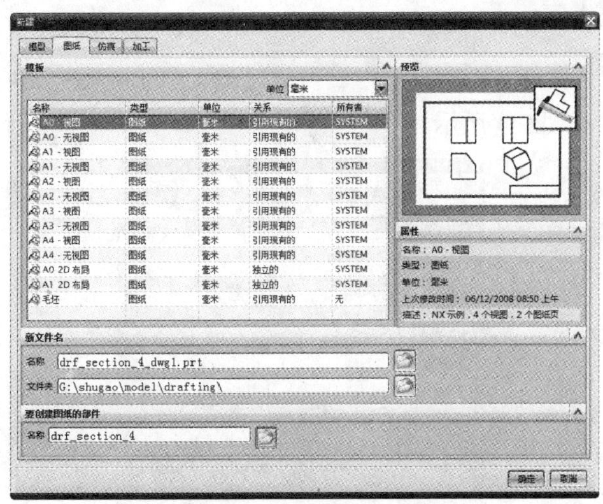

图 9-2

9.2 制图参数预设置

在工程图环境中，为了更准确有效地绘制工程图，可以根据需要进行相关的基本参数预设置，例如线条的粗细、隐藏线的显示与否、视图边界线的显示和颜色的设置等。

利用【制图首选项】工具条上的选项能方便地设置制图参数，如图 9-3 所示。该工具条上共有四个选项，其功能介绍如下。

【视图首选项】：用于控制视图中的显示参数。

【注释首选项】：设置注释的各种参数。

【剖切线首选项】：用于控制以后添加到图纸中的剖切线显示。

【视图标签首选项】：用于控制视图标签的显示和查看图纸上成员视图的视图比例标签。

其中，【视图首选项】和【注释首选项】最为常用，本节将详细讲述这两个选项。

图 9-3

9.2.1 视图显示参数预设置

【视图首选项】主要用于提供视图使用的全局设置，通过【视图首选项】能控制视图中的显示参数，例如控制隐藏线、剖视图背景线、轮廓线、光顺边等的显示。单击【制图首选项】工具条上的【视图首选项】命令，系统弹出【视图首选项】对话框，如图 9-4 所示。该对话框中共有 12 个选项卡，其中常用的有【常规】、【隐藏线】、【可见线】、【光顺边】、【虚拟交线】等。

1.【常规】选项卡

【常规】选项卡如图 9-4 所示。

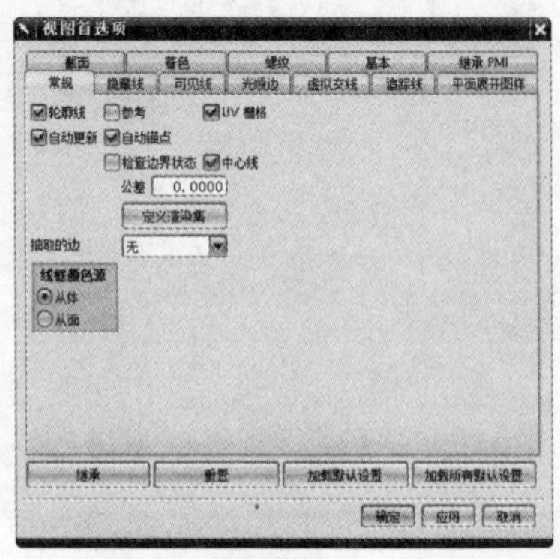

图 9-4

【轮廓线】：该复选框用于控制轮廓线在图纸成员视图中的显示。如果选择该复选框，系统将为所选图纸成员视图添加轮廓线；反之，则从所选成员视图中移除轮廓线，如图 9-5 所示。关闭该选项可以加快视图的放置。

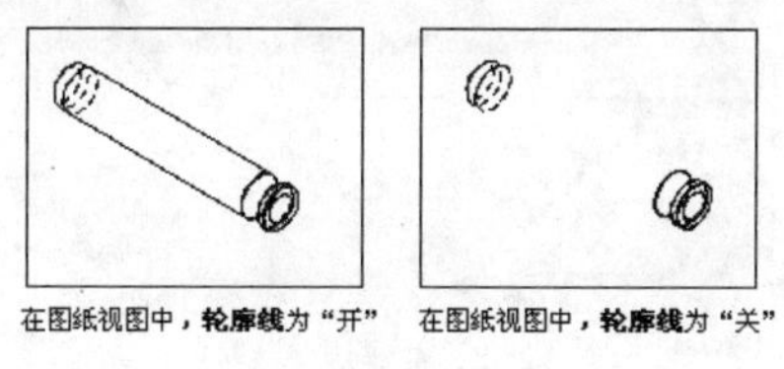

图 9-5

【参考】：该复选框用于编辑存在于图纸上的视图的状态。视图的状态可以分为【活动】和【参考】两种。如果将一个【活动视图】改为一个【参考视图】，则该视图的几何体将不再显示，而且会在视图边界出现一个参考标记，如图 9-6 所示。

【参考视图】中的几何体尽管不显示在屏幕上，但仍然会打印。转换为【参考视图】的视图在未再次激活之前不会更新，即使更改角度、比例或铰链线，它们也不会更新。

【UV 栅格】：该复选框用于控制图纸成员视图中的 UV 栅格曲线的显示，如图 9-7 所示。

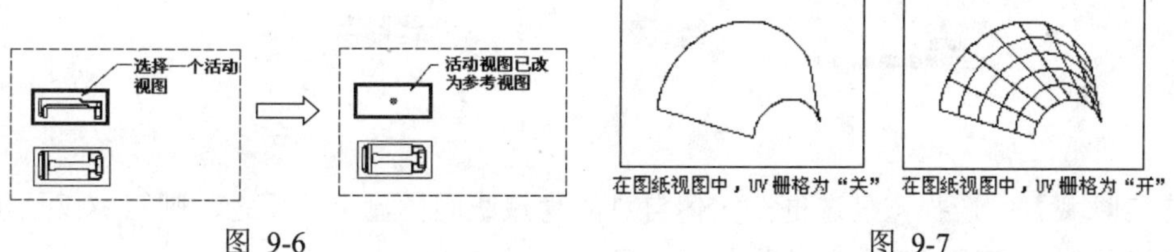

图 9-6　　图 9-7

UV 网格线是用于描述片体或实体表面轮廓的曲线。

【自动更新】：该复选框用于控制实体模型更改后视图是否自动更新。

【中心线】：选择该复选框，则新创建的视图中将自动添加模型的中心线，反之亦然。

2.【隐藏线】选项卡

【隐藏线】选项卡如图 9-8 所示。

【隐藏线】：该复选框用于控制视图中隐藏线的显示与否。若选中该复选框，则视图中显示隐藏线，并可以设置隐藏线显示的颜色、线型和线宽。

【仅参考边】：选择该复选框，则仅显示被引用的隐藏线，如标注、定位参考边。

【仅隐藏边】：该复选框用于控制被其他重叠边隐藏的那些边的显示。

【干涉实体】：该选项区域用于正确地渲染有干涉实体的图纸成员视图中的隐藏线，如图 9-9 所示。

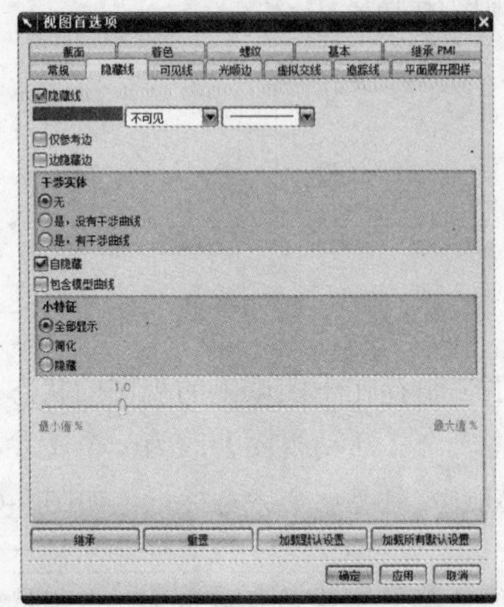

图 9-8

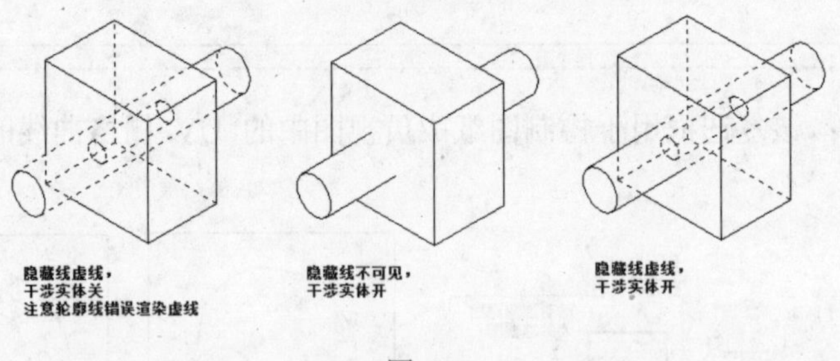

图 9-9

【自隐藏】：选择该复选框，实体自身的隐藏线同样显示；反之，则图中仅显示被其他实体遮盖的隐藏线，而自身的隐藏线不显示。

【包含模型曲线】：选择该复选框，则在视图中以隐藏线的形式显示模型中的独立曲线；反之亦然。这对于那些用线框曲线或 2D 草图曲线产生图纸的用户是很有用的。

【小特征】：该选项用于控制细节特征的显示。共有三种选择，即【全部显示】、【简化】和【隐藏】，如图 9-10 所示。

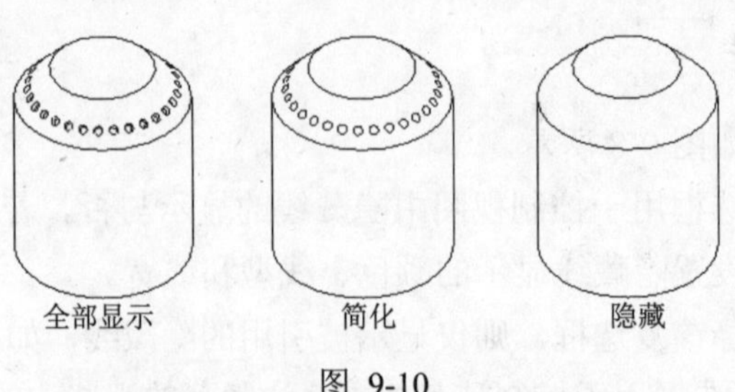

图 9-10

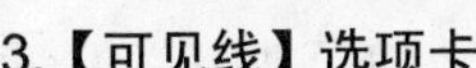

3.【可见线】选项卡

该选项卡可以用于设置和修改可见线的颜色、线型和线宽。

4.【光顺边】选项卡

该选项卡用于控制【光顺边】的显示。如果不选择【光顺边】选项，则其下的所有选项全部不被激活，视图中不显示【光顺边】；反之，视图中显示【光顺边】，其下所有选项都被激活，可以设置【光顺边】显示的颜色、线型、线宽及其终点与其他边缘线之间的缝隙(间距)。

5.【虚拟交线】选项卡

该选项卡用于控制假想的相交曲线的显示。如果不选择【虚拟交线】复选框，则其下的所有选项全部不被激活，视图中不显示【虚拟交线】；反之，视图中显示【虚拟交线】，其下所有选项都被激活，可以设置【虚拟交线】显示的颜色、线型、线宽及其终点与其他边缘线之间的缝隙(间距)。

光顺边指的是相切的相邻表面的交线。虚拟交线指的是倒圆平面的理论交线。

6.【追踪线】选项卡

该选项卡用于控制可见和隐藏追踪线的颜色、线型和深度，还可以修改可见追踪线的缝隙大小。

在爆炸图中，追踪线显示装配组件如何装配在一起。

7.【截面】选项卡

该选项卡用于控制剖视图的剖面线，如图 9-11 所示。

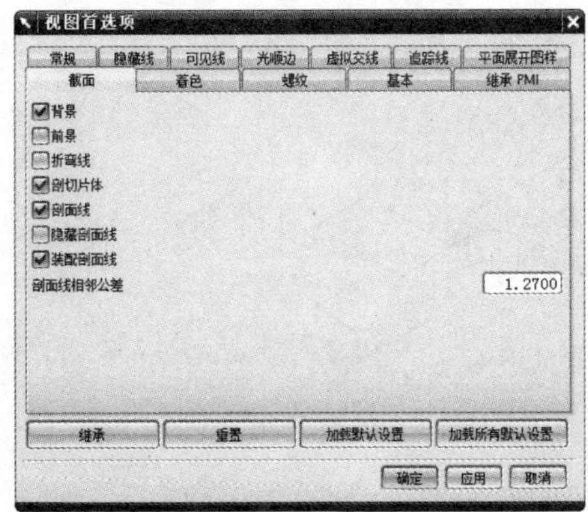

图 9-11

【背景】：该复选框用于控制剖视图背景线在视图上的显示。【开】与【关】两种状态效果如图 9-12 所示。

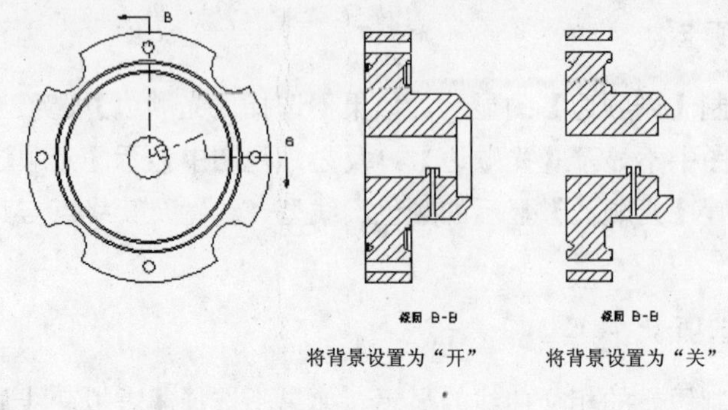

将背景设置为“开”　　将背景设置为“关”

图 9-12

【前景】：抑制或显示剖视图的前景曲线。要使用此选项，必须设置【背景】。

【折弯线】：根据行业标准，不会在阶梯剖视图上显示折弯线。若选择【折弯线】复选框，则会显示这些折弯线，如图 9-13 所示。

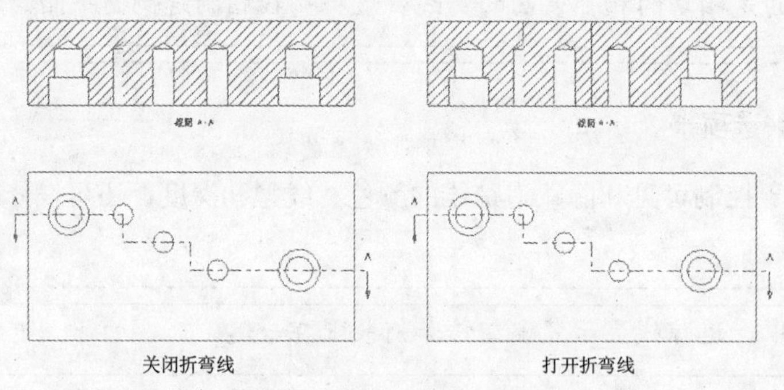

关闭折弯线　　打开折弯线

图 9-13

【剖切片体】：选择该复选框，则在剖视图中剖开片体，并显示其后的曲线；反之亦然，如图 9-14 所示。

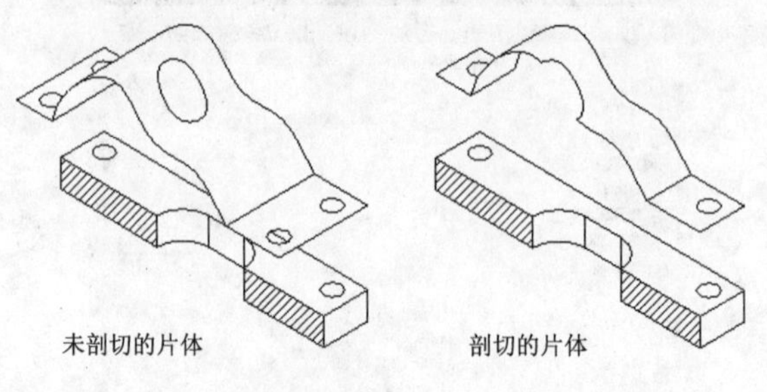
未剖切的片体　　剖切的片体

图 9-14

【剖面线】：控制是否在给定的剖视图中生成剖面线。图 9-15 显示出了该选项作用于

剖视图所产生的两种不同效果。

【隐藏剖面线】：控制剖视图的剖面线是否参与隐藏线的处理。

【装配剖面线】：该复选框用于控制装配剖视图中相邻两实体的剖面线的角度。如果选择该复选框，则装配视图中相邻实体的剖面线角度各不相同，以便区别不同的实体；反之，则装配剖视图中所有实体的剖面线角度完全相同，如图 9-16 所示。

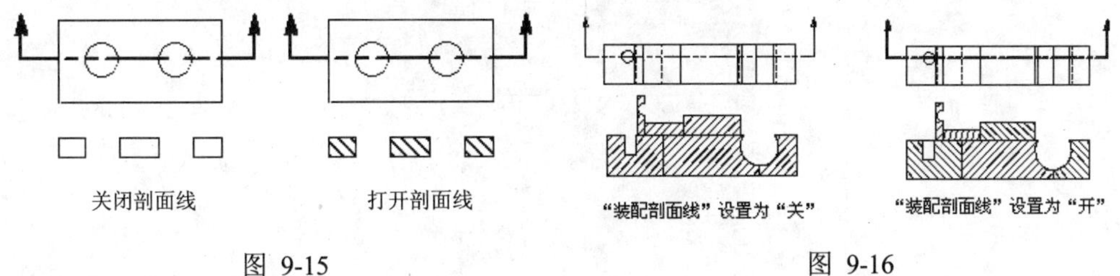

图 9-15　　　　图 9-16

【剖面线相邻公差】：该选项用于控制装配剖视图中显示不同剖面线角度的邻接实体的最小距离。如果相邻实体之间的距离大于该数值，则相邻实体的剖面线角度相同；反之亦然。

> 【剖面线相邻公差】只对装配剖视图有意义。

8.【螺纹】选项卡

该选项卡用于设置螺纹在视图中的显示样式，如图 9-17 所示。

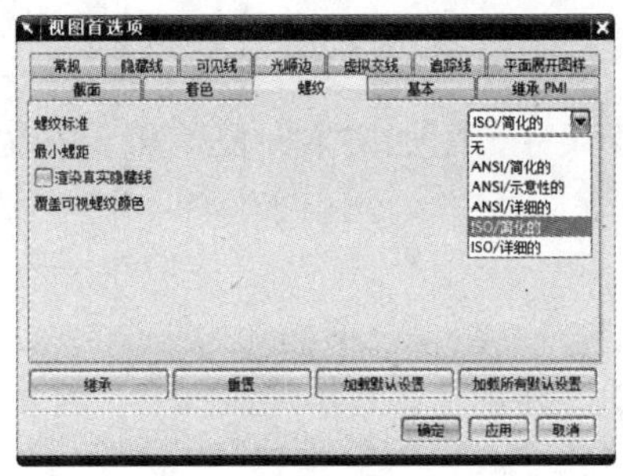

图 9-17

9.2.2　标注参数预设置

【注释首选项】用于设置注释的各种参数，如标注文字的大小、尺寸的放置位置等。单击【制图首选项】工具条上的【注释首选项】命令，系统弹出【注释首选项】对话框，如图 9-18 所示。该对话框中共有 13 个选项卡，除【坐标】外，都经常使用。

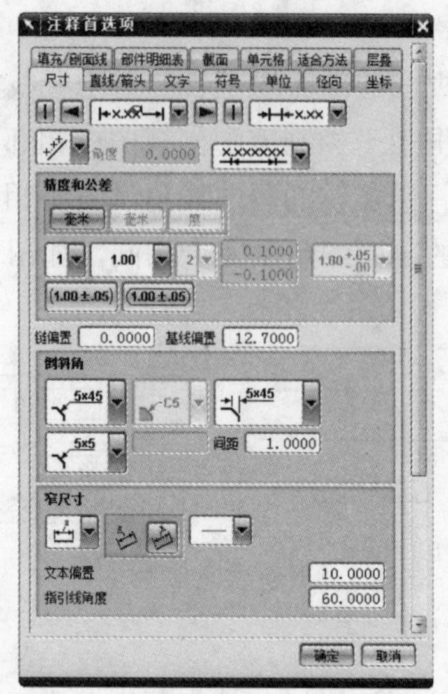

图 9-18

1. 【尺寸】选项卡

该选项卡可以设置箭头和直线格式、放置类型、公差和精度格式、尺寸文本角度和延伸线部分的尺寸关系。

2. 【直线/箭头】选项卡

该选项卡可以设置箭头形状、引导线方向和位置、引导线和箭头的显示参数等。

3. 【文字】选项卡

该选项卡可以设置应用于尺寸、附加文本、公差和一般文本(注释、ID 符号等)的文字的首选项。

4.【符号】选项卡

该选项卡可以设置应用于“标识”、“用户定义”、“中心线”、“相交”、“目标”和“形位公差”符号的首选项。

5. 【单位】选项卡

该选项卡可以设置尺寸显示、公差显示、单位设置、角度尺寸格式、角度公差格式、角度尺寸中零的显示格式等。

6. 【径向】选项卡

该选项卡可以设置符号相对于尺寸的位置、直径符号、半径符号、符号与尺寸文本间距、文本位置、折叠半径线角度等参数。

7. 【填充/剖面线】选项卡

该选项卡可以设置剖面线和区域填充公差、区域填充样式、区域填充比例、区域填充角度、剖面线类型、剖面线距离、剖面线角度、剖面线颜色、剖面线线宽。

8. 【部件明细表】选项卡

该选项卡可以设置部件明细表的增长方向、符号等参数。

9. 【单元格】选项卡

该选项卡可以控制单元格内显示的内容及其格式。

10. 【适合方法】选项卡

该选项卡提供具有优先级的方法列表，每当文本不适合单元格时就会按优先级执行这些方法。

11. 【层叠】选项卡

该选项卡可以设置层叠中组织的制图和 PMI 注释。

9.3 工程图纸的创建与编辑

在 UG NX 中，对三维实体模型创建二维工程图时，首先要进行的是图纸的初始化工作，这些工作一般都是由工程图的管理功能所完成的，包括工程图的创建、打开、删除和编辑等。

在介绍具体创建与编辑方法之前，首先介绍一下【图纸】工具条上的【显示图纸页】命令，通过此命令可以在三维图与工程图之间切换。但切换到三维图状态后的环境并不是【建模】环境，仍然是【制图】环境。进入【制图】环境后此命令自动打开。

9.3.1 创建工程图纸

通过【新建图纸页】命令，可以在当前模型文件内新建一张或多张指定名称、尺寸、比例和投影角的图纸。

选择【插入】|【图纸页】命令，或者单击【图纸】工具条上的【新建图纸页】图标，系统弹出【工作表】对话框，如图 9-19 所示。设置好对话框中各种参数后，单击【确定】按钮，即可完成创建工程图纸的任务。此时在图形窗口显示新创建的图纸，并在左下角显示刚创建的图纸的名称。

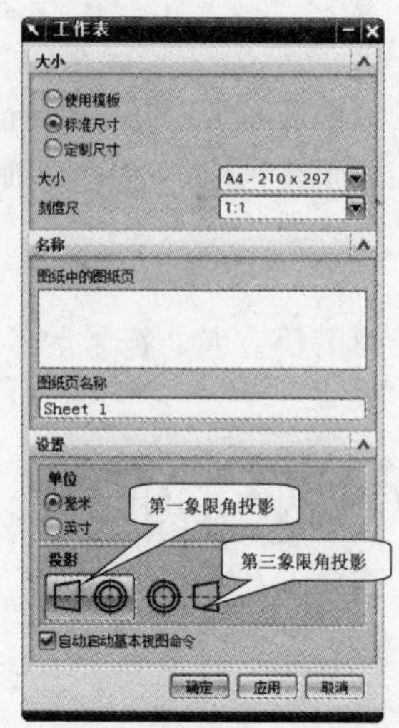

图 9-19

该对话框中各选项的意义如下所述。

【大小】：共有 3 种规格的图纸可供选择，即【使用模板】、【标准尺寸】和【定制尺寸】。

- 【使用模板】：使用该选项进行新建图纸的操作最为简单，可以直接选择系统提供的模板，将其应用于当前制图模块中。
- 【标准尺寸】：图纸的大小都已标准化，可以直接选用。至于比例、边框、标题栏等内容需要自行设置。
- 【定制尺寸】：图纸的大小、比例、边框、标题栏等内容均需自行设置。

【名称】：包括【图纸中的图纸页】和【图纸页名称】两个选项。

- 【图纸中的图纸页】：列表显示图纸中所有的图纸页。对 UG 来说，一个部件文件中允许有若干张不同规格、不同设置的图纸。
- 【图纸页名称】：输入新建图纸的名称。输入的名称最多包含 30 个字符。

【单位】：设置图纸的度量单位。

【投影】：设置图纸的投影角度。根据各国的使用要求不同，UG 提供了两种投影方式供用户选择，即【第一象限角投影】和【第三象限角投影】。

根据国标规定，【单位】应选【毫米】，【投影】应选【第一象限角投影】。

【自动启动基本视图命令】：对于每个部件文件，插入第一张图纸页时，会出现该复选框。选择该复选框，创建图纸后系统会自动启用创建【基本视图】命令。

9.3.2 打开工程图纸

若一个文件中包含几张工程图纸，可以打开已经存在的图纸，使其成为当前图纸，以便进一步对其进行编辑。但是，原先打开的图纸将自动关闭。

打开工程图纸的方法大致有三种：

(1) 在部件导航器中，右击所需的图纸名称，在弹出的快捷菜单中选择【打开】命令，如图 9-20 所示。

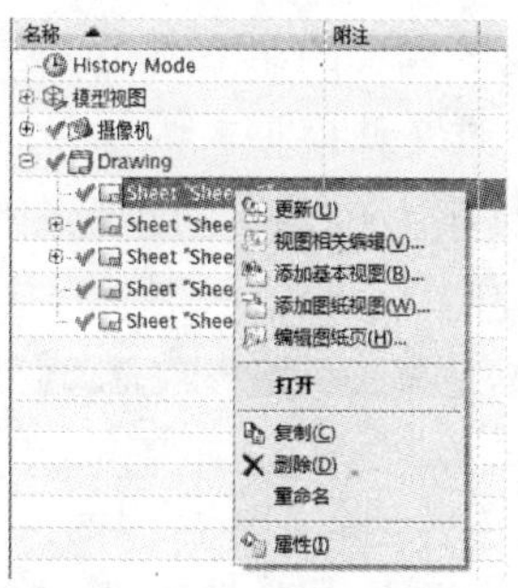

图 9-20

(2) 在部件导航器中，双击所需的图纸名称。

(3) 单击【图纸】工具条中的【打开图纸页】命令。

9.3.3 编辑工程图纸

在进行视图添加及编辑过程中，有时需要临时添加剖视图、技术要求等，而在新建过程中设置的工程图参数可能无法满足要求(如图纸类型、图纸尺寸、图纸比例)，这时需要对图纸进行编辑。

编辑工程图纸的方法大致有两种：

(1) 在部件导航器中，右击所需的图纸名称，在弹出的快捷菜单中选择【编辑图纸页】命令，如图 9-20 所示。

(2) 选择【编辑】|【图纸页】命令。

> 【编辑图纸页】对话框与【新建图纸页】相同，唯一不同的是若图纸中已经生成投影视图，则不可对投影角进行修改；若图纸中没有生成投影视图，则投影角还可以进行修改。

9.3.4 删除工程图纸

删除工程图纸的方法大致有两种：

(1) 在部件导航器中，在所需的图纸名称上右击，在弹出的快捷菜单中选择【删除】命令，如图 9-20 所示。

(2) 将光标放置在图纸边界虚线部分，当虚线变为红色时右击，在弹出的快捷菜单中选择【删除】命令。

9.4 视图的创建

视图是二维工程图最基本也是最重要的组成部分，在一个工程图中可以包含多种视图，通过这些视图的组合可以来描述三维实体模型。

如图 9-21 所示，【图纸】工具条上包含了创建视图的所有命令。另外，通过【插入】|【视图】下的子命令也可以创建视图。

图 9-21

9.4.1 基本视图

【基本视图】：指实体模型的各种向视图和轴测图，包括前视图、后视图、左视图、右视图、俯视图、仰视图、正等轴测图和正二测视图。在一个工程图中至少要包含一个基本视图 ，因此在绘制工程图时，首先应该添加反映实体模型主要形状特征的基本视图。

选择【插入】|【视图】|【基本视图】命令，系统弹出【基本视图】对话框，如图 9-22 所示。该对话框中各选项意义如下所述。

【部件】：包括【已加载的部件】和【最近访问的部件】两个选项。

【Specify Location(指定位置)】：可用光标指定屏幕位置。

【方法】：提供了 5 种对齐视图的方式。

- 【自动判断】：基于所选静止视图的矩阵方向对齐视图。
- 【水平】：将选定的视图相互间水平对齐。
- 【垂直】：将选定的视图相互间垂直对齐。
- 【垂直于直线】：将选定的视图与指定的参考线垂直对齐。
- 【叠加】：在水平和竖直两个方向对齐视图，以使它们相互叠加。

【移动视图】：将已有的视图移到屏幕某个位置，该位置是通过光标指定的。

【Model View to Use(要使用的模型视图)】：可从下拉列表中选择视图类型。

【定向视图工具】：单击图标，系统弹出如图 9-23 所示的【定向视图】窗口，通过该窗口可以在放置视图之前预览方位。

图 9-22

图 9-23

【刻度尺】：在向图纸添加视图之前，为基本视图指定一个特定的比例。

【视图样式】：单击图标，系统弹出【视图样式】对话框。通过该对话框可以在视图被放置之前设置各个视图的参数或者编辑视图参数。

9.4.2 投影视图

【投影视图】：即国标中所称的向视图，是沿着某一方向观察实体模型而得到的投影视图。在 UG 制图模块中，投影视图是从一个已经存在的父视图沿着一条铰链线投影得到的，投影视图与父视图存在着关联性，如图 9-24 所示。

设置好基本视图后，继续移动光标将添加投影视图。如果已退出添加视图操作，可选择【插入】|【视图】|【投影视图】命令。如图 9-25 所示为【投影视图】对话框。该对话框中特有的选项的意义如下所述。

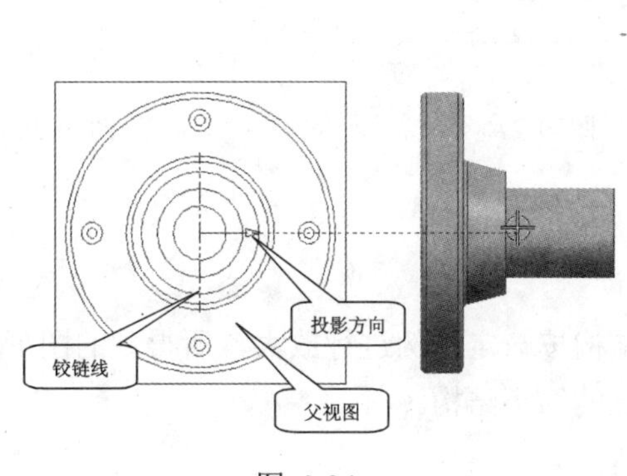

图 9-24

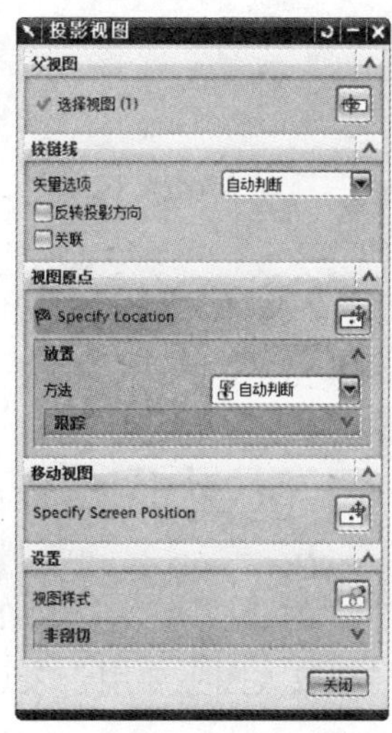

图 9-25

【父视图】：可选择视图作为父视图。

【矢量选项】：有【自动判断】和【已定义】两个选项。

- 【自动判断】：系统会自动判断铰链线的矢量方向。
- 【已定义】：可通过【矢量构造器】自定义铰链线的矢量方向。

【例 9-1】创建投影视图

	多媒体文件：\video\ch9\9-1.avi
	源文件：\part\ch9\ 9-1.prt
	操作结果文件：\part\ch9\finish\9-1.prt

(1) 打开文件“\part\ch9\9-1.prt”。

(2) 单击【开始】|【制图】，进入【制图】模块。

(3) 系统弹出如图 9-19 所示的【工作表】对话框。选择【标准尺寸】并设置大小为【A4-210×297】，【刻度尺】为【1∶1】，【图纸页名称】默认为【Sheet 1】，【单位】选择【毫米】，【投影】选择【第一象限角投影】，并选择【自动启动基本视图命令】复选框。

(4) 单击【确定】按钮，系统自动出现【基本视图】，如图 9-26 所示。将其放置在合适的位置，单击左键确定。

(5) 系统自动启用【投影视图】命令，如图 9-27 所示。单击【投影视图】对话框中的【视图样式】图标，系统弹出【视图样式】对话框。在该对话框的【隐藏线】选项卡中，设置【隐藏线】为【虚线】，单击【确定】按钮。将视图放置在合适的位置后，单击左键确定，结果如图 9-28 所示。

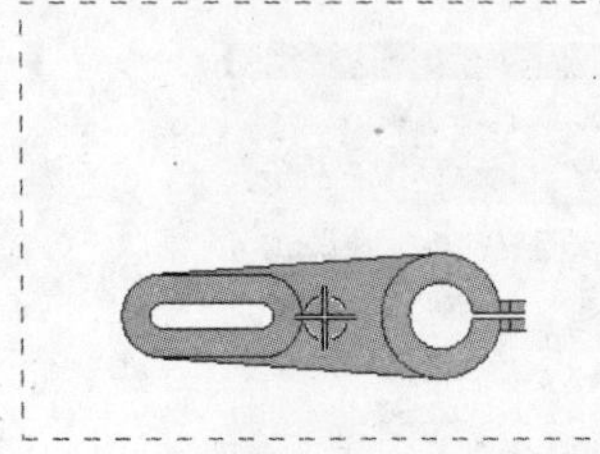

图 9-26

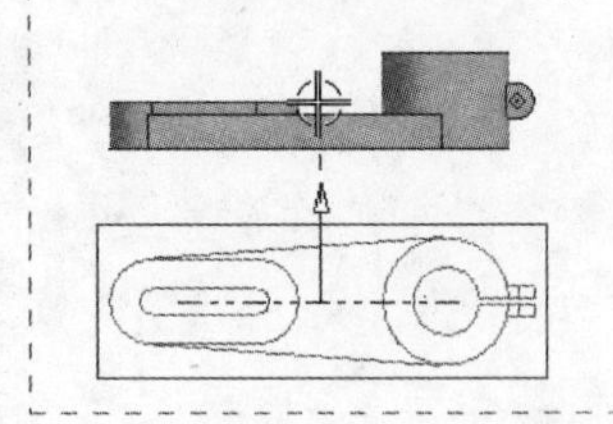

图 9-27

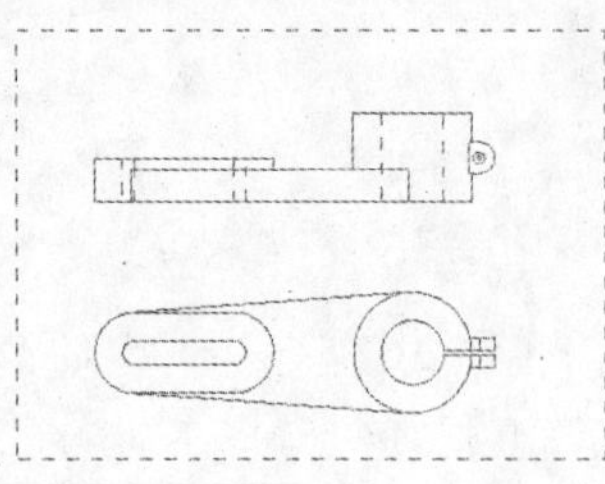

图 9-28

9.4.3 局部放大图

【局部放大图】：将零件的局部结构按一定比例进行放大，所得到的图形称为局部放大图。局部放大图主要用于表达零件上的细小结构。

【例 9-2】创建局部放大图

	多媒体文件：\video\ch9\9-2.avi
	源文件：\part\ch9\9-2.prt
	操作结果文件：\part\ch9\finish\9-2.prt

(1) 打开文件“\part\ch9\9-2.prt”。

(2) 选择【插入】|【视图】|【局部放大图】命令，系统弹出【局部放大图】对话框。

(3) 设置【类型】为【圆形】，然后指定【中心点】和【边界点】，并将【比例】设置为 2∶1，如图 9-29 所示。

(4) 单击【局部放大图】对话框中的【视图样式】图标，系统弹出【视图样式】对话框。在该对话框的【隐藏线】选项卡中，设置【隐藏线】为【虚线】，单击【确定】按钮。

(5) 将视图放置在合适的位置后，单击左键确定，结果如图 9-30 所示。

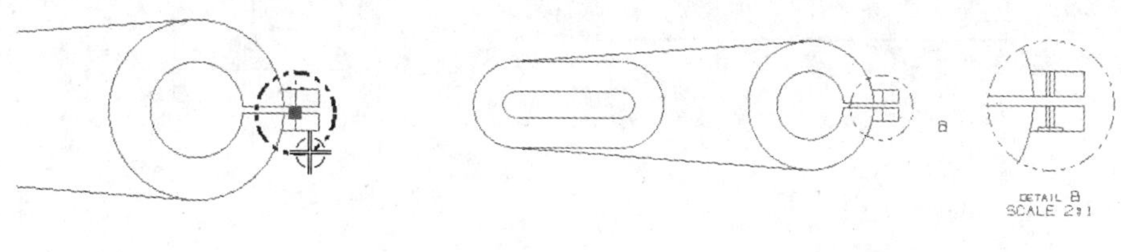

图 9-29　　　　图 9-30

(6) 单击【关闭】按钮退出。

9.4.4 剖视图

【剖视图】：当实体模型内部结构比较复杂时，如腔体类零件和箱体类零件，则在其工程图中会出现较多的虚线，致使图纸表达不够清晰。此时，通过绘制【剖视图】能清晰准确地表达该实体模型的内部详细结构。

通过【剖视图】命令可以创建【全剖视图】和【阶梯剖视图】。

【例 9-3】创建全剖视图

	多媒体文件：\video\ch9\9-3.avi
	源文件：\part\ch9\9-3.prt
	操作结果文件：\part\ch9\finish\9-3.prt

(1) 打开文件“\part\ch9\9-3.prt”。

(2) 选择【插入】|【视图】|【剖视图】命令，系统弹出【剖视图】对话框，如图 9-31 所示。

(3) 选择父视图，单击左键确定，系统弹出如图 9-32 所示的【剖视图】对话框，并出现铰链线。

图 9-31

图 9-32

(4) 选择如图 9-33 所示圆的圆心，以定义铰链线的位置，单击左键确定。此时铰链线可绕一固定点 360° 旋转。

(5) 将视图移动到合适的位置后，单击左键确定，结果如图 9-34 所示。

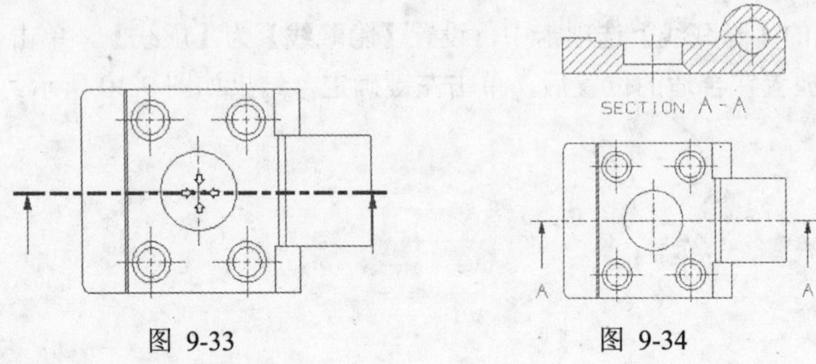

图 9-33　　图 9-34

【例 9-4】创建阶梯剖视图

	多媒体文件：\video\ch9\9-4.avi
	源文件：\part\ch9\ 9-4.prt
	操作结果文件：\part\ch9\finish\9-4.prt

(1) 打开文件“\part\ch9\9-4.prt”。

(2) 选择【插入】|【视图】|【剖视图】命令，系统弹出【剖视图】对话框，如图 9-31 所示。

(3) 选择如图 9-35 所示的俯视图作为父视图，单击左键确定，系统弹出如图 9-32 所示的【剖视图】对话框，并出现铰链线。

(4) 单击【定义铰链线】图标，选择图 9-35 所示的边，以定义剖切线的方向，单击左键确定。

(5) 选择图 9-35 所示点 1，单击左键确定。

(6) 单击【添加段】图标，选择点 2，单击左键确定。

(7) 选择点 3(中点)，单击左键确定。

(8) 单击【放置视图】图标，将视图移动到合适的位置后，单击左键确定，结果如图 9-36 所示。

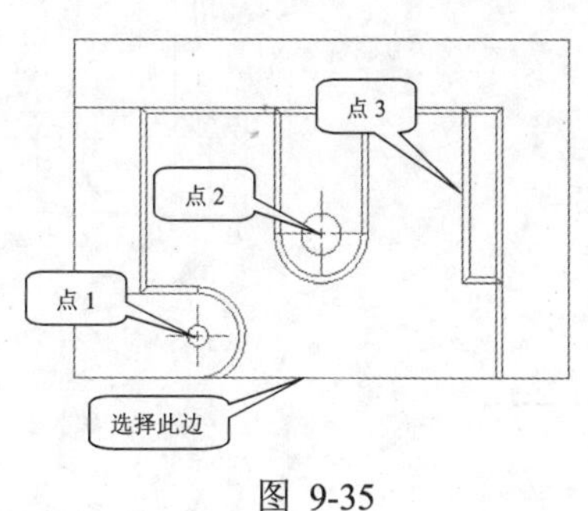

图 9-35

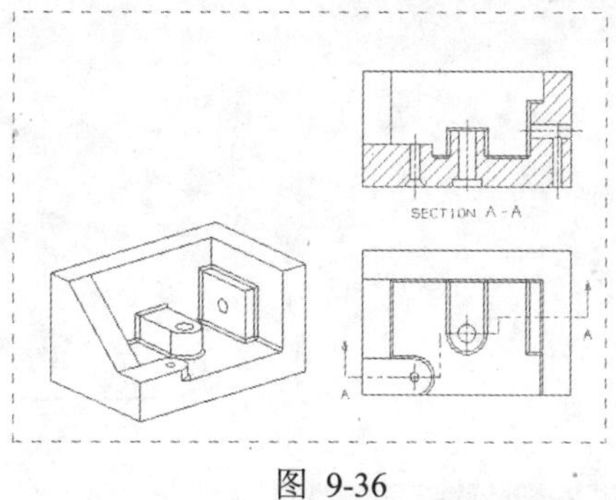

图 9-36

9.4.5 半剖视图

【半剖视图】：创建以对称中心线为界，视图的一半被剖切，另一半未被剖切的视图。需要注意的是，半剖的剖切线只包含一个箭头、一个折弯和一个剖切段，如图 9-37 所示。

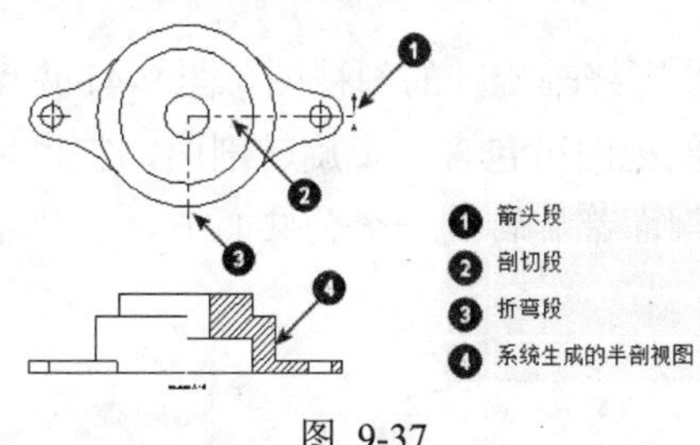

图 9-37

【例 9-5】创建半剖视图

	多媒体文件：\video\ch9\9-5.avi
	源文件：\part\ch9\9-5.prt
	操作结果文件：\part\ch9\finish\9-5.prt

(1) 打开文件“\part\ch9\9-5.prt”。

(2) 选择【插入】|【视图】|【半剖视图】命令，系统弹出【半剖视图】对话框。

(3) 选择俯视图作为父视图，单击左键确定，系统弹出如图 9-38 所示的【半剖视图】对话框，并出现铰链线。

(4) 选择如图 9-39 所示的圆心以定义剖切位置，单击左键确定。

(5) 选择如图 9-39 所示的圆心以定义折弯位置，单击左键确定。

(6) 单击【放置视图】图标，将视图移动到合适的位置后，单击左键确定，结果如图 9-40 所示。

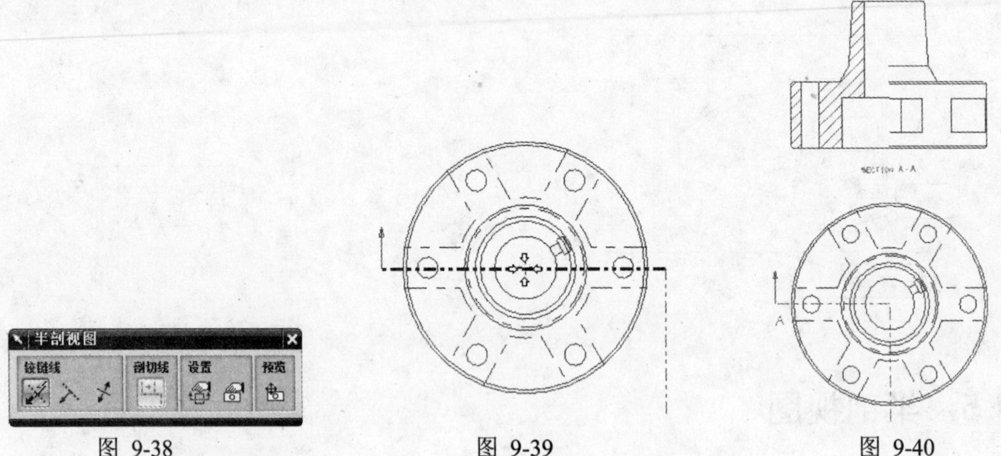

图 9-38　　图 9-39　　图 9-40

9.4.6　旋转剖视图

【旋转剖视图】：创建围绕轴旋转的剖视图。图 9-41 说明一个带有相关联父视图和剖切线的旋转剖视图。旋转剖视图可包含一个旋转剖面，它也可以包含阶梯以形成多个剖切面。在任一情况下，所有剖面都旋转到一个公共面中。

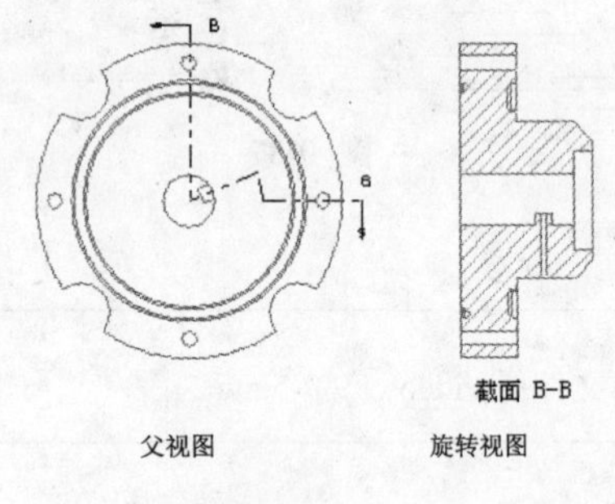

图 9-41

在创建旋转剖视图时，要了解相关的术语和概念，如图 9-42 所示。

【动态剖切线支线】：动态剖切线支线会随光标移动并在旋转点为放置提供视觉辅助。选择父视图后会出现动态剖切线支线，如图 9-43 所示。

【剖切线支线】：剖切线中用来创建旋转剖的部分。剖切线支线可以包括剖切段、折弯段和箭头段。一个旋转剖面含有两个剖切线支线。

【旋转点】：在创建旋转剖时，必须指定一个旋转点。该旋转点用来标识剖切线绕其旋转的轴。剖切线支线在旋转点相连。

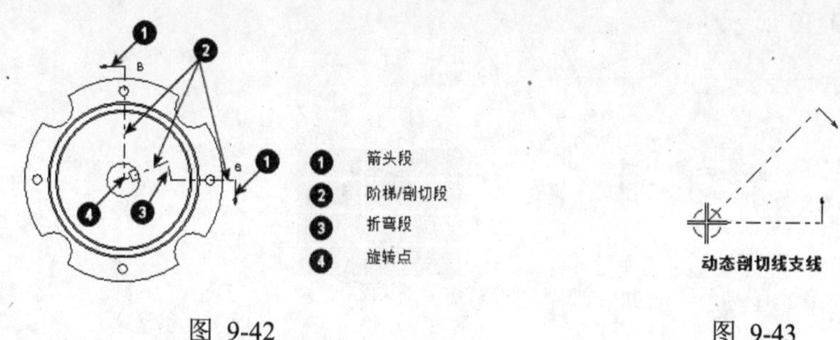

图 9-42　　　　　　　　图 9-43

【例 9-6】创建旋转剖视图

	多媒体文件：\video\ch9\9-6.avi
	源文件：\part\ch9\9-6.prt
	操作结果文件：\part\ch9\finish\9-6.prt

(1) 打开文件“\part\ch9\9-6.prt”。

(2) 选择【插入】|【视图】|【旋转剖视图】命令，系统弹出【旋转剖视图】对话框。

(3) 选择俯视图作为父视图，单击左键确定，系统弹出如图 9-44 所示的【旋转剖视图】对话框，并出现【动态剖切线支线】。

图 9-44

(4) 选择如图 9-45 所示的圆心作为旋转点，单击左键确定。

(5) 选择如图 9-46 所示的圆心以定义第一段剖切线，单击左键确定。

(6) 选择如图 9-47 所示的点，作为第二段上的点，单击左键确定。

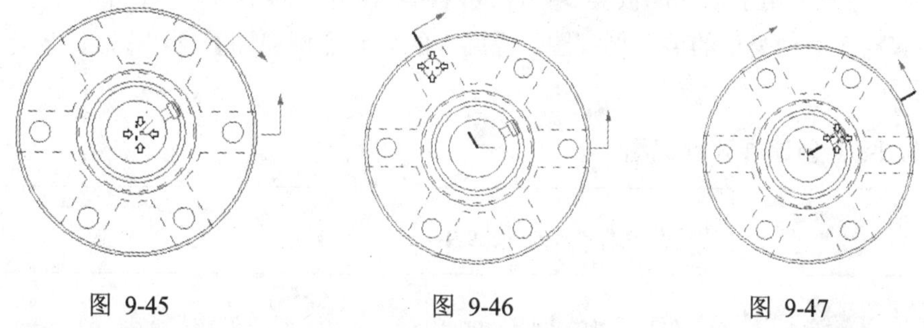

图 9-45　　　　图 9-46　　　　图 9-47

(7) 单击【添加段】图标，将光标置于图 9-48 所示的位置，单击左键确定。

(8) 选择如图 9-49 所示圆的圆心，单击左键确定，以定义新段的位置。

(9) 单击【移动段】图标，选择折弯段，将其放置在合适的位置，单击左键确定，结果如图 9-50 所示。

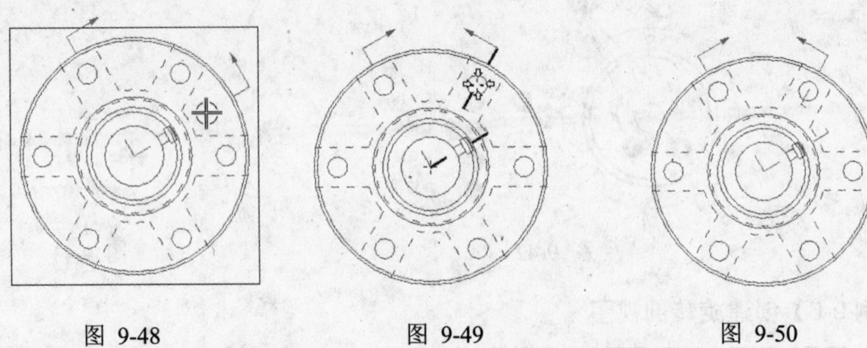

图 9-48　　图 9-49　　图 9-50

(10) 单击【放置视图】图标，将视图移动到合适的位置后，单击左键确定，结果如图 9-51 所示。

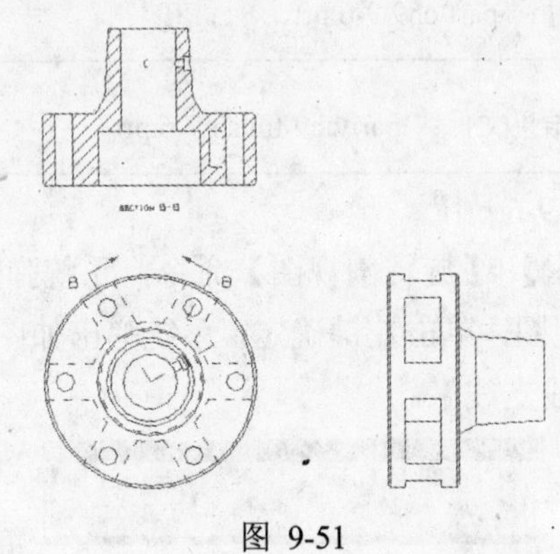

图 9-51

9.4.7　展开剖视图

使用具有不同角度的多个剖切面对视图进行剖切操作，所得到的剖视图即为展开剖视图。该剖切方法适用于多孔的板类零件，或内部结构复杂的不对称零件的剖切操作。

UG NX 有两种类型的展开剖视图：【展开的点到点剖视图】和【展开的点和角度剖视图】。

【例 9-7】创建展开剖视图

	多媒体文件：\video\ch9\9-7.avi
	源文件：\part\ch9\9-7.prt
	操作结果文件：\part\ch9\finish\9-7.prt

(1) 打开文件“\part\ch9\9-7.prt”。

(2) 选择【插入】|【视图】|【展开的点到点剖视图】命令，系统弹出【展开的点到点剖视图】对话框。

(3) 选择俯视图作为父视图，单击左键确定，系统弹出如图 9-52 所示的【展开的点到点剖视图】对话框。

(4) 选择图 9-53 所示的边，以定义剖切线的方向。

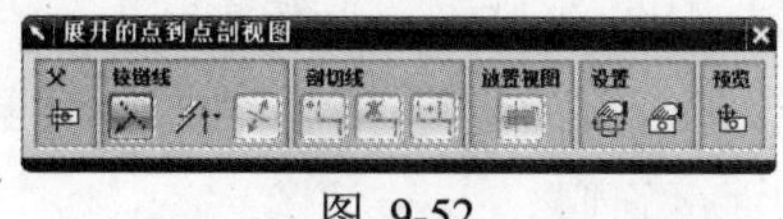

图 9-52

(5) 依次选择点 1、点 2、点 3 和点 4(中点)作为旋转点。

(6) 单击【放置视图】图标，将视图移动到合适的位置后，单击左键确定，结果如图 9-54 所示。

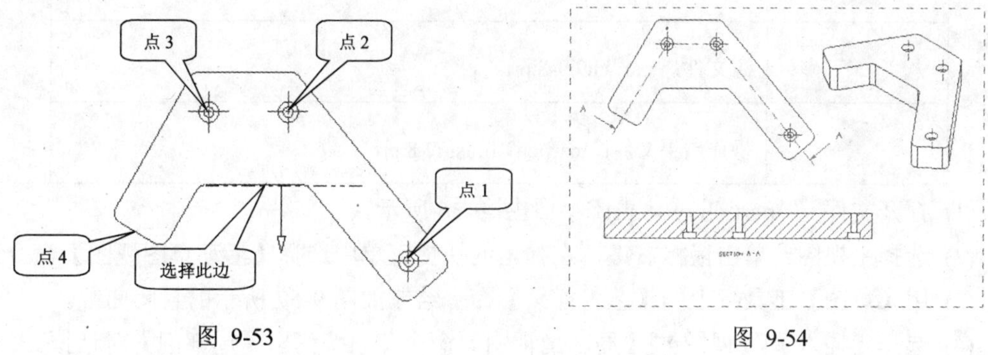

图 9-53　　图 9-54

9.4.8 局部剖视图

【局部剖视图】：用剖切平面局部地剖开机件，所得到的视图称为局部剖视图。局部剖视图可以表达零件局部的内部特征。

选择【插入】|【视图】|【局部剖视图】命令，系统弹出【局部剖】对话框，如图 9-55 所示。该对话框中各选项意义如下所述。

图 9-55

【操作类型】：【创建】、【编辑】、【删除】单选按钮分别对应着视图的建立、编辑以及删除等操作。

【操作步骤】：如图 9-55 所示的 5 个步骤图标将指导用户完成创建局部剖所需的交互步骤。

- 【选择视图】：单击该图标，选取父视图。
- 【指出基点】：单击该图标，指定剖切位置。
- 【指出拉伸矢量】：单击该图标，指定剖切方向。系统提供和显示一个默认的拉伸矢量，该矢量与当前视图的 XY 平面垂直。
- 【选择曲线】：定义局部剖的边界曲线。可以创建封闭的曲线，也可以先创建几条曲线再让系统自动连接它们。
- 【修改曲线边界】：单击该图标，可以用来修改曲线边界。该步骤为可选步骤。

【例 9-8】创建局部剖视图

	多媒体文件：\video\ch9\9-8.avi
	源文件：\part\ch9\9-8.prt
	操作结果文件：\part\ch9\finish\9-8.prt

(1) 打开文件 “\part\ch9\9-8.prt”，如图 9-56 所示。

(2) 选择主视图，单击鼠标右键，在弹出的快捷菜单中选择【活动草图视图】命令。

(3) 用【草图】工具条上的【艺术样条】命令绘制如图 9-57 所示的封闭曲线。

(4) 选择【插入】|【视图】|【局部剖视图】命令，系统弹出【局部剖】对话框。

(5) 选择主视图作为父视图。

(6) 选择如图 9-58 所示的点作为基点。

(7) 接受系统默认的拉伸矢量方向，故直接单击【选择曲线】图标，选择创建的样条曲线。

(8) 单击【应用】按钮，结果如图 9-59 所示。

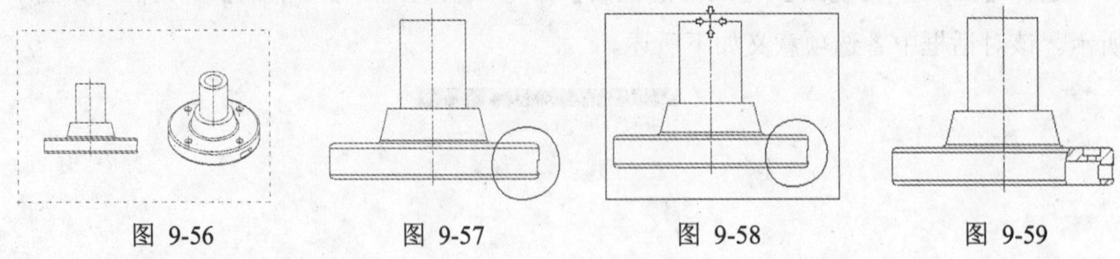

图 9-56　　图 9-57　　图 9-58　　图 9-59

9.5　视图编辑

向图纸中添加了视图之后，如果需要调整视图的位置、边界和视图的显示等有关参数，

就需要用到本节介绍的视图编辑操作，这些操作起着至关重要的作用。如图 9-60、图 9-61 所示，【制图编辑】工具条和【图纸】工具条均包含了视图编辑的相关命令。

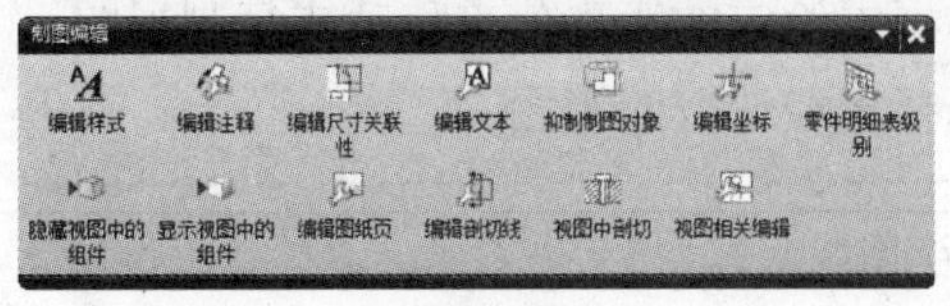

图 9-60

图 9-61

9.5.1 移动/复制视图

【移动/复制视图】：在图纸上移动或复制已存在的视图，或者把选定的视图移动或复制到另一张图纸上。

选择【编辑】|【视图】|【移动/复制视图】命令，系统弹出【移动/复制视图】对话框，如图 9-62 所示。该对话框中各选项意义如下所述。

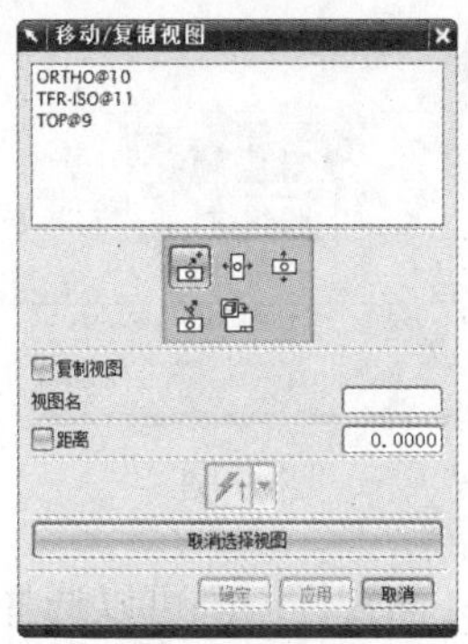

图 9-62

【视图选择列表】：选择一个或多个要移动或复制的视图，也可以直接从图形屏幕选择视图。既可以选择活动视图，也可以选择参考视图。

【移动/复制方式】：该对话框提供了 5 种移动或复制视图的方式。

- 【至一点】：单击该图标，选取要移动或复制的视图，在图纸边界内指定一点，则系统将视图移动或复制到指定点。
- 【水平】：单击该图标，选取要移动或复制的视图，则系统在水平方向上移动或复制视图。
- 【竖直】：单击该图标，选取要移动或复制的视图，则系统在竖直方向上移动或复制视图。
- 【垂直于直线】：单击该图标，选取要移动或复制的视图，再指定一条直线，则系统在垂直于指定直线的方向上移动或复制视图。
- 【至另一图纸】：单击该图标，选取要移动或复制的视图，则系统将视图移动或复制到另一图纸上。

【复制视图】：选择该复选框，则复制选定的视图；反之，则移动选定的视图。

【距离】：选择该复选框，则系统按照文本框中给定的距离值来移动或复制视图。

【取消选择视图】：单击该按钮，将取消选择已经选取的视图。

实际中常用的是直接拖动视图来移动视图。

9.5.2 对齐视图

【对齐视图】：在图纸中将不同的视图按照要求对齐，使其排列整齐有序。

选择【编辑】|【视图】|【对齐视图】命令，系统弹出【对齐视图】对话框，如图 9-63 所示。该对话框中各选项意义如下所述。

图 9-63

【视图选择列表】：选择要对齐的视图。既可以选择活动视图，也可以选择参考视图。除了从该列表选择视图以外，还可以直接从图形屏幕选择视图。

【对齐方式】：该对话框提供了 5 种对齐视图的方式。

- 【叠加】：单击该图标，系统将各视图的基准点重合对齐。
- 【水平】：单击该图标，系统将各视图的基准点水平对齐。
- 【竖直】：单击该图标，系统将各视图的基准点竖直对齐。
- 【垂直于直线】：单击该图标，系统将各视图的基准点垂直于某一直线对齐。
- 【自动判断】：单击该图标，系统将根据选取的基准点类型不同，采用自动推断方式对齐视图。

【对齐基准选项】：用于设置对齐时的基准点。基准点是视图对齐时的参考点。

- 【模型点】：该选项用于选择模型中的一点作为基准点。
- 【视图中心】：选择该选项后，所选取的视图的中心点将自动设置为基准点。
- 【点到点】：该选项要求在各对齐视图中分别指定基准点，然后按照指定的点进行对齐。

【例 9-9】用【对齐视图】命令对齐视图

	多媒体文件：\video\ch9\9-9.avi
	源文件：\part\ch9\9-9.prt
	操作结果文件：\part\ch9\finish\9-9.prt

(1) 打开文件“\part\ch9\9-9.prt”，如图 9-64 所示。

(2) 选择【编辑】|【视图】|【对齐视图】命令，系统弹出【对齐视图】对话框。

(3) 设置【对齐基准选项】为【模型点】。

(4) 选择如图 9-65 所示的光标点作为【静止的点】。

(5) 选择俯视图作为【要对齐的视图】。

(6) 单击【竖直】图标，系统自动将视图对齐，结果如图 9-66 所示。

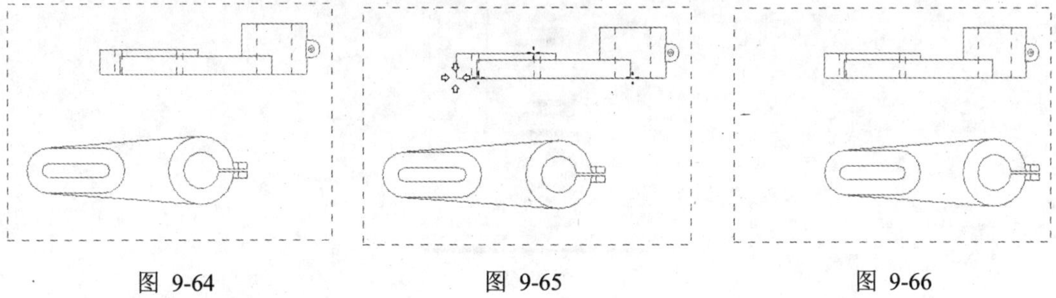

图 9-64　　图 9-65　　图 9-66

【例 9-10】辅助线对齐视图

(1) 用光标选择一个视图，如图 9-67 所示。

(2) 按鼠标左键并在目标视图的周围或上面拖动光标，直到看到辅助线，如图 9-68 所示。

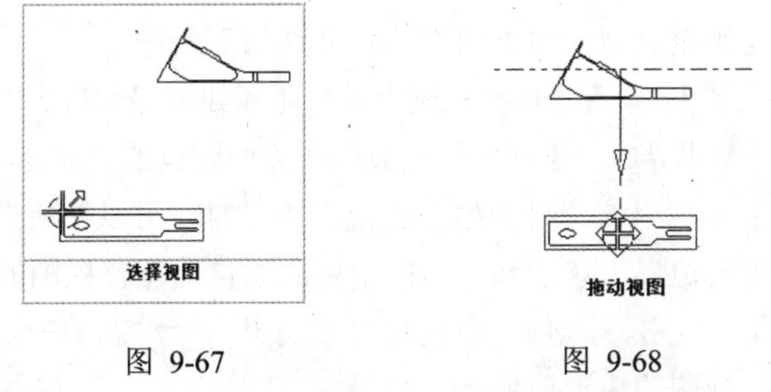

图 9-67　　图 9-68

(3) 沿着辅助线拖动视图，然后通过单击鼠标左键放置视图。

如果在单色模式下未显示辅助线，选择【首选项】|【可视化】|【颜色设置】命令，检查【部件设置】|【选择】颜色或【图纸部件设置】|【选择】颜色是否不同于【背景色】。

9.5.3　删除视图

删除视图的方法大致有三种：

(1) 选中要删除的视图，直接按 Delete 键即可。

(2) 将光标放到视图边界上右击，在弹出的快捷菜单中选择【删除】命令。

(3) 在部件导航器中，在所需的视图名称上右击，从弹出的快捷菜单中选择【删除】命令，如图 9-69 所示。

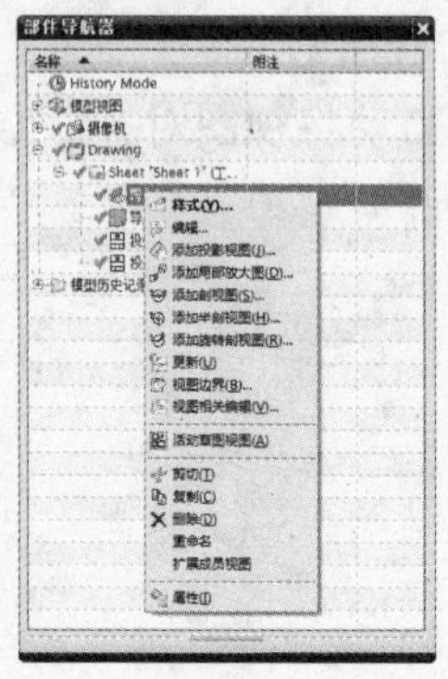

图 9-69

9.5.4　定义视图边界

【视图边界】：用于自定义视图边界。

选择【编辑】|【视图】|【视图边界】命令，系统弹出【视图边界】对话框，如图 9-70 所示。

该对话框提供了 4 种定义视图边界的方法，分别如下所述。

【截断线/局部放大图】：当所选择的视图中含有截断线或局部放大图时，该选项被激活。利用边界类型定义了视图边界后，该视图将只显示边界曲线包围的部分，如图 9-71 所示。

【手工生成矩形】：利用该边界类型定义视图边界时，可以在所选的视图中按住鼠标左键并拖动来生成矩形的边界。该边界可随模型更改而自动调整视图的边界。

【自动生成矩形】：选择该选项，系统将自动定义一个动态的矩形边界，该边界可随模型的更改而自动调整视图的矩形边界。

【由对象定义边界】：选择该边界类型时，可以通过选择要包围的点或对象来定义视图的范围，可在视图中调整视图边界来包围所选择的对象。

图 9-70

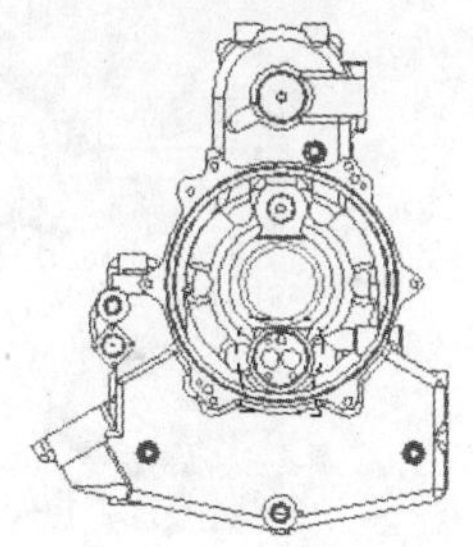

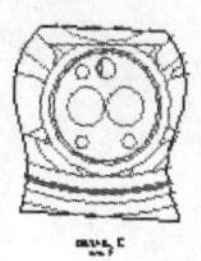

图 9-71

【例 9-11】自定义视图边界

	多媒体文件：\video\ch9\9-11.avi
	源文件：\part\ch9\9-11.prt
	操作结果文件：\part\ch9\finish\9-11.prt

(1) 打开文件“\part\ch9\9-11.prt”，如图 9-72 所示。

(2) 选择【编辑】|【视图】|【视图边界】命令，系统弹出【视图边界】对话框。

(3) 选择图 9-72 所示的视图，并设置定义视图边界的方法为【手工生成矩形】。然后在视图中手动拖出一个矩形框以定义矩形边界，如图 9-73 所示。

(4) 释放鼠标后生成矩形边界，结果如图 9-74 所示。

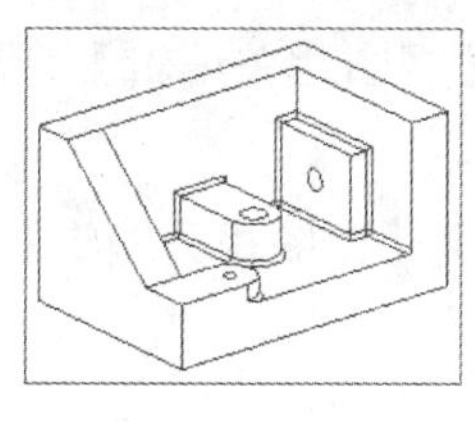

图 9-72

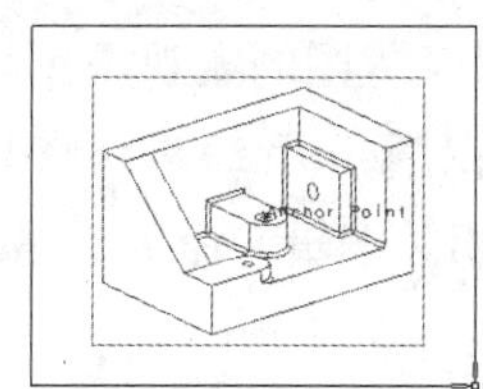

图 9-73

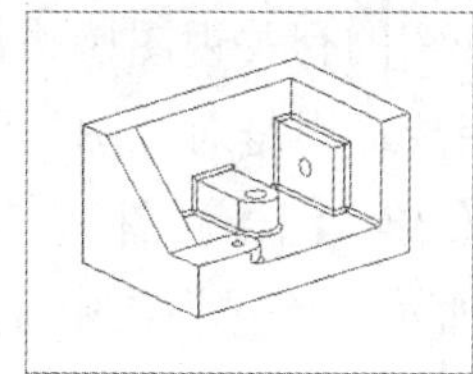

图 9-74

9.5.5 编辑剖切线样式

编辑剖切线样式的方式大致有两种：

(1) 选择【编辑】|【样式】命令，系统弹出【类选择】对话框。选择视图中的剖切线，单击【确定】按钮，则系统弹出【剖切线样式】对话框。

(2) 在绘图区的剖切线上右击，在弹出的快捷菜单中选择【样式】命令，也能打开【剖切线样式】对话框，如图 9-75 所示。

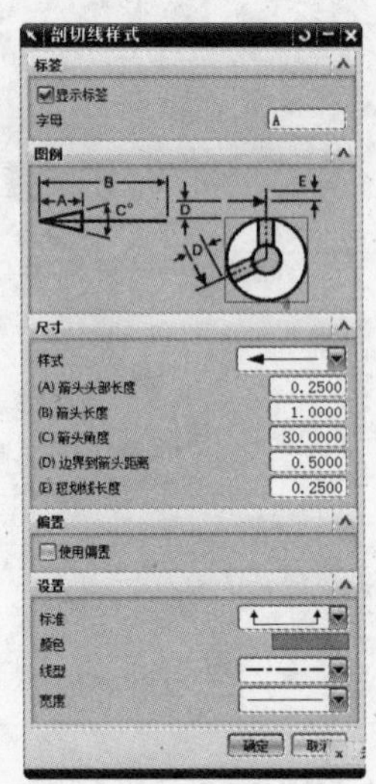

图 9-75

9.5.6 编辑组件

通过选择【编辑】|【组件】命令，可以删除以前创建的制图对象的某些部分。可删除的组件包括箭头、手工创建的剖面线、尺寸和延伸线等。除了删除组件以外，编辑组件对话框还可用于将以前创建的内嵌组件(例如，用户定义的间隙符号、用户定义的断开符号)移动到同一个制图对象上的新位置。

9.5.7 视图相关编辑

前面介绍的有关视图操作都是对工程图的宏观操作，而【视图相关编辑】则属于细节操作，其主要作用是对视图中的几何对象进行编辑和修改。

选择【编辑】|【视图】|【视图相关编辑】命令，系统弹出【视图相关编辑】对话框，如图 9-76 所示。该对话框中各选项意义如下所述。

【添加编辑】：用于对视图对象进行编辑操作。

- 【擦除对象】：利用该选项可以擦除视图中选取的对象。擦除与删除的意义不同，擦除对象只是暂时不显示对象，以后还可以恢复，并不会对其他视图的相关结构和主模型产生影响。
- 【编辑完全对象】：利用该选项可以编辑所选整个对象的显示方式，包括颜色、线型和宽度。
- 【编辑着色对象】：利用该选项可以控制成员视图中对象的局部着色和透明度。
- 【编辑对象段】：利用该选项可以编辑部分对象的显示方式，其方法与【编辑完全对象】类似。

- 【编辑剖视图背景】：在建立剖视图时，可以有选择地保留背景线，而且用背景线编辑功能，不仅可以删除已有的背景线，还可以添加新的背景线。

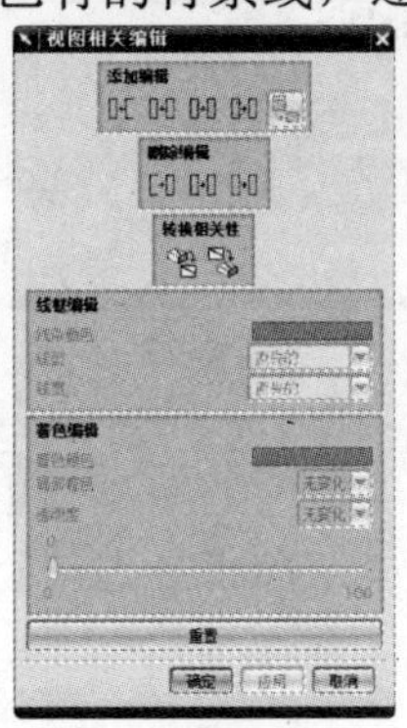

图 9-76

【删除编辑】：用于删除前面介绍的对视图对象所作的编辑操作。

- 【删除选择的擦除】：单击该按钮，使先前擦除的对象重新显现出来。
- 【删除选择的修改】：单击该按钮，使先前修改的对象退回到原来的状态。
- 【删除所有修改】：单击该按钮，将删除以前所做的所有编辑，使对象恢复到原始状态。

【转换相关性】：用于设置对象在模型和视图之间的相关性。

- 【模型转换到视图】：将模型中存在的某些对象(模型相关)转换为单个成员视图中存在的对象(视图相关)。
- 【视图转换到模型】：将单个成员视图中存在的某些对象(视图相关对象)转换为模型对象。

【线框编辑】：设置对象的颜色、线型和线宽。

【着色编辑】：设置对象的颜色、透明度等。

> 利用该功能对某一视图所做的编辑操作，并不会影响其他视图中的相关显示。

9.5.8 更新视图

【更新视图】：通过此命令可以手工更新选定的图纸视图，以便反映在上次更新视图以来模型所发生的更改。可更新的项目包括隐藏线、轮廓线、视图边界、剖视图和剖视图细节。

选择【编辑】|【视图】|【更新视图】命令，系统弹出【更新视图】对话框，如图 9-77 所示。该对话框中各选项意义如下所述。

【选择视图】：在图纸中选择需要更新的视图。

【显示图纸中的所有视图】：若选择该复选框，则部件文件中的所有视图都在该对话框中可见并可供选择；反之，则只能选择当前显示的图纸上的视图。

图 9-77

【选择所有过时视图】：在图纸上选择所有过时的视图。

【选择所有过时自动更新视图】：在图纸上选择已经用【首选项】|【视图】|【常规】中的【自动更新】选项保存的视图

过时视图是指由于实体模型的更改而需要更新的视图。如果不进行更新，将不能够反映实体模型的最新状态。

9.6 尺寸标注

尺寸标注用于表达实体模型尺寸值的大小。在 UG NX 中，制图模块与建模模块是相关联的，在工程图中标注的尺寸就是所对应实体模型的真实尺寸，因此无法任意修改。只有在实体模型中修改了某个尺寸参数，工程图中的相应尺寸才会自动更新，从而保证了工程图与模型的一致性。

9.6.1 尺寸标注类型

如图 9-78 所示为【尺寸】工具条，该工具条提供了创建所有尺寸类型的命令。

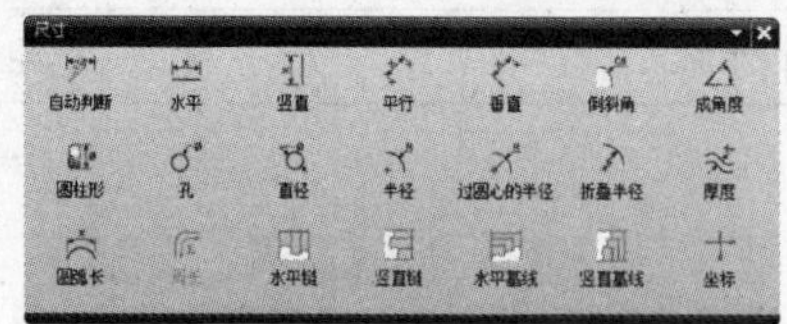

图 9-78

【自动判断】：根据所选对象的类型和光标位置，自动判断生成的尺寸类型。

【水平】：用于标注所选对象或对象间的水平尺寸。

【竖直】：用于标注所选对象或对象间的竖直尺寸。

【平行】：用于标注所选对象或对象间的平行尺寸。

【垂直】：用于标注所选点到直线(或中心线)的垂直尺寸。

【倒斜角】：用于标注 45° 倒角的尺寸，暂不支持对其他角度的倒角进行标注。

【成角度】：用于标注两条非平行直线之间的角度。

【圆柱形】：用于标注所选圆柱对象的直径尺寸。

【孔】：用单一指引线创建具有任何圆形特征的直径尺寸。

【直径】：用于标注圆或圆弧的直径尺寸。

【半径】：用于标注圆或圆弧的半径尺寸，此半径尺寸使用一个从尺寸值到圆弧的短箭头。

【过圆心的半径】：用于标注圆或圆弧的半径尺寸，此半径尺寸从圆弧的中心绘制一条延伸线。

【折叠半径】：为中心不在图形区的特大型半径圆弧创建半径尺寸。

【厚度】：创建厚度尺寸，该尺寸测量两个圆弧或两个样条之间的距离。

【圆弧长】：创建一个测量圆弧周长的圆弧长尺寸。

【水平链】：用于将图形的尺寸依次标注成水平链状形式。单击图标，在视图中依次拾取尺寸的多个参考点，然后在合适的位置单击，系统自动在相邻参考点之间添加水平链状尺寸标注，如图 9-79 所示。

【竖直链】：用于将图形的尺寸依次标注成竖直链状形式。

【水平基线】：用于将图形中的多个尺寸标注为水平坐标形式，选取的第一个参考点为公共基准，如图 9-80 所示。

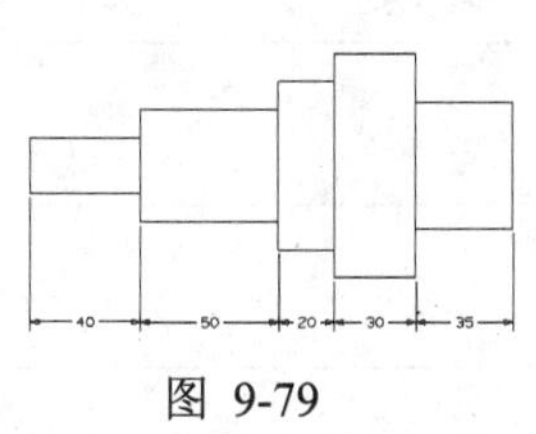

图 9-79

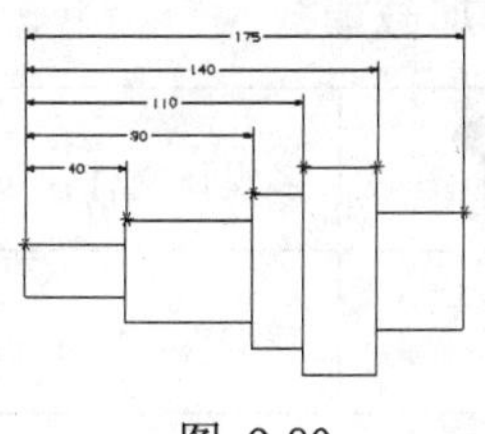

图 9-80

【竖直基线】：用于将图形中的多个尺寸标注为竖直坐标形式，选取的第一个参考点为公共基准。

在大多数情况下，使用【自动判断】就能完成尺寸的标注。只有当【自动判断】无法完成尺寸的标注时，才使用上述介绍的其他命令。

9.6.2 标注尺寸的一般步骤

标注尺寸时一般可以按照如下步骤进行：

(1) 设置标注尺寸的属性。

(2) 根据模型的形状，统筹规划需要标注的尺寸。

(3) 根据实际需要，在【尺寸】工具条上选择相应的尺寸类型命令。

(4) 进行尺寸标注。

(5) 根据需要修改尺寸。

> 一般来说，只可对尺寸的位置、格式进行修改，不得修改尺寸的数值。这主要是因为尺寸数值与三维模型相关联，一旦修改了尺寸数值，将破坏这种关联。

9.7 加载图框

在将所有必需的视图和注释全部添加到图纸上之后，用户可能希望添加图纸边界、标题栏、修订栏等。可以提前创建这些格式，将它们另存为模板，以后再将它们调用到图纸中。

【图纸模板】允许用户使用模板部件文件从建模视图中新建主模型图纸。图纸模板可从资源条上的资源板上获得(如果已添加该资源板)。

【图纸模板】功能的工作方式是将模板拖放到模型上。软件根据此模板创建一个图纸，并将该模型作为组件包括在内。该模型的 WCS 将它的方向确定为新组件的方位。

【图纸模板】可包括以下内容：图纸边界、所有导入的视图、所有剖视图、爆炸图、小平面视图、零件明细表、ID 符号等。

【例 9-12】加载模板

	多媒体文件：\video\ch9\9-12.avi
	源文件：\part\ch9\9-12.prt
	操作结果文件：\part\ch9\finish\9-12_dwg

(1) 打开文件“\part\ch9\9-12.prt”。

(2) 选择【首选项】|【资源板】命令，系统弹出【资源板】对话框，如图 9-81 所示。

(3) 单击【打开资源板文件】命令，系统弹出如图 9-82 所示的【打开资源板】对话框。

(4) 单击【浏览】按钮，选择文件 D:\ProgramFiles\UGS\NX6.0\UGII\html_files\metric_drawing_templates.pax。

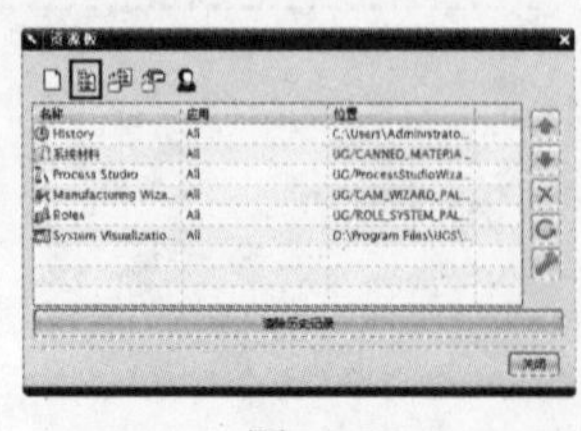

图 9-81

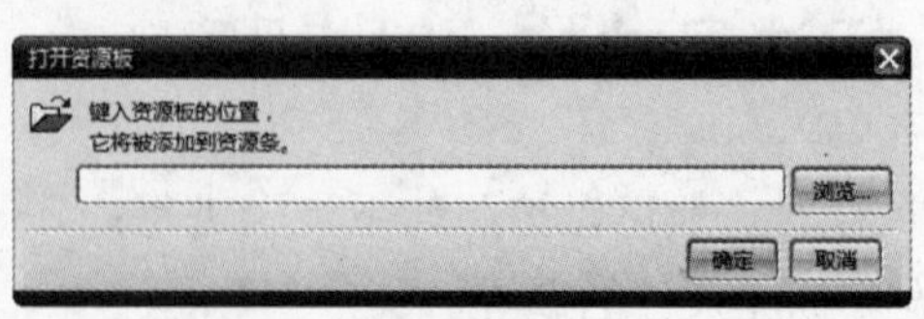

图 9-82

(5) 单击【确定】按钮，资源板中出现刚才加入的模板，如图 9-83 所示。

(6) 单击资源板中的图纸模板(A4)，系统将自动添加图纸模板，如图 9-84 所示。

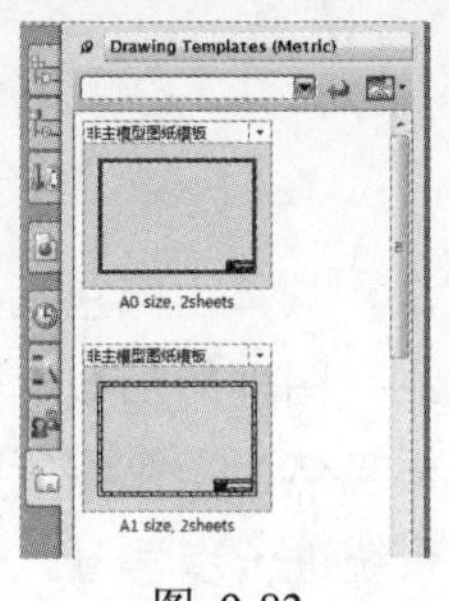

图 9-83

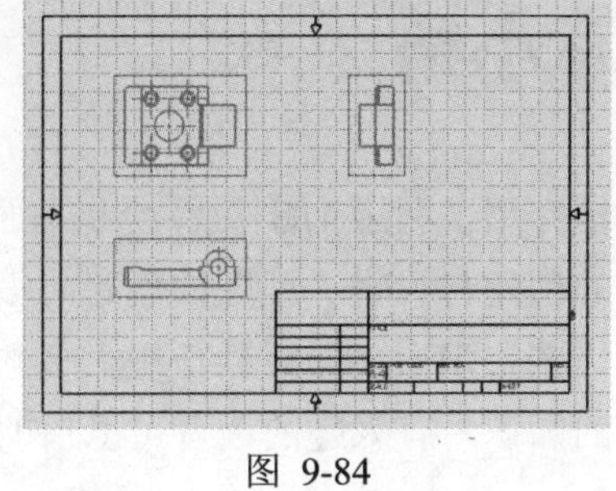

图 9-84

9.8 与 AutoCAD 交换数据

UG NX 可以通过文件的导入/导出来实现数据转换，可导入/导出的数据格式有 CGM、JPEG、DWF/DXF、STL、IGES、STEP 等常用数据格式。通过这些数据格式可与 AutoCAD、Solid Edge、Ansys 等软件进行数据交换。执行数据转换的操作步骤基本相同。这里以 UG 的 PRT 文件转换为 AutoCAD 的 DWG 文件为例说明其使用方法。

【例 9-13】与 AutoCAD 交换数据

	多媒体文件：\video\ch9\9-13.avi
	源文件：\part\ch9\9-13.prt
	操作结果文件：\part\ch9\finish\9-13.dwg

(1) 打开文件“\part\ch9\9-13.prt”。

(2) 选择【文件】|【导出】|【DXF/DWG】，系统弹出【导出至 DXF/DWG 选项】对话框，如图 9-85 所示。可以在【文件】选项卡上设置导出文件的存储位置和格式，并可在【要导出的数据】选项卡设置要导出的数据和视图。

(3) 单击【确定】按钮，系统弹出如图 9-86 所示的窗口。

(4) 数据转换完毕后，系统自动关闭该窗口，并在指定的路径下出现 DWG 文件。

图 9-85

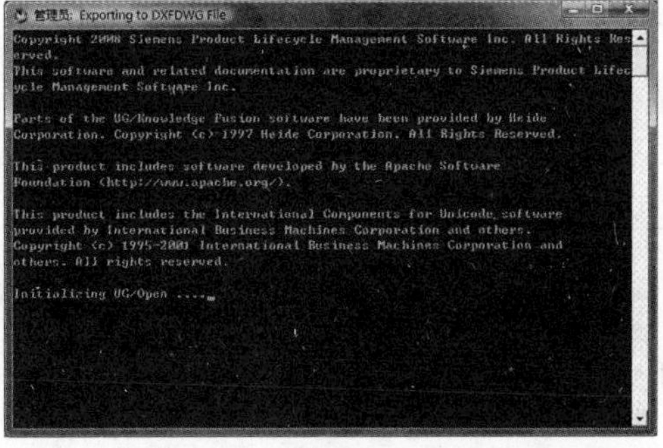

图 9-86

9.9 本章小结

本章系统地介绍了利用 UG 软件绘制平面工程图的方法，具体内容包括制图参数预设置、工程图纸的创建与编辑、视图的创建与编辑、尺寸标注、图框的加载、数据的转换等内容。掌握了这些知识后，即可胜任绝大多数的制图工作。当然由于篇幅所限，对于本书未能详细介绍的知识，有兴趣的读者可以借助软件的帮助系统进一步学习。

9.10 思考与练习题

9.10.1 思考题

1. 利用 UG NX 软件出图有哪几种方法？
2. 简述 UG NX 软件出图的一般流程。
3. 简述各种剖视图的创建方法。

9.10.2 操作题

1. 打开光盘文件“\part\ch9\lianxi9-1.prt”，创建如图 9-87 所示的工程图。

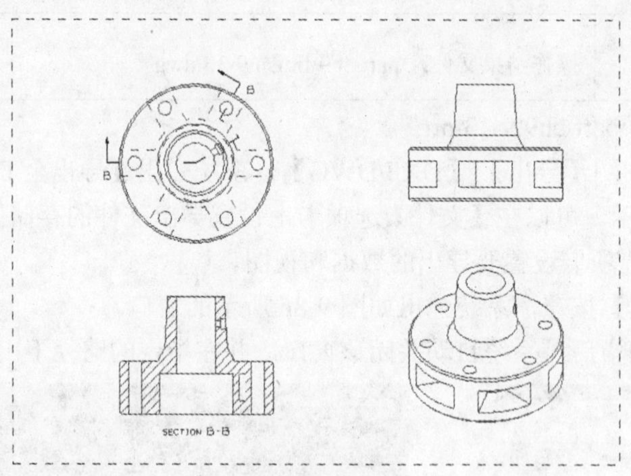

图 9-87

	操作结果文件：\part\ch9\finish\lianxi9-1.prt

2. 打开光盘文件“\part\ch9\lianxi-2.prt”，创建如图 9-88 所示的工程图。

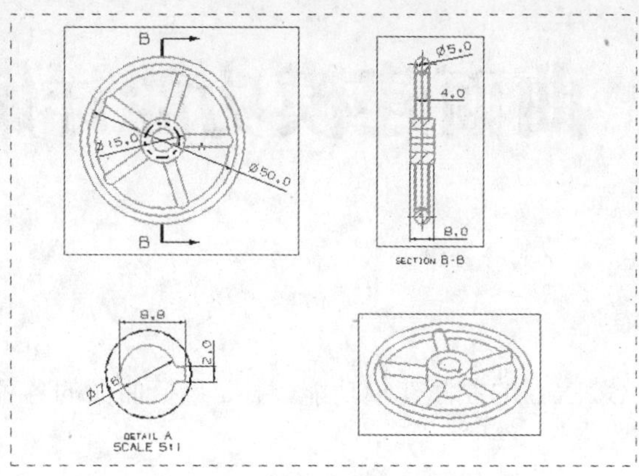

图 9-88

	操作结果文件：\part\ch9\finish\lianxi9-2.prt

第 10 章　曲面建模功能详解

本章重点内容

本章将详细介绍 UG NX 6 的曲面建模功能，主要包括曲面的各种创建方法和曲面的各种编辑方法。

本章学习目标

- ☑ 了解与曲面相关的概念和术语
- ☑ 掌握基于点的曲面创建方法
- ☑ 掌握基于曲线的曲面创建方法
- ☑ 掌握基于面的曲面创建方法
- ☑ 掌握曲面编辑的各种操作

10.1　概述

10.1.1　基本概念和术语

在曲面建模中，常见术语如下。

【片体】：一个或多个没有厚度概念的面的集合，通常所说的曲面即是片体。

【实体】：与片体相对应，整个体由面包围，具有一定的体积。数控加工编程可以处理片体与实体。

【补片】：有时又称为曲面片。样条曲线可以由单段或者多段曲线构成，类似地，曲面也可以由单个补片或者多个补片组成。单个补片曲面由一个参数方程表达，多个补片曲面则由多个参数方程来表达。从加工的角度出发，应尽可能使用较少的补片。

【曲面栅格线】：在【线框显示】模式下，显示曲面栅格线，可以看出曲面的参数线构造位置。

【曲面 U、V 方向】：曲面的参数方程含有 u、v 两个参数变量。相应地，曲面模型也用 U、V 两个方向来表征。通常，曲面的引导线方向(行方向)是 U 方向，曲面的剖面线串的方向(列方向)是 V 向。

- 对于【通过点】的曲面，大致具有同方向的一组点构成了行，与行大约垂直的一组点构成了列方向。

- 对于【通过曲线】和【直纹面】的生成方法，曲线代表了 *U* 方向。

【曲面阶数】：有时又称为【次数】。曲面由参数方程来表达，而阶数是参数方程的一个重要参数，每个曲面都包含了 *U*、*V* 两个方向的阶数。【曲面编辑】中的【更改阶次】命令可以更改曲面阶数。UG NX 系统在 *U*、*V* 两个方向的阶数在 2～24 之间，但建议使用 3～5 阶来创建曲面，因为这样的曲面比较容易控制形状。如果 *U*、*V* 次数都为 3，则称为双 3 次曲面，工程上大多数使用的是这种双 3 次曲面。曲面上不同方向的阶数与输入的数据有关，在一个方向上阶数与点数有如下关系：

- 如果曲面补片数为 1，阶数=点数 - 1。
- 如果曲面补片数大于 1，阶数由用户指定。

【曲面连续性】：连续性描述了曲面或曲面的连续方式和平滑程度。在创建或编辑曲面时，可以利用连续性参数设置连续性，从而控制曲面的形状与质量。UG NX 中采用 G0、G1、G2 和 G3 来表示连续性。

- 【G0】：曲面或曲线点点相连，即曲线之间无断点，曲面相接处无裂缝。可归纳为“点连续(无连续性约束)”。
- 【G1】：曲面或曲线点点连续，并且所有连接的线段或曲面之间都是相切关系。可归纳为“相切连续(相切约束)”。
- 【G2】：曲面或曲线点点连续，并且其连接处的曲率分析结果为连续变化。可归纳为“曲率连续(曲率约束)”。
- 【G3】：曲面或曲线点点连续，并且其连接处的曲率曲线或曲率曲面分析结果为相切连续。可以归纳为“曲率相切连续(曲率相切约束)”。

另外，曲面造型中一些经验与设计原则总结如下：

- 构造自由形状特征的边界曲线尽可能简单，曲线阶数(Degree)≤5。
- 构造自由形状特征的边界曲线要保证光滑连续，避免产生尖角、交叉和重叠。
- 曲率半径尽可能大，否则会造成加工的困难。
- 构造的自由形状特征的阶数(Degree)≤5，尽可能避免使用高次自由形状特征。
- 避免构造非参数化特征。
- 自由形状特征之间的圆角过渡尽可能在实体上进行操作。

10.1.2　曲面类型

利用 UG NX 可以创建各种曲面，主要包括【圆柱面】、【圆锥面】、【球面】、【拉伸曲面】、【旋转曲面】、【B 样条曲面】等。UG NX 曲面造型中的【直纹面】、【扫描曲面】、【过曲线组曲面】、【过网格线曲面】以及【自由曲面成形】等命令创建的曲面都是 B 样条曲面。

10.1.3 UG NX 6 曲面功能分类

进入建模环境后，打开【曲面】工具条，如图 10-1 所示。此工具条包含了创建曲面的各种命令。

图 10-1

根据创建方式的不同，可以将曲面工具分为以下几类。

【基于点】：利用【通过点】、【从极点】和【从点云】三个命令实现。

【基于曲线】：利用【直纹】、【通过曲线组】、【通过曲线网格】、【扫掠】和【剖切面】命令实现。

【基于面】：利用【桥接】、【N 边曲面】、【延伸】、【偏置曲面】等命令实现。

10.2 曲面创建

本节将详细介绍创建曲面的各种命令，并且结合例子来讲述曲面的创建过程。为了使最终结果为片体，选择【首选项】|【建模】命令打开【建模首选项】对话框，设置【体类型】为【图纸页】，如图 10-2 所示。否则使用曲面建模命令创建的结果也有可能是实体。

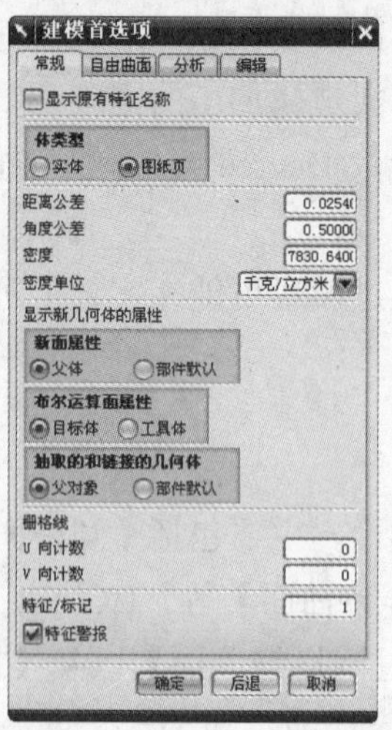

图 10-2

基于点方式创建的曲面是非参数化的，即生成的曲面与原始构造点不关联。当构造点编辑后，曲面不会产生关联性更新变化，因此尽量避免使用该方法来创建曲面。

10.2.1　基于点创建曲面

1. 【通过点】创建曲面

【通过点】：通过若干组比较规则的点串来创建曲面。其主要特点是创建的曲面总是通过所指定的点。【通过点】对话框如图 10-3 所示。

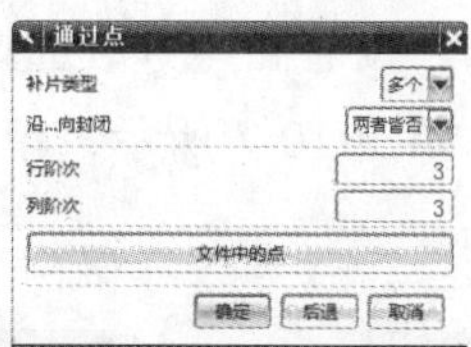

图 10-3

该对话框中各参数的含义如下。

【补片类型】：可以创建包含单个补片或多补片的体。有两种选择。

- 【单个】：表示曲面将由一个补片构成。
- 【多个】：表示曲面由多个补片构成。

【沿...向封闭】：当【补片类型】选择为【多个】时，激活此选项。有四种选择。

- 【两者皆否】：曲面沿行与列方向都不封闭。
- 【行】：曲面沿行方向封闭。
- 【列】：曲面沿列方向封闭。
- 【两者皆是】：曲面沿行和列方向都封闭。

【行阶次】/【列阶次】：指定曲面在 *U* 向和 *V* 向的阶次。

【文件中的点】：通过选择包含点的文件来定义这些点。

【例 10-1】【通过点】创建曲面

	源文件：\part\ch10\10-1.prt
	操作结果文件：\part\ch10\finish\10-1.prt

(1) 打开文件“\part\ch10\10-1.prt”。

(2) 选择【插入】|【曲面】|【通过点】命令，系统弹出【通过点】对话框。

(3) 保持默认设置，单击【确定】按钮，系统弹出【过点】对话框，如图 10-4 所示。

(4) 单击【点构造器】按钮，从左到右依次选择图 10-5 所示第一行的点，选择完毕后单击【确定】按钮。

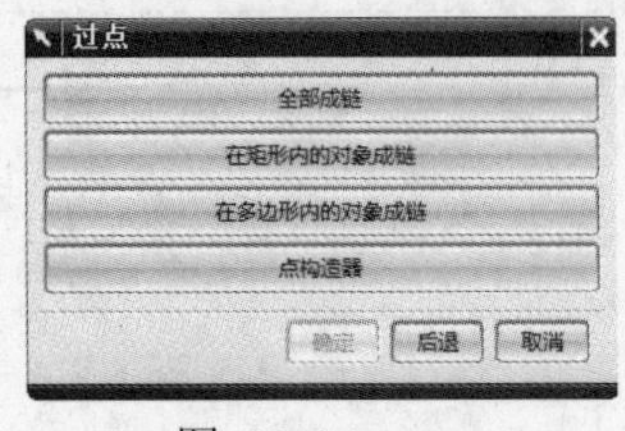

图 10-4　　　　图 10-5

(5) 系统弹出【指定点】对话框，如图 10-6 所示，单击【是】按钮。

(6) 系统再次弹出【点】构造器，按照上述方法选择另外三行点。

(7) 系统弹出【过点】对话框，如图 10-7 所示。单击【所有指定的点】按钮即可完成曲面，如图 10-8 所示。

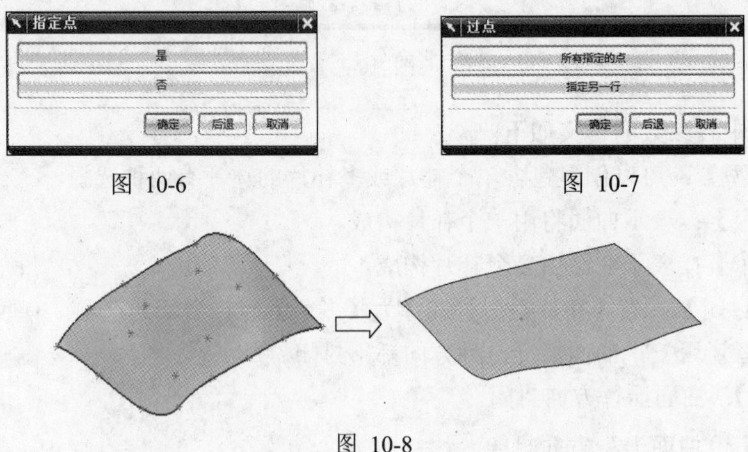

图 10-6　　　　图 10-7

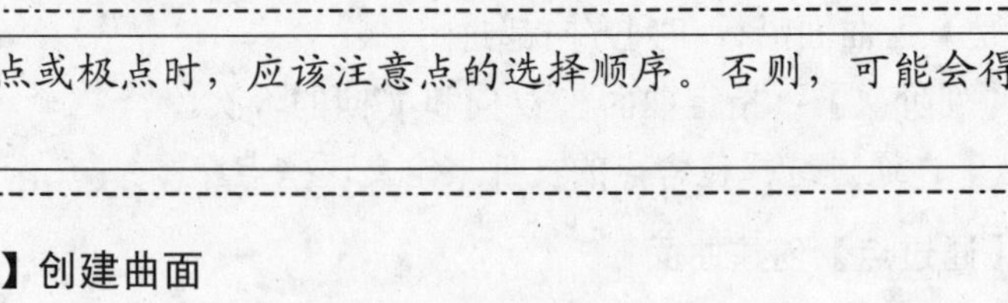

图 10-8

> 当指定创建点或极点时，应该注意点的选择顺序。否则，可能会得到不需要的结果。

2. 【从极点】创建曲面

【从极点】：通过若干组点来创建曲面，这些点作为曲面的极点，利用该命令创建曲面，弹出的对话框及曲面创建过程与【通过点】相同。差别之处在于定义点作为控制曲面形状的极点，创建的曲面不会通过定义点。

【例 10-2】【从极点】创建曲面

	操作结果文件：\part\ch10\finish\10-2.prt

(1) 新建文件“10-2.prt”，进入建模环境。

(2) 选择【插入】|【曲面】|【从极点】命令，系统弹出【通过点】对话框，如图 10-9 所示。

(3) 单击【文件中的点】按钮，弹出【点文件】对话框。选择点文件“\ch10\point.dat”，单击【确定】按钮，即创建如图 10-10 所示曲面。

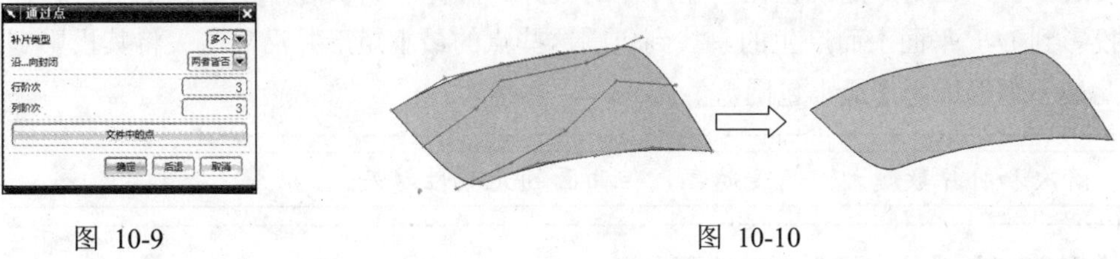

图 10-9　　　　图 10-10

3.【从点云】创建曲面

利用【从点云】命令，使用拟合的方式来创建片体，因此创建得到的片体更“光顺”。【从点云】对话框如图 10-11 所示。

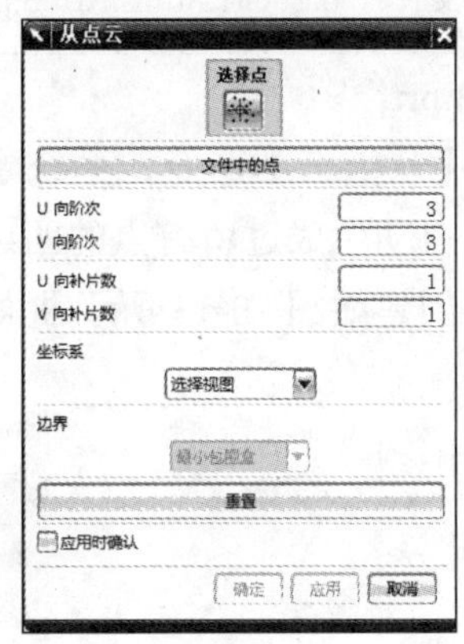

图 10-11

对话框中各参数含义如下。

【选择点】：可以直接通过鼠标选择点云，也可以通过【文件中的点】选择点云。

【*U* 向阶次】/【*V* 向阶次】：用来设置结果曲面在 *U* 向和 *V* 向的阶次，可以设定的阶次范围为 1~24，建议输入值≤5。

【*U* 向补片数】/【*V* 向补片数】：用来设定结果曲面在 *U* 和 *V* 两个方向的补片数目。默认值为 1，表示生成单补片曲面。

【坐标系】：由一条近似垂直于片体的矢量(对应于坐标系的 *Z* 轴)和两条指明片体的 *U* 向和 *V* 向的矢量(对应于坐标系的 *X* 轴和 *Y* 轴)组成。有 5 种选择。

- 【选择视图】：*U*-*V* 平面在视图的平面内，并且法矢位于视图的法向。*U* 矢量指向右，并且 *V* 矢量指向上。

- 【WCS】：当前的【工作坐标系】。
- 【当前视图】：当前工作视图的坐标系。
- 【指定的 CSYS】：选择由使用【指定新的 CSYS】事先定义的坐标系。如果没有定义 CSYS，这将只表现为【指定新的 CSYS】。
- 【指定新的 CSYS】：调出 CSYS 子功能，可以用来指定任何坐标系。

【边界】：让用户定义正在创建片体的边界。片体的默认边界是通过把所有选择的数据点投影到 *U-V* 平面上而产生的。找到包围这些点的最小矩形并沿着法矢将其投影到点云上，此最小矩形称为【最小包围盒】。

> 阶次和补片数越大，精度越高，但曲面的光顺性越差。

【例 10-3】【从点云】创建曲面

	多媒体文件：\video\ch10\10-3.avi
	操作结果文件：\part\ch10\finish\10-3.prt

(1) 打开文件“\part\ch10\10-3.prt”。

(2) 选择【插入】|【曲面】|【从点云】命令，系统弹出【从点云】对话框。

(3) 框选文件中的点，系统将自动生成过所有点的四边形边界，如图 10-12 所示。

(4) 单击【应用】按钮，即可创建如图 10-13 所示曲面。

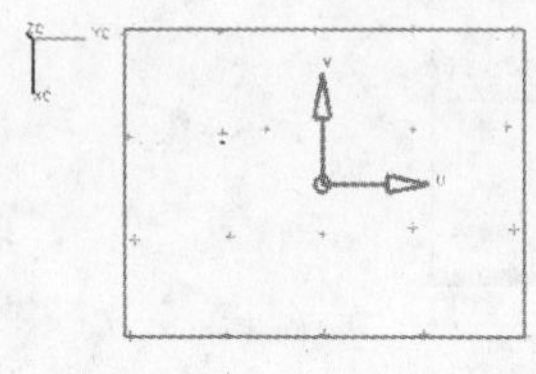

图 10-12

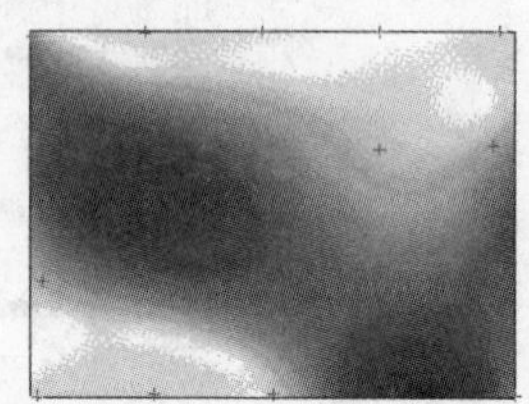

图 10-13

10.2.2 基于曲线创建曲面

> 对于直纹面而言，两组截面线串上对齐点是以直线方式连接的，所以称为直纹面。如果选择的截面线为封闭曲线且【体类型】设置为【实体】选项，则生成的是实体。

1.【直纹】创建曲面

【直纹】：通过两组曲线串或截面线串来创建片体。截面线串可以是多条连续的曲线、曲面或体边界。如图 10-14 所示为【直纹】对话框。

> 这类曲面是全参数化的，当构造曲面的曲线被编辑修改后曲面会自动更新。

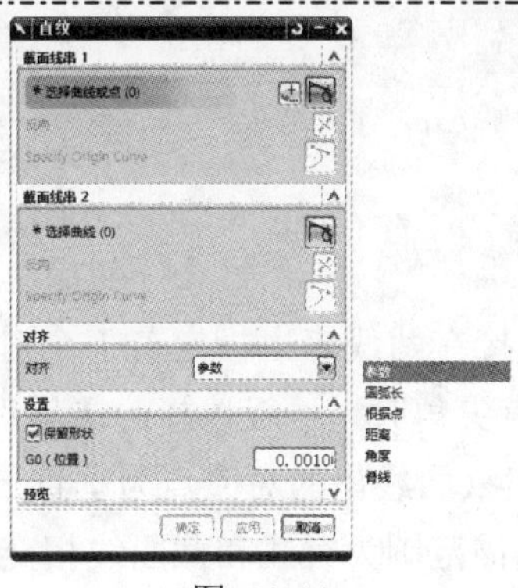

图 10-14

对话框中主要选项含义如下。

【截面线串 1】/【截面线串 2】：用于指定第一条截面线串和第二条截面线串。完成第一个截面线串选择后按 MB2，然后选择第二个截面线串。选择了一条截面线串后，该截面线串上会出现一个矢量，指示了截面方向，该方向取决于用户鼠标点击线串的位置。对于大多数直纹面，应该选择每条截面线串相同端点，以便得到相同的方向，否则会得到一个形状扭曲的曲面，如图 10-15 所示。

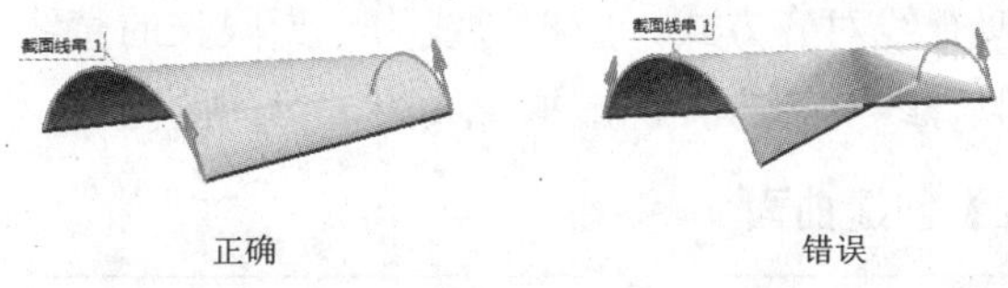

图 10-15

【对齐】：常用选项如下。

- 【参数】：在 UG NX 中，曲线是以参数方程来表述的。参数对齐方式下，对应点就是两条线串上同一参数值所确定点。如图 10-16 所示，对于曲线，按照等角度方式来划分连接点，而对于直线部分则按照等间距来划分连接点。
- 【圆弧长】：即等弧长对齐方式。将两条线串都进行 n 等分，得到 $n+1$ 个点，用直线连接对应点即可得到直纹面，如图 10-17 所示。n 的数值是系统根据公差值自动确定的。

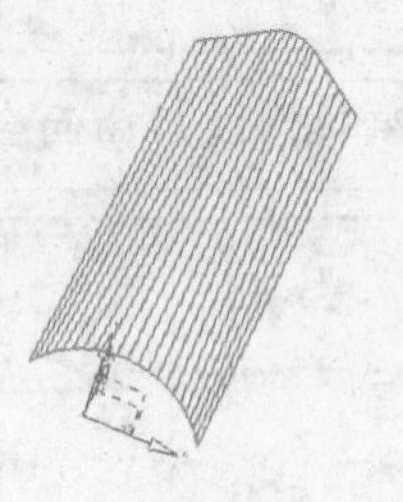

图 10-16

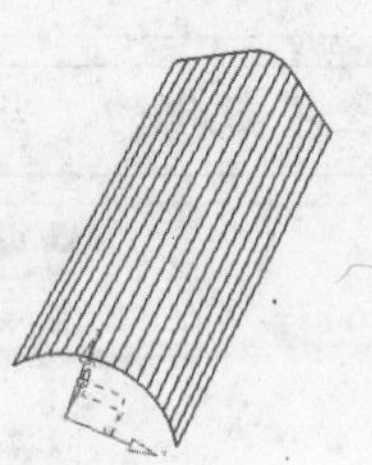

图 10-17

- 【根据点】：由用户直接在两线串上指定若干个对应的点作为强制对应点，如图 10-18 所示。当截面带有尖角时，一般选择此选项。
- 【脊线】：所选择的两组截面线串的对应点为垂直于脊线的平面和两组截面线串的交点。直纹面经过的扫描范围为脊线和截面线相交所形成的最小范围，如图 10-19 所示。

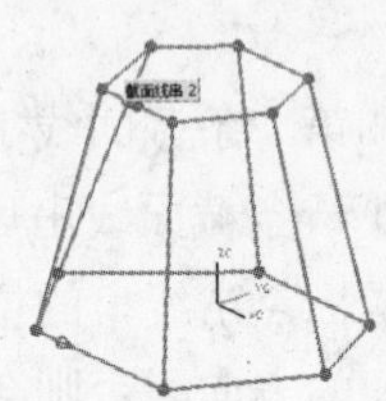

图 10-18

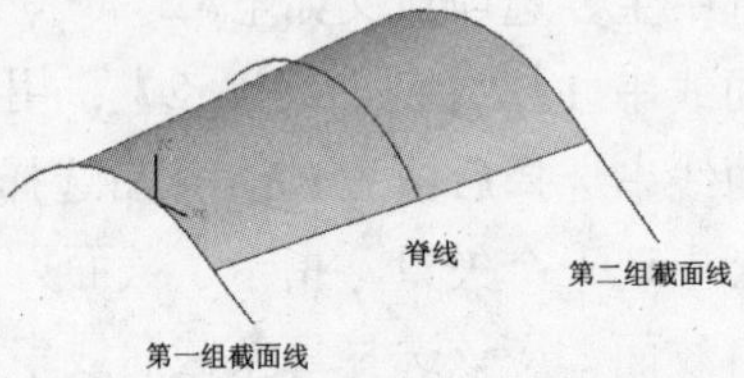

图 10-19

- 【距离】：类似脊线对齐方式，虚拟脊线为一无限长的直线。
- 【角度】：类似脊线对齐方式，虚拟脊线为一封闭的圆。

【例 10-4】【直纹】创建曲面

	多媒体文件：\video\ch10\10-4.avi
	源文件：\part\ch10\10-4.prt
	操作结果文件：\part\ch10\finish\10-4.prt

(1) 打开光盘中的“\part\ch10\10-4.prt”，结果如图 10-20 所示。

(2) 选择【插入】|【网格曲面】|【直纹】命令，系统弹出【直纹】对话框。

(3) 选择第一条截面线串，箭头处为起点，如图 10-21 所示。

(4) 单击 MB2，然后选择第二条截面线串。

(5) 对齐方式选择【参数】。

(6) 单击【确定】按钮完成曲面。如图 10-22 所示。

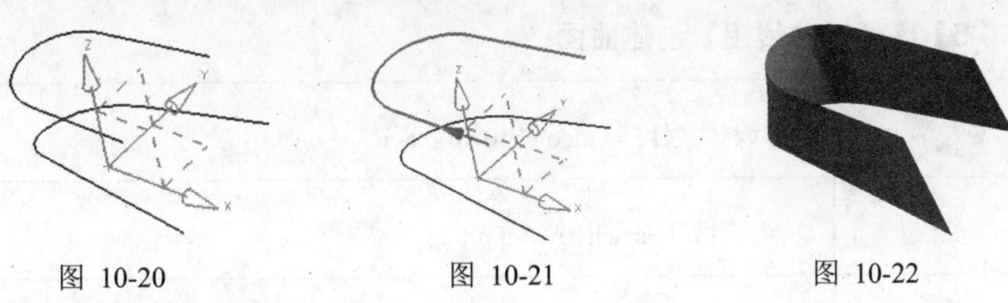

图 10-20　　图 10-21　　图 10-22

2.【通过曲线组】创建曲面

【通过曲线组】：根据一组截面线串创建曲面。【通过曲线组】命令与【直纹】命令类似，都是通过截面线串生成曲面。区别在于【直纹】命令只能使用两条截面线串生成曲面，而【通过曲线组】命令可以使用多达 150 条截面线串生成曲面。因此，【通过曲线组】可以创建更复杂的曲面。

> 对于单个补片来说，至少需要选择 2 条、最多选择 25 条线串。
>
> 对于多个补片，线串的数量取决于 *V* 向阶次。所指定的线串的数量至少要比 V 向阶次多一个。

图 10-23 所示为【通过曲线组】对话框。

其中，【连续性】选项区域中各选项的意义如下。

【应用于全部】：选中该复选框，则对于第一组线串或最后一组线串的设置，适用于另一组线串。

【第一截面】/【最后截面】：如果第一组线串和/或最后一组线串与一个已经存在的曲面或者实体的表面接触，可以由此指定要创建的曲面与之在接触处以 G0、G1 或者 G2 的方式过渡，其意义如图 10-24 所示。

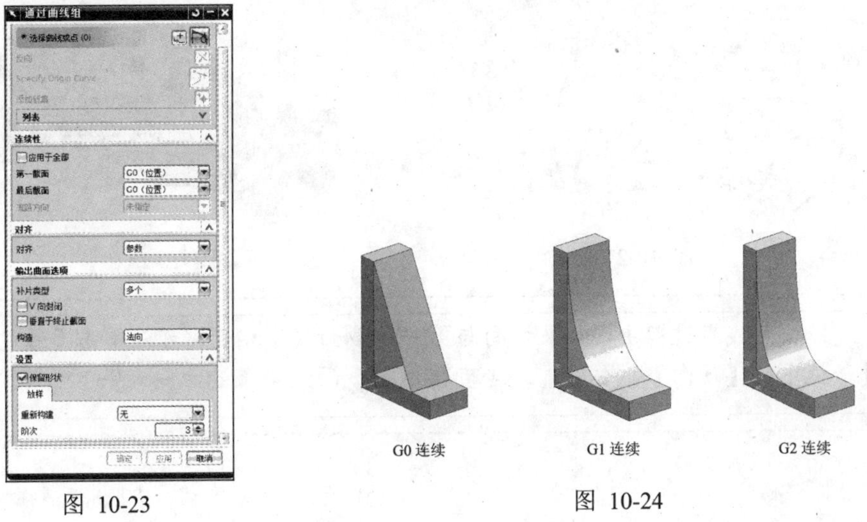

图 10-23　　图 10-24

【例 10-5】【通过曲线组】创建曲面

	多媒体文件：\video\ch10\10-5.avi
	源文件：\part\ch10\10-5.prt
	操作结果文件：\part\ch10\finish\10-5.prt

(1) 打开文件“\part\ch10\10-5.prt”，结果如图 10-25 所示。

(2) 选择【插入】|【网格曲面】|【通过曲线组】命令，系统弹出【通过曲线组】对话框，保持默认设置。

(3) 选择第一条截面线串(选择整个封闭环)，并单击 MB2 确认，如图 10-26 所示。

(4) 选择第二、三、四组截面线串。每条截面线串选择完成后均应单击 MB2 确认，选择时注意方向保持一致，如图 10-27 所示。

(5) 单击【确定】按钮完成曲面，如图 10-28 所示。

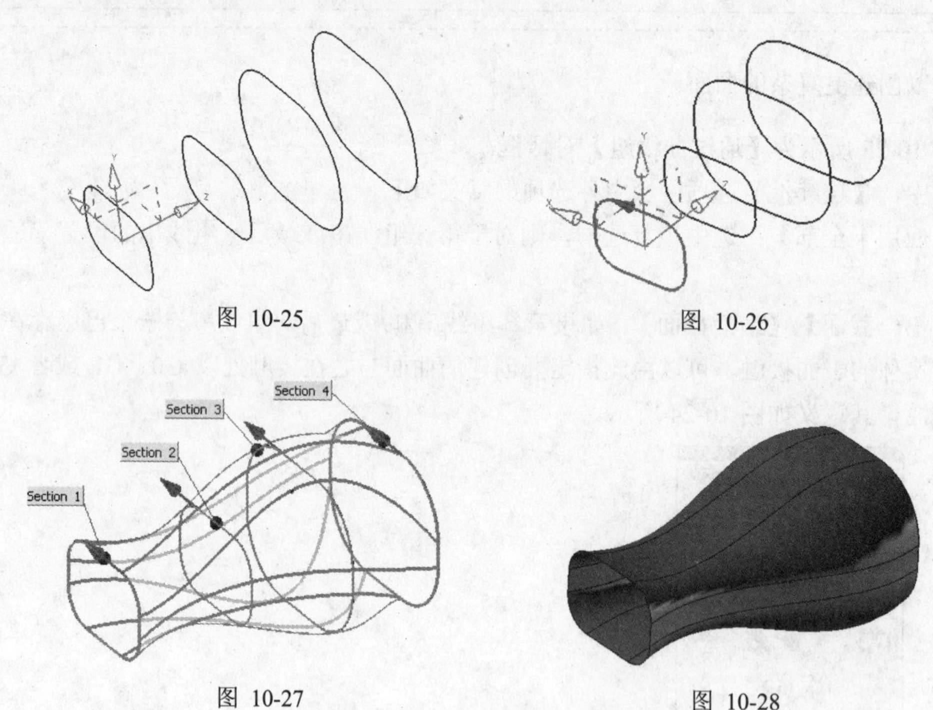

图 10-25　　图 10-26

图 10-27　　图 10-28

在选择截面线串过程中，如果方向与第一组截面线串相反，可以单击【通过曲线组】对话框中的【反向】按钮，或者直接双击截面线串上的方向箭头。

3.【通过曲线网格】创建曲面

【通过曲线网格】：通过两组不同方向的线串创建曲面。其中，一组曲线串定义为【主曲线】(Primary Curve)，另一组曲线串定义为【交叉曲线】(Cross Curve)。

> 主曲线串和交叉曲线串必须近似正交或保持一定的角度，两组线串不能平行。

图 10-29 所示为【通过曲线网格】对话框。

对话框中主要选项含义如下。

【主曲线】：选择曲线或点。截面线串可以由一个或多个对象组成，并且每个对象既可以是曲线、实体边，也可以是实体面。

> 必须至少选择两个截面线串，可以最多选择 150 个截面线串。
> 若选择点作为主曲线，则点只能作为第一个或最后一个截面线串。

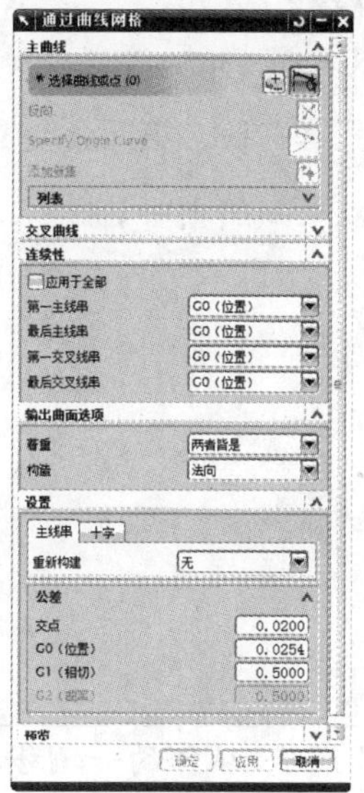

图 10-29

【交叉曲线】：选择交叉线串。交叉线串可以由一个或多个对象组成，并且每个对象既可以是曲线、实体边，也可以是实体面。

【连续性】：可以设置曲面边界的约束条件，确定第一组和最后一组主曲线以及第一组和最后一组交叉曲线串与被选择曲面之间的连续性条件，包括 G0、G1、G2 三种方式。

【着重】：只有在主线串和交叉线串不相交时才有意义。有三种方式：

- 【两者皆是】：创建的曲面到主线串和交叉线串的距离相同。
- 【主线串】：创建的曲面通过主线串。
- 【十字】：创建的曲面通过交叉线串。

若主线串与交叉线串相交，则此三种方式创建的曲面是相同的。

【例 10-6】【通过曲线网格】创建曲面

	多媒体文件：\video\ ch10\ 10-6.avi
	源文件：\part\ch10\ 10-6.prt
	操作结果文件：\part\ch10\finish\10-6.prt

(1) 打开文件“\part\ch10\10-6.prt”。

(2) 选择【插入】|【网格曲面】|【通过曲线网格】命令，系统弹出【通过曲线网格】对话框。

(3) 选择第一条主线串，单击 MB2 确定。

(4) 选择第二条主线串，单击 MB2 确定。

(5) 选择第一条交叉线串，单击 MB2 确定。

(6) 用同样的方法选择第二条、第三条、第四条交叉线串，如图 10-30 所示。

(7) 单击【确定】按钮，完成效果如图 10-31 所示。

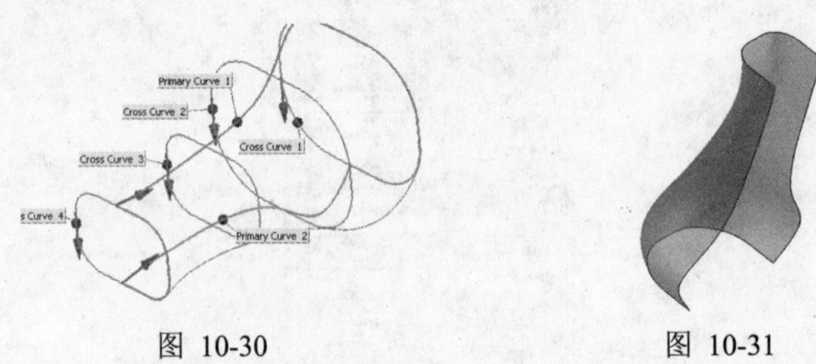

图 10-30　　图 10-31

必须按顺序选择主线串和交叉线串，从体的一侧移动到另一侧，方向一般不能反，否则会生成扭曲面。

4.【扫掠】创建曲面

【扫掠】：通过若干条截面曲线串，沿引导线串所定义的路径，通过扫描方式创建曲面。截面线串都可以是闭合的或不闭合的。截面线串可以由多段连续的曲线构成，可以选择 1~150 组截面线串，构成扫描曲面的 *U* 向。引导线串可以通过多段相切曲线构成，可以选择 1~3 组引导线串，构成扫描曲面的 *V* 向。

图 10-32 所示为【扫掠】对话框。

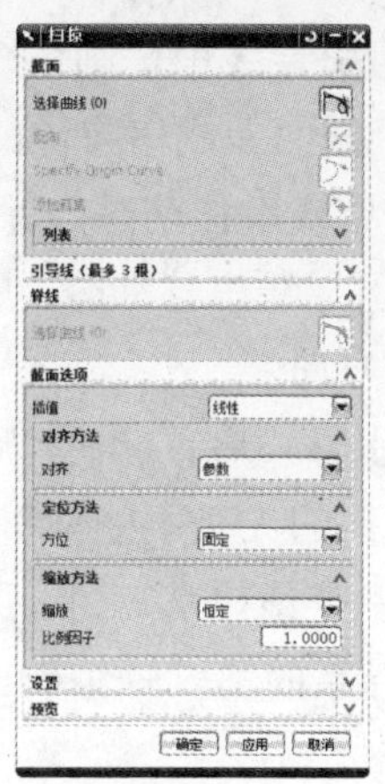

图 10-32

其中，【截面选项】选项区域中各选项的含义如下。

【截面位置】：如果只选择一条截面曲线串，则将出现下列选项。

- 【沿引导线任何位置】：表示截面曲线串位于引导线串中间的任意位置都能正常创建曲面。
- 【引导线末端】：表示截面曲线串必须在引导线串的端部才能正常创建曲面。

【插值】：如果选择了一条以上的截面曲线串，系统允许选取插值方式，如图 10-33 所示。

- 【线性】：选中该选项，扫掠时在两组截面曲线串之间执行线性过渡。NX 将在每一对截面线串之间创建单独的面。
- 【三次】：选中该选项，扫掠时在两组截面曲线串之间执行三次函数规律过渡。NX 将在所有截面线串之间创建单个面。

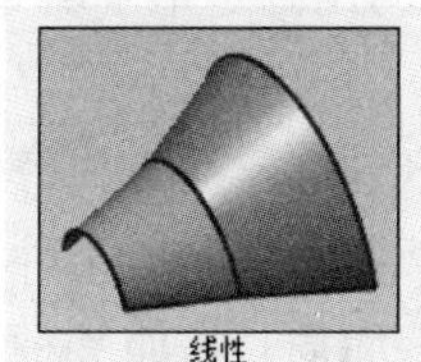

图 10-33

【对齐方法】：有【参数】、【圆弧长】及【根据点】三种对齐方法。

- 【参数】：以截面曲线串 U 方向的等参数点作为对应的对齐点。
- 【圆弧长】：以截面曲线串的等圆弧长点作为对应的对齐点。
- 【根据点】：由用户直接在截面线串上指定若干个对应的点作为强制对应点。

> 如果选定的剖面线串包含任何尖锐的拐角，则建议使用【根据点】对齐方式来保留它们。

【定位方法】：如果仅选取一组引导线串，则系统允许设置方位。此方位用于指定截面曲线串沿着引导线串扫掠过程中，截面曲线串方位的变化规律。

- 【固定】：截面线串沿着引导线串移动时，保持固定的方位。
- 【面的法向】：截面线串沿引导线串移动时，局部坐标系的第二轴在引导线串上的每一点都对齐指定面的法线方向。
- 【矢量方向】：截面线串沿引导线串移动时，局部坐标系的第二轴始终与指定的矢量对齐。但要注意的是，指定的矢量不能与引导线串相切。
- 【另一曲线】：截面线串沿引导线串移动时，用另一条曲线串或者实体边缘线来控制截面线串的方位。局部坐标系的第二轴由引导线串与另一条曲线各对应点之间的连线的方向来控制。
- 【一个点】：截面线串沿引导线串移动时，用一条通过指定点与引导线变化规律相似的曲线来控制截面曲线串的方位。
- 【强制方向】：截面线串沿引导线串移动时，使用一个矢量方向固定截面曲线串的方位。

一般来说，对于定位方法的设置，选取【固定】即可。对于其他方式，应在充分理解其意义的基础上使用。

【缩放方法】：用于控制扫掠过程中截面曲线串的尺寸变化规律。

- 【恒定】：在扫掠过程中，截面曲线串采用恒定的比例放大或缩小。
- 【倒圆功能】：设置截面曲线串在起始处和终止处的缩放比例系数，在扫掠过程中，按照所设定的线性函数或三次函数规律来计算。
- 【另一条曲线】：在扫掠过程中，任意一点的比例是基于引导线串和另一条曲线之间对应点之间的连线长度。
- 【一个点】：与【另一条曲线】相类似，区别在于用点代替曲线。
- 【面积规律】：在扫掠过程中，使扫掠体截面面积按照某种规律变化。
- 【周长规律】：在扫掠过程中，使扫掠体截面周长按照某种规律变化。

使用【面积规律】和【周长规律】，均要求截面曲线为闭合曲线。

【例 10-7】【扫掠】创建曲面

	多媒体文件：\video\ch10\10-7.avi
	源文件：\part\ch10\10-7.prt

	操作结果文件：\part\ch10\finish\10-7.prt

(1) 打开文件“\part\ch10\10-7.prt”。

(2) 选择【插入】|【扫掠】|【扫掠】命令，系统弹出【扫掠】对话框。

(3) 选择截面线串(整个封闭环)，单击 MB2 确认，如图 10-34 所示。

(4) 单击【引导线】中的【选择曲线】工具，如图 10-35 所示。

(5) 选择第一条引导线，单击 MB2，如图 10-36 所示。

(6) 展开【截面选项】中的【缩放】，选择【另一条曲线】，如图 10-37 所示。然后单击【选择曲线】工具。

(7) 选择另一条曲线作为缩放参考曲线，如图 10-38 所示。

(8) 单击【确定】按钮，结果如图 10-39 所示。

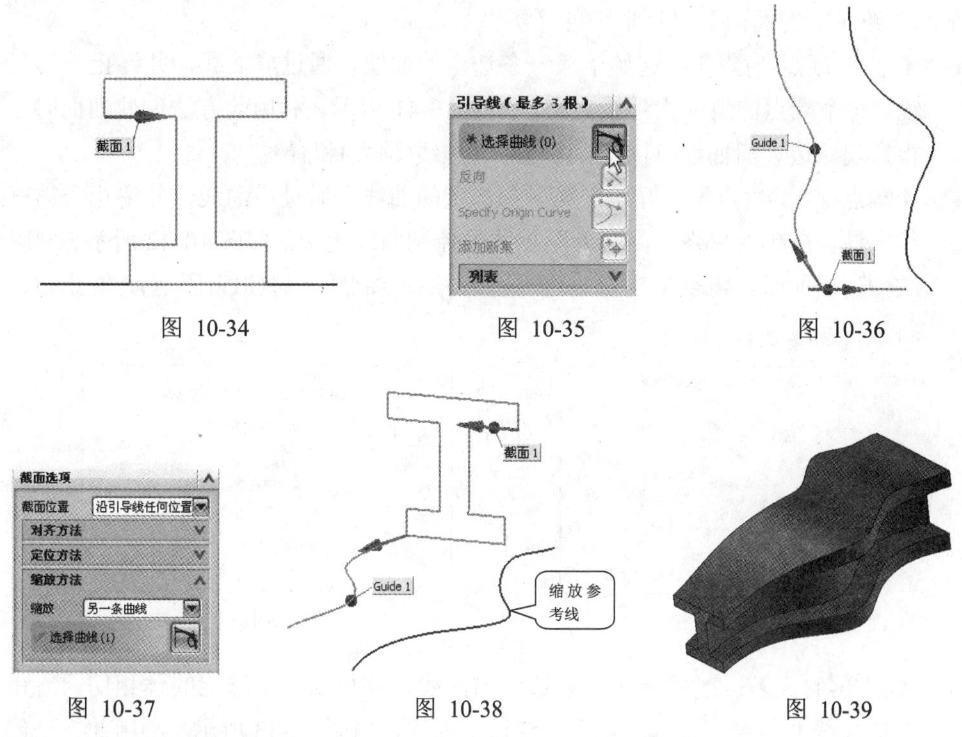

图 10-34　　图 10-35　　图 10-36

图 10-37　　图 10-38　　图 10-39

5.【剖切曲面】创建曲面

【剖切曲面】：通过一系列二次曲线生成曲面。如图 10-40 所示为【剖切曲面】对话框。

图 10-40

下面介绍【剖切曲面】对话框中的【类型】。

- 【端点-顶点-肩点】：起始于第一条选定的曲线，通过肩曲线，并终止于第三条曲线。每个端点的斜率由顶线定义，如图 10-41 所示。利用此方法创建曲面时，需要指定起始边、肩曲线(肩点)、终止边、顶线(顶点)和脊线。
- 【端点-斜率-肩点】：开始于第一条选定的曲线，通过肩曲线，并终止于第三条曲线。斜率在起点和终点由两条不相关的控制曲线定义，如图 10-42 所示。利用此方法创建曲面时，需要指定起始边、起始斜率控制线、肩曲线(肩点)、终止边、终点斜率控制线和脊线。

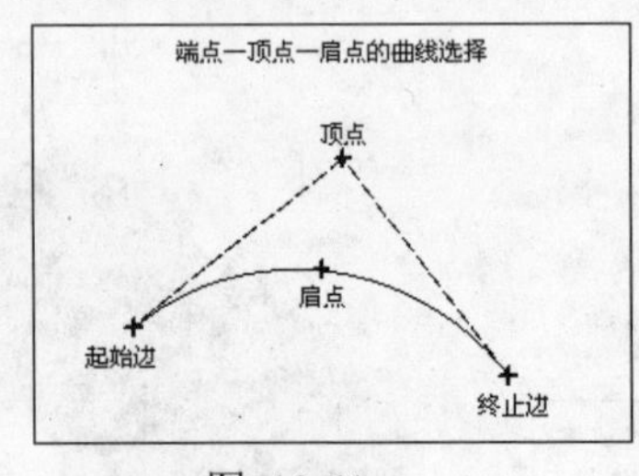

图 10-41

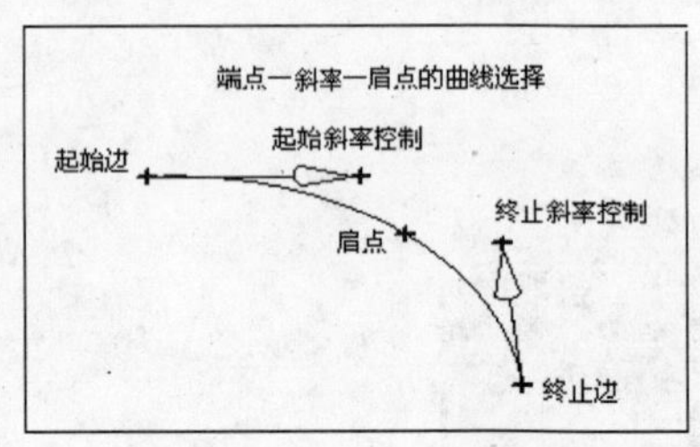

图 10-42

- 【圆角-肩点】：起始于第一条选定的曲线，并与第一个选定的体相切，终止于第二条曲线并与第二个体相切，且通过肩曲线，如图 10-43 所示。利用此方法创建曲面时，需要指定第一条曲线、第一个面、肩曲线(肩点)、第二条曲线和第二个面。
- 【三点－圆弧】：通过选择起始边曲线、内部曲线、终止边曲线和脊线来创建截面自由曲面，如图 10-44 所示。

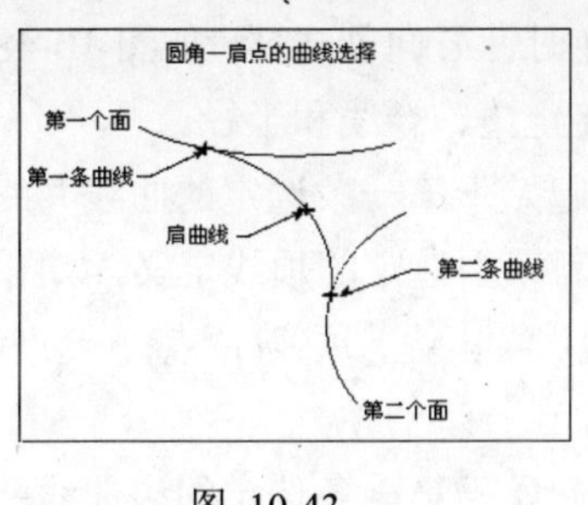

图 10-43

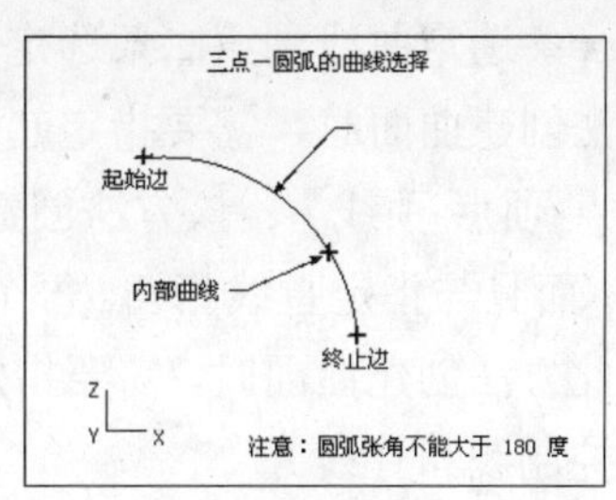

图 10-44

- 【端点-顶点-Rho】：起始于第一条选定的曲线，并终止于第二条曲线。每个端点的斜率由选定的顶线控制。每个二次曲线截面的丰满度由相应的 Rho 值控制，如图 10-45 所示。利用此方法创建曲面时，需要指定起始边、终止边、顶线(顶点)、脊线、Rho 和 Rho 投影判别式。

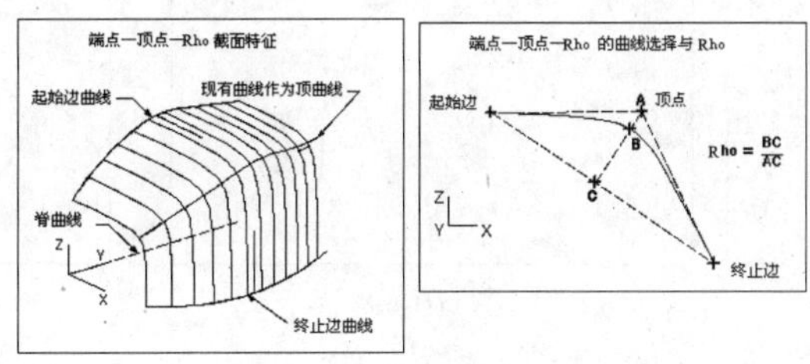

图 10-45

- 【端点-斜率-Rho】：起始于第一条选定的边曲线，并终止于第二条边曲线。斜率在起点和终点由两个不相关的控制曲线定义。每个二次曲线截面的丰满度由相应的 Rho 值控制，如图 10-46 所示。利用此方法创建曲面时，需要指定起始边、起始斜率控制、终止边、终止斜率控制、脊线和 Rho 值。
- 【圆角-Rho】：在位于两个面的两条曲线之间构造光顺的圆角，每个二次曲线截面的丰满度由相应的 Rho 值控制，创建的曲面与指定的两个面相切。如图 10-47 所示。利用此方法创建曲面时，需要指定第一个面、第一个面上的曲线、第二个面、第二个面上的曲线、脊线和 Rho 值。

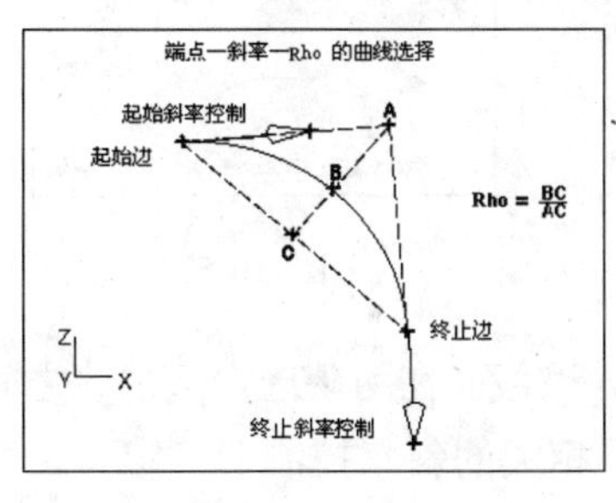

图 10-46

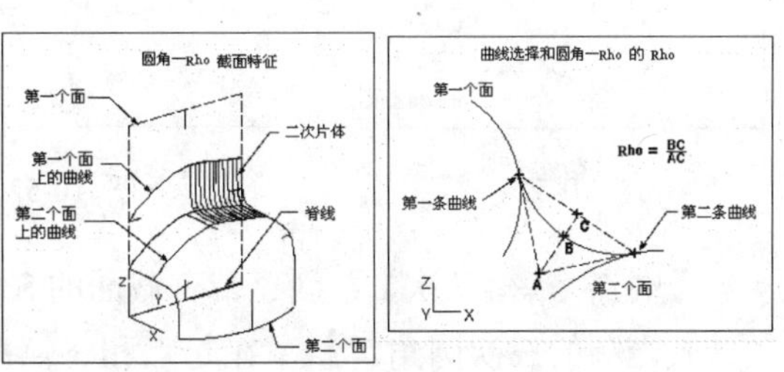

图 10-47

- 【二点－半径】：该方法创建的曲面是具有指定半径的圆弧截面。相对于脊线方向，从第一条选定曲线到第二条选定曲线以逆时针方向创建体，如图 10-48 所示。利用此方法创建曲面时，需要指定起始边、终止边、脊线和半径。

- 【端点-顶点-顶线】：该方法创建的曲面起始于第一条选定的曲线并终止于第二条曲线，而且与指定直线相切。每个端点的斜率由选定的顶线定义，如图 10-49 所示。利用此方法创建曲面时，需要指定起始边、终止边、顶线(顶点)、起点斜率控制线、终点控制线和脊线。
- 【端点-斜率-顶线】：该方法创建的曲面起始于第一条选定的边曲线并终止于第二条边曲线，而且与指定直线相切。斜率在起点和终点由两个不相关的斜率控制曲线定义，如图 10-50 所示。

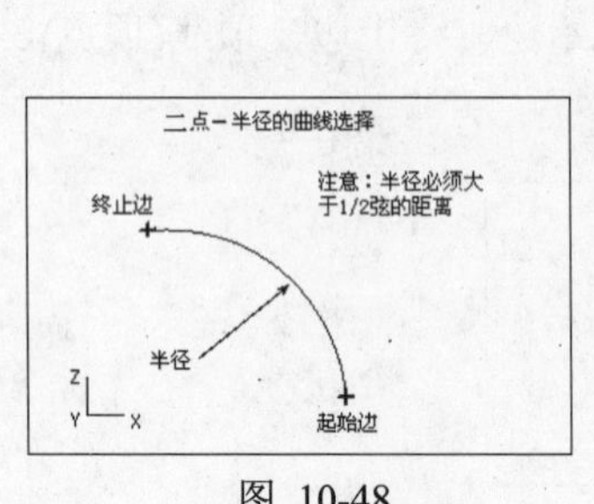

图 10-48

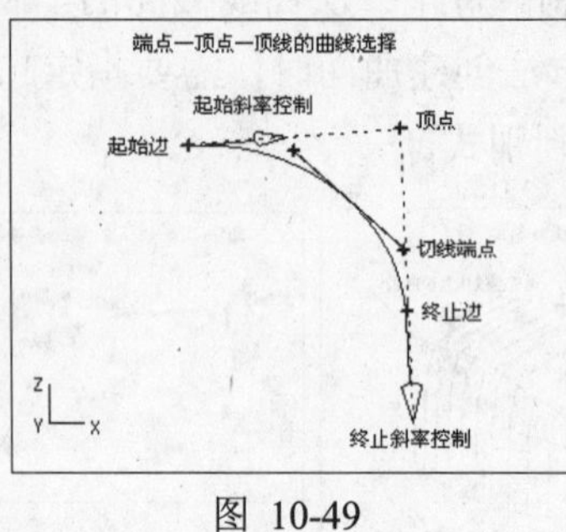

图 10-49

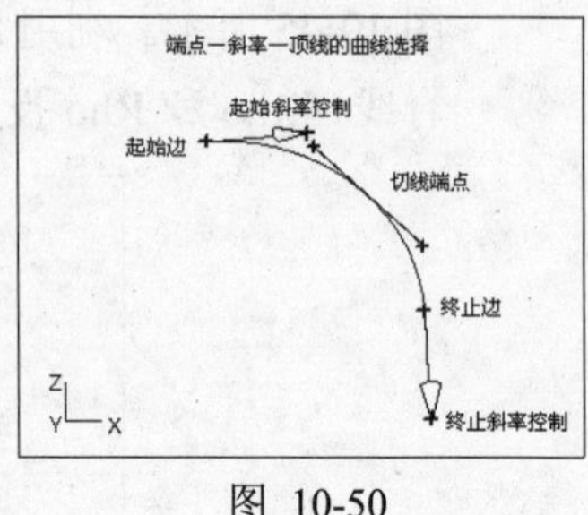

图 10-50

- 【圆角-顶线】：在位于两个面上的两条曲线之间构造光顺圆角，并与指定直线相切，如图 10-51 所示。
- 【端点-斜率-圆弧】：起始于第一条选定的边曲线，并终止于第二条边曲线。斜率在起始处由选定的控制曲线决定，如图 10-52 所示。
- 【四点-斜率】：起始于第一条选定曲线，通过两条内部曲线，并终止于第四条曲线，也要选择起始斜率控制曲线，如图 10-53 所示。

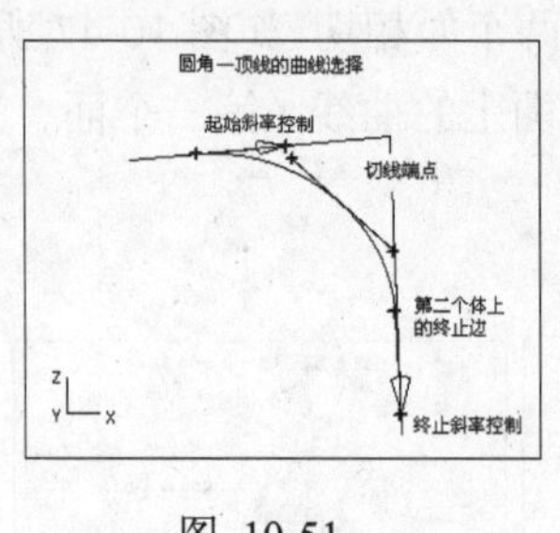

图 10-51

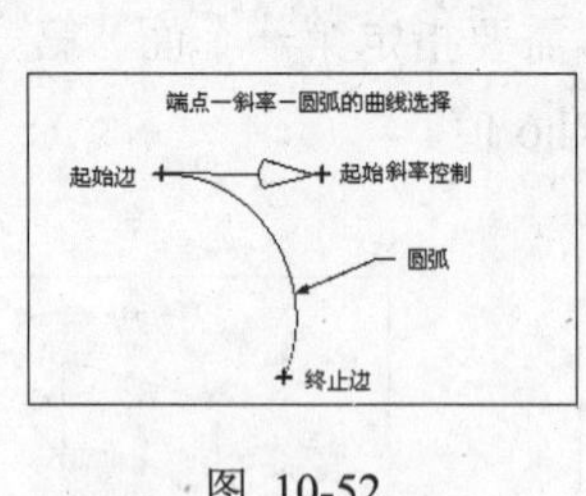

图 10-52

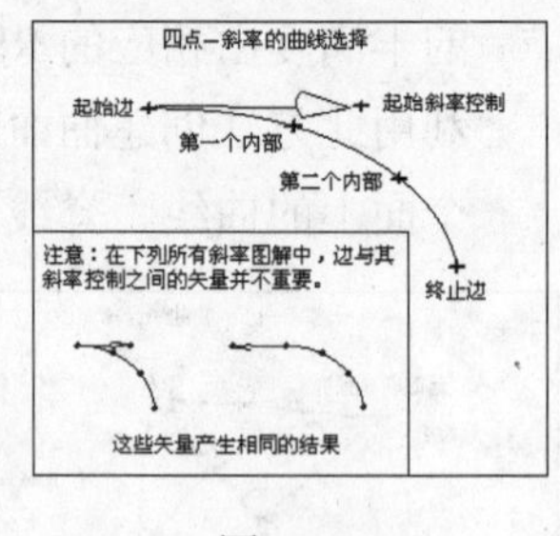

图 10-53

- 【端点-斜率-三次】：创建带有截面的 S 形曲面，该截面在两条选定边曲线之间构成光顺的三次圆角。斜率在起点和终点由两个不相关的斜率控制曲线定义，如图 10-54 所示。

- 【圆角-桥接】：在位于两组面上的两条曲线之间构造桥接的截面，如图 10-55 所示。
- 【点-半径-角度-圆弧】：通过在选定的边缘、相切面、曲面的曲率半径和面的张角上定义起点，创建带有圆弧截面的体。如图 10-56 所示。

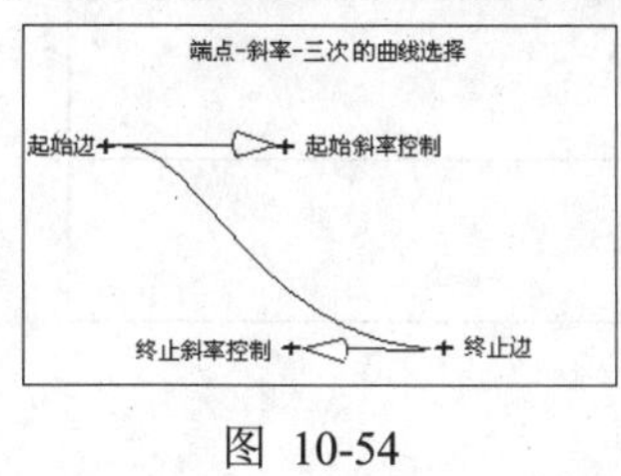

图 10-54

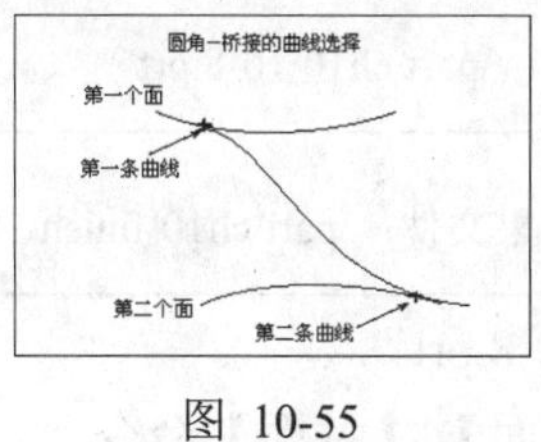

图 10-55

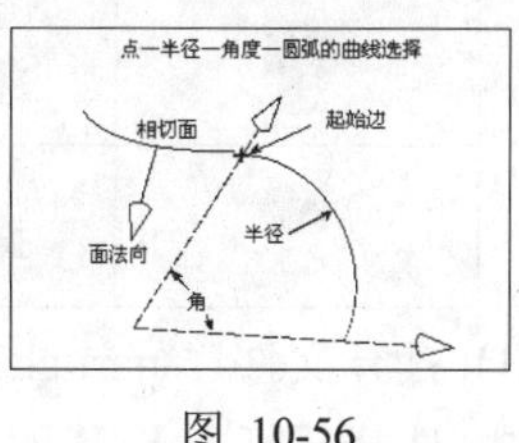

图 10-56

- 【五点】：使用五条现有曲线作为控制曲线来创建截面自由曲面。曲面起始于第一条选定曲线，通过三条选定的内部控制曲线，并且终止于第五条选定的曲线，如图 10-57 所示。
- 【线性-相切】：用于创建与面相切的线性截面曲面，如图 10-58 所示。

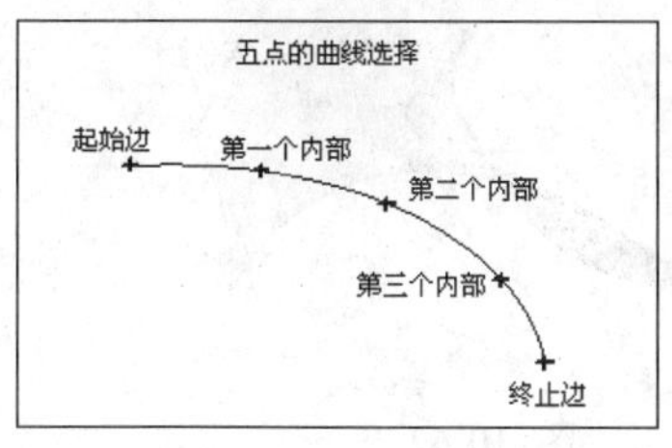

图 10-57

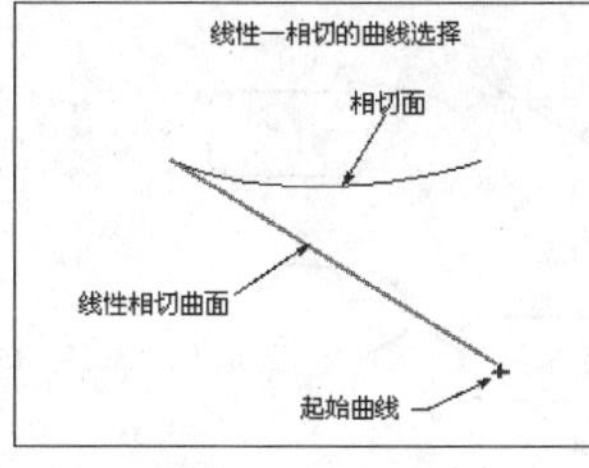

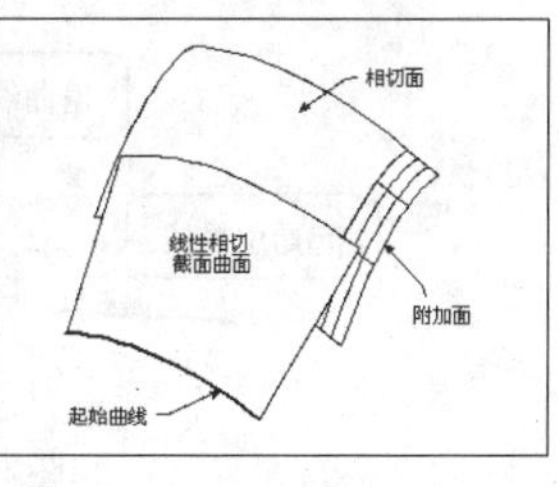

图 10-58

- 【圆相切】：用于创建与面相切的圆弧截面曲面，如图 10-59 所示。
- 【圆】：用于创建整圆截面曲面，如图 10-60 所示。利用该方法创建曲面时，需要指定引导线、方向曲线、脊线和控制半径的曲线。

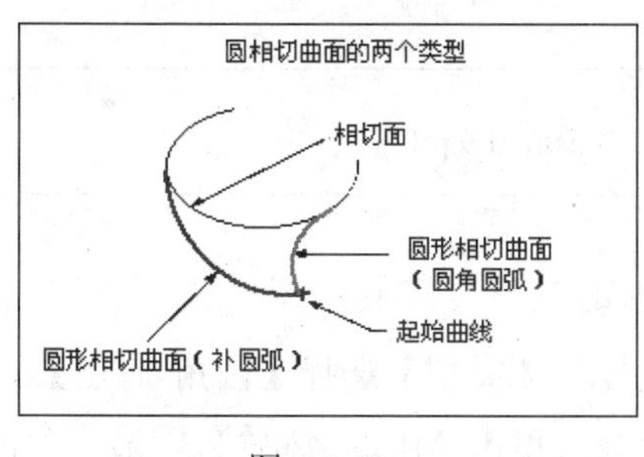

图 10-59

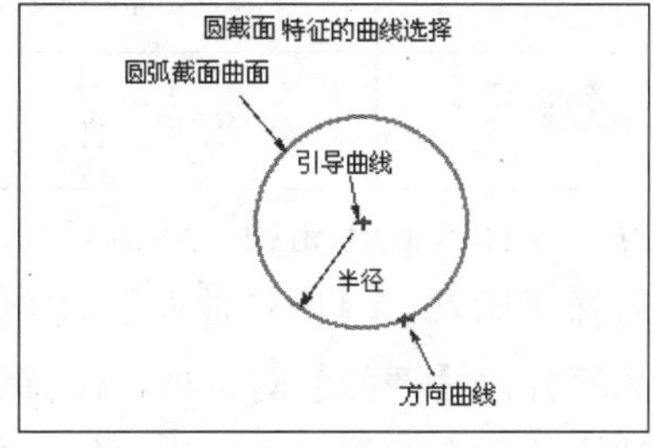

图 10-60

【例 10-8】【端点-顶点-肩点】创建曲面

	多媒体文件：\video\ch10\10-8.avi
	源文件：\part\ch10\10-8.prt
	操作结果文件：\part\ch10\finish\10-8.prt

(1) 打开文件“\part\ch10\10-8.prt”。

(2) 选择【插入】|【网格曲面】|【截面】命令。

(3) 系统弹出【剖切曲面】对话框，保持默认设置。【类型】选择【端点-顶点-肩点】。

(4) 依次选择要求的五条定义线，如图 10-61 所示。

(5) 单击【确定】按钮。结果如图 10-62 所示。

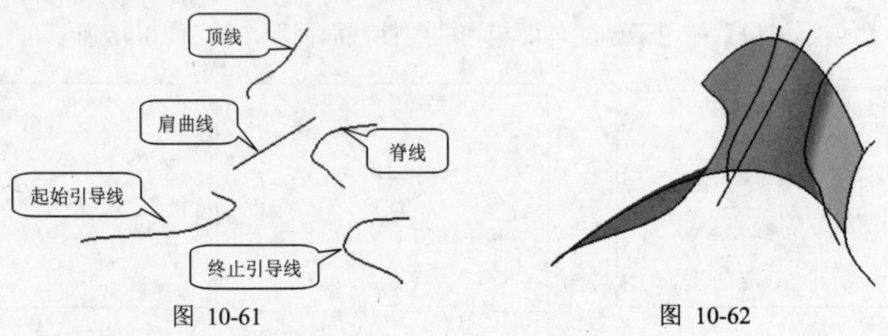

图 10-61　　图 10-62

【例 10-9】【圆角-肩点】创建曲面

	多媒体文件：\video\ch10\10-9.avi
	源文件：\part\ch10\10-9.prt
	操作结果文件：\part\ch10\finish\10-9.prt

(1) 打开文件“\part\ch10\10-9.prt”。

(2) 选择【插入】|【网格曲面】|【截面】命令。

(3) 系统弹出【截面】对话框，保持默认设置。【类型】选择【圆角-肩点】。

(4) 选择第一个曲面的上边作为第一条引导线，单击 MB2。然后选择第二个曲面的上边作为第二条引导线，单击 MB2，如图 10-63 所示。

(5) 选择第一个曲面作为起始面，单击 MB2。然后选择第二个曲面作为终止面。

(6) 选择最上面的曲线作为肩曲线，单击 MB2，选择另一条曲线作为脊线，如图 10-64 所示。

(7) 单击【确定】按钮，结果如图 10-65 所示。

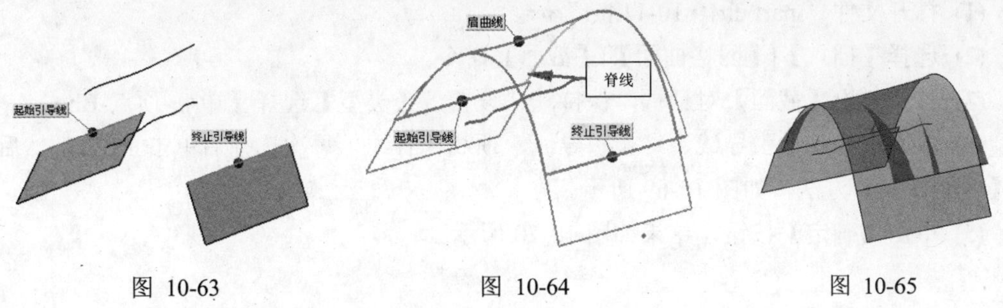

图 10-63　　图 10-64　　图 10-65

【例 10-10】【三点-圆弧】创建曲面

	多媒体文件：\video\ch10\10-10.avi
	源文件：\part\ch10\10-10.prt
	操作结果文件：\part\ch10\finish\10-10.prt

(1) 打开文件"\part\ch10\10-10.prt"。

(2) 选择【插入】|【网格曲面】|【截面】命令。

(3) 系统弹出【截面】对话框，保持默认设置。【类型】选择【三点-圆弧】。

(4) 选择起始引导线，单击 MB2。然后选择终止引导线，单击 MB2，如图 10-66 所示。

(5) 选择内部引导线，单击 MB2，然后选择脊线，如图 10-67 所示。

(6) 单击【确定】按钮，结果如图 10-68 所示。

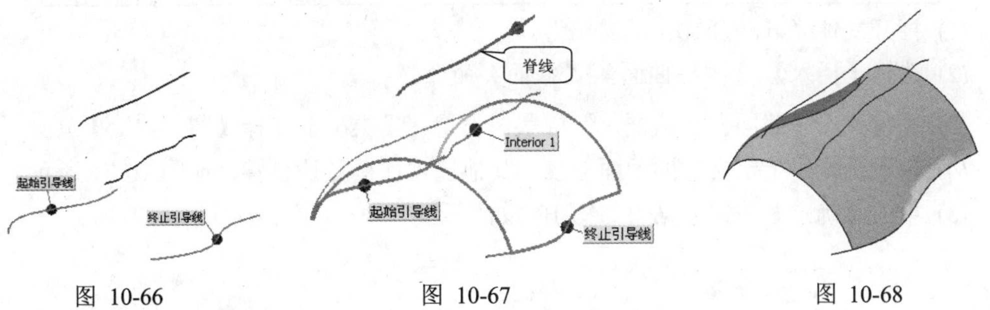

图 10-66　　图 10-67　　图 10-68

【例 10-11】【端点-顶点-Rho】创建曲面

	多媒体文件：\video\ch10\10-11.avi
	源文件：\part\ch10\10-11.prt
	操作结果文件：\part\ch10\finish\10-11.prt

(1) 打开文件“\part\ch10\10-11.prt”。

(2) 选择【插入】|【网格曲面】|【截面】命令。

(3) 系统弹出【截面】对话框，保持默认设置。【类型】选择【端点-顶点-Rho】。

(4) 依次选择起始引导线、终止引导线、顶线和脊线，每次选择后单击 MB2。然后设置【截面控制】方法，如图 10-69 所示。

(5) 单击【确定】按钮，结果如图 10-70 所示。

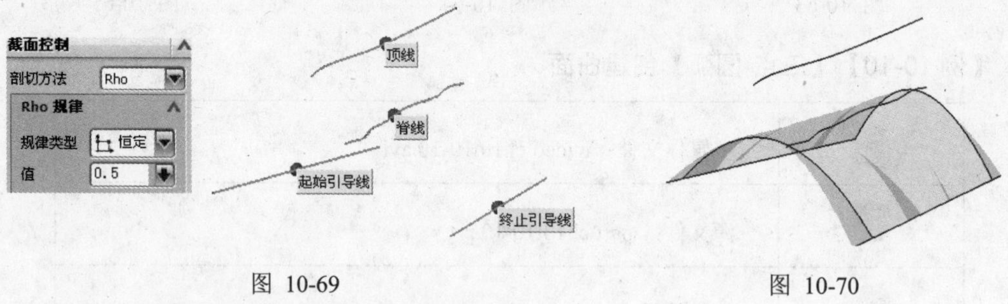

图 10-69　　　　图 10-70

【例 10-12】【圆角-Rho】创建曲面

	多媒体文件：\video\ch10\10-12.avi
	源文件：\part\ch10\10-12.prt
	操作结果文件：\part\ch10\finish\10-12.prt

(1) 打开文件“\part\ch10\10-12.prt”。

(2) 选择【插入】|【网格曲面】|【截面】命令。

(3) 系统弹出【截面】对话框，保持默认设置。【类型】选择【圆角-Rho】。

(4) 依次选择用于定义曲面的面与线，其他选项保持默认设置，如图 10-71 所示。

(5) 单击【确定】按钮，结果如图 10-72 所示。

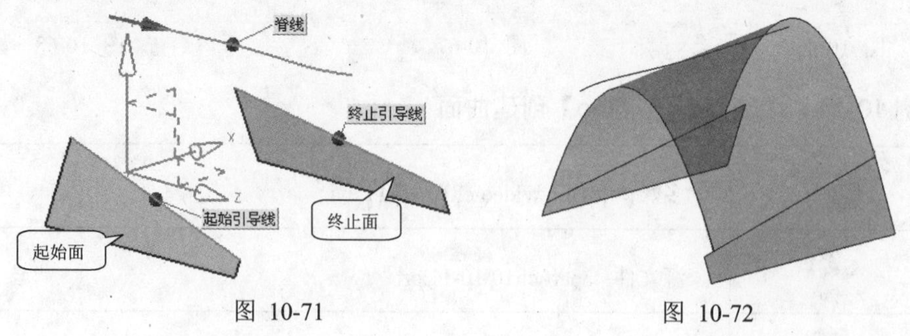

图 10-71　　　　图 10-72

【例 10-13】【端点-斜率-三次】创建曲面

	多媒体文件：\video\ch10\10-13.avi
	源文件：\part\ch10\ 10-13.prt
	操作结果文件：\part\ch10\finish\10-13.prt

(1) 打开文件“\part\ch10\10-13.prt”。

(2) 选择【插入】|【网格曲面】|【截面】命令。

(3) 系统弹出【截面】对话框，保持默认设置。【类型】选择【端点-斜率-三次】。

(4) 依次选择要求的五条定义线，如图 10-73 所示。

(5) 单击【确定】按钮，结果如图 10-74 所示。

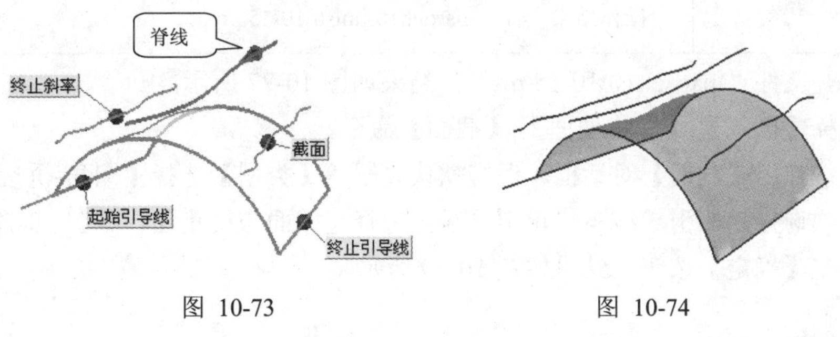

图 10-73　　　　图 10-74

【例 10-14】【四点-斜率】创建曲面

	多媒体文件：\video\ch10\10-14.avi
	源文件：\part\ch10\10-14.prt
	操作结果文件：\part\ch10\finish\10-14.prt

(1) 打开文件“\part\ch10\10-14.prt”。

(2) 选择【插入】|【网格曲面】|【截面】命令。

(3) 系统弹出【截面】对话框，保持默认设置。【类型】选择【四点-斜率】。

(4) 依次选择要求的六条定义线(内部引导线 1 与起始斜率线选择同一条线)，如图 10-75 所示。

(5) 单击【确定】按钮，结果如图 10-76 所示。

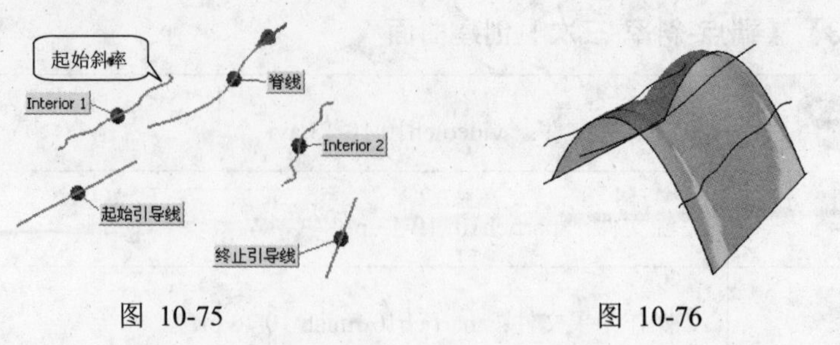

图 10-75　　　　图 10-76

【例 10-15】【圆角-桥接】创建曲面

	多媒体文件：\video\ch10\10-15.avi
	源文件：\part\ch10\10-15.prt
	操作结果文件：\part\ch10\finish\10-15.prt

(1) 打开文件“\part\ch10\10-15.prt”，结果如图 10-77 所示。

(2) 选择【插入】|【网格曲面】|【截面】命令。

(3) 系统弹出【截面】对话框，保持默认设置。【类型】选择【圆角-桥接】。

(4) 依次选择起始引导线与终止引导线，选择起始面与终止面，如图 10-78 所示。

(5) 单击【确定】按钮，结果如图 10-79 所示。

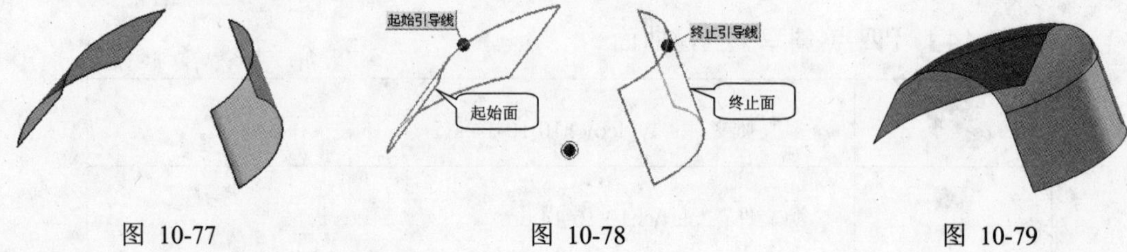

图 10-77　　　　图 10-78　　　　图 10-79

10.2.3 基于面创建曲面

基于已有曲面创建的曲面，大多数可以实现参数化，并主要是实现曲面过渡。

1. 【桥接】创建曲面

【桥接】：在两个主曲面之间，通过建立桥接曲面来实现两组曲面之间的相切过渡或曲率过渡。为了比较准确地控制桥接曲面的形状，还可以选择两组侧面和两组侧面线串，精确地控制和限制桥接曲面的侧边界。如图 10-80 所示为【桥接】对话框。

对话框中主要选项含义如下。

【选择步骤】有四个命令，从左到由依次如下。

- 【主面】：选择两个需要连接的曲面。选取主面后，系统临时显示箭头指向，代表桥接曲面的生成方向。如图 10-81 所示。

> 此处需注意选取主面时光标的放置位置，保证箭头指向一致。

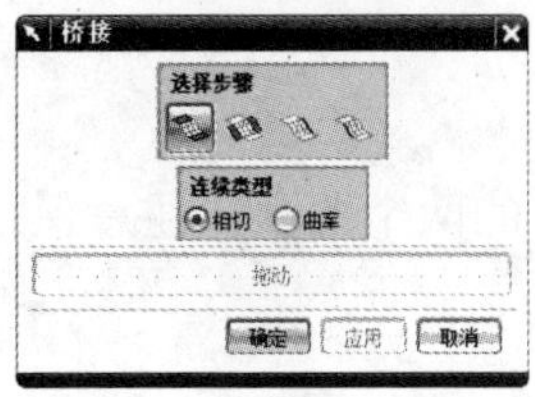

图 10-80

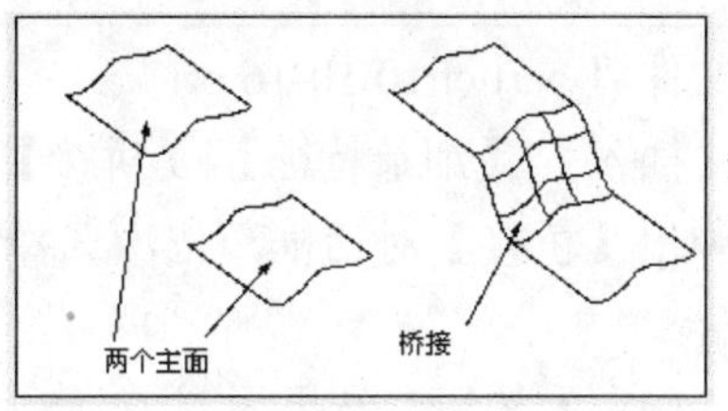

图 10-81

- 【侧面】：选择一个或两个侧面，作为创建桥接曲面的引导侧面，从而限制桥接曲面的外形，如图 10-82 所示。
- 【第一侧面线串】/【第二侧面线串】：选择一个或两个线串(曲线或边)，作为创建桥接曲面的侧面引导线，从而限制桥接曲面的外形，如图 10-83 所示。

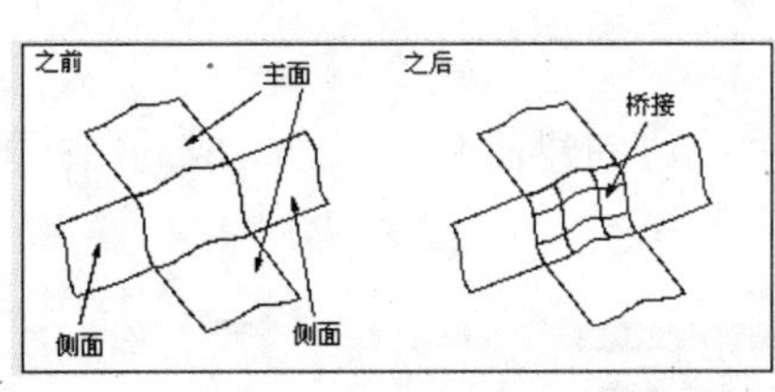

图 10-82

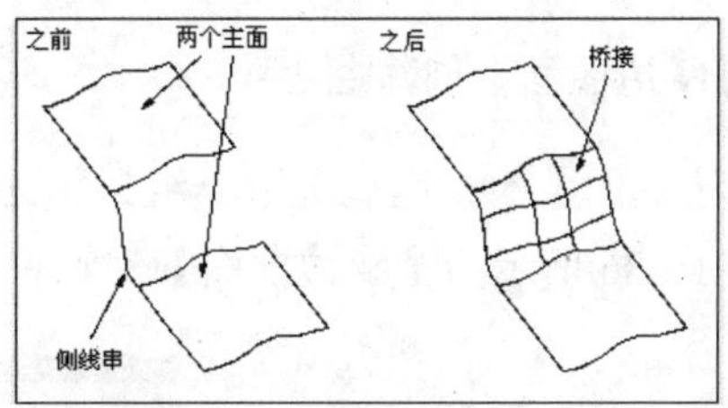

图 10-83

> 在桥接曲面时可以不选择侧面及侧面线串。

【连续类型】：用于指定选定面与桥接面之间的【相切】(Tangent) 连续或【曲率】(Curvature) 连续。

【拖动】：如果没有选取侧面或侧面线串约束，可使用【拖动】选项动态地编辑其形状。

> 【拖动】使用方法为：选择两个主面后，单击【应用】按钮，此时 拖动 按钮被激活。单击该按钮，在刚刚生成的桥接曲面上按住鼠标左键反复拖动，以动态地改变其形状。

【例 10-16】【桥接】创建曲面

	多媒体文件：\video\ch10\10-16.avi
	源文件：\part\ch10\10-16.prt
	操作结果文件：\part\ch10\finish\10-16.prt

(1) 打开文件“\part\ch10\10-16.prt”。

(2) 选择【插入】|【细节特征】|【桥接】命令。

(3) 系统弹出【桥接】对话框，依次选择绘图区中的两个曲面，注意保持方向一致。如图 10-84 所示。

(4) 单击【确定】按钮，结果如图 10-85 所示。

图 10-84　　　　图 10-85

2. 【N 边曲面】创建曲面

【N 边曲面】：通过选取一组封闭的曲线或边创建曲面，创建生成的曲面即 N 边曲面。如图 10-86 所示为【N 边曲面】对话框。

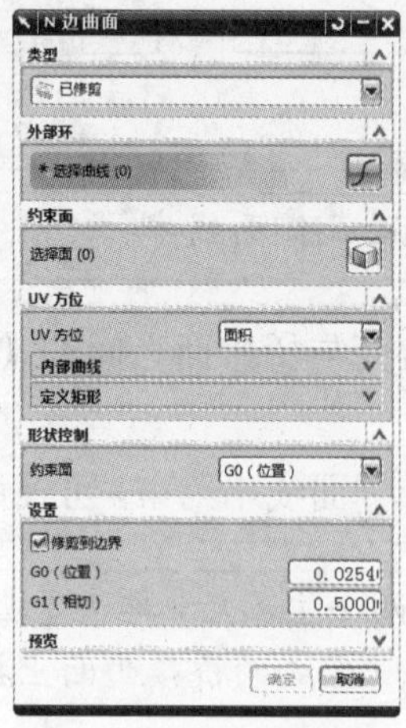

图 10-86

对话框中主要选项含义如下。

【类型】：可以创建两种类型的 N 边曲面，如图 10-87 所示。

- 【已修剪】：根据选择的封闭曲线建立单一曲面。
- 【三角形】：根据选择的封闭曲线创建的曲面，由多个单独的三角曲面片组成。这些三角曲面片体相交于一点，该点称为 N 边曲面的公共中心点。

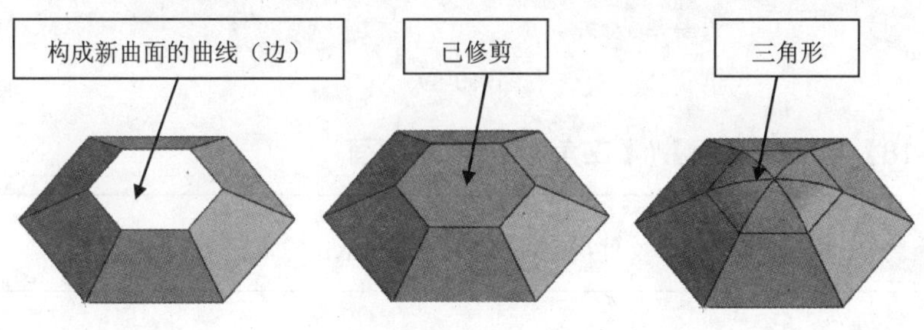

图 10-87

【外部环】：选择定义 N 边曲面的边界曲线。

【约束面】：选取约束面的目的是，通过选择的一组边界曲面，来创建位置约束、相切约束或曲率连续约束。

【约束面】：选取【约束面】后，该选项才可以使用。在该下拉列表中，可以选择的列表项包括 G0、G1 和 G2 三种，如图 10-88 所示。

图 10-88

【修剪到边界】：选中该复选框后，创建的 N 边曲面将根据曲面的边界线自动进行修剪。

【例 10-17】【N 边曲面】(【已修剪】)创建曲面

	多媒体文件：\video\ch10\10-17.avi
	源文件：\part\ch10\10-17.prt
	操作结果文件：\part\ch10\finish\10-17.prt

(1) 打开文件“\part\ch10\10-17.prt”。

(2) 选择【插入】|【网格曲面】|【N 边曲面】命令。

(3) 系统弹出【N 边曲面】对话框，【类型】选择【已修剪】。

(4) 选择曲面的上边界，单击【确定】按钮，结果如图 10-89 所示。

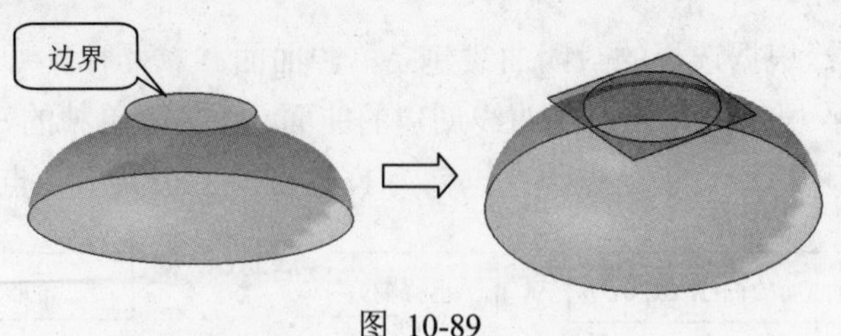

图 10-89

【例 10-18】【N 边曲面】(【三角形】)创建曲面

	多媒体文件：\video\ch10\10-18.avi
	源文件：\part\ch10\10-18.prt
	操作结果文件：\part\ch10\finish\10-18.prt

(1) 打开文件“\part\ch10\10-18.prt”。

(2) 选择【插入】|【网格曲面】|【N 边曲面】命令。

(3) 系统弹出【N 边曲面】对话框，【类型】选择【三角形】。

(4) 选择曲面的上边界作为【外部环】。单击 MB2，然后选择曲面作为【约束面】。如图 10-90 所示。

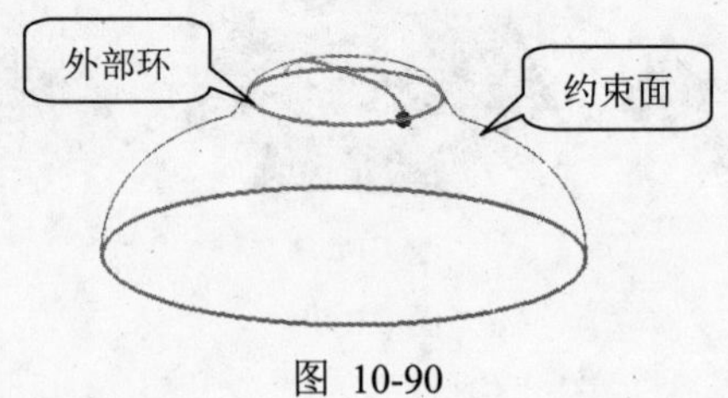

图 10-90

(5) 单击【确定】按钮，结果如图 10-91 所示。

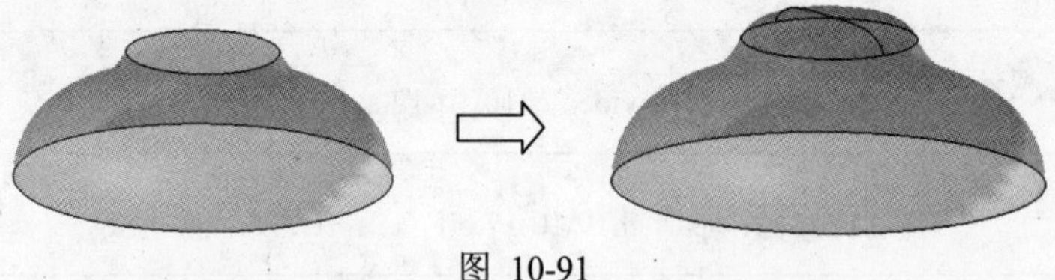

图 10-91

3. 【规律延伸】创建曲面

【规律延伸】：基于已经存在的曲面延伸生成新的曲面。使用【延伸】命令创建的曲面是近似的 B 曲面。【规律延伸】命令包含以下四种类型。

【相切的】：在被延伸曲面的边缘拉伸出一个相切曲面，如图 10-92 所示。有【固定长度】和【百分比】两种选择。

【垂直于曲面】：沿着位于面上现有的曲线，创建一个沿该面法向延伸的曲面，如图 10-93 所示。

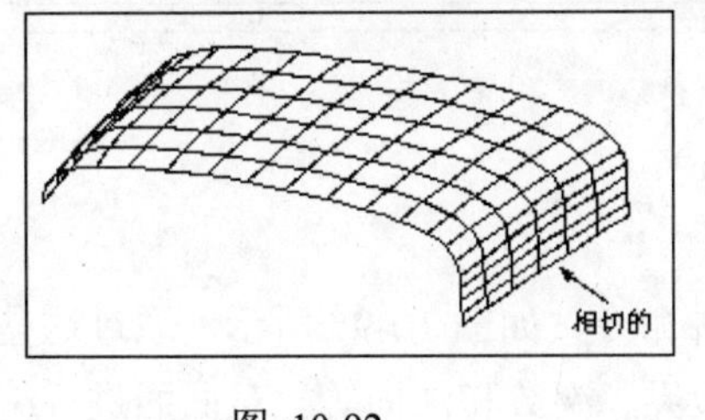

图 10-92

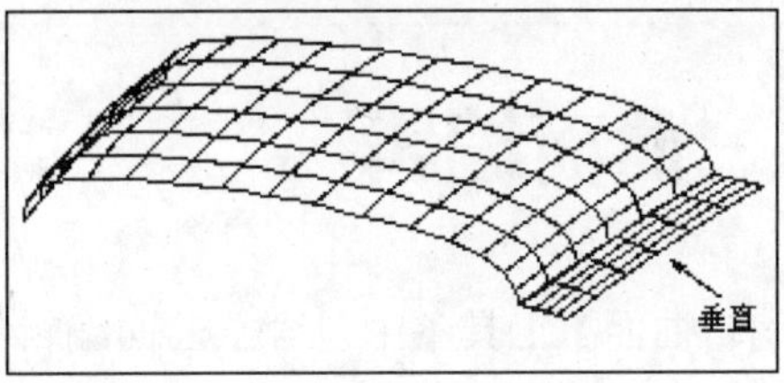

图 10-93

【有角度的】：沿着位于面上的曲线，以指定的角度(相对于现有面)创建一个延伸曲面，如图 10-94 所示。

【圆形】：从光顺曲面的边上创建一个圆弧形延伸的曲面。该圆弧的曲率半径与原曲面边界处的曲率半径相等，并且与原曲面相切，如图 10-95 所示。

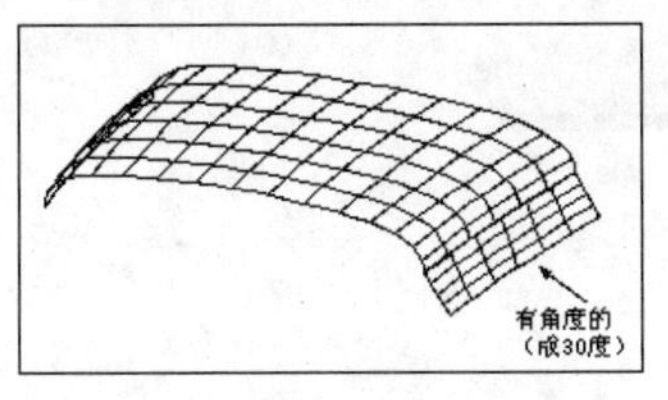

图 10-94

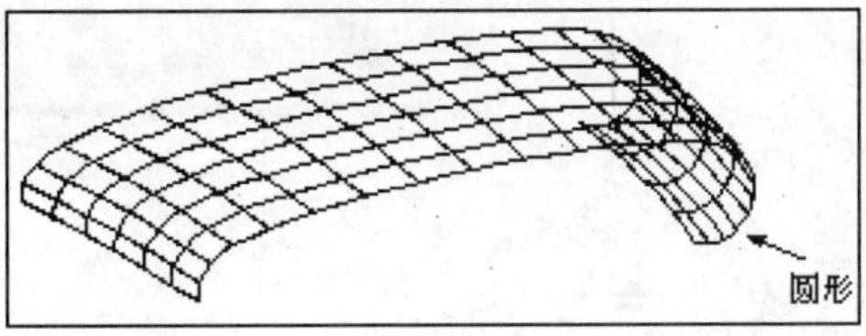

图 10-95

> 读者在概念上需要清楚的是，延伸生成的是新曲面，而不是原有曲面的伸长。

4. 【偏置曲面】创建曲面

【偏置曲面】：相对于选定的基面创建一个或多个偏置曲面。创建时，通过指定的曲面法向和偏置距离来确定偏置曲面的具体形状，如图 10-96 所示。可以对多个曲面进行偏置，产生多个偏置曲面。

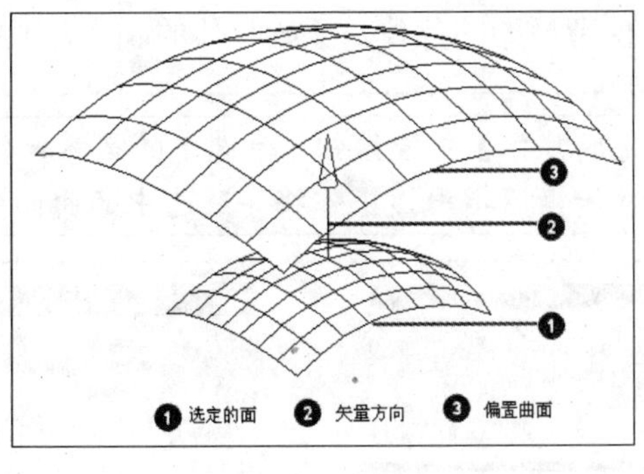

图 10-96

如果曲面的法线方向有突变，或者偏置距离太大发生自相交，则【偏置曲面】命令不能执行。

10.3 曲面编辑

【编辑曲面】工具条中包含了曲面编辑的各种命令，如图 10-97 所示。通过这些命令，可以更改曲面形状、曲面大小，或者编辑曲面的边界、次数和法向等。对曲面进行编辑时，有两种方式：

- 【参数化编辑】——编辑时仍保留了曲面的参数。
- 【非参数化编辑】——编辑后将移除曲面的参数。

图 10-97

10.3.1 移动定义点

【移动定义点】：通过移动单个或多个定义点来编辑曲面几何形状。该命令是一种非参数化的曲面编辑命令。

选择该命令后，系统将弹出如图 10-98 所示的【移动定义点】对话框。

该对话框中各主要参数的含义如下。

【名称】：用于输入曲面或片体的名称来选择曲面或片体，也可以直接通过鼠标来选择需要编辑的曲面。

【编辑原先的片体】：系统对原有的曲面进行编辑。

【编辑副本】：能够保留原始的片体。原始片体的副本与原始片体不相关。

如果选择【编辑原先的片体】单选按钮，且选中的是参数化的曲面，系统将显示如图 10-99 所示的警告对话框，指出该操作将导致选中的曲面的非参数化。

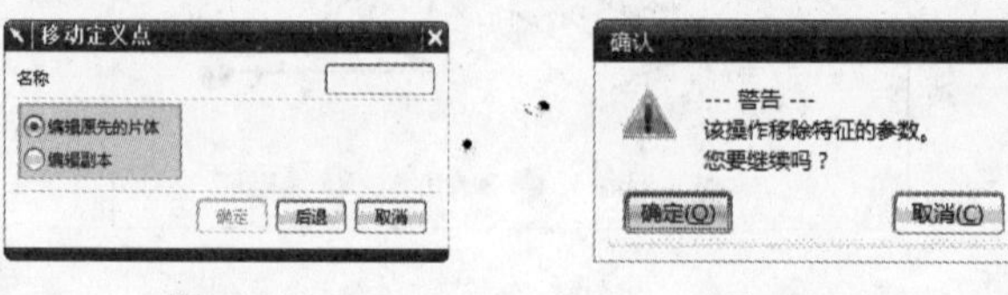

图 10-98　　图 10-99

10.3.2　移动极点

【移动极点】：通过移动曲面的极点，来改变曲面的形状，以达到改善曲面外观及改变曲面满足的标准的目的。这在曲面外观形状的交互设计(如消费品与汽车车身)中非常有用。该命令的编辑方法、步骤及对话框都类似于【移动定义点】命令，不同的是，该命令可以完成对曲面的一些相关分析功能。

10.3.3　扩大

【扩大】：可以将曲面沿 *U*/*V* 向扩大或者缩小。

【例 10-19】扩大

	多媒体文件：\video\ch10\10-19.avi
	源文件：\part\ch10\10-19.prt
	操作结果文件：\part\ch10\finish\10-19.prt

(1) 打开文件“\part\ch10\10-19.prt”。

(2) 选择【编辑】|【曲面】|【扩大】命令，系统弹出如图 10-100 所示对话框。

(3) 选择曲面。

(4) 在【调整大小参数】中利用滑块或者在相应文本框中指定扩大参数，如图 10-100 所示。

(5) 单击【确定】按钮，系统弹出如图 10-101 所示对话框。

(6) 单击【是】按钮，完成操作，如图 10-102 所示。

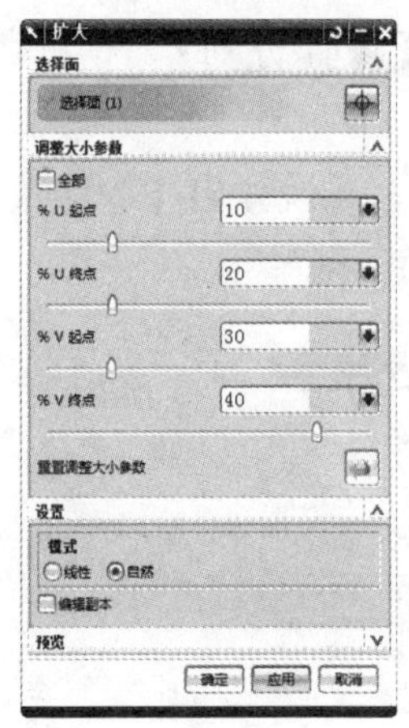

图 10-100

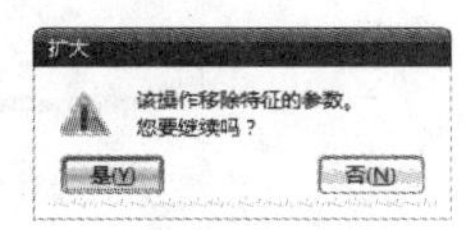

图 10-101

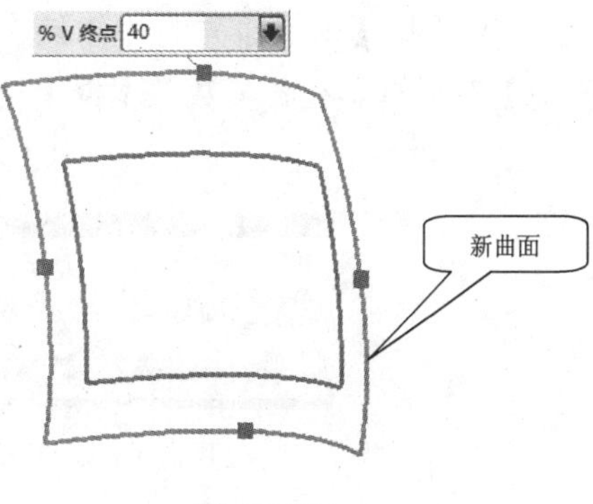

图 10-102

若选中图 10-100 所示【编辑副本】复选框，则在不删除原曲面的情况下，编辑得到一个新的曲面。

10.3.4　等参数修剪/分割

【等参数修剪/分割】：根据 *U* 或 *V* 向的百分比参数来修剪或分割曲面。选择【编辑】|【曲面】|【等参数修剪/分割】命令后，系统弹出【修剪/分割】对话框，如图 10-103 所示。

图 10-103

【等参数修剪】：用于修剪片体。

【等参数分割】：用于分割片体。

【例 10-20】等参数修剪

	多媒体文件：\video\ ch10\10-20.avi
	源文件：\part\ch10\ 10-20.prt
	操作结果文件：\part\ch10\finish\10-20.prt

(1) 打开文件“\part\ch10\10-20.prt”。

(2) 选择【编辑】|【曲面】|【等参数修剪/分割】命令，系统弹出【修剪/分割】对话框。

(3) 单击【等参数修剪】按钮，弹出如图 10-104 所示的对话框。

(4) 选择【编辑原先的片体】单选按钮，并选择绘图区中的曲面，系统弹出【等参数修剪】对话框。在各参数文本框中输入修剪尺寸(比例)，如图 10-105 所示。

图 10-104

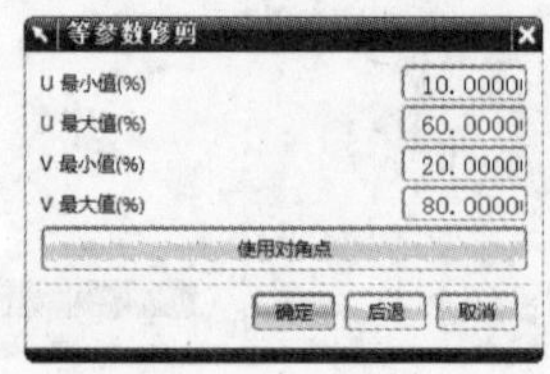

图 10-105

(5) 单击【确定】按钮完成【等参数修剪】操作。系统再次弹出【等参数修剪】对话框，如果需要再次修剪，则输入参数。否则直接单击【取消】按钮退出，如图 10-106 所示。

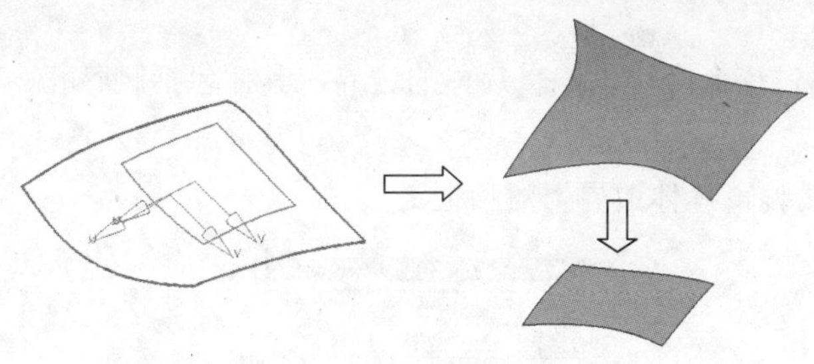

图 10-106

【例 10-21】等参数分割

	多媒体文件：\video\ch10\10-21.avi
	源文件：\part\ch10\10-21.prt
	操作结果文件：\part\ch10\finish\10-21.prt

(1) 打开文件“\part\ch10\10-21.prt”。

(2) 选择【编辑】|【曲面】|【等参数修剪/分割】命令，系统弹出【修剪/分割】对话框。

(3) 单击【等参数分割】按钮，在弹出的对话框中，选择【编辑原先的片体】单选按钮。然后选择绘图区中的曲面。

(4) 弹出如图 10-107 所示的对话框，选择分割方法为【U 恒定】，在【分割值】文本框中输入修剪尺寸(比例)。

(5) 单击【确定】按钮完成【等参数分割】操作，结果如图 10-108 所示。

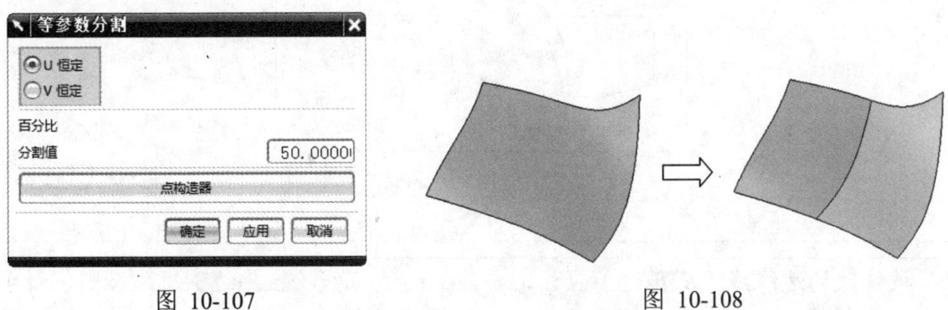

图 10-107　　　　图 10-108

在以上设置过程中，若设置的百分比参数在 0 和 100 之间，则修剪或分割一个曲面；若设置的百分比参数在此范围之外，则延伸曲面。

10.3.5　边界

【边界】：通过该命令可以编辑片体的边界，具体包括删除孔、恢复修剪掉的部分和替换边界。

如图 10-109 为【编辑片体边界】对话框。

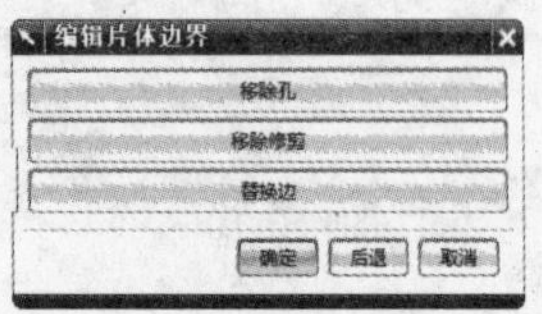

图 10-109

该对话框中各选项的含义如下。

【移除孔】：删除片体中指定的孔。

【移除修剪】：删除片体上所有的修剪(包括边界修剪和孔)，恢复片体的原始形状。

【替换边】：可以用曲面内或曲面外的一组曲线或边界来替换原来的曲面边界。

10.3.6　更改边

【更改边】：通过该命令提供的多种方法可以修改一个 B 曲面的边线，使其边缘形状发生改变，如图 10-110 所示。这是一种非参数化的曲面编辑命令。

一般情况下，要求被修剪的边未经修剪，并且是利用自由形状曲面建模方法创建的。如果是利用拉伸或旋转扫描等方法生成的，那么不能对曲面进行边界更改。

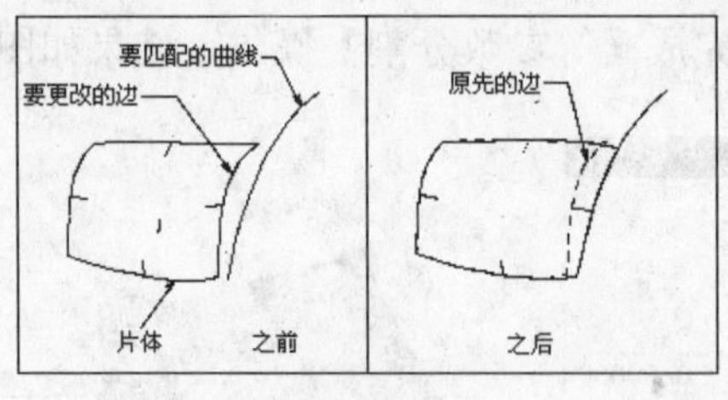

图 10-110

> 被修改的边缘线（从属边）应该比要匹配的边缘线（主导边）短，否则，由于系统不能将从属边的端点投影到主导边上而不能更改边线。

10.3.7　更改阶次

【更改阶次】：用于更改曲面的阶次。增加阶次不会更改曲面的形状，但能增加自由度。降低阶次时，系统会尽可能地保持曲面形状和特征，但不能保证曲面不发生变化，如图 10-111 所示。同样，这也是一种非参数化的曲面编辑命令。

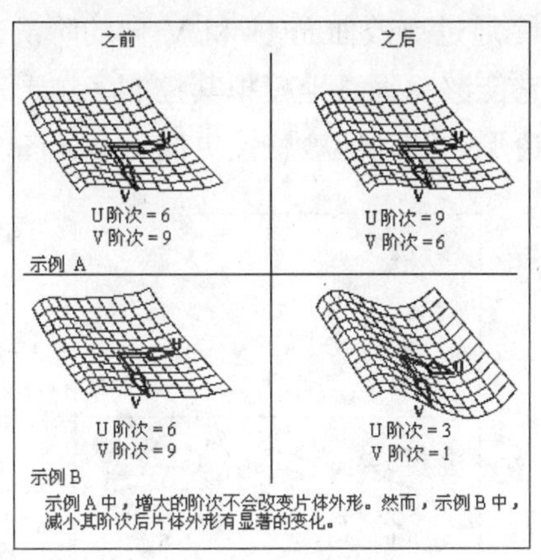

图 10-111

【例 10-22】更改阶次

	多媒体文件：\video\ch10\10-22.avi
	源文件：\part\ch10\10-22.prt
	操作结果文件：\part\ch10\finish\10-22.prt

(1) 打开文件“\part\ch10\10-22.prt”。

(2) 选择【编辑】|【曲面】|【阶次】命令，系统弹出【更改阶次】对话框。

(3) 选择【编辑原先的片体】单选按钮，然后选择绘图区中的曲面。

(4) 系统弹出如图 10-112 所示的对话框，在【U 向阶次】与【V 向阶次】文本框中输入新的阶次。

(5) 单击【确定】按钮完成【更改阶次】操作，如图 10-113 所示。

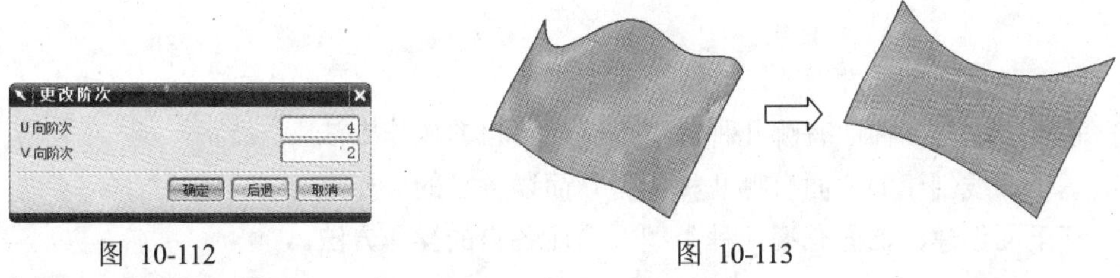

图 10-112　　图 10-113

10.3.8　法向反向

【法向反向】：该命令用于改变曲面的法向，使其改变为法线方向的反方向。

10.3.9 更改刚度

【更改刚度】：该命令通过更改曲面 U 和 V 向的阶次来修改曲面形状。降低阶次会减小体的“刚度”，并使它能够更逼真地模拟其控制多边形的波动。添加阶次可使体更“刚硬”，而对它的控制多边形的波动的敏感性更低了，如图 10-114 所示。

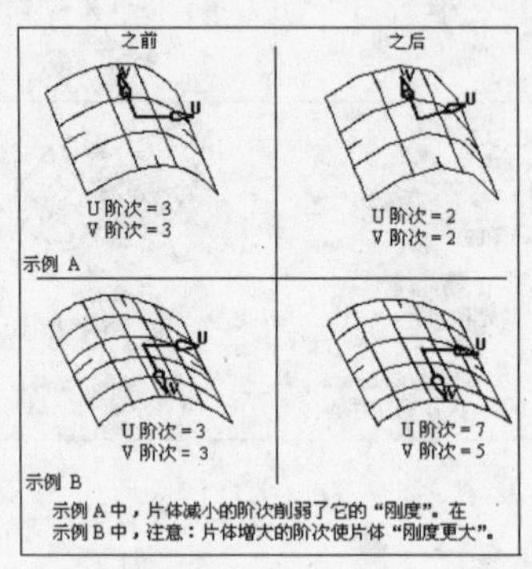

图 10-114

10.4 本章小结

本章详细讲述了曲面造型知识，主要包括曲面的各种创建方法和曲面的各种编辑方法。在产品设计中，曲面造型是一个复杂的过程，应用到的知识也比较多，而且很多内容和方法都比较抽象。因此，不仅要掌握曲面造型的基本知识，还要通过不断的实践来强化理解，才能真正成为曲面造型高手。

10.5 思考与练习题

10.5.1 思考题

1. 什么是曲面连续性？
2. 基于点创建的曲面有哪几种类型？简述各自的操作方法。
3. 基于曲线创建的曲面有哪几种类型？简述各自的操作方法。
4. 基于面创建的曲面有哪几种类型？简述各自的操作方法。

10.5.2 操作题

1. 打开光盘文件“\part\ch10\lianxi10-1.prt”，以【通过点】或【从极点】的方式创建曲面，如图 10-115 所示。

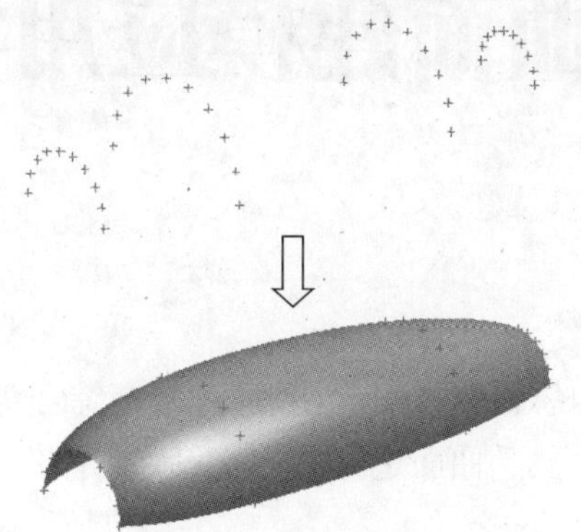

图 10-115

	操作结果文件：\part\ch10\finish\lianxi10-1.prt

2. 创建如图 10-116 所示的钩子，弯曲部分可以用【通过曲面网格】的方法构造，其他部分则由拉伸和沟槽完成。光盘文件“\part\ch10\lianxi10-2.prt”包含了右图的曲线部分。其余部分尺寸参照图 10-117，其中未注倒角为 0.042×45°，未注圆角为 *R*0.060。

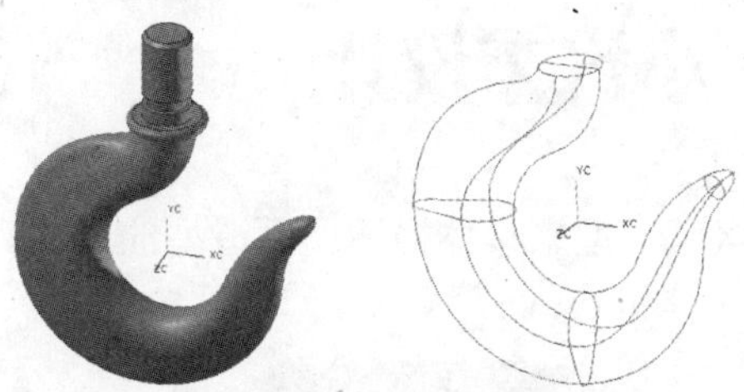

图 10-116

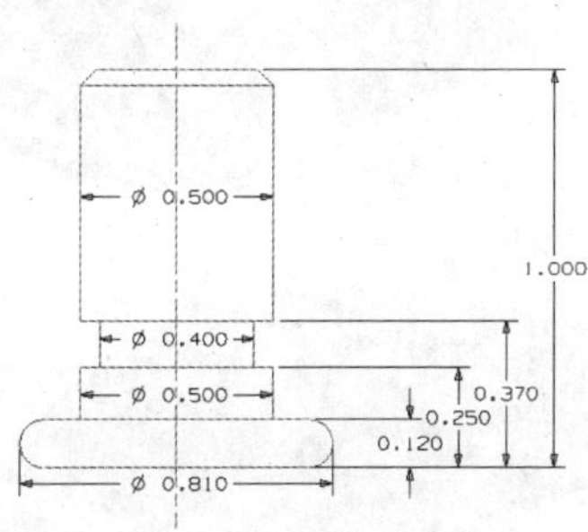

图 10-117

	操作结果文件：\part\ch10\finish\lianxi10-2.prt

第 11 章　曲面建模应用实例

本章重点内容

本章将介绍曲面建模的思路和方法，并且通过两个综合实例来详细介绍曲面设计过程。通过实例的讲解，读者可以熟悉曲面造型的一般思路和操作过程，从而深入掌握曲面造型的方法。

本章学习目标

- ☑ 掌握曲面建模的思路和方法
- ☑ 掌握工程图纸的阅读方法
- ☑ 熟练掌握曲面造型中的常用命令

11.1　实例一：小汽车设计

这个例子通过设计小汽车模型来具体描述曲面造型的过程，最终结果如图 11-1 所示。

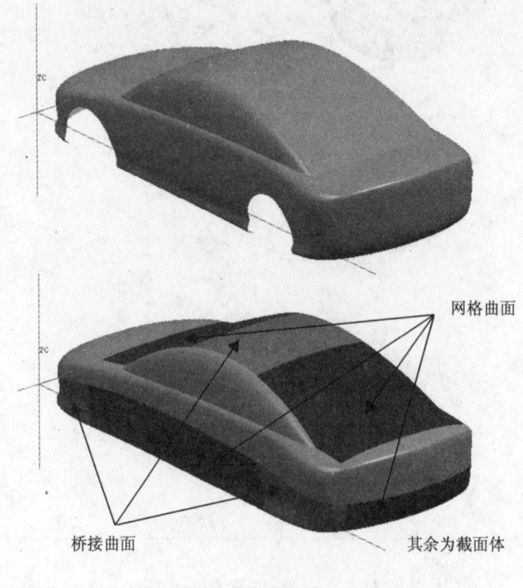

图 11-1

	多媒体文件：\video\ch11\11-1.avi
	源文件：\part\ch11\11-1.prt
	操作结果文件：\part\ch11\finish\11-1.prt

1. 打开图形文件

启动 UG NX 6，打开文件“\part\ch11\11-1.prt”，结果如图 11-2 所示。

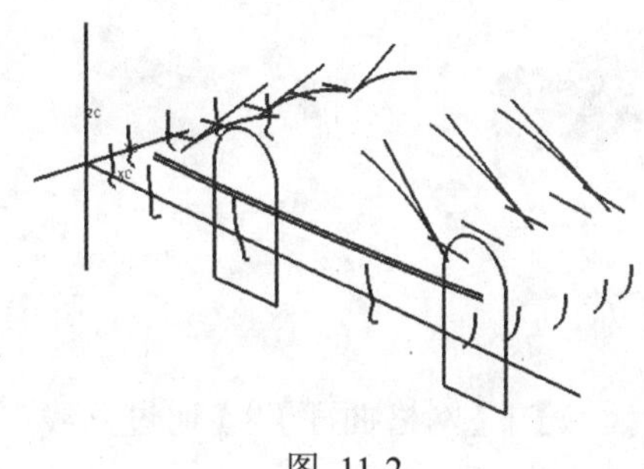

图 11-2

2. 创建主片体

(1) 创建曲面 1。选择【插入】|【网格曲面】|【通过曲线组】命令，再选择如图 11-3 所示的曲线来创建曲面。

(2) 创建曲面 2。选择【插入】|【网格曲面】|【通过曲线组】命令，再选择如图 11-4 所示的曲线来创建曲面。

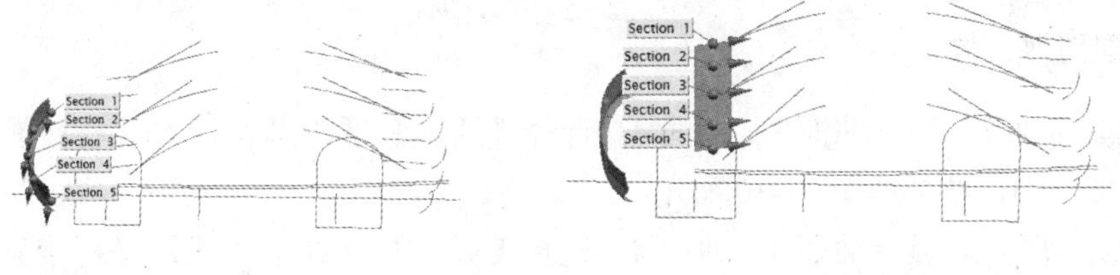

图 11-3　　　　图 11-4

(3) 创建曲面 3。选择【插入】|【网格曲面】|【通过曲线组】命令，再选择如图 11-5 所示的曲线来创建曲面。

(4) 创建曲面 4。选择【插入】|【网格曲面】|【通过曲线组】命令，再选择如图 11-6 所示的曲线来创建曲面。

(5) 创建曲面 5。选择【插入】|【网格曲面】|【通过曲线组】命令，再选择如图 11-7 所示的曲线来创建曲面。

(6) 创建曲面 6。选择【插入】|【网格曲面】|【通过曲线组】命令，再选择如图 11-8

所示的曲线来创建曲面。

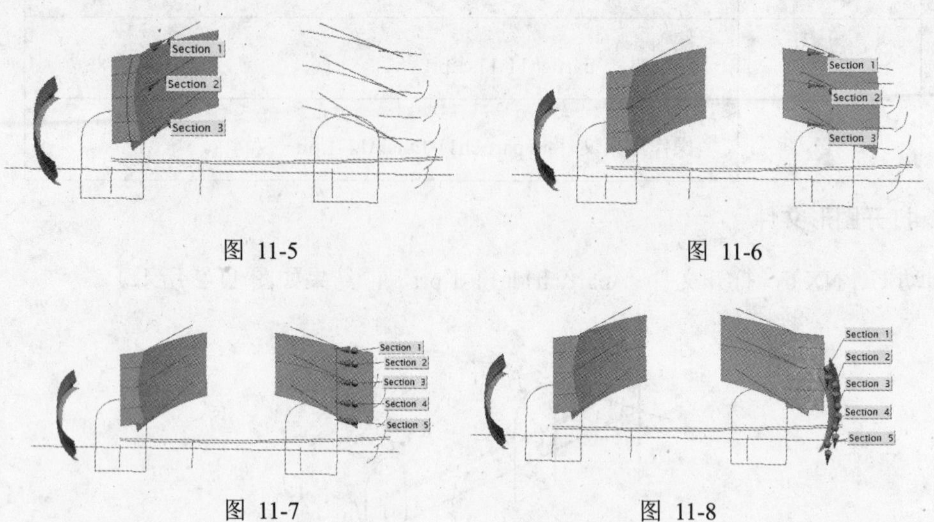

图 11-5　　图 11-6

图 11-7　　图 11-8

(7) 创建曲面 7。选择【插入】|【网格曲面】|【通过曲线组】命令，再选择如图 11-9 所示的曲线来创建曲面。

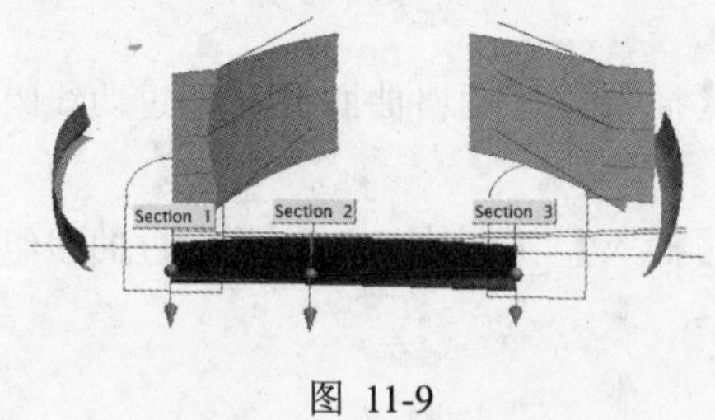

图 11-9

3. 创建过渡片体

(1) 创建曲面 8。隐藏曲面 3、曲面 4。选择【插入】|【细节特征】|【桥接】命令，桥接曲面 2、曲面 5，结果如图 11-10 所示。

(2) 创建曲面 9。显示曲面 3、曲面 4。选择【插入】|【细节特征】|【桥接】命令，桥接曲面 3、曲面 4，结果如图 11-11 所示。

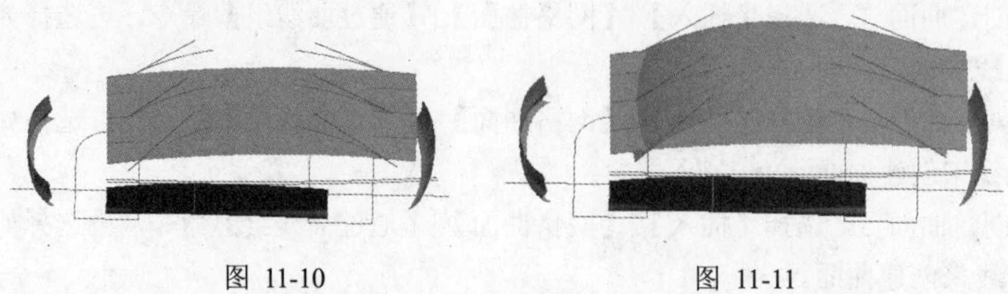

图 11-10　　图 11-11

(3) 创建曲面 10。选择【插入】|【细节特征】|【桥接】命令，桥接曲面 1、曲面 7，结果如图 11-12 所示。

(4) 创建曲面 11。选择【插入】|【细节特征】|【桥接】命令，桥接曲面 1、曲面 6，结果如图 11-13 所示。

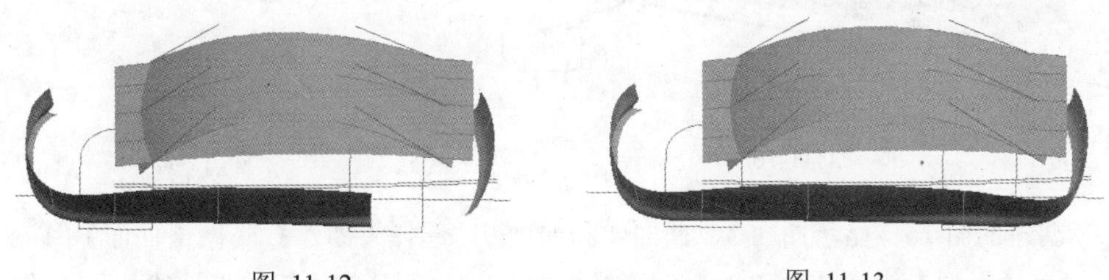

图 11-12　　　　图 11-13

(5) 创建曲面 12。选择【插入】|【网格曲面】|【截面】命令，设置【类型】为【圆角-Rho】，选择如图 11-14 所示的【起始引导线】、【终止引导线】、【起始面】、【终止面】以及【脊线】，并在【截面控制】面板中设置【剖切方法】为【Rho】，【规律类型】为【恒定】，【值】为 0.45，在【设置】面板中设置【U 向阶次】为【二次曲线】，其余选项保持默认设置。

(6) 创建曲面 13。选择【插入】|【网格曲面】|【截面】命令，设置【类型】为【圆角-Rho】，选择如图 11-15 所示的【起始引导线】、【终止引导线】、【起始面】、【终止面】以及【脊线】，并在【截面控制】面板中设置【剖切方法】为【Rho】，【规律类型】为【恒定】，【值】为 0.85，在【设置】面板中设置【U 向阶次】为【二次曲线】，其余选项保持默认设置。

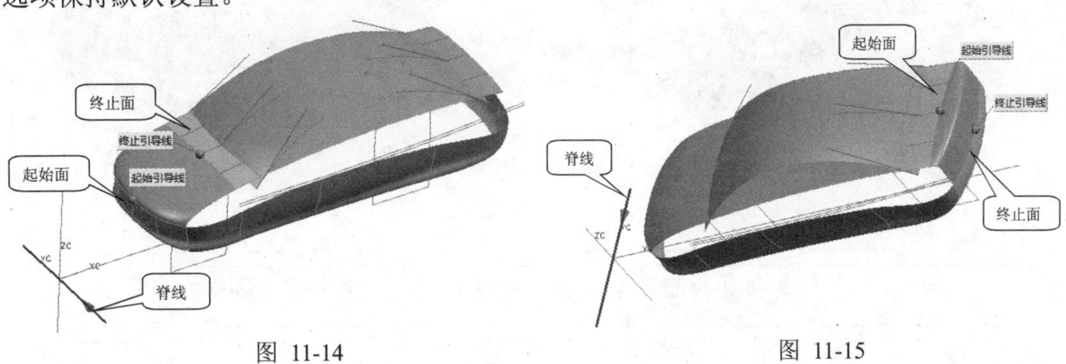

图 11-14　　　　图 11-15

(7) 创建曲面 14。隐藏曲面 3、曲面 4、曲面 9 以及用来做【通过曲线组】面的曲线。选择【插入】|【网格曲面】|【截面】命令，设置【类型】为【圆角-Rho】，选择如图 11-16 所示的【起始引导线】、【终止引导线】、【起始面】、【终止面】以及【脊线】，并在【截面控制】面板中设置【剖切方法】为【Rho】，【规律类型】为【恒定】，【值】为 0.6，在【设置】面板中设置【U 向阶次】为【二次曲线】，其余选项保持默认设置。

(8) 创建曲面 15。隐藏所有曲面，利用中间两条直线构建直纹面，如图 11-17 所示。

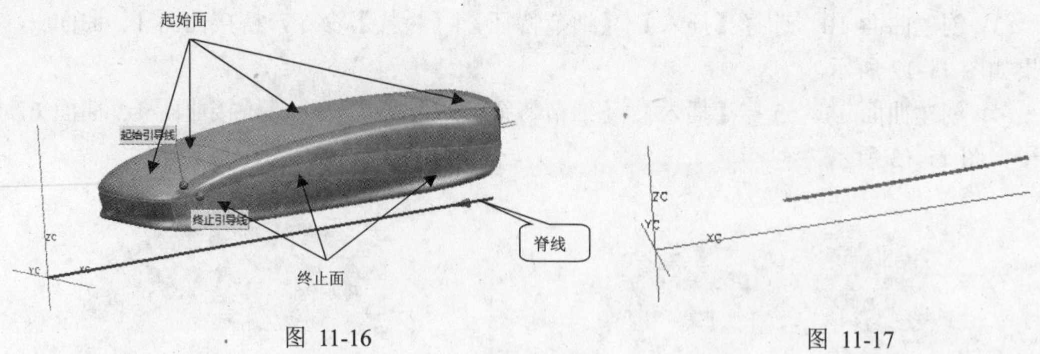

图 11-16　　　　图 11-17

(9) 创建曲面 16。显示曲面 3、曲面 4 和曲面 9。选择【插入】|【网格曲面】|【截面】命令，设置【类型】为【圆角-Rho】，选择如图 11-18 所示的【起始引导线】、【终止引导线】、【起始面】、【终止面】以及【脊线】，并在【截面控制】面板中设置【剖切方法】为【Rho】，【规律类型】为【恒定】，【值】为 0.45，在【设置】面板中设置【U 向阶次】为【二次曲线】，其余选项保持默认设置。

(10) 创建曲面 17。选择【插入】|【网格曲面】|【通过曲线组】命令，选择如图 11-19 所示的曲线，并在【连续性】面板中设置【第一截面】和【最后截面】均为【G1(相切)】，选择如图 11-19 所示的【第一截面】和【最后截面】。

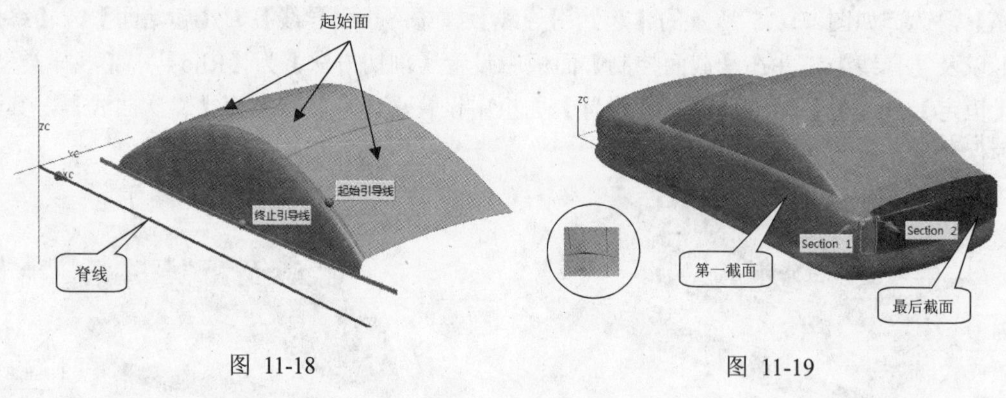

图 11-18　　　　图 11-19

由于曲面 17 未与其相邻曲面完全拼接，故要对其进行进一步的处理。

(11) 创建基准平面 1。选择【插入】|【基准/点】|【基准平面】命令，设置【类型】为【XC-YC 平面】，输入【距离】为 0，如图 11-20 所示，单击【确定】按钮。

(12) 创建基准平面 2。选择【插入】|【基准/点】|【基准平面】命令，设置【类型】为【按某一距离】，选择基准平面 1 为【平面参考】，输入【距离】为 1200，如图 11-21 所示，单击【确定】按钮。

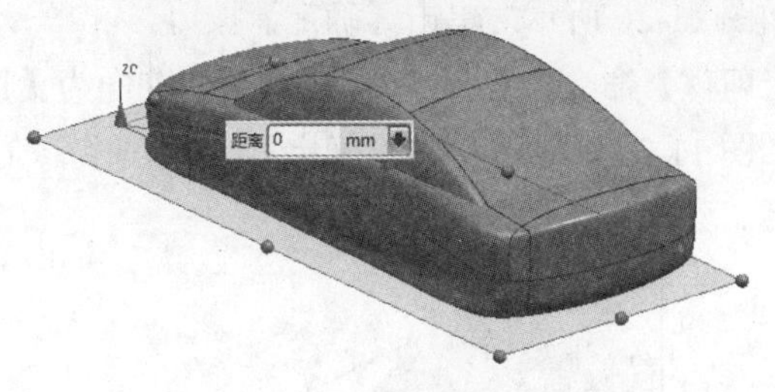

图 11-20

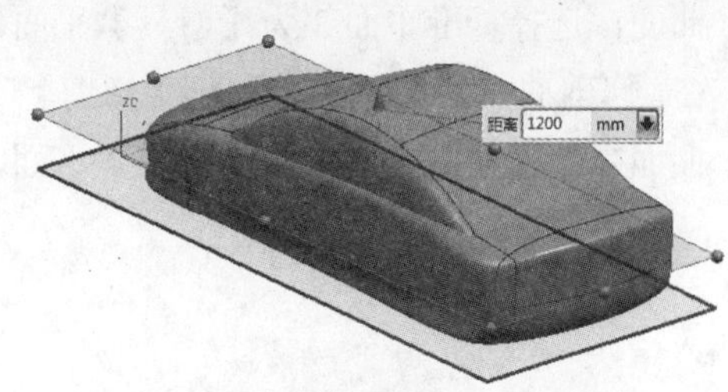

图 11-21

(13) 修剪曲面 17。选择【插入】|【修剪】|【修剪体】命令，选择曲面 17 为【目标】曲面，选择基准平面 2 为【刀具】平面，如图 11-22 所示，单击【确定】按钮。

(14) 创建曲面 18。隐藏两个基准平面。选择【插入】|【网格曲面】|【通过曲线网格】命令，选择如图 11-23 所示的【主曲线】和【交叉曲线】，并在【连续性】面板中设置【第一主线串】、【最后主线串】、【第一交叉线串】和【最后交叉线串】均为【G1(相切)】，依次选择与其相切的曲面，如图 11-23 所示，单击【确定】按钮。

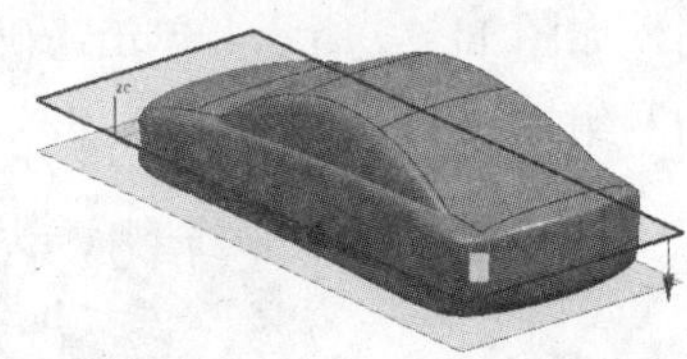
图 11-22

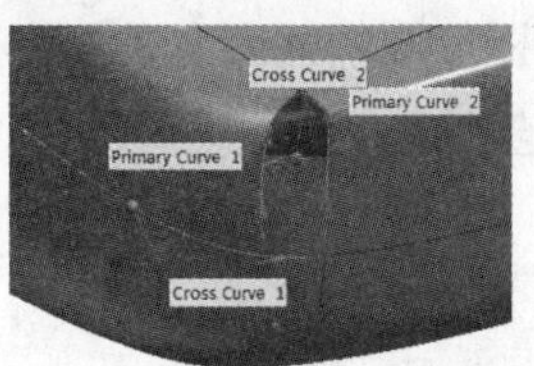

图 11-23

4. 小汽车整体设计

(1) 缝合曲面。选择【插入】|【组合体】|【缝合】命令，设置【类型】为【图纸页】，缝合如图 11-24 所示的 4 个曲面。

(2) 缝合曲面。选择【插入】|【组合体】|【缝合】命令，设置【类型】为【图纸页】，缝合除步骤(22)已缝合的曲面之外的所有曲面。

(3) 创建基准平面 3。选择【插入】|【基准/点】|【基准平面】命令，设置【类型】为【XC-ZC 平面】，输入【距离】为 0，如图 11-25 所示，单击【确定】按钮。

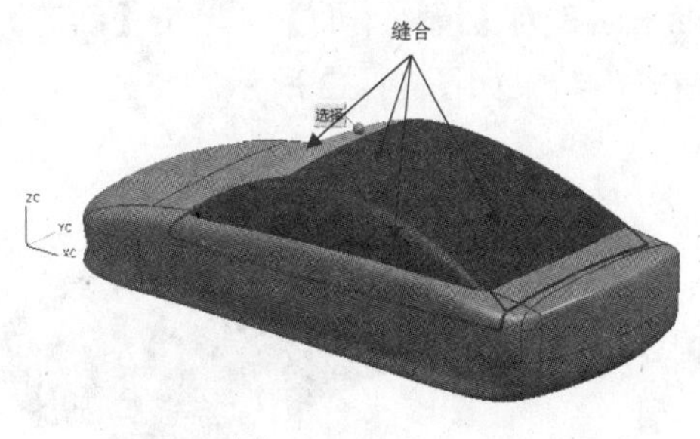

图 11-24

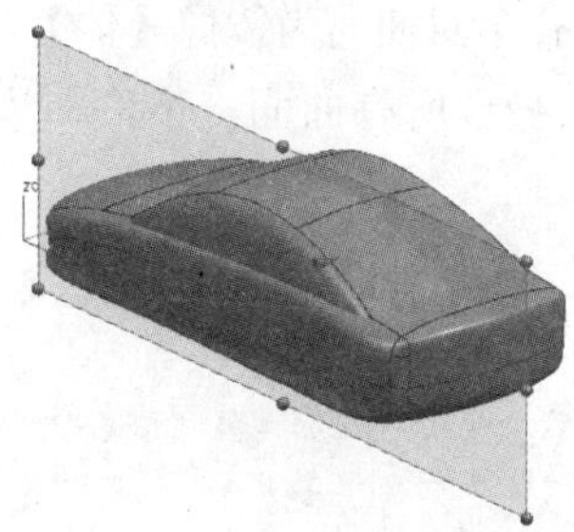
图 11-25

(4) 修剪曲面。选择【插入】|【修剪】|【修剪体】命令，选择步骤(22)缝合的曲面为【目

标】曲面，选择基准平面 3 为【刀具】平面，如图 11-26 所示，单击【确定】按钮。

(5) 修剪曲面。选择【插入】|【修剪】|【修剪体】命令，选择步骤(23)缝合的曲面为【目标】曲面，选择基准平面 3 为【刀具】平面，如图 11-27 所示，单击【确定】按钮。

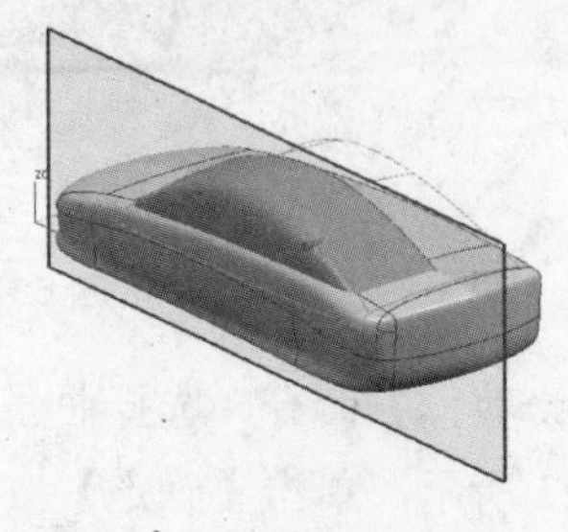

图 11-26

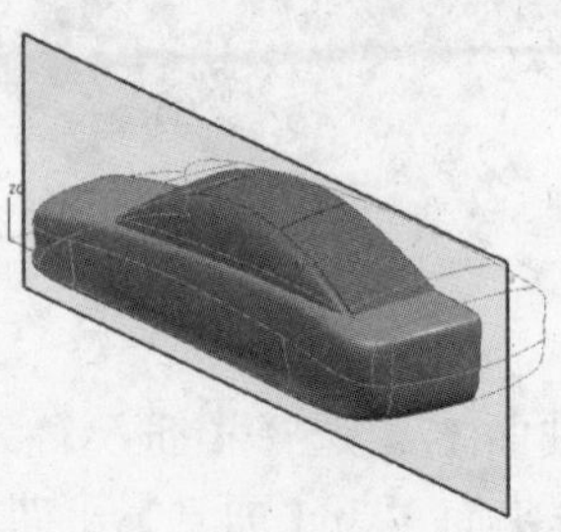

图 11-27

(6) 修剪曲面。选择【插入】|【修剪】|【修剪体】命令，选择步骤(22)缝合的曲面为【目标】曲面，框选剩余的所有曲面为【刀具】曲面，如图 11-28 所示，单击【确定】按钮。

(7) 修剪曲面。选择【插入】|【修剪】|【修剪体】命令，选择步骤(23)缝合的曲面为【目标】曲面，框选剩余的所有曲面为【刀具】曲面，如图 11-29 所示，单击【确定】按钮。

(8) 缝合所有曲面。显示如图 11-30 所示的两组曲线。

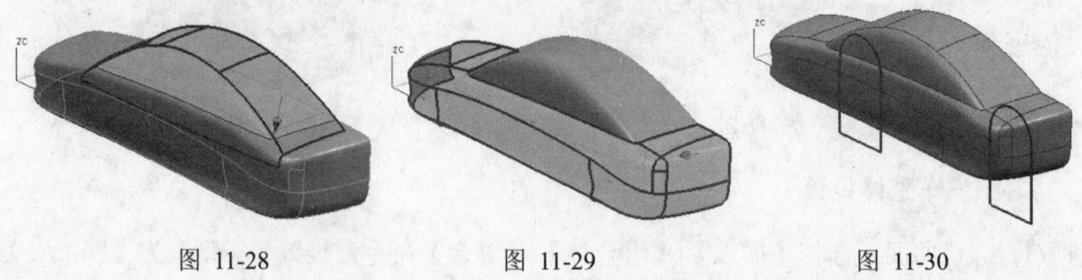

图 11-28　　图 11-29　　图 11-30

(9) 修剪曲面。选择【插入】|【修剪】|【修剪的片体】命令，选择步骤(29)缝合的曲面为【目标】曲面，选择两组曲线为【边界对象】曲面，设置【投影方向】为【沿矢量】，选择 Y 轴方向为【投影方向】，如图 11-31 所示，单击【确定】按钮。

(10) 镜像曲面。隐藏两组曲线，显示基准平面 3。选择【插入】|【关联复制】|【镜像体】命令，选择车身曲面为镜像【体】，选择基准平面 3 为【镜像平面】，单击【确定】按钮。

(11) 缝合所有曲面，小汽车模型创建完成，结果如图 11-32 所示。

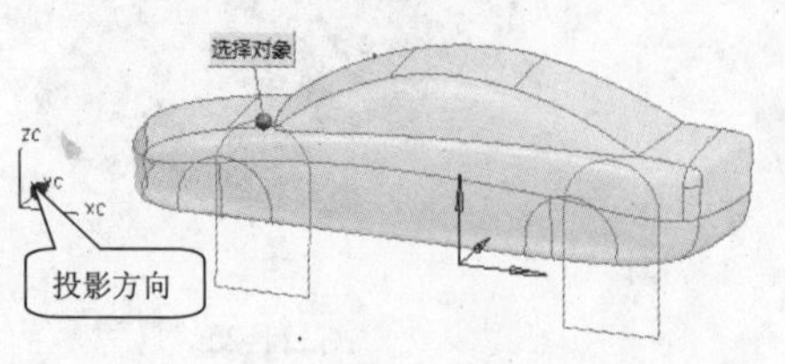

图 11-31

图 11-32

5. 总结

本练习制作的汽车壳体曲面结构较为复杂，但制作过程思路非常清晰。首先，利用【通过曲线组】命令构造出汽车壳体的主片体。然后，利用【桥接】、【截面体】、【直纹】、【通过曲线网格】等命令构造出汽车壳体的过渡片体。接着利用【修剪体】、【修剪的片体】、【缝合】等命令创建出壳体一侧曲面。最后通过【镜像体】和【缝合】命令镜像出另一侧曲面并将相应部分进行缝合处理。

11.2　实例二：面包设计

这个例子通过设计一个面包曲面来进一步描述曲面造型，面包曲面的工程图如图 11-33 所示。在随书光盘中也有相应的 DWG 文件。

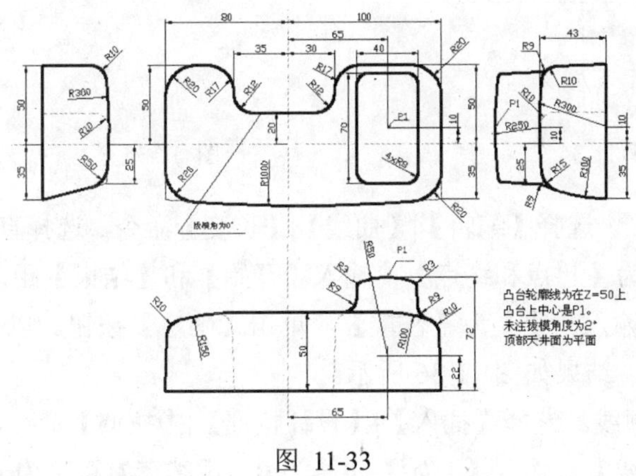

图 11-33

	多媒体文件：\video\ch11\11-2.avi
	操作结果文件：\part\ch11\finish\11-2.prt

1. 新建图形文件并设置首选项

启动 UG NX 6，新建【模型】文件“11-2.prt”，设置单位为【毫米】，单击【确定】按钮，进入【建模】模块。

2. 面包基体结构建模——侧面

(1) 创建参考线。将视图定向到 XC-YC 平面。选择【插入】|【曲线】|【基本曲线】命令，单击【直线】图标，取消选择【线串模式】并选择【无界】，【点方式】选择【点构造器】，系统弹出【点】对话框。选择【坐标】为【相对于 WCS】，输入起点坐标为(0，0，0)，终点坐标为(1，0，0)，即在绘图区创建一条与 *X* 轴重合的直线。以同样的方式

创建一条与 Y 轴重合的直线。

(2) 修改参考线线型。选择【编辑】|【对象显示】命令，系统弹出【类选择】对话框，选择刚才创建的两条直线，单击【确定】按钮。系统弹出【编辑对象显示】对话框，将【线型】改为【中心线】，单击【确定】按钮。结果如图 11-34 所示。

(3) 创建底面轮廓曲线 1。选择【插入】|【曲线】|【基本曲线】命令，单击【直线】图标，选择【线串模式】，【点方式】选择【点构造器】，系统弹出【点】对话框。选择【坐标】为【相对于 WCS】，依次输入如下坐标值(－80，－35，0)、(－80，50，0)、(－35，50，0)、(－35，20，0)、(30，20，0)、(30，50，0)、(100，50，0)、(100，-35，0)，输入每个坐标值后都要单击【确定】按钮，结果如图 11-35 所示。

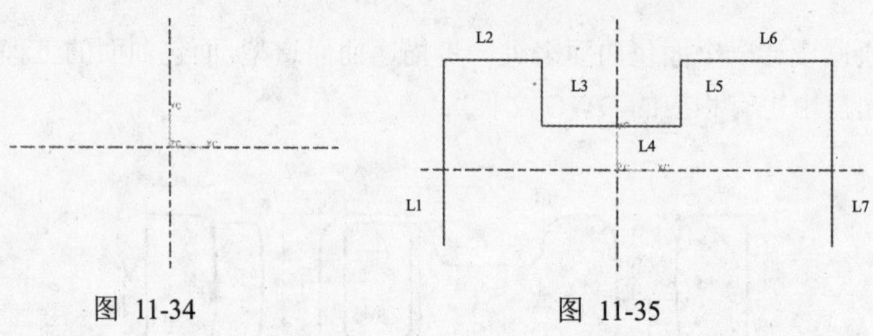

图 11-34　　图 11-35

(4) 修改直线长度。选择【编辑】|【曲线】|【长度】命令，选择直线 L4，设置【长度】为【增量】，【侧】为【起点和终点】，输入【开始】和【结束】距离均为 10，取消【关联】复选框，设置【输入曲线】为【替换】，单击【确定】按钮。以类似的方式延长直线 L3 和 L5 单侧的长度，结果如图 11-36 所示。

(5) 拉伸底面轮廓线。选择【插入】|【设计特征】|【拉伸】命令，选择如图 11-37 所示的曲线为【截面曲线】，输入【开始】距离为 0，【结束】距离为 60，【拔模】为【从起始限制】，【角度】为-2，其余选项保持默认设置，单击【确定】按钮。

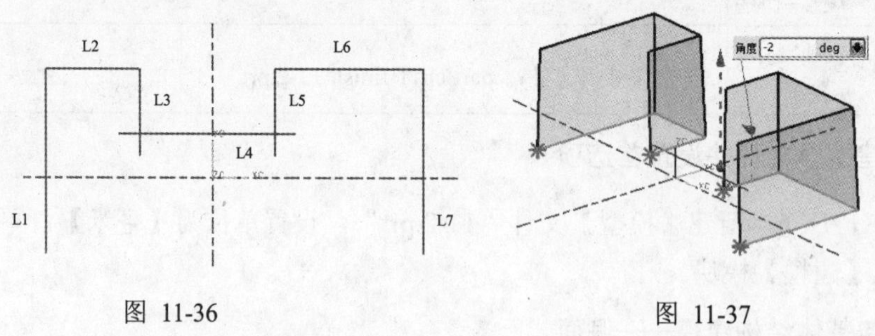

图 11-36　　图 11-37

(6) 拉伸底面轮廓线。选择【插入】|【设计特征】|【拉伸】命令，选择如图 11-38 所示的曲线为【截面曲线】，输入【开始】距离为 0，【结束】距离为 60，【拔模】为【无】，其余选项保持默认设置，单击【确定】按钮。

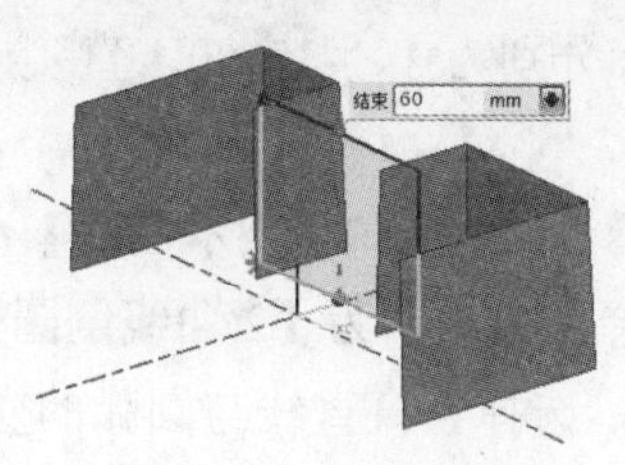

图 11-38

(7) 调整工作坐标系。选择【格式】|WCS|【原点】命令，系统弹出【点】对话框，选择【相对于 WCS】复选框，输入坐标(100，10，43)，单击【确定】按钮。选择【格式】|WCS|【动态】命令，选择 XC-ZC 平面上的旋转球，按住左键旋转 90°，单击中键确认，最终结果如图 11-39 所示。

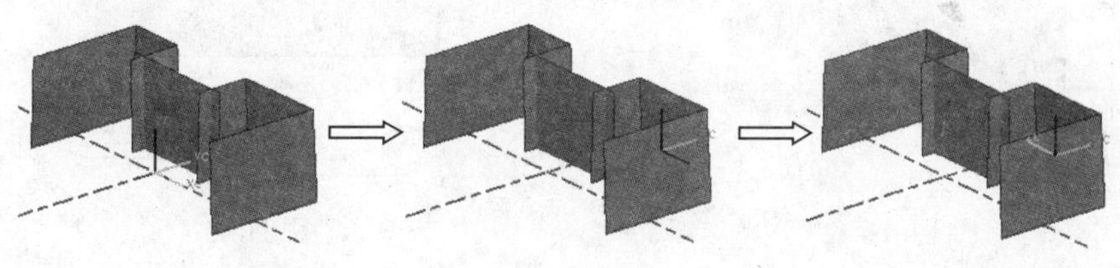

图 11-39

(8) 创建圆弧。选择【插入】|【曲线】|【基本曲线】命令，单击【圆弧】图标，选择【创建方法】为【中心，起点，终点】。在【跟踪条】中输入 XC、YC、ZC 坐标分别为 -300、0、0，直接按 Enter 键确定，即完成圆弧中心的创建。移动鼠标在合适的位置单击一点作为圆弧的起点，在另一位置单击创建圆弧的终点，结果如图 11-40 所示。

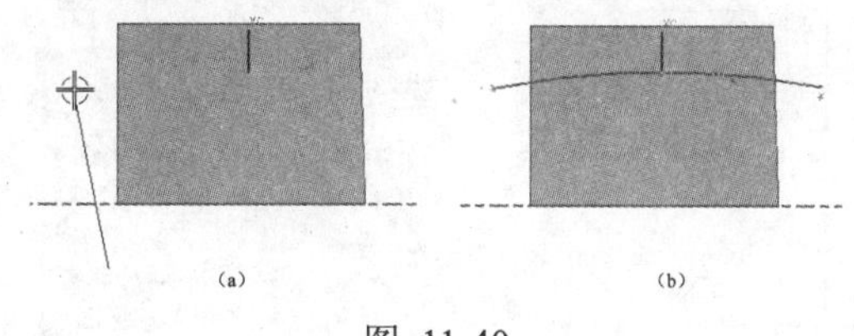

图 11-40

(9) 修改圆弧半径。单击【基本曲线】对话框上的【编辑曲线参数】图标，选择创建的圆弧，在【跟踪条】中输入半径为 300，如图 11-41 所示，直接按 Enter 键确定。

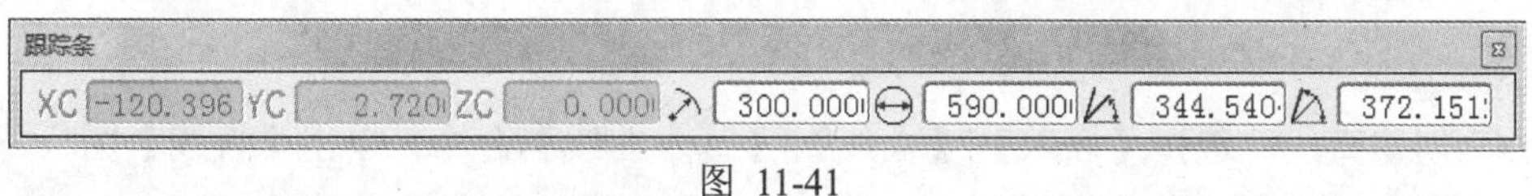

图 11-41

(10) 绘制直线。创建参考线。将视图定向到 XC-YC 平面。选择【插入】|【曲线】|【基本曲线】命令，单击【直线】图标，取消选择【线串模式】并选择【无界】复选框，在【跟踪条】中输入 XC、YC、ZC 坐标分别为 0、-35、0，直接按 Enter 键确定，再次在【跟

踪条】中输入 XC、YC、ZC 坐标分别为 1、-35、0，直接按 Enter 键确定，即完成无界直线的创建，如图 11-42 所示。

(11) 创建圆角。选择【插入】|【曲线】|【基本曲线】命令，单击【圆角】图标，系统弹出【曲线倒圆】对话框。选择【方法】为【2 曲线倒圆】，输入【半径】为 100，选择水平直线的端点作为第一个对象，选择竖直直线与圆弧的交点为【第二个对象】，并指定圆心的大致位置，结果如图 11-43 所示。

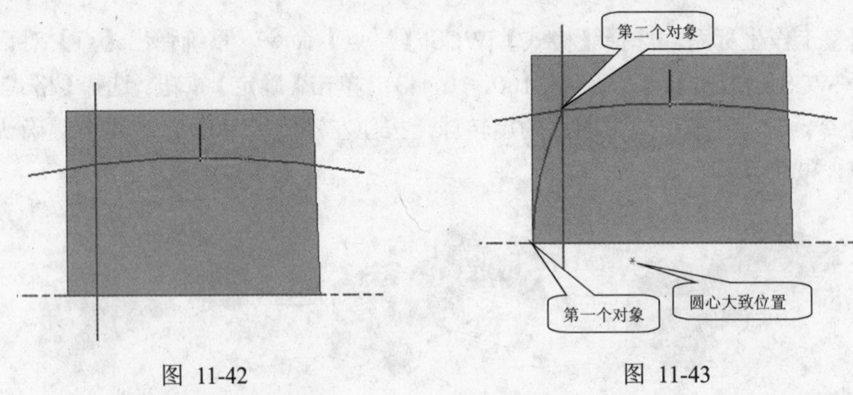

图 11-42　　图 11-43

(12) 延长圆角长度。选择【编辑】|【曲线】|【长度】命令，选择步骤(11)创建的圆角，设置如图 11-44 所示的各参数，单击【确定】按钮。删除竖直直线。

(13) 移动曲线。选择【编辑】|【移动对象】命令，选择如图 11-45 所示的两条曲线，设置如图 11-45 所示的各参数，单击【确定】按钮。

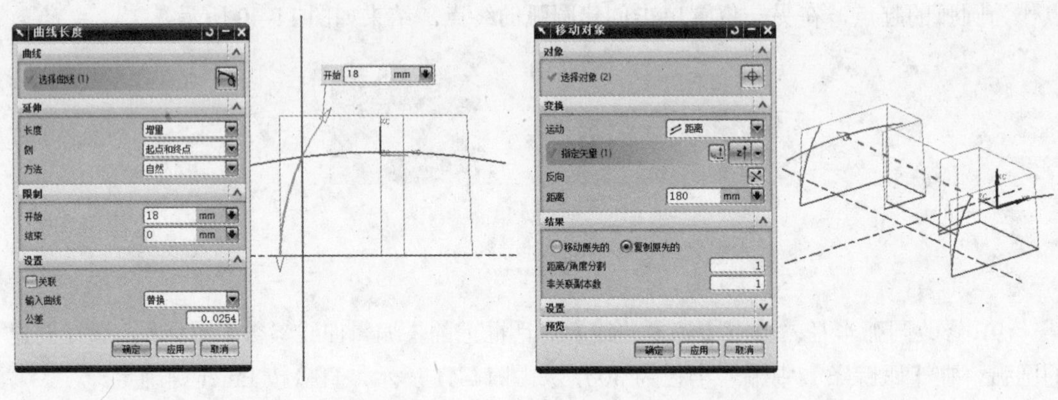

图 11-44　　图 11-45

(14) 创建直线。选择【插入】|【曲线】|【基本曲线】命令，单击【直线】图标，取消选择【无界】复选框。在点 1、点 2 处创建一条直线，并将其一端延长 18，如图 11-46 所示。删除圆弧。

(15) 调整工作坐标系。选择【格式】|WCS|【定向】命令，设置【类型】为【绝对 CSYS】，单击【确定】按钮。

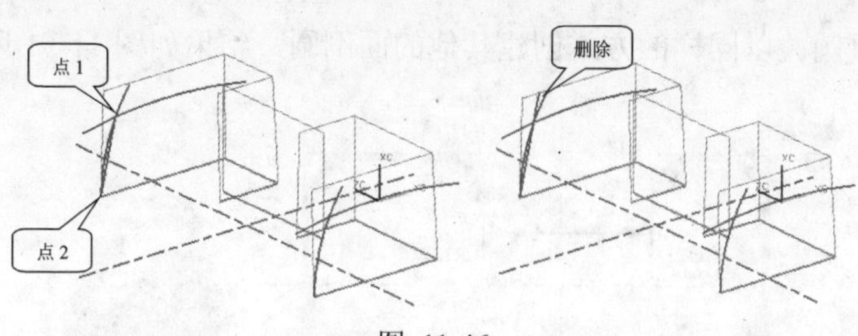

图 11-46

(16) 创建圆角。选择【插入】|【曲线】|【基本曲线】命令，单击【圆角】图标，系统弹出【曲线倒圆】对话框。选择【方法】为【2 曲线倒圆】，输入【半径】为 1000，选择点 1 作为【第一个对象】，选择点 2 作为【第二个对象】，并指定圆心的大致位置，单击【确定】按钮，结果如图 11-47 所示。

(17) 创建扫掠面。选择【插入】|【扫掠】|【扫掠】命令，选择如图 11-48 所示的截面线和引导线，单击【确定】按钮。

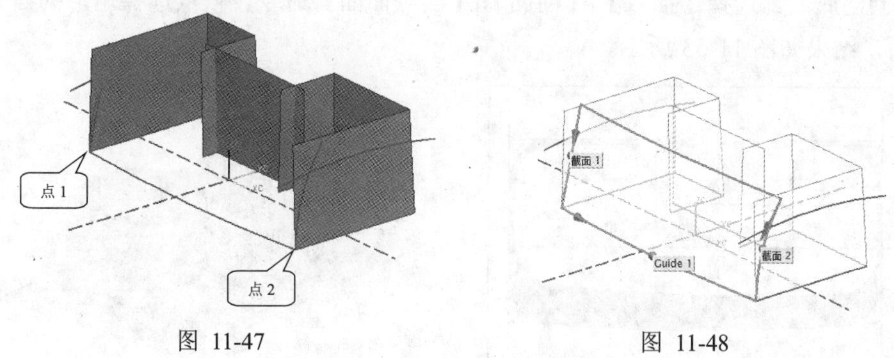

图 11-47　　　　图 11-48

(18) 创建脊线。选择【插入】|【曲线】|【基本曲线】命令，单击【直线】图标，取消选择【线串模式】并选择【无界】，在跟踪条输入起点坐标为(0，0，0)，终点坐标为(0，0，1)，即在绘图区创建一条与 Z 轴重合的直线，如图 11-49 所示。

(19) 创建面倒圆。选择【插入】|【细节特征】|【面倒圆】命令，选择如图 11-50 所示的【面链 1】和【面链 2】，设置【半径方法】为【规律控制的】，【规律类型】为【恒定】，半径【值】为 20，选择脊线，单击【确定】按钮。

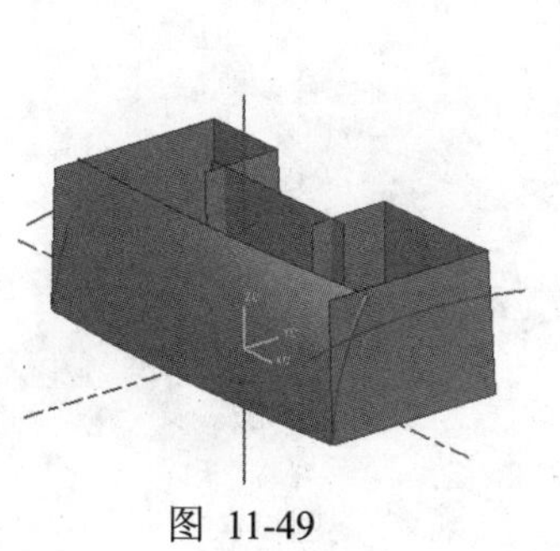

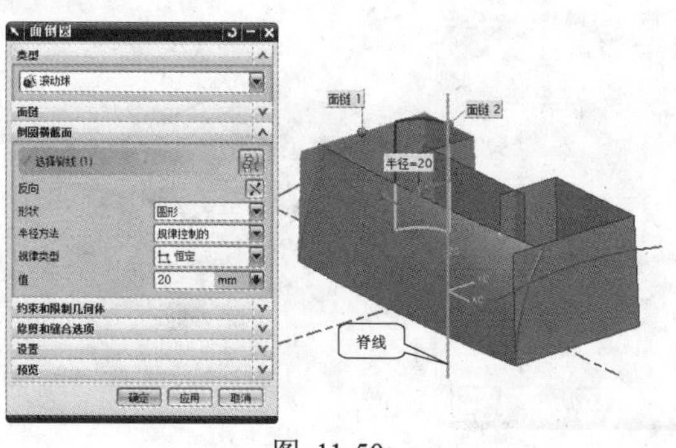

图 11-49　　　　图 11-50

(20) 创建面倒圆。以同样的方式创建其他的面倒圆，结果如图 11-51 所示。

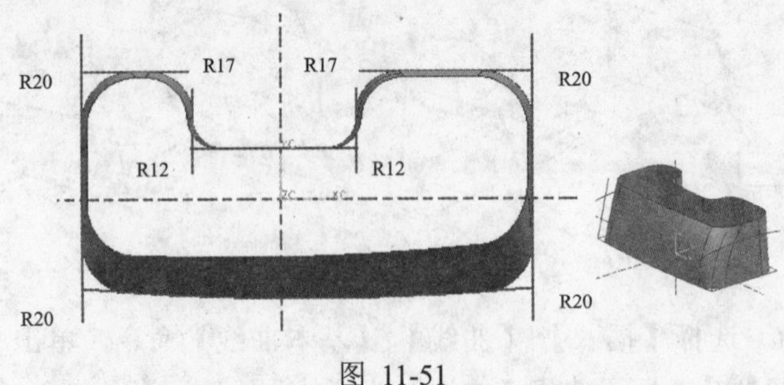

图 11-51

3．面包基体结构建模——上下面

(1) 绘制矩形。调整视图方位至【俯视图】状态。选择【插入】|【曲线】|【矩形】命令，绘制如图 11-52 所示的矩形轮廓(矩形轮廓只要包住所有曲面即可)。

(2) 创建底面。选择【插入】|【曲面】|【四点曲面】命令，依次选择矩形的四个顶点创建曲面，结果如图 11-53 所示。

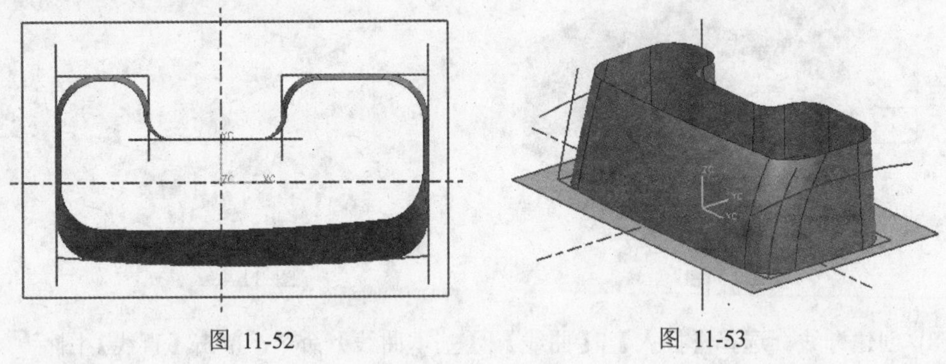

图 11-52　　图 11-53

(3) 创建顶面。选择【编辑】|【移动对象】命令，选择步骤(22)创建的底面，设置如图 11-54 所示的各参数，单击【确定】按钮。

(4) 修剪侧面。选择【插入】|【修剪】|【修剪体】命令，选择侧面为【目标】，选择顶面为【刀具】，如图 11-55 所示。

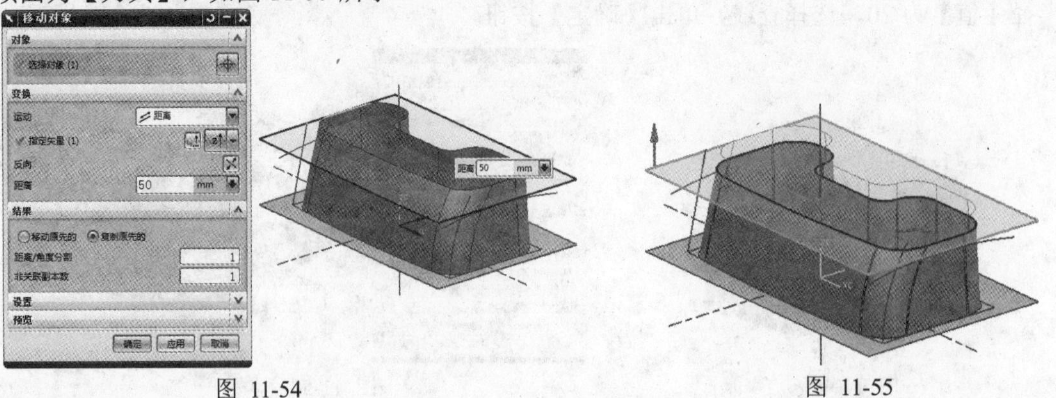

图 11-54　　图 11-55

(5) 修剪底面。选择【插入】|【修剪】|【修剪体】命令，选择底面为【目标】，选择侧面为【刀具】，如图 11-56 所示。

(6) 创建圆角曲面。选择【插入】|【网格曲面】|【截面】命令，设置【类型】为【圆相切】，选择如图 11-57 所示的【起始引导线】，选择顶面为【起始面】并选择【脊线】，其余参数设置如图 11-57 所示。

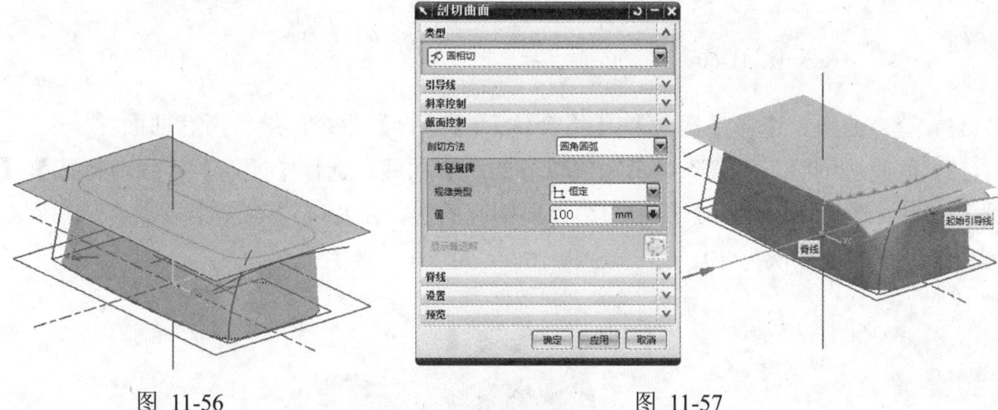

图 11-56　　　　图 11-57

(7) 创建圆角曲面。选择【插入】|【网格曲面】|【截面】命令，设置【类型】为【圆相切】，选择如图 11-58 所示的【起始引导线】，选择顶面为【起始面】并选择【脊线】，其余参数设置如图 11-58 所示。

(8) 修剪顶面。选择【插入】|【修剪】|【修剪的片体】命令，选择顶面为目标，选择如图 11-59 所示的边缘为边界对象，结果如图 11-59 所示。

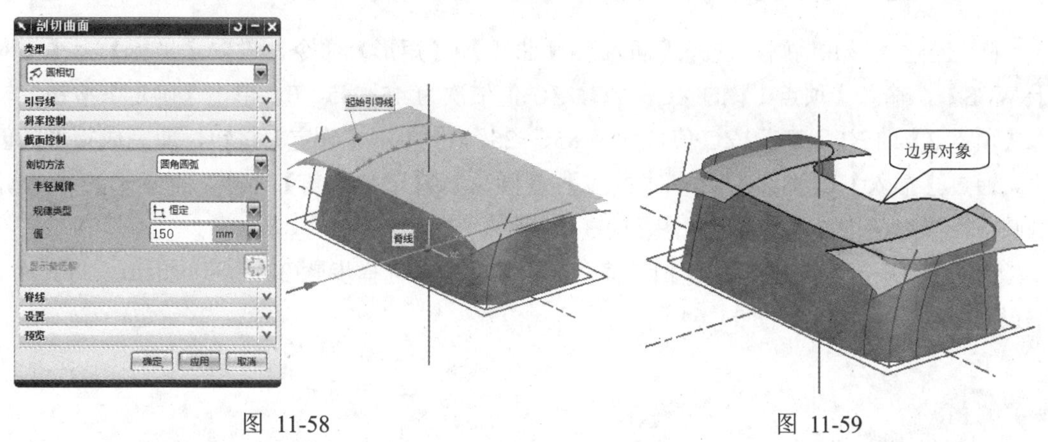

图 11-58　　　　图 11-59

(9) 修剪侧面。选择【插入】|【修剪】|【修剪体】命令，选择侧面为【目标】，选择圆角面为【刀具】，如图 11-60 所示。以另一侧的圆角面为【刀具】以同样的方式修剪侧面。

(10) 修剪圆角面。选择【插入】|【修剪】|【修剪体】命令，选择 2 个圆角面为【目标】，选择侧面的为【刀具】，结果如图 11-61 所示。

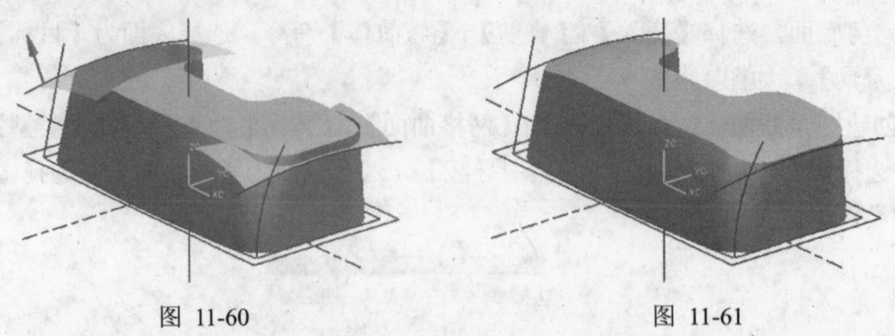

图 11-60　　　　图 11-61

(11) 缝合曲面。选择【插入】|【组合体】|【缝合】命令，缝合所有曲面。

(12) 创建边倒圆。隐藏除参考曲线以外的所有曲线。选择【插入】|【细节特征】|【边倒圆】命令，选择如图 11-62 所示的边为要倒圆的边，添加 4 个可变半径点，从左到右每个可变半径点的值依次为 10、15、15 和 10。

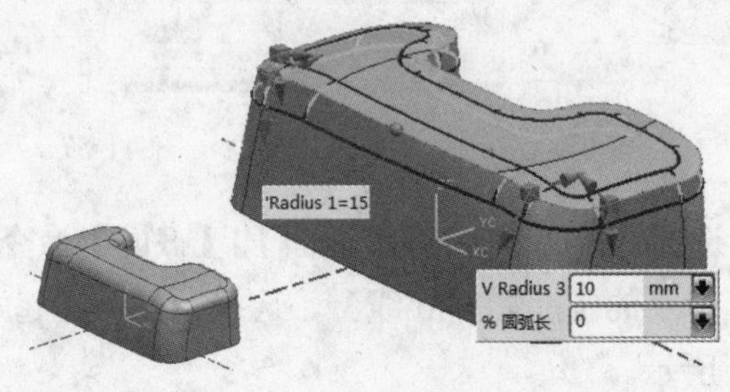

图 11-62

4．面包基体结构建模——凸台

(1) 创建矩形并倒圆。选择【插入】|【曲线】|【矩形】命令，设置【坐标】为【相对于 WCS】，输入【顶点 1】的 XC、YC、ZC 值依次为 45、45、0，单击【确定】按钮。输入【顶点 2】的 XC、YC、ZC 值依次为 85、-25、0，单击【确定】按钮，即完成矩形的创建。通过【插入】|【曲线】|【基本曲线】|【圆角】|【简单圆角】命令，对矩形的 4 个角倒圆角，半径值均为 8。结果如图 11-63 所示。

(2) 移动矩形。选择【编辑】|【移动对象】命令，选择步骤(33)创建的矩形，将其沿 Z 轴正向移动 50，结果如图 11-64 所示。

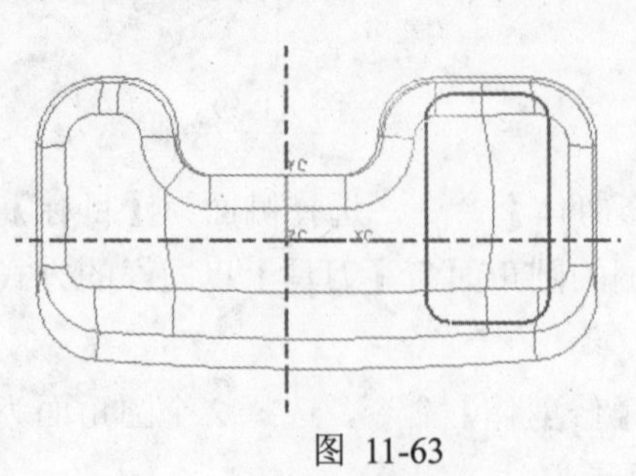

图 11-63

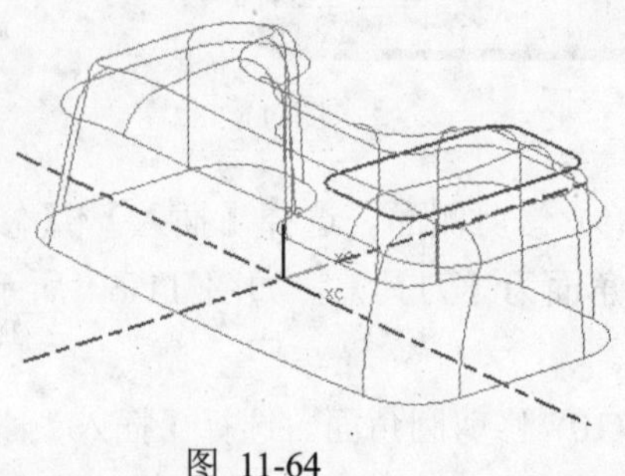

图 11-64

(3) 创建拉伸体。选择【插入】|【设计特征】|【拉伸】命令，对上一步的曲线轮廓进行拉伸，参数设置如图 11-65 所示。

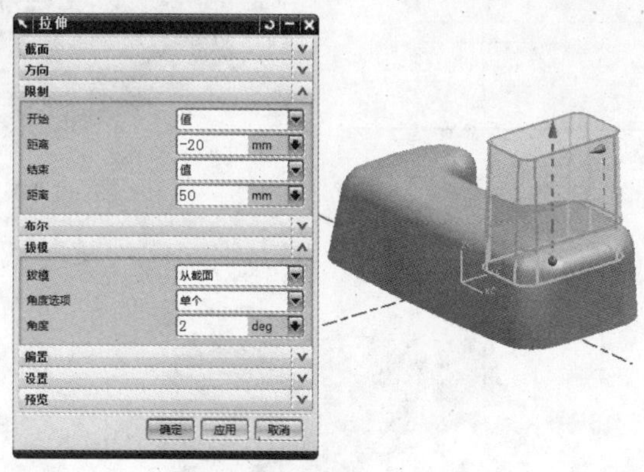

图 11-65

(4) 调整工作坐标系。选择【格式】|WCS|【原点】命令，系统弹出【点】对话框，选择【相对于 WCS】复选框，输入坐标(65，10，72)，单击【确定】按钮。选择【格式】|WCS|【动态】命令，选择 XC-ZC 平面上的旋转球，按住左键旋转 90°，单击中键确认，最终结果如图 11-66 所示。

(5) 创建圆弧。定向到【右视图】，以(-250，0，0)为圆心，创建一段半径为 250 的圆弧，如图 11-67 所示。

(6) 调整工作坐标系。选择【格式】|WCS|【动态】命令，选择 YC-ZC 平面上的旋转球，按住左键旋转 90°，单击中键确认，最终结果如图 11-68 所示。

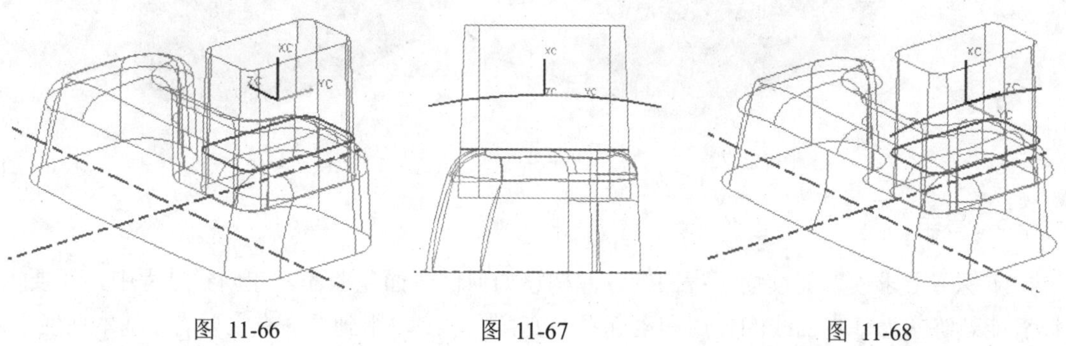

图 11-66　　图 11-67　　图 11-68

(7) 创建圆弧。定向到【前视图】，以(-50，0，0)为圆心，创建一段半径为 50 的圆弧，结果如图 11-69 所示。

(8) 选择【插入】|【扫掠】|【扫掠】命令，选择如图 11-70 所示的截面线和引导线，单击【确定】按钮。

(9) 修剪凸台。选择【插入】|【修剪】|【修剪体】命令，选择凸台为【目标】，选择扫掠面为【刀具】，单击【确定】按钮，结果如图 11-71 所示。

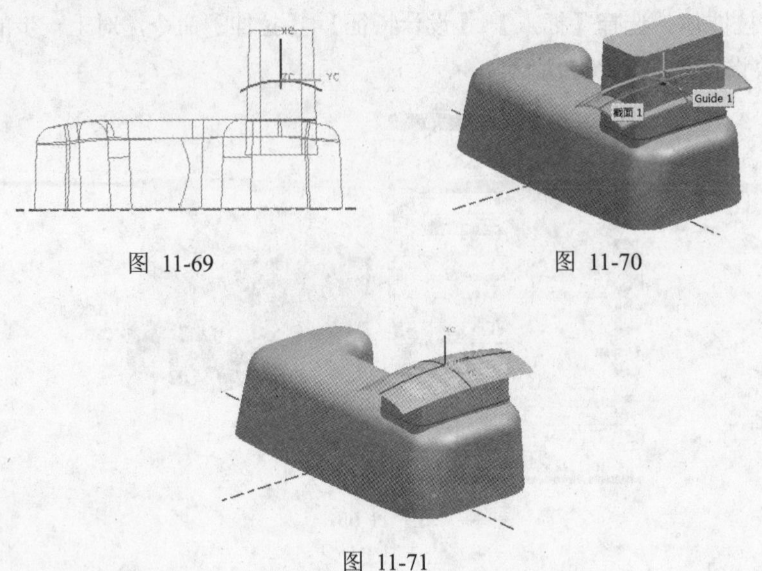

图 11-69　　图 11-70

图 11-71

5．面包整体——合并

(1) 布尔求和。隐藏所有曲线以及扫掠面。选择【插入】|【组合体】|【求和】命令，将凸台和面包曲面基体求和，结果如图 11-72 所示。

(2) 边倒圆。选择【插入】|【细节特征】|【边倒圆】命令，对基体与凸台进行边倒圆，两者相交部分半径为 9，凸台顶面边界半径为 3，结果如图 11-73 所示。

图 11-72　　图 11-73

6．总结

本练习要求读者能读懂工程图纸，并构思如何创建面包曲面。在创建过程中，还要求读者能熟练掌握基本曲线的使用和坐标系的变换。本练习用到的命令主要有【基本曲线】、【移动对象】、【拉伸】、【扫掠】、【截面体】、【四点曲面】、【修剪体】、【修剪的片体】和【边倒圆】等。

11.3　本章小结

本章通过实例讲述了小汽车模型与面包曲面的造型过程。在实际造型中，关键是要思路清晰。建模之前要分析模型的结构、构思造型的方法和主要过程。思路清晰会为后面的造型带来很大的方便，并使造型效率明显提高。曲面造型相对实体造型更复杂，而且相对来说比较抽象，需要反复练习才能达到举一反三的效果。

11.4　思考与练习题

11.4.1　思考题

1. 曲面建模的一般过程是怎样的？
2. 创建曲面时需要注意哪些问题？

11.4.2　操作题

1. 打开光盘文件“\part\ch1\lianxi11-1.prt”，通过【直纹】、【通过曲线组】、【镜像体】以及【加厚】等命令创建如图 11-74 所示的花瓶。

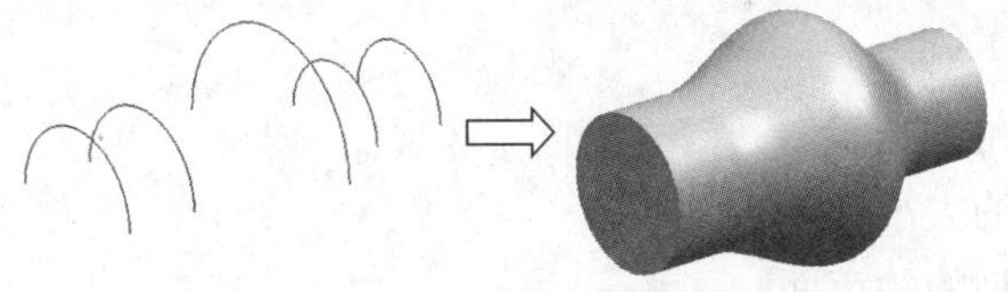

图 11-74

	操作结果文件：\part\ch11\finish\lianxi11-1.prt

2. 打开光盘文件“\part\ch1\lianxi11-2.prt”，通过【扫掠】、【通过曲线网格】、【有界平面】、【缝合】等命令创建如图 11-75 所示的曲面。

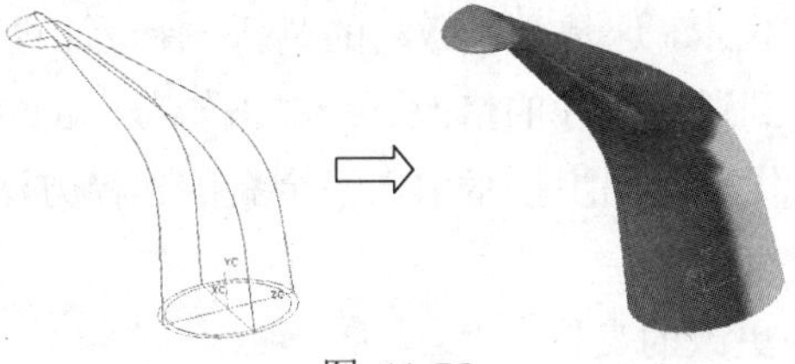

图 11-75

	操作结果文件：\part\ch11\finish\lianxi11-2.prt

第12章 同 步 建 模

本章重点内容

本章将介绍同步建模的应用，主要内容有移动面、偏置区域、替换面、图样面、删除面、调整圆角大小、调整面的大小和约束面。

本章学习目标

- ☑ 掌握同步建模的用途
- ☑ 掌握移动面、偏置区域
- ☑ 掌握替换面
- ☑ 掌握各种类型的图样面
- ☑ 掌握删除面
- ☑ 掌握调整圆角大小
- ☑ 掌握调整面的大小
- ☑ 掌握各种类型的约束面

12.1 同步建模概述

为了满足设计更改的需要，UG NX 6 将【直接建模】改为【同步建模】，其可靠且易于使用的核心技术以及新的综合能力得以显著增强。

UG NX 6 新增了同步技术，这是令人激动的革新，使设计更改具有前所未有的自由度。从查找和保持几何关系，到通过尺寸的修改、通过编辑截面的修改以及不依赖线性历史记录的同步特征行为的明显优点，同步技术引入了全新的建模方法。

其核心技术增强功能有：

(1)极大地改进对拓扑更改的支持。

(2)增加了对删除情形的支持。

(3)倒圆面溢出其他倒圆面的情形下增加了对拓扑更改的支持。

12.1.1 同步建模的作用与特点

【同步建模】命令用于修改模型，而不考虑模型的原点、关联性或特征历史记录。模型可能是从其他 CAD 系统导入的、非关联的以及无特征的，或者可能是具有特征的原生 NX 模型。使用【同步建模】命令可在不考虑模型如何创建的情况下轻松修改该模型。

【同步建模】主要适用于由解析面(如平面、圆柱、圆锥、球、圆环)组成的模型。这未必指“简单”的部件，因为具有成千上万个面的模型也可能是由这些类型的面组成的。

12.1.2 建模模式

在使用【建模】模块时，可以使用【历史记录模式】或【无历史记录模式】两种模式之一。

【历史记录模式】：在该模式下，使用【部件导航器】中显示的有序特征序列来创建和编辑模型，这是在 NX 中进行设计的主模式。

【无历史记录模式】：在该模式下，可以根据模型的当前状态创建和编辑模型，而无须有序的特征序列，但只能创建不依赖于有序结构的局部特征。在该模式下，与【历史记录模式】不同，并非所有命令创建的特征都在【部件导航器】中显示。

局部特征是在【无历史记录模式】模式下创建和保存的特征。局部特征仅修改局部几何体，而不需要更新和重播全局特征树，其编辑速度比在【历史记录模式】下快好几倍。

可以通过下列方法切换建模模式：

(1) 选择【插入】|【同步建模】|【历史记录模式】或【无历史记录模式】命令。

(2) 选择【首选项】|【建模】|【建模首选项】|【编辑】|【建模模式】|【历史记录模式】或【无历史记录模式】命令。

(3) 在【部件导航器】中右击【历史记录模式】节点，在弹出的快捷菜单中选择【历史记录模式】或【无历史记录模式】命令。

由于切换建模模式后模型会被去参数化，所以建议读者尽量不要随意切换，并且推荐使用【历史记录模式】。

12.2 同步建模功能

利用同步建模功能可以实现很多操作，如图 12-1 所示为【同步建模】工具条。

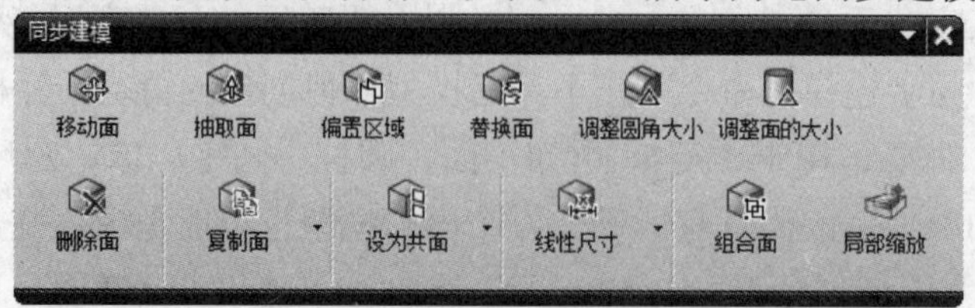

图 12-1

本章将要讲述的主要命令有【移动面】、【偏置区域】、【替换面】、【图样面】、【删除面】、【调整圆角大小】、【调整面的大小】和【约束面】等。

有两种选择【同步建模】命令的方法：选择【插入】|【同步建模】中的相应命令；直接单击【同步建模】工具条上的命令。

12.2.1 移动面

【移动面】：通过此命令可以局部移动实体上的一组表面，甚至是实体上所有表面，并且可以自动识别和重新生成倒圆面，常用于样机模型的快速调整。

如图 12-2 所示为【移动面】对话框，该对话框中各选项意义如下所述。

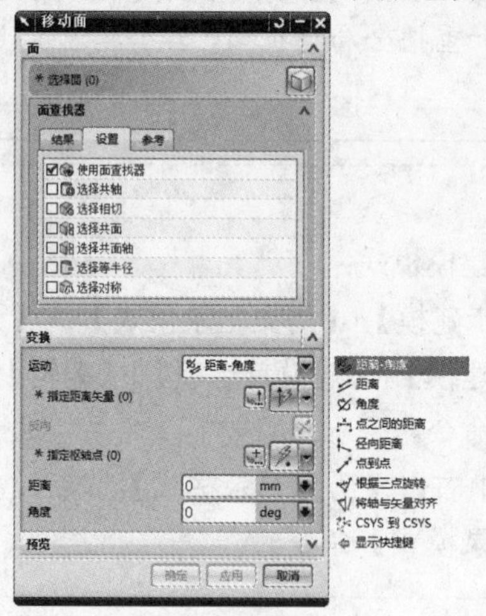

图 12-2

【选择面】：选择要移动的一个或多个面。

【面查找器】：根据面的几何形状与选定面的比较结果来选择面，可以在【设置】与【参考】选项卡中进行查找设置。

- 【结果】：列出建议的面。

- 【设置】：列出可以用来选择相关面的几何条件。
- 【参考】：列出可以参考的坐标系。

【运动】：为选定要移动的面提供线性和角度变换方法。

- 【距离-角度】：定义变换，该变换可以是单一线性变换、单一角度变换或者两者的组合。
- 【距离】：沿矢量的距离定义变换。
- 【角度】：以绕轴的旋转角度来定义变换。
- 【点之间的距离】：用原点和测量点之间沿轴的距离定义变换。
- 【径向距离】：通过在测量点和轴之间的距离(垂直于轴而测量)来定义变换。
- 【点到点】：定义两点之间(从一个点到另一个点)的变换。
- 【根据三点旋转】：通过绕轴的旋转定义变换，其中角度在三点之间测量。
- 【将轴与矢量对齐】：通过绕枢轴点旋转轴来定义变换，从而使轴与参考矢量平行。
- 【CSYS 到 CSYS】：定义两个坐标系之间的变换。

【例 12-1】移动面

	多媒体文件：\video\ch12\12-1.avi
	源文件：\part\ch12\12-1.prt
	操作结果文件：\part\ch12\finish\12-1.prt

(1) 打开文件“\part\ch12\12-1.prt”。

(2) 选择【插入】|【同步建模】|【移动面】命令，系统弹出【移动面】对话框。

(3) 选择要移动的一个面，如图 12-3 所示。

(4) 在【面查找器】的【结果】选项卡中，选择【相切】，系统自动选择相切的面，如图 12-4 所示。

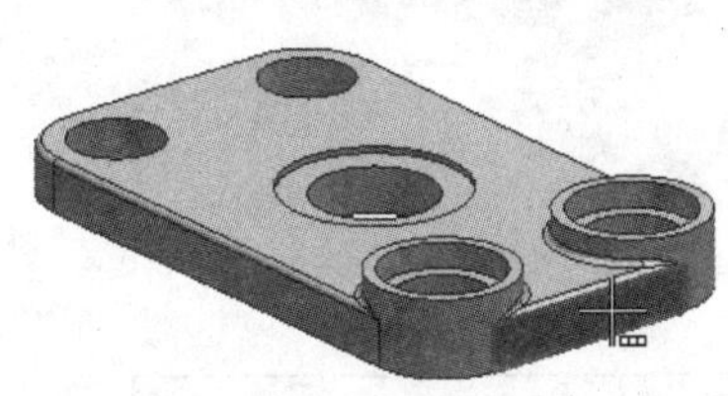
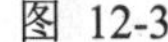

图 12-3

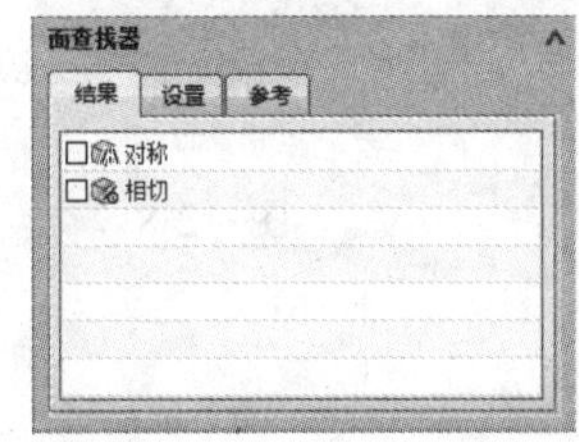

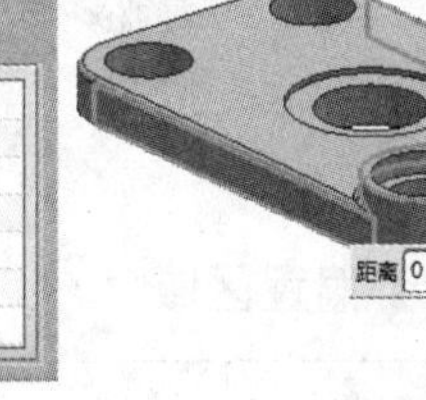

图 12-4

(5) 在【面查找器】的【结果】选项卡中，选择【共轴】，系统自动选择共轴的面，如图 12-5 所示。

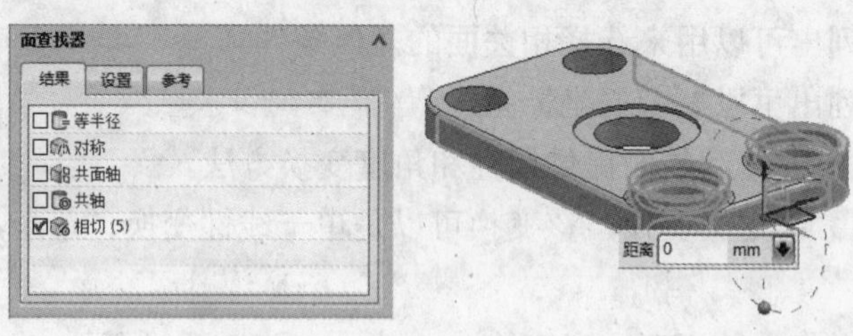

图 12-5

(6) 设置【运动】方法为【距离】，选择图 12-6 所示的方向，并输入距离值为 15。

(7) 单击【确定】按钮，结果如图 12-7 所示。

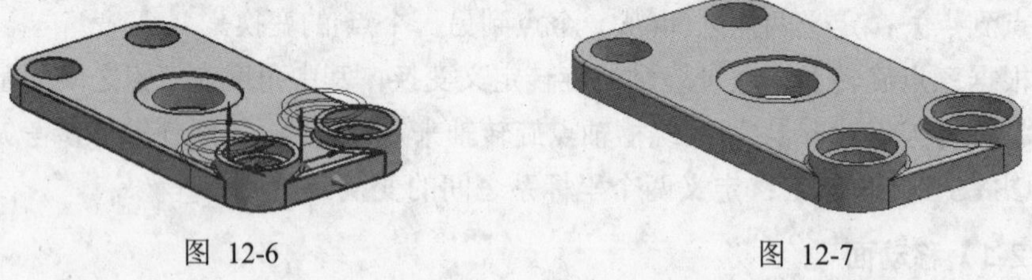

图 12-6　　　　图 12-7

12.2.2 偏置区域

【偏置区域】：通过此命令可以在单个步骤中偏置一组面或一个整体，并且可以重新创建圆角。【偏置区域】是一种不考虑模型的特征历史记录而修改模型的快速而直接的办法。

【偏置区域】在很多情况下和【特征操作】工具条中的【偏置面】效果相同，但碰到圆角时会有所不同，如图 12-8 所示。

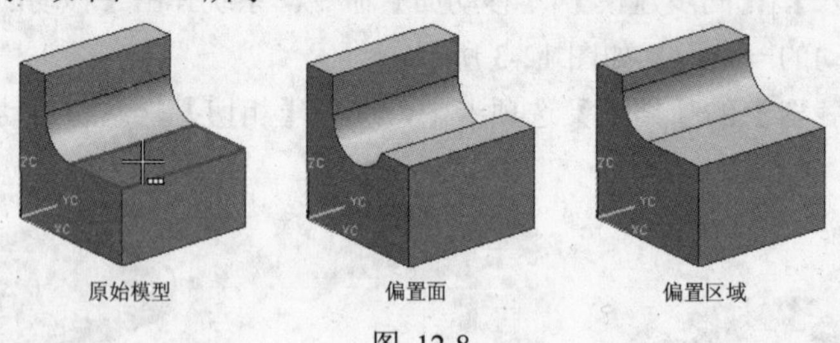

图 12-8

【例 12-2】偏置区域

	多媒体文件：\video\ch12\12-2.avi
	源文件：\part\ch12\12-2.prt
	操作结果文件：\part\ch12\finish\12-2.prt

(1) 打开文件“\part\ch12\12-2.prt”。

(2) 选择【插入】|【同步建模】|【偏置区域】命令，系统弹出【偏置区域】对话框。

(3) 选择如图 12-9 所示三个面，并输入偏置距离为 2。

(4) 单击【确定】按钮，结果如图 12-10 所示。

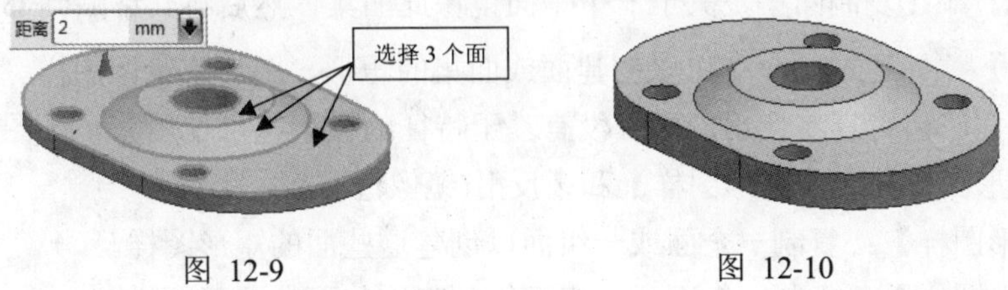

图 12-9　　　　图 12-10

12.2.3　替换面

【替换面】：通过此命令可以用一表面来替换一组表面，并能重新生成光滑邻接的表面。使用此命令可以方便地使两平面一致，还可以用一个简单的面来替换一组复杂的面。

【例 12-3】替换面

	多媒体文件：\video\ch12\12-3.avi
	源文件：\part\ch12\12-3.prt
	操作结果文件：\part\ch12\finish\12-3.prt

(1) 打开文件“\part\ch12\12-3.prt”。

(2) 选择【插入】|【同步建模】|【替换面】命令，系统弹出【替换面】对话框。

(3) 选择如图 12-11 所示的面。

(4) 单击【确定】按钮，结果如图 12-12 所示。

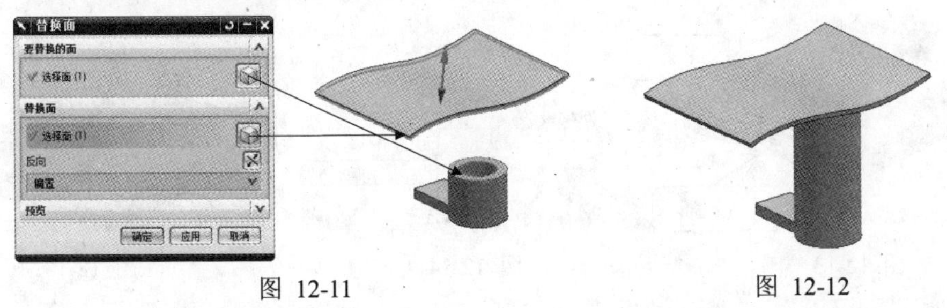

图 12-11　　　　图 12-12

12.2.4　重用面

【重用面】：重新使用部件中的面，并且视情况更改其功能。

【重用面】包括【剪切面】、【复制面】、【粘贴面】、【镜像面】和【阵列(图样)面】。

【剪切面】：复制面集，从体中删除该面，并且修复留在模型中的开放区域。

【复制面】：从体复制面集，保持原面不动。

【粘贴面】：将复制或剪切的面集粘贴到目标体中。

【镜像面】：复制面集，关于一个平面镜像此面集，然后将其粘贴到部件中。

【图样面】：通过此命令可以创建面或面集的矩形、圆形或镜像图样。它与【实例特征】功能相似，但更容易使用，而且没有基于特征的模型也可使用它。【图样面】有三种类型：【矩形图样】、【圆形图样】和【反射(镜像)】。

- 【矩形图样】：复制一个面或一组面以创建这些面的矩形图样。
- 【圆形图样】：复制一个面或一组面以创建这些面的圆形图样。
- 【反射(镜像)】：复制一个面或一组面以生成这些面的镜像图样。

【例 12-4】矩形图样面

	多媒体文件：\video\ch12\12-4.avi
	源文件：\part\ch12\12-4.prt
	操作结果文件：\part\ch12\finish\12-4.prt

(1) 打开文件“\part\ch12\12-4.prt”。

(2) 选择【插入】|【同步建模】|【重用】|【阵列面】命令，系统弹出【图样面】对话框。

(3) 选择【类型】为【矩形图样】。

(4) 选择如图 12-13 所示圆台的侧面和顶面两个面，并选择 *X* 向矢量和 *Y* 向矢量。

(5) 输入如图 2-14 所示各参数。

(6) 单击【确定】按钮，结果如图 12-15 所示。

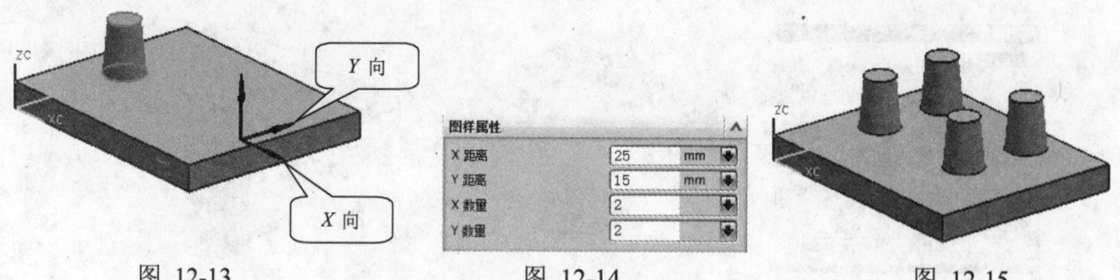

图 12-13　　图 12-14　　图 12-15

> 与【实例特征】中的【矩形阵列】不同的是，【矩形图样】中 *Y* 方向不必与 *X* 方向垂直。

【例 12-5】圆形图样面

	多媒体文件：\video\ch12\12-5.avi
	源文件：\part\ch12\12-5.prt
	操作结果文件：\part\ch12\finish\12-5.prt

(1) 打开文件“\part\ch12\12-5.prt”。

(2) 选择【插入】|【同步建模】|【重用】|【阵列面】命令，系统弹出【图样面】对话框。

(3) 选择【类型】为【圆形图样】。

(4) 选择如图 12-16 所示圆台的侧面和顶面两个面，并选择轴向矢量。

(5) 单击【点构造器】，选择【类型】为【面上的点】。选择矩形的表面，并输入【U 向参数】和【V 向参数】均为 0.5。

(6) 单击【确定】按钮，输入如图 12-17 所示各参数。

图 12-16

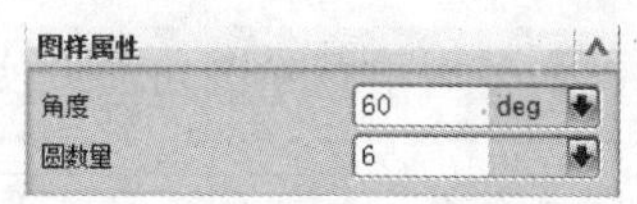

图 12-17

(7) 单击【确定】按钮，结果如图 12-18 所示。

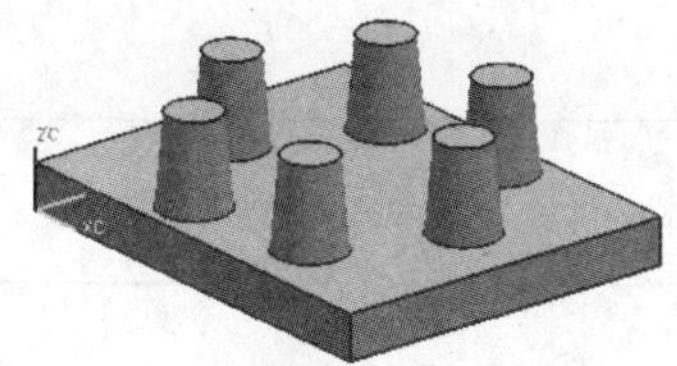

图 12-18

【例 12-6】镜像图样面

	多媒体文件：\video\ch12\12-6.avi
	源文件：\part\ch12\12-6.prt
	操作结果文件：\part\ch12\finish\12-6.prt

(1) 打开文件“\part\ch12\12-6.prt”。

(2) 选择【插入】|【同步建模】|【重用】|【阵列面】命令，系统弹出【图样面】对话框。

(3) 选择【类型】为【反射】。

(4) 选择如图 12-19 所示圆台的侧面和顶面两个面，单击中键确认。

(5) 选择镜像平面，单击中键确认，结果如图 12-20 所示。

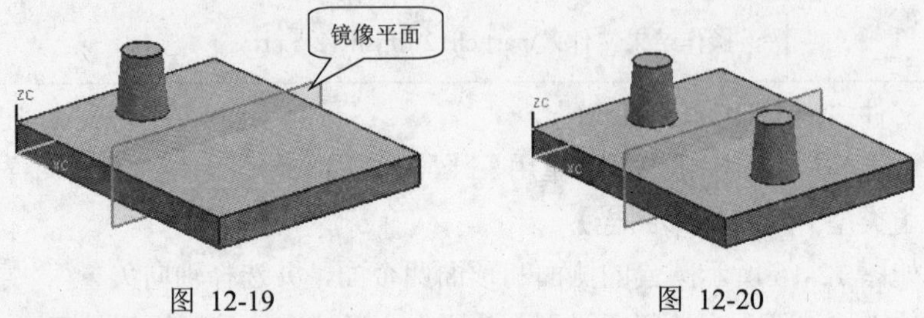

图 12-19　　　　图 12-20

12.2.5　删除面

【删除面】：用于移除现有体上的一个或多个面。如果选择了多个面，那么它们必须属于同一个实体。选择的面必须在没有参数化的实体上，如果存在参数则会提示将移除参数。

【删除面】多用于删除圆角面或实体上的一些特征区域。

> 需要注意的是，与被删除的面相邻的面通常只能是一张面，如果是多张面，删除可能失败。

【例 12-7】删除面

	多媒体文件：\video\ch12\12-7.avi
	源文件：\part\ch12\12-7.prt
	操作结果文件：\part\ch12\finish\12-7.prt

(1) 打开文件“\part\ch12\12-7.prt”。

(2) 选择【插入】|【同步建模】|【删除面】命令，系统弹出【删除面】对话框，如图 12-21 所示。

(3) 选择【类型】为【孔】。

(4) 选择【按尺寸选择孔】复选框，输入【孔尺寸<=】“5”，选择其中一个孔，系统自动选择其余满足条件的孔(共 4 个)，如图 12-22 所示。

(5) 单击【确定】按钮，结果如图 12-23 所示。

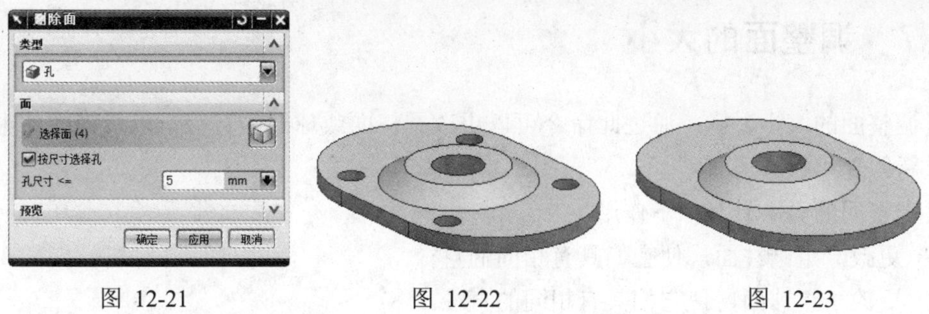

图 12-21　　图 12-22　　图 12-23

12.2.6 调整圆角大小

【调整圆角大小】：改变圆角面的半径，而不考虑它们的特征历史记录。

需要注意的是，选择的圆角面必须是通过圆角命令创建的，当系统无法辨别曲面是圆角时，将创建失败。

> 改变圆角大小不能改变实体的拓扑结构，也就是不能多面或者少面，且半径必须大于 0。

【例 12-8】调整圆角大小

	多媒体文件：\video\ch12\12-8.avi
	源文件：\part\ch12\12-8.prt
	操作结果文件：\part\ch12\finish\12-8.prt

(1) 打开文件“\part\ch12\12-8.prt”。

(2) 选择【插入】|【同步建模】|【调整倒圆大小】命令，系统弹出【调整圆角大小】对话框。

(3) 选择圆角面，系统自动显示其半径为 15，将其改为 5。

(4) 单击【确定】按钮，结果如图 12-24 所示。

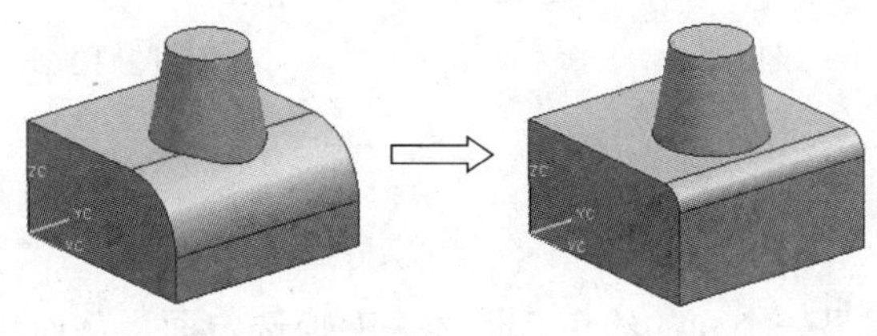

图 12-24

12.2.7 调整面的大小

【调整面的大小】：通过此命令可以更改圆柱面或球面的直径，以及锥面的半角，还能重新创建相邻圆角面。

【调整面的大小】有如下作用：

(1) 更改一组圆柱面，使它们具有相同的直径。

(2) 更改一组球面，使它们具有相同的直径。

(3) 更改一组锥面，使它们具有相同的半角。

(4) 更改任意参数，重新创建相连圆角面。

【例 12-9】调整面的大小

	多媒体文件：\video\ch12\12-9.avi
	源文件：\part\ch12\12-9.prt
	操作结果文件：\part\ch12\finish\12-9.prt

(1) 打开文件“\part\ch12\12-9.prt”。

(2) 选择【插入】|【同步建模】|【调整面的大小】命令，系统弹出【调整面的大小】对话框。

(3) 选择如图 12-25 所示四个孔。

(4) 输入【直径】为 5。

(5) 单击【确定】按钮，结果如图 12-26 所示。

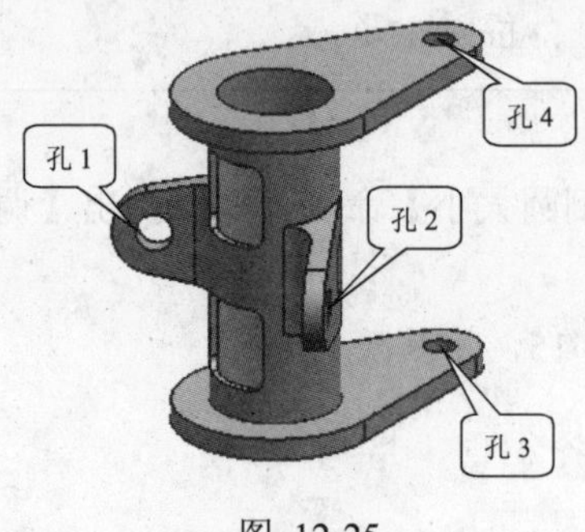

图 12-25

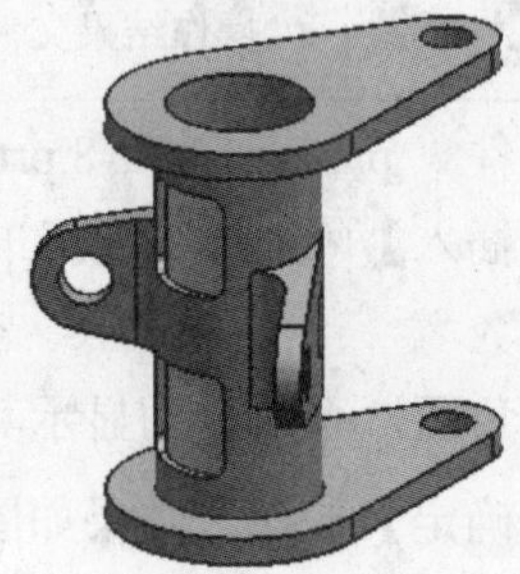

图 12-26

12.2.8 约束面

【约束面】：根据另一个面的约束几何体来变换选定面，从而移动这些面。用此选项可以编辑有特征历史记录或没有特征历史记录的模型。

在 UG NX 中，可以进行多种【约束面】操作，主要有【设为共面】、【设为共轴】、【设为相切】、【设为对称】、【设为平行】和【设为垂直】。

【设为共面】：移动面，从而使其与另一个面或基准平面共面。

【设为共轴】：将一个面与另一个面或基准轴设为共轴。

【设为相切】：将一个面与另一个面或基准平面设为相切。

【设为对称】：将一个面与另一个面关于对称平面设为对称。

【设为平行】：将一个平的面设为与另一个平的面或基准平面平行。

【设为垂直】：将一个平的面与另一个平的面或基准平面设为垂直。

> 在进行【约束面】操作时，主要是选择【运动面】与【固定面】,【运动面】是在进行约束操作时位置可以发生变化的面，而【固定面】是在约束操作中位置保持不动的面。

【例 12-10】约束面

	多媒体文件：\video\ch12\12-10.avi
	源文件：\part\ch12\12-10.prt
	操作结果文件：\part\ch12\finish\12-10.prt

(1) 打开文件“\part\ch12\12-10.prt”。

(2) 选择【插入】|【同步建模】|【约束】|【设为共轴】命令，系统弹出【设为共轴】对话框。

(3) 分别选择如图 12-27 所示的【运动面】和【固定面】。

(4) 单击【确定】按钮，结果如图 12-28 所示。

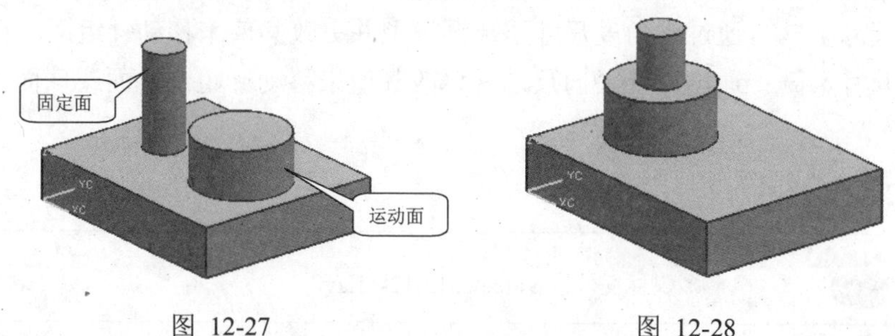

图 12-27　　　　图 12-28

(5) 选择【插入】|【同步建模】|【约束】|【设为共面】命令，系统弹出【设为共面】对话框。

(6) 分别选择如图 12-29 所示的【运动面】和【固定面】。

(7) 单击【确定】按钮，结果如图 12-30 所示。

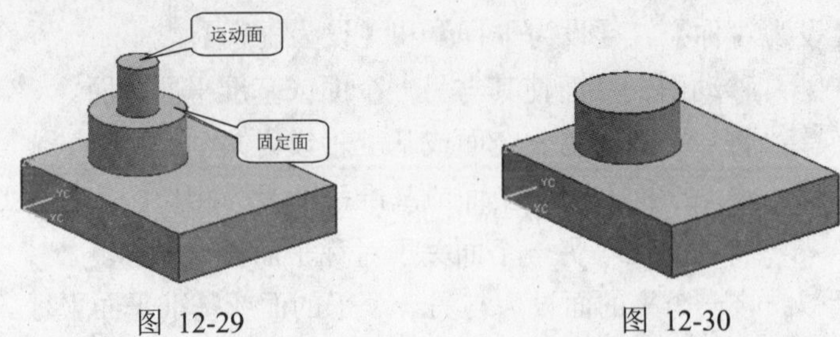

图 12-29　　图 12-30

(8) 选择【插入】|【同步建模】|【约束】|【设为相切】命令，系统弹出【设为相切】对话框。

(9) 分别选择如图 12-31 所示的【运动面】和【固定面】。

(10) 单击【确定】按钮，结果如图 12-32 所示。

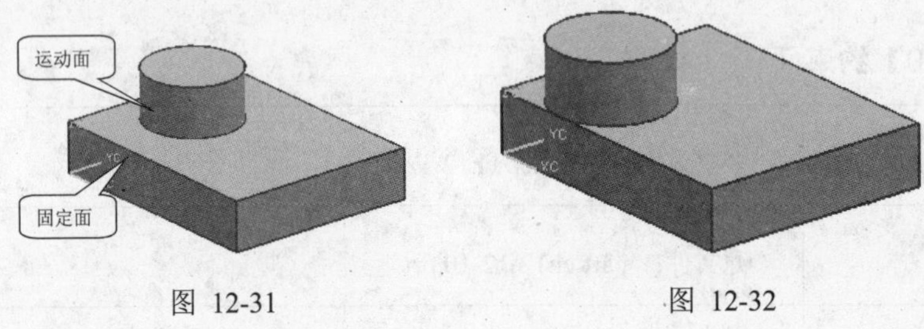

图 12-31　　图 12-32

12.2.9　尺寸

【尺寸】：类似于【草图】中的尺寸约束，不同的是【草图】驱动的对象是曲线，而【同步建模】驱动的对象是面。

【尺寸】包括【线性尺寸】、【角度尺寸】和【径向尺寸】。

【线性尺寸】：通过将线性尺寸添加至模型并修改其值来移动一组面。

【角度尺寸】：通过将角度尺寸添加至模型并更改其值来移动一组面。

【径向尺寸】：通过添加径向尺寸并修改其值来移动一组圆柱面或球面，或者具有圆周边的面。

【例 12-11】尺寸

	多媒体文件：\video\ch12\12-11.avi
	源文件：\part\ch12\12-11.prt
	操作结果文件：\part\ch12\finish\12-11.prt

(1) 打开文件"\part\ch12\12-11.prt"。

(2) 选择【插入】|【同步建模】|【尺寸】|【角度尺寸】命令，系统弹出【角度尺寸】对话框。

(3) 依次选择如图 12-33 所示的【原点对象】和【测量对象】。

(4) 系统自动测量并显示其当前角度尺寸为 105°，将尺寸放置在合适的位置，并将尺寸值改为 90°，如图 12-34 所示。

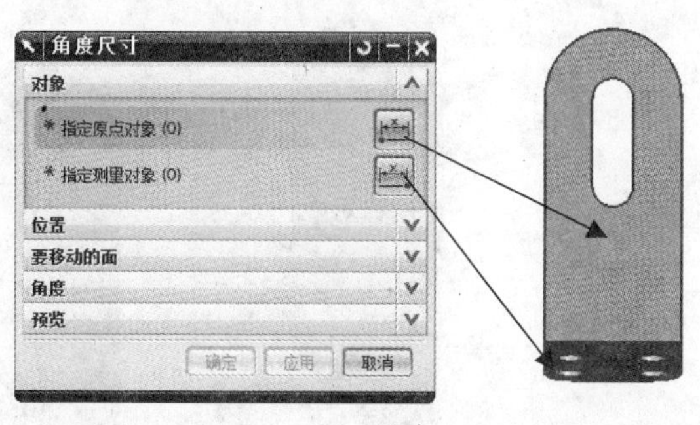

图 12-33　　图 12-34

(5) 系统自动选择【测量对象】作为【要移动的面】，然后选择图 12-35 所示的面也作为【要移动的面】。

(6) 单击【确定】命令，结果如图 12-36 所示。

(7) 选择【插入】|【同步建模】|【尺寸】|【径向尺寸】命令，系统弹出【径向尺寸】对话框。

(8) 选择如图 12-37 所示的面，系统自动测量并显示其当前半径尺寸为 7.5，将其改为 5。

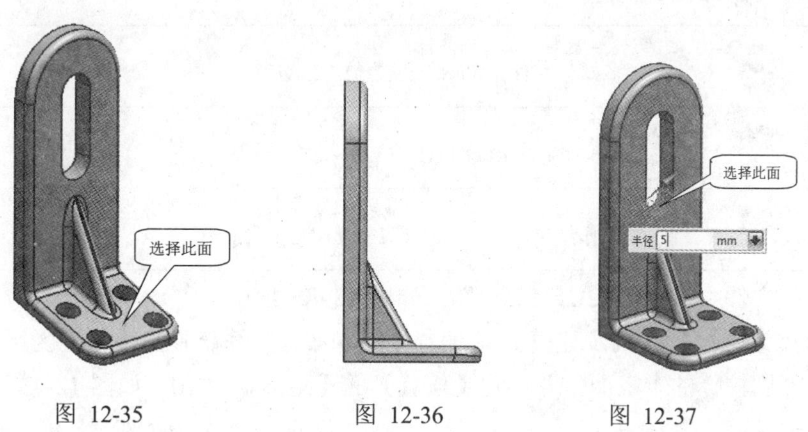

图 12-35　　图 12-36　　图 12-37

(9) 单击【确定】按钮，结果如图 12-38 所示。

(10) 选择【插入】|【同步建模】|【尺寸】|【线性尺寸】命令，系统弹出【线性尺寸】对话框。

(11) 依次选择如图 12-39 所示的圆弧边缘作为【原点对象】和【测量对象】。

(12) 系统自动测量并显示其当前线性尺寸为 31，将尺寸放置在合适的位置，并将尺寸值改为 25。

(13) 系统自动选择【测量对象】所在的圆形面作为【要移动的面】，然后选择图 12-40 所示的背面和顶部圆形面也作为【要移动的面】。

(14) 单击【确定】按钮，结果如图 12-41 所示。

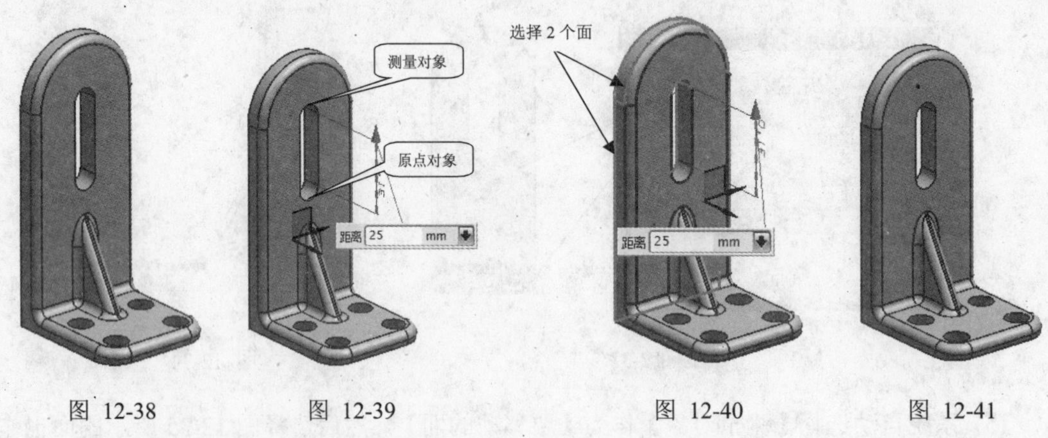

图 12-38　　图 12-39　　图 12-40　　图 12-41

12.3 同步建模应用实例

本节通过介绍一个综合实例来描述同步建模的功能及其应用。

【例 12-12】应用实例

	多媒体文件：\video\ch12\12-12.avi
	源文件：\part\ch12\12-12.prt
	操作结果文件：\part\ch12\finish\12-12.prt

(1) 打开文件“\part\ch12\12-12.prt”，如图 12-42 所示。

(2) 选择【插入】|【同步建模】|【偏置区域】命令，系统弹出【偏置区域】对话框。

(3) 选择圆柱体的上表面，并设置【偏置】的【距离】为 10，如图 12-43 所示。

(4) 单击【确定】按钮。

(5) 选择【插入】|【同步建模】|【移动面】命令，系统弹出【移动面】对话框。

(6) 选择【运动】类型为【距离】。选择凸台的上表面，并设置【距离】为 5，如图 12-44 所示。

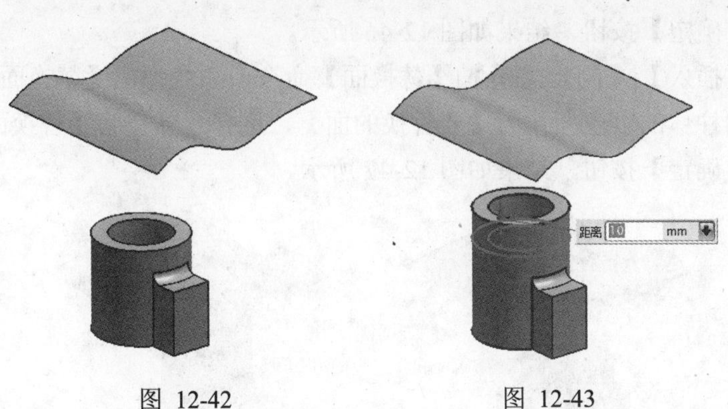

图 12-42　　　　图 12-43

(7) 单击【确定】按钮。

(8) 选择【插入】|【同步建模】|【调整面的大小】命令，系统弹出【调整面的大小】对话框。

(9) 选择圆柱体的内表面，将其直径值由 20 改为 25。

(10) 单击【确定】按钮。

(11) 选择【插入】|【同步建模】|【调整圆角大小】命令，系统弹出【调整圆角大小】对话框。

(12) 选择绘图区中的圆角，并设置【半径】为 5，如图 12-45 所示。

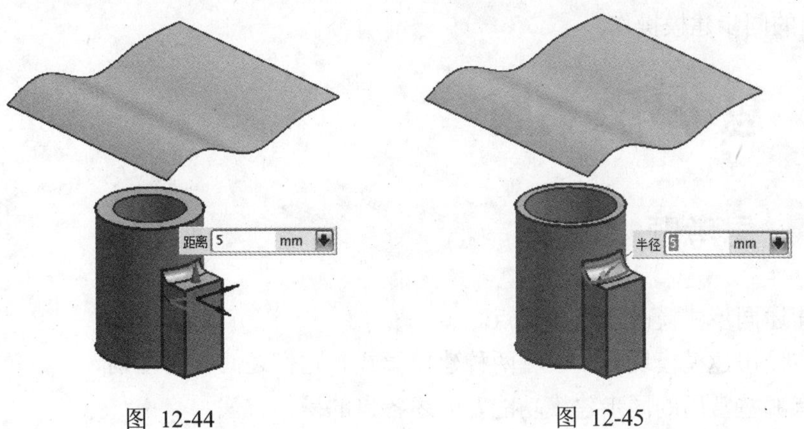

图 12-44　　　　图 12-45

(13) 单击【确定】按钮。

(14) 选择【插入】|【同步建模】|【重用】|【阵列面】命令，系统弹出【图样面】对话框。

(15) 设置【类型】为【圆形图样】。

(16) 选择凸台的表面(包括三个侧面、一个顶面以及一个圆角面)。

(17) 选择圆柱体的轴线作为圆形图样的轴，并在【图样属性】区域输入【角度】为 90，【圆数量】为 4。

(18) 单击【确定】按钮，结果如图 12-46 所示。

(19) 选择【插入】|【同步建模】|【替换面】命令，系统弹出【替换面】对话框。

(20) 选择圆柱体的上表面作为【要替换的面】，选择片体作为【替换面】。

(21) 单击【确定】按钮，结果如图 12-47 所示。

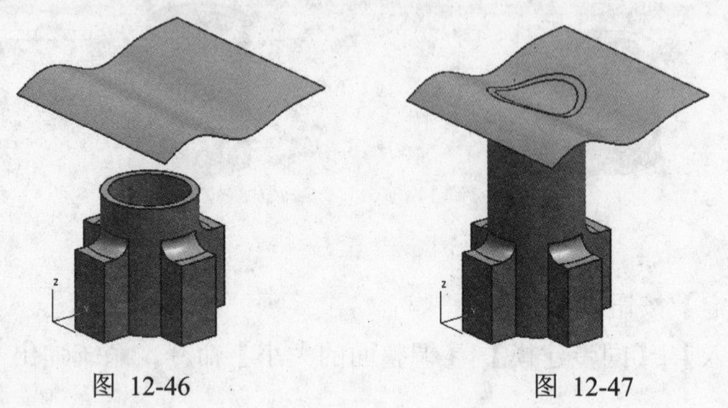

图 12-46　　　　图 12-47

12.4　本章小结

本章比较详细地介绍了 UG 的同步建模功能，并通过实例对各命令的应用作了描述。最后通过一个完整的例子将同步建模功能功能作了一个比较系统的描述。希望读者能熟练掌握常用的同步建模操作。

12.5　思考与练习题

12.5.1　思考题

1. 简述同步建模的作用与特点。
2. 在使用建模模块时，有哪两种建模模式？它们之间有何区别？
3. 有哪些常用的同步建模功能？简述各自的操作方法。

12.5.2　操作题

1. 打开光盘文件“\part\ch12\lianxi12-1.prt”，如图 12-48 所示。将区域 1 部分沿 ZC 方向移动 5mm，将区域 2 部分内径修改为 5mm，将区域 3 部分的曲面 2 替换到曲面 1。

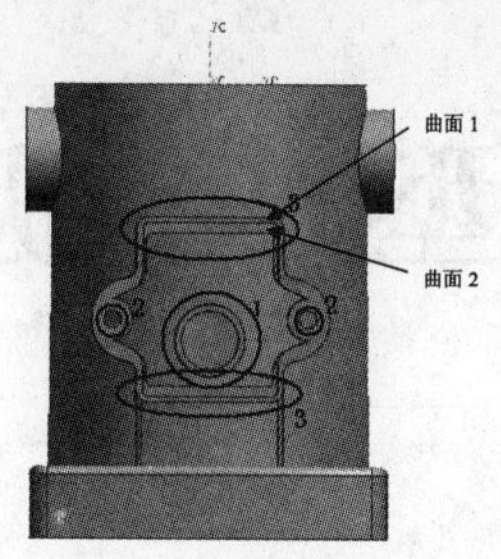

图 12-48

	操作结果文件：\part\ch12\finish\lianxi12-1.prt

2. 打开光盘中的“\part\ch12\lianxi12-2.prt”，如图 12-49 所示。练习同步建模的各种功能。

图 12-49

第13章 模型分析

本章重点内容

本章将介绍模型分析方面的知识，主要包括简单分析、曲线分析、曲面分析和干涉分析四方面内容。

本章学习目标

- 了解模型分析的重要性
- 掌握距离与角度分析
- 了解偏差与几何属性分析
- 了解曲线分析
- 了解曲面分析
- 了解拔模分析
- 了解干涉分析

13.1 模型分析在三维造型过程中的作用

通常，在设计过程中或者完成设计之后，无法准确获悉所设计的零部件是否满足要求，也难以从视觉上发现错误或者缺陷。利用模型分析工具，则能对模型进行各种分析，帮助用户检查模型的正确性，从而从各个角度验证模型的可行性和正确性。

13.2 常用模型分析工具

UG NX 6 提供了多种模型分析的方法。常见的分析方法主要集中在主菜单【分析】下的各个子菜单中。同时也可以利用【形状分析】工具条上的分析命令。主要的模型分析工具如图 13-1 所示。

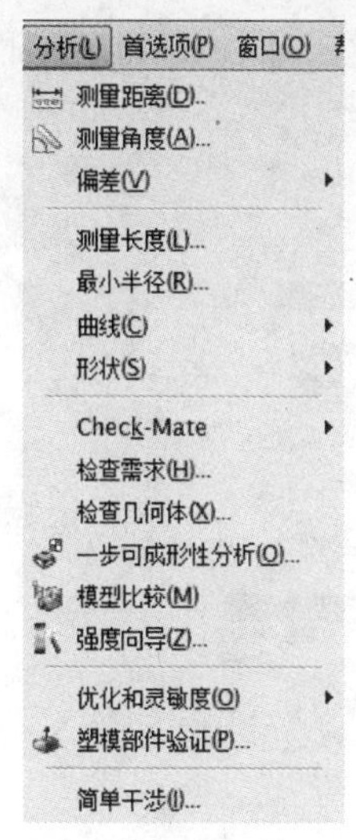

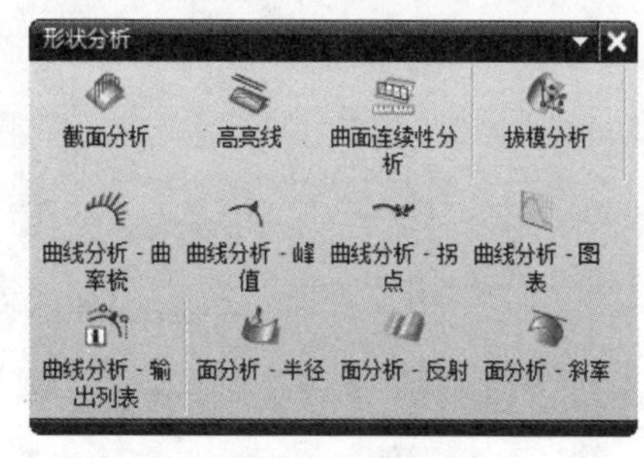

图 13-1

13.2.1 距离与角度分析

【测量距离】与【测量角度】是模型分析中最简单但又频繁使用的分析命令。

1. 测量距离

【测量距离】：用于测量对象之间的空间距离、投影距离、屏幕距离、长度、半径、组间距等。测量的对象可以是曲线、实体边缘、面、实体、片体、基准、点、组件等。如图 13-2 所示为【测量距离】对话框。

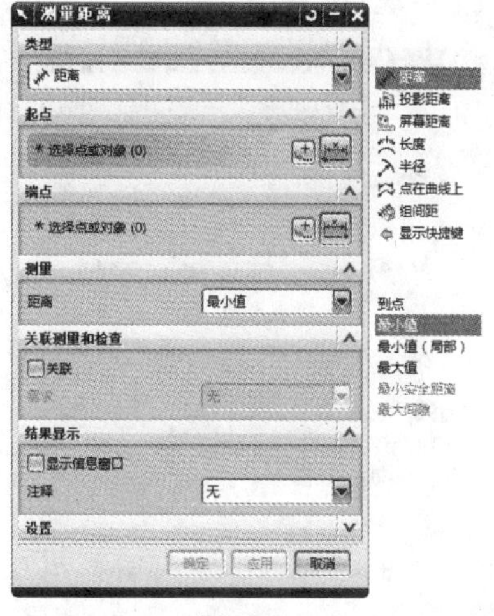

图 13-2

2. 测量角度

【测量角度】：用于测量对象之间的角度，测量的方式可以是【按对象】、【按 3

点】或【按屏幕点】，测量的对象可以是曲线、实体边缘、面、基准、平面等。如图 13-3 所示为【测量角度】对话框。

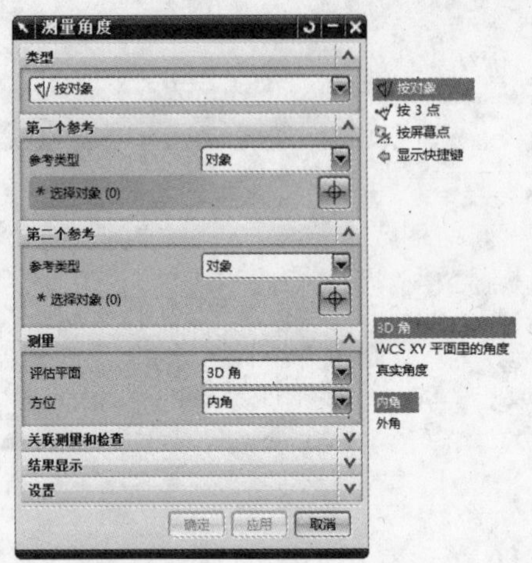

图 13-3

13.2.2　偏差分析

偏差分析包括三部分内容：检查、相邻边、测量。偏差分析主要用于检查两个对象之间的距离误差和角度误差。对象包括点、曲线、边和面。其中【检查】在逆向中被广泛使用，因此在此只讲解【检查】一项。

选择【分析】|【偏差】|【检查】命令，系统弹出【偏差检查】对话框，如图 13-4 所示。该对话框中各选项意义如下所述。

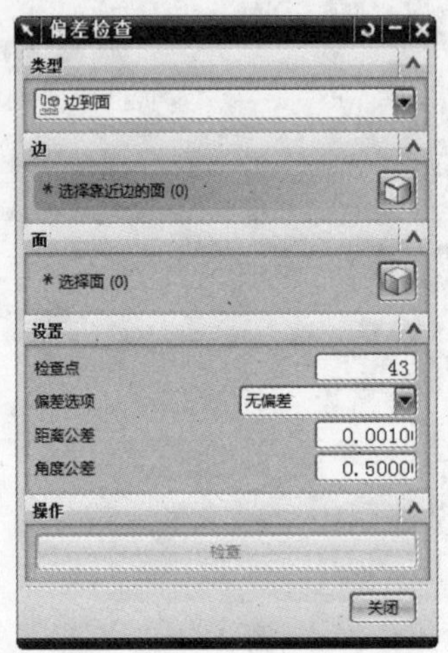

图 13-4

【类型】：有 5 种偏差检查功能。

- 【曲线至曲线】：在沿曲线设置的一系列检查点处测量两条曲线间的距离偏差(距离误差)和曲线切线间的角度偏差。
- 【曲线至面】：通过点/斜率连续性检查来验证看似在面上的曲线是否确实在该面上。
- 【边到面】：比较一个面的边与另一个面之间的偏差。
- 【面至面】：将位于另一个面上方的整个面与该面比较，检查点/法向是否一致。
- 【边到边】：比较两个片体或实体边之间的偏差。

【检查点】：测量两个对象在检查点处的距离偏差(距离误差)和曲线切线间的角度偏差。检查点的个数越多，所获得的精度就越高，但计算机计算时间会变长。

【偏差选项】：有 6 种选项，包括【无偏差】、【所有偏差】、【最大距离】、【最小距离】、【最大角度】和【最小角度】。在实战过程中，使用默认选项【无偏差】即可满足检查的需要。

【距离公差】/【角度公差】：用于距离和角度错误检查的公差。此公差默认情况下与建模中设置的公差保持一致。

【检查】：单击该按钮，系统弹出【信息】对话框。

【例 13-1】偏差检查

	多媒体文件：\video\ch13\13-1.avi
	源文件：\part\ch13\13-1.prt

(1) 打开文件“\part\ch13\13-1.prt”，结果如图 13-5 所示。

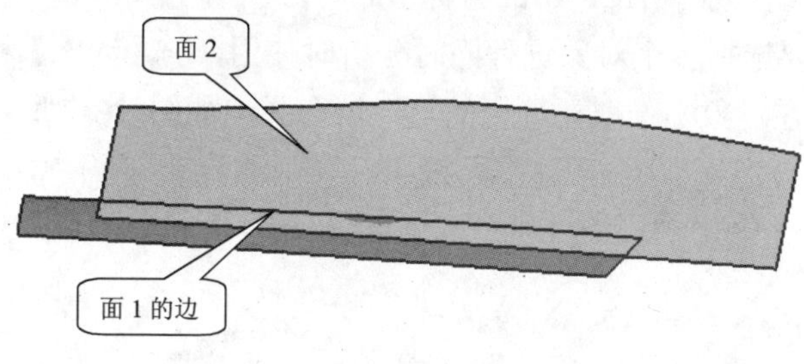

图 13-5

(2) 选择【分析】|【偏差】|【检查】命令，系统弹出【偏差检查】对话框。设置类型为【边到面】，选取面 1 的边和面 2，单击【检查】按钮，系统弹出如图 13-6 所示的检测信息。

(3) 从上面的分析结果得出结论：面 1 的边有些部分不在面 2 上(距离误差大于距离公差)；面 1 与面 2 在面 1 的边处并不是完全相切(角度误差大于角度公差)。

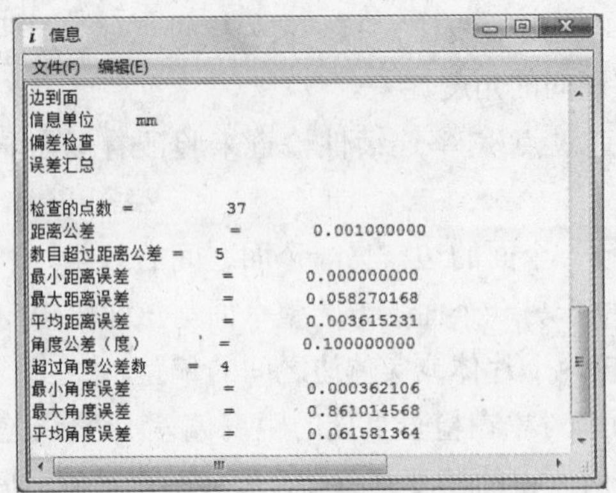

图 13-6

(1) 在【偏差检查】命令中，不能直接使用鼠标左键选取边，而是要选择此边所在的面，只不过在选取的时候，单击的位置要位于此边附近，这样，这条边就被选中了。

(2) 在实际中【偏差检查】命令除了应用于分析误差外，主要应用于判别两条曲线或边是否共线或边是否等宽、两个面是否共面以及两对象之间是否为相切关系。

13.2.3 几何属性

【几何属性】：有【动态】和【静态】两种分析类型。

- 【动态】：将光标移动到曲面或曲线上的不同点时，更新【结果】组中的信息以反映新位置的分析信息。在【结果】列表中，动态显示被测点的半径、在面上的坐标值以及在绝对坐标系(ACS)中的坐标值。
- 【静态】：要选择多个对象进行同时分析时使用，与【动态】相对。选取要分析的对象，然后在对象上选取要分析的点，就会弹出如图 13-7 所示的信息。

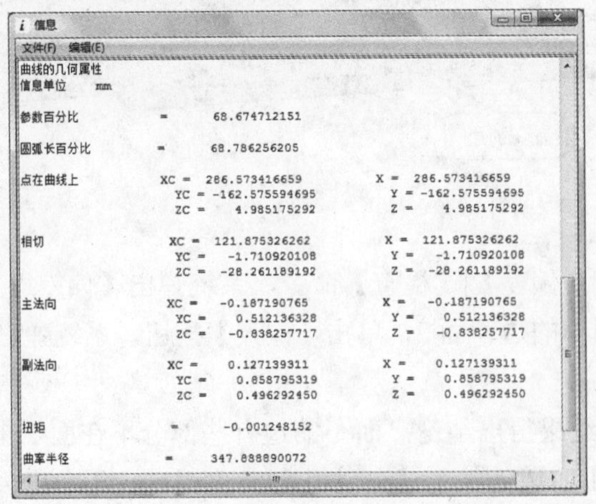

图 13-7

选择【分析】|【几何属性】命令，系统弹出【几何属性】对话框，如图 13-8 所示。

图 13-8

【例 13-2】几何属性检查

	多媒体文件：\video\ch13\13-2.avi
	源文件：\part\ch13\13-2.prt

(1) 打开文件“\part\ch13\13-2.prt”，结果如图 13-9 所示。

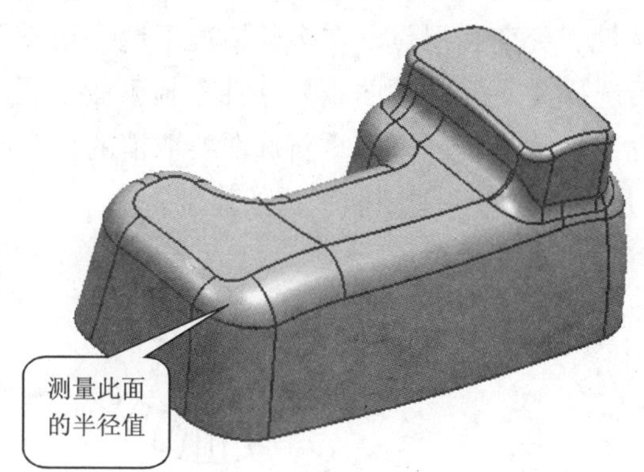

图 13-9

(2) 选择【分析】|【几何属性】|【动态】命令，鼠标光标放于被测量的面上，观察光标从一侧慢慢地移动到另一侧的过程中，【结果】中的半径值的变化情况，从而确定圆角的大小(*R*15 向 *R*10 的一个线性变化)。

13.2.4 曲线分析

如图 13-10 所示，【曲线分析】选项组主要有【曲率梳】、【峰值】、【拐点】、【图表】和【输出列表】5 个曲线分析命令。如图 13-11 所示为具有峰值、拐点、曲率梳和极点这些分析元素的曲线。对于检查曲线质量最实用的工具就是【曲率梳】命令，因此这里只对此命令进行讲解。

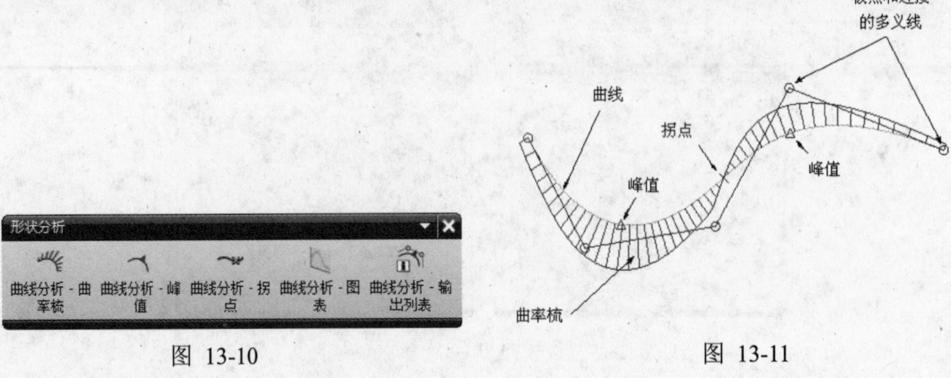

图 13-10

图 13-11

> 除非特意关闭，否则曲线的分析元素会一直显示在图形窗口中。而边的分析元素是临时的，在显示刷新时就会消失。

1. 曲率梳

【曲率梳】：显示选定曲线、样条或边的曲率梳。显示选定曲线或样条的曲率梳后，更容易检测曲率的不连续性、突变和拐点，在多数情况下这些是不希望存在的。首先选取要分析的曲线或边，然后选择【分析】|【曲线】|【曲率梳】命令后，出现如图 13-12 所示的曲率梳。如果要取消曲率梳的显示，只需重新选取要取消的曲率梳图形，然后选择【分析】|【曲线】|【曲率梳】命令，即可关闭曲率梳的显示。

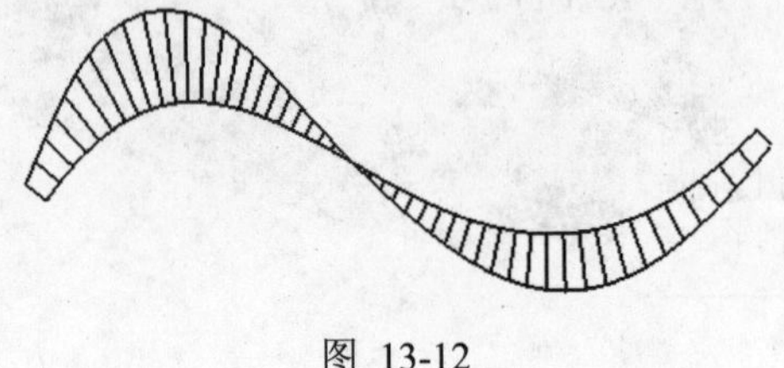

图 13-12

2. 曲率梳选项

有时曲率梳图形的比例过大或过小，导致查看不方便，因此需要对图形比例等进行适当调整，以满足查看的审美要求，这就需要用到【曲率梳选项】命令。选择【分析】|【曲线】|【曲率梳选项】命令，打开如图 13-13 所示的【曲率梳选项】对话框。

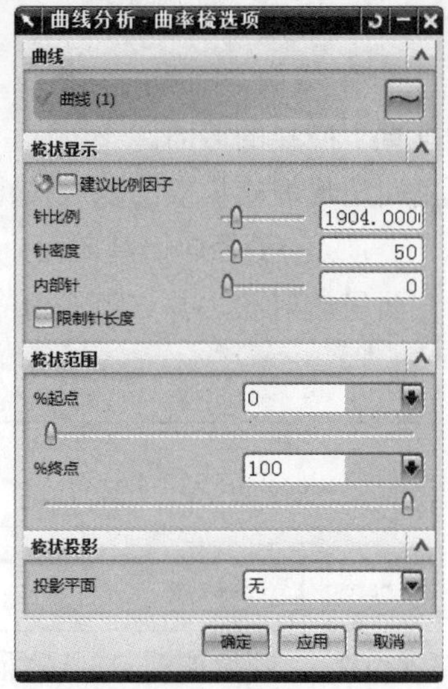

图 13-13

【例 13-3】曲率梳分析

	多媒体文件：\video\ch13\13-3.avi
	源文件：\part\ch13\13-3.prt

(1) 打开文件“\part\ch13\13-3.prt”，结果如图 13-14 所示。

(2) 设置过滤方式为【边】，选择此边后，再选择【分析】|【曲线】|【曲率梳】命令，显示出如图 13-15 所示的曲率梳。

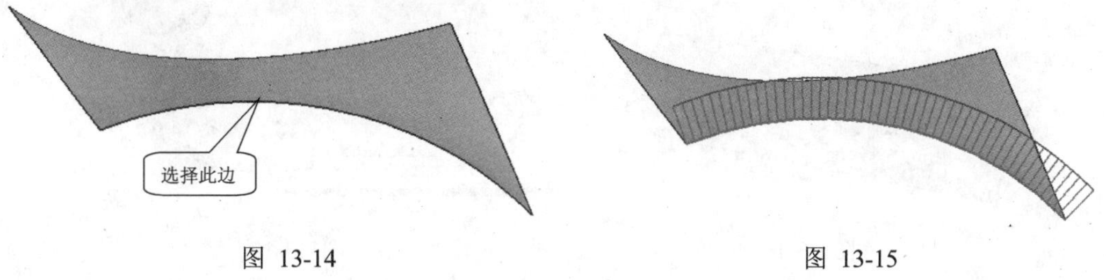

图 13-14　　图 13-15

(3) 重新选择【分析】|【曲线】|【曲率梳】命令，关闭曲率梳的显示。

13.2.5 截面分析

【截面分析】：通过系统提供的方法创建截面，并让这些截面与目标曲面产生交线，进一步通过分析这些交线的曲率变化情况来分析表面的情况。

创建截面的方法有以下几种。

- 【平行平面】：以平行平面作为相交截面。
- 【等参栅格】：按 U 和 V 向生成均匀间隔的分析线。
- 【垂直于曲线】：创建垂直于曲线的截面。
- 【四边形栅格】：截面由四边形栅格模板的侧边按比例偏移而成。
- 【三角形栅格】：针对一个顶点(角)径向切割截面，并与该顶点的对边平行。
- 【圆形栅格】：形成的截面呈放射状，并与圆形栅格模板的中心点同心。

【例 13-4】截面分析

	多媒体文件：\video\ch13\13-4.avi
	源文件：\part\ch13\13-4.prt

(1) 打开文件“\part\ch13\13-4.prt”，结果如图 13-16 所示。

(2) 选择【分析】|【形状】|【截面】命令，设置【类型】为【等参栅格】，【方法】为【U 和 V】，选择显示的曲面为【目标】曲面，选择【显示曲率针】复选框，在【针比例】对话框中输入 1500，在显示区域就会出现曲率梳预览，单击【确定】按钮，结果如图 13-17 所示。

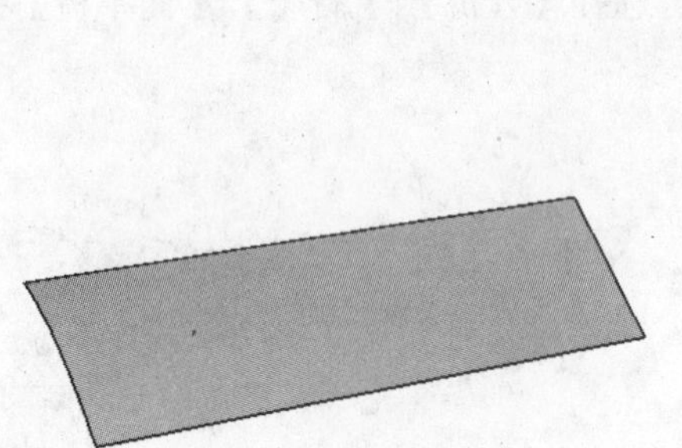

图 13-16

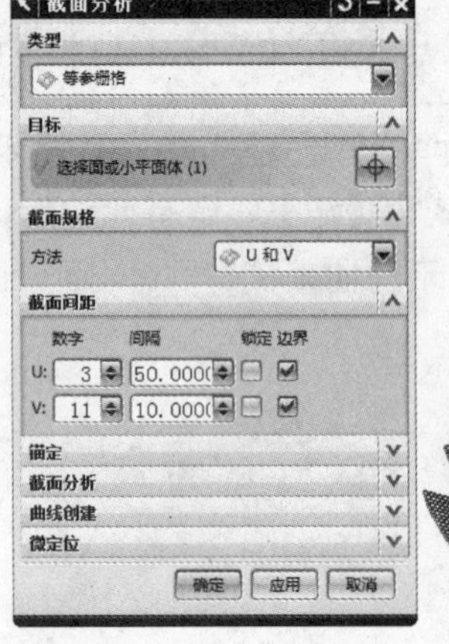

图 13-17

(3) 按快捷键 Ctrl+D，系统弹出【类选择器】对话框，选取刚才创建的曲率梳图，单击【确定】按钮，删除曲率梳。

> 当重新修改曲面或更换【类型】后，曲率梳图也会自动更新，以体现修改后曲面的曲率梳。

13.2.6 曲面半径分析

【面分析—半径】：可以用于检查曲面的曲率分布情况。曲率分布情况可以通过云图、轮廓线和刺猬梳这三种不同的显示类型进行显示，可以非常直观地观察曲面上的曲率分布情况。

【例 13-5】曲面半径分析

	多媒体文件：\video\ch13\13-5.avi
	源文件：\part\ch13\13-5.prt

(1) 打开文件“\part\ch13\13-5.prt”。

(2) 选择【分析】|【形状】|【面】|【半径】命令，系统弹出如图 13-18 所示的【面分析—半径】对话框。

(3) 选择【半径类型】为【高斯】，【显示类型】为【云图】，其余选项保持默认设置。

(4) 选择绘图区中的曲面，单击【确定】按钮。分析结果如图 13-19 所示。

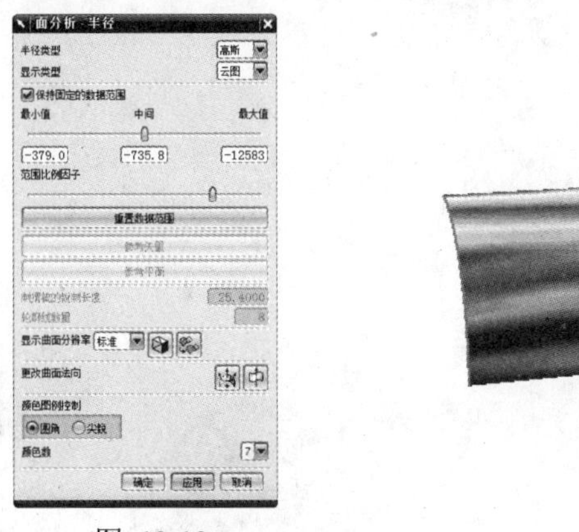

图 13-18

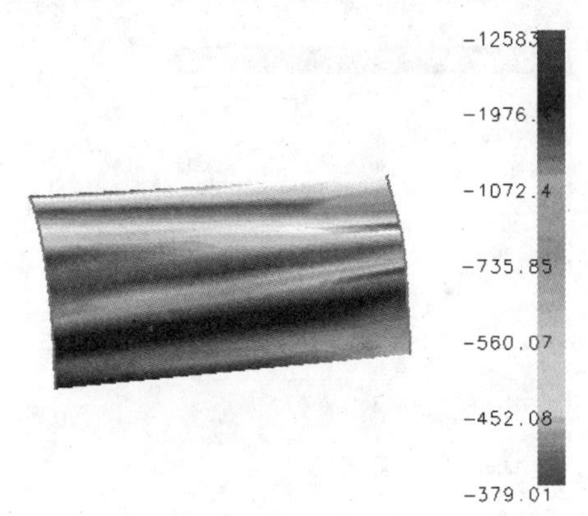

图 13-19

13.2.7 曲面斜率分析

【面分析—斜率】：通过该命令可以分析曲面上每一点的法向与指定的矢量方向之间的夹角，并通过颜色图显示和表现出来。在模具设计分析中，曲面斜率分析方法应用很广泛，主要以模具的拔模方向为参考矢量，对曲面的斜率进行分析，从而判断曲面的拔模性能。

【例 13-6】曲面斜率分析

	多媒体文件：\video\ch13\13-6.avi
	源文件：\part\ch13\13-6.prt

(1) 打开文件“\part\ch13\13-6.prt”。

(2) 选择【分析】|【形状】|【面】|【斜率】命令，系统弹出【矢量】对话框，如图 13-20 所示。

(3) 选择如图 13-21 所示的矢量和曲面，单击【确定】按钮。

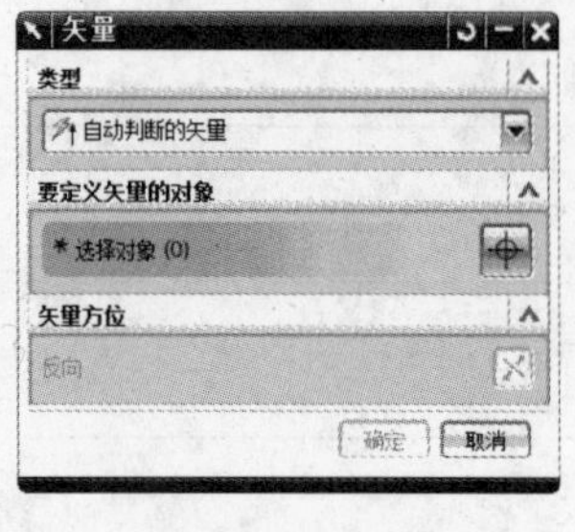

图 13-20

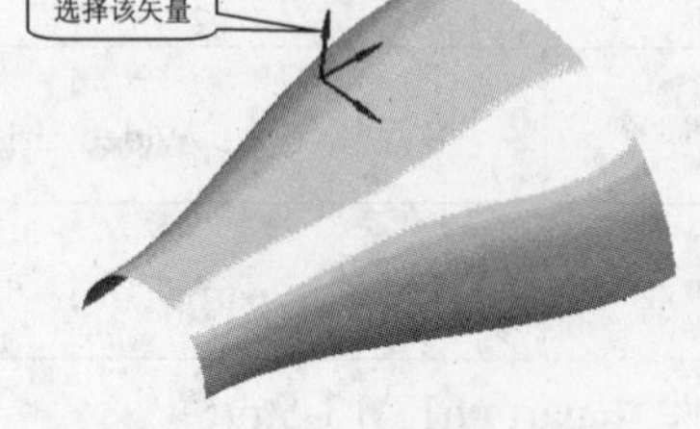

图 13-21

(4) 系统弹出如图 13-22 所示的【面分析—斜率】对话框。选择【显示类型】为【云图】，其余选项保持默认设置。

(5) 单击【确定】按钮，斜率分析结果如图 13-23 所示。

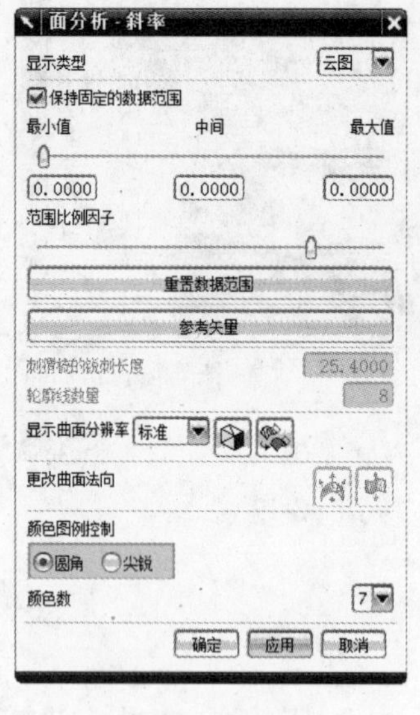

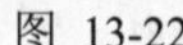

图 13-22

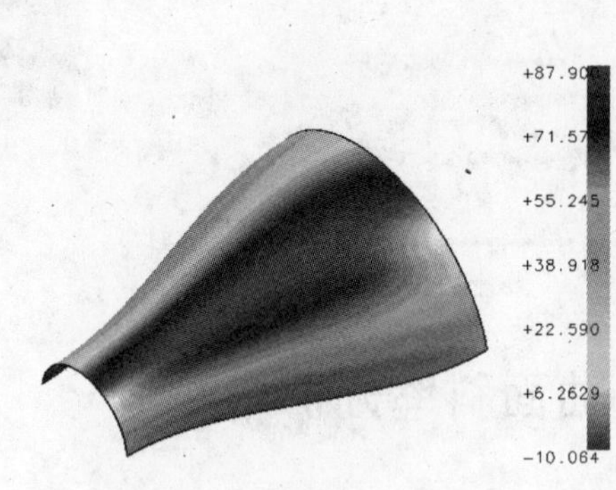

图 13-23

13.2.8 曲面反射分析

【面分析—反射】：通过该命令可以分析曲面的反射特性，可以使用黑色线条、彩色线条或者模拟场景来进行反射性能的分析。

【例 13-7】曲面反射分析

	多媒体文件：\video\ch13\13-7.avi
	源文件：\part\ch13\13-7.prt

(1) 打开文件“\part\ch13\13-7.prt”。

(2) 选择【分析】|【形状】|【面】|【反射】命令，系统弹出【面分析—反射】对话框，如图 13-24 所示。

(3) 选择【图像类型】为【场景图像】，选择如图 13-24 所示的第二幅图，其余选项保持默认设置。

(4) 单击【确定】按钮，反射分析结果如图 13-25 所示。

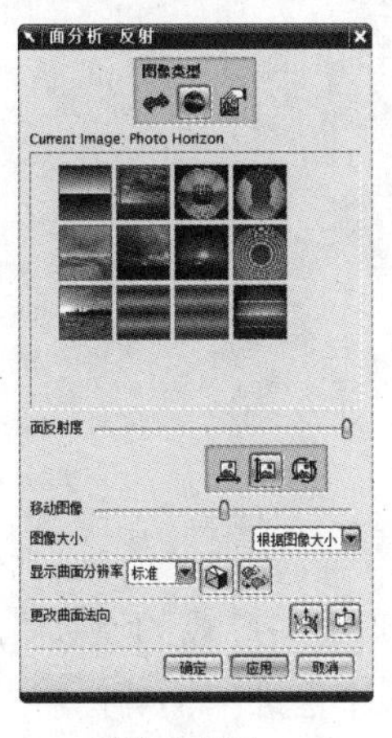

图 13-24

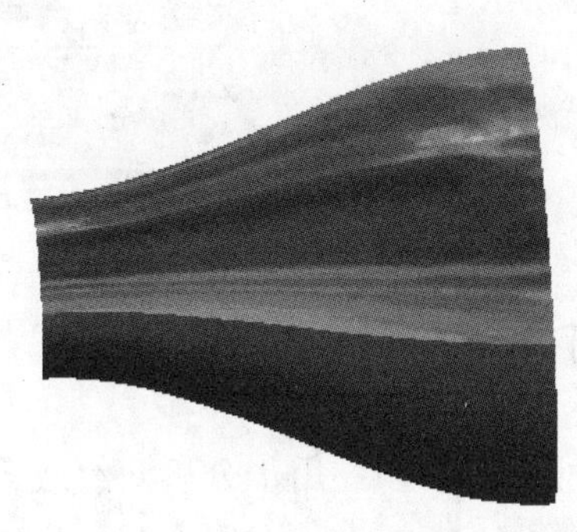

图 13-25

13.2.9　拔模分析

通常对于钣金成型件、汽车覆盖件模具、模塑零件，沿拔模方向的侧面都需要一个正向的拔模斜度，如果斜度不够或者出现反拔模斜度，那么所设计的曲面就是不合格的。【拔模分析】提供对指定部件反拔模状况的可视反馈，并可以定义一个最佳冲模冲压方向，以使反拔模斜度达到最小值。

选择【分析】|【形状】|【拔模】命令，系统弹出【拔模分析】对话框，如图 13-26 所示。同时，在工作平面内显示动态坐标系，其 Z 轴方向即为曲面的拔模方向。

该对话框中各选项意义如下所述。

【距离】\【角度】\【步长增量】\【捕捉角】：在改变动态坐标系的位置和方向时可用，即改变拔模方向时可用。

【小平面质量】：包括从【粗糙】到【极精细】的 5 种精度选择。小平面的质量越高，则分析的速度也就越慢。一般情况下，默认选项【法向】就能满足分析要求。

【显示控制】：在分析过程中，系统将所分析的表面划分为四类区域，即相对于拔模角的方向，斜角大于【+限制】的区域、斜角大于 0 而小于【＋限制】的区域、斜角小于 0 而大于【－限制】的区域以及斜角小于【－限制】的区域。

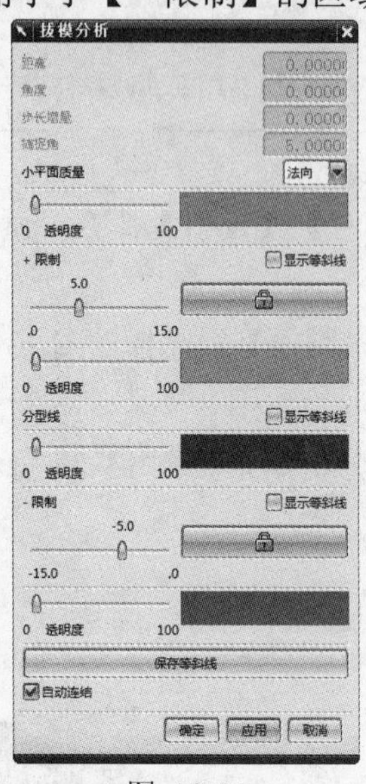

图 13-26

13.2.10　曲面连续性分析

【曲面连续性分析】：用于分析两组或多组曲面之间的过渡的连续性条件，包括位置连续(G0)、斜率连续(G1)、曲率连续(G2)以及曲率的斜率连续(G3)等内容。

选择【分析】|【形状】|【曲面连续性】命令，系统弹出【曲面连续性】对话框，如图 13-27 所示。如图 13-28 所示为曲面连续性分析的一个实例。

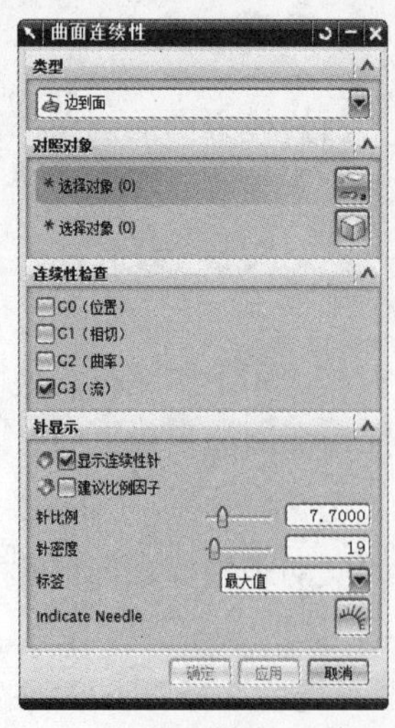

图 13-27

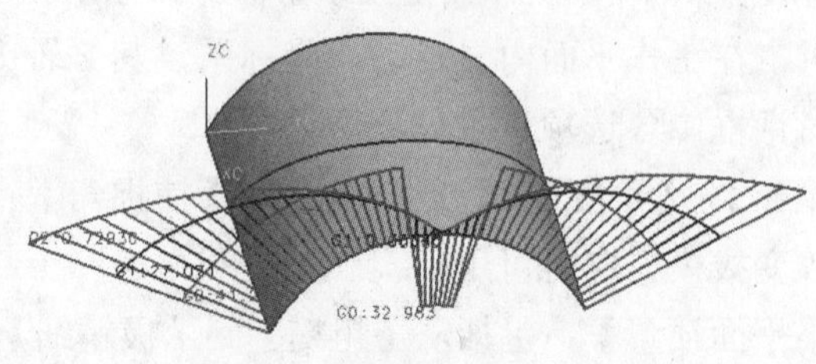

图 13-28

【曲面连续性分析】有两种类型。

- 【边到边】：沿公共边界比较曲面。选择两个集，每个集包含一条或多条边，通常处于两个不同的面上。连续性在这些边之间进行测量。
- 【边到面】：将曲面的边与面的内部进行比较。选择包含一条或多条边及一个面的集合。测量一组边和该面之间的连续性。

13.2.11 曲面高亮线分析

【高亮线】：常用于分析曲面的质量，能够通过一组特定的光源投影到曲面上，在曲面上形成一组反射线。如果通过旋转改变曲面的视角，那么可以很方便地观察曲面的变化情况。如图 13-29 所示为从两个不同视角观察的结果。

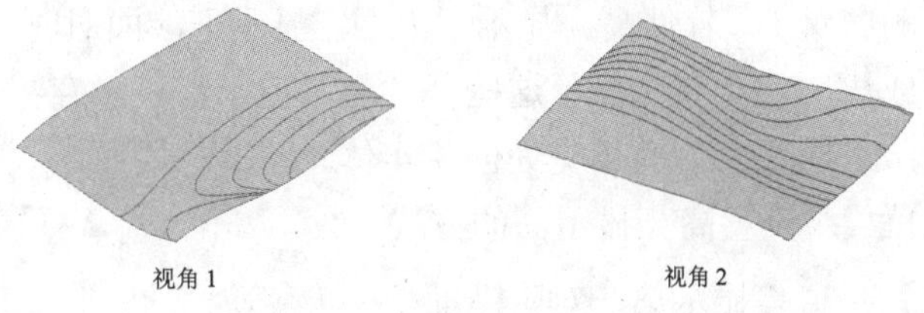

图 13-29

选择【分析】|【形状】|【高亮线】命令，系统弹出【高亮线】对话框，如图 13-30 所示。

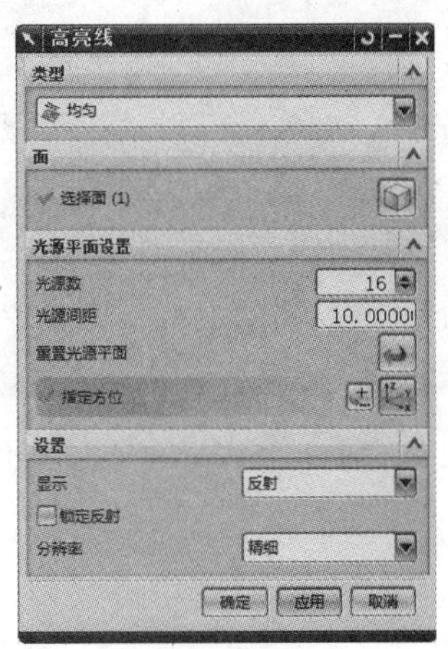

图 13-30

高亮线的显示类型有如下两种。

- 【反射】：结果是基于当前视图方向矢量的反射光线。反射线通常用于评估模型的最终形式。
- 【投影】：确定光源的方向(点和矢量)，作为光源平面来定义光源的物理位置。这些线是位置相关的，而不是视图相关的。

无论选择反射方式还是投影方式，所得到的高亮线都可以反映出曲面光滑与否、是否存在褶皱等情况。

13.2.12 干涉分析

【简单干涉】：可以检查对象之间的干涉情况，即验证确定两个体是否相交。

选择【分析】|【简单干涉】命令，系统弹出【简单干涉】对话框，如图 13-31 所示。该对话框中各选项的意义如下所述。

【第一体】：选择一对中要检查干涉的第一个体。

【第二体】：选择一对中要检查干涉的第二个体。

【结果对象】：设置显示干涉结果的方式。

- 【高亮显示的面对】：软件高亮显示干涉面。显示干涉面对时，如果软件遇到两个体共有的点或边，就会高亮显示这些公共面，但未必表示存在干涉实体。
- 【干涉体】：从选定实体的相交处创建实体。

【要高亮显示的面】：设置高亮显示面的方式。

- 【仅第一对】：高亮显示第一对干涉面。
- 【在所有对之间循环】：在所有干涉面对中循环。

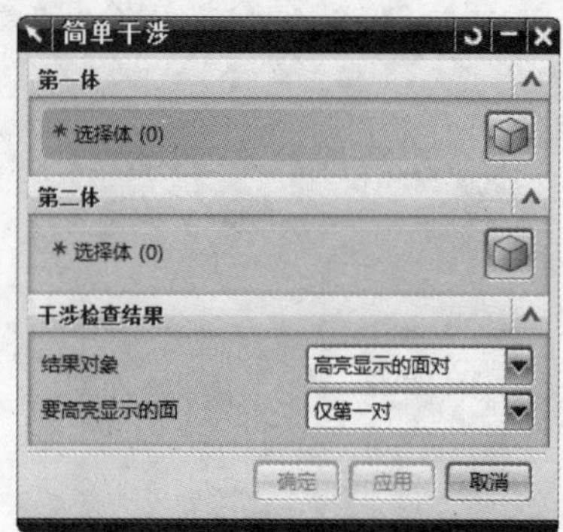

图 13-31

13.3 本章小结

本章讲述了模型分析的作用，并对常用的模型分析命令作了介绍。对一般的用户来说，模型分析用的不是很多，但对三维设计工程师而言，模型分析还是常用到的。通过本章内容的学习，读者可以了解常用的模型分析方法及其意义。

13.4 思考与练习题

13.4.1 思考题

1. 模型分析有什么作用？
2. 曲线分析的方法有哪些？
3. 曲面分析的方法有哪些？

13.4.2 操作题

1. 打开光盘文件“\part\ch13\lianxi13-1.prt”，如图 13-32 所示。练习曲线分析的各种功能。

2. 打开光盘文件“\part\ch13\lianxi13-2.prt”，如图 13-33 所示。练习曲面分析的各种功能。

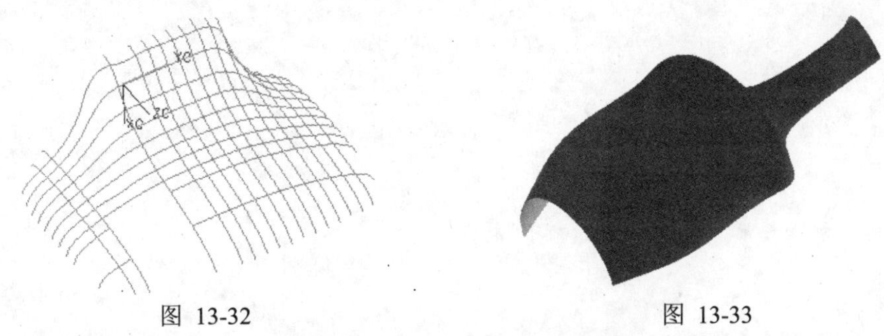

图 13-32　　　　图 13-33

3. 打开光盘文件“\part\ch13\lianxi13-3.prt”，如图 13-34 所示。练习曲面分析的各种功能。

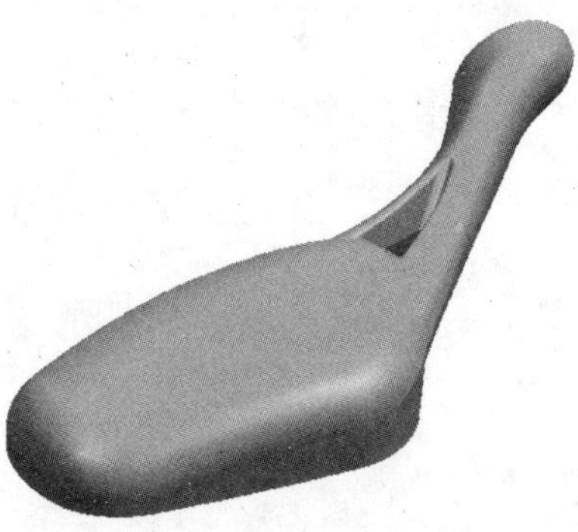

图 13-34